丛书主编　金黎平

马铃薯百科全书

马铃薯种质资源利用与改良

宋波涛　司怀军　聂碧华　主编

内蒙古人民出版社

图书在版编目（CIP）数据

马铃薯种质资源利用与改良 / 宋波涛，司怀军，聂碧华主编 . -- 呼和浩特 : 内蒙古人民出版社，2024.6

（马铃薯百科全书 / 金黎平主编）

ISBN 978-7-204-18055-4

Ⅰ . ①马… Ⅱ . ①宋… ②司… ③聂… Ⅲ . ①马铃薯 - 种质资源 - 资源利用 - 研究②马铃薯 - 种质资源 - 品种改良 - 研究 Ⅳ . ① S532.024

中国国家版本馆 CIP 数据核字 (2024) 第 075260 号

马铃薯种质资源利用与改良

主　　编　宋波涛　司怀军　聂碧华
责任编辑　陈利保　侯海燕
封面设计　刘那日苏
责任监印　王丽燕
出版发行　内蒙古人民出版社
地　　址　呼和浩特市新城区中山东路 8 号波士名人国际 B 座五层
网　　址　http://www.impph.com
印　　刷　内蒙古爱信达教育印务有限责任公司
开　　本　787mm × 1092mm　1/16
印　　张　27.5
字　　数　540 千
版　　次　2024 年 6 月第 1 版
印　　次　2024 年 6 月第 1 次印刷
印　　数　1—2000 册
标准书号　ISBN 978-7-204-18055-4
定　　价　238.00 元

《马铃薯百科全书》丛书编委会

主　编　金黎平

编　委（按姓氏拼音为序）

郭华春　金黎平　刘　刚　吕金庆

罗其友　蒙美莲　单卫星　盛万民

隋启君　宋波涛　田世龙　杨延辰

《马铃薯种质资源利用与改良》卷

主　编　宋波涛　司怀军　聂碧华

编　委（按姓氏拼音为序）

董建科　李世贵　聂碧华

宋波涛　司怀军　宋继玲

单友蛟　涂　卫　唐　勋

王炳森　王海波　徐建飞

姚春光　杨江伟　袁平平

祝光涛　张　宁　张振鑫

金黎平，1963 年 4 月出生，浙江东阳人。国务院政府特殊津贴专家和全国农业科研杰出人才。中国农业科学院蔬菜花卉研究所二级研究员，硕士生、博士生导师。现任国家马铃薯产业技术体系首席科学家，农业农村部薯类作物生物学与遗传育种重点实验室主任、薯类专家指导组组长，中国作物学会理事和马铃薯专业委员会会长，中国农村专业技术协会常务理事和薯类专业委员会主任委员，中国种子协会常务理事。从事马铃薯种质资源发掘与利用、重要性状遗传解析、高效育种技术、块茎形成和发育以及种薯繁育技术等研究。长期组织协调全国马铃薯科研工作，积极助力产业科技扶贫。获国家科技进步二等奖和中华农业科技奖一等奖各一项（第一完成人）。荣获全国创新争先奖章、全国三八红旗手、全国脱贫攻坚奖创新奖、全国巾帼建功标兵、全国农业先进工作者和国际块根块茎类作物学会终身成就奖等荣誉和奖项。2021 年所率领团队被中共中央、国务院授予“全国脱贫攻坚先进集体”称号，《以马铃薯综合高效育种技术助力产业科技扶贫》成果获统战部“各民主党派、工商联、无党派人士为全面建成小康社会作贡献”表彰。

总　序

马铃薯是世界第三大粮食作物，在 160 多个国家和地区种植，并成为许多地方人民日常膳食结构中的主要食物和传奇美食。有人说它创造了历史、影响了人类的文明进程。

马铃薯起源于拉丁美洲秘鲁和玻利维亚等国交界的安第斯山脉高原地区，以及中美洲和墨西哥中部。考古学家发现早在 8000 年前，生活在秘鲁和玻利维亚交界处提提卡卡湖边的古印第安人就开始驯化栽培马铃薯，马铃薯被南美洲古印第安人尊奉为“丰收之神”。16 世纪时，西班牙和英国的探险家分别从拉丁美洲将马铃薯带回本国种植，随后传入意大利及欧洲其他各地。18 世纪后，马铃薯在全世界广泛种植。

据考证，马铃薯可能于 17 世纪中叶传入我国。1993 年，我国成为世界上最大的马铃薯生产国，因其生长周期短，单位面积产量高，种植遍及全国各省、自治区、直辖市。我国常年种植马铃薯 7300 万亩、总产量 9500 万吨左右。马铃薯块茎营养丰富，用途广泛，既是重要的主食，又是蔬菜和加工原料。马铃薯产业发展在保障我国粮食安全、支撑绿色现代化农业发展、满足人民健康营养食物需求、发展区域经济、巩固脱贫成果和乡村振兴等方面具有其他作物不可替代的作用。

马铃薯的产业链长、马铃薯的作用大、马铃薯的营养全、马铃薯的故事多、马铃薯的文化美……2017 年，内蒙古人民出版社策划了丛书《马铃薯百科全书》，计划出版十分卷，近 300 万字。这套丛书的编写人员聚集了全国知名的马铃薯专家，他们查阅了大量的文献、资料和档案，考察调研了各地马铃薯产业发展以及与马铃薯相关的资讯、文化和美谈，搜集了大量与马铃薯相关的科学文化知识，以百科全书的形式，全面客观地描述了马铃薯相关知识，涉及马铃薯的起源与传播、营养与安全、生物学特性、种质资源利用与改良、品种选育与种薯繁育、栽培与机械化、病虫草害防控、贮藏与加工、产业经济和马铃薯文化等，既汇集了最全面的马铃薯科学研究成果，又荟萃了最丰富的马铃薯相关科普知识。

本书的出版，既弥补了系统全面介绍马铃薯专业和科普知识图书的不足，又为从事马铃薯科研、种植、生产加工和市场营销等相关人员以及消费者提供了一部权威的参考书。有幸作为这套《马铃薯百科全书》的主编，衷心感谢内蒙古人民出版社的精心策划，也感谢各分卷编写人员的辛勤付出，相信这套书的出版终将不负众望！

国家马铃薯产业技术体系首席科学家　金黎平

序

拜读几位中青年教授主编的《马铃薯种质资源利用与改良》一书的预印版，阅时颇具“眼前直下三千字”之态，至毕未忍释手。掩卷犹存“东风花柳逐时新”之慨，唯叹读之晚矣。作为科学著作，能如此引人入胜，不只是因为曾经是同行而有求知若渴的心态，更是因为有全书谋篇布局以马铃薯产业发展为前提的种质资源利用技术的详介。该书付梓，补国内之空缺，应产业之实需，实为业界幸事。受邀作序，亦慰亦恐。

亲代传给子代的遗传物质为种质。根据《中华人民共和国种子法》的定义，种质资源是指选育新品种的基础材料，包括各种植物的栽培种、野生种的繁殖材料以及用上述繁殖材料人工创造的各种植物遗传材料。种质资源于任何一种植物的重要性均不言而喻，对我国马铃薯来说则更甚。虽马铃薯引入我国甚至可能早于欧洲，但种质资源引进则晚至20世纪30年代。遗传资源匮乏一直是制约我国马铃薯新品种选育的关键因素，甚为品种改良所虑。直到近年，政研合力，资源数量渐增，此为“根本”。然国内马铃薯生长区域广阔，环境条件迥异，市场取向悬殊，新品种选育对种质资源丰产、稳产、优质性状鉴定与科学利用的需求，远胜于往日以产量为主的标准，此为“要津”。

“根本归磐石，纲维挈要津”，该书以种质资源的分类与保存、鉴定与评价、改良、利用等为四篇，纲维明晰，将资源研究的全程贯通。从马铃薯分类的基础知识及至收集保存，到性状评价和野生种、栽培种的利用等篇目，要津显著，既彰于历史脉络与发展进程科学史实之系统，更著于性状鉴定评价与利用技术之实用，理论与应用二者兼备。

人类近 200 年进行的马铃薯育种对性状的偏向选择，使得一些现今需要的抗性、品质等遗传物质流失，从野生种、近缘栽培种中发掘和利用这些优良基因，越来越引起育种工作者的重视。然而，这一工作却举步维艰，至少一方面受制于马铃薯种间杂交的生物学障碍，另一方面则有碍于对性状表型评价、选择技术以及对性状形成遗传认知的缺乏。十分欣喜地看到本书在“马铃薯种质资源利用现状篇”中对 8 个育种利用最重要的野生种、栽培种 *Solanum tuberosum* 的 Andigenum Group 和 Chilotanum Group 及 *Solanum juzepczukii*、*Solanum curtilobum* 的起源与分布、基本遗传信息、分类与演化、植物学与农学性状等进行了详细的论述，尤其是对一些特异性状如抗病、抗虫、抗逆、品质、相关功能基因和遗传机制解析的归纳与总结，较以前其他著作提供了更为全面和系统的信息。本书很多内容是作者及其团队的新近研究成果，如 *Solanum chacoense* 抗 PVY 病毒的特性及其极端抗性基因 R_{ychc} 的克隆，*Solanum demissum* 的晚疫病广谱抗性及控制广谱抗性的 *R8* 基因的功能鉴定，*Solanum acaule*、*Solanum commersonii*、*Solanum malmeanum* 的抗霜冻特点的鉴定等，不胜枚举。更有参考价值的在于本书针对不同野生种和栽培种所提出的利用途径和列举的实例，包括有性杂交、倍性调控、2n 配子利用、体细胞融合、对遗传位点和功能基因的分子标记辅助选择等，其实用性和可操作性当有益于读者。

“根本既深实，柯叶自滋繁”。行笔至此，深知寥寥数行不足以为序，更不能全面阐述本书的精粹和作者辛勤的努力和付出，唯期盼在种质资源研究与创新的基础上，马铃薯品种改良更上一层楼，为国家农业农村发展和农业现代化建设夯实产业基础。

前　言

“马铃薯百科全书”之《马铃薯种质资源利用与改良》一书由四篇组成，深入浅出地介绍了马铃薯种质资源的分类与保存、种质资源的鉴定与评价、种质资源的改良技术以及种质资源的利用现状。本书可作为全面了解马铃薯种质资源研究现状和进展的重要资料，亦可作为马铃薯种质资源研究的有益参考书。

“马铃薯种质资源的分类与保存”是从事种质资源研究的基础，该篇主要介绍了马铃薯的分类基础、分类与演化、种质资源收集与保存方法等。其中马铃薯分类的基础知识由湖北民族大学王海波和华中农业大学宋波涛编写，马铃薯种质资源分类由黄冈师范学院涂卫和华中农业大学宋波涛编写，马铃薯种质资源收集与保存由国际马铃薯中心亚太中心（中国）袁平平、单友蛟、张振鑫编写。

“马铃薯种质资源的鉴定与评价”汇编了马铃薯重要资源性状的评价方法，该篇主要介绍了马铃薯种质资源植物学与物候期特性、品质性状、抗逆性等评价方法和技术。其中马铃薯种质资源植物学与物候期鉴定、马铃薯种质资源品质性状评价由黑龙江省农业科学院克山分院宋继玲编写，马铃薯种质资源抗逆性评价由内蒙古大学王炳森编写。

“马铃薯种质资源的改良技术”总结了马铃薯种质资源改良的遗传学和分子生物学技术，该篇分别阐述了马铃薯基因组与杂种优势、马铃薯远缘杂交与轮回选择、马铃薯倍性操作与分解综合育种、马铃薯体细胞融合、马铃薯基因工程和基因编辑等技术的研究进展和应用现状。其中马铃薯基因组与杂种优势由云南师范大学祝光涛编写，马铃薯远缘杂交与轮回选择由云南省农业科学院姚春光编写，马铃薯倍性操作与分解综合育种、马铃薯体细胞融合由甘肃农业大学杨江伟、司怀军编写，马铃薯基因工程和基因编辑由甘肃农业大学唐勋、张宁编写。

“马铃薯种质资源的利用现状”总结了野生种和栽培种资源中蕴藏的重要性状及利用情况，该篇分别介绍了 8 个马铃薯野生种以及栽培种资源的利用现状。其中野生种 *Solanum acaule* 和 *Solanum bolivense* 利用与改良由华中农业大学董建科、宋波涛和中国农业科学院蔬菜花卉研究所徐建飞编写，野生种 *Solanum bulbocastanum*、*Solanum candolleanum* 和 *Solanum chacoense* 利用与改良由华中农业大学董建科、宋波涛编写，野生种 *Solanum commersonii*、*Solanum demissum* 和 *Solanum malmeanum* 利用与改良由华中农业大学董建科、聂碧华编写，马铃薯栽培种资源利用与改良由甘肃农业大学李世贵、司怀军编写。需要说明的是，按照业内惯例，本书中的“*Solanum*”会简写为“*S.*”。

由于编写时间紧、任务重，各位编者克服诸多困难为完成书稿付出了辛勤劳动。在编写过程中，中国农业科学院蔬菜花卉研究所金黎平研究员对书稿框架和提纲给予了建设性意见和指导。初稿完成以后，东北农业大学吕文河教授对全书进行了校稿，提出了宝贵的修改意见。华中农业大学刘秀群教授以及黄冈师范学院董洪进副教授对种质资源分类部分给予指导和修改。华中农业大学农业农村部马铃薯生物学与生物技术重点实验室、甘肃农业大学省部共建干旱生境作物学国家重点实验室等单位诸多研究生做了大量的文献收集、整理和校对的工作。王炳森和董建科对修改稿进行了统编。三位主编宋波涛、司怀军和聂碧华分工对全书进行了补充和修正。对本书编写和出版过程中给予帮助的各位老师和学生，在此一并表示衷心的感谢。在这里还要特别感谢华中农业大学谢从华教授专门为本书作序，并且一直勉励学生们在马铃薯研究中要锲而不舍、砥砺前行。

马铃薯种质资源利用与改良方面的研究日新月异，资料浩瀚如海，由于篇幅有限，书中不能一一收集相关文献资料，敬请各位马铃薯研究相关人员能够理解。另外，由于时间仓促加之水平有限，书中难免有疏漏和不足之处，恳请专家和读者不吝赐教，以便今后改进和提高。

编者

目 录

马铃薯种质资源的分类与保存

马铃薯分类的基础知识

马铃薯种质资源的分类

Hawkes（1990）分类体系

Spooner（2014）分类体系

马铃薯种质资源的收集与保存

马铃薯种质资源的分布

马铃薯种质资源的保存方法

马铃薯种质资源的鉴定与评价

马铃薯种质资源植物学鉴定与物候期记录

早疫病抗性评价

青枯病抗性评价

病毒病抗性评价

虫害抗性评价

霜冻抗性评价

耐热性评价

耐盐碱性评价

马铃薯基因工程和基因编辑

基因工程

基因编辑

马铃薯种质资源的利用现状

野生种 *Solanum acaule* 的利用与改良

基本信息

植物学与农艺学性状

野生种 Solanum chacoense 的利用与改良

基本信息

植物学与农艺学性状

重要性状鉴定与遗传解析

性状改良与利用

野生种 *Solanum commersonii* 的利用与改良

基本信息

植物学与农艺学性状

重要性状鉴定与遗传解析

性状改良与利用

野生种 *Solanum demissum* 的利用与改良

基本信息

植物学与农艺学性状

重要性状鉴定与遗传解析

性状改良与利用

野生种 *Solanum malmeanum* 的利用与改良

基本信息

马铃薯栽培种资源的利用与改良

马铃薯种质资源的分类与保存

本篇从分类学基本概念和方法入手，介绍了马铃薯的重要生物学特性、起源与演化、国际主流的分类体系以及种质资源的分布和保存方法，并介绍了国际国内主要马铃薯资源保存库的保存现状及资源管理和分发情况。这些知识是从事马铃薯种质资源研究的基础，不仅能帮助我们了解马铃薯资源分类地位，也有助于增进我们对如何获取和如何保存马铃薯种质资源的认知。

马铃薯分类的基础知识

植物分类的基本概念与研究方法

植物分类

植物分类的定义

植物一般是指能进行光合作用、合成有机物的生物类群，它们也被称为绿色植物，如重要的粮食作物水稻（*Oryza sativa* L.）、玉米（*Zea may* L.）、小麦（*Triticum aestivum* L.）和马铃薯（*Solanum tuberosum* L.）都属于植物。极少数植物的细胞中无叶绿素，不能进行光合作用，需要从其他活的植物体或其他死去的生物遗体中吸收养分，它们被称为非绿色植物，属于寄生生物或腐生生物，如天麻（*Gastrodia elata* BI.）、水晶兰（*Monotropa uni ora* L.）。植物、动物和微生物三大生物类群共同组成生物界。传统的植物概念包括菌类、藻类、地衣、苔藓、蕨类和种子植物六大门类，现代的植物概念不包括菌类。根据植物是否有胚胎结构，将植物分为低等植物和高等植物，其中藻类植物和地衣为低等植物，苔藓、蕨类和种子植物（裸子植物和被子植物）为高等植物。

地球植物资源丰富，已经知道的植物种类大约有 50 万种。目前对于低等植物尚无确切的统计数据，高等植物种类已有较为准确的统计数据，其中苔藓植物全球约有 27,000 种（胡人亮，1987），蕨类植物约有 12,000 种（陆树刚，2007），种子植物中裸子植物约有 800 余种（马炜梁等，2022）、被子植物约有 235,000 种（叶创兴等，2007）。地球植物资源如此丰富，对于不同植物的分类、命名、鉴定等工作就成为植物研究很重要的一个方面。

植物分类学是对植物界各种各样的植物类群进行鉴定、分群归类、命名，并按照分类系统排列起来，研究不同类群的分类地位及其起源、进化关系以及进化发展的一门学科。植物分类学可以分为广义的植物分类学和狭义的植物分类学。广义的植物分类学主要研究植物的进化过程、进化规律以及对植物进行分类研究；狭义的植物分类学主要研究植物的具体分类，包括种、种以上以及种以下的分类。植物分类学的发展对于许多其他植物学学科分支的发展具有重要意义，包括植物地理学、植物生态学、植物遗传学、植物生理学、植物化学、植物资源学、环境植物学、园林植物学、药用植物学、资源植物学等。植物分类学在发展的过程中，既以其他植物学科作为研究基础,又服务于其他植物学科。

植物分类学的发展为植物种类的鉴定及学术交流提供了便利。植物的分类系统描述了植物的结构、功能与关系，使植物的归类变得简单化。植物分类学促进了一些相关植物学应用学科的发展，园艺学、农学、果蔬、林学及药理学等是以植物分类学为基础发展而来的，特别是为植物育种、植物组织化学等诸多研究领域提供了有力的帮助，改善了人类的生活条件，提高了农业生产水平。

植物分类学是人类利用植物和保护植物资源的基础。植物分类学在人类探索和阐释生物多样性的过程中起着至关重要的作用。世界上已经有超过 35 万种植物被收录，植物分类学为被收录的植物进行严格命名,并提供植物志等志书，这些更有针对性的植物名录为快速检索和认知植物提供了便利条件。与林奈时期不同，现代植物分类学不仅通过植物形态来进行归类，还根据植物的起源、演化和变异及生殖、繁衍、种群等基础数据进行更准确的分类。通过对植物进行系统的分类，可以阐明植物之间相互的起源进化关系，并在此基础上更好地利用和保护植物资源。

物种的定义

物种，简称种，是生物分类学研究的基本单元与核心。物种是互交繁殖的相同生物形成的自然群体，与其他相似群体在生殖上相互隔离，并在自然界占据一定的生态位。植物物种应具有一定的形态特征、生理特征、地理分布区和繁殖系统等。植物分类学中最常用的两个“种”的概念是分类学种和生物学种，它们分别是基于形态表型和生殖关系定义的。高等植物通常根据分类学种的概念进行分类，通过将单个植物的形态表型与模式标本（首次描述该种时所使用的完整或部分单个标本的物理样本或插图）进行比较。分类学种概念的潜在假设是“种”处于进化过程的末期，因此随着时间的推移种是静态不变的。然而，根据生物学种的说法，种是自然种群的杂交群体，种与种之间有生殖隔离，如若排除无性繁殖情况，生物学种与自然界实际情况很相似。

分类等级与命名

分类等级与阶元系统

人类在很早以前就能识别物类，给以名称。汉初的《尔雅》把动物分为虫、鱼、鸟、兽 4 类。虫包括大部分无脊椎动物，鱼包括鱼类、两栖类、爬行类等低级脊椎动物及鲸和虾、蟹、贝类等，鸟是鸟类，兽是哺乳动物。这是中国古代最早的动物分类，四类名称的产生时期不晚于西周。

近代分类学诞生于 18 世纪，它的奠基人是瑞典植物学者林奈（Linnaeus）。

林奈为分类学解决了两个关键问题：①确立了双名制。每一物种都给以一个学名，由两个拉丁化名词所组成。例如 *Panthera tigris* 是虎的学名，*Bombyx mori* 是蚕的学名。②确立了阶元系统。林奈把自然界分为植物、动物和矿物三界，在动植物界下，又设有纲、目、科、属、种五个级别，从而确立了分类的阶元系统。每一物种都隶属于一定的分类系统，占有一定的分类地位，可以按阶元查对检索。1753 年出版的《Species Plantarum》和 1758 年出版的第 10 版《Systema Naturae》将阶元系统应用于植物和动物分类，这两部经典著作也标志着近代分类学的诞生。

分类阶元（Taxonomic category）是生物分类学确定共性范围的等级。现代生物分类采用的有：界（Kingdom）、门（Phylum）、纲（Class）、目（Order）、科（Family）、属（Genus）、种（Species）7 个基本阶元。种（物种）是基本单元，近缘的种归合为属，近缘的属归合为科，科隶于目，目隶于纲，纲隶于门，门隶于界。随着研究的进展，分类层次不断增加，单元上下可以附加次生单元，如总纲（超纲）、亚纲、次纲、总目（超目）、亚目、次目、总科（超科）、亚科等。此外，还可增设新的单元，如群、族、组等等，其中最常设的是族，介于亚科和属之间。

命名方式

植物种类繁多，各个国家由于语言和文字的不同，都各有其习用的植物名称。即使在一个国家内，同一植物在不同地区也往往有不同名称，同物异名以及异物同名的现象非常普遍。例如马铃薯在全国各地称呼各不相同，有洋山芋、洋芋头、香山芋、洋番芋、山洋芋、洋芋、地蛋、土豆等称呼。常见的植物如月季、水稻、拟南芥、银杏等，这些都是植物名称，但不是植物的学名（Scientific name），因此，寻求一种世界通用的植物命名法就显得尤为重要。

国际植物命名法规定植物学名为拉丁名。拉丁名是国际植物学界进行交流的标准用名。从 17 世纪开始，法国学者包兴（Bauhin）开始采用属名加种加词的双名法记述植物。里维纳斯在 1690 年也提出给植物命名不得多于 2 个字的意见。经过一个多世纪的发展，1753 年瑞典植物学家林奈在继承完善已有的植物命名方法的基础上，在他发表的《Species Plantarum》中使用了双名法，从此，双名法被正式采用。正如“双名”字面的含义，每个物种学名由两个部分构成：属名和种加词。属名由拉丁语法化的名词形成，但是它的字源可以由来自拉丁词、希腊词或拉丁化的其他文字构成，首字母须大写；种加词是拉丁文中的形容词，首字母小写，通常在种加词的后面加上命名人及命名时间，如果学名经过改动，则既要保留最初命名人，还要加上改名人及改名时间，命名人、命名时间一般可省略。例如马铃薯的学名为 *Solanum tuberosum* L.，则马铃薯的学名

双名法表示为 *Solanum*（属名，名词）+ *tuberosum*（种加词，形容词）+ L.（命名者，林奈名字的通用缩写）。

种下单元

根据《国际植物命名法则》的规定，在种下可以设亚种、变种、亚变种、变型、亚变型诸等级，它们都是依次递降的诸分类群。现在分类学中常用的也只有亚种、变种和变型 3 个等级。

亚种（Subspecies，subsp.）是种下分类等级，是种内发生比较稳定变异的类群，通常来说是由于地理隔离导致生殖隔离所致，在地理上有一定的分布区。例如栽培稻（*Oryza sativa* L.）有两个亚种，籼稻（*Oryza sativa* L. subsp. *indica* Kato）和粳稻（*Oryza sativa* L. subsp. *japonica* Kato）。

变种（Varietas，var.）亦是种下分类等级，是生境差异导致形态变化所致，是种内发生比较稳定变异的类群，它与原变种有相同的分布区，它的分布范围比起亚种要小得多，因此有人认为变种是一个种的地方种（Localrace），例如卷心菜(*Brassica oleracea var. capitata* L.)。关于亚种和变种这两个等级，沿用历史较久且广泛，历来许多世界性植物专志和地方植物志大都使用，但一直比较含混，各具有不同的解释，往往一个学者认为是亚种的，另一位学者却认为是变种，反之亦然。

变型（Forma，f.），是一些有形态变异，分布没有规律而呈零星分布的个体。例如栽培观赏的羽衣甘蓝（*Brassica oleracea* var. *acephala* L. f. *tricolor* Hort.）。

根据《国际藻类、真菌及植物命名法规》附录 I 的命名规则，杂交种通常使用杂交符号“×”表示，是指不同种间杂交、属间杂交形成的杂交种。如 *S.* × *aemulans* 可能是 *S. acaule* 和二倍体野生种 *S. megistacrolobum* 的天然杂交后代（Okada and Clausen，1982），且因为 *S. megistacrolobum* 能产生 2n 配子，而导致了 *S.* × *aemulans* 存在三倍体和四倍体两种不同的倍性。

研究方法

形态学分类

在过去的很长一段时间里，对于植物的分类，主要以形态学为依据，通过对植物的根、茎、叶、花、果实、种子等部分的形态进行鉴定，从而对植物进行分类。

植物结构与形态研究是植物分类学研究中最主要、最传统的研究方法，是经典植物分类研究的内容，其中花和果实是研究的重要对象。形态学研究要求能够熟练地运用专业术语，对植物形态特征能进行准确描述与记录。形态学研究通常包括：习性、根、茎、叶、花和花序、果实和种子等。花的形态和结构在植物大类群的分类界定和演化中起着关键作用。由于植物的生殖器官特征较营养器官更为稳定，因此，植物分类学家十分重视生殖器官在分类和系统演化中的作用，并以此建立植物分类系统，这些系统又称为性系统。

植物学家通过大量研究，总结归纳出在分类中最典型的性状，并应用于不同植物类群的识别与描述。如蝶形花科和十字花科的花冠及果实，菊科和禾本科的花序、苞片与花等特征为这些分类群提供了关键性状。关键形态特征不仅为植物类群的识别与分类提供依据，也为演化关系研究提供依据。如在毛茛科系统分类中，通过对花内蜜腺位置的变化研究，揭示了毛茛科从整齐花冠向不整齐花冠演化以及在演化过程中花瓣结构的变化过程。

化学分类

化学分类学是植物分类学与植物化学相互渗透、相互补充而形成的一门新兴的交叉学科。它以植物化学成分信息为依据，以经典分类学为基础，对植物加以分类和记述，研究植物化学成分与植物类群间的关系，探讨植物界的演化规律。研究证明，化学证据有助于解决从种以下分类单位到目一级分类单位的系统问题。化学分类学的主要研究任务是探索各分类等级（如门、纲、目、科、属和种等）所含化学成分的特征和合成途径；探索和研究各化学成分在植物系统中的分布规律以及在经典分类学的基础上从植物化学组成所表现出来的特征，并结合其他有关学科，来进一步研究植物的系统发育。例如对甜菜拉因和人参属的化学分类研究。

甜菜拉因（*Betalain*）是一类植物色素，它只分布在中央种子目（Centrospermae）中，而且与花色苷的分布互相排斥。该目包括商陆科、紫茉莉科、粟米草科、番杏科、仙人掌科等。从形态上看，石竹科和粟米草科属于中央种子目，但它们均不含甜菜拉因而含花色苷，因此植物分类学家认为应将石竹科和粟米草科分出来，另立石竹目。

对人参属（*Panax*）的化学分类研究表明，人参属植物可分为两个类群。第一类群，根状茎短而通常直立，具胡萝卜状肉质根，种子大，在化学成分上所含三萜皂苷元以达玛烷型四环三萜为主，在地理分布上表现出分布区狭小和间断分布的特点，是人参属的古老类群，如人参（*Panax ginseng* C. A. Mey.）、西洋参（*Panax quinquefolius* L.）和三七[*Panax notoginseng* (Burkill)F. H. Chen ex C. Y. Wu & K. M. Feng]等是这一类型的代表植物。第二类群，根状茎长而匍匐，肉质根常不发达或无，种子较小，在化学成分上所含三萜皂苷元以齐墩果烷型五环三萜为主，在地理分布上表现出分布区较广而连续的特点，是人参属的进化类群，代表植物有姜状三七（*Panax zingiberensis* C. Y. Wu et K. M. Feng）、屏边三七（*Panax tipuleanatus* H. T. Tsai et K. M. Feng）、竹节参（*Panax japonicus* C. A. Mey.）等。

分子标记

分子生物学的不断发展为植物分类的研究提供了良好的契机，人们得以从分子水平探讨植物的群体遗传和种间变异、进化规律。将分子生物学手段应用到植物分类学中，对过去几百年依据外部形态性状建立的植物系统分类做出了令人信服的评价，对于那些用形态性状无法确定系统关系的植物类群，利用分子性状常常能迎刃而解，从而确定它们的系统位置。分子标记是以生物的大分子尤其是生物体遗传物质的多态性为基础的遗传标记。目前较广泛应用的分子标记有 RFLP（Restriction Fragment Length Polymorphism，限制性内切酶片段长度多态性）、RAPD（Random Amplified Polymorphic DNA，随机扩增多态性 DNA 标记）、AFLP（Amplified Fragment Length Polymorphism，扩增片段长度多态性）、SSR（Simple Sequence Repeat，简单重复序列）、STS（Sequence Tagged Sites，序列标志位点）和 SCAR（Sequence Characterized Amplified Regions，特定序列扩增）等。

叶绿体基因组、线粒体基因组和细胞核基因组经常被用来作为分类学依据。叶绿体基因组最小，在高等植物中约为 120 ~ 160 kb（藻类伞藻属中高达 2,000 kb），线粒体基因组在 200 ~ 2,50 kb，而细胞核基因组是三者中最大的，通常为上百万 kb 或几十亿 kb。线粒体基因组经历了大量的重组，以至于同一个细胞内可以存在线粒体基因的变异，因此线粒体基因组在阐述系统发育关系上作用很小。而叶绿体基因组和细胞核基因组不仅在同一个细胞中相当稳定，在种内也很稳定，所以是分类学研究中非常有用的工具。

与其他基因组相比，叶绿体基因组在植物 DNA 研究中承担着重要的角色。这是因为叶绿体 DNA 更容易被分离和分析，并且不会被基因复制和致同进化所改变。叶绿体 DNA 的另一个优势在于它在组织、大小和主要序列方面高度保守。叶绿体 DNA 是闭合环状分子，具有编码同样基因但方向相反的两个区域（被称为反向重复序列）。在反向重复序列之间是一大一小两个单拷贝区域。所有的叶绿体 DNA 具有基本相同的基因组成，但在不同类群间基因的数量和缺失不同。

全基因组测序在植物分类学上的应用

随着全基因组测序的发展，基因组测序技术用于物种分类也越来越多。目前最多的是应用于微生物的分类和鉴定上。因为相较于植物，微生物的基因组小很多，研究成本也会低很多。随着测序技术的发展和测序成本的降低，全基因组测序也越来越多应用于植物分类学上。

分子遗传学鉴定方法是通过对 DNA 或 RNA 进行分析，可客观精确到种间或种内水平上的鉴定方法。目前应用较多的分子遗传学鉴定方法有质粒分析、全基因组或特定基因 DNA–DNA 同源杂交法、16S–23S rRNA 基因间隔区扩增片段限制性酶切多态性分析（Amplified rDNA Restriction Analysis，ARDRA）、16S–23S rRNA 基因间隔区序列分析、高分辨率基因指纹扩增片段长度多态性分析、物种间特定基因 PCR 扩增分析（blaOXA–51、gyrB、rpoB 等）、多位点序列分析（Multilocus Sequence Typing，MLST）、核糖体分型、tRNA 间隔区指纹识别等。

茄科简介

茄科

茄科（*Solanaceae* Juss.）隶属于管状花目，约 3′000 种。中国有 24 属，约 105 种。茄科的主要特征：草本、灌木或乔木；单叶或复叶，互生，无托叶；花单生或排成聚伞花序；两性花，常辐射对称；花萼 5 裂，宿存；花冠合瓣，辐状、漏斗状、高脚碟状或钟状，裂片 5；雄蕊插生于花冠筒上，与花冠裂片同数而互生；心皮 2，中轴胎座，子房上位，2 室或不完全的 4 室，少 3 ~ 5 室，胚珠多数；蒴果或浆果；种子具胚乳；染色体 x = 7~12、17、18、20~24。茄科植物种类丰富，广布于热带及温带地区，主产美洲中部和南部的热带地区。茄科植物在中国普遍分布，但以南部亚热带及热带地区种类较多。除了一些原产于中国的种类外，还有很多是从国外引进的具有较大经济价值的种，如马铃薯、辣椒、番茄、茄子和烟草。茄科包含有多种重要的蔬菜、经济植物和观赏植物，如番茄、茄子、辣椒、马铃薯、枸杞、烟草和曼陀罗等。

中国茄科主要包括夜香树属（*Cestrum*）、烟草属（*Nicotiana*）、碧冬茄属（*Petunia*）、曼陀罗属（*Datura*）、假酸浆属（*Nicandra*）、山莨菪属（*Anisodus*）、天蓬子属（*Atropanthe*）、天仙子属（*Hyoscyamus*）、泡囊草属（*Physochlaina*）、马尿泡属（*Przewalskia*）、赛莨菪属（*Scopolia*）、颠茄属（*Atropa*）、番茄属（*Lycopersicon*）、枸杞属（*Lycium*）、树番茄属（*Cyphomandra*）、茄参属（*Mandragora*）、地海椒属（*Archiphysalis*）、辣椒属（*Capsicum*）、红丝线属（*Lycianthes*）、散血丹属（*Physaliastrum*）、酸浆属（*Physalis*）、茄属（*Solanum*）、龙珠属（*Tubocapsicum*）和睡茄属（*Withania*）24 个属，其中茄属与人类关系最为密切。

中国茄科分属索引表［引自《中国植物志》第 67(1) 卷 (1978)］

①灌木或小乔木……………………………………………………………………②

①一年生或多年生草本，极稀半灌木……………………………………………⑥

②花单生或簇生，花冠漏斗状……………………………………………………③

②花生于聚伞花序上；花冠辐状或狭长筒状……………………………………………………④
③无刺小乔木；花常单生于枝杈间，花和果均较大型…………………… **曼陀罗属** ***Datura***
③多棘刺灌木；花单生于叶腋或二至数朵同叶簇生，花和果均小型…………………………
…………………………………………………………………………………… **枸杞属** ***Lycium***
④花冠狭长筒状；果实仅具一至少数种子………………………………**夜香树属** ***Cestrum***
④花冠辐状；果实具多数种子…………………………………………………………………⑤
⑤植物体无刺，被柔毛；叶卵状心形……………………………… **树番茄属** ***Cyphomandra***
⑤植物体多具皮刺，无刺时则多被星状毛；叶不为卵状心形…………………………………
…………………………………………………………………………………… **茄属** ***Solanum***
⑥花集生于各式聚伞花序上，花序顶生、腋生或腋外生…………………………………⑦
⑥花单生或二至数朵簇生于枝腋或叶腋…………………………………………………⑪
⑦花冠钟状、筒状漏斗形、高脚碟状或漏斗状；花药不围绕花柱而靠合；花萼在花后增大，完全或不完全包围果实；蒴果，瓣裂或盖裂…………………………………………………⑧
⑦花冠辐状；花药围绕花柱而靠合；花萼在花后不增大或稍增大，果时不包围果实而仅宿存于果实的基部；浆果……………………………………………………………………⑩
⑧花冠筒状漏斗形、高脚碟状或筒状钟形；蒴果 2 瓣裂………………… **烟草属** ***Nicotiana***
⑧花冠漏斗状或钟状；蒴果盖裂……………………………………………………………⑨
⑨花在茎枝中下部单生于叶腋且常偏向一侧，而在上部逐渐密集而成蝎尾式总状花序；果萼的齿有强壮的边缘脉，顶端有刚硬的针刺……………………… **天仙子属** ***Hyoscyamus***
⑨花集生于顶生的聚伞花序上；果萼的齿不具强壮的边缘脉，顶端无刚硬的针刺…………
……………………………………………………………………… **泡囊草属** ***Physochalaina***
⑩羽状复叶；花萼及花冠裂片 5 ~ 7 数；花药向顶端渐狭而成一长尖头 ……………………
……………………………………………………………………………**番茄属** ***Lycopersicon***
⑩单叶（唯有阳芋为羽状复叶）；花萼及花冠裂片 5 数；花药不向顶端渐狭………………
…………………………………………………………………………………… **茄属** ***Solanum***
⑪花萼在花后显著增大，完全包围果实…………………………………………………⑫
⑪花萼在花后不显著增大，不包围果实而仅宿存于果实的基部…………………………⑳
⑫花冠辐状、辐状钟形或钟状；浆果……………………………………………………⑬
⑫花冠钟状、筒状钟形或漏斗状；蒴果盖裂………………………………………………⑰
⑬花萼 5 深裂至近基部，裂片基部深心形且具 2 尖锐的耳片，果时增大成 5 棱状；花单生；子房 3 ~ 5 室 ……………………………………………………… **假酸浆属** ***Nicandra***
⑬花萼 5 浅裂或 5 中裂，果时增大成卵状、近球状；花单生或二至数朵簇生；子房 2 室…
……………………………………………………………………………………………⑭

⑭花三至数朵簇生于叶腋；花梗极短…………………………………………… 睡茄属 *Withania*

⑭花单生或 2 ~ 3 朵簇生于叶腋；有显著的花梗 ……………………………………………⑮

⑮果萼贴近于浆果而不成膀胱状，纵肋不显著凸起，亦不成 5 或 10 棱脊，有或没有肉质凸起，若有则不一定生于纵肋上；花 1 ~ 3 朵簇生 …………………… 散血丹属 *Physaliastrum*

⑮果萼不贴近于浆果而成膀胱状；有显著 10 纵肋或有 10 棱脊……………………………⑯

⑯花 1 ~ 3 朵簇生，花冠 5 中裂，果萼基部平截或圆，有纵向 10 棱脊及浮凸的 10 纵肋，纵肋脉状或成具粗齿的翅状…………………………………………… 地海椒属 *Archiphysalis*

⑯花单独腋生，花冠 5 浅裂或不显著 5 角形；果萼基部常向内凹陷……… 酸浆属 *Physalis*

⑰植物体具短缩的茎轴，通常埋于地下；叶通常集生于茎的顶端，叶柄不明显或叶片基部下延成翅状柄；花较小型，花冠漏斗状………………………… 马尿泡属 *Przewalskia*

⑰植物体有发达的茎轴，多分枝；叶散生于茎枝上，有明显的叶柄；花较大型；花冠钟状或漏斗状筒形……………………………………………………………………………………⑱

⑱花萼具 15 条纵脉，萼齿近相等；花冠漏斗状筒形，左右对称；花盘橙红色；果梗不增粗，与果萼连接处明显……………………………………………… 天蓬子属 *Atropanthe*

⑱花萼具 10 条纵脉，萼齿通常不相等或稀近相等；花冠钟状，辐射对称；花盘浅黄色；果梗增长和增粗，与萼梗连接处不明显……………………………………………………⑲

⑲花冠檐部裂片分离，基部耳形；果萼较果实长得多，疏松包围果实，纵肋显著隆起…………………………………………………………………………………… 山莨菪属 *Anisodus*

⑲花冠檐部裂片互不分离；果萼紧包果实，纵肋不甚明显……… 赛莨菪属 *Scopolia*

⑳花冠辐状、钟状或筒状钟形；浆果……………………………………………………………㉑

⑳花冠长漏斗状或高脚碟状；蒴果瓣裂…………………………………………………………㉕

㉑植物体常仅具短缩的主茎，叶和花聚生于茎轴的顶端（唯茄参 1 种例外，有茎轴和分枝）；叶无明显的叶柄，基部半抱茎；花冠钟状………………………… 茄参属 *Mandragora*

㉑植物体具发达的茎轴，多分枝；叶和花散生于茎枝上；叶有明显的叶柄；花冠辐状或筒状钟形…………………………………………………………………………………………㉒

㉒花较大，花冠筒状钟形，紫色…………………………………………… 颠茄属 *Atropa*

㉒花较小，花冠辐状，通常为白色………………………………………………………………㉓

㉓花萼皿状，无齿而几乎平截；果实较小，球状，多汁液…………………………………………………………………………………………………… 龙珠属 *Tubocapsicum*

㉓花萼具 5 或 10 萼齿或裂片 …………………………………………………………………㉔

㉔花萼具 5 极短的齿；果实少汁液，形状各式…………………………… 辣椒属 *Capsicum*

㉔花萼具 10 等长或 5 长 5 短相间的齿；果实小型，球状 ……………………………………………………………………………………………红丝线属 *Lycianthes*

㉕花萼 5 浅裂，果时自基部稍上处截断状脱落而仅基部宿存；雄蕊 5 枚全部能育；果通常有坚硬的针刺或乳头状凸起，4 瓣裂 ……………………………………… 曼陀罗属 *Datura*

㉕花萼 5 深裂，果时全部宿存；雄蕊两两成对而第 5 枚较短或退化；果实无刺，2 瓣裂 ………………………………………………………………………… 碧冬茄属 *Petunia*

茄属

茄属（*Solanum*）是双子叶植物纲、管状花目、茄科植物，是茄科最大的一个属，共有 2,000 余种，分布于全世界热带及亚热带地区，少数达到温带地区，主要产于南美洲的热带。中国有 39 种，14 变种。茄属是茄科重要的属，主要包括古龙葵亚属、龙葵亚属和茄亚属，具体分类索引见附件一。

茄属植物为草本植物，亚灌木、灌木至小乔木，有时为藤本。无刺或有刺，无毛或被单毛、腺毛、树枝状毛、星状毛及具柄星状毛。叶互生，稀双生，全缘、波状或作各种分裂，稀为复叶。花组成顶生、侧生、腋生、假腋生、腋外生或对叶生的聚伞花序；蝎尾状、伞状聚伞花序或聚伞式圆锥花序，少数为单生。花两性，全部能孕或仅在花序下部的为能孕花，上部的雌蕊退化而趋于雄性；萼通常 4 ~ 5 裂，很少在果时增大，但不包被果实；花冠星状辐形，星形或漏斗状辐形，多半白色，有时为青紫色、稀红紫色或黄色，开放前常折叠，4 ~ 5 浅裂、半裂、深裂或几不裂；花冠筒短；雄蕊 4 ~ 5 枚，着生于花冠筒喉部，花丝短，间或其中一枚较长，常较花药短，稀有较花药为长，无毛或在内侧具尖的多细胞的长毛，花药内向，长椭圆形、椭圆形或卵状椭圆形，顶端延长或不延长成尖头，通常贴合成一圆筒，顶孔开裂、孔向外或向上稀向内；子房 2 室，胚珠多数，花柱单一，直或微弯，被毛或无毛，柱头钝圆，极少数为 2 浅裂。浆果或大或小，多半为近球状、椭圆状、稀扁圆状至倒梨状，黑色、黄色、橙色至殊红色，果内石细胞粒存在或不存在；种子近卵形至肾形，通常两侧压扁，外面具网纹状凹穴。

马铃薯分类的生物学基础

自交不亲和与不对称不亲和

自交不亲和（Self-incompatibility，SI）是许多开花植物采取的防止自花授粉、促成异花授粉的机制。该类植物能产生功能正常且同步成熟的雌雄配子，但在自花授粉或是具有同种基因型的异花授粉时不能完成受精作用。该现象是植物维持生物多样性和遗传变异的重要保障之一，在杂种优势利用等方面具有重要意义。

大量的研究发现，植物界普遍存在自交不亲和的现象。到目前为止，已有研究报道包括茄科（Solanaceae）、蔷薇科（Rosaceae）、十字花科（Brassicaceae）、禾本科（Poaceae）等在内的 80 科，超过 250 属的 3,000 余种植物存在自交不亲和的现象。自交不亲和性包括两种类型，一种是配子体自交不亲和（Gametophyitic SI，GSI），另外一种是孢子体自交不亲和（Sprophytic SI，SSI）。配子体自交不亲和是指花粉自身的基因型控制花柱与花粉进行特异识别时的活动，当花粉关键因子和花柱的等位基因相同时，花粉会受柱头的影响，使得花粉管的生长被完全阻碍，授粉表现出不亲和。配子体不亲和花粉在柱头上萌发后可侵入柱头，并能在花柱组织中延伸一段，此后就受到抑制。花粉管与雌性因素的抑制关系发生在单倍体配子体（即卵细胞与精细胞）之间，常见于豆科、茄科和禾本科的一些植物。这种抑制关系的发生可以在花柱组织内，也可以在花粉管与胚囊组织之间，有的甚至是花粉管释放的精子已达胚囊内，但仍不能与卵细胞结合。孢子体自交不亲和是指花粉落在柱头上不能正常发芽，或发芽后在柱头乳突细胞上缠绕而无法侵入柱头。由于这种不亲和关系发生在花粉管与柱头乳突细胞的孢子体之间，花粉的行为决定于二倍体亲本的基因型，因而称为孢子体型自交不亲和性，多见于十字花科和菊科植物。

不论配子体型还是孢子体型，自交不亲和性在遗传上都是由特定的复等位基因控制的。据 East 等（1940）对烟草属植物的研究，发现有一组复等位基因 *S* 控制着自交不亲和性的遗传，例如烟草就有 15 个复等位基因控制其配子体不亲和性状。即花粉粒所携带的 *S* 等位基因与雌蕊的基因相同时，花粉管就不能在花柱组织中延伸，或生长很缓慢而终于不能与卵细胞结合；反之，花粉就发芽正常，能参与受精作用。同时，还观察到有自交能育（*FvS. f*）的等位基因，它对自交不亲和性 *S* 是显性的。

孢子体自交不亲和性也受与上述 *S* 基因相同的复等位基因的支配。在这一类型中，自交不亲和性是由产生花粉的孢子体基因型决定的，花粉的反应还取决于花粉和柱头组织中两个复等位基因之间的显隐性关系。所以，当两个亲本具有一个相同的等位基因时，能够产生纯合的基因型，而且正反交的结果不同。这在配子体型自交不亲和性上是不可能出现的。

自然界中约 70% 的马铃薯种质为二倍体。二倍体马铃薯普遍存在自交不亲和的现象，限制了自交系的创制。传统克服自交不亲和的方式是利用来自马铃薯野生种 *S. chacoense* 中的 *Sli* 基因，但是导入该基因后会产生长匍匐茎、龙葵素含量高等一系列不利性状，增加了遗传改良的难度。黄三文团队利用CRISPR / Cas9 基因组编辑技术对马铃薯自交不亲和控制基因 *S-RNase* 进行了定点突变，获得了自交亲和的二倍体马铃薯（Ma et al，2021）。

不对称不亲和性（Asymmetric Self - incompatibility）是指作为母本时表现为杂交亲和，作为父本时表现为杂交不亲和的现象。尽管绝大多数二倍体马铃薯都是自交不亲和的，也有少数是不对称自交不亲和的，例如产自墨西哥的二倍体马铃薯 *S. verrucosum*（Dinu et al，2005）。

2n 配子

2n 配子也称为未减数配子，是指植物个体本身产生的染色体数目与体细胞染色体数目相同的配子，2n 配子参与受精的结果就是有性多倍化。2n 配子在植物中较为常见，并且对植物的进化特别是有性多倍化起着非常重要的作用（Hermsen，1984；Veilleux，1985）。迄今已在上百个植物物种中检测到 2n 配子，如马铃薯（*Solanum tuberosum* L.）（Park et al，2007）、小麦（*Triticum aestivum* L.）（Zhang et al，2010）、百合（*Lilium auratum* L.）（Chung et al，2013）、柑橘（*Citrus reticulata* Blanco）（Rouiss et al，2017ab）、杨属（*Populus*）（Han et al，2018；Geng et al，2019）等。

未减数配子是转移具有不同遗传背景个体的定量和定性特征的有效途径（Otto et al，2000），2n 配子形成的频率主要取决于植物种类，但在同一物种内存在变异，并且已经发现在相同植物的不同花中也存在不一致性（Dewitte et al，2009）。虽然早期许多文献都有记载植物中 2n 配子发生的现象，但对 2n 配子形成原因的细胞学研究和遗传学研究却较少。植物细胞学家一般认为是由于减数分裂前或减数分裂过程中出现某些异常的核分裂从而导致了 2n 配子的产生，这些异常分裂行为主要包括平行纺锤体、融合的纺锤体、核融合、三级纺锤体、提前成熟胞质分裂和联会突变等（Bretagnolle et al，1995；Brownfield et al，2011；De Storme et al，2013）。Rosenberg 于 1927 年首次提出“减数分裂核重组”这个概念来解释 2n 配子形成，并认为减数分裂核重组可分为两种基本类型：第一次分裂重组（First division restitution，FDR）和第二次分裂重组（Second division restitution，SDR）。在 FDR 中，同源染色体在第一次减数分裂后期没有进行预期的分离，而是直接进入第二次分裂；而在 SDR 中，核重组发生在同源染色体分离之后的第二次分裂阶段，姊妹染色单体没有分离。在马铃薯中，2n 配子形成方式主要是 FDR 和 SDR（Douches and Quiros，1987），从基因分离和重组角度来看，FDR 由于第一次减数分裂后期同源染色体未分离，其遗传效应相当于全套染色体组的均等分裂，结果就是形成的 2n 配子基因型与亲本一致，该结果与有丝分裂结果类似；而 SDR 是由于在第二次减数分裂后期核未分裂，遗传效应相当于单倍体的染色体加倍而形成的，因此形成的 2n 配子基因型有分离，所以 SDR 配子是不同的。综合前人对 2n 配子的遗传效应研究发现，FDR 型 2n 配子杂合性约为亲本的 75% ~ 83%，SDR 型 2n 配子保留亲本约 33% ~ 35% 的杂合性（Veilleux，1985；钱春等，2005）。FDR 型配子具有高度杂合性，其拥有高效传递亲本杂合性和上位性的特殊能力，在育种过程中有较高的利用价值。

2n 配子是减数分裂异常的产物，许多阐明植物减数分裂的分子机制可用于解释 2n 配子遗传调控分子机理，主要进展集中于模式植物拟南芥。在拟南芥中，3 种减数分裂突变体可产生有活力的 2n 配子：第一类突变体属于 *atps1*（*Arabidopsis thaliana* parallel spindle1），*jas*（jason）和 *afh14*（*Arabidopsis* formin14）（D' Erfurth et al，2008；Li et al，2010；De Storme and Geelen，2011；Brownfield et al，2015），也称作 FDR 型；第二类突变体属于 *tam*（Tardy asynchronous meiosis）和 *osd1*（Omission of second division1）（D' Erfurth et al，2010），也称作 SDR 型；第三类突变体属于 *tes* 突变体，其减数分裂过程正常，但胞质分裂受到干扰（Yang et al，2003）。

胚乳平衡数（EBN）

胚乳的发育对马铃薯产生有活力的种子至关重要。马铃薯种内杂交、相同倍性的种杂交通常产生含有发育良好胚乳的活种子。相反，大多数倍性不同的杂交由于胚乳衰竭而产生不可育的种子。胚乳平衡数（Endosperm balance number，EBN）假说是1980年由Johnson等在补充了Nishiyama和Inomata 1966年提出的胚乳的成功发育依赖于胚乳中来自于母本和父本的染色体比例为2：1的理论基础上提出的。通过这个假说，每个物种的单倍体配子被赋予一个有效倍性，也就是EBN。EBN是对特定杂交中标准物种胚乳功能的体现，因此胚乳能够正常发育的前提就是母本和父本配子EBN的比值为2：1。因此，种间多倍体是否能够杂交成功，取决于这两个亲本是否有相同的EBN，而不是只取决于倍性。例如部分野生种二倍体马铃薯和二倍体栽培种马铃薯不能杂交，是因为其中一个野生种EBN为1，另外一个EBN为2。这也就解释了为什么部分物种中倍性相同而EBN不同的两个种之间杂交不亲和或者两个不同倍性具有相同EBN的种之间杂交亲和。

雄性不育

雄性不育（Male sterility）是指花药或花粉不能正常发育的现象。雄性不育现象一旦形成是可以遗传给后代的。一般来说，雄性不育的植株，雌蕊能够正常发育。

雄性不育主要分为细胞核雄性不育和细胞质雄性不育两种方式。细胞核雄性不育：核基因控制的雄性不育，有显性核不育和隐形核不育，遗传方式符合孟德尔遗传定律。根据对光的反应，细胞核雄性不育又可以分为两种：①不受光影响的核雄性不育，雄性不育性状与光温影响无关。②光温敏的核雄性不育，雄性不育性状受光和温度影响。在高温或长日照情况下，表现出雄性不育的性状；在适宜温度和短日照情况下，表现出雄性可育的性状。细胞质雄性不育：最大的特点是植株表现为母体遗传，花粉败育，但是雌穗正常，可以被显性核恢复基因恢复育性。根据败育时期不同可分为：①配子体不育，主要形成于花粉粒进行有丝分裂形成配子精细胞的过程中。②孢子体不育，可发生在花药造孢细胞增殖至花粉母细胞进行减数分裂的整个过程。

细胞核雄性不育由核基因控制，主要由自然突变产生，受一对或者两对基因控制，恢复源广泛，雄蕊败育彻底，无细胞质负效应，育种中较易选出优势杂交组合。有研究表明，细胞质雄性不育可能是由于线粒体基因组与核基因组互作导致核质不协调，主要表现为绒毡层细胞异常凋亡和线粒体代谢紊乱等。

雄性不育的遗传机制受到了很多植物遗传学家、分子生物学家和植物育种家的关注。1763 年科学家首次记录了开花植物雄性不育的发生，后来这种特性被认为是经济杂交制种不可或缺的现象。雄性不育系统已经在超过 610 种开花植物中被发现，包括水稻、玉米、胡萝卜、白菜、棉花、辣椒以及许多其他作物品种。

在马铃薯栽培种中，雄性不育性状是很常见的。马铃薯的可食用部分是块茎，并且主要通过块茎进行无性繁殖，因此雄性不育这一性状对于马铃薯育种并不存在决定性的影响。此外，隐性不育等位基因可以在四倍体马铃薯栽培种中积累，很容易被额外的染色体组掩盖，因此很少在纯合状态下出现。在马铃薯中，细胞质和细胞核基因之间通常相互作用，导致马铃薯种间杂交种的雄性不育。此外，一些栽培与野生马铃薯杂交种存在细胞质遗传雄性不育的现象。

双单倍体

双单倍体（Doubled haploid，DH）通常是由二倍体的单倍体配子细胞人工诱导加倍后产生的二倍体个体，而在马铃薯中由四倍体的配子细胞孤雌 / 孤雄发育产生的二倍体个体也称为双单倍体（Diploid）。在马铃薯中，普通栽培马铃薯多为四倍体，其配子通常含有两套完整染色体。

栽培马铃薯多为同源四倍体，其遗传资源狭窄，严重制约了马铃薯遗传研究和育种。此外，四倍体马铃薯由于其复杂的四倍体遗传和高度杂合的基因组等因素，严重阻碍了马铃薯遗传育种和品种改良的进程。同时又因为倍性水平和胚乳平衡数不同造成的障碍，导致四倍体栽培种与具有优良性状的二倍体野生种或原始栽培种间很难直接杂交或杂交后产生不育的三倍体等情况，从而无法直接利用其中的优良基因。通过诱导或花药、花粉、子房等组织离体培养等方式获得双单倍体进行育种，可有效解决上述问题。

20 世纪 80 年代起，国内学者开始利用孤雌生殖诱导栽培种马铃薯，获得了一系列双单倍体材料，筛选出诱导率较高的母本材料和诱导系，为二倍体野生种优良基因向四倍体栽培种的成功导入及马铃薯种质资源创新奠定了基础（庞万福等，1996；张希近等，1997）。中国农业科学院在 20 世纪 80 年代利用有性多倍化将二倍体野生种中抗病、淀粉含量高等优良基因转移到四倍体栽培种中，极大地丰富了育种材料并显著缩短了育种周期（金黎平等，2003）。20 世纪末期，戴朝曦等（1998）利用双单倍体与南美二倍体栽培种、野生种杂交，结合染色体加倍技术，选育出具备高产、抗病、高淀粉含量等优良性状的“甘农薯 2 号”等四倍体栽培种优良品种，同时他们也通过双单倍体花药培养、两次染色体加倍等技术手段获得纯合四倍体品系进而获得不分离的马铃薯实生种子，以解决传统马铃薯栽培中存在的种薯贮运不便、成本高等问题。近年来，赵明辉等（2020）利用二倍体马铃薯材料的丰富遗传变异性，在马铃薯耐盐育种方面取得了重要进展，若进一步将双单倍体材料与这些耐盐品系杂交，可为选育出具有耐盐优良性状的四倍体栽培种提供更多可能性。

四体遗传

马铃薯普通栽培种（*Solanum tuberosom* L.）为同源四倍体，四体遗传是其主要的遗传特性。相对普通二倍体的二体遗传，四体遗传的染色体行为在减数分裂时要复杂许多，导致基因分离规律也更加复杂。

由于同源四倍体每个染色体有四条同源染色体，在第一次减数分裂的粗线期同源染色体发生联会时，四条同源染色体可能联会成Ⅱ + Ⅰ + Ⅰ、Ⅱ + Ⅱ、Ⅲ + Ⅰ和Ⅳ四种类型，由于Ⅲ和Ⅳ是局部联会，因此联会复合体会提前解离。在第一次减数分裂，Ⅱ + Ⅱ式联会会出现 2/2 均衡分离，其他联会则会出现 3/1、2/1、1/1 等不均衡分离（见图 1–1）。由 2/2 均衡分离产生的配子可育，而其他不均衡分离产生的配子则只有部分可育。

由于 3/1、2/1、1/1 等不均衡分离产生的基因分离的规律性较差，因此目前四体遗传的基因分离比是按每个孢母细胞都发生 2/2 式均衡分离推算的。同源四倍体的基因分离与该基因和着丝粒的距离远近有关，当基因距着丝粒较近时，基因和着丝粒之间很难发生非姊妹染色单体的交换，该基因表现为染色体随机

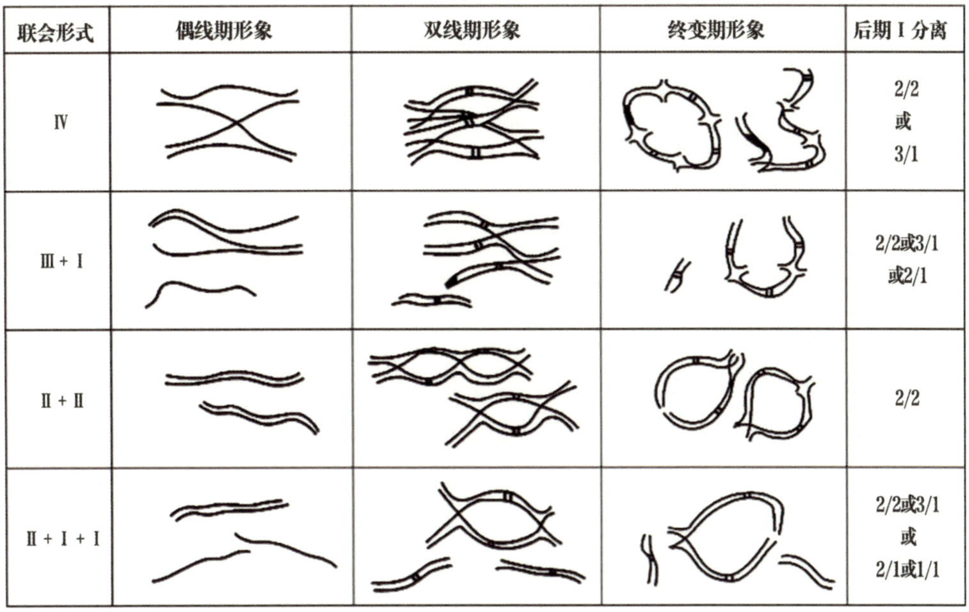

图 1-1 同源四倍体每个同源组染色体的联会和分离（引自杨业华，2006）

分离；当基因距着丝粒较远时，基因和着丝粒之间较容易发生非姊妹染色单体的交换，该基因表现为染色单体随机分离。

四倍体遗传与二倍体遗传之间存在两个主要的区别。一是，四倍体遗传任何等位基因的分离比都取决于它在染色体上的位置。这与二倍体遗传等位基因分离比形成对比，等位基因在二倍体中的分离比与该基因在染色体上的位置无关。与二倍体遗传不同，因为存在双单倍体同源染色体的联会和交换，四倍体等位基因的分离比很少能够通过模型进行准确的预测，这也就造成了四倍体遗传定位发展缓慢。二是，四倍体遗传与二倍体遗传相比，需要建立更大的分离群体来定位某一个性状。因为四倍体遗传的分离比例无法准确预测，因此需要更大的群体来确保分离比例的准确性。此外，在四倍体中，由于等位基因的剂量效应，会造成上位效应被放大，且与环境之间的相互作用可能更复杂。这些原因还造成四倍体的遗传定位效率低下，并且定位准确性也与二倍体相差很大。比如研究者曾经想在一个四倍体马铃薯群体中定位与芽眼深浅相关的基因，但是最终失败。在改用二倍体群体之后，成功定位到了与马铃薯芽眼深浅相关的主效基因 *Eyd*（Li et al，2005）。

马铃薯种形成的遗传基础

随着科学技术的发展，越来越多的种间杂种通过人工方式创制出来，那么在自然界也可能存在很多种间杂交成功的现象。虽然不同马铃薯野生种的胚乳平衡数可能不同，两者之间不能正常杂交，但是在特定的情况下，两者也是可以杂交的。例如 EBN 为 2 的 *S. chacoense* 和 EBN 为 1 的 *S. commersonii* 在试验条件下成功杂交（Ehlenfeldt and Hanneman，1988）。现在也有试验表明，马铃薯野生种中 2n 配子的产生是比较常见的，这样就可以使部分因为 EBN 不匹配而造成的杂交不亲和变得亲和，也会使不同倍性的野生种之间可以杂交，从而丰富马铃薯的遗传种质资源。马铃薯野生种中，2n 配子是比较普遍的，这样也可能会使不同 EBN 的种之间自然杂交，从而出现一些单倍体。例如 *S. chacoense*（2n = 2x = 24）与 *S. malmeanum*（2n = 2x = 24）杂交后代全部为三倍体，但是这些三倍体都有育性，可以正常与 EBN 为 2 的二倍体栽培种和二倍体野生种杂交（Dong et al，2023）。

除了 EBN 之外，不对称不亲和性也可能会成为马铃薯不同种间杂交的障碍。有些情况下，不对称不亲和的种会造成花粉管在花柱中伸长出现障碍，从而导致杂交不亲和，这种情况在自交亲和与自交不亲和的种之间杂交尤其容易出现，这些情况下，自交亲和的种作为母本可以杂交成功，作为父本就不行。此外，杂交成功率与细胞质雄性不育也存在关系。总的来说，大部分马铃薯野生种是可育的，花柱屏障、雄性不育可能会抑制种间杂交的成功率，但并不能完全阻断野生种之间的杂交。

马铃薯的起源与演化

基于考古学和形态学观点的马铃薯栽培种起源

根据地球上栽培植物种类分布的不平衡性，苏联植物学家瓦维洛夫（Vavilov）将种类异常丰富、存在着大量变异的几个地区命名为作物起源中心。在 20 世纪二三十年代瓦维洛夫考察和收集了几乎世界各地的栽培植物资源，根据形态建成的地理学区分法，于 1926 年首次提出了栽培植物起源中心的概念。1935 年瓦维洛夫进一步将栽培植物起源中心划分为 8 个中心和 3 个亚中心，认为栽培马铃薯源于南美中心(第Ⅷ中心)的安第斯山区，包括秘鲁、玻利维亚和厄瓜多尔南部，其生长线的海拔大约有 2,400 m，该地区的自然条件复杂，年均降雨量为 100 ~ 3,700 mm，年均气温为 −1 ℃到 26 ℃之间。

在史前时代，安第斯山区的印第安人就开始食用野生马铃薯的块茎，而野生马铃薯的块茎含有大量的龙葵碱，发芽时龙葵碱的含量达到顶峰，此时食用易引起中毒。由于不知道这个规律，早期食用马铃薯的很多印第安人为此付出了生命的代价。不过，印第安人通过在生活中积累经验和教训，掌握了马铃薯安全的食用方法。野生马铃薯逐渐向栽培马铃薯进化应归功于高原上印第安人对马铃薯的长期选择。人们不仅有意识地保护野生马铃薯的生长区，而且人工种植、栽培马铃薯也逐渐开始了。

事实上，关于栽培马铃薯的起源长期以来有两种假说,但一直都备受争议。

第一个是俄罗斯科学家提出的多点起源假说（Juzepchuk and Bukasov，1929），他们支持 Vavilov 的观点，即植物的起源中心对应的地理区域应包含栽培种的最大多样性及野生近缘种。Juzepchuk 和 Bukasov（1929）认为马铃薯地方品种的最大多样性集散地分布在两个不同的中心，其一是秘鲁和玻利维亚高原，其二是智利南部的奇洛埃岛地区及其毗邻的岛屿（Juzepchuk and Bukasov，1929）。有一些学者研究发现不同地方品种的形态、染色体数目、耐霜冻性、光周期反应、成熟期以及休眠等形态与生理特性存在广泛多态性（Bukasov，1933），并推测这可能是它们对不同生态地理条件适应性的结果，由此，这些科学家就提出了马铃薯地方品种有两个主要的独立起源，来自不同地理区域的不同野生物种。

第二个是英国科学家提出的单一起源假说，该假说认为南美洲的马铃薯驯化发生在哥伦比亚和玻利维亚之间的某个区域，从二倍体野生种开始，然后进化出多倍体（Hawkes，1999），随后这些适应短日照的地方品种扩展到新的生态条件，北至哥伦比亚和委内瑞拉，南至智利沿海。

这两种假说的主要分歧源于假定的祖先种 *S. brevicaule* 的家族成员在分类学上的限制。因此需要考古和基因组序列数据填补这些空白来探究马铃薯的起源。Spooner 等（2005）使用多位点的扩增片段长度多态性（AFLP）分子数据重新评估了栽培马铃薯地方品种的单一起源与多点起源。他们用 438 个多态性的扩增片段对 261 个马铃薯野生种、98 个地方品种及 3 个外类群种的分支多样性进行系统发育分析，其结果认为 Andigenum 种群为单一驯化事件，起源于秘鲁南部和紧邻玻利维亚北部的 *S. brevicaule* 家族成员中二倍体野生种。祖先二倍体种群和驯化二倍体可能具有相同的质体 DNA 单倍型，这种单倍型在当今二倍体地方品种中占主导地位。Andigenum 种群里三倍体和四倍体可能有多个起源，既可以通过二倍体地方品种的减数分裂多倍化（未减数配子），也可以通过种间杂交。Andigenum 种群的后期分化可能与来自 *S. brevicaule* 家族成员以外的野生种的细胞核和细胞器基因渗入有关，最终致使栽培种可传播到更宽泛的生态位和更广泛的地理区域（Gavrilenko et al，2013）。因此，耐霜冻的种 *S. juzepczukii*、*S. curtilobum*、

S. ajanhuiri 的起源与秘鲁南部和玻利维亚安第斯山脉高地的野生种 *S. acaule* 和 *S. boliviense* 相关。*S. berthaultii* 和 *S. maglia* 的基因渗入，可能是导致智利南部沿海低地的智利地方品种形成的原因。然而，目前保存在基因库中的种质的分子数据可能并不真正代表原始种质的遗传，许多野生种的种质材料很少，可能会在这些研究中产生偏差。综上所述，栽培马铃薯的起源问题还没有完全解决，可能需要从更广泛的现场采集样本中获得更多的数据，并在基因组学和考古学方面进行进一步的研究。

栽培马铃薯的起源和演化历史究竟有多长，目前不少学者仍然在不断地探索和研究。马铃薯块茎化石研究表明马铃薯在秘鲁被当作食物至少有 10,000 年历史，智利南部古代火坑中回收的马铃薯的残留物表明，在这一地区食用马铃薯的历史至少有 13,000 年。尽管该情况下所代表的马铃薯种类尚未确定，但研究人员一致认为，这种考古证据表明马铃薯块茎的消费要早于现代农业形成时期（Ugent et al，1970；Hawkes，1990），这与来自考古学的证据认为马铃薯是在南美被首次种植的结果相一致。

现代栽培马铃薯的起源可以追溯到近 8,000 年前，位于玻利维亚和秘鲁交界处的南美洲安第斯山脉。分子学证据表明栽培马铃薯于 8,000 ~ 10,000 年前从原产于秘鲁南部的安第斯山脉二倍体野生种驯化而来（2n = 2x = 24），秘鲁南部的安第斯山脉是栽培马铃薯的单系起源地（Spooner et al，2005），马铃薯后来在赤道附近的高地（现哥伦比亚和委内瑞拉）及具有更长夏季的阿根廷和智利种植（Spooner et al，2012）。

现代基因组学下的马铃薯栽培种起源新见解

近年来，随着考古学和现代基因组学分析技术的快速发展，使得研究者对探究马铃薯的起源与演化有着更多的途径和方法。Hardigan 等（2017）利用现代基因组学方法对包含 20 个二倍体野生种、20 个南美地方品种、23 个北美品种及 4 个外类群种共计 67 个基因型进行基因组重测序，评估马铃薯的遗传变异和驯化对基因组多样性的影响，并鉴定在北美和南美品种选择种植过程中的关键基因座，鉴定出 2,622 个在驯化过程中被选择的基因，在北美和安第斯品种中发现这些基因仅共享 14% ~ 16%，表明只是有限的基因组对栽培马铃薯的早期改良起推动作用。此外，基因组数据证明了不同马铃薯野生种对长日照马铃薯亚种群进化过程中的作用，并提出了一些可能控制驯化性状选择的特征基因。在野生种、地方品种和北美栽培品种的编码序列中证实了大量的共有等位基因，栽培品种中有 20 个品种存在 73% 的野生等位基因，表明与野生种群的杂交可能促成了栽培谱系的杂合性和多样化。

黄玉碧课题组对茄科 *Petota* 组中 178 个野生种、21 个栽培种材料以及 2

个不结薯外类群种质材料进行基因组测序，基因组多样性分析结果表明，马铃薯野生种群具有很高的遗传多样性，显著高于栽培马铃薯种，尤其在抗病基因上表现出极高的多态性。系统分类学分析进一步证明，南美马铃薯地方栽培种是单系起源于秘鲁南部，由 *S. candolleanum* 野生种驯化而来，同时，鉴定出 529 个野生祖先在驯化过程丢失的与环境适应性相关的基因。群体分化和选择性分析表明，马铃薯野生群体被分为四个高度分化的亚群，该研究鉴定出几千个高度分化基因和 609 个驯化基因，包括与马铃薯苦味和块茎形成及发育相关的基因，它们在驯化过程中受到强烈的人工选择,表现出低遗传多样性。该研究的这些重要发现为马铃薯重要农艺性状基因的鉴定及进一步分子育种提供了重要基础（Li et al，2018）。

Gutaker 等（2019）对 88 个马铃薯基因型进行了基因组测序，包括 43 个南美地方品种、16 个现代栽培品种及时间跨度在 1660—1896 年的 29 个历史植物样本。基因组测序结果表明，在 1650—1750 年期间收集的欧洲马铃薯与安第斯地方品种密切相关，传入欧洲后，马铃薯与智利地方品种融合。通过对欧洲马铃薯分析表明，欧洲成为从南美洲各地引进的多种马铃薯品种的大熔炉，在后哥伦布时代，马铃薯在地理上的快速流通有利于杂交，这超出了在其原生范围内以及在有限的人为驱动下可能发生的杂交。此外，他们推测欧洲的杂交偏向性可能已经被 *AGL62* 类似基因中假定选择的突变所促进。在马铃薯中，远距离扩张与杂交习性导致了欧洲马铃薯的广泛多样性。

为探究马铃薯和近缘姊妹类群系统发生关系以及块茎的演化机制，中国农业科学院深圳农业基因组研究所黄三文团队的研究人员选取了 *Petota* 组有代表性的二倍体种质 44 份（24 份野生种、20 份栽培种）及 *Etuberosum* 组 2 个不结块茎种（*S. etuberosum* 和 *S. palustre*），利用三代测序平台进行基因组测序和组装。他们分别使用单拷贝基因簇以及全基因组随机滑窗（100 kb 的非重叠区段）构建系统发育树，前者通过 ASTRAL 软件读取 3,971 个单拷贝基因建立了主发育关系树，后者产生 1,899 个具有不同拓扑结构的系统发育树，其中 17.6% 支持 *Etuberosum* 是 *Petota* 的姊妹进化枝，这两种方法建树结果在主要节点一致，但仍有很多分歧，再一次反映出马铃薯家族进化的混乱。根据他们所测基因组数据和茄科所公布基因组推测，*Etuberosum* 在 830 万年前从 *Lycopersicon* 和 *Petota* 的共同祖先分化出来，根据其基因组数据，*Etuberosum* 是番茄和马铃薯的共同祖先的姊妹系，这与 *Etuberosum* 在进化上与 *Petota* 的关系比 *Lycopersicon* 更密切的假设相反（Tang et al，2022）。

南美洲与北美洲之间的地理隔离可能导致进化枝 1 和进化枝 2 的种演化为进化枝 3 和进化枝 4 的野生物种

以及其他地方品种的姊妹系，基因组数据也支持这种假说；研究同时还发现 *S. candolleanum* 是栽培马铃薯的姊妹系，进一步支持该物种是栽培马铃薯的直接祖先。此外，他们进一步通过比较等位基因频率，统计结果显示马铃薯组 *Petota* 及其祖先 *Etuberosum* 存在明显的基因流动，马铃薯基因组上 8.4% 的基因是由 *Etuberosum* 渗入的，种间基因交流一定程度上解释了马铃薯家族系统发育混乱的原因。

马铃薯种质资源的分类

Hawkes（1990）分类体系

马铃薯组分类历史

茄属（Genus *Solanum*）中种的数量众多，极易混淆，因此分类学家建立了不同的亚属（Subgenus），其中马铃薯亚属 *Potatoe*（G. Don）包含了马铃薯和其他在分类上与其有一定程度类似的种群；马铃薯亚属（*Potatoe*）可细分为不同的组（Section），其中马铃薯组（*Petota*，早期文献中也称为 *Tuberarium*）进一步又可分为两个亚组（Subsection），即基节亚组（*Basarthrum*）和基上节亚组（*Hyperbasarthrum*）。这两个亚组以花柄节的部位来区分，基节亚组中花柄节是在花梗的基部，而基上节亚组中花柄节与花梗基部有一定的距离，一般接近花梗中部或在花萼下面；另一个特征为基节亚组中的种均不能结块茎，而基上节亚组包括了所有能结块茎的种。实际上，基上节亚组与之后报道的马铃薯亚组（Subsection *Potatoe*）是同物异名，但马铃薯亚组被更广泛采纳。此外，Hawkes（1989）建立了另外一个亚组，即为无匍枝薯亚组（*Estolonifera*），该亚组的种与结块茎的马铃薯种在地上部分很相似，但不产生匍匐茎和块茎。

植物分类学中最常用的两个“种”为分类学种和生物学种，但若严格按生物学“种”的概念对马铃薯组进行分类，那么将只有少量几个种，而且每个种之下又将分为许多形态明显差异的种群。但实际上，马铃薯的许多栽培种和野生种之间能够自然或人工杂交产生杂种一代，这显然与生物学“种”的定义不相符。分类学种易于识别，使用方便，但不同的分类学家对同一作物的分类标准会存在一定差异，分类学种概念主观性很强，种存在的客观性难以得到清晰而准确的界定。Hawkes 及其同事认为，马铃薯不同种之间形态上的差异由多种因素构成，包括生态地理隔离、倍性和胚乳平衡数的不同、基因组和开花时期的差异等。

自林奈在 1753 年将栽培马铃薯描述为 *S. tuberosum* 以来，马铃薯种质资源分类研究从未停止，各国分类学家对原产地的马铃薯应用诸多分类方法进行分类研究，出现了不同的分类系统（主要以分类学家所承认的系和种的数目为依据）。马铃薯分类按照国际惯例遵循国际植物命名法规（International code of botanical nomenclature，ICBN）和国际栽培植物命名法规（International code of nomenclature of cultivated plants，ICNCP）。Bitter 于 1912—1913 年间首次在马铃薯亚属马铃薯组上进行系（*Series*）的描述（如 *Conicibaccata* 系和 *Maglia* 系），确认了 50 多个野生马铃薯的新种、亚种或变种。1924 年，Rydberg 将墨西哥和中美洲的马铃薯分为 5 个非正式阶元（Informal groups）：*Bulbocastana*，*Juglandifolia*，*Oxycarpa*，*Pinnatisecta* 和 *Tuberosa*。Bukasov 和 Juzepczuk 在 20 世纪二三十年代从俄罗斯出发，对在墨西哥、中美洲和南美洲探险途中收集的材料进行了广泛的分类学调查，共认定了 30 个野生种和 18 个栽培种，此外还发表了大量未报道过的种。1944 年，Hawkes 对 20 世纪 30 年代英国探险队在墨西哥和南美收集的材料进行了分类，最终描述为 52 个新种、亚种或变种，并将 Rydberg（1924）所描述的 5 个非正式阶元归入系 *Cuneoalata* 和 *Conicibaccata*。Hawkes（1956）首次对遍布整个类群的 *Petota* 组进行现代意义上的系统分类，共分为 106 个种；Correll（1962）的分类方法与此类似，引用大量的标本和精美的插图，将 *Petota* 组分为 26 个系 159 个种；Bukasov 于 1972 年将马铃薯组分为 32 个系 196 个种。

20 世纪中后期，Hawkes（1990）所提出的马铃薯种质资源综合分类处理系统被人们广为接受，他根据植物形态上的区别和结薯习性等特征将马铃薯组（*Petota*）分为两个亚组、21 个系，包含 7 个栽培种和 228 个野生种。据统计自 Correll（1962）后，不同分类学家共发表了 494 个野生分类群名称和 626 个栽培分类群名称（包括未正式发表的名称）（Spooner et al，2014）。

马铃薯组倍性与基因组

1927 年 Smith 和 Vilmorin 等发现野生马铃薯中存在多倍体，并确定了马铃薯染色体基数为 12（x = 12），随后 1929 年 Rybin 证实了栽培马铃薯中也存在多倍体。后续的研究进一步表明野生马铃薯中有多个多倍体分类系，其中 *Acaulia* 系和 *Longipedicellata* 系主要为四倍体，*Demissa* 系主要为六倍体，而 *Tuberosa* 系和 *Conicibaccata* 系中包含二倍体、四倍体和六倍体（见表 2–1）。根据 Hawkes（1989）的研究，自然界中马铃薯存在二倍体（2n = 2x = 24）、三倍体（2n = 3x = 36）、四倍体（2n = 4x = 48）、五倍体（2n = 5x = 60）和六倍体（2n = 6x = 72），野生种大部分为二倍体。在结块茎的种中，二倍体约占 73%，四倍体占 15%。7 个栽培种包括普通栽培种和原始栽培种，其中普通栽培种（*S. tuberosum*）为部分同源四倍体，而原始栽培种中有二倍体、三倍体和五倍体。大多数的二倍体、四倍体和六倍体有性可育，而奇数倍性的多倍体则表现为有性不育。表 2–2 所展示的是马铃

表 2-1 不同马铃薯系的基因组组成（Spooner et al，2014）

Hawkes（1990）的 16 个分类系	倍性	基因组组成：传统细胞遗传学和分子细胞遗传学（GISH）：Matsubayashi（1991）	传统细胞遗传学和分子细胞遗传学（GISH）：Pendinen 等（2008；2011）；Gavrilenko（2011）	分子标记：GBSSI 基因序列（Spooner et al 2008），硝酸盐还原酶基因序列（Rodr í guez and Spooner 2009）	分子标记：核进化枝；COS 标记，Cai 等（2012）	分子标记：质体进化枝
Cuneoalata	2x	–	–	–	4	–
Megistacroloba	2x	AA	–	AA	–	4
Commersoniana	2x	–	–	–	4	–
Yungasensa	2x	–	–	AA	–	4
Ingaefolia	2x	A^iA^i	–	–	3	3
Olmosiana	2x	A^oA^o	–	–	–	–
Morelliformia	2x	A^mA^m	–	BB	1	1
Polyadenia	2x	$A^{po}A^{po}$	–	BB	1	1
Bulbocastana	2x	A^bA^b	BB	BB	1	2
Pinnatisecta	2x	$A^{pi}A^{pi}$	BB	BB	1	1(仅 *S. cardiophyllum* 归为分支 2)
Tuberosa	2x	AA，AA	AA	AA	4	4
	3x	AAA^t，AAA^a	–	–	–	4
	4x	AAA^tA^t，AAA^sA^s	–	AAAA	4	4
	5x	$AAAAA^aA^t$				
Acaulia				*Acaulia* group:	*Acaulia* group:	
	4x	AAA^aA^a	AAAA	*S. acaule*-AAAA	*S. acaule*-3+4	4
	6x	AAA^aA^aXX	AAAAAA	*S. albicans*-AAAAAA	*S. albicans*-3+4	
Conicibaccata	2x	$A^{c1}A^{c1}$，$A^{c2}A^{c2}$ $A^{c1}A^{c1}C'$ C'	A^CA^C	AA	4	4
	4x		$A^CA^CA^CA^C$ (orA^CA^CPP)	AAPP(or AACC)	3+4	4
Piurana	2x	A^PA^P	PP	PP(or CC，orA^PA^P)	3	3
	4x	A^PA^PPP		PPPP，or CCCC，or $A^PA^PA^PA^P$)	3+4	3

Hawkes（1990）的 16 个分类系	倍性	基因组组成				
		传统细胞遗传学和分子细胞遗传学（GISH）		分子标记		
		Matsubayashi（1991）	Pendinen 等（2008；2011）；Gavrilenko（2011）	GBSSI 基因序列（Spooner et al 2008），硝酸盐还原酶基因序列（Rodr í guez and Spooner 2009）	核进化枝；COS 标记，Cai 等（2012）	质体进化枝
Longipedicellata	4x	AABB	*S. hjertingii*-AABB	AABB	*S. hjertingii*-1+4	4
	4x		*S. stoloniferum*-AABB		*S. stoloniferum*-1+4;(1+3;3+4)	4
Demissa			*Iopetala* group:	*Iopetala* group:	*Iopetala* group:	–
	6x	ADDD’D’	*S. hougasii*-AABB(PP)*	*S. hougasii*-AAPPPP	*S. hougasii*-3+4	4
	6x		*S. iopetalum*-AA(BB)*(PP)*	*S. iopetalum*-AAPPPP	*S. iopetalum*-1+3+4	4
	6x		*S. schenckii*–AA(BB)*(PP)*	*S. schenckii*-ABBPP	*S. schenckii*-1+3+4	4
			Acaulia group:	*Acaulia* group:		
	6x	AADDD*D*	*S. demissum*–AAAAAA	*S. demissum*-AAAAAA		4
					Acaulia group:	
					S. demissum-1+4	

“–”表示该种没有被该方法进行研究。

**S. iopetalum* 和 *S. schenckii* 的 GISH 数据支持其异源多倍体特征（Pendinen et al 2012）。BB 或 PP 表示异源六倍体中存在完整基因组；（BB）或（PP）表示异源六倍体中基因组组分不完整（仅组成基因组的部分染色体被 B 或 P 基因组探针检测到）。

薯组 19 个系中不同倍性种的分布情况。

马铃薯种之间的核型变异很小（Gavrilenko，2011），传统意义上同源或异源多倍体的界定是基于种自身及种间杂种减数分裂的分析。根据其规则的二价体配对现象，Matsubayashi（1991）认为 *Conicibaccata* 系、*Demissa* 系、*Longipedicellata* 系和 *Piurana* 系里的多倍体种是标准的异源多倍体，并提出了五基因组的假设，认为所有二倍体马铃薯种都由一个主要的基因组群“A”组成（其中变异较小的基因组群在“A”上加上标以示区分）。他提出异源多倍体种共享一个共同的基因组“A”，并与第二基因组“B”“C”“D”或“P”彼此不同。根据对种及其杂交后代染色体配对行为的分析，“A”基因组源自北美和中美洲的二倍体种 *S. verrucosum*。

基因组原位杂交（GISH）和荧光原位杂交（FISH）技术被广泛用于研究马铃薯多倍体种的基因组组成（Pendinen et al，2012）。“B”被用来表示墨西哥二倍体种 *S. cardiophyllum*，*S. ehrenbergii* 和 *S. jamesii* 的基因组（2n = 2x = 24，BB），它们与墨西哥异源四倍体种 *S. hjertingii* 和 *S. stoloniferum* 的第二个基因组群“B”同源。GISH 结果进一步证实了来自于 *S. verrucosum* 的“A”基因组存在于北美和中美洲的异源多倍体中。此外，*S. hjertingii* 和 *S. stoloniferum* 是通过融合两个不同的基因组（A 和 B）而形成（Pendinen et al，2008）（见表 2-1）。GISH 数据表明“P”基因组与 *S. verrucosum* 的“A”基因组及墨西哥二倍体种（*S. cardiophyllum*，*S. ehrenbergii*，*S. jamesii*）的“B”基因组均有差异，进化枝 3 中南美二倍体种的“P”基因组与 *S. hjertingii* 和 *S. stoloniferum*（2n = 4x = 48，AABB）的基因组仅在异源四倍体的两对染色体上有同源片段（Pendinen et al，2008）。此外，研究者还利用具有 AA、BB 或 PP 基因组的二倍体种的 DNA 标签序列，研究了 Hawkes 分类系统中 *Demissa* 系的墨西哥六倍体的基因组组成，GISH 结果显示 *S. hougasii*、*S. iopetalum* 和 *S. schenckii* 是异源多倍体，表明这三个种基因组由“A”“B”和“P”基因组群构成（Pendinen et al，2012）。总之，GISH 数据支持墨西哥异源多倍体起源假设（*S. demissum* 除外），证实了墨西哥四倍体的基因组组成，并为 *Iopetala* 种群内的有关种的亲本基因组组成提供了新的数据支撑。

Hawkes（1990）马铃薯组分类

基于植物形态、结薯习性或其他特征的差异，Hawkes（1990）将马铃薯组（*Petota*）分为两个亚组：无匍枝薯亚组（*Estolonifera* Hawkes）和马铃薯亚组（*Potatoe* G. Don）。他将与结薯马铃薯种非常相似但实际上不结块茎以及不产生匍匐茎的系都划入无匍枝薯亚组，将 226 个结块茎的马铃薯种归入马铃薯亚组中。在对所有结薯种进行比较分析后，Hawkes（1990）把相近的种集合为系（Series），无匍枝薯亚组有 2 个系。以花冠形状和花瓣排列方式为依据，在马铃薯亚组下（在种之上）细分了两个大系（Superseries）：五角星形花冠大系（*Stellata*）和轮状花冠大系（*Rotata*）。在两个大系下，他又进行系的细分，将 9 个系归于五角星形花冠大系中，10 个系归于轮状花冠大系，马铃薯组合计 21 个系，7 个栽培种均归入 *Rotata* 大系 *Tuberosa* 系中；两个大系组成马铃薯亚组（Subsection *Petatoe*）。基于 Hawkes（1990）的分类，栽培马铃薯都属于茄科（Solanaceae）茄属（*Solanum*）马铃薯亚属（Subgenus *Potatoe*）马铃薯组（Section *Petota*）马铃薯亚组（Subsection *Petatoe*）轮状花冠大系（Superseries

Rotato）马铃薯系（Series *Tuberosa*）。 表 2-2。
马铃薯种及其近缘种具体分类列于

表 2-2 马铃薯组中常见马铃薯种的分类、倍性与起源地（Hawkes，1990）

马铃薯组（*Petota* Dumortier）		基于倍性种的分布				
		2x	3x	4x	5x	6x
无匍枝薯亚组（*Estolonifera* Hawkes）						
Ⅰ	*Etuberosa* Juzepczuk（无薯系）	*S. brevidens*				
		S. etuberosum				
		S. fernandezianum				
Ⅱ	*Juglandifolia*（Rydb.）Hawkes（胡桃叶系）	*S. juglandifolium*				
		S. lycopersicoides				
		S. ochranthum				
		S. sitiens				
马铃薯亚组（*Potatoe* G. Don）						
五角星形花冠大系（*Stellata* Hawkes）						
Ⅰ	*Morelliformia* Hawkes（龙葵型系）	*S. morelliforme*				
Ⅱ	*Bulbocastanum*（Rydb.）Hawkes（球果系）	*S. bulbocastanum*	*S. bulbocastanum*			
		S. clarum				
Ⅲ	*Pinnatisecta*（Rydb.）Hawkes（羽叶裂系）	*S. brachistotrichum*				
		S. cardiophyllum	*S. cardiophyllum*			
		S. pinnatisectum				
		S. tarnii				
		S. trifidum				
		S. jamesii	*S. jamesii*			
Ⅳ	*Polyadenia* Bukasov *ex* Correll（多腺系）	*S. lesteri*				
		S. polyadenium				
Ⅴ	*Commersoniana* Bukasov（孔目松系）		*S. calvescens*			
		S. commersonii	*S. commersonii*			
Ⅵ	*Circaeifolia* Hawkes（旋卷叶系）	*S. capsicibaccatum*				
		S. circaeifolium				

马铃薯组（*Petota* Dumortier）		基于倍性种的分布				
		2x	3x	4x	5x	6x
Ⅶ	*Lignicaulia* Hawkes（木茎薯系）	*S. lignicaule*				
Ⅷ	*Olmosiana* Hawkes（奥尔莫斯薯系）	*S. olmosense*				
Ⅸ	*Yungasensa* Correll（永根生氏系）	*S. chacoense*				
		S. huancabambense				
		S. tarijense				
		S. yungasense				
轮状花冠大系（*Rotato* Hawkes）						
Ⅹ	*Megistacroloba Cárd et Hawkes*（大顶裂片系）	*S. astleyi*				
		S. boliviense				
		S. raphanifolium				
		S. sogarandinum				
		S. megistacrolobum				
		S. sanctae-rosae				
		S. toralapanum				
Ⅺ	*Cuneoalata* Hawkes（楔翼系）	*S. infundibuliforme*				
Ⅻ	*Conicibaccata* Bitter（锥形果系）	*S. chomatophilum*		*S. agrimonifolium*		*S. moscopanum*
		S. laxissimum		*S. colombianum*		
		S. santolallae		*S. ahaultii*		
		S. violaceimarmoratum		*S. longiconicum*		
				S. oxycarpum		
XⅢ	*Piurana* Hawkes（多鲑系）	*S. albornozii*		*S. tuquerrense*		
		S. cantense				
		S. hypacrarthrum				
		S. paucissectum				
		S. piurae				
XⅣ	*Ingifolia* Ochoa（羽翼叶系）	*S. raquialatum*				
XⅤ	*Maglia* Bitter（马格利亚薯系）	*S. maglia*		*S. maglia*		
XⅥ	*Tuberosa*（Rydb.）Hawkes（马铃薯系）野生种	*S. andreanum*				
		S. verrucosum				
		S. acroscopicum				
		S. bukasovii				
		S. canasense				
		S. chancayense				
		S. chiquidenum				
		S. coelestipetalum				
		S. immite				
		S. marinasense				

马铃薯组（*Petota* Dumortier）		基于倍性种的分布				
		2x	3x	4x	5x	6x
XVI	*Tuberosa*（Rydb.）Hawkes（马铃薯系）野生种	*S. medians*				
		S. mochiquense				
		S. multidissectum				
		S. multiinterruptum				
		S. pampasense				
		S. sandemanii				
		S. sparsipilum				
		S. leptophyes				
		S. alandiae				
		S. avilesii				
		S. berthaultii				
		S. brevicaule				
		S. candolleanum				
		S. gandarillasii				
		S. neocardenasii				
		S. oplocense		*S. oplocense*	*S. oplocense*	
		S. virgultorum				
		S. gourlayi		*S. gourlayi*		
		S. okadae				
		S. incamayoense				
		S. microdontum	*S. microdontum*			
		S. kurtzianum				
		S. neorossii				
		S. spegazzini		*S. sucrense*		
		S. venturii	*S. venturii*			
		S. vernei				
	Tuberosa（Rydb.）Hawkes（马铃薯系）栽培种	*S. ajanhuiri*	*S. × chaucha*	*S. tuberosum*	*S. × curtilobum*	
		S. phureja	*S. × juzepczuki*			
		S. stenotomum				
XVII	*Acaulia* Juzepczuk（无茎系）			*S. acaule*	*S. acaule*	*S. albicans*
XVIII	*Longipedicellata* Bukasov（长梗系）		*S. × vallis-mexici*	*S. fendleri*		
				S. hjertingii		
				S. papita		
				S. polytrichon		
				S. stoloniferum		
XIX	*Demissa* Bukasov（落果系）				*S. × edinense*	*S. brachycarpum*
					S. × semi-demissum	*S. guerreroense*
						S. hougasii
						S. iopetalum
						S. schenckii
						S. demissum

“×”表示杂交种。

马铃薯组主要系分类检索表

由于马铃薯的表型具有可塑性，构建马铃薯种质资源的分类检索表是一项庞大且繁琐的工程，尤其当一个系中有大量种或由于过热、过密、光照不足等导致植物材料生长发育不良时，这时构建分类检索表可能很困难甚至根本无法有效区分相似种。然而，带有花朵和浆果且田间生长良好的活体或标本在进行检索分类时稍显容易。在 Hawkes（1990）的分类系统里，在种的下一级定义了亚种，并对种和亚种有一个简单的描述，包括其分布、习性、海拔、染色体数目、胚乳平衡数及活体种质材料或标本来源等方面，每个种按字母顺序列出，并在其后面标注了引用信息。Hawkes（1990）依据不同种田间生长良好的活体植物材料或标本的花、浆果等建立索引表，用以进行马铃薯种的区分。

马铃薯组（*Petota* Dumortier）

①不形成匍匐茎或块茎……………………………②**无匍枝亚组**（*Estolonifera*）

①生长发育期间能形成匍匐茎或块茎……………………… ③**马铃薯亚组**（*Potatoe*）

②花柄节很低，几乎基生，无“刺刀”毛；偶尔有地下茎，但不产生匍匐茎或块茎；轮状花冠，紫色或蓝色花…………………………………………… **无薯系**（*Etuberosa*）

②草本茎或木本茎或介于两者之间；亮黄色花；无匍匐茎或块茎，花柄节着生于花梗基部上方一定距离……………………………………………… **胡桃叶系**（*Juglandifolia*）

③五角星形花冠，裂片长大于宽，与尖端之间无明显界限；除极个别种外，白色花冠是该大系的标志性特征………………………………… ④**五角星花冠大系**（*Stellata*）

③花冠轮状、五边形或半五角星形，花冠裂片宽大于长，与尖端之间界限很明显…………………………………………………………………… ⑭**轮状花冠大系**（*Rotato*）

④浆果为卵圆锥形，长为宽的 1.5 至 3 倍，甚至 4 倍 ……………………………⑤

④浆果为球形，偶尔为卵圆形或心形，长不及宽的 1.5 倍 ………………………⑧

⑤植株密覆产生难闻气味的腺体和致密腺毛……………………… **多腺系**（*Polyadenia*）

⑤植株无腺体………………………………………………………………………⑥

⑥复叶小，顶小叶较侧小叶大；花冠白色，五角星形，直径小于 1.5cm；浆果窄圆锥状，顶端锐尖…………………………………………………… **旋卷叶系**（*Circaeifolia*）

⑥浆果顶端不呈锐尖，花冠白色或紫色………………………………………………⑦

⑦小叶顶端钝形或圆形；花冠裂片长通常小于两倍宽；花白色或白中带紫条纹（阿根廷、巴西、巴拉圭、乌拉圭）…………………………… **孔目松系**（*Commersoniana*）

⑦小叶顶端锐尖，花冠白色（美国、墨西哥）……………………**羽叶裂系**（*Pinnatisecta*）

⑧叶型简单，无侧小叶………………………………………………………………⑨

⑧叶片有侧小叶……………………………………………………………………⑩

⑨花很小（直径小于 1.5cm），花药细长，有些横向互相贴附；植株通常具有附生习性（墨西哥、危地马拉）……………………………… **龙葵型系**（*Morelliformia*）

⑨花冠直径 2 ~ 2.5cm，花药短粗、不互相贴附，植株不附生 ………………………

……………………………………………… **球果系**（*Bulbocastanum*）

⑩植株外覆有产生难闻气味的腺体，通常还具有一些非腺毛……………………⑪

⑩植株腺体或有或无，若存在或有香甜气味……………………………………⑫

⑪草本植物；腺体气味非常强烈且难闻（墨西哥）……………… **多腺系**（*Polyadenia*）

⑪具木质茎（基部），腺体气味相当强烈（秘鲁）……………… **木茎薯系**（*Lignicaulia*）

⑫复叶具有宽翼形叶轴，呈波状；块茎具有浓密的细柔毛（秘鲁北部）……………………………………………… **奥尔莫斯薯系**（*Olmosiana*）

⑫复叶叶轴或有正常的次级小叶（interjected leaflet，在侧小叶之间的更小的成对叶统称为次级小叶）或没有，无波状翼；块茎无毛……………………………………⑬

⑬花冠裂片狭长，长是宽的两倍以上（美国、墨西哥）……………………………………………… **羽叶裂系**（*Pinnatisecta*）

⑬花冠裂片较宽，长约为宽的 1.5 ~ 2 倍（玻利维亚、阿根廷、巴拉圭、乌拉圭、巴西）……………………………………………… **永根生氏系**（*Yungasensa*）

⑭雄蕊呈松散的筒状排列，花药和花丝间在颜色和形态上无明显界限（阿根廷、智利）……………………………………………… **马格利亚薯系**（*Maglia*）

⑭雄蕊呈圆锥形或圆柱形排列；花药与花丝之间有明确界限……………………⑮

⑮浆果卵圆锥形，长是宽的两倍以上（玻利维亚向北至墨西哥）……………………………………………… **锥形果系**（*Conicibaccata*）

⑮浆果球形至卵形，长不及宽的 2 倍……………………………………………⑯

⑯花冠裂片很短且扁平，尖端短（长 1.5 ~ 2mm），花外观呈现 10 裂 ……………⑰

花冠裂片不短、扁平，尖端圆形，长度超过 2.5mm ……………………………⑱

⑰植株低矮呈莲座状，主茎极短；通常无花柄节，若存在，则靠近花萼下方（秘鲁向南至阿根廷）……………………………… **无茎系**（*Acaulia*）

⑰有花柄节，位于花梗中部偏上（高花柄节）；主茎发达（但在 S. *demissum* 中通常低矮茂密）（墨西哥、危地马拉）……………………………… **落果系**（*Demissa*）

⑱浆果卵形，顶端扁平；叶片有光泽，干燥时变得坚韧、边缘外卷；茎叶无毛或近乎无毛（秘鲁、厄瓜多尔、哥伦比亚）……………………………… **多鲑系**（*Piurana*）

⑱浆果通常为球形；植株无多鲑系的典型特征……………………………………⑲

⑲具平行的叶轴翅，偶有裂片（秘鲁北部）………………… **羽翼叶系**（*Ingifolia*）

⑲无叶轴翅；或即使存在，则每个小叶基部平滑下延，宽度逐渐减小………………⑳

⑳花冠五边形至半五角星形；无叶柄，具宽叶轴翅；无次级小叶……………………㉑

⑳花冠轮状至五边形；无宽叶轴翅；通常有次级小叶……………………………㉒

㉑茎秆低矮，顶小叶裂片远大于侧小叶裂片；花柄节很高，略低于花萼基部（秘鲁、

阿根廷、玻利维亚）……………………………………… **大顶裂片系**（*Megistacroloba*）

㉑植株纤弱，羽状全裂叶，每对小叶之间有窄楔形的叶轴翅（阿根廷、智利、玻利维亚）……………………………………………………………………………… **楔翼系**（*Cuneoalata*）

㉒弓状的花冠裂片和大的针状裂片使花冠呈圆形，针状裂片从花冠中突出；花冠半五角星形到五边形………………………………………………………… **长梗系**（*Longipedicellata*）

㉒除某些栽培种外，该系无花冠裂片，轮状花冠，无宽翼叶片，一般有相互交错的次级小叶……………………………………………………………………………… **马铃薯系**（*Tuberosa*）

Spooner（2014）分类体系

分类研究进展

尽管 Hawkes（1990）的分类体系过去一段时间被广泛使用，然而，随着分子生物学和生物技术的发展及在植物分类学上的应用，马铃薯组的部分种间隶属关系与 Hawkes（1990）的马铃薯综合分类有很大差异。由于马铃薯组中的系在形态学上通常没有明确定义，并且不同作者对种与系列的隶属关系争议较大，因此关于马铃薯种质资源的分类一直都存在着争议。

Hawkes（1990）之后的分子和形态研究以及在野外采集过程中对种的观察往往无法支持许多传统上公认的野生马铃薯种，从而导致所识别的种数量减少，Spooner 和 Salas（2006）将 Hawkes（1990）所认定的 235 个马铃薯种减少到 190 个，而 Spooner 等（2014）概述 1990 年以来的各种形态学、分子、杂交和田间观察等研究数据，提出的独立分类系统认定了 107 个野生种和 4 个栽培种，种的数量大幅减少，并提供了基于 3 个分支的种间关系的假设（见图 2-1）。

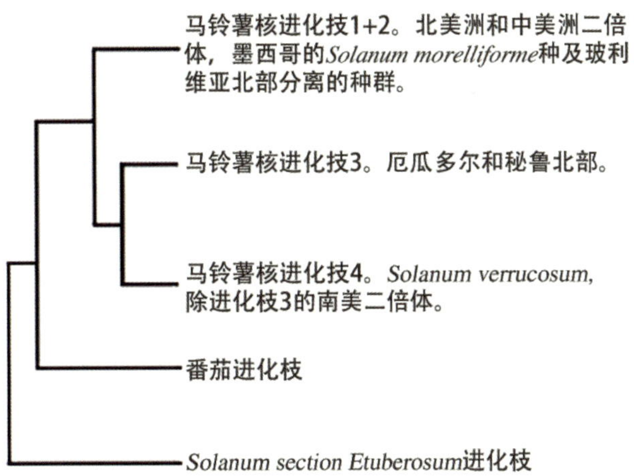

基于叶绿体限制酶切位点数据的 4 个分支，或基于核 DNA 测序数据的 3 个分支（分支 1 和分支 2 合并为分支 1+2）。

图 2-1　马铃薯组二倍体种的分支关系

基于质体DNA限制酶切位点和核DNA序列对马铃薯组的系统发育研究极大地改变了分类学家对外类群和内类群关系的认识。Spooner等（2014）的分类系统中，马铃薯组排除了Hawkes（1990）分类系统中的两个不结薯的系，将其重新归入近外类群*Etuberosum* A. Child组、*Juglandifolia* A. Child组和*Lycopersicoides* A. Child组。

Hawkes（1990）的19个结薯的系在最近研究中没有得到有力的支持，恰恰相反，根据质体限制性酶切位点数据将这19个结薯的系划分为4个进化枝，根据核DNA测序数据分为3个进化枝，除核DNA测序数据将质体限制性酶切位点数据中的进化枝1和2合并为进化枝1+2外，这两种分支的结果没有太多差异。此外，许多异源多倍体种融合了来自不同进化枝的等位基因。

马铃薯野生种分类

马铃薯种边界的形态学和分子研究

Spooner和Salas（2006）在马铃薯组全部种群范围内对种边界、起源和系统发育进行了大量的实地调查工作，并对从野外调查、植物标本室标本以及田间种植的种质中所收集的形态数据进行了分类学调查。这些形态学研究证实了种内存在广泛的形态特性变异，并且亲缘关系相近的种间的形态特性有重叠。

上述形态学分类研究通常与各种类型的分子标记和DNA序列数据相结合，主要包括同工酶、蛋白质电泳、单拷贝及低拷贝核DNA限制性酶切位点、核微卫星标记、质体微卫星标记、质体缺失标记、高度重复的核DNA、线粒体基因组RFLP、核糖体基因组内部非转录间隔区的DNA序列、直系同源核基因DNA序列以及多倍体研究。与上述形态学研究一样，这些分子研究证实了种内大量的特性变化和亲缘关系相近的种间形态特性的交叉。

从20世纪80年代开始，质体分子标记被证明是研究系统发育的高效标记（Spooner et al，1991；Huang et al，2019）。早期分类学家研究发现植物种内的叶绿体DNA（cpDNA）有丰富的多样性，这为评估植物细胞质多样性乃至物种分类提供了一种更为便捷的方法（Powell et al，1993）。Spooner和Sytsma（1992）基于叶绿体DNA限制性内切酶位点的研究结果把墨西哥和中美洲的马铃薯组分成3个进化枝（Clade）；Spooner等（1997）采用同样的分析方法对南美洲的野生马铃薯进行划分，结合上述中美洲和墨西哥种的cpDNA研究结果，最终把*Petota*组分成4个进化枝。

相对于质体对*Petota*组的分类，具有更高分辨力的细胞核分子标记广泛地用于马铃薯组的种分类。Kardolus等（1998）利用AFLP技术首次对*Petota*组的19个分类群进行系谱学分析，AFLP标记的分类与Hawkes（1990）的分类学观点基本一致。Lara-Cabrera和

Spooner（2004；2005）进一步利用形态学、AFLP 标记及核 DNA 微卫星标记验证北美洲和中美洲二倍体野生马铃薯种在进化枝 1 和进化枝 2 中的准确性，虽然微卫星标记不足以区分该部分系统种的多样性，然而形态学数据和 AFLP 标记一起补充和完善了先前叶绿体 DNA 限制性内切酶划分结果和形态学结果，很好地支持除 *S. brachistotrichium* 和 *S. stenophyllidium* 外的北美洲和中美洲的二倍体种进化枝的结果。Spooner 等（2008）利用马铃薯单拷贝基因 GBSSI 在 *Petota* 组的 13 个系 33 个种中克隆测序，与质体划分的 4 个进化枝类似，他们将 *Petota* 组分为 3 个主要的进化枝（将质体划分的进化枝 1 和进化枝 2 合并为一个进化枝，记为 clade 1 + 2）。GBSSI 数据与前期 cpDNA 数据支持的 *S. bulbocastanum* 和 *S. cardiophyllum* 与北美洲和中美洲的二倍体种的分属不同进化枝的假设不一致，这表明 cpDNA 和核 DNA 数据结果是有分歧的。

为系统性地描述 *Petota* 组系（Series）的分类，Jacobs 等（2008）做了大量的研究工作以验证 Hawkes（1990）所提出的 21 个系的假说和 Spooner 等（1997）所提出的 4 个进化枝的假说的正确性。Jacobs 等（2008）利用超过 200 个 AFLP 标记对包括 196 个不同分类群或种、15 个亚种及 17 个杂种的大约 5,000 个基因型进行基因分型，采用邻接法（NJ）和最大简约法（MP）构建了系统发育树，最终将 *Petota* 组分成了 10 个非正式的种群：北美洲二倍体群、*Acaulia* 群、*Iopetala* 群、*Longipedicellata* 群、多倍体 *Conicibaccata* 群、二倍体 *Conicibaccata* 群、二倍体 *Piurana* 群、四倍体 *Piurana* 群、*Circaeifolia* 群和 *Verrucosa* 群。根据 NJ 和 MP 所构建的种群分类结果，Hawkes 及前人所认可的大多数系都不能被认定为自然类群，同样，Spooner 及其合作者所提出的分类系统也缺少证据支持。少数种群具有较高的支持度，其内部结构显示也支持细分群，而很大一部分种不能在结构上分类，揭示了马铃薯系统发育结构的不平衡不是因为任何方法上的问题，而是马铃薯组中复杂的生物学情况所造成的。

马铃薯组内种间杂交种验证

自然种间杂交被认为是马铃薯组的一种主要进化机制（Hawkes，1990）。Spooner 和 van den Berg（1992）通过总结前人工作，认为 26 个马铃薯种源自种间杂交，其中 5 个栽培种、21 个野生种（12 个二倍体种，9 个多倍体种）。这些假定的种间杂交种大多是通过双亲的中间形态、地理分布数据推断以及人工构建的杂种和与假定的天然杂种进行性状比较后而认定。

前人研究推测 *S.* × *rechei* 是 *S. kurtzianum* 和 *S. microdontum* 的杂交种，Clausen 和 Spooner（1998）研究了 *S.* × *rechei* 的杂交起源，结果表明 *S.* × *rechei* 出现在两个亲本的地理重叠区域。此外，与 *S. kurtzianum* 和 *S. microdontum* 的自

然杂交种和人工杂交种相比，*S.* × *rechei* 的育性降低。对比前人研究，Clausen 和 Spooner（1998）的分子证据为 *S.* × *rechei* 杂交起源提供了强有力的支撑。此外，Raimondi 等（2005）通过形态学表型分析、分子数据以及种间杂种的细胞学分析来验证前人所推测的 *S. ruiz-lealii* 是 *S. chacoense* 和 *S. kurtzianum* 的自然杂交种，然而结果表明 *S. ruiz-lealii* 并不是 *S. kurtzianum* × *S. chacoense* 的近代自然杂交种，但其起源与 *S. chacoense* 有关，可能是 *S. chacoense* 与另一个未知分类单元之间的杂交，因此，他们提议继续维持 *S. ruiz-lealii* 独立种的地位（见表 2–4）。

马铃薯栽培种分类

马铃薯栽培种早期分类

地方品种是指在当地自然或栽培条件下，经长期自然或人工选择形成的品种。目前南美洲仍大约有 3,000 个马铃薯地方品种为当地农民所种植。18 世纪中叶，林奈所认可的唯一的马铃薯栽培种为 *S. tuberosum*，1852 年 Dunal 也承认了这个单一栽培种。然而 De Candolle 于 1886 年首次将智利地方品种命名为一个独特的分类单元（*S. tuberosum* var. *chiloense* A. DC.）。

20 世纪 20 年代，俄罗斯分类学家 Juzepczuk 和 Bukasov 再次对马铃薯地方品种多样性进行分类描述，他们扩宽了栽培马铃薯种的概念，采用 ICBN 分类法进一步将马铃薯细分为 13 个栽培种，但这里所说的马铃薯仅限于智利本土地方品种。这 13 个栽培种随后一直被修订，Lechnovich 于 1971 年将其修订为 21 个种，Bukasov（1978）最终将其确定为 17 个种（见表 2–3），其中 16 个来自委内瑞拉西部的安第斯山脉和阿根廷北部，还有一个来自智利中南部。他们认为 *S. tuberosum* subsp. *andigenum* 及 subsp. *tuberosum* 是独立的种，分别称为 *S. andigenum* 和 *S. chilotanum*。

1944 年，英国分类学家 Hawkes 认可的马铃薯栽培种为 18 个，与 Juzepczuk 和 Bukasov 的分类系统非常相似，但增加了 5 个新种。由于该分类系统过于复杂，因此 Hawkes 在随后的分类中大大减少了地方品种分类单元，最终分为 7 个种和 7 个亚种（见表 2–3）（Hawkes，1990）。

上述对地方品种组的分类都遵循林奈分类处理（即 ICBN 法），相比之下，另一位英国分类学家 Dodds（1962）依据 ICNCP 法分类了马铃薯地方品种，他指出大多数栽培种形态差异并不明显，因此他只承认 3 个栽培种：*S. curtilobum*、*S. juzepczukii* 和 *S. tuberosum*。随后他利用比较形态学、生殖生物学、细胞学和遗传学数据以及栽培措施又将 *S. tuberosum* 进一步分为 5 个品种组群（Cultivar Group）（见表 2–3）。此外他还认为 Hawkes（1956）利用形态特征区分不同的种夸大了质量性状

表 2-3 马铃薯栽培种在不同分类系统中的比较（Spooner et al，2014）

倍性	Dodds (1962)	Bukasov (1978)	Hawkes (1990)	Ochoa (1990，1999)	Spooner et al (2007); Ovchinnikova et al (2011); Spooner et al (2014)
2x	Series *Tuberosa* (Rydb.) Hawkes *S. tuberosum*	series *Andigena* Bukasov	series *Tuberosa* (Rydb.) Hawkes	series *Tuberosa* (Rydb.) Hawkes	
	–	*S. ajanhuiri* Juz. & Bukasov	*S. ajanhuiri*	*S. ajanhuiri*	*S. ajanhuiri*
	Group *Stenotomum*	*S. stenotomum* Juz. & Bukasov	*S. stenotomum* subsp. *stenotomum* subsp. *goniocalyx*	*S. stenotomum*	*S. tuberosum* *Andigenum* Group
	Subgroup *Goniocalyx*	*S. goniocalyx* Juz. & Bukasov			
	Group *Phureja*	*S. phureja* Juz. & Bukasov	*S. phureja* subsp. *phureja* Juz. & Bukasov	*S. phureja*	
		S. rybinii Juz. & Bukasov			
		S. boyacense Juz & Bukasov			
		S. canarense Bukasov			
		S. kesselbrenneri Juz. & Bukasov			
		S. multijungum Bukasov & Bavyko			
	Subgroup *Amarilla*				
3x	Group *Chaucha*	*S. chaucha* Juz. & Bukasov*	*S.* × *chaucha*	*S. chaucha*	
		S. choclo Bukasov			
		S. cuencanum Juz. & Bukasov			
		S. mammilliferum Juz. & Bukasov			
		S. tenuifilamentum Juz. & Bukasov			
	S. × *juzepczukii*	Series *Subacaulia* Bukasov *S. juzepczukii* Bukasov	*S.* × *juzepczukii*	*S.* × *juzepczukii*	*S. juzepczukii*
4x		series *Andigena* Bukasov			*S. tuberosum* *Andigenum* Group
	Group *Andigenum*	*S. andigenum* Juz. & Bukasov	*S. tuberosum* subsp. *andigenum*	*S. tuberosum* subsp. *andigenum* subsp. *yanacochense*	
			S. phureja subsp. *hygrothermicum* (Ochoa) Hawkes subsp. estradae	*S. hygrothermicum*	
		series *Chilotana* Bukasov			*S. tuberosum* *Chilotanum* Group
	Group *Tuberosum*	*S. chilotanum* Hawkes	*S. tuberosum* subsp. *tuberosum*	*S. tuberosum* subsp. *tuberosum*	
5x	*S.* × *curtilobum*	series *Subacaulia* Bukasov *S. curtilobum* Juz. & Bukasov	*S.* × *curtilobum*	*S.* × *curtilobum*	*S. curtilobum*

“*”表示 *S. chaucha* 是 *S. phureja* 的同源三倍体（Bukasov，1978）。

和数量性状的一致性。其后的数据支持 Dodds 的假设（Spooner et al，1999），即利用形态特征很难区分不同的种，同时也认为这些难以区分的种来源于复交。

马铃薯栽培种近期分类

Huamán 和 Spooner（2002）以 Hawkes 分类系统中的 7 个栽培种的 267 份样本材料探究栽培马铃薯分类系统的形态学证据，结果显示有些形态学证据支持 *S. ajanhuiri*，*S. chaucha*（*Andigenum* 组群），*S. curtilobum*，*S. juzepczukii* 及 *S. tuberosum* subsp. *tuberosum*（*Chilotanum* 组群）的划分，很少有证据支持其他分类单元。根据这些结果，结合杂交“种”起源、多“种”起源及持续杂交进化动力学，他们提出了新的分类学见解，即把所有的栽培马铃薯划为 1 个种 *S. tuberosum*，在这个种中分 8 个品种组群（Cultivar Group）：*Ajanhuiri* Group，*Andigenum* Group，*Chaucha* Group，*Chilotanum* Group，*Curtilobum* Group，*Juzepczukii* Group，*Phureja* Group 以及 *Stenotomum* Group。

Spooner 等（2007）用 50 个核微卫星和一个可将大多数智利低山与安第斯高山地方品种区分开来的质体 DNA 缺失标记，分析了与上述相同栽培种分类单元的 742 份种质材料和 8 份近缘种，综合 Huamán 和 Spooner（2002）的形态学数据和该批样本的历史鉴定结果，他们将栽培马铃薯分为四种：① *S. tuberosum*，分为两个品种群（安第斯高山 *Andigenum* 组群的二倍体、三倍体和四倍体以及智利低山 *Chilotanum* 组群的四倍体地方品种）。② *S. ajanhuiri*（二倍体）。③ *S. juzepczukii*（三倍体）。④ *S. curtilobum*（五倍体）（见表 2–3）。

目前世界上广为种植的马铃薯为马铃薯普通栽培种（*Solanum tuberosum*）。该种又分为 2 个品种群（Group）：安第斯品种群（*Andigenum* Group），包括安第斯高海拔地区的二倍体、三倍体和四倍体基因型；智利品种群（*Chilotanum* Group），为生长于智利低海拔地区的四倍体地方品种（Spooner et al，2007）。这 2 个品种群在地理位置上相互隔离，分别适应于不同的光周期条件，而且安第斯品种群还具有一定程度的单向杂交不亲和的特点，使得种性得以保持。

Spooner（2014）马铃薯组分类

Spooner 等（2014）系统性总结了自 1990 年以来茄属马铃薯组在系统学、多样性、遗传学、驯化、进化和育种方面的历史概况和最新进展，为马铃薯种质资源的进一步研究和利用提供参考；更新了 Spooner 和 Hijmans（2001）以及 Spooner 和 Salas（2006）的综述文章，旨在提供当前关于 *Petota* 组内种的数量和种间相互关系完全独立的分类学依据。Spooner 等（2014）把不同出版物上的种名联系起来进行总结分类，删除了许多传统上所公认的野生马铃薯种，使马铃薯组的物种数量减少了一半，最终将马铃薯重新划分为 4 个栽培种和 107 个野生种（见表 2–4）。

Spooner 等（2014）重新将两个不结薯的系分类在外类群 *Etuberosum* 中，其余 19 个结薯的系根据核 DNA 数据分为 3 个分支（分支 1+2、3、4）。他的这个分类极大地改进了 Hawkes（1990）所定义的许多种，使得我们对物种边界的界定更侧重于形态学和分子标记的分析，遵循系统发育概念的同时也能识别一个基本的生物种群（Spooner et al，2014）。

表 2–4 茄属 *Petota* 组的分类（Spooner et al，2014）

分类单元	缩写	分布[1]	倍性和 EBN[2]	核进化枝[3]
野生种				
Solanum acaule Bitter	acl	ARG，BOL，PER	4x(2EBN)，6x	Complex
S. acaule f. *incuyo* Ochoa				
S. acaule var. *punae* (Juz.) Hawkes				
Solanum acroglossum Juz.	acg	PER	2x(2EBN)	3
Solanum acroscopicum Ochoa	acs	PER	2x	[4](3)*
S. lopez-camarenae Ochoa				
Solanum × aemulans Bitter & Wittm.	aem	ARG	3x，4x (2EBN)	[4]
S. acaule subsp. *aemulans* (Bitter & Wittm.)Hawkes & Hjert.				
S. × indunii K.A. Okada & A.M. Clausen				
Solanum agrimonifolium Rydb.	agf	GUA，HON，MEX	4x (2EBN)	3+4
Solanum albicans (Ochoa) Ochoa	alb	ECU，PER	6x(4EBN)	3+4
S. acaule subsp. *palmirense* Kardolus				
Solanum albornozii Correll	abz	ECU	2x(2EBN)	3
Solanum amayanum Ochoa	amy	PER	2x(2EBN)	4
Solanum anamatophilum Ochoa	amp	PER	2x(2EBN)	3
S. peloquinianum Ochoa				
Solanum andreanum Baker	adr	COL，ECU	2x(2EBN)	3
S. burtonii Ochoa				
S. correllii Ochoa			4x(4EBN)	
S. cyanophyllum Correll				
S. paucijugum Bitter				
S. regularifolium Correll				
S. serratoris Ochoa				
S. solisii Hawkes				
S. suffrutescens Correll				
S. tuquerrense Hawkes				
Solanum augustii Ochoa	agu	PER	2x(1EBN)	3
Solanum ayacuchense Ochoa	ayc	PER	2x(2EBN)	4
Solanum berthaultii Hawkes	ber	ARG，BOL	2x(2EBN)，3x	4(4south)*
S. avoviridens Ochoa				
S. tarijense Hawkes				
S. × litusinum Ochoa				
S. × trigalense Cárdenas				
S. × zudaniense Cárdenas				
Solanum × blanco-galdosii Ochoa	blg	PER	2x(2EBN)	3

分类单元	缩写	分布[1]	倍性和 EBN[2]	核进化枝[3]
Solanum boliviense Dunal in DC.	blv	ARG, BOL, PER	2x(2EBN)	4(4south)*
S. astleyi Hawkes & Hjert.				
S. megistacrolobum Bitter				
S. megistacrolobum f. *purpureum* Ochoa				
S. sanctae-rosae Hawkes				
S. toralapanum Cárdenas & Hawkes				
Solanum bombycinum Ochoa	bmb	BOL	4x	[3+4]
Solanum brevicaule Bitter	brc	ARG, BOL, PER	2x(2EBN)	4(4south)*
S. alandiae Cárdenas				
S. avilesii Hawkes & Hjert.			4x(4EBN)	
S. gourlayi Hawkes				
S. gourlayi subsp. *pachytrichum* (Hawkes)Hawkes & Hjert.			6x(4EBN)	
S. gourlayi subsp. *saltense* A.M. Clausen & K.A. Okada				
S. gourlayi subsp. *vidaurrei* (Cárdenas) Hawkes & Hjert.				
S. hondelmannii Hawkes & Hjert.				
S. hoopesii Hawkes & K.A. Okada				
S. incamayoense K.A. Okada & A.M. Clausen				
S. leptophyes Bitter				
S. oplocense Hawkes				
S. *setulosistylum* Bitter.				
S. sparsipilum (Bitter) Juz. & Bukasov				
S. sparsipilum subsp. *calcense* (Hawkes)Hawkes				
S. spegazzinii Bitter				
S. sucrense Hawkes				
S. ugentii Hawkes & K.A. Okada				
S. virgultorum (Bitter) Cárdenas & Hawkes				
S. × *subandigena* Hawkes				
Solanum × brucheri Correll	bru	ARG	3x	[4]
S. × *viirsoii* K.A. Okada & A.M. Clausen				
Solanum buesii Vargas	bue	PER	2x(2EBN)	4
Solanum bulbocastanum Dunal	blb	GUA, HON, MEX	2x(1EBN), 3x	1(1+2)*
S. bulbocastanum subsp. *dolichophyllum* (Bitter) Hawkes				
S. bulbocastanum subsp. *partitum* (Correll)Hawkes				
Solanum burkartii Ochoa	brk	PER	2x	4
S. irosinum Ochoa				
S. irosinum f. *tarrosum* Ochoa				
Solanum cajamarquense Ochoa	cjm	PER	2x(1EBN)	3(4south)*
Solanum candolleanum Berthault	buk	PER	2x(2EBN), 3x	4
S. abancayense Ochoa				4(4north)*
S. achacachense Cárdenas				4(4north)*
S. ambosinum Ochoa				4(4north)*
S. ancoripae Ochoa				4
S. antacochense Ochoa				4
S. aymaraesense Ochoa				4
S. bill-hookeri Ochoa				4
S. bukasovii Juz.				4(4north)*
S. bukasovii var. *multidissectum* (Hawkes)Ochoa				4(4north)*

分类单元	缩写	分布[1]	倍性和 EBN[2]	核进化枝[3]
S. bukasovii f. *multidissectum* (Hawkes) Ochoa				4(4north)*
S. canasense Hawkes				4(4north)*
S. canasense var. *xerophilum* (Vargas) Hawkes				4
S. chillonanum Ochoa				4
S. coelestispetalum Vargas				4
S. hapalosum Ochoa				4
S. huancavelicae Ochoa				4
S. longiusculus Ochoa				4
S. marinasense Vargas				4(4north)*
S. multidissectum Hawkes				4(4north)*
S. orophilum Correll				4
S. ortegae Ochoa				4
S. pampasense Hawkes				4(4north)*
S. puchupuchense Ochoa				4
S. sarasarae Ochoa				4
S. sawyeri Ochoa				4
S. saxatile Ochoa，as ‘saxatilis’				4
S. sicuanum Hawkes				4
S. sparsipilum subsp. *calcense* (Hawkes)Hawkes				4
S. tapojense Ochoa				4
S. tarapatanum Ochoa				4
S. × *mollepujroense* Cárdenas & Hawkes				4
Solanum cantense Ochoa	cnt		2x(2EBN)	3
Solanum cardiophyllum Lindl.	cph	MEX	2x(1EBN)，3x	1(1+2)*
S. cardiophyllum subsp. *lanceolatum* (Berthault) Bitter				
Solanum chacoense Bitter	chc	ARG，BOL，BRA，PAR，PER，URU	2x(2EBN)，3x	4(4south)*
S. arnezii Cárdenas				
S. calvescens Bitter				
S. chacoense subsp. *chacoense*				
S. chacoense subsp. *muelleri* (Bitter) Hawkes				
S. tuberosum subsp. *yanacochense* Ochoa；(= *S. yanacochense* (Ochoa) Gorbatenko				
S. yungasense Hawkes				
Solanum chilliasense Ochoa	chl	ECU	2x(2EBN)	3
Solanum chiquidenum Ochoa	chq	PER	2x(2EBN)	3
S. ariduphilum Ochoa				
S. chiquidenum f. *amazonense* Ochoa				
S. chiquidenum var. *gracile* Ochoa				
S. chiquidenum var. *robustum* Ochoa				
Solanum chomatophilum Bitter	chm	ECU，PER	2x(2EBN)	3
S. chomatophilum f. *sausianense* Ochoa				
S. chomatophilum var. *subnivale* Ochoa				
S. huarochiriense Ochoa				
S. jalcae Ochoa				
S. pascoense Ochoa				
S. taulisense Ochoa				
Solanum clarum Correll	clr	GUA，MEX	2x	1

分类单元	缩写	分布[1]	倍性和 EBN[2]	核进化枝[3]
Solanum colombianum Dunal	col	COL ECU，PAN，PER，VEN	4x(2EBN)	3+4
S. cacetanum Ochoa				
S. calacalinum Ochoa				
S. jaenense Ochoa				
S. moscopanum Hawkes				
S. nemorosum Ochoa				
S. orocense Ochoa				
S. otites Dunal				
S. pamplonense L.E. López				
S. subpanduratum Ochoa				
S. paramoense Bitter				
S. sucubunense Ochoa				
Solanum commersonii Dunal	cmm	ARG，BRA，URU	2x(1EBN)，3x	
Solanum contumazaense Ochoa	ctz	PER	2x(2EBN)	3
Solanum demissum Lindl.	dms	GUA，MEX	6x(4EBN)	Complex[3]
S. × *semidemissum* Juz.				
Solanum × doddsii Correll	dds	BOL	2x(2EBN)	4
Solanum dolichocremastrum Bitter	dcm	PER	2x(1EBN)	3
S. chavinense Correll				
S. huanuchense Ochoa				
Solanum × edinense Berthault	edn	MEX	5x	[4]
S. × *edinense* subsp. *salamanii* (Hawkes)Hawkes				
Solanum ehrenbergii (Bitter) Rydb.	ehr	MEX	2x(1EBN)	1
S. cardiophyllum subsp. *ehrenbergii* Bitter				
Solanum flahaultii Bitter	flh	COL	4x	3+4
S. neovalenzuelae L.E.López				
Solanum gandarillasii Cárdenas	gnd	BOL	2x(2EBN)	4
Solanum garcia-barrigae Ochoa	gab	COL	4x	3+4
S. donachui (Ochoa) Ochoa				
Solanum gracilifrons Bitter	grc	PER	2x	4
Solanum guerreroense Correll	grr	MEX	6x(4EBN)	[Complex3]
Solanum hastiforme Correll	hsf	PER	2x(2EBN)	4
Solanum hintonii Correll	hnt	MEX	2x	1
Solanum hjertingii Hawkes	hjt	MEX	4x(2EBN)	1+4
S. hjertingii var. *physaloides* (Correll) Hawkes				
S. leptosepalum Correll				
S. matehualae Hjert. & T.R. Tarn				
Solanum hougasii Correll	hou	MEX	6x(4EBN)	Complex3
Solanum huancabambense Ochoa	hcb	PER	2x(2EBN)	3
Solanum humectophilum Ochoa	hmp	PER	2x(1EBN)	3
Solanum hypacrarthrum Bitter	hcr	PER	2x(1EBN)	3
S. guzmanguense Whalen & Sagást.				
Solanum immite Dunal	imt	PER	2x(1EBN)，3x	3
S. yamobambense Ochoa				
Solanum incasicum Ochoa	ins	PER	2x(2EBN)	
Solanum infundibuliforme Phil.	inf	ARG，BOL	2x(2EBN)	4
Solanum iopetalum (Bitter) Hawkes	iop	MEX	6x(4EBN)	3+4
S. brachycarpum (Correll) Correll				
Solanum jamesii Torr.	jam	MEX，USA	2x(1EBN)	1(1+2)*

分类单元	缩写	分布[1]	倍性和 EBN[2]	核进化枝[3]
Solanum kurtzianum Bitter & Wittm.	ktz	ARG	2x(2EBN)	4(4south)*
S. ruiz-lealii Brücher				
Solanumlaxissimum Bitter	lxs	PER	2x(2EBN)	4(4north)*
S. neovargasii Ochoa				
S. santolallae Vargas				
Solanum lesteri Hawkes & Hjert.	les	MEX	2x	1
Solanum lignicaule Vargas	lgl	PER	2x(1EBN)	4
Solanum limbaniense Ochoa	lmb	PER	2x(2EBN)	4(4north)*
Solanum lobbianum Bitter	lbb	COL	4x(2EBN)	3+4
Solanum longiconicum Bitter	lgc	CRI，PAN	4x	3+4
Solanum maglia Schltdl.	mag	ARG，CHL	2x，3x	
Solanum malmeanum Bitter		ARG，BRA，PAR，URU	2x(1EBN) 3x	
Solanum medians Bitter	med	CHL，PER	2x(2EBN)，3x	4(4north)*
S. arahuayum Ochoa				
S. sandemanii Hawkes				
S. tacnaense Ochoa				
S. weberbaueri Bitter				
Solanum × michoacanum (Bitter) Rydb.	mch	MEX	2x	[1]
Solanum microdontum Bitter	mcd	ARG，BOL	2x(2EBN)，3x	4(4south)*
S. microdontum subsp. *gigantophyllum* (Bitter) Hawkes & Hjert.				
S. microdontum var. *montepuncoense* Ochoa				
Solanum minutifoliolum Correll	min	ECU	2x(1EBN)	3
Solanum mochiquense Ochoa	mcq	PER	2x(1EBN)	3
S. chancayense Ochoa				
S. incahuasinum Ochoa				
Solanum morelliforme Bitter & Muench	mrl	BOL，GUA，MEX，HON	2x	1
Solanum multiinterruptum Bitter	mtp	PER	2x(2EBN)，3x	4(3，4north)*
S. chrysoflorum Ochoa				
S. moniliforme Correll				
S. multiinterruptum f. *albiflorum* Ochoa				
S. multiinterruptum f. *longipilosum* Correll				
S. multiinterruptum var. *machaytambinum* Ochoa				
Solanum neocardenasii Hawkes & Hjert.	ncd	BOL	2x	
Solanum neorossii Hawkes & Hjert.	nrs	ARG	2x	4
Solanum neovavilovii Ochoa	nvv	BOL	2x(2EBN)	4
Solanum × neoweberbaueri Wittm.	nwb	PER	3x	[4]
Solanum nubicola Ochoa	nub	PER	4x(2EBN)	4
Solanum okadae Hawkes & Hjert.	oka	BOL	2x	[4]
Solanum olmosense Ochoa	olm	ECU，PER	2x(2EBN)	3
Solanum oxycarpum Schiede	oxc	MEX	4x(2EBN)	3+4
Solanum paucissectum Ochoa	pcs	PER	2x(2EBN)	3
Solanum pillahuatense Vargas	pll	PER	2x(2EBN)	4
Solanum pinnatisectum Dunal	pnt	MEX	2x(1EBN)	1(1+2)*
Solanum piurae Bitter	pur	PER	2x(2EBN)	3
Solanum polyadenium Greenm.	pld	MEX	2x	1(1+2)*

分类单元	缩写	分布[1]	倍性和 EBN[2]	核进化枝[3]
Solanum raphanifolium Cárdenas & Hawkes	rap	PER	2x(2EBN)	4
S. hawkesii Cárdenas				
Solanum raquialatum Ochoa	raq	PER	2x(1EBN)	3
S. ingaefolium Ochoa				
Solanum × rechei Hawkes & Hjert.	rch	ARG	2x，3x	[4]
Solanum rhomboideilanceolatum Ochoa	rhl	PER	2x(2EBN)	3
Solanum salasianum Ochoa	sls	PER	2x	4
Solanum × sambucinum Rydb.	smb	MEX	2x	[1]
Solanum scabrifolium Ochoa	scb	PER	2x	3
Solanum schenckii Bitter	snk	MEX	6x(4EBN)	Complex3
Solanum simplicissimum Ochoa	smp	PER	2x(1EBN)	3
Solanum sogarandinum Ochoa	sgr	PER	2x(2EBN)，3x	4(3)*
Solanum stenophyllidium Bitter	sph	MEX	2x(1EBN)	1(1+2)*
S. brachistotrichium (Bitter) Rydb.				
S. nayaritense (Bitter) Rydb.				
Solanum stipuloideum Rusby	stp	BOL	2x(1EBN)	
S. circaeifolium Bitter				
S. circaeifolium subsp. *quimense* Hawkes & Hjert.				
S. capsicibaccatum Cárdenas				
S. soestii Hawkes & Hjert.				
Solanum stoloniferum Schltdl.	sto	MEX，USA	4x(2EBN)	Complex[3]
S. *fendleri* A. Gray				
S. *fendleri* subsp. *arizonicum* Hawkes				
S. *papita* Rydb.				
S. *polytrichon* Rydb.				
S. *stoloniferum* subsp. *moreliae* Hawkes				
Solanum tarnii Hawkes & Hjert.	trn	MEX	2x	1
Solanum trifidum Correll	trf	MEX	2x(1EBN)	1
Solanum trinitense Ochoa	trt	PER	2x(1EBN)	3
Solanum × vallis-mexici Juz.	vll	MEX	3x	
Solanum venturii Hawkes & Hjert.	vnt	ARG	2x(2EBN)	4
Solanum vernei Bitter & Wittm.	vrn	ARG	2x(2EBN)	4(4south)*
S. vernei subsp. *ballsii* (Hawkes) Hawkes & Hjert.				
Solanum verrucosum Schltdl.	ver	MEX	2x(2EBN)，3x，4x	4(4south)*
S. macropilosum Correll				
Solanum violaceimarmoratum Bitter	vio	BOL，PER	2x(2EBN)	4(4north)*
S. multiflorum Vargas				
S. neovavilovii Ochoa				
S. urubambae Juz.				
S. villuspetalum Vargas				
Solanum wittmackii Bitter	wtm	PER	2x(1EBN)	[3]
Solanum woodsonii Correll	wds	PAN	4x	4
栽培种				
Solanum tuberosum L. Chilotanum group	tub	智利地方品种	4x(4EBN)	4
S. tuberosum subsp. *tuberosum*				
Solanum tuberosum Andigenum group	tub	委内瑞拉南部到阿根廷北部的地方品种	2x(2EBN)，3x，4x (4EBN)	4
S. chaucha Juz. & Bukasov				
S. parvicorollatum Lechn.				
S. phureja Juz. & Bukasov				
S. phureja subsp. *estradae* (L.López) Hawkes				

分类单元	缩写	分布[1]	倍性和 EBN[2]	核进化枝[3]
S. phureja subsp. *hygrothermicum* (Ochoa) Hawkes				
S. stenotomum Juz. & Bukasov				
S. stenotomum Juz. & Bukasovsubsp.*goniocalyx* (Juz. & Bukasov) Hawkes				
S. tuberosum subsp. *andigenum* Hawkes				
Solanum ajanhuiri Juz. & Bukasov	ahj	BOL，PER	2x(2EBN)	4
Solanum curtilobum Juz. & Bukasov	cur	BOL，PER	5x	4
Solanum juzepczukii Juz.	juz	ARG，BOL，PER	3x	4

“1”表示国家缩写：ARG 阿根廷、BOL 玻利维亚、BRA 巴西、CHL 智利、COL 哥伦比亚、CRI 哥斯达黎加、ECU 厄瓜多尔、GUA 危地马拉、HON 洪都拉斯、MEX 墨西哥、PAN 巴拿马、PAR 巴拉圭、PER 秘鲁、URU 乌拉圭、USA 美国、VEN 委内瑞拉。

“2”表示倍性和 EBN 参考 Spooner 和 Hijmans（2001）。

“3”表示分支关系是基于质体或核进化支研究；中括号里的进化支是根据与形态相似的种进化支关系的假设。这里的核进化枝 1 包括质体进化枝 1 和 2 里的种。

“*”表示来自 Li 等（2018）基因组数据种分支关系的更新。

随着 DNA 芯片技术的快速发展，芯片技术也逐渐被应用到种质分类研究中。Hardigan 等（2015）利用包含 8,303 个单核苷酸多态性（SNPs）的微珠芯片对马铃薯组中具有广泛代表性的 25 个种的 74 份种质材料进行系统发育关系和等位基因多样性评价，系统发育结果显示基于 SNP 的遗传距离在很大程度上支持了当前马铃薯组内种的分类，多样性分析结果表明安第斯地方品种种群之间的多样性程度高于现代栽培品种。Berdugo-Cely 等（2021）用上述微珠芯片对哥伦比亚南部马铃薯育种库的 144 个基因型进行多样性、遗传结构和连锁不平衡分析，部分多态性标记所构建的亚群能将二倍体与四倍体基因型区分开，这些亚群具有高水平的杂合性和连锁不平衡，四倍体基因型的多样性水平较高，而二倍体基因型的连锁不平衡水平较高。来自秘鲁的四倍体基因型比来自哥伦比亚的基因型具有更高的多样性和更低的连锁不平衡。

基于基因组重测序的马铃薯种分类

尽管各种类型分子标记技术被广泛应用于马铃薯分类和遗传多样性研究，但马铃薯全基因组水平的遗传多样性在很大程度上仍未被探索。利用现代基因组学方法对栽培马铃薯及其野生近缘种进行分析，可以深入了解现有种质资源的基因组多样性，揭示历史遗传基因渐渗和杂交事件，并识别驯化过程中控制农艺性状变异的靶向基因，这些都是解决 21 世纪农业粮食安全问题的关键信息。黄玉碧课题组联合美国农业部（USDA）、法国国家科学研究中心（CNRS）、国际马铃薯研究中心（CIP）和北京诺禾致源（Novogene）公司等国内外科研机构，对茄科 *Petota* 组中进化枝 4 的 146 个野生种和 21 个栽培种材料，进化枝 1+2 的 14 个野生种，进化枝 3 的 18 个野生种以及 2 个不结薯外类群种合计 201 份马铃薯种质材料进行基因组测序（Li et al，2018）。系统进化树分析显示马铃薯野生种的成员分为两个支系，其中一个分支的成员来自秘鲁（北部野生亚群），而另一个分支的成员来自阿根廷、玻利维亚和智利（南部野生亚群）。在主成分分析和系统发育分析的基础上，进一步进行种群结构分析，可将野生种质分为两个亚群（见表 2–4、图 2–2）。此外，该基因组测序数据分析结果对前期 Spooner 等（2014）使用形态学和分子方法进行马铃薯组的系统发育研究、种的分类研究、种质鉴定等相关研究提供了进一步支持和证据，佐证了 Spooner 等（2014）分类系统（见表 2–4）。

基于上述 201 份马铃薯种质核基因组测序，Huang 等（2019）测序了上述 201 份马铃薯种质及 1 份番茄种质（*S. lycopersicum*）的质体全基因组。质

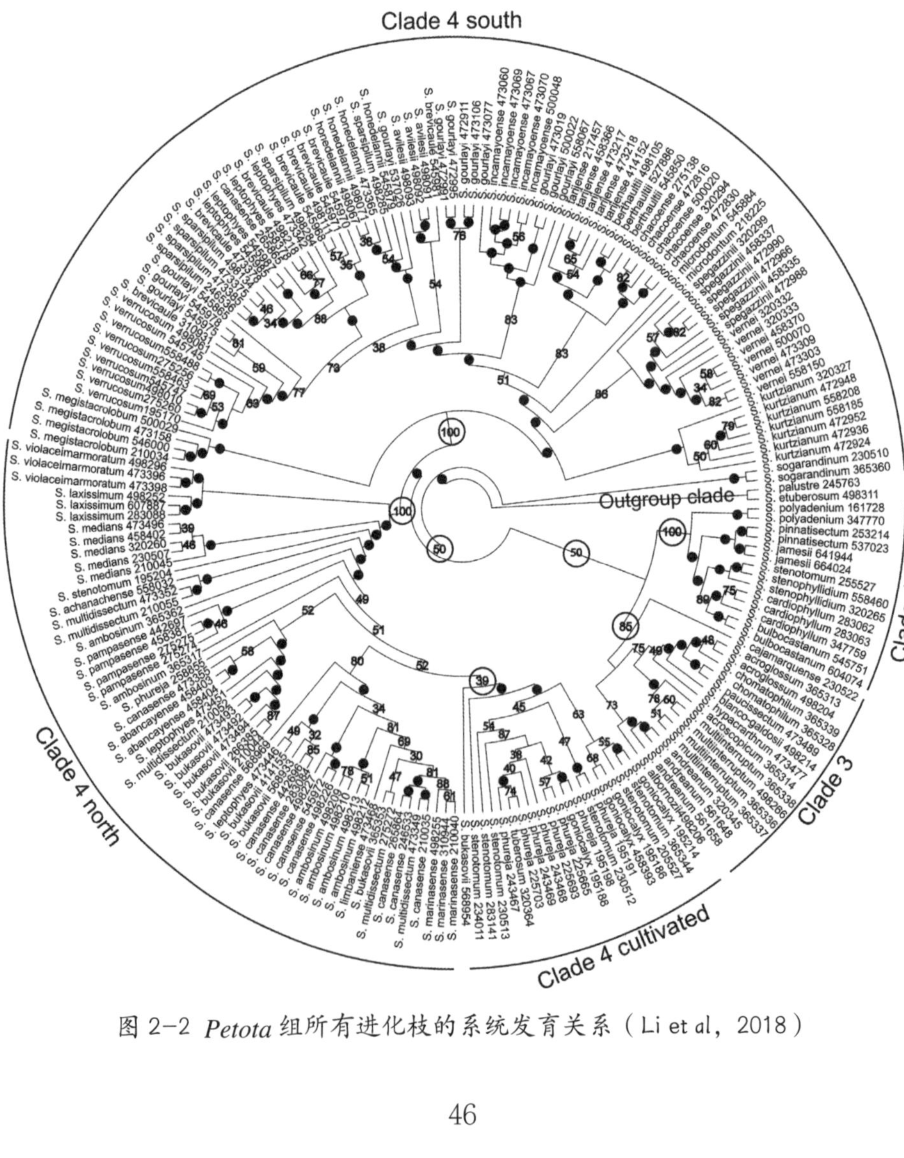

图 2–2 *Petota* 组所有进化枝的系统发育关系（Li et al，2018）

体数据所构建的系统发育树把 202 份种质划分为外类群、进化枝 1+2、进化枝 3 和进化枝 4，进化枝 4 的成员细分为栽培种的子进化枝、北部的野生种（秘鲁）、南部的野生种（玻利维亚及以南），明确地将墨西哥唯一的 A 基因组二倍体种 *S. verrucosum* 划分为南美洲南部第 4 分支的亚分支中，印证了 *S. brevicaule* 家族成员是栽培马铃薯祖先这一结论（Spooner et al，2005），但未能将先前定义的马铃薯亚种 *S. tuberosum* subsp. *phureja* 和 *S. tuberosum* subsp. *stenotomum* 单独划分为进化枝（Ovchinnikova et al，2011），认为这两个亚种为同物异名关系，进一步佐证了在 *S. brevicaule* 家族中野生种同物异名关系（Spooner et al，2014）。此外，与他们前期使用测序的核基因组数据对相同种质进行的系统发育分析相比，两者依然存在着一些冲突的地方，例如质体数据将 *S. boliviense* 的 4 个基因型划为北部野生种进化枝，而核数据却将其划为南部野生种进化枝，进化枝 4 中许多种的直系姐妹群关系在不同分子数据集之间通常有很大差异。不同类型分子标记所构建的系统发育结果的比较表明，质体数据所产生的系统发育结果与其他分子标记所产生的结果差异较大，这些不一致可能反映了真实的系统发育情况，支持 *Petota* 组里的种间杂交和基因渗入的假说。Achakkagari 等（2020）对 13 个不同马铃薯类群进行了质体全基因组测序，其系统发育分析结果与 Huang 等（2019）结果一致。

马铃薯种质资源的收集与保存

马铃薯种质资源的分布

野生马铃薯按国家分布的状况

野生马铃薯主要分布在 16 个国家（见表 3–1），秘鲁是拥有最多野生种的国家（51 种，占总数的 47%），稀有种数量也最多，共 13 种（此处定义为观测次数为 5 次或 5 次以下的种）。其次是有 27 个野生种的墨西哥和 17 个野生种的阿根廷。根据国际植物遗传资源研究所的数据库数据显示，稀有种的相对数量（在一个国家的所有物种中所占比例）在哥伦比亚（40%）、厄瓜多尔和秘鲁最高。

考虑到各国的物种丰富度，计算观测次数与物种数量之间的比率是为了评估各国的收集强度。这一比例在各国之间差异很大，例如在物种贫乏的美国和物种丰富的阿根廷都很高，这表明相对于物种丰富度而言，这两个国家对野生马铃薯的探索比其他国家更深入。但是，在许多国家这一比例很低，主要是因为这些国家的野生马铃薯物种丰富度较低。

表 3–1 野生马铃薯按国家分布的状况

国家	观察（观察次数）	总种数	特有种	稀有种（观察次数≤5)
阿根廷	4547	17	6	0
玻利维亚	1740	16	7	1
巴西	111	3	0	0
智利	85	3	0	0
哥伦比亚	165	5	3	2
哥斯达黎加	143	1	0	0
厄瓜多尔	226	8	3	2
危地马拉	135	5	0	0
洪都拉斯	10	3	0	0
墨西哥	2562	27	20	1
巴拿马	12	2	1	1
巴拉圭	121	2	0	0
秘鲁	2440	51	41	13
乌拉圭	187	3	0	0
美国	608	2	0	0
委内瑞拉	23	1	0	0
总计	13,115	107	81	20

注：Spooner and Hijmans，2001

马铃薯种的观测次数分布

按物种划分的观测次数分布并不均匀（见图 3-1）。最常观察到的种是 *Solanum acaule*（627 次观察）、*S. leptophyes*（335 次）、*S. megistacolobulum*（319 次）、*S. bukasovii*（258 次）和 *S. chacoense*（205 次），这五个种合计占记录的 29%，仅 *S. acaule* 就占 11%。观测次数最少的 72 个稀有种（占所有野生种的 37%）仅占观测记录的 3%。这种"反向 J 形"模式很常见，Hijmans 等（2000）和 Huamán 等（2000 年）也对玻利维亚种质库材料描述了类似的偏斜分布。

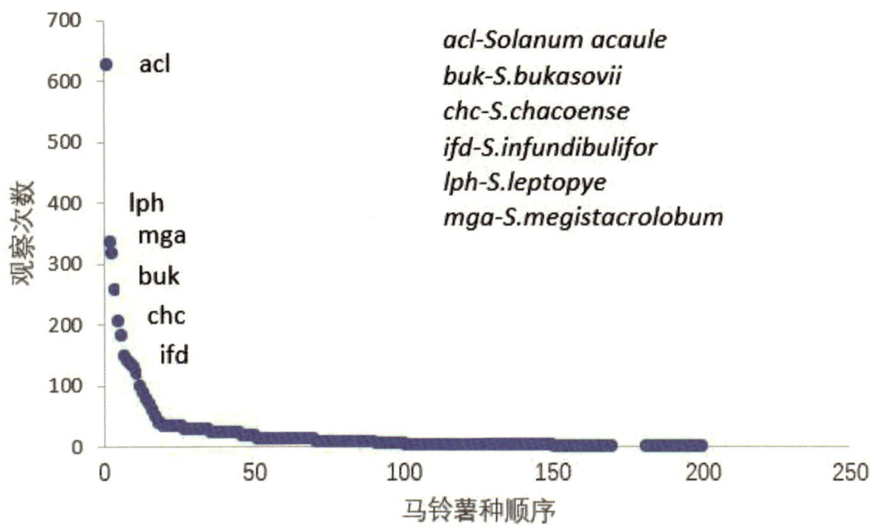

图 3-1 按马铃薯种划分的观测次数（引自 Hijmans et al，2000）

马铃薯不同倍性野生种的地理分布

由于马铃薯野生种分类复杂、鉴定困难，其分布区的划定也存在着问题。Hijmans 等（2007）根据野生种的倍性水平大概划分了分布范围。*Petota* 组的物种基本染色体数为 x = 12，包括二倍体（2n = 2x = 24）、三倍体（2n = 3x = 36）、四倍体（2n = 4x = 48）、五倍体（2n = 5x = 60）和六倍体（2n = 6x = 72）（见图 3-2）。

对于 187 种野生马铃薯，Hijmans 等（2007）对 187 个野生种总计 5,447 份材料进行了倍性测定，发现其中的 123 种为二倍体（见图 3-2，绿色）。这些二倍体基本覆盖了从美国西南部到阿根廷、智利和乌拉圭的大部分野生马铃薯分布区，有 43 个马铃薯野生种都是多倍体。三倍体和五倍体比四倍体和六倍体覆盖的区域更小。四倍体（见图 3-2，黄色）在墨西哥北部、厄瓜多尔和秘鲁直至阿根廷北部占主导地位。*S. acaule* 常见于南美洲的智利和乌拉圭，*S. stoloniferum* 则常见于中美洲和南美洲。

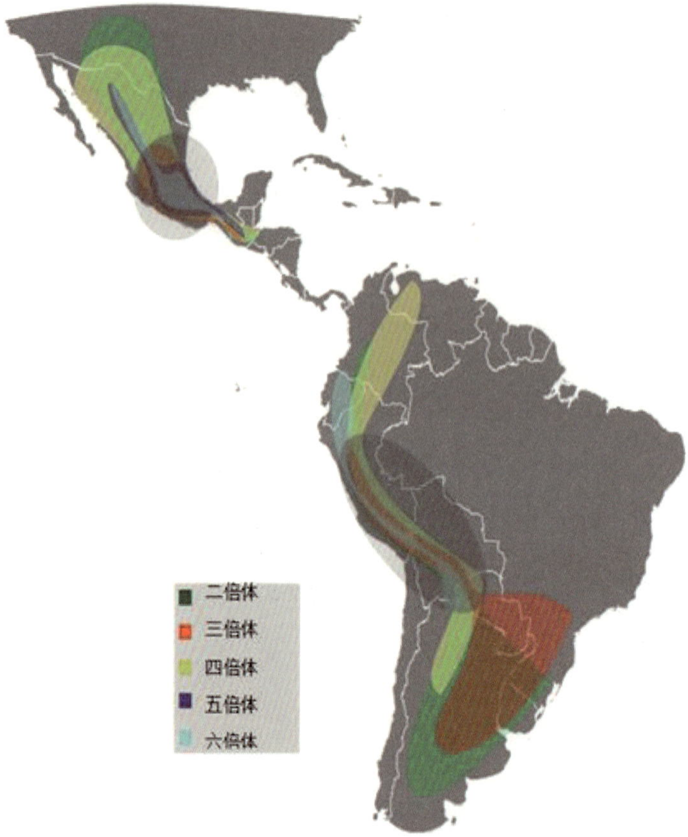

图 3-2 不同倍性的野生种的地理分布（引自 Nagel et al，2022）

在北美洲和中美洲，三倍体更多地出现在野生马铃薯分布的东南部区域，特别是极端干旱和温暖的地区。在这些区域，二倍体观察到的记录相对较少，基本只观察到三倍体和四倍体（Hijmans et al，2007）。然而，来自 Hawkes（1990）和 Spooner 等（2014）的数据表明二倍体野生马铃薯在墨西哥进化并传播到南美洲。秘鲁北部的许多多倍体研究也表明，物种在很久以前就出现了多样化（Hijmans et al，2007）。

自 20 世纪初，以布卡索夫（Букасов）为首的苏联科学家们对南美洲和中美洲的马铃薯栽培种和野生种进行了多次考察。他们发现马铃薯的栽培种在南美洲分布极广，从南纬 40° 以北到赤道以南，从海平面到高达 4,000 m 以上的安第斯山都有种植。正是由于分布范围广和环境条件差异大，造成了马铃薯种的多样性。同时，马铃薯野生种的分布范围超出南美洲外在中美墨西哥及美国西南部都有发现，在南美洲 40° 以南的地方也有野生种的生存。1938 年至 1939 年，英国科学家 Hawkes 对南美洲进行了考察。此后，美国、德国和瑞士等国学者相继对马铃薯的原产地进行了科学探索，并在欧洲和美洲建立了多个马铃薯资源库。到了 20 世纪 80 年代，科学家们仍在继续发现新的野生种，马铃薯种的数量不断增加。这些研究对于了解马铃薯的起源、演化和驯化过程具有重要意义，为马铃薯种质资源的保护和利用提供了宝贵的信息。

马铃薯种质资源收集历史

在马铃薯遗传资源的收集和研究中，不同国家的科学家和探险家们作出了重要的贡献。马铃薯遗传资源的收集开始于 1925 年至 1926 年的苏联。当时，苏联科学家 Voronov 和 Bukasov 在南美洲进行了马铃薯遗传资源的系统收集，他们在哥伦比亚、厄瓜多尔、秘鲁、玻利维亚和智利采集了大量的马铃薯样本。这些样本成为现在俄罗斯瓦维洛夫植物遗传资源研究所（VIR）的第一批马铃薯种质资源。此后，Juzepczuk 在 1926 年至 1928 年期间继续在南美洲进行马铃薯收集工作，Vavilov 则在 1930 年至 1933 年期间接任这一工作。这些收集任务使得研究人员首次得出结论，认为马铃薯是在秘鲁—玻利维亚高原和智利南部独立驯化的，并确定了大约 20 种野生马铃薯祖先。与此同时，德国也组织了几次马铃薯种质资源的科考。这些科考为德国马铃薯遗传资源库贡献了大量样本。特别需要提到的是，Danert 在 20 世纪 50 年代至 60 年代对马铃薯栽培种的分类学进行了深入的研究（Gäde et al，1998）。

19 世纪 40 年代，在英国，特别是苏格兰地区，遭受马铃薯晚疫病的严重危害。当爱丁堡皇家植物园发现抗马铃薯晚疫病的杂交种时，英国探险队在 1938—1939 年间被派往墨西哥和南美洲。他们在阿根廷、玻利维亚、秘鲁、厄瓜多尔、哥伦比亚和墨西哥共收集了 1,164 份野生种和栽培种马铃薯材料（Hawkes et al，1941），并在英国建成了英国马铃薯种质资源库（CPC），这些收集品现在仍然保存在苏格兰 James Hutton 研究所。

为避免引进对美国马铃薯产业或当地野生种构成威胁的品种，美国的马铃薯种质库于 20 世纪 40 年代末成立，当时收集任务仅是在美国境内进行的。自 20 世纪 90 年代以来，美国科学家 Spooner 与危地马拉、荷兰和德国的同事合作，在拉丁美洲国家进行了大规模的野生马铃薯收集任务，这些国家包括危地马拉（Spooner et al，1998）、阿根廷、玻利维亚、智利、哥伦比亚、哥斯达黎加、厄瓜多尔、洪都拉斯、墨西哥、巴拿马、秘鲁和委内瑞拉（Spooner and Hijmans et al，2001）。

荷兰探险队在 1955 年和 1974 年搜集的种质资源以及 1959 年 Okada 在阿根廷、玻利维亚、秘鲁和厄瓜多尔采集的野生种和安第斯马铃薯本地种则被保存在现在的荷兰马铃薯遗传资源中心（GCN）。如今，GCN 收藏了来自 12 个美洲国家的 2,700 份马铃薯材料。2004 年这些材料中的一些被送回了玻利维亚 PROINPA 维护的安第斯块根块茎国家种质库的马铃薯库（Cadima et al，2017）。

在20世纪70年代初，国际马铃薯种质库建立，坐落于秘鲁利马的国际马铃薯中心（CIP）。CIP与秘鲁国家农业研究所（Instituto Nacional de Investigación Agraria，INIA）（Huamán et al 2000）以及众多著名的国际科学家，如Bamberg，Hawkes，VanHarten，Hjerting，Hondelmann，Hoopes，Okada，Salas，Spooner和VanSoest等人展开了紧密合作。他们共同完成了300多次系统探索任务（Spooner et al，2014），并在超过12个国家进行了100多次的收集任务（Huamán et al，2000）。这当中的许多任务都是由国际植物遗传资源委员会（后改名为国际植物遗传资源研究所）资助的。CIP的Carlos在其整个职业生涯中都致力于野生马铃薯的系统分类学研究。Salas与Carlos共同领导了由Universidad Nacional Agraria La Molina组织的许多工作，后来二人也加入了CIP（Spooner et al，2014）。在2017—2018年间CIP继续与INIA联手，在秘鲁各地共同进行了18次马铃薯野生近缘种的收集任务。根据Spooner（2014）的分类法，共收集到322份马铃薯种质资源，涵盖了26个种。通过不同国家科学家和探险家的努力，全球范围内的马铃薯遗传资源得到广泛的收集和研究，为马铃薯的保护和改良提供了重要基础。这些收集活动对马铃薯的种质多样性研究和农作物改良具有重要意义，也为世界各地的马铃薯研究人员和种植者提供了宝贵的资源。

马铃薯种质资源的保存方法

原生境保存

农作物种质资源保存方式包括原生境（*in situ*）和非原生境（*ex situ*）两种。在农作物种质资源保存实践中，原生境保存和非原生境保存都很重要，二者相互补充（卢新雄等，2019）。原生境保存习惯被称为原生境保护，也称原地（原位）保护，即在植物原来的生态环境中建立保护区或保护地，使其完成自我繁衍以达到保护的目的。

传统的马铃薯农家种（Landrace）在南美洲已经种植了数千年，大多数农家种都种植在安第斯山脉，目前仍有委内瑞拉西部、阿根廷北部以及智利沿海地区的小农户在种植（Singh et al，2016）。农民和保护区通过将传统的种植方法与当地文化传统及信仰相结合来保护这些宝贵的粮食资源（Scott，2011；Lüttringhaus et al，2021）。当地的农家种和野生种分布在其自然生境中，这里相当于一个巨大的生物多样性库，对马铃薯的育种和适应环境变化及抵抗病虫害均具有重要意义。因此，原地保护分布在其自然生境的马铃薯种质资源对于维持这一全球主要作物的生产力至关重要。为了成功保护马铃薯自然生境内的所有野生近缘种，实施原生境保存与非原生境保存的相互补充策略是至关重要的。这是因为一些地域性稀有的野生近缘种正面临可能导致其迅速灭绝的严重威胁，所以应当优先对受到威胁的种质资源进行收集，并将这些珍贵资源妥善保存在种质库中（Nagel et al, 2022）。

非原生境保存

非原生境保存也称异地(异位)保存、非原生境保护，是指将植物从其原生长环境中转移到一个相对适宜的环境条件下进行集中保存，而非在原生长环境中进行保护。这种保存方式通常通过建设低温种质库、种质圃、试管苗库、超低温库等设施来实现种质资源的妥善保存（卢新雄等，2019）。马铃薯材料的保存方式是多种多样的，具体取决于材料的类型（见图 3-3、表 3-2）。野生马铃薯作为种群收集，大部分作为实生种被保存在冷藏设施中，而地方品种和改良品种的保存则需要针对每个基因型的特定等位基因组合，在田间、外植体或低温保存条件下作为无性系进行保护。

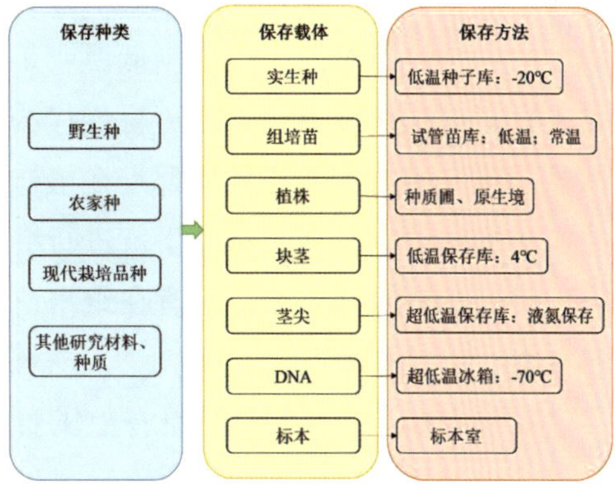

图 3-3 不同形式马铃薯材料的保存方式

试管苗保存

试管苗是保存马铃薯种质资源最普遍的一种形式，离体植株在缓慢生长储存条件下，可在无菌条件下保持较长时间的无毒状态。通常会采用较低的温度、较低的光照强度和在培养基中添加植物生长抑制剂的方法，降低植株代谢从而延长马铃薯组培苗的继代周期。

国际马铃薯中心（CIP）试管苗保存库采用低温（6 ~ 8 ℃）和培养基添加山梨醇的方式进行马铃薯组培苗的保存，光照强度为 5 ~ 20 $\mu mol \cdot m^{-2} \cdot s^{-1}$，光周期为 16h / 8h，其继代周期可达到两年之久

表 3-2 不同保存方式的保存时长比较

保存方式	保存时长
实生种保存、超低温保存	>5 年
试管苗保存	>1 年，但 <5 年
种质圃植株保存（田间、温室）	<1 年

（Panta et al，2015）。但是，在中国很多实验室的继代周期很短，大部分继代周期为 4 ~ 8 个月不等，有的实验室甚至 2 ~ 3 个月进行一次继代，花费了大量人力和物力。导致这种情况的原因有两点：一是设备条件无法控制低温或是无法稳定控制在低温；二是进行继代的标准不同，国内大部分实验都是在植株叶片开始变黄、萎蔫的状态下就进行继代，而在 CIP 的种质库，只有在组培苗非常老的时候才会继代。

试管苗保存的注意事项有：①抑制培养基要根据马铃薯材料的耐受性不同而设置不同的山梨醇浓度（见表 3-3）（Panta et al，2015）。②继代后要在温度 20 ± 2 ℃、光照强度 50 ~ 95 $\mu mol \cdot m^{-2} \cdot s^{-1}$、具有 16h / 8h 光周期的生长室培养2周左右后转移到低温（6 ~ 8 ℃）生长室。③继代培养后 5 ~ 7 d，对体外培养物进行目测评价，验证是否存在微生物污染迹象（真菌、细菌）。④定期对接种间和生长室进行消毒。⑤定期检查生长室内的组培苗，及时清理被污染的组培苗。⑥控制生长室的湿度（湿度低于 40%），以减少污染。⑦定期检测设备设施以保证正常运行。

实生种子保存

大多数茄属马铃薯组的植物都会产生有活力的种子，但由于种子的高杂合性，它们并不适用于存储特定基因型的等位基因组合。相反，种子却非常适合用于保存野生种的单个基因、单倍体或种子群体（Nagel et al，2022）。马铃薯实生种于的储存条件为：①中期贮藏中的种子在 5 ~ 10 ℃ 和 15% 相对湿度下保存约 30 年。②在长期基础储存库和安全备用储存库中，种子通常被烘干后密封在铝箔纸袋或其他容器中，并存放在 －20 ℃ 至 －15 ℃ 之间，在这种条件下保存的种子至少能保持高活力 30 年。此外，为了确保在种子活力低于初始生存力的 85% 之前能够恢复种群活力，应做种子活力监测计划，并严格按计划实施。

表 3-3 不同山梨醇浓度的抑制培养基（CIP 2016）

成分	S22 培养基	S32 培养基	S42 培养基
MS 基础盐 *(g / L)	4.33	4.33	4.33
甘氨酸 (mg / L	2	2	2
肌醇 (mg / L)	100	100	100
烟酸 (mg / L)	0.5	0.5	0.5
盐酸吡哆醇 (mg / L)	0.5	0.5	0.5
盐酸硫胺素 (mg / L)	0.1	0.1	0.1
蔗糖 (g / L)	20	20	20
山梨醇 (g / L)	20	30	40
琼脂 (g / L)	6.5	6.5	6.5
pH	5.6	5.6	5.6

*：Murashige 和 Skoog 基础盐（1962）。

超低温保存

超低温保存是一种对无性系繁殖作物进行长期保存的有效方法。植物材料储存在超低温的液氮蒸汽或液相（－196℃）环境中，此时生理、化学和代谢活动减慢到极低的速度。理论上，种质资源在这种条件下可以存活几个世纪。尽管试管苗离体保存具有一定优势，如植物可以立即用于研究和全年分发，但超低温保存是安全长期储存遗传资源的唯一方法，能够最大程度地降低损失风险（Panis et al，2020）。

CIP 自 1996 年开始尝试马铃薯的超低温保存。在试验了多种方法后，CIP 种质库选择采用了 PVS2－液滴法进行冷冻保存（见图 3–4）。这种方法最初是为收集香蕉种质资源而开发的。CIP 种质库对该操作方法进行了改进，每年都能成功冷冻保存 450 份马铃薯种质资源。

块茎保存

在需要保持基因型的马铃薯种质收集品中，块茎通常在低温和高湿条件下进行短期储存。在中国北方，春天种植块茎，在此生长季内进行鉴定，秋末收获后，储存到下一个生长季节。储存时，将块茎放入网袋中，控制温度在 3 ~ 6℃之间，相对湿度为 60% 左右。在没有冷藏设施的情况下，通常选择阴凉避光的房间进行储存。在冬季较冷地区需注意保温，以免冻伤块茎。

种质圃种植保存

田间保存是一种传统方法，用于保存植物无性系遗传资源。这种方法的优势在于，这些资源易于获取，方便鉴定，并且可以轻松得到资源的图像和标本（Panis et al，2020）。因此，大多数甚至所有种质资源都可以在田间（通常选

图 3–4 超低温保存流程示意图（CIP，2022）

择病虫害较少的地点)进行繁殖和保存。CIP 在秘鲁万卡约海拔 3,200 m 的一片 3 hm^2 的土地上种植并保存当地品种的块茎（Huamán et al，2000）。在国际马铃薯中心亚太中心（中国）的种质库每年会选择一定数量的种质资源栽种于有 60 目防虫网保护的温室中，并将收获薯块保存于 3 ~ 6 ℃的冷库中。

DNA 保存

DNA 作为生物遗传信息的载体，成为保存珍稀濒危物种遗传资源的另一种途径。此外，DNA 可以轻松地从植物细胞中分离出来，并能长期保存。在 CIP 的 DNA 库中，以 －70 ℃的温度储存了栽培种马铃薯和野生种马铃薯的 DNA 样本。同时，这些样本的详细信息也被记录在数据库中，以确保所保存的每个 DNA 样本信息的准确。这些样本都能为未来的基因型比较和分布研究发挥重要的作用。

标本保存

CIP 种质库于 2001 年 8 月成立了一个植物标本馆，收藏了野生种和栽培种的干燥植物标本，包括马铃薯、甘薯和安第斯根及块茎类作物（ARTCs）。植物标本是这些作物在不同时间点的永久记录，具有无法估量的价值，因为其中许多标本是在由于人口压力导致全球动植物种群丧失其栖息地之前收集的。它们代表了一个时间点的记录，是每个时间和地点该物种的永久记录。利用这些保存的标本进行分类研究为现在和未来提供了丰富的数据资源。CIP 的马铃薯植物标本馆是最完整的，其中包括了从美国南部科罗拉多大峡谷到智利南部 90% 以上的野生种和栽培种，这为现在和未来的研究提供了宝贵的信息来源。

标本需经过精心制备，以便长期保存和使用。这个过程从收集具有代表性的开花时的植物材料开始，然后小心翼翼地压平并使其迅速干燥，最后由标本馆专家将其永久粘贴在专用纸张上。这些纸张随后被存放在专用柜子里，用每个物种的首字母缩写标识，并按物种和采集者名称的系统顺序排列。植物标本馆环境要求为温度 19 ~ 21 ℃，相对湿度 45% ~ 50%。工作人员会定期检查标本，以保证其质量和清洁度，并替换可能会随时间而磨损的材料(如更换胶带、垫子或硬纸板）。日常管理还要注意防虫蛀和发霉。

种质资源安全备份保存

安全备份保存是一种关键的策略，以确保遗传资源的长期保存，避免不可逆的损失。通过将每一份资源分别存放在具有一定空间距离的种质库中，可以降低因流行病、灾害或战争等原因导致种质资源全部毁灭或部分丢失的风险。这种方法使得当某个库中的种质资源受到损失时，可以从备份库中复制受损的种质资源。

为了实现这个目标，通常会选择距离较远的地理位置来建立备份库。在国内建立一个备份库，同时在另一个国家建立一个国际备份库，这样可以进一步提高种质资源保存的安全性。

CIP 已经采取了这种策略，确保马铃薯种质资源的安全存储。除了在秘鲁的万卡约建立本国备份库外，CIP 还将马铃薯种质资源备份保存在位于巴西和挪威的国际备份种质资源库中。这样无论哪个库出现问题，其他库中的备份都可以用于恢复遗失或受损的资源，从而确保这些珍贵的遗传资源得到最大程度的保护。

国际马铃薯种质库保存现状与资源库介绍

国际马铃薯种质库保存现状

种质资源是作物进行可持续生产的战略性资源。为养活日益增长的世界人口，有效地保护和利用种质资源很有必要。种质库是一种保存种质资源的生物样本库，其在保护和分发种质资源以及可持续的粮食生产研究方面起着关键作用。这些种质资源会在专业人员的监督下将其从自然产地迁离出来进行非原生境保护。在农业上，种质库通常被用来储存和保护主要作物及其野生亲缘种的植物遗传资源。在这里，我们需要引入一个概念——“Accession（编号）”，用于种质库描述不同的物种、品种或个体，是种质库中个体样本的通用术语。

马铃薯种质库起源于苏联科学家的种质收集工作。20 世纪 20 年代，苏联科学家便开始在中南美洲进行马铃薯种质资源的收集，这些资源至今仍被保存在俄罗斯瓦维洛夫植物遗传资源研究所的种质库中（Ovchinnikova et al，2011）。从那时起，人们在收集、维护、交流和评估这些马铃薯种质资源方面投入了大量精力。

马铃薯种质库通常会采用种子保存、田间苗圃、离体保存、冷冻保存等多种方法。栽培种马铃薯主要通过离体保存、冷冻保存等方式来进行保存，而野生马铃薯品种则主要是以种子（马铃薯实生种子，TPS）的形式被收集和保护（Salas et al，2008）。一般来说，马铃薯遗传资源主要存储在全球范围内的田间苗圃库中，许多马铃薯离体保存种质库还会对马铃薯种质资源进行短期（3 个月）和中期（3 年）的体外培养（Machida-Hirano and Niino，2017）。此外，全球约有 190 种栽培种马铃薯的近缘野生种被保存在植物园中（https://www.fao.org/agriculture/crops/thematic-sitemap/theme/

seeds-pgr/sow/sow2//zh/）。

在马铃薯种质库中保存的种质资源主要分为四个种类：

（1）野生马铃薯（Wild potato）：生长于生物多样性中心（南美洲），包括产块茎的种和不产块茎的种。它们既可以进行有性繁殖，也可以进行无性繁殖。关于野生马铃薯的分类，有两种主要的分类方法。第一种分类方法是根据 Hawkes（1990）分类体系，将野生马铃薯分为 228 个种。第二种分类方法是基于 Spooner 等（2014）提出的新的分类体系，将野生马铃薯分为 107 个种。需要注意的是，目前这两种分类方法都有种质库在使用。

（2）农家种（Landraces）：在特定的生态地理区域内，在传统或现代农业环境中，利用传统和现代育种技术而演化出的栽培品种。一般是指存在于生物多样性中心的本地马铃薯品种。

（3）现代马铃薯品种（Modern potato cultivars，*S. tuberosum* subsp. *tuberosum*）：具有高度同质性（homogenous）的品种，它们不需要参考特定生态地理区域的生长情况即可被广泛应用，通常由育种公司和合作社管理。

（4）其他研究材料、种质：包括育种品系、种间杂交种、基因改良品种等。

根据世界粮食和农业植物遗传资源信息和早期预警系统（WIEWES，https://www.fao.org/wiews/zh/）以及作物信托基金（Crop Trust）提供的数据（Nagel et al，2022）显示：目前在全球范围内共有 82,293 份马铃薯种质资源被保存于 59 个国家的 89 个机构和 4 个国际 / 地区研究中心（见图 3-5）。

法国、德国、印度、俄罗斯、美国以及 CIP 共同保存了世界上所有马铃薯种质资源的 50% 以上。综合来看，欧洲地区保存马铃薯种质资源最多，其中法国国家农业研究所 INRA 保存了 12,120 份，占全球马铃薯种质资源的 11%，其

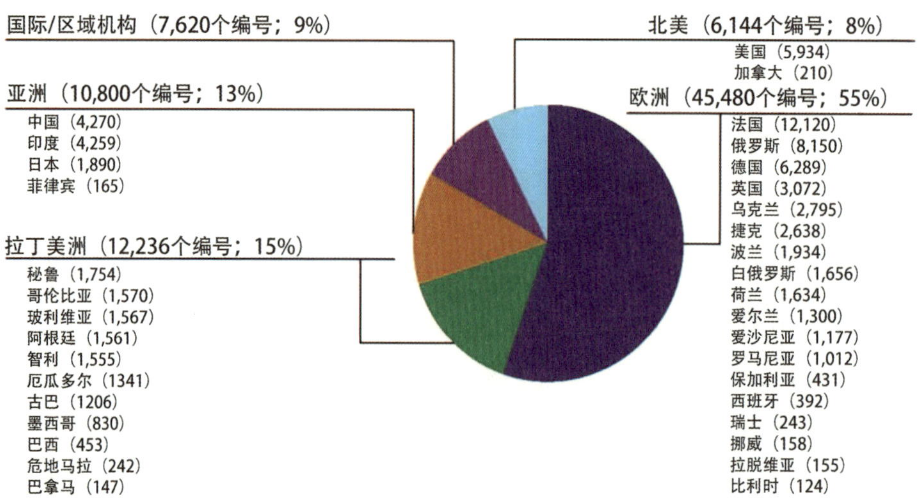

图 3-5 世界上马铃薯种质资源保存情况（Nageletal，2022）

表 3-4 世界上保存马铃薯种质资源最多的种质库（Nagel et al，2022）

机构名称	机构性质	所在国家	W－L－V－B* %	种质资源总数
国家农业研究所（INRA）	政府机构	法国	5－2－10－83	12,120
瓦维洛夫植物遗传资源研究所（VIR）	政府机构	俄罗斯	24－40－29－7	8,150
国际马铃薯中心（CIP）	国际机构	秘鲁	35－60－5－0	7,467
莱布尼茨植物遗传学和作物植物研究所（IPK）	政府机构	德国	22－37－31－10	6,247
国家植物种质资源系统马铃薯种质库（NPGS）	政府机构	美国	69－20－5－6	5,900
中央马铃薯研究所（ICAR）	政府机构	印度	8－3－62－2	4,257

*：W-L-V-B 分别代表种质库中野生种（wilds pecies）、农家种（land rances）、改良品种（improved varieties）以及育种品系（breeding line）所占比例。

余依次是俄罗斯瓦维洛夫植物遗传资源研究所（VIR）、国际马铃薯中心（CIP）、德国莱布尼茨植物遗传学和作物植物研究所（IPK）、美国国家植物种质资源系统马铃薯种质库（NPGS）以及印度中央马铃薯研究所（ICAR），如表 3-4 所示。

而在中国，虽然马铃薯自明朝起传入中国已有 400 余年的历史，但在马铃薯的种质资源收集方面却起步较晚。1958 年黑龙江省农业科学院克山分院（原克山马铃薯研究所）开始收集全国范围内的马铃薯种质资源。根据 2022 年调查结果显示，黑龙江省农业科学院克山分院和中国农业科学院蔬菜花卉研究所共保存有 4,270 份马铃薯种质资源（Nagel et al，2022）。与作物信托基金 2006 年的调查数据相比，中国农业科学院蔬菜花卉研究所保存的马铃薯种质资源数有着显著增长。

主要马铃薯种质库介绍

世界上部分国家或机构所设置马铃薯种质库网站见表 3-5 所示。

表 3-5 世界上部分国家或机构马铃薯种质库网站

马铃薯种质库	所属国家或机构	网站
国际农业磋商组织遗传资源系统	国际农业磋商组织 (CGIAR)	https://doi.org/10.15468/uw1buh
国际马铃薯中心	国际马铃薯中心 (CIP)	https://genebank.cipotato.org/gringlobal/search.aspx
植物遗传资源全球信息系统	国际粮农组织 (FAOW)	https://ssl.fao.org/glis/
世界粮食和农业植物遗传资源信息和早期预警系统离体保存植物遗传资源收集系统	国际粮农组织 (FAO)	https://www.fao.org/wiews/data/ex-situ-sdg-251/search/en/
栽培马铃薯数据库 (ECPD)	欧盟	https://www.europotato.org/

马铃薯种质库	所属国家或机构	网站
瓦赫宁根荷兰遗传资源中心 (CGN)	荷兰	https://www.wur.nl/nl/onderzoek-resultaten/wettelijke-onderzoekstaken/centrum-voor-genetische-bronnen-nederland-1/plant/genebank/cgn-crop-collections/cgn-potato-collection.htm
莱布尼茨植物遗传学和作物植物研究所 (IPK)	德国	http://www.ipk-gatersleben.de/en
邓迪英联邦马铃薯收集中心	英国	https://ics.hutton.ac.uk/germinate-cpc/#/home
苏格兰农业科学和咨询局 (SASA)	英国	https://www.sasa.gov.uk/
国家农业研究所雷恩分所 (INRA-RENNES)	法国	https://www6.rennes.inrae.fr/igepp/L-IGEPP/Plateformes/BrACySol
Havlickuv Brod 马铃薯研究所有限公司 (HBROD)	捷克共和国	https://www.vubhb.cz/
马铃薯研究和育种研究所 (SVKLOMNICA)	斯洛伐克	https://www.vurv.sk/en/
瓦维洛夫植物遗传资源科学研究所(VIR)	俄罗斯	http://www.vir.nw.ru/
国立农业与食物研究组织 (NARO)	日本	http://www.naro.affrc.go.jp/english/laboratory/nias/
中央马铃薯研究所	印度	https://cpri.icar.gov.in/
国家蔬菜作物研究中心 (Embrapa Hortalifas)	巴西	https://www.embrapa.br/en/international
博戈塔哥伦比亚农业研究公司	哥伦比亚	https://www.agrosavia.co/
国家农林创新研究所 (INIAF)	玻利维亚	http://200.12.252.54/gringlobal/
巴尔卡塞 (INTA-Balcarce)	阿根廷	http://www.inta.gov.ar/balcare
国家林业、农业和畜牧业研究所 (PNP-INIFAP)	墨西哥	https://www.gob.mx/inifap
国家植物种质资源系统马铃薯种质库 (NRSP)(原美国威斯康星州斯特金湾马铃薯种质库 NR6)	美国	https://npgsweb.ars-grin.gov/gringlobal/site?id=29
国家马铃薯种质试管苗库 (克山)	中国	http://www.hljnkyksfy.cn/

国际马铃薯中心

国际马铃薯中心（CIP）建有世界上最大的马铃薯体外保存库。CIP 的种质库是第一批获得 ISO 17025 认证的种质库之一，以确保种质资源的安全。CIP 的马铃薯种质资源收集始于 20 世纪 70 年代初期，不仅在全球范围内进行收集，也包括捐赠而得的一些材料。CIP 种质库离体保存种质资源的时间超过 30 年，所保存的栽培马铃薯种质资源也被全球所广泛使用。目前 CIP 种质库保存着 7,467 个马铃薯离体保存编号，这些离体保存植株可以储存约两年，无需继代培养。该种质库中可进行分发的马铃薯种质资源高达 5,502 份，其中有栽培种 4,310 份、野生种 1,192 份。这些马铃薯种质资源进行国际交流与交换时需在《粮食和农业植物遗传资源国际条约》的条款与标准材料转让协议（SMTA）指导下进行分发。申请者可登录网址（https://genebank.cipotato.or /gringlobal/search.aspx）对所需种质资源进行查询订购。CIP 还维护着大型的马铃薯种质资源的超低温保存库，以用于这些资源的长期储存。同时，还有一个马铃薯种质资源DNA库。此外，CIP还与农民和当地组织合作，在马铃薯的起源地——安第斯高地进行马铃薯种质资源的就地保护。CIP以及其他由粮食和农业植物遗传资源国际条约（ITPGRFA）信托保管的CGIAR种质库进一步提出了在两个不同地点备份的方案，一个是在国内备份，另一个是在其他国家或机构备份。对于马铃薯野生近缘种这样的以实生种子保存的遗传资源，备份于挪威的Svalbard全球种子库（https://www.nordgen.org/sgsv）；对于离体保存的马铃薯种质资源收集品则备份于巴西的Cenargen-Embrapa（https://www.embrapa.br/recursos-geneticos-e-biotecnologia）。

德国

德国莱布尼茨植物遗传和作物研究所（The Leibniz Institute of Plant Genetics and Crop Plant Research，IPK）的种质库是世界上最大的植物种质资源库之一，其植物种类和样本数量非常丰富。目前它的收藏包括151,348个样本，涵盖92个科、758个属和2,912个物种。该种质库是IPK研究结构的重要组成部分，是研究部门“Genebank”的核心职责之一。该种质库的主要职责是收集、保存和表征其植物遗传资源，并开展与植物遗传资源保护相关的研究和开发。种质库建于Gatersleben，Malchow和Groß Lüsewitz三个地点，目前有来自南美洲和中美洲的2,845份马铃薯种质资源以及来自欧洲和北美洲的超过2,800份栽培种马铃薯种质资源被保存于Groß Lüsewitz。

法国

法国国家农业研究所（Institut National de la Recherche Agronomique，INRA）是法国专门从事农业研究的机构，于2020年与法国国家环境和农业科学技术研究所（National Research Institute of Science and Technology for Environment and Agriculture，IRSTEA）合并成立了法国国家农业、食品和环境研究所（National Research Institute for Agriculture，Food and the Environment，INRAE）。INRAE的主要研究领域包括农业生态学、植物学、畜牧业、食品营养、经济学和公共政策等方面。同时，INRA也建有种质库，其马铃薯种质库位于雷恩分所（INRAE-Rennes），至少保存有全球11%的马铃薯种质资源。

荷兰

荷兰遗传资源中心（Centre for Genetic Resources，the Netherlands，CGN）源于德国联邦食品、农业和林业部（现为食品、农业和消费者保护部）与荷兰农业、自然和食品质量部在1974年签署的一项关于马铃薯遗传资源合作活动的协议，其马铃薯种质库中马铃薯种质资源主要是由科隆Max-Planck研究所保存的埃尔温·鲍尔收集的种质资源（Erwin Bauer Sortiment，EBS）和荷兰瓦赫宁根农业大学植物育种系保存的瓦赫宁根收集的种质资源（Wageningse Aardappel Collectie，WAC）合并而来。这些种质资源中约有 55% 符合欧盟关于植物健康的要求，可供种质资源分发，包含 112 个野生种（Hawkes 分类法）的 1,240 个编号和 4 个传统的安第斯栽培种的 220 个编号，这些种质资源主要来源于南美洲和北美洲的 12 个国家。

日本

日本国家农业和食品研究组织（National Agriculture and Food Research Organization，NARO）下属的遗传资源研究中心是日本保护与农业相关的植物、微生物和动物的中央协调机构。NARO 种质库与日本各地的研究机构协同开展植物、微生物和动物遗传资源保护活动。种质库曾经以NIAS种质库的名义进行，但由于组织重组，从 2016 年 4 月起更名为 NARO 种质库。NARO 种质库积极参与其他国家在农业相关遗传资源的调查研究方面的合作活动。在所有与遗传资源保护有关的活动中，NARO 种质库都遵循国际社会规范和国家法规。在 NARO 种质库系统内收集的日本植物和微生物种质资源均可用于研究使用。目前 NARO 种质库中保存有 1,890 份马铃薯种质资源，其中约 620 份马铃薯种质资源可供分发。

美国

美国国家植物种质系统（National Plant Germplasm System，NPGS）负责开发和维护种子以及其他种质形式的作物资源及其野生亲缘种的收集品。该系统旨在保护作物的遗传多样性，并将其分发给世界各地的育种者和研究人员用于研究。NPGS 在美国各地拥有多个种质库，每个种质库都特别关注其所在地区的植物。其最终目标是保护植物的遗传多样性，特别是在气候变化和土壤条件变得更具挑战性的情况下，以提高作物对病虫害的抵抗力及对不同环境的适应性，并确保子孙后代的粮食安全。NPGS 为研究人员提供了可分发的植物材料的目录，研究人员可通过查询并向机构申请样品，其每年至少向世界免费分发约 50,000 份植物遗传材料。NPGS 的美国马铃薯种质库成立于 20 世纪 40 年代末，目的是避免从国外引进可能对马铃薯产业或本土野生种构成威胁的品种；坐落在威斯康辛州的斯特金湾，目前约有 5,000 份马铃薯材料可供分发；可登录网址（https://npgsweb.ars-grin.gov/gringlobal/search）对所需种质资源进行查询订购。

俄罗斯

俄罗斯收集马铃薯种质资源始于 1919 年，由 Bukasov 所在的农业科学委员会应用植物学部门下的人民委员会（后更名为瓦维洛夫植物遗传资源研究所，N. I. Vavilov All-Russian Institute of Plant Genetic Resources，VIR）领导。这里曾有世界上最完整的马铃薯品种资源

（Bukasov and Kameraz，1959）。目前，VIR 种质库中马铃薯种质资源分为六个类别：①野生种，2,640 份。②原始栽培种（二倍体、三倍体和五倍体），600 份。③四倍体 *S. tuberosum* ssp.*andigenum*，2,650 份。④四倍体智利农家种 *S. tuberosum* ssp. *tuberosum*，120 份。⑤育成品种 2,100 个，其中约 320 个是由俄罗斯及其邻国培育的品种。⑥种间杂交种（Interspecific hybrids），570 份。这六个类别的种质资源收集品都由单独的管理员负责（Gavrilenko et al，2010）。需要注意的是，VIR 的种质库中所维护的资源仍然按照 Bukasov 的分类系统进行分类，而非 Hawkes 或 Spooner 等提出的分类系统。

中国

中国的马铃薯种质资源主要集中在国家马铃薯种质试管苗库（克山），该库依托黑龙江省农业科学院克山分院（原黑龙江省农业科学院马铃薯研究所），是亚洲最大的马铃薯种质库，1958 年起负责全国马铃薯资源的搜集、保存、整理和利用研究工作。“七五”期间开始建设组培室，保存试管苗。1996 年接收国家种质库部分试管苗资源，改建组培室，采用库、圃双轨保存。目前库里累计收集保存包括野生种、地方品种、育成品种及品系等 13 个种（含亚种）的种质资源共 3,300 余份，已编目马铃薯资源 2,600 份，为全国的主要育种单位提供育种材料 5,000 余份次，选育出马铃薯新品种 200 多个，对中国马铃薯种质资源的收集、整理、保存与利用作出了重要贡献。

欧盟品种数据库

在欧洲，马铃薯是仅次于小麦的第二重要作物。为了更好地利用欧洲的马铃薯种质资源收集品，不断开发具有新特性的品种，降低生产中化工产品的使用（例如减少杀虫剂和化肥），为消费者提供更高质量的产品，欧盟联合马铃薯项目 RESGENRESGEN（https://ecpgr.cgn.wur.nl/eupotato/general.htm）应运而生。而为了协调欧盟内已存在的数据库，为欧洲的农民、育种者和科学家提供更方便的使用体验，欧盟马铃薯数据库——欧盟栽培马铃薯数据库（European Cultivated Potato Database，ECPD）（https://www.europotato.org/）被开发出来。它是一个在线的马铃薯品种数据库，用户可通过品种名称或选择所需特征进行搜索。该数据库按品种、性状、原产国和贡献者进行索引。该数据库由苏格兰农业科学和咨询局（SASA）在欧洲植物遗传资源合作计划（ECPGR）框架内进行维护和更新，该计划由生物多样性国际组织协调，旨在保护植物遗传资源并促进其在欧洲的增加和利用，但由于 ECPD 只是品种数据库，并不能提供种质资源的分发。

CIP 种质库

CIP 种质库资源管理

为了保护这些珍贵的遗传资源，CIP 等多个机构致力于收集、保存和研究马铃薯的遗传多样性。信息管理系统能为这些工作提供技术支持，以帮助研究人员更有效地管理、保护和利用植物遗传资源。

CIP 种质库的数据库基于全球遗传资源信息网络（GRIN-Global）平台构建。GRIN-Global是一个开源的数据库软件，为全球种质库提供统一的数据管理平台。通过 GRIN-Global，种质库可以管理和共享有关植物种质资源的详细信息，包括种质的来源、特性、遗传多样性等（见图 3-6）。GRIN-Global 由国际作物多样性信托基金与美国农业部农业研究局（USDA-ARS）及全球多样性保存机构（Bioversity International）合作开发以支持全球种质库的信息管理工作。目前，许多国际和国家种质库已经采用 GRIN-Global 作为他们的主要数据管理系统，使种质库之间实现互联。CIP 种质库的数据从 2017 年开始迁移到 GRIN-Global，这是第一个能为每个入库种质资源分配永久 ID 以及 DOI 的种质库（见图 3-7）。CIP 也参与开发了 GRIN-Global 的部分插件：移动应用程序和向导工具。在未来，CIP 种质库也会测试新的 GRIN-Global 社区版。

全球最大种质库的数据库可以通过一个共享平台——Genesys 进行查询。Genesys（https://www.genesys-pgr.org）是一个全球性的在线平台，旨在促进植物遗传资源（PGRFA）的保护和可持续利用。平台由国际作物多样性信托基金、Bioversity International 和其他国际合作伙伴共同开发。全球多个种质库由 CGIAR 种质库平台进行协调。CIP 入库种质资源的数据每年至少有 2 次从 CIP 数据库传送到 Genesys。Genesys 为科研人员、育种者和政策制定者提供了方便，帮助他们查找和访问全球种质库中保存的植物种质资源信息。还有许多国家和地区的种质库机构也为 Genesys 提供了宝贵的植物种质资源数据。目前已收录了超过 350 万份植物种质资源数据，涵

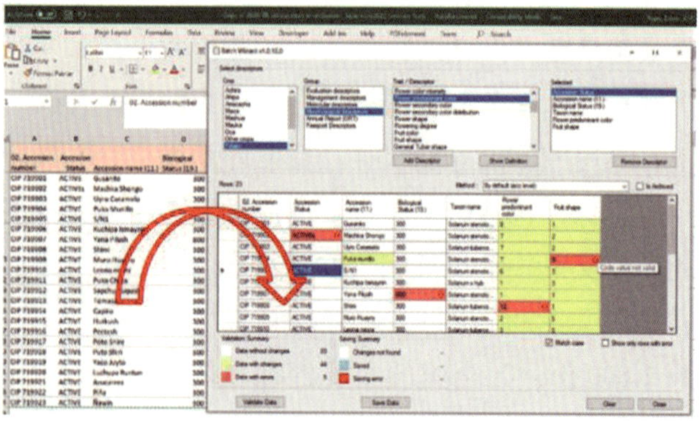

图 3-6 CIP 种质资源管理查询后台

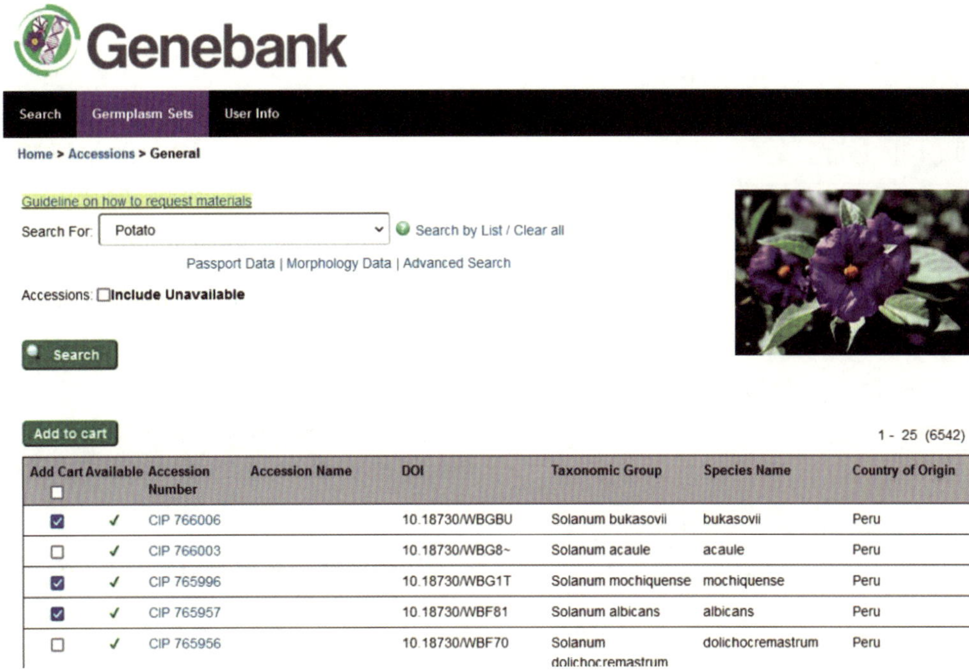

图 3-7 CIP 种质资源管理查询获取界面

盖全球主要粮食作物、特色作物和野生亲缘种。用户可以通过关键词搜索、高级筛选、地图查询等方式，查找并访问有关植物种质资源的详细信息，包括种质的特性、遗传多样性、地理分布等。

科技发展是人类社会发展的必然结果，数字化时代的到来使得数字化工具成为组织及个人适应时代发展的必然选择。由于数字技术能提高工作效率和质量，所以需求持续增加。CIP 选择通过条形码加移动设备实现种质库管理的数字化和自动化，以打印标签代替手写，以扫描条形码代替文字阅读。自 2000 年在离体保存中打印的第一个条形码开始，CIP 在所有种质库程序中使用条形码标签以减少人为错误，改善数据收集方式并且便于研究人员追溯信息。目前 CIP 种质库拥有 40 部手持移动终端、14 台台式条形码打印机、12 台移动条形码打印机、10 台手持扫描器，每年至少打印 100 万枚标签。

综上所述，采用统一的数据管理系统可以确保所有关于种质资源的数据都能在一个平台上存储、访问和更新，从而提高数据管理的效率和准确性；遵循国际上广泛认可的标准，如 FAO 的多样性国际和国际植物遗传资源研究所（IPGRI）制定的描述符等，以确保数据的兼容性和可比性；建立数据共享机制，以便各国家、机构和研究者之间可以方便地访问和交流种质资源数据，这可以通过创建在线数据库、数据门户和 API 等方式实现；与国际组织和其他国家的种质资源管理部门建立合作关系，共享经验、资源和技术，共同提高种质资源管理数据的国际标准。这些措施提升了 CIP 种质库的种质资源管理，使之达到了国际标准。

CIP 种质库资源分发

不同国家或机构的种质库对于种质资源分发的要求不尽相同，但基本流程类似。下面仅介绍 CIP 种质库资源分发流程：①从种质库数据库中（或种质库负责人）找到所需的种质资源并从中获得相关资源的 ID 信息、评估数据以及其他信息。②与种质库负责种质资源分发的工作人员取得联系并提供引进的材料清单，确定所选材料是否可以引进。有网上分发系统的机构可以从网上下单，申请引进。③确认最终引种清单后需要申请进境许可证并提交给种质库。④种质库准备所需种质材料。⑤根据《粮食和农业植物遗传资源国际条约》（ITPGRFA）的条款要求，交付材料之前，收件人和种质库之间必须签订标准化材料转让协议（SMTA）。⑥收到签署的 SMTA 后，订购的材料通常会在双方约定的时间进行交付。需要注意的是，各国或机构种质库对于资源的分发仅针对研究目的，如果利用种质库材料或其后代进行商业化运作，则需在遵守 SMTA 的同时（主要是 SMTA 条款 6.5）签署附加条款，附加条款因种质库而异。⑦材料到达境内后需要清关公司协助清关，也可自行清关，清关所需要的材料包括境外检疫证书、非转基因证明、赠与接收函、原产地证明、装箱清单等。⑧清关完成后即可拿到材料，马铃薯实生种需经过一个生物周期的隔离检疫期，马铃薯组培苗需要经过 60 天的隔离检疫期，引进材料属于《中华人民共和国进境植物检疫禁止进境物名录》的，需接受海关的后期监管，即在隔离检疫期对材料进行取样检测。

中国国家马铃薯种质库管理与分发

“中国作物种质资源信息系统”管理

中国农作物种质资源管理是在国家统一规划下，有组织地在全国范围内进行的。在国家“七五”“八五”“九五”科技攻关的基础上，由全国 400 多个科研单位、2,600 多名科技人员参与建设了中国作物种质资源信息系统（CGRIS），包括一个信息中心（中国农业科学院作物科学研究所）、20 个作物分中心（中国农业科学院蔬菜花卉研究所、果树研究所、油料作物研究所、麻类研究所、水稻研究所、棉花研究所、草原研究所、中国热带农业科学院等）、50 个一级数据源单位、近 400 个二级数据源单位。CGRIS 拥有 200 种作物（隶属 78 个科、256 个属、810 个种或亚种）、47 万份种质信息、2,400 万个数据项值、4,000 兆字节的数据，是目前世界上最大的植物遗传资源信息系统之一，包括国家种质库管理和动态监测、青海省国家复份库管理、32 个国家多年生和野生近缘植物种质圃管理、中期库管理和种子繁种分发、农作物种质基本情况和特性评价鉴定、优异资源综合评价、国内外种质交换、品种区试和审定、指纹图谱管理9个子系统、700多个数据库、130万条记录，其中包括1,931份开放共享马铃薯资源。

国家马铃薯种质试管苗库种质分发

用户登录“中国作物种质信息网”（https://www.cgris.net/query/croplist.php#，见图3-8）在线查询农作物种质信息或通过其他方式咨询国家农作物种质资源平台共享服务单位（供种单位）可提供分发共享服务的农作物种质资源，并在线或Email填写后提交申请。平台办公室（或供种单位）收到申请后，首先进行用户资格审核，一般在5个工作日内答复能否提供。对符合索取条件者，供种单位直接向用户提供实物资源，或由平台向用户推荐资源提供单位，优先推荐本地区或本部门的单位。资源提供单位在10个工作日内完成向用户提供的资源；如无法在规定时间内提供的，将及时告知用户并说明原因。

图3-8 CGRIS马铃薯种质查询界面

马铃薯种质资源的鉴定与评价

本篇系统介绍了马铃薯种质资源的鉴定和评价方法，包括马铃薯植物学与物候期等50多种特性的观测方法，以及淀粉、还原糖、油炸品质、蛋白质、龙葵素、氨基酸、维生素C、类胡萝卜素等重要品质性状的测定方法，同时也汇编了晚疫病、早疫病、青枯病、病毒病、马铃薯害虫抗性以及霜冻、高温、低温、盐碱、干旱等逆境抗性的主流鉴定技术和评价标准。上述方法学知识是种质资源植物学特性、品质和抗性性状鉴定和评价的依据，也是对种质资源进行利用的前提。

马铃薯种质资源植物学鉴定与物候期记录

形态特征和生物学特性

幼芽基部形状

取 10 个块茎，放入简易培养箱中，在室温条件下（15 ~ 19 ℃），光照强度 5 ~ 10 $\mu mol \cdot m^{-2} \cdot s^{-1}$。培养 10 周后，采用目测法观察幼芽基部形状。

参照幼芽基部形状图例（见图 4–1），确定种质的幼芽基部形状。

图 4–1 幼芽基部形状

幼芽基部颜色

取 10 个块茎，放入简易培养箱中，在室温条件下（15 ~ 19 ℃），光照强度 5 ~ 10 $\mu mol \cdot m^{-2} \cdot s^{-1}$。培养 10 周后，采用目测法观察幼芽基部颜色。

根据观察结果，与图例（见图 4–2）进行比对，确定种质的幼芽基部颜色。

图 4–2 幼芽基部颜色

幼芽顶部形状

取 10 个块茎，放入简易培养箱中，在室温条件下（15 ~ 19 ℃），光照强度 5 ~ 10 $\mu mol \cdot m^{-2} \cdot s^{-1}$。培养 10 周后，采用目测法观察幼芽顶部形状。

参照幼芽顶部形状图例（见图 4–3），确定种质的幼芽顶部形状。

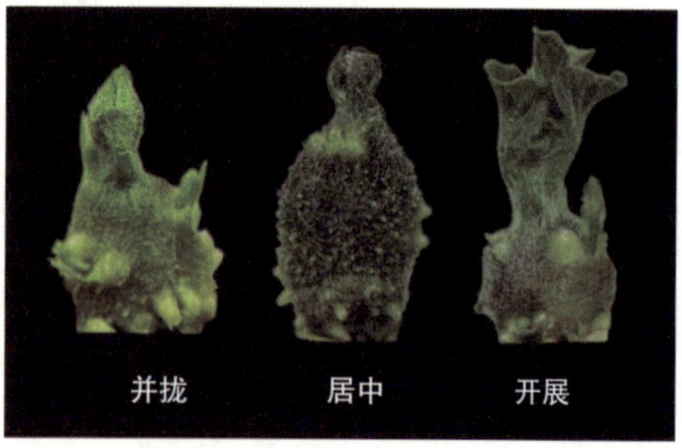

图 4–3 幼芽顶部形状

幼芽顶部颜色

取 10 个块茎，放入简易培养箱中，在室温条件下（15 ~ 19 ℃），光照强度 5 ~ 10 $\mu mol \cdot m^{-2} \cdot s^{-1}$。培养 10 周后，用目测法观察幼芽顶部颜色。

根据观察结果，与图例（见图 4–4）颜色进行比对，确定种质的幼芽顶部颜色。

图 4–4 幼芽顶部颜色

株形

在植株现蕾期，以试验小区（单行区，行长 3 m，株行距 0.3 m × 0.8 m，种植 10 株）全部植株为观测对象，观测部位为植株地上部主茎，目测记载主茎与地面所成角度。

根据主茎与地面所成角度的大小和下列说明（见图 4–5），确定种质的株形。

图 4–5 株形

直立：主茎与地面约成近 90 度角；
半直立：主茎与地面约成 45 度角以上；
开展：主茎与地面约成 45 度角以下。

株高

在植株现蕾期，从试验小区中间行连续取 5 ~ 10 株，观测部位为植株地上部主茎，用直尺测量植株地上部最高主茎的基部至生长点的长度，单位为“cm”，精确到 0.1 cm。

在测量株高时，对于株形为半直立和开展型种质，应将其主茎拉直进行测量。

主茎数

在植株现蕾期，从试验小区中间行连续取 5 ~ 10 株，观测部位为植株地上部主茎，观察从种薯芽眼直接长出地面形成的茎（不包括由地下匍匐茎形成的茎）的数量，单位为“个”，精确到整数位。

分枝数

在植株现蕾期，从试验小区中间行连续取 5 ~ 10 株，观察植株主茎中下部长　度为 10 cm 以上分枝的数量。单位为“个”，精确到整数位。

根据分枝数量和下列说明（见图 4–6），确定种质分枝数类型。

图 4–6 分枝数

无：没有分枝；少：4 个分枝以下；多：4 个或 4 个分枝以上。

植株繁茂性

在植株现蕾期，以试验小区全部植株为观测对象，采用目测法观察植株地上部茎叶生长状况。

根据植株地上部茎叶生长状况和下列说明，确定种质植株繁茂性类型。

强：茎在叶内几乎看不到；中：茎部分露出叶外面；弱：茎全部露于叶外面。

茎翼形状

在植株现蕾期，以试验小区全部植株为观测对象，采用目测方法观察植株地上部主茎上茎翼的形状。

参照植株茎翼形状图例（见图 4–7），确定种质的茎翼形状。

图 4–7　茎翼形状

茎色

在植株现蕾期，以试验小区全部植株为观测对象，在正常一致的光照条件下，采用目测法观察植株地上部主茎的颜色。

根据观察结果，与图例（见图 4–8）颜色进行比对，确定种质的植株地上部主茎颜色。

图 4–8　茎色

叶色

在植株现蕾期，以试验小区全部植株为观测对象，在正常一致的光照条件下，采用目测法观察植株中部叶片的颜色。

根据观察结果，与图例（见图 4–9）颜色进行比对，确定种质的叶色。

图 4–9　叶色

叶缘

在植株现蕾期，以试验小区全部植株为观测对象，采用目测法观察植株中部叶片边缘形状。

参照叶缘形状的图例（见图 4–10），确定种质的叶缘形状类型。

平展　微波状　波状

图 4–10 叶缘

小叶着生密集度

在植株现蕾期，以试验小区全部植株为观测对象，采用目测法观察主茎中部复叶侧小叶着生疏密状况。

参照侧小叶着生状况图例（见图 4–11），确定种质的小叶着生密集度类型。

疏　中　密

图 4–11 小叶着生密集度

顶小叶宽度

在植株现蕾期，从试验小区中间行连续取 5 ~ 10 株，用直尺测量主茎中部复叶顶小叶宽与长，计算其平均数和宽长比。

根据宽长比（参照图 4–12），确定种质的顶小叶宽窄度。

窄　中　宽

图 4–12 顶小叶宽度

窄：宽 / 长 ≤ 0.6；中：0.6 < 宽 / 长 ≤ 0.7；宽：宽 / 长 > 0.7。

顶小叶形状

在植株现蕾期，以试验小区全部植株为观测对象，采用目测法观察主茎中部复叶顶小叶形状。

参照顶小叶形状的图例（见图 4–13），确定种质的顶小叶形状。

仄形　宽形　椭圆形　卵形　倒卵形　常春藤式

图 4–13 顶小叶形状

顶小叶基部形状

在植株现蕾期，以试验小区全部植株为观测对象，采用目测法观察主茎中部复叶顶小叶基部形状。

参照顶小叶基部形状图例（见图 4–14），确定种质的顶小叶基部形状。

图 4–14 顶小叶基部形状

托叶形状

在植株现蕾期，以试验小区全部植株为观测对象，采用目测法观察植株主茎上复叶叶柄基部托叶的形状。

参照托叶形状图例（见图 4–15），确定种质的托叶形状。

图 4–15 托叶形状

花冠形状

在植株开花盛期，以试验小区全部植株为观测对象，采用目测法观察植株新开放花朵的形状。

参照花冠形状图例（见图 4–16），确定种质的花冠形状。

图 4–16 花冠形状

花冠颜色

在植株开花盛期，以试验小区全部植株为观测对象，在上午 5:00—9:00，正常一致的光照条件下，采用目测法观察部位为新开放的花朵正面。

根据观察结果，与图例（见图 4–17）颜色进行比对，确定种质的花冠颜色。

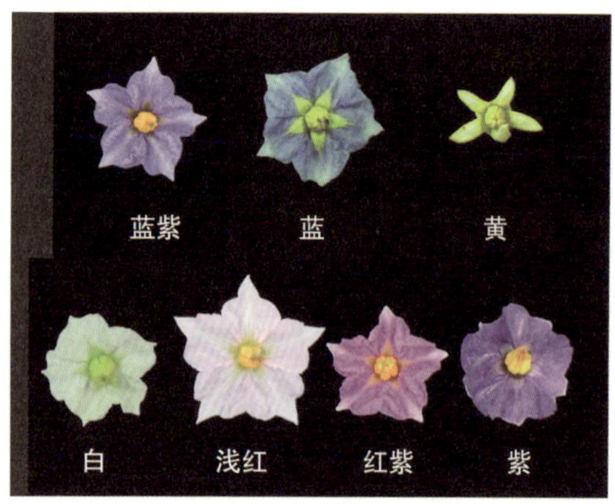

图 4–17 花冠颜色

重瓣花

在植株开花盛期，以试验小区全部植株为观测对象，采用目测法观察新开放的花朵，看其有无重瓣。

根据观测结果并参照图 4–18，确定种质重瓣花的有或无。

图 4-18 重瓣花

花柄节颜色

在植株开花盛期，以试验小区全部植株为观测对象，在正常一致的光照条件下，采用目测法观察花柄节的颜色。

根据观察结果和下列说明（见图 4-19），确定种质花柄节颜色的有或无。

图 4-19 花柄节颜色

无色即花柄节与花柄同色，有色即花柄节颜色比花柄颜色深或浅。

开花繁茂性

在植株开花盛期，从试验小区中间行连续取 5 ~ 10 株，调查每株花序总梗和分枝上全部花朵数量。单位为朵，精确到整数位。

根据调查结果和下列说明（见图 4-20），确定种质的开花繁茂性类型。

图 4-20 开花繁茂性

少：6 朵以下；中：7 ~ 10 朵；多：11 朵以上。

柱头形状

在植株开花盛期，以试验小区全部植株为观测对象，采用目测法观察新开放花朵的柱头形状。

参照柱头形状图例（见图 4-21），确定种质的柱头形状。

图 4-21 柱头形状

柱头颜色

在植株开花盛期，以试验小区全部植株为观测对象，在正常一致的光照条件下，采用目测法观察新开放花朵的柱头颜色。

根据观察结果，与图例（见图 4-22）颜色进行比对，确定种质的柱头颜色。

浅绿　绿　深绿

图 4-22 柱头颜色

柱头长短

在植株开花盛期，以试验小区全部植株为观测对象，采用目测法观察新开放花朵的柱头长短。

根据柱头长短图例（见图 4-23）及下列说明，确定种质的柱头长短类型。

短　中　长

图 4-23 柱头长短

短：柱头未超出花药；中：只有柱头露于花药外部；长：花柱及柱头均露于花药外部。

花药形状

在植株开花盛期，以试验小区全部植株为观测对象，采用目测法观察新开放花朵的花药形状。

根据花药形状图例（见图 4-24），确定种质的花药形状。

锥 形　圆柱形　畸 形

图 4-24 花药形状

花药颜色

在植株开花盛期，以试验小区全部植株为观测对象，在正常一致的光照条件下，采用目测法观察新开放花朵的花药颜色。

根据观察结果，与图例（见图 4-25）颜色进行比对，确定种质的花药颜色。

黄　橙　黄绿　浅绿

图 4-25 花药颜色

花粉育性

花粉育性通常采用醋酸洋红染色法测定有效花粉百分率，根据有效花粉百分率确定种质花粉育性的高低。测定方法如下。

采粉：在植株开花盛期，采集当日开放的新鲜花朵，每小区取 3 ~ 10 株，每株取 3 ~ 5 朵作为测定样本。将刚刚采集的花朵放到花粉震动器上，将花粉轻轻振动于光滑纸片上，然后搜集到小瓶中，瓶上标记种质名称，准备测定。如隔日测定，需将花粉瓶放于装有氯化钙的干燥器内，置于 0 ℃左右条件下待用。

醋酸洋红染色：将洋红或胭脂红（Carmine）溶于 45% 冰醋酸中，加热至饱和量，将溶液用滤纸过滤即成。测定时，将欲测样本的少量花粉置于载玻片上，加一滴醋酸洋红溶液，在酒精灯上轻微加热后，在显微镜下镜检，有效花粉均被染成红色，呈圆形且粒饱满，无效花粉不着色，形状不规则，粒瘪缩。调查每个视野中有效花粉粒数和总粒数，计算出视野中有效花粉粒数占视野中总花粉粒数的百分率，即有效花粉百分率。以“%”表示，精确到 0.1%。

根据有效花粉百分率（参照图 4–26），确定种质的花粉育性。

不育：有效花粉百分率为 0；低：有效花粉百分率低于 50%；中：有效花粉百分率为 51% ~ 70%；高：有效花粉百分率为 71% ~ 90%；极高：有效花粉百分率为 90% 以上。

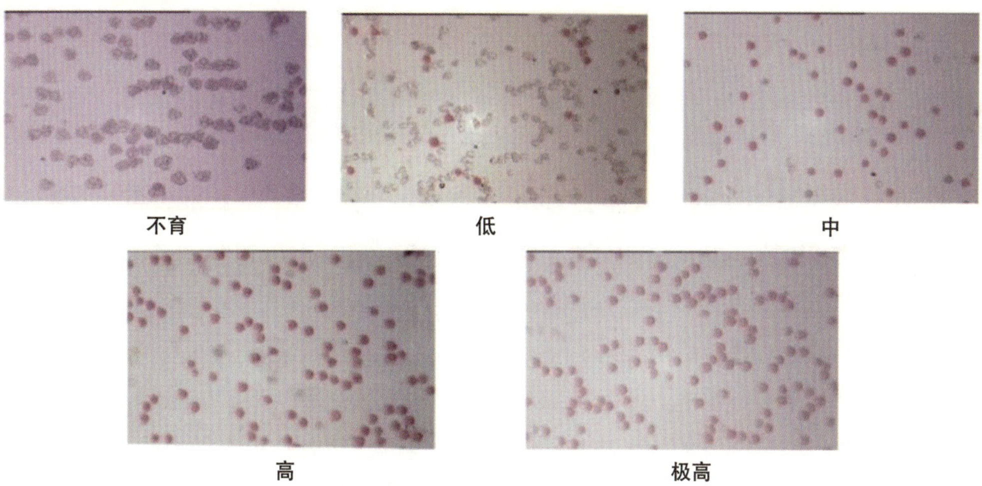

图 4–26 花粉育性

天然结实性

在马铃薯成熟期，以试验小区全部植株为观测对象，调查每株浆果数量，计算平均值，单位为“个”，精确到整数位。

根据调查结果和下列说明，确定种质的天然结实性。

无：果实数量为 0；弱：果实数量少于或等于 5 个；中：果实数量为 6 ~ 8 个；强：果实数量为 9 ~ 11 个；极强：果实数量为 12 个及以上。

薯形

在收获期（收获块茎的当日），以

试验小区收获全部块茎为观测对象，参照块茎形状图例（见图 4–27），确定种质的块茎形状。

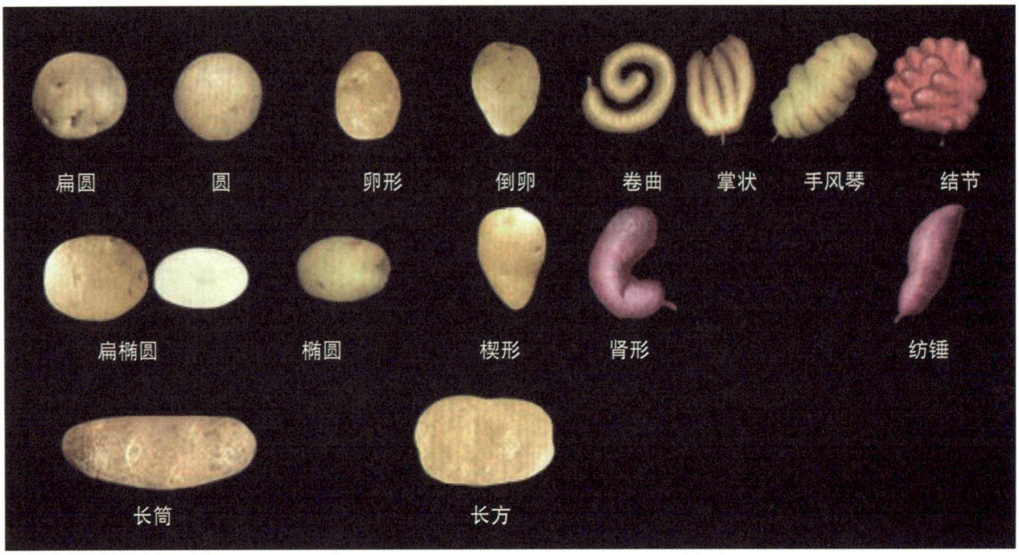

图 4–27 薯形

皮色

在收获期（收获块茎的当日），以试验小区收获全部块茎为观测对象，在正常一致的光照条件下，采用目测法观察未经日光晒的健康块茎的表皮颜色。

根据观察结果，与图例（见图 4–28）颜色进行比对，确定种质的块茎皮色。

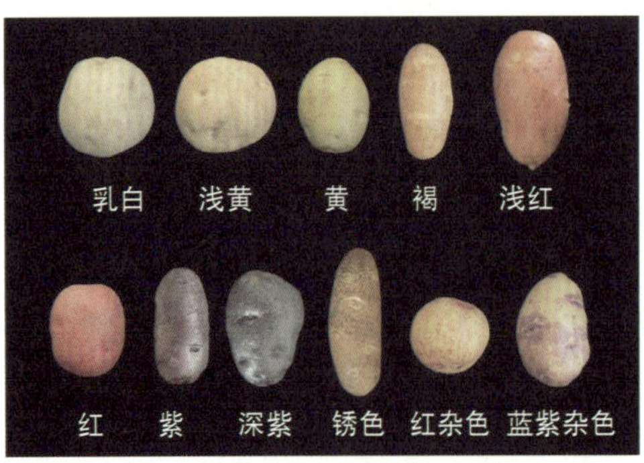

图 4–28 皮色

肉色

在收获期（收获块茎的当日），每试验小区取 5 ~ 10 个未经日光晒的健康块茎并切开，在正常一致的光照条件下，采用目测法观察薯肉颜色。

根据观察结果，与图例（见图 4–29）颜色进行比对，确定种质的薯肉颜色。

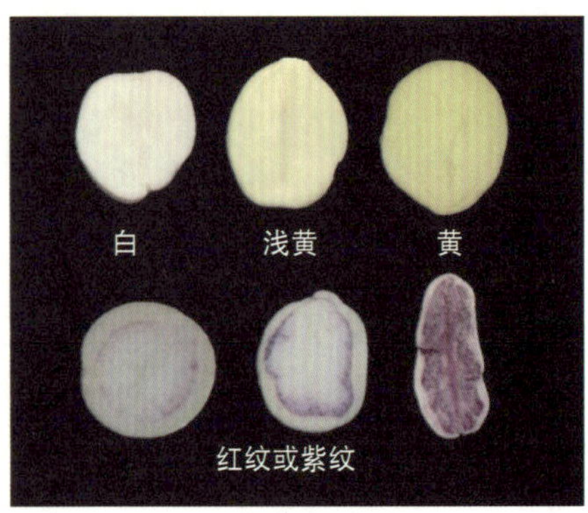

图 4–29 肉色

芽眼深浅

在收获期（收获块茎的当日），每试验小区取 10 ~ 20 个健康块茎，用卡尺测量芽眼凹陷深度，单位为“cm”，精确到 0.01 cm。

根据测量结果和下列说明（见图 4–30），确定种质的芽眼深浅类型。

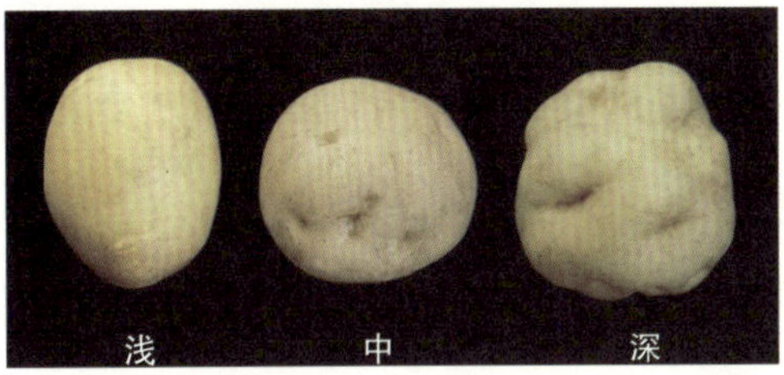

图 4–30 芽眼深浅

浅：眼窝下凹 0.1cm 以下；中：眼窝下凹 0.1 ~ 0.2cm；深：眼窝下凹 0.2cm 以上。

芽眼色

在收获期（收获块茎的当日），以试验小区收获全部块茎为观测对象，在正常一致的光照条件下，采用目测法观察未经日晒的健康块茎的芽眼。

比较芽眼与薯皮颜色，根据下列说明（见图 4–31），确定种质芽眼有色或无色。

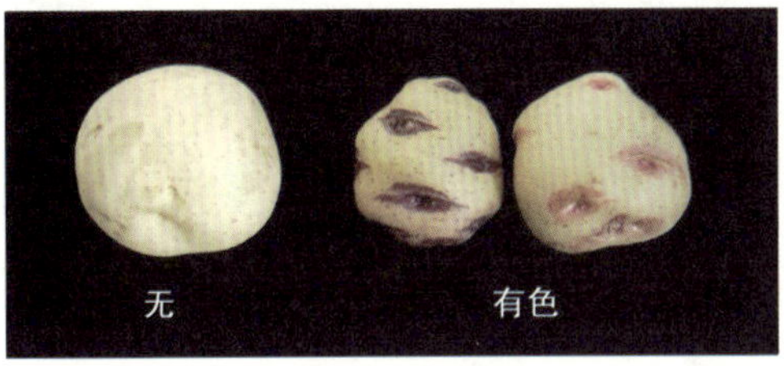

图 4–31 芽眼色

无色：与表皮同色；有色：比表皮颜色深或浅。

芽眼多少

在收获期（收获块茎的当日），每试验小区取 10 ~ 20 个健康块茎，采用目测法观察每个块茎上芽眼的数目，单位为“个”，精确到整数位。

根据块茎上分布的芽眼数目和下列说明(见图 4–32),确定种质的芽眼多少。

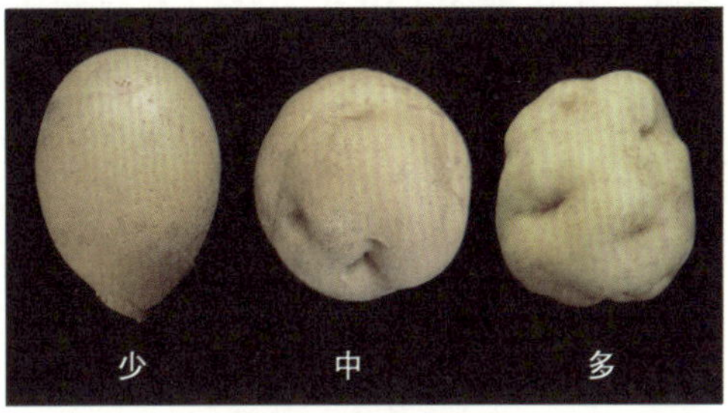

图 4–32 芽眼多少

少：一个块茎有 7 个芽眼及以下；中：一个块茎有 8 ~ 12 个芽眼；多：一个块茎有 13 个芽眼及以上。

薯皮光滑度

在收获期（收获块茎的当日），以试验小区收获全部块茎为观测对象，采用目测法观察健康块茎的表皮。

根据观察结果和下列描述（见图 4–33），与对照品种比较，确定种质的薯皮光滑度类型。

光滑：表皮光滑，无任何裂纹；中：

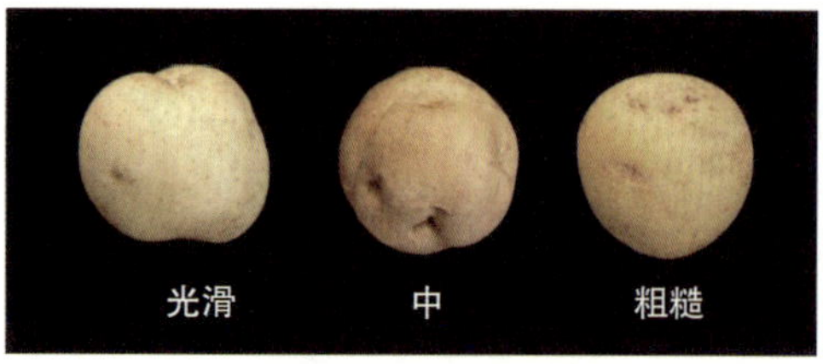

图 4-33 表皮光滑度

表皮较光滑，有网纹；粗糙：表皮粗糙，有重麻皮。

结薯集中性

在收获期（收获块茎的当日），从每试验小区取 5 ~ 10 株，将待测植株块茎挖出，并保持块茎不脱离地下茎，用直尺测量每株最长的匍匐茎长度，单位为“cm”，精确到 0.1 cm。

根据匍匐茎长度值和下列说明，确定种质的结薯集中性类型。

集中：匍匐茎长小于 5 cm；中：匍匐茎长为 5 ~ 10 cm；分散：匍匐茎长大于 10 cm。

块茎整齐度

在收获期（收获块茎的当日），以试验小区全部收获的块茎为观测对象，人工去掉块茎上的泥土，按大、中、小分三个级别：大薯（单薯重大于 150 g）、中薯（单薯重 75 ~ 150 g）、小薯（单薯重小于 75 g），分别称重，计算每一级别块茎重占试验小区块茎总重量的百分数，以“%”表示，精确到 1%。

根据试验结果和以下说明，确定种质的块茎整齐度类型。

整齐：块茎大小整齐，同一级别薯占 85% 以上；中：块茎大小比较整齐，同一级别薯占 50% ~ 85%；不整齐：块茎大小不整齐，同一级别薯占 50% 以下。

块茎大小

在收获期（收获块茎的当日），以试验小区全部收获的块茎为观测对象，去掉块茎上的泥土，按大、中、小分三个级别：大薯（单薯重大于 150g）、中薯（单薯重 75 ~ 150 g）、小薯（单薯重小于 75 g），分别称重，计算出每一级别块茎占试验小区块茎总重量的百分数，以“%”表示，精确到 1%。

根据试验结果和以下说明，确定种质的块茎大小类型。

小：小薯率 ≥ 85%；中：中薯率 ≥ 85%；大：大薯率 ≥ 85%。

块茎产量

在收获期（收获块茎的当日），以试验小区（4 行区，2 ~ 3 次重复，行长 5 m，株行距 0.3 m × 0.8 m）全部收获的块茎为观测对象，去掉块茎上的泥土，使用 1/100 的电子秤称量全部块茎重量，单位为“kg”，精确到 0.1 kg。最后折算出每公顷的产量，单位为“kg / hm^2”，精确到整数位。

休眠性

在收获期（收获块茎的当日），从每小区取 10 ~ 20 个健康块茎，摆放在塑料箱内，并标上种质名称和处理日期，然后放到室温 10℃以上、空气相对湿度 90% ~ 95% 的暗室内处理，当鉴定样本 75% 的块茎芽眼内的幼芽开始萌动芽长 2mm 时，记下当天日数，计算从收获至萌动的天数，单位为“天”。

按下列说明，确定种质的块茎休眠性类型。

无：收获后即可萌动发芽；短：收获后 45 d 内萌动发芽；中：收获后 45 ~ 75 d 萌动发芽；长：收获后 75 d 以上萌动发芽。

生育期

在物候期观测的基础上，统计每份种质从出苗期到成熟期的天数。单位为“天”，精确到整数位。

熟性

在物候期观测的基础上，统计每份种质从出苗期到成熟期的天数。按照下列标准，确定种质的熟性类别。

极早熟：≤60 d；早熟：61 ~ 70 d；中早熟：71 ~ 80 d；中熟：81 ~ 90 d；中晚熟：91 ~ 100 d；晚熟：＞100 d。

物候期

播种期

马铃薯播种的日期。表示方法为“年月日”，格式为“YYYYMMDD”。如“20220503”，表示 2022 年 5 月 3 日播种。

出苗期

以整个试验小区全部植株为观察对象，记录全区出苗株数达 75% 的日期。表示方法和格式同播种期。

现蕾期

以整个试验小区全部植株为观察对象，记录花蕾超出顶叶的植株占试验小区总株数的 75% 的日期，表示方法和格式同播种期。

始花期

以整个试验小区全部植株为观察对象，记录第一花序有 1 ~ 2 朵花开放的植株占试验小区总株数 10% 的日期，表示方法和格式同播种期。

开花期

以整个试验小区全部植株为观察对象，记录第一花序有 1 ~ 2 朵花开放的植株占小区总株数的 75% 的日期。表示方法和格式同播种期。

盛花期

以整个试验小区全部植株为观察对象，记录试验小区开花的植株达到 100% 的日期。表示方法和格式同播种期。

成熟期

以整个试验小区全部植株为观察对象，记录全株有 2/3 以上叶片枯黄的植株占试验小区总株数的 75% 以上的日期。表示方法和格式同播种期。

收获期

以整个试验小区全部植株为观察对象，记录收获时的日期。表示方法和格式同播种期。

马铃薯种质资源品质性状评价

干物质

干物质概述

马铃薯干物质是指马铃薯在脱去水分后所剩余的物质，这些物质构成了马铃薯的主要营养成分。干物质主要包括淀粉、蛋白质、还原糖、维生素以及矿质元素等，对于马铃薯的营养价值和食用品质具有重要影响。块茎块根类作物不同于籽粒型作物各营养器官的干物质分配，籽粒型作物光合产物的积累和转运主要发生在地上部，而块茎块根类作物主要在地下部营养器官进行干物质的积累与分配。

门福义等（1980）学者对三个马铃薯品种进行了四年的观察，发现马铃薯地上部分在整个生长过程中以鲜重最高峰为界，生物量变化呈现前长后短的抛物线变化趋势，地上部同化产物积累充足为块茎的生长奠定了良好基础，马铃薯植株 90% ~ 95% 的干物质为光合作用的产物，光合作用产物在地上部与块茎之间的转移与分配是影响产量高低的重要原因之一，而且全生育期间地上部干物质不断的积累是块茎产量形成的基础，块茎干物质积累量越大，则产量越高（高聚林等，2003）。一般来说，马铃薯叶片决定着光合产物的供应。在生育前期，保持地上部适宜的干物质量的积累，有利于为地下部块茎干物质的积累提供更多的同化产物。随着生育期的推进，生长中心从地上部转移至地下部块茎，块茎逐渐成为光合产物累积的主体，块茎干物质逐渐积累至干物质量大于地上部，地上部干物质量则开始逐渐下降（宋碧等，2009）。马铃薯干重平衡期在块茎和地上部快速增长之前，是植株一生中茎叶与块茎争夺养分最为激烈的阶段，鲜重平衡期在茎叶生长高峰以后，是生长中心的转折点，即从地上部和块茎生长为中心转变成以淀粉积累为中心（宋碧等，2009）。马铃薯地上部与地下部块茎是相互影响的，共同促进产量的形成（李绍长等，1998）。

干物质含量测定

水比重法

（1）所需仪器设备：天平（最大称重 1000 g、精度 0.1 g，最大称重 6000 g、精度 1 g），温度计，直径 60 cm、高 100 cm 水桶。

（2）取样和样品制备：在马铃薯收获期，从每个试验小区随机取若干株所结的无损伤、无病的块茎共 5 ~ 10 kg，将待测样品块茎洗净，晾干。

（3）测量：用精度为 1 g 的天平称取 5 ~ 6 kg 洗净晾干的块茎，然后将其浸入 17.5 ℃ 的水中称重，此时样品块茎要求全淹没在水中，且块茎不可碰到水桶壁，水温应保持 17.5 ℃。在水中称重时，用精度为 0.1 g 的天平，二次称重后，记录相应的结果。

（4）结果计算：

计算公式：SG=A/(A−B)

式中：

SG——样品块茎比重

A——样品块茎在空气中重量（g）

B——样品块茎浸入水中后的重量（g）

比重结果取到小数点后四位。根据比重值查 Mepkep 氏表，可查到相对应的干物质含量值，以“%”表示，精确到 0.01%。平行测定值之差不得超过 0.5%。

烘干法

马铃薯干物质含量的测定烘干法主要包括以下步骤：

（1）将贮藏的马铃薯取出，用柔软的湿布将马铃薯表层的泥土擦净。

（2）称取鲜重，并将样品切碎。

（3）将切碎后的样品放置在 100 ~ 105 ℃ 的电热恒温鼓风干燥箱中烘 30 min，以杀死细胞并保持营养物质。

（4）将温度降至 60 ~ 70 ℃ 并继续烘干 14 ~ 16 h，直至样品达到恒重（即连续两次干燥冷却后称重之间重量差不超过 0.003 g）。

（5）计算干物质含量，公式为“干物质（%）=（干样重 / 鲜样重）×100%”。

请注意，在操作过程中，确保使用的工具和容器干净，避免外界杂质对测定结果的影响。同时，要遵循实验室的安全规定，确保操作过程的安全。

淀粉

淀粉概述

马铃薯淀粉是重要的食品和工业原料，具有独特的性能，如黏度高、透明度高、糊化温度低、吸水性强和膨胀力大等特点，其他类型淀粉难以代替。马铃薯淀粉是以淀粉粒形式存在于块茎的薄壁细胞中，马铃薯淀粉粒通常呈较大的椭圆形、球形或不规则形状（Cruz et al，2016），与直径只有 2 ~ 30 μm 的其他谷类作物淀粉粒相比，马铃薯淀粉粒较大，直径可达 10 ~ 100 μm。

马铃薯淀粉由直链淀粉和支链淀粉组成，直链淀粉由长链螺旋组成，只含有 α－1, 4 糖苷键连接的多糖链，在工业上常常被用来制作电影胶片和薄膜。支链淀粉除了含有 α－1, 4 糖苷键连接的多糖链以外，还含有更多的 α－1, 6 糖苷键连接的分支链。支链淀粉的水溶性特点赋予其独特的黏性特性，作为纸张、食品和化学工业中的胶水、润滑剂被大量使用（Ahmed et al，2018）。直链形成了淀粉粒中的结晶区，支链形成了无定形区，两种结构形成了半结晶淀粉颗粒。

与其他只含有少量脂质和磷酸盐的作物淀粉颗粒相比，马铃薯淀粉颗粒高度磷酸化，其淀粉粒结合了大量的磷酸盐，增加了淀粉溶液的黏度并赋予马铃薯淀粉微弱阴离子、高膨胀力和糊化温度低等特性，这些独特的属性使得马铃薯淀粉在食品工业中具有广泛用途（李建武，2019）。

淀粉含量测定

水比重法

该方法要求在马铃薯收获两周内测定。

（1）所需仪器：天平（最大称重 1000 g、精度 0.1 g，最大称重 6000 g、精度 1 g），温度计，直径 60 cm、高 100 cm 的水桶。

（2）取样和样品制备：在马铃薯收获期，从每个试验小区随机取若干株所结的无损伤、无病的块茎共 5 ~ 10 kg，将待测样品块茎洗净、晾干。

（3）测量：用精度为 1 g 的天平称取 5 ~ 6 kg 洗净晾干的块茎，然后将其浸入 17.5 ℃ 的水中称重，此时样品块茎要求全淹没在水中，且块茎不可碰到水桶壁，水温应保持 17.5 ℃，在水中称重时，用精度为 0.1 g 的天平，二次称重结束后，记录相应的结果。

（4）结果计算：

计算公式：$SG=\dfrac{A}{A-B}$

式中：

SG —— 样品块茎比重

A——样品块茎在空气中的重量

B——样品块茎在水中的重量

比重值取到小数点后 4 位。根据比重值查Мерkep 氏表，查到相应的淀粉价，再根据公式，算出样品淀粉含量值；以“%”表示，精确到 0.01%。平行测定值之差，不得超过 0.1%。

碘比色法

该方法要求在马铃薯收获两周内测定。

（1）试剂准备：

60% 高氯酸：取 80 mL75% 高氯酸加蒸馏水 20 mL。

碘试剂：称 5 g 碘化钾溶于 50 mL 蒸馏水，然后把 2.5 g 碘溶于碘化钾溶液中充分搅拌后即成碘试剂原液。应用时取 1 份原液加 9 份蒸馏水稀释后使用。

（2）标准曲线制作：在分析天平上称取恒重可溶性淀粉 0.1 g 加水 2 mL 调成糊状，然后边搅拌边加入 60% 高氯酸 3.2 mL，继续搅拌 10 min 至全部溶解，定溶到 250 mL 容量瓶中，即得 400 mg / kg 原液。然后从原液中吸取 0.5mL、1.0 mL、1.5 mL、2.0 mL、2.5mL、3.0 mL 放入有刻度小试管中，并加蒸馏水 3 mL，各加碘试剂 2 mL，播匀放置 5 min，加蒸馏水至 10 mL 即成 20mg / kg、40mg / kg、60mg / kg、80mg / kg、100mg / kg、120mg / kg 的标准液；用蒸馏水作对照在波长 660nm 下比色，将所得光密度为纵坐标、标准液浓度为横坐标制成标准曲线。

（3）取样及样品制备：在马铃薯收获期，从每个试验小区收获的块茎中随机取有代表性、无损伤、无病的块茎共 30 个。将样品块茎洗净，对每一个块茎按以下方法切取：纵切一刀，在纵切面上切取 0.5cm 的薄片，然后在纵切的两半块茎上垂直于纵切面横切一刀，再在两个横切面上各切一小薄片，由切下的全部小片材料组成平均样品。从每个试验小区取 30 个样品，每个样品按所述步骤取薄片，不计重量，粉碎后取 1 g 作为测定样品。

（4）样品测定：称取粉碎鲜样 1 g，放在 50 mL 烧杯中，加蒸馏水 2 mL，调成糊状，在搅拌中加入 3.2 mL 60% 高氯酸，继续搅拌 10 min，然后用蒸馏水洗入到 100 mL 容量瓶，加水定容至刻度并摇匀，静止或离心后取上清液 1 mL 加入刻度试管中，加水 3 mL，再加碘试剂 2 mL 摇动，放置 5 min，定容至 10 mL，以蒸馏水作对照，放在波长 660 mm 下比色，得到不同光密度（若蓝色过深，应稀释后再加碘试剂，作用后比色。如不立即比色，不要事先稀释，可在比色前再稀释），再用下式计算可得淀粉含量。

（5）结果计算：

计算公式：

$$X=\frac{r}{m\times(\frac{1}{100})\times(\frac{0.5}{10})\times100^{6}}\times100$$

式中：

X ——样品淀粉含量（%）

m ——样品重（g）

r ——标准曲线上查出的浓度（mg / kg）

以“%”表示，精确到 0.01%。平行测定值之差，不得超过 0.1%。

酶水解法

（1）原理：试样经去除脂肪及可溶性糖后，淀粉用淀粉酶水解成小分子糖，再用盐酸水解成单糖，最后按还原糖测定，并折算成淀粉含量。

（2）所需仪器：天平（精度为 1mg 和 0.1 mg）、恒温水浴锅（可加热至 100 ℃）、高速组织捣碎机、电炉。

（3）试剂：碘（I_2）、碘化钾（KI）、高峰氏淀粉酶（酶活力≥ 1.6 U / mg）、无水乙醇（C_2H_5OH）或 95% 乙

醇、石油醚（沸程为 60 ~ 90 ℃）、乙醚（$C_4H_{10}O$）、甲苯（C_7H_8）、三氯甲烷（$CHCl_3$）、盐酸（HCl）、氢氧化钠（NaOH）、硫酸铜（$CuSO_4 \cdot 5H_2O$）、酒石酸钾钠（$C_4H_4O_6KNa \cdot 4H_2O$）、亚铁氰化钾 [$K_4Fe(CN)_6 \cdot 3H_2O$]、亚甲蓝（$C_{16}H_{18}ClN_3S \cdot 3H_2O$）（指示剂）、甲基红（$C_{15}H_{15}N_3O_2$）（指示剂）、葡萄糖（$C_6H_{12}O_6$）。

（4）试剂配制：

甲基红指示液（2 g / L）：称取甲基红 0.20 g，用少量乙醇溶解后，加水定容至 100 mL。

盐酸溶液（1：1）：量取50 mL盐酸与50mL水混合。

氢氧化钠溶液（200 g / L）：称取 20 g 氢氧化钠，加水溶解并定容至 100 mL。

碱性酒石酸铜甲液：称取 15 g 硫酸铜及 0.05 g 亚甲蓝，溶于水中并定容至 1000 mL。

碱性酒石酸铜乙液：称取 50 g 酒石酸钾钠、75 g 氢氧化钠，溶于水中，再加入 4 g 亚铁氰化钾，完全溶解后，用水定容至 1000 mL，储存于橡胶塞玻璃瓶内。

淀粉酶溶液（5 g / L）：称取高峰氏淀粉酶 0.5 g，加 100 mL 水溶解，临用时配制。也可加入数滴甲苯或三氯甲烷防止长霉，置于 4 ℃ 冰箱中。

碘溶液：称取 3.6 g 碘化钾溶于 20 mL 水中，加入 1.3 g 碘，溶解后加水定容至 100 mL。

乙醇溶液（85%，体积比）：取 85 mL 无水乙醇，加水定容至 100 mL 混匀。也可用 95% 乙醇配制。

（5）标准品：D－无水葡萄糖（$C_6H_{12}O_6$）纯度≥ 98%（HPLC）。

（6）标准溶液配制：

葡萄糖标准溶液：准确称取 1 g（精确到 0.0001 g）经过 98 ~ 100 ℃ 干燥 2h 的 D－无水葡萄糖，加水溶解后加入 5 mL 盐酸，并以水定容至 1000 mL。此溶液每毫升相当于 1.0 mg 葡萄糖。

（7）样品准备：称取一定量样品，准确加入适量水在组织捣碎机中捣成匀浆，称取相当于原样质量 2.5 ~ 5 g（精确到 0.001 g）的匀浆，置于放有折叠慢速滤纸的漏斗内，先用 50 mL 石油醚或乙醚分 5 次洗除脂肪，再用约 100 mL 乙醇（85%，体积比）分次充分洗去可溶性糖类。根据样品的实际情况，可适当增加洗涤液的用量和洗涤次数，以保证干扰检测的可溶性糖类物质洗涤完全。滤干乙醇，将残留物移入 250 mL 烧杯内，并用 50 mL 水洗净滤纸，洗液并入烧杯内，将烧杯置沸水浴加热 15 min，使淀粉糊化，放冷至 60 ℃ 以下，加 20 mL 淀粉酶溶液，在 55 ~ 60 ℃ 保温 1h，并时时搅拌。然后取 1 滴此液加 1 滴碘溶液，应不显现蓝色。若显蓝色，再加热糊化并加 20 mL 淀粉酶溶液，继续保温，直至加碘溶液不显蓝色为止。加热至沸，冷后移入 250 mL 容量瓶中并加水至刻度线，混匀，过滤，并弃去初滤液。

取50 mL滤液，置于250 mL锥形瓶中，加5 mL盐酸（1∶1），装上回流冷凝器，在沸水浴中回流1 h，冷后加2滴甲基红指示液，用氢氧化钠溶液（200 g / L）中和至中性，溶液转入100 mL容量瓶中，洗涤锥形瓶，洗液并入100 mL容量瓶中，加水至刻度，混匀备用。

（8）测定：

标定碱性酒石酸铜溶液：吸取 5.00 mL 碱性酒石酸铜甲液及 5.00 mL 碱性酒石酸铜乙液，置于 150 mL 锥形瓶中，加水 10 mL，加入玻璃珠两粒，从滴定管滴加约 9 mL 葡萄糖标准溶液，控制在 2 min 内加热至沸，保持溶液呈沸腾状态，以每两秒一滴的速度继续滴加葡萄糖，直至溶液蓝色刚好褪去为终点，记录消耗葡萄糖标准溶液的总体积，同时做三份平行，取其平均值，计算每 10 mL（甲、乙液各 5 mL）碱性酒石酸铜溶液相当于葡萄糖的质量 m_1（mg）。

注：也可以按上述方法标定 4 ~ 20 mL 碱性酒石酸铜溶液（甲、乙液各半）来适应试样中还原糖的浓度变化。

试样溶液预测：吸取 5.00 mL 碱性酒石酸铜甲液及 5.00 mL 碱性酒石酸铜乙液，置于 150 mL 锥形瓶中，加水 10 mL，加入玻璃珠两粒，控制在 2 min 内加热至沸，保持沸腾以先快后慢的速度从滴定管中滴加试样溶液，并保持溶液沸腾状态，待溶液颜色变浅时，以每两秒一滴的速度滴定，直至溶液蓝色刚好褪去为终点。记录试样溶液的消耗体积。当样液中葡萄糖浓度过高时，应适当稀释后再进行正式测定，使每次滴定消耗试样溶液的体积控制在与标定碱性酒石酸铜溶液时所消耗的葡萄糖标准溶液的体积相近，约在 10 mL。

试样溶液测定：吸取 5.00 mL 碱性酒石酸铜甲液及 5.00 mL 碱性酒石酸铜乙液，置于 150 mL 锥形瓶中，加水 10 mL，加入玻璃珠两粒，从滴定管滴加比预测体积少 1 mL 的试样溶液至锥形瓶中，使其在 2 min 内加热至沸，保持沸腾状态继续以每两秒一滴的速度滴定，直至蓝色刚好褪去为终点，记录样液消耗体积。同方法平行操作三次，得出平均消耗体积。结果按式①计算。当浓度过低时，则采取直接加入 10.00 mL 样品液，免去加水 10 mL，再用葡萄糖标准溶液滴定至终点，记录消耗的体积与标定时消耗的葡萄糖标准溶液体积之差相当于 10 mL 样液中所含葡萄糖的量（mg）。结果按式②、式③计算。

试剂空白测定：同时量取 20.00mL 水及与试样溶液处理时相同量的淀粉酶溶液，按反滴法做试剂空白试验。即：用葡萄糖标准溶液滴定试剂空白溶液至终点，记录消耗的体积与标定时消耗的葡萄糖标准溶液体积之差相当于 10 mL 样液中所含葡萄糖的量（mg）。按式④、式⑤计算试剂空白中葡萄糖的含量。

（9）结果计算：

试样中葡萄糖含量按式①计算：

$$①：X_1 = \frac{m_1}{\frac{50}{250} \times \frac{V_1}{100}}$$

式中：

X_1——所称试样中葡萄糖的量（mg）

m_1——10 mL 碱性酒石酸铜溶液（甲、乙液各半）相当于葡萄糖的质量（mg）

50——测定用样品溶液体积（mL）

250——样品定容体积（mL）

V_1——测定时平均消耗试样溶液体积（mL）

100——测定用样品的定容体积（mL）

当试样中淀粉浓度过低时葡萄糖含量按式②、式③进行计算：

$$②：X_2 = \frac{m_2}{\frac{50}{250} \times \frac{10}{100}}$$

$$③：m_2 = m_1(1 - \frac{V_2}{V_S})$$

式中：

X_2——所称试样中葡萄糖的质量（mg）

m_2——标定 10 mL 碱性酒石酸铜溶液（甲、乙液各半）时消耗的葡萄糖标准溶液的体积与加入试样后消耗的葡萄糖标准溶液体积之差相当于葡萄糖的质量（mg）

50——测定用样品溶液体积（mL）

250——样品定容体积（mL）

10——直接加入的试样体积（mL）

V_1——测定时平均消耗试样溶液体积（mL）

100——测定用样品的定容体积（mL）

m_1——10 mL 碱性酒石酸铜溶液（甲、乙液各半）相当于葡萄糖的质量（mg）

V_2——加入试样后消耗的葡萄糖标准溶液体积（mL）

V_s——标定 10 mL 碱性酒石酸铜溶液（甲、乙液各半）时消耗的葡萄糖标准溶液的体积（mL）。

试剂空白值按式④、式⑤计算：

$$④：X_0 = \frac{m_0}{\frac{50}{250} \times \frac{10}{100}}$$

$$⑤：m_0 = m_1(1 - \frac{V_0}{V_S})$$

式中：

X_0——试剂空白值（mg）

m_0——标定 10 mL 碱性酒石酸铜溶液（甲、乙液各半）时消耗的葡萄糖标准溶液的体积与加入空白后消耗的葡萄糖标准溶液体积之差相当于葡萄糖的质量（mg）

50——测定用样品溶液体积（mL）

250——样品定容体积（mL）

10——直接加入的试样体积（mL）

100——测定用样品的定容体积（mL）

V_0——加入空白试样后消耗的葡萄糖标准溶液体积（mL）

V_s——标定 10 mL 碱性酒石酸铜溶液（甲、乙液各半）时消耗的葡萄糖标准溶液的体积（mL）。

试样中淀粉的含量按式⑥计算：

$$⑥: X=\frac{(X_1-X_0)\times 0.9}{m\times 1000}\times 100$$

$$或\ X=\frac{(X_2-X_0)\times 0.9}{m\times 1000}\times 100$$

式中：

X——试样中淀粉的含量（g / 100 g）

0.9——还原糖（以葡萄糖计）换算成淀粉的换算系数

m——试样质量（g）

计算结果 <1 g / 100 g，保留两位有效数字；结果≥ 1 g / 100 g，保留三位有效数字。

（10）精密度：在重复性条件下获得的两次独立测定结果的绝对差值不得超过算术平均值的 10%。

酸水解法

（1）原理：试样经除去脂肪及可溶性糖类后，其中淀粉用酸水解成具有还原性的单糖，然后按还原糖测定，并折算成淀粉。

（2）所需仪器：天平（感量为 1 mg 和 0.1 mg）、恒温水浴锅（可加热至 100 ℃）、回流装置、250 mL 锥形瓶、高速组织捣碎机、电炉。

（3）试剂：盐酸（HCl）、氢氧化钠（NaOH）、乙酸铅（$PbC_4H_6O_4 \cdot 3H_2O$）、硫酸钠（Na_2SO_4）、石油醚（沸点范围为 60 ~ 90 ℃）、乙醚（$C_4H_{10}O$）、无水乙醇（C_2H_5OH）或 95% 乙醇、甲基红（$C_{15}H_{15}N_3O_2$）（指示剂）、精密 pH 试纸（6.8 ~ 7.2）。

（4）试剂配制：

甲基红指示液（2 g / L）：称取甲基红 0.20 g，用少量乙醇溶解后，加水定容至 100 mL。

氢氧化钠溶液（400 g / L）：称取 40 g 氢氧化钠加水溶解后，冷却至室温，稀释至 100 mL。

乙酸铅溶液（200 g / L）：称取 20 g 乙酸铅，加水溶解并稀释至 100 mL。

硫酸钠溶液（100 g / L）：称取 10 g 硫酸钠，加水溶解并稀释至 100 mL。

盐酸溶液（1 ∶ 1）：量取50 mL盐酸，与50 mL水混合。

乙醇（85% V / V）：取 85 mL 无水乙醇，加水定容至 100 mL 混匀。也可用 95% 乙醇配制。

（5）标准品：D－无水葡萄糖（$C_6H_{12}O_6$），纯度≥ 98%（HPLC）

（6）标准溶液配制：

葡萄糖标准溶液：准确称取 1 g（精确至 0.0001 g）经过 98 ~ 100 ℃ 干燥 2 h 的 D－无水葡萄糖，加水溶解后加入 5 mL 盐酸，并以水定容至 1000 mL。此溶液每毫升相当于 1.0 mg 葡萄糖。

（7）样品准备：

称取一定量样品，准确加入适量水在组织捣碎机中捣成匀浆。称取相当于原样质量2.5 ~ 5 g（精确到0.001 g）的匀浆于250 mL锥形瓶中，用50 mL石油醚或乙醚分五次洗去试样中脂肪，弃去石油醚或乙醚。用150 mL乙醇（85%，体积比）分数次洗涤残渣，以充分除去可溶性糖类物质。根据样品的实际情况，可适当增加洗涤液的用量和洗涤次数，以保证干扰检测的可溶性糖类物质洗涤完全。滤干乙醇溶液，以100 mL水洗涤漏斗中残渣并转移至250 mL锥形瓶中，加入30 mL盐酸（1：1），接好冷凝管，置沸水浴中回流2 h。回流完毕后，立即冷却。待试样水解液冷却后，加入2滴甲基红指示液，先以氢氧化钠溶液（400 g / L）调至黄色，再以盐酸（1：1）校正至试样水解液变成红色。若试样水解液颜色较深，可用精密pH试纸测试，使试样水解液的pH约为7。然后加20mL乙酸铅溶液（200 g / L），摇匀，放置10 min。再加20mL硫酸钠溶液（100 g / L），以除去过多的铅。摇匀后将全部溶液及残渣转入500 mL容量瓶中，用水洗涤锥形瓶，洗液合并入容量瓶中，加水稀释至刻度。过滤，弃去初滤液20 mL，滤液供测定用。

（8）测定：同酶水解法步骤 8。

（9）结果计算：

计算公式：

$$X=\frac{(A_1-A_2)\times 0.9}{m\times\frac{V}{500}\times 1000}\times 100$$

式中：X——试样中淀粉含量（g / 100 g）

A_1——测定用试样中水解液葡萄糖质量（mg）

A_2——试剂空白中葡萄糖质量（mg）

0.9——葡萄糖折算成淀粉的换算系数

m——称取试样质量（g）

V——测定用试样水解液体积（mL）

500——试样液总体积（mL）

结果保留三位有效数字。

（10）精密度：在重复性条件下获得的两次独立测定结果的绝对差值不得超过算术平均值的 10%。

还原糖

还原糖概述

还原糖是衡量马铃薯品质的重要指标之一，还原糖通常指的是具有还原性的糖类，凡含有醛基或酮基的单糖类（如葡萄糖、果糖等）以及含有潜醛基的双糖（如麦芽糖、乳糖）均具有还原性。马铃薯块茎中过量的还原糖在油炸过程中与氮化合物的α－氨基酸发生美拉德反应（Maillard reaction），不仅会使产品颜色变褐、变黑，还会使马铃薯味道变苦，因此还原糖含量的高低成为影响薯片、薯条颜色和味道的最重要的因素。块茎还原糖含量的高低受许多因素影响，如品种、气候条件、栽培条件、成熟度、贮藏期限和条件等，都会不同程度地影响还原糖含量。

还原糖含量测定

3，5- 二硝基水杨酸比色法

该方法要求在马铃薯收获两周内测定。

（1）试剂准备：

3，5 － 二硝基水杨酸溶液：称取 6.5 g 的 3，5 － 二硝基水杨酸溶于少量水中，移入 1000 mL 容量瓶中，加入 2 mol / L 的 NaOH 溶液 325 mL，再加入 45 mL 丙二醇，摇匀，冷却后定容至 1000 mL。

乙酸锌溶液：称取 21.9 g 乙酸锌 [Zn(OAC)·H_2O 分析纯] 溶于适量水中，加冰乙酸 3 mL，定容至 100 mL。

亚铁氰化钾溶液：称取 10.6 g 亚铁氰化钾 [KFe(CN)·3H_2O 分析纯] 溶于水，定容至 100 mL。

葡萄糖标准液：准确称取 1.000 g 分析纯无水葡萄糖，加水溶解后，定容至 1000 mL。此溶液每毫升相当于 1.0 mg 葡萄糖。

（2）标准曲线的制作：用移液管准确吸取 0 mL、2 mL、4 mL、6 mL、8 mL、10 mL、12 mL（相当于 0 mg、2 mg、4 mg、6 mg、8 mg、10 mg、12 mg 葡萄糖）的葡萄糖标准溶液，分别置于 50 mL 容量瓶中，用蒸馏水补充至约 20mL，加 3，5 － 二硝基水杨酸溶液 5 mL，至沸水浴中煮 5 min 进行显色，取出后以流水冷却，定容，摇匀。20 min 后比色，用试剂空白调零，用分光光度计在 540 nm 波长处测定吸光值，以吸光值为纵坐标、葡萄糖含量（mg）为横坐标绘制标准曲线。

（3）取样及样品制备：在马铃薯收获期，从每个试验小区收获的块茎中随机取有代表性、无损伤、无病的块茎 30 个。将样品块茎洗净，对每一个块茎按以下方法切取：纵切一刀，在纵切面上切取 0.5 cm 的薄片，然后在纵切的两半块茎上垂直于纵切面横切一刀，再在两个横切面上各切一小薄片，由切下的全部小片材料组成平均样品。将新鲜材料放在 60 ~ 70 ℃的恒温箱内干燥 14 ~ 16 h，使样品材料达恒重为止。已干燥的样本材料用粉碎机粉碎过筛，直到全部材料过筛为止。过筛后的材料放到能盖严的玻璃瓶里，在干燥处保存。

（4）样液制备：准确称取块茎恒重干样品粉末 2 g，精确至 0.001 g，放入大试管中加入 25 mL 蒸馏水，置沸水浴中加热 20 min，其间摇动数次，取出后立即加入 2 mL 乙酸锌溶液和 2 mL 亚铁氰化钾溶液，摇匀，冷却，定容至 50 mL 容量瓶中，过滤，滤液备用。

（5）样品的测定：用移液管吸取样品溶液 10 mL。置于 50 mL 容量瓶中，用蒸馏水补充至约 20 mL，加 3，5 － 二硝基水杨酸溶液 5 mL，至沸水浴中煮 5 min 进行显色，取出后立即以流水冷却，定容、摇匀。20 min 后比色，用分光光度计在 540 nm 波长处测定吸光值。

（6）结果计算和表示：在标准曲线

中查出相应的还原糖的含量，按以下公式计算样品中还原糖的百分含量。

$$X(\%)=\frac{m\times a}{W}\times 100$$

式中：

X——样品还原糖含量（g / 100 g）

a——样品稀释倍数

m——在标准曲线中查出相应的还原糖毫克数（mg）

W——样品质量（mg）

平行测定的结果，用算数平均值表示，以“%”表示，精确到0.01%。平行测定的结果之差不得超过0.1%。

直接滴定法

（1）原理：试样经除去蛋白质后，以亚甲蓝作指示剂，在加热条件下滴定标定过的碱性酒石酸铜溶液（已用还原糖标准溶液标定），根据样品液消耗体积计算还原糖含量。

（2）所需仪器：天平（感量为0.1 mg）、水浴锅、可调温电炉、酸式滴定管（25 mL）。

（3）试剂：盐酸（HCl）、硫酸铜（$CuSO_4\cdot 5H_2O$）、亚甲蓝（$C_{16}H_{18}ClN_3S\cdot 3H_2O$）、酒石酸钾钠（$C_4H_4O_6KNa_4\cdot H_2O$）、氢氧化钠（NaOH）、乙酸锌[$Zn(CH_3COO)_2\cdot 2H_2O$]、冰乙酸（$C_2H_4O_2$）、亚铁氰化钾[$K_4Fe(CN)_6\cdot 3H_2O$]。

（4）试剂配制：

盐酸溶液（1∶1，体积比）：量取盐酸50 mL，加水50 mL混匀。

碱性酒石酸铜甲液：称取硫酸铜15 g和亚甲蓝0.05 g，溶于水中，并稀释至1000 mL。

碱性酒石酸铜乙液：称取酒石酸钾钠50 g和氢氧化钠75 g，溶解于水中，再加入亚铁氰化钾4 g，完全溶解后，用水定容至1000 mL，贮存于橡胶塞玻璃瓶中。

乙酸锌溶液：称取乙酸锌21.9 g，加冰乙酸3 mL，加水溶解并定容至100 mL。

亚铁氰化钾溶液（106 g / L）：称取亚铁氰化钾10.6 g，加水溶解并定容至100 mL。

氢氧化钠溶液（40 g / L）：称取氢氧化钠4 g，加水溶解后，放冷，并定容至100 mL。

（5）标准品：

葡萄糖（$C_6H_{12}O_6$）CAS:50−99−7，纯度≥99%。

果糖（$C_6H_{12}O_6$）CAS:57−48−7，纯度≥99%。

乳糖（含水）（$C_6H_{12}O_6\cdot H_2O$）CAS：5989−81−1，纯度≥99%。

蔗糖（$C_{12}H_{22}O_{11}$）CAS：57−50−1，纯度≥99%。

（6）标准溶液配制：

葡萄糖标准溶液（1.0 mg / mL）：准确称取经过98 ~ 100 ℃烘箱中干燥2 h后的葡萄糖1 g，加水溶解后加入盐酸溶液5 mL，并用水定容至1000 mL。此溶液每毫升相当于1.0 mg葡萄糖。

果糖标准溶液（1.0 mg / mL）：准确称取经过 98 ~ 100 ℃ 干燥 2 h 的果糖 1 g，加水溶解后加入盐酸溶液 5 mL，并用水定容至 1000 mL。此溶液每毫升相当于 1.0 mg 果糖。

乳糖标准溶液（1.0 mg / ml）：准确称取经过 94 ~ 98 ℃ 干燥 2 h 的乳糖（含水）1 g。加水溶解后加入盐酸溶液 5 mL，并用水定容至 1000 mL，此溶液每毫升相当于 1.0 mg 乳糖（含水）。

转化糖标准溶液（1.0 mg / mL）：准确称取 1.0526 g 蔗糖，用 100 mL 水溶解，放置具塞锥形瓶中，加盐酸溶液 5 mL，在 68 ~ 70 ℃ 水浴中加热 15 min，放置至室温，转移至 1000 mL 容量瓶中并加水定容至 1000 mL，每毫升标准溶液相当于 1.0 mg 转化糖。

（7）样品准备：称取粉碎或混匀后的试样 10 ~ 20 g（精确至 0.001 g），置 250mL 容量瓶中，加水 200 mL，在 45 ℃ 水浴中加热 1h，并时时振摇，冷却后加水至刻度，混匀，静置，沉淀。吸取 200 mL 上清液置于另一 250 mL 容量瓶中，缓慢加入乙酸锌溶液 5mL 和亚铁氰化钾溶液 5 mL，加水至刻度，混匀，静置 30 min，用干燥滤纸过滤，弃去初滤液，取后续滤液备用。

（8）测定：

碱性酒石酸铜溶液的标定：吸取碱性酒石酸铜甲液 5.0 mL 和碱性酒石酸铜乙液 5.0 mL，于 150 mL 锥形瓶中，加水 10 mL，加入玻璃珠 2 ~ 4 粒，从滴定管中加葡萄糖或其他还原糖标准溶液约 9 mL，控制在 2 min 中内加热至沸，趁热以每 2 秒 1 滴的速度继续滴加葡萄糖或其他还原糖标准溶液，直至溶液蓝色刚好褪去为终点，记录消耗葡萄糖（或其他还原糖标准溶液）的总体积，同时平行操作 3 次，取其平均值，计算每 10mL（碱性酒石酸甲、乙液各 5 mL）碱性酒石酸铜溶液相当于葡萄糖（或其他还原糖）的质量（mg）。

注：也可以按上述方法标定 4 ~ 20mL 碱性酒石酸铜溶液（甲、乙液各半）来适应试样中还原糖的浓度变化。

试样溶液预测：吸取碱性酒石酸铜甲液 5.0 mL 和碱性酒石酸铜乙液 5.0 mL 于 150 mL 锥形瓶中，加水 10 mL，加入玻璃珠 2 ~ 4 粒，控制在 2 min 内加热至沸，保持沸腾以先快后慢的速度，从滴定管中滴加试样溶液，并保持沸腾状态，待溶液颜色变浅时，以 1 滴 / 2 s 的速度滴定，直至溶液蓝色刚好褪去为终点，记录样品溶液消耗体积。

注：当样液中还原糖浓度过高时，应适当稀释后再进行正式测定，使每次滴定消耗样液的体积控制在与标定碱性酒石酸铜溶液时所消耗的还原糖标准溶液的体积相近，约 10 mL 左右，结果按式①计算。当浓度过低时则采取直接加入 10 mL 样品液，免去加水 10 mL，再用还原糖标准溶液滴定至终点，记录消耗的体积与标定时消耗的还原糖标准溶液体积之差相当于 10 mL 样液中所含还原糖的量，结果按式②计算。

试样溶液测定：吸取碱性酒石酸铜

甲液 50 mL 和碱性酒石酸铜乙液 50 mL，置于 150 mL 锥形瓶中，加水 10 mL，加入玻璃珠 2 ~ 4 粒，从滴定管滴加比预测体积少 1 mL 的试样溶液至锥形瓶中，控制在 2 min 内加热至沸，保持沸腾继续以 1 滴 / 2 s 的速度滴定，直至蓝色刚好褪去为终点，记录样液消耗体积，同方法平行操作 3 次，得出平均消耗体积（V）。

（9）结果计算：

试样中还原糖的含量（以某种还原糖计）按式①计算：

①：

$$X=\frac{m_1}{m\times F\times\frac{V}{250}\times 1000}\times 100$$

式中：

X——试样中还原糖的含量（以某种还原糖计，g / 100 g）

m_1——碱性酒石酸铜溶液（甲、乙液各半）相当于某种还原糖的质量（mg）

m——试样质量（g）

F——系数（0.8）

V——测定时平均消耗试样溶液体积（mL）

250——定容体积（mL）

1000——换算系数

当浓度过低时，试样中还原糖的含量（以某种还原糖计）按式②计算：

②：

$$X=\frac{m_2}{m\times F\times\frac{10}{250}\times 1000}\times 100$$

式中：

X——试样中还原糖的含量（以某种还原糖计，g / 100 g）

m_2——标定时体积与加入样品后消耗的还原糖标准溶液体积之差相当于某种还原糖的质量（mg）

m——试样质量（g）

F——系数（1）

10——样液体积（mL）

250——定容体积（mL）

1000——换算系数

还原糖含量≥10 g / 100 g 时，计算结果保留三位有效数字；还原糖 ＜10 g / 100 g时，计算结果保留两位有效数字。

（10）精密度：在重复条件下获得的两次独立测定结果的绝对差值不得超过算术平均值的 5%。

（11）其他：当称样量为 5 g 时，定量限为 0.25 g / 100 g。

高锰酸钾滴定法

（1）原理：试样经除去蛋白质后，其中还原糖把铜盐还原为氧化亚铜，加硫酸铁后，氧化亚铜被氧化为铜盐，经高锰酸钾溶液滴定氧化作用后生成的亚铁盐，根据高锰酸钾消耗量，计算氧化亚铜含量，再查表得还原糖量。

（2）所需仪器：天平、水浴锅、可调温电炉、酸式滴定管、古氏坩埚或 G4 垂融坩埚、真空泵。

（3）试剂：盐酸（HCl）、氢氧化钠（NaOH）、硫酸铜（$CuSO_4\cdot 5H_2O$）、硫酸（H_2SO_4）、硫酸铁 [$Fe_2(SO_4)_3$]、酒

石酸钾钠（$C_4H_4O_6KNa \cdot 4H_2O$）。

（4）试剂配制：

盐酸溶液（3 mol / L）：量取盐酸 30 mL 加水稀释至 120 mL。

碱性酒石酸铜甲液：称取硫酸铜 34.639 g，加适量水溶解，加硫酸 0.5mL，再加水稀释至 500 mL，用精制石棉过滤。

碱性酒石酸铜乙液：称取酒石酸钾钠 173 g 与氢氧化钠 50 g，加适量水溶解，并稀释至 500 mL 用精制石棉过滤，贮存于橡胶塞玻璃瓶内。

氢氧化钠溶液（40 g / L）：称取氢氧化钠 4 g，加水溶解并稀释至 100 mL。

硫酸铁溶液（50 g / L）：称取硫酸铁 50 g，加水 200 mL 溶解后，慢慢加入硫酸 100 mL，冷后加水稀释至 1000 mL。

精制石棉：取石棉先用盐酸溶液浸泡 2 ~ 3 d，用水洗净，再加氢氧化钠溶液浸泡 2 ~ 3 d，倾去溶液，再用热碱性酒石酸铜乙液浸泡数小时，用水洗净。再以盐酸溶液浸泡数小时，以水洗至不呈酸性，然后加水振摇，使其成细微的浆状软纤维，用水浸泡并贮存于玻璃瓶中，即可作填充古氏坩埚用。

（5）标准品：高锰酸钾（$KMnO_4$），优级纯或以上等级。

（6）标准溶液配制——高锰酸钾标准滴定溶液 [c（1/5KMnO$_4$）= 0.1000 mol / L]：称取 3.3 g 高锰酸钾，溶于 1050mL 水中，缓缓煮沸 15 min，冷却，于暗处放置 2 周，用已处理过的 4 号玻璃坩埚（在同样浓度的高锰酸钾溶液中缓缓煮沸 5 min）过滤。贮存于棕色瓶中；称取 0.25 g 已于 105 ~ 110 ℃ 电烘箱中干至恒量的工作基准试剂酸钠，溶于 100 mL 硫酸溶液（8+92）中，用配制的高锰酸钾溶液滴定，近终点时加热至约 65 ℃，继续滴定至溶液呈粉红色，并保持 30 s。同时做空白试验。高锰酸钾标准滴定溶液的浓度 [c（1/5KMnO$_4$）] 按式③计算：

③：

$$c[1/5(KMnO_4)]=\frac{m\times1000}{(V_1-V_2)\times M}$$

式中：

m——酸钠质量（g）

V_1——高锰酸钾溶液体积（mL）

V_2——试剂空白消耗高锰酸钾标准溶液的体积（mL）

M——草酸钠摩尔质量(g / mol), [M（1/2Na$_2$C$_2$O$_4$）=66.9999]

（7）样品准备：称取粉碎或混匀后的试样 10 ~ 20 g（精确至 0.001 g），置 250 mL 容量瓶中，加水 200 mL，在 45 ℃ 水浴中加热 1 h，并时时振摇。冷却后加水至刻度，混匀，静置。吸取 200.0 mL 上清液置另一 250 mL 容量瓶中，加碱性酒石酸铜甲液 10 mL 及氢氧化钠溶液 4 mL，加水至刻度，混匀。静置 30 min，用干燥滤纸过滤，弃去初滤液，取后续滤液备用。

（8）测定：吸取处理后的试样溶液 50 mL 于 500 mL 烧杯内，加入碱性酒石酸铜甲液 25 mL 及碱性酒石酸铜乙液 25 mL，于烧杯上盖一表面皿，加热，控制在 4 min 内沸腾，再煮沸 2 min，趁热用铺好精制石棉的古氏坩埚（或 G4 垂融坩埚）抽滤，并用 60 ℃ 热水洗涤烧杯中沉淀物，至洗液不呈碱性为止。将古氏坩埚（或 G4 垂融坩埚）放回原 500 mL 烧杯中，加硫酸铁溶液 25 mL、水 25 mL，用玻璃棒搅拌使氧化亚铜完全溶解，以高锰酸钾标准溶液滴定至微红色为终点。同时吸取水 50 mL，加入与测定试样时相同量的碱性酒石酸铜甲液、乙液，硫酸铁溶液及水，按同一方法做空白试验。

（9）结果计算：

试样中还原糖质量相当于氧化亚铜的质量，按式④计算：

$$④：X_0 = (V - V_0) \times c \times 71.54$$

式中：

X——试样中还原糖质量相当于氧化亚铜的质量（mg）

V——测定用试样液消耗高锰酸钾标准溶液的体积（mL）

V_0——试剂空白消耗高锰酸钾标准溶液的体积（mL）

c——高锰酸钾标准溶液的实际浓度（mol/L）

71.54——1mL 高锰酸钾标准溶液 [c（1/5）$KMnO_4$]=1.000 mol / L）相当于氧化亚铜的质量（mg）

根据式中计算所得氧化亚铜质量，查表（GB5009.7 – 2016），再计算试样中还原糖含量，按式⑤计算：

$$⑤：X = \frac{m_3}{m_4 \times \frac{V}{250} \times 1000} \times 100$$

式中：

X——试样中还原糖的含量 (g / 100 g)

m_3——X_0 查表（GB5009.7 – 2016）(mg）

m_4——试样质量或体积（g 或 mL）

V——测定用试样溶液的体积（mL）

250——试样处理后的总体积（mL）

还原糖含量 ≥ 10 g / 100 g 时，计算结果保留三位有效数字；还原糖含量 <10 g / 100 g 时，计算结果保留两位有效数字。

（10）精密度：在重复条件下获得的两次独立测定结果的绝对差值不得超过算术平均值的 10%。

（11）其他：当称样量为 5 g 时，定量限为 0.5 g / 100 g。

铁氰化钾法

（1）原理：还原糖在碱性溶液中将铁氰化钾还原为亚铁氰化钾，还原糖本身被氧化为相应的糖酸。过量的铁氰化钾在乙酸的存在下，与碘化钾作用下析出碘，析出的碘以硫代硫酸钠标准溶液滴定。通过计算氧化还原糖时所用的铁氰化钾的量，查表（GB5009.7 – 2016）得试样中还原糖的含量。

（2）所需仪器：分析天平（分度

值 0.0001 g）、振荡器、试管（直径 1.8 ~ 2.0 cm，高约 18 cm）、水浴锅、电炉（2000 W）、微量滴定管（5 mL 或 10 mL）。

（3）试剂：95% 乙醇、冰乙酸（CH_3COOH）、无水乙酸钠（$C_2H_3NaO_2$）、硫酸（H_2SO_4）、钨酸钠（$Na_2WO_4 \cdot 2H_2O$）、铁氰化钾 [$KFe(CN)_6$]、碳酸钠（Na_2CO_3）、氯化钾（KCl）、硫酸锌（$ZnSO_4$）、碘化钾（KI）、氢氧化钠（NaOH）、可溶性淀粉。

（4）试剂配制：

乙酸缓冲液：将冰乙酸 3.0 mL、无水乙酸钠 6.8 g 和浓硫酸 4.5 mL 混合溶解，然后稀释至 1000 mL。

钨酸钠溶液（12.0%）：将钨酸钠 12.0 g 溶于 100 mL 水中。

碱性铁氰化钾溶液（0.1 mol / L）：将铁氰化钾 32.9 g 与碳酸钠 44.0 g 溶于 1000 mL 水中。

乙酸盐溶液：将氯化钾 70.0 g 和硫酸锌 40.0 g 溶于 750 mL 水中，然后缓慢加入 200 mL 冰乙酸，再用水稀释至 1000 mL，混匀。

碘化钾溶液（10%）：称取碘化钾 10.0 g 溶于 100 mL 水中，再加一滴饱和氢氧化钠溶液。

淀粉溶液（1%）：称取可溶性淀粉 1.0 g，用少量水润湿调和后，缓慢倒入 100 mL 沸水中，继续煮沸直至溶液透明。

硫代硫酸钠溶液（0.1 mol / L）：称取 26 g 无水硫代硫酸钠（或 16 g 无水硫代硫酸钠）加 2 g 水碳酸于 1 L 水中，缓缓煮沸 10 min，冷却。放置 2 周后用 4 号玻璃滤锅过滤；称取 0.18 g 已于 120 ℃ 干燥至恒量的工作基准试剂重铬酸钾，置于碘量瓶中，溶于 25 mL 水，加 2 g 碘化钾及 20 mL 硫酸溶液（20%），摇匀，于暗处放置 10 min，加 150 mL 水（15 ~ 20 ℃），用配制的硫代硫酸钠溶液滴定，近终点时加 2 mL 淀粉指示液（10 g / L）继续滴定至溶液由蓝色变为亮绿色。同时做空白试验。硫代硫酸钠标准滴定溶液的浓度 [c（$Na_2S_2O_3$）] 按式⑥计算。

$$⑥：c(Na_2S_2O_3) = \frac{m \times 1000}{(V_1 - V_2) \times M}$$

式中：

m——重铬酸钾质量（g）

V_1——硫代硫酸钠溶液体积（mL）

V_2——试剂空白消耗硫代硫酸钠溶液的体积（mL）

M——重铬酸钾的摩尔质量（g / mol），[M（$1/6K_2Cr_2O_7$）=49.031]

（5）样品准备：称取试样 5g（精确至 0.001 g）于 100 mL 磨口锥形瓶中，倾斜锥形瓶以便所有试样粉末集中于一侧，用 5 mL95% 乙醇浸湿全部试样，再加入 50 mL 乙酸缓冲液，振荡摇匀后立即加入 2 mL 12.0% 钨酸钠溶液，在振荡器上混合振摇 5 min。将混合液过滤，弃去最初几滴滤液，收集滤液于干净锥形瓶中，此滤液即为样品测定液。同时做空白实验。

（6）测定：

氧化：精确吸取样品液 5 mL 于试管中，再精确加入 5 mL 碱性铁氰化钾溶液，混合后立即将试管浸入剧烈沸腾的水浴中，并确保试管内液面低于沸水液面下 3 ~ 4 cm，加热 20 min 后取出，立即用冷水冷却。

滴定：将试管内容物倾入 100 mL 锥形瓶中，用 25 mL 乙酸盐溶液试管一并倾入锥形瓶中，加 5 mL 10% 碘化钾溶液，混匀后，立即用 0.1 mol / L 硫代硫酸钠溶液滴定至淡黄色，再加 1 mL 淀粉溶液，继续滴定直至溶液蓝色消失，记下消耗的硫代硫酸钠溶液体积（V_1）。

空白试验：吸取空白液 5 mL，代替样品液进行上述氧化和滴定操作，并记录消耗的硫代硫酸钠溶液体积（V_0）。

（7）结果计算：

根据氧化样品液中还原糖所需 0.1 mol / L 铁氰化钾溶液的体积查表（GB5009.7 − 2016），即可查得试样中还原糖（以麦芽糖计算）的质量分数。铁氰化钾溶液体积（V_3）按式⑦计算：

$$⑦: V_3 = \frac{(V_0 - V_1) \times c}{0.1}$$

式中：

V_3——氧化样品液中还原糖所需 0.1 mol / L 铁氰化钾溶液的体积（mL）

V_0——滴定空白液消耗 0.1 mol / L 硫代硫酸钠溶液的体积（mL）

V_1——滴定样品液消耗 0.1 mol / L 硫代硫酸钠溶液的体积（mL）

c——硫代硫酸钠溶液实际浓度（mol / L）

计算结果保留小数点后两位。

0.1 mol / L 铁氰化钾体积与还原糖含量对照可查表（GB5009.7 − 2016）。

注：还原糖含量以麦芽糖计算。

（8）精密度：在重复条件下获得的两次独立测定结果的绝对差值不得超过算术平均值的 10%。

奥氏试剂滴定法（国标）

（1）原理：在沸腾条件下，还原糖与过量奥氏试剂反应生成相当量的沉淀，冷却后加入盐酸使溶液呈酸性，并使 Cu_2O 沉淀溶解。然后加入过量碘溶液进行氧化，用硫代硫酸钠溶液滴定过量的碘，其反应式如下：

$$C_6H_{12}O_6 + 2C_4H_2O_6KNaCu + 2H_2O \rightarrow C_6H_{12}O_7 + 2C_4H_4O_6KNa + CuO\downarrow$$

$$Cu_2O\downarrow + 2HCl \rightarrow 2CuC_1 + H_2O$$

$$2CuC_1 + 2KI + I_2 > 2CuI_2 + 2KC_1$$

$$I_2\text{（过剩的）} + 2Na_2S_2O_3 \rightarrow Na_2S_4O_6 + 2NaI$$

硫代硫酸钠标准溶液空白试验滴定量减去其样品试验滴定量得到一个差值，由此差值便可计算出还原糖的量。

（2）所需仪器：

天平：感量为 0.1 mg，水浴锅，可调温电炉或性能相当的加热器具，25 mL

酸式滴定管。

（3）试剂：盐酸（HCl）、硫酸铜（$CuSO_4 \cdot 5H_2O$）、酒石酸钾钠（$C_4H_4O_6KNa \cdot 4H_2O$）、无水碳酸钠（Na_2CO_3）、冰乙酸（$C_2H_4O_2$）、磷酸氢二钠（$Na_2HPO_4 \cdot 12H_2O$）、碘化钾（KI）、乙酸锌 [$Zn(CH_3COO)_2 \cdot 2H_2O$]、亚铁氰化钾 [$K_4Fe(CN)_6 \cdot 3H_2O$]、可溶性淀粉、粉状碳酸钙（$CaCO_3$）。

（4）试剂配制：

盐酸溶液（6 mol / L）：吸取盐酸 50.0 mL，加入已装入 30 mL 水的烧杯中，慢慢加水稀释至 100 mL。

盐酸溶液（1 mol / L）：吸取盐酸 84.0 mL，加入已装入 200 mL 水的烧杯中，慢慢加水稀释至 1000 mL。

奥氏试剂：分别称取硫酸铜 50 g、酒石酸钾钠 300 g、无水碳酸钠 10.0 g、磷酸氢二钠 50.0 g，稀释至 1000 mL，用细孔砂芯玻璃漏斗、硅藻土或活性炭过滤，贮于棕色试剂瓶中。

碘化钾溶液（250 g / L）：称取碘化钾 25.0 g，溶于水，移入 100 mL 容量瓶中，用水稀释至刻度，摇匀。

乙酸锌溶液：称取乙酸锌 21.9 g，加冰乙酸 3 mL，加水溶解并定容至 100 mL。

亚铁氰化钾溶液（106 g / L）：称取亚铁氰化钾 10.6 g，加水溶解并定容至 100 mL。

淀粉指示剂（5 g / L）：称取可溶性淀粉 0.50 g，加冷水 10 mL 调匀，搅拌下注入 90 mL 沸水中，再微沸 2min，冷却。溶液于使用前制备。

（5）标准品：

硫代硫酸钠（$Na_2S_2O_3 \cdot 5H_2O$），优级纯或以上等级。

碘（I），优级纯或以上等级。

碘化钾（KI），优级纯或以上等级。

（6）标准溶液配制：

硫代硫酸钠标准滴定储备液 [c（$Na_2S_2O_3$）= 0.1 mol / L]：方法同铁氰化钾法。也可使用商品化的产品。

硫代硫酸钠标准滴定溶液 [c（$Na_2S_2O_3$）= 0.0323 mol / L]：精确吸取硫代硫酸钠标准滴定储备液 32.30 mL，移入 100 mL 容量瓶中，用水稀释至刻度。校正系数按式⑧计算

⑧：$$K=\frac{C}{0.323}$$

式中：

C——硫代硫酸钠标准溶液的浓度（mol / L）

碘溶液标准滴定储备液 [c（I_2）= 0.1 mol / L]：称取 13 g 碘和 35 g 碘化钾，溶于 100 mL 水中，置于棕色瓶中，放置 2 天，稀释至 1000 mL，摇匀。

碘标准滴定溶液：[c（I_2）= 0.01615 mol / L]。精确吸取碘溶液标准滴定储备液 16.15 mL，移入 100 mL 容量瓶中，用水稀释至刻度。

（7）样品准备：

将备检样品清洗干净。取100 g（精确至0.01 g）样品，放入高速捣碎机中，用移液管移入100 mL水，以不低于12000 r / min的转速将其捣成1：1的匀浆。

称取匀浆样品 25 g（精确至 0.001 g）放于 500 mL 具塞锥形瓶中（含有机酸较多的试样加粉状碳酸钙 0.5 ~ 2.0 g 调至中性），加水调整体积约为 200 mL。置 80 ± 2 ℃ 水浴保温 30 min，其间摇动数次，取出加入乙酸锌溶液 5 mL 和亚铁氰化钾溶液 5 mL，冷却至室温后，转入 250 mL 容量瓶，用水定容至刻度。摇匀，过滤，澄清试样溶液备用。

（8）测定：

碘氧化反应：取出锥形瓶，加入冰乙酸 1.0 mL，在不断摇动下，准确加入碘标准滴定溶液 5.00 ~ 30.00 mL，其数量以确保碘溶液过量为准，用量筒沿锥形瓶壁快速加入盐酸 15 mL，立即盖上小烧杯，放置约 2 min，不时摇动溶液。

滴定过量碘：用硫代硫酸钠标准滴定溶液滴定过量的碘，滴定至溶液呈黄绿色出现时，加入淀粉指示剂 2 mL，继续滴定溶液至蓝色褪尽为止，记录消耗的硫代硫酸钠标准滴定溶液体积（V_4）。

空白试验：按上述步骤进行空白试验（V_3），除了不加试样溶液外，操作步骤和应用的试剂均与测定时相同。

（9）结果计算：

试样品的还原糖按式⑨计算

⑨：

$$X = K \times (V_3 - V_4) \times \frac{0.001}{m \times \frac{V_5}{250}} \times 100$$

式中：

X——试样中还原糖的含量（g / 100 g）

K——硫代硫酸钠标准滴定溶液 [c（$Na_2S_2O_3$）=0.0323mol/L 校正系数]

V_3——空白试验滴定消耗的硫代硫酸钠标准滴定溶液体积（mL）

V_4——试样溶液消耗的硫代硫酸钠标准滴定溶液体积（mL）

V_5——所取试样溶液的体积（mL）

m——试样的质量（g）

250——试样浸提稀释后的总体积（mL）

计算结果保留两位有效数字。

（10）精密度：在重复条件下获得的两次独立测定结果的绝对差值不得超过算术平均值的 5%。

（11）其他：当称样量为 5 g 时，定量限为 0.25 g / 100 g。

油炸加工

油炸加工概述

马铃薯油炸加工主要指薯条、薯片加工，块茎油炸品质主要包括还原糖含量、比重、炸片评分、炸条等级等。炸片加工品质高低决定于块茎内还原糖含量，还原糖和游离氨基酸在高温条件下发生美拉德反应，变成棕褐色，颜色变深，产生苦味（Pereira，1993）。马铃薯在低温贮藏过程中会出现低温糖化现象，将块茎内淀粉转化为还原糖。研究表明，贮藏条件对马铃薯还原糖含量变化存在影响，马铃薯随着低温贮藏时间的变长，还原糖含量逐渐增高，回暖后还原糖含量有所降低，不同品种回暖效果差异性显著。炸片加工型马铃薯对薯形、薯肉颜色、芽眼深浅及薯皮等外观性状有严格的要求，同时对块茎内淀粉、还原糖、干物质含量以及糖苷碱含量和多酚氧化酶活性也有一定要求（Agblor et al，2002），理想的炸片马铃薯加工品种需要兼具抗病性好、产量高、薯形为圆形且芽眼浅、大小在 4.5 ~ 9.5 cm、干物质含量在 20% 以上、还原糖含量低于 0.25%、比重高于 1.080。

炸片品质

鉴定方法

炸片品质主要依据油炸后的薯片颜色来评定。评分标准根据加拿大农业部炸片色泽图，按比色卡从 10 分（深色）到 100 分（浅色）对油炸薯片进行打分（牛志敏等，2001），根据所得分数判定其适宜或不适宜炸片。

（1）仪器设备：小型炸片设备一套。

（2）炸片用油：棕榈油。

（3）样品选择与处理：于马铃薯收获期，选择薯形圆形、块茎大小适中且整齐、芽眼浅、块茎比重 1.080 以上的马铃薯块茎 20 个（单薯重 150 g 左右），使用切片机沿横向将洗净去皮后的马铃薯切成 1.2 ~ 1.7 mm 厚的薄片，不合格的薄片要从中剔除；用清水洗去薯片表面淀粉并用滤纸或毛巾吸干薯片表面水分；油炸温度为 180 ± 5 ℃，油炸至薯片全部浮起。

油炸马铃薯片感官得分评价标准见表 5-1。感官分析由 10 名接受过感官评估训练的研究者进行。不同的样本用 3 位数随机数字编码，炸薯片（每个样品 3 片）被随机分发到各个评分者，每

表 5-1 油炸马铃薯片感官得分评价标准

项目	感官评价标准	分值
形态	圆形或椭圆形，片形完整	2
	圆形或椭圆形，片形较完整，有少量碎片	1
	不规则片较多，碎片率高	0
色泽	浅黄色或金黄色，色泽均匀，级别≤美国休闲食品协会薯片颜色标准 3 级	2
	黄色或深黄色，色泽基本均匀，级别符合美国休闲食品协会薯片颜色标准 4 ~ 6 级	1
	深褐色，级别符合美国休闲食品协会薯片颜色标准 7 级及以上	0
滋味气味	具有马铃薯特有的薯香味，无焦苦味、哈喇味或其他异味	2
	具有马铃薯特有的薯香味，有轻微哈喇味	1
	有严重异味	0
口感	具油炸马铃薯片特有的薄脆口感	2
	口感较硬，酥脆感不足	1
	有其他不良口感	0
杂质	无正常视力可见的外来杂质	2
	少数杂点或焦斑	1
	具有较多杂质，薯片间粘黏严重	0

次评估前，小组成员会用冷水漱口。评分者品尝后根据表 5-1 中的标准对产品各项指标打分，取平均值作为各项指标最终得分，将各项指标平均分累加即是该产品的感官评价得分。综合每位评委的品尝结果，最后确定其是否适宜炸片。

炸条品质

鉴定方法一

适于炸条的马铃薯种质应具有块茎长圆形或长筒形、芽眼浅、髓部小、干物质含量高于 19%、还原糖含量低于 0.25% 等特点，但马铃薯炸条品质主要依据试验室油炸鉴定分析，按薯条的外部表现、外观颜色、内部颜色、中央薯条结构、外部薯条结构进行综合打分，最高分为 100 分，以 65 分以上为优，55 ~ 65 分为中，55 分以下为差（刘喜才，2006）。

（1）仪器设备：小型炸片设备一套。

（2）炸条用油：棕榈油。

（3）样品选择与处理：于马铃薯收获期，选择薯形长形、芽眼浅、块茎比重 1.080 以上、单薯 200 g 以上等重块茎 20 个，从中选取 10 个块茎直接进行油炸鉴定，另外 10 个在窖温 2 ~ 4 ℃条件下贮存 3 个月后，取出并经 18 ~ 20 ℃升温处理 10 d 后，进行第二次油炸鉴定。以夏波蒂（Shepody）为对照。

（4）炸条：将块茎洗净去皮后，用切条机将块茎纵向切取截面 1.0 cm^2 的薯条，从每个块茎的中央和外围各抽取 4 个薯条用于试验。用清水洗净薯条表面的淀粉，用滤纸吸干薯条表面水后进行炸条。炸条时，油温为 193℃，烹炸 1 min 后，取出置于 －20 ℃冰柜中保存 1 ~ 20 h，然后在 193 ℃油温下再次烹炸 1.5 min，即可进行品质鉴定。

（5）评价标准和结果判定：油炸结束后，由评审小组成员（10 人以上）按如下标准（刘喜才，2006）打分：

外部表现：1 ~ 20 分；外部颜色：1 ~ 10 分；内部颜色：1 ~ 20 分；中央薯条结构：1 ~ 30 分；外部薯条结构：1 ~ 20 分。

根据评审员打分结果，按如下标准判定种质炸条品质类型。

优（> 65 分）；中（65 ~ 55 分）；差（< 55 分）。

根据连续 2 ~ 3 年炸条鉴定，每年两次试炸（收获后、冬贮回暖后）结果，判定该种质的炸条品质。

评分细则见表 5-2。

表 5-2 油炸马铃薯条感官评价细则

评价项目	分值	评分标准
色泽	25	色泽诱人、鲜亮［20～25］，优
		色泽正常［15～20］，良
		色泽一般［10～15］，中
		色泽暗淡无光［0～10］，差
滋味	25	有炸马铃薯特有的滋味，无油腻感［20～25］，优
		滋味正常，稍有油腻感［15～20］，良
		滋味一般，有油腻感［10～15］，中
		滋味较差，油腻感重［0～10］，差
气味	25	薯香纯正、浓郁［20～25］，优
		薯香较纯正［15～20］，良
		薯香适中［10～15］，中
		薯香淡、不纯正［0～10］，差
口感	25	口感酥脆［20～25］，优
		酥脆感较好［15～20］，良
		酥脆感一般［10～15］，中
		不酥脆，有柔软感［0～10］，差

根据评审员打分结果，按如下标准判定种质炸条品质类型。
优：80～100 分；良：60～80 分；中：40～60 分；差：0～40 分。

蛋白质

蛋白质概述

蛋白质（protein）是组成人体一切细胞、组织的重要成分。机体所有重要的组成部分都需要有蛋白质的参与。一般来说，蛋白质约占人体全部质量的 18%，最重要的是与生命现象有关。蛋白质是生命的物质基础，是有机大分子，是构成细胞的基本有机物，是生命活动的主要承担者（Lehesranta et al，2006）。没有蛋白质就没有生命。氨基酸是蛋白质的基本组成单位，它是与生命以及与各种形式的生命活动紧密联系在一起的物质。

马铃薯蛋白质具有较高的营养价值，因其赖氨酸含量高而与谷物蛋白质营养互补。马铃薯蛋白质中的必需氨基酸平衡优于其他植物蛋白质，与全鸡蛋蛋白质和酪蛋白相当，其蛋白质的功效比值（PER）达到 2.3，而玉米蛋白质的 PER 只有 1.43，大米是 1.76，面粉是 0.77，大豆是 1.3～1.9（Leiner，1977）。维持人体氮平衡实验证明马铃薯蛋白质优于其他作物蛋白质。

蛋白质测定

凯式定氮法（国标）

（1）原理：食品中的蛋白质在催化

加热条件下被分解，产生的氨与硫酸结合生成硫酸铵，碱化蒸馏使氨游离，用硼酸吸收后以硫酸或盐酸标准滴定溶液滴定，根据酸的消耗量计算氮含量，再乘以换算系数，即为蛋白质的含量。

（2）所需仪器：天平（感量为1mg）、定氮蒸馏装置（如图5–1所示）、自动凯氏定氮仪。

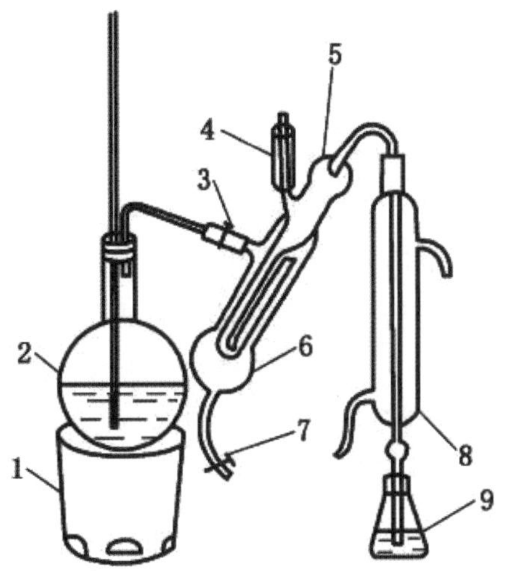

1.电炉、2.水蒸气发生器（2L烧瓶）、3.螺旋夹、4.小玻杯及棒状玻塞、5.反应室、6.反应室外层、7.橡皮管及螺旋夹、8.冷凝管、9.蒸馏液接收瓶

图5–1　定氮蒸馏装置图

（3）试剂：硫酸铜（$CuSO_4 \cdot 5H_2O$）、硫酸钾（K_2SO_4）、硫酸（H_2SO_4）、硼酸（H_3BO_3）、甲基红指示剂（$C_{15}H_{15}N_3O_2$）、溴甲酚绿指示剂（$C_{21}H_{15}Br_4O_5S$）、亚甲基蓝指示剂（$C_{16}H_{18}ClN_3S \cdot H_2O$）、氢氧化钠（NaOH）、95%乙醇（$C_2H_5OH$）。

（4）试剂配制：

硼酸溶液（20 g / L）：称取20 g硼酸，加水溶解后并稀释至1000 mL。

氢氧化钠溶液（400 g / L）：称取40 g氢氧化钠加水溶解后，放冷，并稀释至100 mL。

硫酸标准滴定溶液[c $\frac{1}{2}$（H_2SO_4）]0.0500 mol / L]或盐酸标准滴定溶液[c（HCl）]0.0500 mol / L。

甲基红乙醇溶液（1 g / L）：称取0.1 g甲基红，溶于95%乙醇，用95%乙醇稀释至100 mL。

亚甲基蓝乙醇溶液（1 g / L）：称取0.1 g亚甲基蓝，溶于95%乙醇，用95%乙醇稀释至100mL。

溴甲酚绿乙醇溶液（1 g / L）：称取0.1 g溴甲酚绿，溶于95%乙醇，用95%乙醇稀释至100 mL

A混合指示液：2份甲基红乙醇溶液与1份亚甲基蓝乙醇溶液临用时混合。

B混合指示液：1份甲基红乙醇溶液与5份溴甲酚绿乙醇溶液临用时混合。

（5）样品准备：称取充分混匀的固体试样0.2～2 g、半固体试样2～5 g或液体试样10～25 g（约当于30～40 mg氮），精确至0.001 g，移入干燥的100 mL、250 mL或500 mL定氮瓶中，加入0.4 g硫酸铜、6 g硫酸钾及20 mL硫酸，轻摇后于瓶口放一小漏斗，将瓶以45 ℃角斜支于有小孔的石棉网上。小心加热，待内容物全部碳化，泡沫完全停止后，加强火力，并保持瓶内液体微沸，至液体呈蓝绿色并澄清透明后，再继续加热0.5～1 h。取下放冷，小心加入20 mL水，放冷后，移入100 mL容量瓶中，并用少量水清洗定氮瓶，洗液并入容量瓶中，再加水至刻度，混匀备用。同时做试剂空白试验。

（6）测定：

按图 5-1 装好定氮蒸馏装置，向水蒸气发生器内装水至 2 / 3 处，加入数粒玻璃珠，加甲基红乙醇溶液数滴及数毫升硫酸，以保持水呈酸性，加热煮沸水蒸气发生器内的水并保持沸腾。

向接收瓶内加入 10.0 mL 硼酸溶液及 1 ~ 2 滴 A 混合指示液或 B 混合指示液，并使冷凝管的下端插入液面下，根据试样中氮含量，准确吸取 2.0 ~ 10.0mL 试样处理液由小玻杯注入反应室，以 10mL 水洗涤小玻杯并使之流入反应室内，随后塞紧棒状玻塞，将 100 mL 氢氧化钠溶液倒入小玻杯，提起玻塞使其缓缓流入反应室，立即将玻塞盖紧并水封，夹紧螺旋夹，开始蒸馏，蒸馏 10min 后移动蒸馏液接收瓶，液面离开冷凝管下端，再蒸馏 1 min。然后用少量水冲洗冷凝管下端外部，取下蒸馏液接收瓶。尽快以硫酸或盐酸标准滴定溶液滴定至终点，如用 A 混合指示液，终点颜色为灰蓝色；如用 B 混合指示液，终点颜色为浅灰红色。同时做试剂空白。

（7）结果计算：

试样中蛋白质的含量按式①计算：

①：

$$X=\frac{(V_1-V_2)\times C\times 0.0140}{m\times V_3/100}\times F\times 100$$

式中：

X——试样中蛋白质的含量（g / 100 g）

V_1——试液消耗硫酸或盐酸标准滴定液的体积（mL）

V_2——试剂空白消耗硫酸或盐酸标准滴定液的体积（mL）

C——硫酸或盐酸标准滴定溶液浓度（mol / L）

0.0140——1.0 mL 硫酸 [c $\frac{1}{2}$（H_2SO_4）]0.0500 mol / L 或盐酸 [c（HCI）=1.000 mol / L] 标准滴定溶液相当的氮的质量，单位为克（g）

m——试样的质量（g）

V_3——吸取消化液的体积（mL）

F——氮换算为蛋白质的系数，各种食品中氮转换系数见 GB5009.5 – 2016

100——换算系数

蛋白质含量≥ 1 g / 100 g 时，结果保留三位有效数字；蛋白质含量 <1 g / 100 g 时，结果保留两位有效数字。

注：当只检测氮含量时，不需要乘蛋白质换算系数 F。

（8）精密度：在重复条件下获得的两次独立测定结果的绝对差值不得超过算术平均值的 10%。

分光光度法（国标）

（1）原理：食品中的蛋白质在催化加热条件下被分解，分解产生的氨与硫酸结合生成硫酸铵，在 pH4.8 的乙酸钠 – 乙酸缓冲溶液中与乙酰丙酮和甲醛反应生成黄色的 3，5 – 二乙酰 – 2，6 – 二甲基 – 1,4 – 二氢化吡啶化合物。在波长 400 nm 下测定吸光度值，与标准系列比较定量，结果乘以换算系数，即为蛋白质含量。

（2）所需仪器：分光光度计、电热

恒温水浴锅（100 ± 0.5 ℃）、10 mL 具塞玻璃比色管、天平（感量为 1 mg）。

（3）试剂：硫酸铜（$CuSO_4 \cdot 5H_2O$）、硫酸钾（K_2SO_4）、硫酸（H_2SO_4）（优级纯）、氢氧化钠（NaOH）、对硝基苯酚（$C_6H_5NO_3$）、乙酸钠（$CH_3COONa \cdot 3H_2O$）、无水乙酸钠（CH_3COONa）、乙酸（CH_3COOH）、37% 甲醛（HCHO）、乙酰丙酮（$C_5H_8O_2$）。

（4）试剂配制：

氢氧化钠溶液（300 g / L）：称取 30 g 氢氧化钠加水溶解后，放冷，并稀释至 100 mL。

对硝基苯酚指示剂溶液（1 g / L）：称取 0.1 g 对硝基苯酚指示剂溶于 20 mL 95% 乙醇中，加水稀释至 100 mL。

乙酸溶液（1 mol / L）：量取 5.8 mL 乙酸，加水稀释至 100 mL。

乙酸钠溶液（1 mol / L）：称取 41 g 无水乙酸钠或 68 g 乙酸钠，加水溶解稀释至 500 mL。

乙酸钠 － 乙酸缓冲溶液：量取 60 mL 乙酸钠溶液与 40 mL 乙酸溶液混合，该溶液 pH 4.8。

显色剂：15 mL 甲醛与 7.8 mL 乙酰丙酮混合，加水稀释至 100 mL，剧烈振摇混匀（室温下放置稳定 3 d）。

氨氮标准储备溶液（以氮计）（1.0 g / L）：称取 105 ℃ 干燥 2 h 的硫酸铵 0.4720 g 加水溶解后移于 100 mL 容量瓶中，并稀释至刻度，混匀，此溶液每毫升相当于 1.0 mg 氮。

氨氮标准使用溶液（0.1 g / L）：用移液管吸取 10.00 mL 氨氮标准储备液于 100 mL 容量瓶内，加水定容至刻度，混匀，此溶液每毫升相当于 0.1 mg 氮。

（5）样品准备：称取充分混匀的固体试样 0.1 ~ 0.5 g（精确至 0.001 g）、半固体试样 0.2 ~ 1 g（精确至 0.001 g）或液体试样 1 ~ 5 g（精确至 0.001 g），移入干燥的 100 mL 或 250 mL 定氮瓶中，加入 0.1 g 硫酸铜、1 g 硫酸钾及 5 mL 硫酸。摇匀后于瓶口放一小漏斗，将定氮瓶以 45 ° 角斜支于有小孔的石棉网上。缓慢加热，待内容物全部碳化，泡沫完全停止后，加强火力，并保持瓶内液体微沸，至液体呈蓝绿色澄清透明后，再继续加热 0.5 h。取下放冷，慢慢加入 20 mL 水，放冷后移入 50 mL 或 100 mL 容量瓶中，并用少量水洗定氮瓶，洗液并入容量瓶中，再加水至刻度，混匀备用。按同一方法做试剂空白试验。

（6）试样溶液的制备：吸取 2.00 ~ 5.00 mL 试样或试剂空白消化液于 50 mL 或 100 mL 容量瓶内，加 1 ~ 2 滴对硝基苯酚指示剂溶液，摇匀后滴加氢氧化钠溶液中和至黄色，再滴加乙酸溶液至溶液无色，用水稀释至刻度，混匀。

（7）标准曲线的绘制：吸取 0.00 mL、0.05 mL、0.10 mL、0.20 mL、0.40 mL、0.60 mL、0.80 mL 和 1.00 mL 氨氮标准使用溶液（相当于 0.00 μg、5.00 μg、10.0 μg、20.0 μg、40.0 μg、60.0 μg、80.0 μg 和 100.0 μg 氮），分别置于 10mL 比色管中。加 4.0 mL 乙酸钠 － 乙酸缓冲溶液及 4.0 mL 显色剂，加水稀释至刻度，

混匀。置于 100 ℃ 水浴中加热 15 min，取出用水冷却至室温后，移入 1 cm 比色杯内，以零管为参比，于波长 400 nm 处测量吸光度值，根据标准各点吸光度值绘制标准曲线或计算线性回归方程。

（8）测定：吸取 0.50 ~ 2.00 mL（约相当于氮 <100 μg）试样溶液和同量的试剂空白溶液，分别放于 10 mL 比色管中。加 4.0 mL 乙酸钠 － 乙酸缓冲溶液及 4.0 mL 显色剂，加水稀释至刻度，混匀。置于 100 ℃ 水浴中加热 15 min。取出用水冷却至室温后，移入 1 cm 比色杯内，以零管为参比，于波长 400 nm 处测量吸光度值，试样吸光度值与标准曲线比较定量或代入线性回归方程求出含量。

（9）结果计算：

试样中蛋白质的含量按式②计算：

②：

$$X=\frac{(C-C_0)\times V_1\times V_3}{m\times V_2\times V_4\times 1000\times 1000}\times 100\times F$$

式中：

X——试样中蛋白质的含量（g/100 g）

C——试样测定液中氮的含量（μg）

C_0——试剂空白测定液中氮的含量（ug）

V_1——试样消化液定容体积（mL）

V_3——试样溶液总体积（mL）

m——试样质量（g）

V_2——制备试样溶液的消化液体积（mL）

V_4——测定用试样溶液体积（mL）

1000——换算系数

100——换算系数

F——氮换算为蛋白质的系数

蛋白质含量 ≥ 1 g / 100 g 时，结果保留三位有效数字；蛋白质含量 < 1 g / 100 g 时，结果保留两位有效数字。

（10）精密度：在重复条件下获得的两次独立测定结果的绝对差值不得超过算术平均值的 10%。

龙葵素

龙葵素概述

糖苷类生物碱（*Steroidal glycoalkaloids*，SGAs）是一种存在于茄科和百合科类植物中的次级代谢产物，通常在未成熟的果实中含量较高，具有一定的生物毒性。同时，它在医药和农业领域中也具有广泛的应用价值。19 世纪初在马铃薯中第一次发现糖苷类生物碱，也就是常说的龙葵素。马铃薯在贮藏方式不当或受到外界损伤的情况下会迅速产生大量龙葵素，对人体健康造成威胁。马铃薯龙葵素包含两种主要成分，即 α－茄碱（α－solanine）和 α－卡茄碱（α－chaconine），α－茄碱和 α－卡茄碱都是以相同的含氮杂环茄啶为苷元，区别在于3－OH上连接着不同的三元糖配基。α－茄碱所携带的糖基是一个鼠半乳糖基、一个葡萄糖基和一个李糖基，分子式为$C_{45}H_{73}NO_{15}$；α－卡茄碱所携带的糖基是一个葡萄糖基和两个鼠李糖基，分子式为$C_{45}H_{73}NO_{14}$。在马铃薯块茎中，α－茄碱和α－卡茄碱占龙葵素总量的95%以上，因此通常以α－茄碱和α－卡茄碱的含量总和代表马铃薯的总龙葵素含量（Carman et al，1986；Sinden et al， 1980）。

龙葵素测定

高效液相色谱法（国标）

（1）原理：马铃薯样品中的龙葵素（α－茄碱及α－卡茄碱）用亚硫酸氢钠、乙酸的混合水溶液提取，经C18固相萃取柱净化，用高效液相色谱紫外检测器测定，外标法定量。

（2）所需仪器：高效液相色谱仪（配紫外检测器）、食物料理机、超纯水机、离心机、分析天平（精度0.01 g和0.1 mg）、超声波清洗机、pH计、C_{18}固相萃取柱（500 mg，6 mL）。

（3）试剂：乙腈（C_2H_3N）、色谱纯、乙酸（C_2H_4O）、亚硫酸氢钠（$NaHSO_3$）、磷酸氢二钾（K_2HPO_4）、磷酸二氢钾（KH_2PO_4）。

（4）试剂配制：

提取液：称取0.5 g（精确至0.01 g）亚硫酸氢钠，加入到100 mL水中完全溶解后，再加入5.00 mL乙酸，混匀。

磷酸氢二钾溶液（0.1 mol / L）：准确称取磷酸氢二钾8.7 g（精确至0.01 g），用水溶解，移入500 mL容量瓶中，加水定容，混匀。

磷酸二氢钾溶液（0.1 mol / L）：准确称取磷酸二氢钾6.8 g（精确至0.01 g），用水溶解，移入500 mL容量瓶中，加水定容，混匀。

磷酸缓冲液：取100 mL磷酸氢二钾溶液（0.1 mo1 / L）至烧杯中，用磷酸二氢钾溶液（0.1 mol / L）调节溶液pH值为7.6，将溶液过0.45 μm水相滤膜。

液相色谱流动相：取600 mL乙腈，向其中加入100 mL磷酸缓冲液及300 mL水，混匀，将溶液过0.45 μm有机相滤膜。

15%乙腈（15：85，V/V）：量取15 mL乙腈，与85 mL水混合均匀。

（5）标准品：

α－茄碱（α－Solanine），分子式$C_{45}H_{73}NO_{15}$，纯度≥98%。

α－卡茄碱（α－Chaconine），分子式$C_{45}H_{73}NO_{14}$，纯度≥98%。

（6）标准溶液配制：

标准储备：分别准确称取α－茄碱、α－卡茄碱标准品5 mg（精确至0.0001 g），磷酸二氢钾溶液（0.1 mo1 / L）溶解并分别定容至5 mL容量瓶中，即为1000 mg / L的标准储备液，于－18℃下，贮存于密闭的棕色玻璃瓶中，保存有效期为6个月。

标准工作液：在使用中将单一标准

储备液进行混合，用磷酸二氢钾溶液（0.1 mol / L）作为溶剂，逐级稀释成5.0 mg / L、10.0 mg / L、15.0 mg /L、20.0 mg / L、25.0 mg / L、30.0 mg / L、40.0 mg / L的龙葵素标准系列液。在4℃条件下保存，有效期为1个月。

（7）样品准备：将马铃薯样品切碎，充分混匀，用食物料理机粉碎至匀浆。准确称取5 ~ 10g均匀试样，精确至0.01 g，置于50 mL离心管中，加入20 mL提取试剂。置于超声波清洗机中，超声30 min，每5 min充分振摇一次。将离心管放置于离心机中，4000 r / min离心3 min取上层清液5.00 mL，加入活化后的C18固相萃取柱中，用5 mL 15%的乙腈淋洗，弃去淋洗液。最后用5 mL流动相进行洗脱，收集洗脱液，定容5 mL，过0.45 μm有机相滤膜，待上机。

（8）测定：

色谱参考条件：

色谱柱：C18色谱柱（4.6 mm × 250 mm，5 μm）；

流动相：见试剂配制液相色谱流动相；

柱温：40 ℃；

检测波长：202 nm；

流速：1.2 mL / min；

进样体积：10 μL。

标准曲线：

将α－茄碱、α－卡茄碱混合标准工作液依次由低浓度到高浓度进行检测，分别以质量浓度X（mg / L）为横坐标，响应值Y（峰面积）为纵坐标，进行线性回归，得到α－茄碱及α－卡茄碱标准曲线回归方程。用标准工作曲线对试样进行定量。

色谱测定：

将标准工作液和待测溶液分别注入高效液相色谱仪中，以保留时间定性，龙葵素（α－茄碱及α－卡茄碱）的色谱峰参见图5–2、图5–3及图5–4。待测液峰面积代入标准曲线中定量，样品中龙葵素（α－茄碱及α－卡茄碱）质量浓度应在标准工作曲线质量浓度范围内。

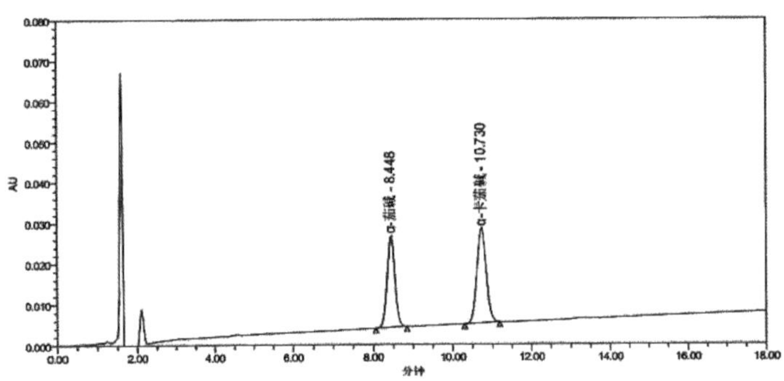

图5–2 α－茄碱及α－卡茄碱混合标准溶液色谱图

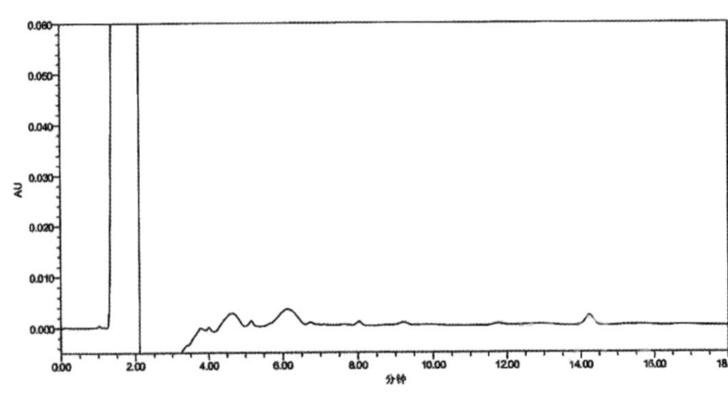

图5–3 马铃薯空白样品有液相色谱图

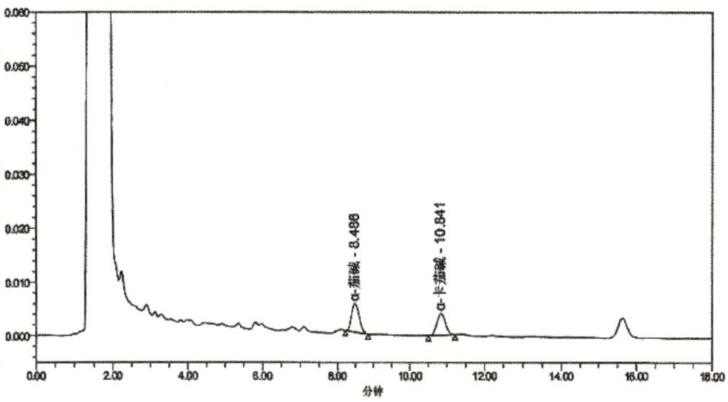

图 5-4 添加量为 1 mg / 100 g 龙葵素液相色谱图

（9）结果计算：

马铃薯样品中龙葵素含量为α－茄碱和α－卡茄碱含量之和，以马铃薯干物质质量分数 w 计，按式①计算；α－茄碱含量 w_1 按式②计算；α－卡茄碱含量 w_2 按式③计算。具体公式如下：

① $w = w_1 + w_2$

② $w_1 = \dfrac{p_1 \times V_1 \times V_2}{m \times (1 - C_w) \times V_3 \times 10}$

③ $w_2 = \dfrac{p_2 \times V_1 \times V_2}{m \times (1 - C_w) \times V_3 \times 10}$

式中：

w——样品中龙葵素含量（mg / 100 g）

w_1——样品中α－茄碱含量（mg / 100 g）

w_2——样品中α－卡茄碱含量（mg / 100 g）

C_w——样品含水率(以百分率表示)

p_1——样品中α－茄碱的质量浓度（mg / L）

p_2——样品中α－卡茄碱的质量浓度（mg / L）

V_1——提取液体积（mL）

V_2——定容体积（mL）

V_3——分取液体积（mL）

m——称取样品质量（g）

10——每 kg 换算为每 100g 所产生的换算系数

（10）精密度：在重复条件下获得的两次独立测定结果的绝对差值不得超过算术平均值的 10%。

氨基酸

氨基酸概述

马铃薯中的蛋白质除了由非必需氨基酸构成外，也含有大量的必需氨基酸。必需氨基酸指人体不能自己合成，需要从食物中获取的氨基酸，共有 8 种，包括赖氨酸、色氨酸、苯丙氨酸、甲硫氨酸、苏氨酸、亮氨酸、异亮氨酸和缬氨酸。必需氨基酸摄入不足会影响机体的生理机能，造成代谢紊乱、机体抵抗力下降等。目前，马铃薯中氨基酸的研究已有报道，赵凤敏等（2014）对不同品种的马铃薯进行了氨基酸营养价值评价，并筛选出6种氨基酸营养价值较高的品种。马铃薯淀粉加工过程中，分离汁水回收的蛋白质，并分析其氨基酸的组成，必需氨基酸占总氨基酸的40.80%。黄闯等人以马铃薯蛋白质为原料，用盐酸对其水解后的结果显示，氨基酸及其组成丰富，可以广泛应用于休闲食品、罐头食品、调味汁等方面（黄闯等，2010）。虽然以上研究在马铃薯氨基酸分析检测方面做出了一定成果，但均采用了氨基酸自动分析仪进行分析。相比较氨基酸自动分析和柱前衍生 - 高效液相色谱法，超高效液相色谱 - 串联质谱法具有高灵敏度、反应条件简单、节约操作时间等优点（莫日根等，2021）。马铃薯蛋白质中有很多必要的氨基酸是人体无法合成的，只能通过食物获取，其中赖氨酸和缬氨酸含量明显高于其他粮食作物（Rexen，1976）。因此，马铃薯中的蛋白质具有较高的生物学营养价值，选育氨基酸含量高的马铃薯品种至关重要。

氨基酸含量测定

氨基酸分析仪测定法

（1）适用范围：本标准规定使用氨基酸分析仪（茚三酮柱后衍生离子交换色谱仪）测定食品中氨基酸的方法。本标准适用于食品中的天冬氨酸、苏氨酸、丝氨酸、谷氨酸、脯氨酸、甘氨酸、丙氨酸、缬氨酸、蛋氨酸、异亮氨酸、亮氨酸、酪氨酸、苯丙氨酸、组氨酸、赖氨酸和精氨酸共16种氨基酸的测定。

（2）原理：食品中的蛋白质经盐酸水解成为游离氨基酸，经氨基酸分析仪的离子交换柱分离后，与茚三酮溶液产生颜色反应，再通过分光光度计比色测定氨基酸含量。

（3）仪器设备：匀浆机、实验室用组织粉碎机或研磨机；分析天平，精度分别为0.0001 g和0.00001 g；水解管，耐压螺盖玻璃管（带盖）或安瓿瓶，体积为20～30 mL；真空泵，排气量≥40 L / min；酒精喷灯；电热鼓风恒温箱或水解炉；试管浓缩仪或平行蒸发仪（附带配套15～25 mL试管）；氨基酸自动分析仪；茚三酮柱后衍生离子交换色谱仪。

（4）试剂：盐酸（HCl），浓度≥36%、优级纯；苯酚（C6H5OH）；高纯氮气（纯度99.99%）；柠檬酸钠（$Na_3C_6H_5O_7·2H_2O$）；氢氧化钠（NaOH）；不同pH和离子强度的洗脱用缓冲溶液（向仪器厂商购买或参照仪器说明书配制）；茚三酮溶液（向仪器厂商购买或参照仪器说明书配制）。

（5）试剂配制：

盐酸溶液（6 mol / L）：取适量盐酸加水稀释至500 mL，混匀。

冷冻剂：市售食盐与冰块按质量1：3混合。

氢氧化钠溶液（500 g / L）：取50g氢氧化钠溶于50 mL水中，冷却至室温后，用水稀释至100 mL，混匀。

pH 2.2 柠檬酸钠缓冲溶液 [c（Na+）=0.2 mol / L]：称取 19.6 g 柠檬酸钠加入 500 mL 水溶解，加入 16.5 mL 浓盐酸，用水稀释至 1000mL，混匀，用 6 mol /L 盐酸溶液或 500 g / L 氢氧化钠溶液调节 pH 至 2.2。

氨基酸标准品：固体，纯度≥98%；混合氨基酸标准溶液（1 mmol / L）（经国家认证并授予标准物质证书的标准溶液）。

混合氨基酸标准储备液（1 mmol / L）：可直接购买氨基酸混合标准溶液；或分别准确称取各氨基酸标准品，精确至 0.00001 g（各氨基酸标准品称量质量见表 5–3），于同一 50 mL 烧杯中，用 8.3 mL 6 mol / L 盐酸溶液溶解，精确转移至 250 mL 容量瓶中，用水稀释定容至刻度，混匀。

根据式①精确计算混合氨基酸标准储备液中各氨基酸的浓度，结果保留 4 位有效数字。

$$①: Cj = \frac{mj}{Mj \times 250} \times 1000$$

式中：

Cj——混合氨基酸标准储备液中氨基酸 j 的浓度（mmol / L）

mj——称取氨基酸 j 标准品的质量（mg）

Mj——氨基酸 j 标准品的摩尔质量（g / mol），各氨基酸标准品的名称及摩尔质量见表 5–4

混合氨基酸标准工作液（100 μmol/L）：准确吸取混合氨基酸标准储备液 1.0 mL 于 10 mL 容量瓶中，加水定容至刻度，混匀。

（6）分析步骤：

表 5–3 16 种氨基酸标准品的名称和配制标准储备液时的称量质量（单位 mg）

氨基酸标准品名称	称量质量	氨基酸标准品名称	称量质量
L- 天门冬氨酸	33.28	蛋氨酸	37.31
L- 苏氨酸	29.77	异亮氨酸	32.80
L- 丝氨酸	26.27	亮氨酸	32.80
L- 谷氨酸	36.79	酪氨酸	45.30
L- 脯氨酸	28.77	苯丙氨酸	41.30
L- 甘氨酸	18.77	组氨酸盐酸盐	52.43
L- 丙氨酸	22.27	赖氨酸盐酸盐	45.68
L- 缬氨酸	29.28	精氨酸盐酸盐	52.68

表 5–4 16 种氨基酸标准品的名称和摩尔质量（单位 g/mol）

氨基酸标准品名称	摩尔质量	氨基酸标准品名称	摩尔质量
天门冬氨酸	133.1	蛋氨酸	149.2
苏氨酸	119.1	异亮氨酸	131.2
丝氨酸	105.1	亮氨酸	131.2
谷氨酸	147.1	酪氨酸	181.2
脯氨酸	115.1	苯丙氨酸	165.2
甘氨酸	75.07	组氨酸盐酸盐	209.7
丙氨酸	89.06	赖氨酸盐酸盐	182.7
缬氨酸	117.2	精氨酸盐酸盐	210.7

试样制备：液体试样用匀浆机打成匀浆于 －18 ℃以下冷冻保存，分析时将其解冻后使用。固体或半固体试样使用组织粉碎机或研磨机粉碎，固体样品粉碎至 50 目以下，不易磨碎的部分不可弃去。

试样称量：准确称取一定量均匀性好的试样，精确到 0.0001 g（使试样中蛋白质含量在 10 ~ 20 mg 范围内）；均匀性差的试样，为减少误差可适当增大称样量；置于水解管中。

试样水解：在水解管内加 6 mol / L 盐酸溶液 10 mL，对于含水量高的试样，当称样量大于等于 1 g 时，可先加入约相同体积的盐酸混匀后，用 6 mol / L 盐酸溶液补充至 10 mL。加入苯酚 3 ~ 4 滴，将水解管放入冷冻剂中，冷冻 3 ~ 5min，接到真空泵的抽气管上，抽真空（接近 0 Pa），然后充入高纯氮气，再抽真空充氮气，重复三次后，在充氮气状态下封口或拧紧螺丝盖。将已封口的水解管放在 110 ± 1 ℃的恒温干燥箱内，水解 22 h 后，取出冷却。打开水解管，将水解液过滤至 50 mL 容量瓶内，用少量水多次冲洗水解管，合并水洗液至 50 mL 容量瓶内，用水定容至刻度。准确吸取滤液 1.0 mL 于 15 mL 或 25 mL 试管内，用试管浓缩仪或平行蒸发仪在 40 ~ 50 ℃减压干燥，残留物用 1 mL 水溶解，再干燥，重复用 1 mL 水溶解后减压蒸干。向试管内准确加入 1.0 ~ 5.0 mL pH 2.2 柠檬酸钠缓冲溶液溶解，过 0.22 μm 滤膜后为待测液，供仪器测定用。

测定：将混合氨基酸标准工作液和试样待测液分别注入氨基酸自动分析仪测定，按外标法，以峰面积计算待测液中氨基酸的浓度，平行测定次数不少于两次。

分析结果的表述，样品中氨基酸的含量按以下公式计算：

$$X=\frac{c\times f\times V\times M}{m\times 10^9}\times 100$$

式中：

X——试样中氨基酸 i 的含量（g / 100 g）

c——试样待测液中氨基酸 i 的含量（nmol / mL）

f——稀释倍数

V——试样水解液转移定容的体积（mL）

M——氨基酸 i 的摩尔质量（g / mol）

10^9——将试样含量由纳克（ng）折算成克（g）的系数

试样氨基酸含量在 1.00 g / 100g 以下，保留 2 位有效数字；含量在 1.00 g / 100g 以上，保留 3 位有效数字。

（7）精密度：在重复性条件下获得的两次独立测定结果的绝对差值不得超过算术平均值的 12%。

（8）其他：当试样为固体或半固体时，最大试样量为 2 g，干燥后溶解体积为 1 mL，各氨基酸的检出限和定量限见表 5–5。

当试样为液体时，最大试样量为 5 g，干燥后溶解体积为 1 mL，各氨基酸的检出限和定量限见表 5–6。

表 5-5 固体样品中各氨基酸的检出限和定量限

氨基酸名称	检出限（g / 100）	定量限（g / 100）	氨基酸名称	检出限（g / 100）	定量限（g / 100）
天门冬氨酸	0.00013	0.00036	异亮氨酸	0.00043	0.0013
苏氨酸	0.00014	0.00048	亮氨酸	0.0011	0.0036
丝氨酸	0.00018	0.00060	酪氨酸	0.0028	0.0095
谷氨酸	0.00024	0.00070	苯丙氨酸	0.0025	0.0083
甘氨酸	0.00025	0.00084	赖氨酸	0.00013	0.00044
丙氨酸	0.0029	0.0097	组氨酸	0.00059	0.0020
缬氨酸	0.00012	0.00032	精氨酸	0.0020	0.0065
蛋氨酸	0.0023	0.0075	脯氨酸	0.0026	0.0087

表 5-6 液体样品中各氨基酸的检出限和定量限

氨基酸名称	检出限（g / 100）	定量限（g / 100）	氨基酸名称	检出限（g / 100）	定量限（g / 100）
天门冬氨酸	0.000050	0.00014	异亮氨酸	0.00015	0，00050
苏氨酸	0.000057	0.00019	亮氨酸	0.00043	0.0014
丝氨酸	0.000072	0.00024	酪氨酸	0.0011	0.0038
谷氨酸	0.000090	0.00028	苯丙氨酸	0.00099	0.0033
甘氨酸	0.00010	0.00034	赖氨酸	0.000053	0.00018
丙氨酸	0.0012	0.0039	组氨酸	0.00024	0.00079
缬氨酸	0.000050	0.00013	精氨酸	0.00078	0.0026
蛋氨酸	0.00090	0.0030	脯氨酸	0.0010	0.0035

超高效液相色谱 — 串联质谱测定法

（1）仪器设备：超高效液相色谱仪，三重四级杆质谱仪［配备电喷雾离子源（ESI）］，高速冷冻离心机，超声波振荡器，涡旋混合器（MultiReax 多通道型），圆周振荡器，电子天平（精度 0.0001 g），刀式混合研磨仪，均质机，超纯水机。

（2）试剂：17 种氨基酸混合标准溶液，甘氨酸、丙氨酸、丝氨酸、脯氨酸、缬氨酸、苏氨酸、胱氨酸、异亮氨酸、亮氨酸、天冬氨酸、赖氨酸、谷氨酸、蛋氨酸、组氨酸、苯丙氨酸、精氨酸、酪氨酸的质量浓度均为 2.50 mmol / L；色氨酸标准品，纯度为 99.9%；甲醇（色谱纯）；甲酸（色谱纯）；实验用水为超纯水。

（3）色谱条件：色谱柱，Accucore HILIC 柱（150 mm × 2.1 mm，2.6 μm）；保护柱，AJO-4287C18 柱（4 mm × 3 mm）；柱温，30 ℃；进样室温度：10 ℃；流动相，含 0.1%（体积分数）甲酸的 55%（体积分数）甲醇水溶液；等度洗脱；流量，0.20 mL/min；进样体积，2 μL。

（4）质谱条件：离子源，电喷雾电离（ESI）源；扫描方式，正离子扫描；检测方式，多反应监测（MRM）模式；离子源温度，350 ℃；离子传输管温度，350 ℃；离子喷雾电压，4500 V；鞘气流量，8.0 L / min；辅助气流量，3.0 L / min；碰撞气，氩气；8 种必需氨基酸的 MRM 质谱参数见表 5-7。

（5）溶液配制：

色氨酸标准储备液：准确称取色氨

表 5-7 8 种必需氨基酸的 MRM 质谱参数

化合物	扫描模式	保留时间 / min	母离子（m / z）	子离子（m / z）	碰撞电压 / V
缬氨酸	$[M+H]^+$	2.41	118.2	72.3*	10.253
				68.2	19.303
苏氨酸	$[M+H]^+$	2.18	120.2	74.2*	10.253
				102.1	10.404
亮氨酸 异亮氨酸	$[M+H]^+$	2.63	132.2	86.2*	10.253
				44.4	22.084
赖氨酸	$[M+H]^+$	2.21	147.2	84.2*	16.219
				130.0	10.253
甲硫氨酸	$[M+H]^+$	2.42	150.2	133.1*	10.253
				104.0	10.455
苯丙氨酸	$[M+H]^+$	2.74	166.1	120.1*	10.253
				103.0	26.483
色氨酸	$[M+H]^+$	2.37	205.1	188.0*	10.253
				146.06	17.028

注：“*”为定量离子

酸标准品于 50 mL 容量瓶中，加入 0.1 mol / L 盐酸溶液溶解并定容至标线，上下颠倒混匀，制得质量浓度为 2.50 mmol / L 的色氨酸标准储备液。

氨基酸系列混合标准工作溶液：吸取 17 种氨基酸混合标准溶液 150 μL，再吸取色氨酸标准储备液 150 μL，用超纯水定容至 10 mL，得到质量浓度均为 37.5 μmol / L 的混合标准中间液，再根据需要，采用超纯水配制成缬氨酸、苏氨酸、亮 / 异亮氨酸、甲硫氨酸、苯丙氨酸的质量浓度分别为 0.2 μmol / L、0.9 μmol / L、1.9 μmol / L、2.8 μmol / L、3.8 μmol / L、4.7 μmol / L、5.7 μmol / L，色氨酸质量浓度分别为 0.1 μmol / L、0.2 μmol / L、0.5 μmol / L、0.7 μmol / L、0.9 μmol / L、1.4 μmol / L、1.9 μmol / L，赖氨酸质量浓度分别为 0.9 μmol / L、2.4 μmol / L、3.8 μmol / L、5.2 μmol / L、6.6 μmol / L、8.0 μmol / L、9.4 μmol / L 的氨基酸系列混合标准工作溶液。

样品处理：将马铃薯洗净切块，研磨并匀浆，精密称取 1 g（精确至 0.0001 g）混合均匀的样品，置于 50 mL 离心管中，加入 25 mL 超纯水，涡旋，振荡，混合，超声提取 10 min，以 10000 r / min 速率于 4 ℃条件下离心 10 min，吸取上清液 200 μL，用水定容至 10 mL，上下颠倒，摇匀，溶液过 0.22 μm 微孔滤膜，注入液相色谱质谱仪，测定氨基酸含量。

花色苷

花色苷概述

花色苷是一种水溶性天然食用色素，属黄酮多酚类化合物，由花青素与糖以糖苷键结合而成。花色苷具有抗氧化活性，有抗衰老、抗癌、防止血管硬化的功能。

花色苷含量测定

目前花色苷的测定方法有 pH 示差法、直接测定法、差减法等。花色苷结构不稳定，高效液相色谱法定量准确，但是需要标准品，且无法实现所有花色苷总量的测定。pH 示差法能够快速、简单测定花色苷的含量，结果准确度高、精密度好，成为目前花色苷含量测定使用最多的方法（胡艳梅等，2013）。

pH 示差法

（1）仪器设备：电子分析天平，棕色容量瓶，移液管，酸度计，移液枪，高速冷冻离心机，紫外可见分光光度计。

（2）试剂：无水乙醇、盐酸、无水乙酸钠、无水乙酸、氯化钾，所有试剂均为分析纯。

（3）缓冲液的配制：pH1.0的缓冲溶液，0.2 mol / L KCl：0.2 mol / L HCl = 25：67（v/v），按比例配制后，使用酸度计测量，并用相应溶液校准；pH 4.5的缓冲溶液，0.2 mol / L乙酸钠：0.2 mol / L乙酸= 1：1（v / v），按比例配制后，使用前酸度计测量，并用相应溶液校准（通常因乙酸的易挥发性，需要用前测量调整）。

（4）取样及样液制备：在马铃薯收获期，从每个试验小区收获的马铃薯中随机抽取有代表性、无损伤、无病的马铃薯 30 个，将马铃薯清洗干净并晾干后，切块，用打浆机将薯块匀浆，称取 5 g 左右样品，加入 50 mL 60% 的酸化乙醇溶液（用浓 HCl 将乙醇溶液 pH 校至 2.5）反复抽提，直至样品无色为止，收集抽提物，定容至 100 mL，4 ℃ 避光保存。

（5）最大吸收波长确定：准确吸取花色苷提取液 1 mL 于两支具塞试管，分别加入 pH 1.0 和 pH 4.5 的缓冲溶液 9 mL，在 40 ℃ 水浴中平衡 50 min，用紫外分光光度计在可见光波长 200 ~ 700 nm 范围内进行光谱扫描，根据获得的吸收光谱确定最大吸收波长。同时，用花色苷标品 1 mg 加 60% 乙醇 5 mL 配制成标液，同上述花色苷提取液处理方法，进行光谱扫描，作为验证参照。

（6）pH 的确定：为了使 pH 值示差法有较好的准确性及灵敏度，在选定 pH 时应考虑的因素为在所选两个 pH 值下所测定的花色苷吸光度值差异应是最显著的，并且花色苷在这两个 pH 下应是非常稳定的。此外，单一 pH 值的轻微变动对花色苷吸光度的影响应是极小的。由于花色苷只有在酸性介质中是稳定的，因此只测定 pH 值小于 7 时花色苷吸光度值的变化。当 pH 值为 1.0 时，花色苷的存在形式为红色的 2－苯基苯并吡喃，当 pH 值为 4.5 时，花色苷的存在形式为无色的查尔酮。因此确定 pH 值为 1.0 和 4.5。

（7）样品的测定：采用 pH 示差法测定马铃薯总花色苷含量。取 1 mL 花色苷提取液，分别加 pH 1.0 缓冲溶液和 pH 4.5 的缓冲溶液 9 mL，室温下平衡 1 h，以蒸馏水为空白，分别在提取液的可见光最大吸收波长 λvis-max 和 700 nm 波长处测定吸光度 Amax、A700 nm。

总花色苷含量（Total anthocyanins content，TAC）按矢车菊素－3－葡萄糖苷表示，按以下公式计算：

①：$A=(Amax_{pH1.0}-A700_{pH1.0})-(Amax_{pH4.5}-A700_{pH4.5})$

②：总花色苷含量（mg / 100 g）

$$=\frac{A\times M\times DF\times V\times 100}{\varepsilon\times L\times m}$$

式中：

Amax——提取液在最大吸收波长处的吸光度

M—矢车菊素－3－葡萄糖苷的摩尔质量（449.2 g / mol）

DF——稀释倍数

V——提取液总体积（mL）

ε——矢车菊素－3－葡萄糖苷的平均摩尔消光系数（26900 L / mol · cm）

L——比色皿的宽度，取 1cm

m——取样的马铃薯鲜质量（g）

高效液相色谱法

（1）仪器设备：旋转蒸发仪，冷冻干燥机，超声波，D101 大孔树脂，Agilent 高效液相色谱仪－二极管阵列检测器－质谱检测器联用。

（2）试剂：柠檬酸、乙醇、浓盐酸，均为分析纯，甲醇、乙腈，均为色谱纯，矢车菊素－3－葡萄糖苷标准品。

（3）马铃薯花色苷冻干粉的制备：在马铃薯收获期，从每个试验小区收获的马铃薯中随机抽取有代表性、无损伤、无病的马铃薯30个，将马铃薯清洗干净后，在50 ℃下烘干，粉碎后于－20 ℃冻存备用。称取适量的马铃薯粉末，以2%柠檬酸水溶液为提取溶剂，采用料液比1∶20，提取温度35 ℃，超声波提取功率350W，提取5 min后，抽滤去掉滤渣，将滤液于45 ℃条件下减压蒸发浓缩，得到马铃薯花色苷粗提液。采用D101大孔树脂对所得马铃薯花色苷粗提液进行纯化，以80%乙醇洗脱花色苷，减压蒸发浓缩，冷冻干燥得马铃薯花色苷冻干粉，－20 ℃密封保存。

（4）高效液相色谱测定花色苷含量：采用高效液相色谱外标峰面积法测定马铃薯花色苷中花色苷的含量。以矢车菊素－3－葡萄糖苷为标准品，称取矢车菊素－3－葡萄糖苷溶于含 2% HCl 的 50% 甲醇溶液（50 mL 甲醇＋48 mL 水＋2 mL 37% 盐酸），得标准品溶液（1.100 mg / mL），避光 4 ℃贮存。将标准品溶液依次稀释至原浓度的 1 / 10、1 / 5、2 / 5、3 / 5，得到系列浓度标准品溶液。分别进样 10 μl，测定峰面积，以峰面积和矢车菊素 －3－ 葡萄糖苷浓度建立回归方程，R > 0.999。称取少许马铃薯花色苷冻干粉溶于 2%HCl 的 50% 甲醇溶液，进行高效液相色谱分析。

维生素 C

维生素 C 概述

维生素是一类人体自身不能合成或合成较少却又不可缺少的物质，对人体营养和健康起着至关重要的作用，人体必须通过饮食等其他方面摄取。众所周知马铃薯是人体维生素的重要来源。新鲜马铃薯块茎中含有多种脂溶性和水溶性维生素，和其他作物相比，马铃薯中维生素含量更丰富全面，如维生素 C 以及 B 族维生素 B_1、B_2 等。维生素 C 具有强的抗氧化作用，能够提高人体的免疫力，调节人体代谢平衡，增加细胞稳定性，避免坏血病，清除自由基，具有一定的抗癌功能。据统计，人类饮食中维生素 C 主要来自于马铃薯，一般情况下马铃薯新鲜块茎中维生素 C 含量在 12.2 ~ 18.95 mg / 100g，是芹菜的 3.4 倍、番茄的 1.4 倍、苹果的 6.8 倍（李建武，2019）。

维生素 C 含量测定

（1）范围：本标准规定了高效液相色谱法、荧光法、2, 6 － 二氯靛酚滴定法测定食品中抗坏血酸的方法。

（2）术语和定义：

抗坏血酸：一种具有抗氧化性质的有机化合物，又称“维生素 C”，是人体必需的营养素之一。

L(+) － 抗坏血酸：左式右旋光抗坏血酸。具有强还原性，对人体具有生物活性。

D(－) － 抗坏血酸：又称异抗坏血酸。具有强还原性，但对人体基本无生物活性。

L(+) － 脱氢抗坏血酸：L(+) － 抗坏血酸极易被氧化为 L(+) － 脱氢抗坏血酸，L(+) － 脱氢抗坏血酸亦可被还原为 L(+) － 抗坏血酸。通常称为脱氢抗坏血酸。

L(+) － 抗坏血酸总量：将试样中 L(+) － 脱氢抗坏血酸还原成 L(+) － 抗坏血酸或将试样中 L(+) － 抗坏血酸氧化成 L(+) － 脱氢抗坏血酸后测得的 L(+) － 抗坏血酸总量。

高效液相色谱法

（1）原理：试样中的抗坏血酸用偏磷酸溶解超声提取后，以离子对试剂为流动相，经反相色谱柱分离，其中L(+)－抗坏血酸和D(－)－抗坏血酸直接用配有紫外检测器的液相色谱仪（波长245nm）测定；试样中的L(+)－脱氢抗坏血酸经L－半胱氨酸溶液进行还原后，用紫外检测器（波长245nm）测定L(+)－抗坏血酸总量，或减去原样品中测得的L(+)－抗坏血酸含量而获得L(+)－脱氢抗坏血酸的含量。以色谱峰的保留时间定性，外标法定量。

（2）仪器设备：液相色谱仪（配有二极管阵列检测器或紫外检测器）、pH计（精度为0.01）、天平（感量为0.1 g、1 mg、0.01 mg）、超声波清洗器、离心机（转速≥4000 r / min）、均质机、滤膜（0.45 μm水相膜）、振荡器。

（3）试剂：偏磷酸$(HPO_3)_n$，含量（以HPO_3计）≥38%；磷酸三钠（$Na_3PO_4·12H_2O$）、磷酸二氢钾（KH_2PO_4）、磷酸（H_3PO_4），85%；L－半胱氨酸（$C_3H_7NO_2S$），优级纯；十六烷基三甲基溴化铵（$C_{19}H_{42}BrN$），色谱纯；甲醇（CH_3OH），色谱纯；L(+)－抗坏血酸标准品（$C_6H_8O_6$），纯度99%；D(－)－抗坏血酸（异抗坏血酸）标准品（$C_6H_8O_6$），纯度≥99%。

（4）试剂配制：

偏磷酸溶液（200 g / L）：称取200 g（精确至0.1 g）偏磷酸，溶于水并稀释至1 L，此溶液在4 ℃的环境下可保存一个月。

偏磷酸溶液（20 g / L）：量取50 mL 200 g / L偏磷酸溶液，用水稀释至500 mL。

磷酸三钠溶液（100 g / L）：称取100 g（精确至0.1 g）磷酸三钠，溶于水并稀释至1 L。

L－半胱氨酸溶液（40 g / L）：称取4 g L－半胱氨酸，溶于水并稀释至100 mL。临用时配制。

L(+)－抗坏血酸标准贮备溶液（1.000 mg / mL）：准确称取L(+)－抗坏血酸标准品0.01 g（精确至0.01 mg），用20 g / L的偏磷酸溶液定容至10 mL。该贮备液在2 ～8 ℃避光条件下可保存一周。

D(－)－抗坏血酸标准贮备溶液（1.000 mg / mL）：准确称取D(－)－抗坏血酸标准品0.01 g（精确至0.01 mg），用20 g / L的偏磷酸溶液定容至10mL。该贮备液在2～8 ℃避光条件下可保存一周。

抗坏血酸混合标准系列工作液：分别吸取L(+)－抗坏血酸和D(－)－抗坏血酸标准贮备液0 mL、0.05 mL、0.50 mL、1.0 mL、2.5 mL、5.0 mL用20 g / L的偏磷酸溶液定容至100 mL。标准系列工作液中L(+)－抗坏血酸和D(－)－抗坏血酸的浓度分别为0 μg / mL、0.5 μg / mL、5.0 μg / mL、10.0 μg / mL、25.0 μg / mL、50.0 μg / mL。临用时配制。

（5）分析步骤：整个检测过程尽可能在避光条件下进行。

（6）试样制备：

液体或固体粉末样品：混合均匀后，应立即用于检测；水果、蔬菜及其制品或其他固体样品：取 100 g 左右样品加入等质量 20 g / L 的偏磷酸溶液，经均质机均质并混合均匀后，应立即测定。

（7）试样溶液的制备：称取相对于样品约 0.5 ~ 2 g（精确至 0.001 g）混合均匀的固体试样或匀浆试样，或吸取 2 ~ 10 mL 液体试样 [使所取试样含 L(+) – 抗坏血酸约 0.03 ~ 6 mg] 于 50 mL 烧杯中，用 20 g / L 的偏磷酸溶液将试样转移至 50 mL 容量瓶中，震摇溶解并定容，摇匀，全部转移至 50 mL 离心管中，超声提取 5 min 后，于 4000 r / min 离心 5 min，取上清液过 0.45 μm 水相滤膜，滤液待测 [由此试液可同时分别测定试样中 L(+) – 抗坏血酸和 D(–) – 抗坏血酸的含量]。

（8）试样溶液的还原：准确吸取 20 mL 上述离心后的上清液于 50 mL 离心管中，加入 10 mL 40 g / L 的 L – 半胱氨酸溶液，用 100 g / L 磷酸三钠溶液调节 pH 至 7.0 ~ 7.2，以 200 次 / min 振荡 5 min。再用磷酸调节 pH 至 2.5 ~ 2.8，用水将试液全部转移至 50 mL 容量瓶中，并定容至刻度。混匀后取此试液过 0.45 μm 水相滤膜后待测 [由此试液可测定试样中包括脱氢型的 L(+) – 抗坏血酸总量]。若试样含有增稠剂，可准确吸取 4 mL 经 L – 半胱氨酸溶液还原的试液，再准确加入 1 mL 甲醇，混匀后过 0.45 μm 滤膜后待测。

（9）仪器参考条件：

色谱柱：C18柱，柱长250 mm，内径4.6 mm，粒径5 μm或同等性能的色谱柱；检测器：二极管阵列检测器或紫外检测器；流动相：A为6.8g磷酸二氢钾和0.91 g十六烷基三甲基溴化铵，用水溶解并定容至1 L（用磷酸调pH至2.5 ~ 2.8），B为100%甲醇，按A：B = 98：2混合，过0.4 5 μm滤膜，超声脱气；流速：0.7 mL / min；检测波长：245 nm；柱温：25 ℃；进样量：20 μL。

（10）标准曲线制作：分别对抗坏血酸混合标准系列工作溶液进行测定，以 L(+) – 抗坏血酸 [或 D(–) – 抗坏血酸] 标准溶液的质量浓度（μg/mL）为横坐标，L(+) – 抗坏血酸 [或 D(–) – 抗坏血酸] 的峰高或峰面积为纵坐标，绘制标准曲线或计算回归方程。L(+) – 抗坏血酸、D(–) – 抗坏血酸标准色谱图参见图 5–5。

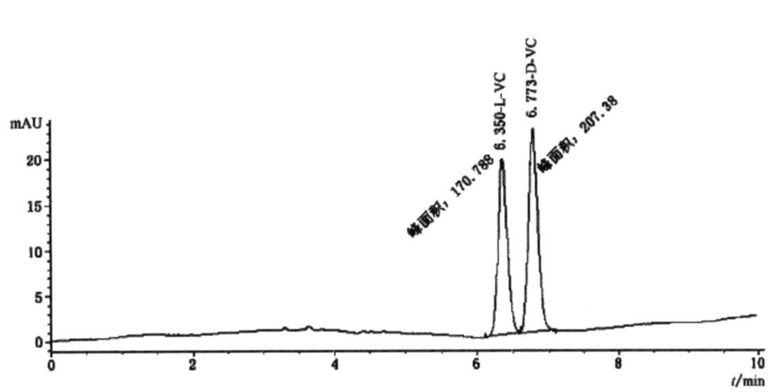

图 5–5 L(+)– 抗坏血酸、D(–)– 抗坏血酸标准色谱图

（11）试样溶液的测定：对试样溶液进行测定，根据标准曲线得到测定液中 L(+) – 抗坏血酸 [或 D(–) – 抗坏血酸] 的浓度（μg / mL）。

（12）空白试验：是指除不加试样外，采用完全相同的分析步骤、试剂和用量，进行平行操作。

（13）分析结果的表述：试样中 L(+) – 抗坏血酸 [或 D(–) – 抗坏血酸] 的含量和 L(+) – 抗坏血酸总量以毫克每百克表示，按式①计算：

①

$$X=\frac{(c1-c0)\times V}{m\times 1000}\times F\times K\times 100$$

式中：

X——试样中 L(+) – 抗坏血酸 [或 D(–) – 抗坏血酸、L(+) – 抗坏血酸总量] 的含量（mg / 100 g）

c1——样液中 L(+) – 抗坏血酸 [或 D(–) – 抗坏血酸] 的质量浓度（μg / mL）

c0——样品空白液中 L(+) – 抗坏血酸 [或 D(–) – 抗坏血酸] 的质量浓度（μg/mL）

V——试样的最后定容体积（mL）

m——实际检测试样质量（g）

1000——换算系数（由 μg / mL 换算成 mg / mL 的换算因子）

F——稀释倍数（若使用式样流液的还原步骤时，即为 2.5）

K——若使用式样流液的中甲醇沉淀步骤时，即为 1.25

100——换算系数（由 mg / g 换算成 mg / 100 g 的换算因子）

计算结果以重复性条件下获得的两次独立测定结果的算术平均值表示，结果保留三位有效数字。

（14）精密度：在重复性条件下获得的两次独立测定结果的绝对差值不得超过算术平均值的 10%。

（15）其他：固体样品取样量为 2g 时，L(+) – 抗坏血酸和 D(–) – 抗坏血酸的检出限均为 0.5 mg /1 00 g，定量限均为 2.0 mg / 100 g。液体样品取样量为 10 g（或 10 mL）时，L(+) – 抗坏血酸和 D(–) – 抗坏血酸的检出限均为 0.1 mg / 100 g（或 0.1 mg / 100mL），定量限均为 0.4 mg / 100 g（或 0.4 mg / 100 mL）。

荧光法

（1）原理：试样中 L(+) – 抗坏血酸经活性炭氧化为 L(+) – 脱氢抗坏血酸后，与邻苯二胺（OPDA）反应生成有荧光的喹唔啉（Quinoxaline），其荧光强度与 L(+) – 抗坏血酸的浓度在一定条件下成正比，以此测定试样中 L(+) – 抗坏血酸总量（注：L(+) – 脱氢抗坏血酸与硼酸可形成复合物而不与 OPDA 反应，以此排除试样中荧光杂质产生的干扰）。

（2）仪器设备：荧光分光光度计，具有激发波长 338 nm 及发射波长 420 nm。配有 1 cm 比色皿。

（3）试剂：偏磷酸 $(HPO_3)_n$，含量（以 HPO_3 计）≥38%；冰乙酸（CH_3COOH），浓度约为 30%；硫酸

（H_2SO_4），浓度约为98%；乙酸钠（CH_3COONa）、硼酸（H_3BO_3）、邻苯二胺（$C_6H_8N_2$）、百里酚蓝（$C_{27}H_{30}O_5S$）、活性炭粉、标准品 L(+) – 抗坏血酸标准品（$C_6H_8O_6$），纯度≥99%。

（4）试剂的配制：

偏磷酸 – 乙酸溶液：称取 15 g 偏磷酸，加入 40 mL 冰乙酸及 250 mL 水，加温，搅拌，使之逐渐溶解，冷却后加水至 500 mL。于 4 ℃冰箱可保存 7 ~ 10 d。

硫酸溶液（0.15 mol / L）：取 8.3 mL 硫酸，小心加入水中，再加水稀释至 1000 mL。

偏磷酸 – 乙酸 – 硫酸溶液：称取 15 g 偏磷酸，加入 40 mL 冰乙酸，滴加 0.15 mol / L 硫酸溶液至溶解，并稀释至 500 mL。

乙酸钠溶液（500 g / L）：称取 500 g 乙酸钠，加水至 1000 mL。

硼酸 – 乙酸钠溶液：称取 3g 硼酸，用 500 g / L 乙酸钠溶液溶解并稀释至 100 mL，临用时配制。

邻苯二胺溶液（200 mg / L）：称取 20 mg 邻苯二胺，用水溶解并稀释至 100 mL，临用时配制。

酸性活性炭：称取约200 g活性炭粉（75 ~ 177μm），加入1 L盐酸（1∶9），加热回流1 ~ 2 h，过滤，用水洗至滤液中无铁离子为止，置于 110 ~ 120 ℃烘箱中干燥10 h，备用。检验铁离子方法：利用普鲁士蓝反应。将 20 g / L亚铁氰化钾与1%盐酸等量混合，将上述洗出滤液滴入，如有铁离子则产生蓝色沉淀。

百里酚蓝指示剂溶液（0.4 mg / mL）：称取 0.1 g 百里酚蓝，加入 0.02 mol / L 氢氧化钠溶液约 10.75 mL，在玻璃研钵中研磨至溶解，用水稀释至 250 mL（变色范围：pH1.2 时呈红色，pH 2.8 时呈黄色，pH 大于 4 时呈蓝色）。

L(+) – 抗坏血酸标准溶液（1.000 mg / mL）：称取 L(+) – 抗坏血酸 0.05 g（精确至 0.01 mg），用偏磷酸 – 乙酸溶液溶解并稀释至 50 mL，该贮备液在 2 ~ 8 ℃ 避光条件下可保存一周。

L(+) – 抗坏血酸标准工作液（100.0 μg / mL）：准确吸取 L(+) – 抗坏血酸标准液 10 mL，用偏磷酸 – 乙酸溶液稀释至 100 mL，临用时配制。

（5）分析步骤：整个检测过程应在避光条件下进行。

（6）试液的制备：称取约 100 g（精确至 0.1 g）试样，加 100 g 偏磷酸 – 乙酸溶液，倒入捣碎机内打成匀浆，用百里酚蓝指示剂测试匀浆的酸碱度。如呈红色，即称取适量匀浆用偏磷酸 – 乙酸溶液稀释；若呈黄色或蓝色，则称取适量匀浆用偏磷酸 – 乙酸 – 硫酸溶液稀释，使其 pH 为 1.2。匀浆的取用量根据试样中抗坏血酸的含量而定。当试样液中抗坏血酸含量在 40 ~ 100 mg / L 之间，一般称取 20 g（精确至 0.01g）匀浆，用相应溶液稀释至 100 mL，过滤，滤液备用。

（7）测定：

氧化处理：分别准确吸取 50 mL 试

样滤液及抗坏血酸标准工作液于 200 mL 具塞锥形瓶中，加入 2 g 活性炭，用力振摇 1 min，过滤，弃去最初数毫升滤液，分别收集其余全部滤液，即为试样氧化液和标准氧化液，待测定。

分别准确吸取 10 mL 试样氧化液于两个 100 mL 容量瓶中，作为“试样液”和“试样空白液”。

分别准确吸取 10mL 标准氧化液于两个 100 mL 容量瓶中，作为“标准液”和“标准空白液”。

于“试样空白液”和“标准空白液”中各加 5 mL 硼酸－乙酸钠溶液，混合摇动 15 min，用水稀释至 100 mL，在 4 ℃冰箱中放置 2 ~ 3 h，取出待测。

于“试样液”和“标准液”中各加 5 mL 的 500 g / L 乙酸钠溶液，用水稀释至 100 mL，待测。

（8）标准曲线的制备：准确吸取上述“标准液”[L(+)－抗坏血酸含量 10 mg / L]0.5 mL、1.0 mL、1.5 mL、2.0 mL，分别置于 10 mL 具塞刻度试管中，用水补充至 2.0 mL。另准确吸取“标准空白液”2 mL 于 10 mL 带盖刻度试管中。在暗室迅速向各管中加入 5mL 邻苯二胺溶液，振摇混合，在室温下反应 35 min，于激发波长 338 nm、发射波长 420 nm 处测定荧光强度。以“标准液”系列荧光强度分别减去“标准空白液”荧光强度的差值为纵坐标，对应的 L(+)－抗坏血酸含量为横坐标，绘制标准曲线或计算直线回归方程。

（9）试样测定：分别准确吸取 2 mL“试样液”和“试样空白液”于 10 mL 具塞刻度试管中，在暗室迅速向各管中加入 5 mL 邻苯二胺溶液，振摇混合，在室温下反应 35 min，于激发波长 338 nm、发射波长 420 nm 处测定荧光强度。以“试样液”荧光强度减去“试样空白液”的荧光强度的差值于标准曲线上查得或回归方程计算测定试样溶液中 L(+)－抗坏血酸总量。

（10）结果计算：

试样中 L(+)－抗坏血酸总量，结果以毫克每百克表示，按式②计算：

$$② \ X = \frac{c \times v}{m} \times F \times \frac{100}{1000}$$

式中：

X——试样中 L(+)－抗坏血酸的总量（mg / 100 g）

c——由标准曲线查得或回归方程计算的进样液中 L(+)－抗坏血酸的质量浓度（mg/L）

v——荧光反应所用试样体积（mL）

m——实际检测试样质量（g）

F——试样溶液的稀释倍数

100——换算系数

1000——换算系数

计算结果以重复性条件下获得的两次独立测定结果的算术平均值表示，结果保留三位有效数字。

（11）精密度：在重复性条件下获得的两次独立测定结果的绝对差值不得超过算术平均值的 10%。

（12）其他：当样品取样量为 10 g 时，

L(+) - 抗坏血酸总量的检出限为0.044 mg / 100 g，定量限为0.7 mg / 100 g。

2，6- 二氯靛酚滴定法

（1）原理：用蓝色的碱性染料2，6 - 二氯靛酚标准溶液对含L(+) - 抗坏血酸的试样酸性浸出液进行氧化还原滴定，2，6 - 二氯靛酚被还原为无色，当到达滴定终点时，多余的2，6 - 二氯靛酚在酸性介质中显浅红色，由2，6 - 二氯靛酚的消耗量计算样品中L(+) - 抗坏血酸的含量。

（2）试剂：偏磷酸$(HPO_3)_n$，含量（以HPO_3计）≥38%；草酸（$C_2H_2O_4$）、碳酸氢钠（$NaHCO_3$）、2，6 - 二氯靛酚（2，6 - 二氯靛酚钠盐，$C_{12}H_6C_{12}NNaO_2$）、白陶土（或高岭土），对抗坏血酸无吸附性；L(+) - 抗坏血酸标准品（$C_6H_8O_6$），纯度≥99%。

（3）试剂的配制：

偏磷酸溶液（20 g / L）：称取20 g偏磷酸，用水溶解并定容至1 L。

草酸溶液（20 g / L）：称取20 g草酸，用水溶解并定容至1 L。

2，6 - 二氯靛酚（2，6 - 二氯靛酚钠盐）溶液：称取碳酸氢钠52mg溶解在200 mL热蒸馏水中，然后称取2，6 - 二氯靛酚50 mg溶解在上述碳酸氢钠溶液中。冷却并用水定容至250 mL，过滤至棕色瓶内，于4 ~ 8 ℃环境中保存。每次使用前，用标准抗坏血酸溶液标定其滴定度。

标定方法：准确吸取1 mL抗坏血酸标准溶液于50 mL锥形瓶中，加入10 mL偏磷酸溶液或草酸溶液，摇匀，用2，6 - 二氯靛酚溶液滴定至粉红色，保持15 s不褪色为止。同时另取10 mL偏磷酸溶液或草酸溶液做空白试验。2，6 - 二氯靛酚溶液的滴定度按式③计算：

$$③\ T=\frac{c\times V}{V1-V0}$$

式中：

T——2，6 - 二氯靛酚溶液的滴定度，即每毫升2，6 - 二氯靛酚溶液相当于抗坏血酸的毫克数（mg/mL）

c——抗坏血酸标准溶液的质量浓度（mg / mL）

V——吸取抗坏血酸标准溶液的体积（mL）

V1——滴定抗坏血酸标准溶液所消耗2，6 - 二氯靛酚溶液的体积（mL）

V0——滴定空白所消耗2，6 - 二氯靛酚溶液的体积（mL）

（4）标准溶液的配制：

L(+) - 抗坏血酸标准溶液（1.000 mg / mL）：称取100 mg（精确至0.1 mg）L(+) - 抗坏血酸标准品，溶于偏磷酸溶液或草酸溶液并定容至100mL。该贮备液在2 ~ 8 ℃避光条件下可保存一周。

（5）测定：整个检测过程应在避光条件下进行。

（6）试液制备：称取具有代表性样品的可食部分100 g，放入粉碎机中，加入100 g偏磷酸溶液或草酸溶液，迅速捣成匀浆。准确称取 10 ~ 40 g 匀浆样品（精确至 0.01 g）于烧杯中，用偏磷酸溶液或草酸溶液将样品转移至 100 mL 容量瓶，并稀释至刻度，摇匀后过滤。若滤液有颜色，可按每克样品加 0.4 g 白陶土脱色后再过滤。

（7）滴定：准确吸取 10mL 滤液于 50 mL 锥形瓶中，用标定过的 2，6 – 二氯靛酚溶液滴定，直至溶液呈粉红色 15 s 不褪色为止。同时做空白试验。

（8）结果计算：

试样中 L(+) – 抗坏血酸含量按式④计算：

$$④\quad X = \frac{(V - V0) \times T \times A}{m} \times 100$$

式中：

X——试样中 L(+) – 抗坏血酸含量（mg/100g）

V——滴定试样所消耗 2，6 – 二氯靛酚溶液的体积（mL）

V0——滴定空白所消耗 2，6 – 二氯靛酚溶液的体积（mL）

T——2，6 – 二氯靛酚溶液的滴定度，即每毫升 2，6 – 二氯靛酚溶液相当于抗坏血酸的毫克数（mg / mL）

A——稀释倍数

m——试样质量（g）

计算结果以重复性条件下获得的两次独立测定结果的算术平均值表示，结果保留三位有效数字。

（9）精密度：在重复性条件下获得的两次独立测定结果的绝对差值，在 L(+) – 抗坏血酸含量大于 20 mg / 100 g 时不得超过算术平均值的 2%。在 L(+) – 抗坏血酸含量小于或等于 20 mg / 100 g 时不得超过算术平均值的 5%。

类胡萝卜素

类胡萝卜素概述

类胡萝卜素是由八个异戊二烯分子构成的最大的一类天然色素。类胡萝卜素在食品工业中的应用是多种多样的，从营养强化剂、着色剂到强效防腐剂。此外，类胡萝卜素还被认为对改善心血管疾病、皮肤疾病以及抗癌有积极作用。类胡萝卜素可以在所有的光合生物、真菌及许多非光合细菌中合成，而在动物体内不能合成，必须从膳食中摄取。尽管能人工合成一些种类的类胡萝卜素，但目前主要仍是通过从植物中提取来获得天然类胡萝卜素。考虑到化学合成类胡萝卜素与天然类胡萝卜素在结构、功能、应用及安全等方面存在较大差距，从自然资源中提取虾青素、叶黄素等类胡萝卜素成为近年来研究的热点。

类胡萝卜素含量测定

（1）原理：将马铃薯滤液通过溶剂萃取，分离提取类胡萝卜素，在特定波长下用分光光度法测其吸光度。该吸光度与类胡萝卜素含量成线性关系，通过换算即可得知类胡萝卜素含量。

（2）所需仪器：抽滤器；捣碎机；无灰分滤纸；分液漏斗，250 mL；容量瓶，100 mL；移液管，20 mL；烧杯，50 mL；分光光度计，使用的测量波长为 440 nm。

（3）试剂：石英砂、氯仿、甲醇。

（4）样品准备：将马铃薯用捣碎机捣碎后，再用纱布挤汁。

（5）分析步骤：用移液管吸取 20 mL 样液置 50 mL 烧杯中过滤，在烧杯中加入 3 g 石英砂，摇动后用布氏漏斗过滤（布氏漏斗预先铺有无灰滤纸，纸上铺有 2 g 石英砂），然后再用 5 mL 水冲洗滤渣 3 次。萃取：在 250 mL 的分液漏斗中倒入滤液，再加入 20 mL 萃取液，振摇后静置，收集下部分有机相，再用 20 mL 萃取剂提取两次，将三次萃取所得有机相合并，用萃取剂定容为 100 mL。

（6）测定：在 440 nm 波长下测定最大吸光度 A。

（7）结果的计算和表示：

类胡萝卜素总量用 mg / L 表示，按下式计算：

类胡萝卜素（mg / L）= A × 20

式中：

A——测定的最大吸光度

20——换算系数

此计算公式是以公认的类胡萝卜素分子平均吸收系数 250 为依据的。

马铃薯种质资源抗性评价

晚疫病抗性评价

晚疫病概述

马铃薯栽培种对环境有较高的适应性，从海平面到海拔4,000m，从南纬47度至北纬65度均能正常生长（Hijmans，2001）。宽松的种植条件和均衡的营养品质使马铃薯在很多贫困地区和欧洲被作为主食，超过玉米成为继水稻和小麦后的世界第三大粮食作物（Lietal，2018）。马铃薯在生产上面临多种病虫害威胁，严重损害其产量和质量，其中造成损失最重大的病害是马铃薯晚疫病。这种毁灭性病害由致病疫霉（*Phytophthora infestans*）引起，曾造成举世闻名的“爱尔兰大饥荒”。这种病害几乎出现在世界所有马铃薯产区，并且侵染速度快，一旦出现“中心病株”，若没有采取有效防治，一周内整个种植区都会被感染，严重时甚至造成绝收（Yoshida et al，2013）。晚疫病菌有两种繁殖方式，在一般自然情况下，病原菌会首先进行无性繁殖产生孢子囊（Judelson and Blanco，2005）。而在逆境情况下，致病疫霉的两种交配型（A1和A2）会进行有性繁殖，产生卵孢子（Cohen et al，1997）。相较于孢子囊，卵孢子具有可以抵抗各种不利自然环境的厚壁组织，可以直接长时间在土壤中休眠而成为潜在侵染源（Drenth et al，2010）。更为严重的是卵孢子的产生会导致致病疫霉菌的毒力基因产生变异，更容易进化出毒性更强的生理小种（Goodwin，1995）。

晚疫病菌的生活史伴随马铃薯生长的不同阶段。在侵染初期，菌丝体潜伏在病薯中越冬。待病薯播种且温湿度适宜时，随着植物生长而向上潜伏发展的病菌会在茎叶病部产生孢子囊，形成中心病株，通过孢子囊的重复散播对周围的健康植株进行扩散侵染（Judelson and Blanco，2005）。而在侵染时首先是活体侵染，此时只有菌丝通过细胞间隙侵入植物细胞，吸收细胞营养并快速繁殖扩增，潜伏侵染；第二个阶段是死体侵染阶段，游动孢子大量侵入植物细胞并破坏植物的免疫防御系统，从而扩大病斑面积（Hardham，2001）。晚疫病菌可以侵染马铃薯的多个部位，其中常见侵染部位有叶片、茎秆和块茎等。叶片被侵染初期，叶尖和叶缘有水渍状斑点出现，在湿度较高、温度较低的情况下，病斑迅速扩增蔓延至整个叶片乃至整个植株，后期形成褐色或者黑色的斑点；侵染块茎时，发病初期出现不规则斑点，病部组织凹陷呈褐色坏死，湿度较大时会产生白色霉层，并迅速扩散至整个块茎。

由于致病疫霉进化迅速，使得抗病品种抗性不持久，因此，晚疫病防治依然以化学防治为主。但目前的困境是大量施用化学农药不但严重污染环境，还会对致病疫霉进行高压选择，使其进化出毒力更为强大的生理小种（马英等，2020）。因此，选育抗性持久的马铃薯品种和合理安排已有抗病品种的栽培布局至关重要。目前已有大量关于马铃薯晚疫病抗性鉴定方法的报道，主要分为田间自然抗性鉴定法和离体抗性鉴定法。前者通常会选择多年多点的田间自然发病结果对资源材料进行抗性鉴定，其特点是直接模拟马铃薯种植于田间后可能遇到的晚疫病发病条件，结果更加真实可靠。但这种鉴定方法存在诸多问题，如不同的播种季节、植株苗龄和种植密度都会对鉴定结果产生影响。同时，该方法需要大量的田间重复，时长较长，不利于大量筛选抗性资源，而离体抗性鉴定法正好可以弥补田间自然抗性鉴定法的不足。离体抗性鉴定法通常是通过在马铃薯离体叶片或薯块上人工接种晚疫病菌孢子，并置于低温保湿的环境中进行发病处理，3 ~ 7 d 后对病斑面积、菌丝生长量和孢子数等进行统计。这种方法保证接种条件一致，因此可以降低环境变化对接种结果的影响。同时离体接种法不需要很大的接种空间，病程较短，因此可以对抗性材料进行大量快速的筛选，但鉴定环境与自然条件存在差异，还需通过田间鉴定进行验证。

晚疫病抗性鉴定方法

田间自然抗性鉴定法

（1）病圃的建立：该方法最重要的一步是建立用于抗性鉴定的病圃。通常田间自然病圃比较少，且发病条件很难达到多年多点一致，因此可以人为辅助接种该地区主要的晚疫病菌小种，保证发病时的自然温度和湿度，使得接种结果可靠、可重复性高。

（2）接种材料的种植：马铃薯采用起垄栽培，参试品种随机排列，三次重复，并在病圃周围分别种植高抗和高感品种对照。

（3）接种菌液的配置及接种方法：在马铃薯封垄期，选择致病疫霉混合小种进行全田接种处理，接种时选择 3 个及以上的混合菌株。将病原菌培养产生孢子囊后，制成 $(1\sim3)\times10^4$ 个 / mL 的孢子囊悬浮液，对马铃薯叶片进行喷雾处理，以叶片布满菌液但无滴落为度。在病菌接种的当天，采用人工喷雾系统以一定的时间间隔喷雾，使田间植物冠层的相对湿度始终维持在 100% 以上，同时白天在田间罩上黑色遮阳纱网，促进病菌对马铃薯叶片的有效侵染。从病菌接种的第二天开始，当空气湿度在90%以下时，人工喷雾系统以一定的时间间隔喷雾，使田间植物冠层的相对湿度始终维持在90%以上；当白天阳光强烈或温度超过30 ℃时，在田间罩上黑色遮阳纱网，以保持田间植株冠层的温度不高于30 ℃。

（4）接种结果鉴定：晚疫病菌接种7 d后开始调查所有植株发病情况，根据公式“发病率 = 发病株数 / 总株数 × 100%”计算发病率。

离体叶片抗性鉴定法

将培养好的晚疫病菌加入适量双蒸水（ddH_2O），用涂布器刮取菌丝后收集孢子囊悬浮液于10 mL离心管中。用300目滤膜过滤悬浮液中的残渣后取1 μl菌液于载玻片上，在普通显微镜10 × 4倍镜下对孢子囊数进行计数，最终调整孢子囊总数为100个 / μL左右。将调好浓度的悬浮液置于4 ℃放置1 ~ 2 h，随后用于接种。

接种马铃薯材料时从生长2个月左右的健康植株上取距离生长顶端第3 ~ 5枝的叶片背面朝上置于接种框中，接种叶片置于封闭培养箱中保持一定湿度。接种时取10 μL菌液（使用之前上下颠倒数次）接种于叶片一侧并避开叶脉，接种完成后往叶面均匀喷洒水雾，封闭接种箱并盖上黑膜。1 d后揭去黑膜，于20 ℃放置3 ~ 5 d后进行病斑统计。

离体薯块抗性鉴定法

选择收获后存储在8 ~ 9℃低温下2个月的无病无伤马铃薯块茎，清洗干净后用1%次氯酸钠浸泡30 min进行表面消毒，再用灭菌水多次冲洗，洗净残留的消毒液。洗净的薯块横向切下两片厚11 mm的薯块，擦干表面后将薯块放在有湿滤纸的培养皿中，置于20 ℃光照培养箱中愈伤24 h。24 h后将准备好的晚疫病菌悬浮液滴在薯块中心，于18 ℃光照培养箱中黑暗培养7 d后开始统计结果。每个品种8次重复（4块茎 × 2片 / 块茎）。设置阴性对照，将同等体积灭菌水滴在薯片中心，放置在相同环境中，每个品种2次重复（敖翔，2018）。

晚疫病抗性评价标准

田间抗性评价标准

在病圃中马铃薯晚疫病菌接种7 d后开始，每5 ~ 10 d调查全部马铃薯植株的病斑面积百分率，共调查4 ~ 6次，直到对照的感病品种达到该年度最高发病面积100%时结束，其中马铃薯晚疫病0 ~ 10级分级标准如表6–1所示。

以病害发展曲线下面积AUDPC为基础进行抗病性评价，AUDPC值用一段时间内马铃薯感病率的百分比值来表示：

$$AUDPC = \sum_{i=1}^{n-1}\left[\frac{y_{i+1}+y_i}{2}\right](t_{i+1}-t_i)$$

表 6-1 晚疫病发病等级

病斑面积（%）	发病等级	发病症状
0	0	无病叶
0.05	1	仅有零星发病叶
0.5	2	平均每单株有 1 个叶片被侵染
1	3	平均每单株有 4 个叶片被侵染
2.5	4	平均每单株有 8 到 10 个叶片被侵染
10	5	10% 叶片被侵染，叶片仍然呈现绿色
25	6	25% 叶片被侵染，基本所有植株已被侵染
50	7	50% 叶片被侵染，田间植株呈现褐绿色
75	8	75% 叶片被侵染，25% 仍保持绿色
95	9	只有少部分叶片还呈现绿色，植株茎也被侵染
100	10	全田植株复叶和茎部均已枯死

校正相对 AUDPC 值 CrAUDPC 由 AUDPC 转换得到：

$$CrAUDPC = \frac{AUDPCn}{AUDPCk}$$

式中：t 表示中心病株出现后每次调查的天数，y 表示每次调查时被感染叶片的百分比，n 表示调查次数，i 表示从 1 开始的整数，AUDPCk 和 AUDPCn 分别表示对照品种和被鉴定高感品种的 AUDPC 平均值。马铃薯晚疫病田间抗性综合评价标准如表 6-2 所示，其中将马铃薯划分为高抗（HR）、抗（R）、中抗（MR）、中感（MS）、感（S）和高感（HS）6 种类型，以 CrAUDPC 值作为评价依据。

表 6-2 晚疫病田间抗性综合评价标准

抗性类型	CrAUDPC					
	0	0.02	0.1	0.3	0.5	0.75
高抗（HR）	⩾	<				
抗病（R）		⩾	<			
中抗（MR）			⩾	<		
中感（MS）				⩾	<	
感病（S）					⩾	<
高感（MS）						⩾

离体叶片接种抗性评价标准

3 ~ 5 d 后待接种叶片出现侵染现象后用游标卡尺分别测量病斑的长与宽，采用公式“病斑面积 = ¼ × π × 长 × 宽”计算病斑面积，根据马铃薯离体叶片晚疫病抗性鉴定标准（见表 6-3）对接种材料进行抗性分级。

离体薯块接种抗性评价标准

抗性评级时将薯块下表面切掉一片薄层，避免被空气氧化的褐色对统计发病情况造成影响，然后统计薯块发病情况。根据病斑面积占整片薯块面积的百分比将抗病登记分为 0 ~ 5 级，具体鉴定标准见表 6-4（敖翔，2018）。

表 6-3 离体叶片晚疫病抗性鉴定标准

抗性等级	病级	发病症状
高抗（HR）	1	离体叶片无病斑或有零星过敏性坏死斑
中抗（MR）	2	1/2（高抗对照病斑面积 + 中抗对照病斑面积）< 病斑面积≤ 1/2（中抗对照病斑面积 + 中感对照病斑面积）
中感（MS）	3	1/2（中抗对照病斑面积 + 中感对照病斑面积）< 病斑面积 ≤ 1/2（中感对照病斑面积 + 高感对照病斑面积）
高感（HS）	4	病斑面积 > 1/2（中感对照病斑面积 + 高感对照病斑面积）

表 6-4 离体薯块接种抗性评价标准

抗性等级	病级	病斑症状	孢子症状
高抗（HR）	0	无任何病斑	无孢子产生
	1	病斑面积≤ 5%	
中抗（MR）	2	5% < 病斑面积 ≤ 10%	
	3	10% < 病斑面积 ≤ 25%	有孢子产生
感病（MS）	4	25% < 病斑面积 ≤ 50%	
高感（HS）	5	病斑面积 > 50%	

早疫病抗性评价

早疫病概述

马铃薯早疫病（Potato early blight）又称夏疫病、轮纹病，是由茄链格孢菌（*Alternaria solani*）引起的世界范围性的一种马铃薯真菌性病害，尤其在发展中国家被认为是仅次于晚疫病的第二大马铃薯病害。该病原菌可通过土壤、水流、病株残体等多种途径进行传播，对番茄、茄子、烟草等多种农作物均能产生危害。早疫病通常情况下产量损失不超过 20%，但病害严重年份，产量损失也可达到 50%（李清等，2022）。病原菌以分生孢子和菌丝体的形式在土壤和薯块中越冬，当温度和湿度等条件适宜时通过表皮、气孔、伤口等侵入马铃薯植株叶片（郑慧慧等，2013）。该病害潜伏期短，流行性强，再侵染频繁，会引起叶片干枯，使产量降低，同时也会在贮藏期发病，严重影响薯块品质。近年来，在我国马铃薯主产区，早疫病的发生呈扩大趋势，使马铃薯的产量和品质受到严重影响，造成了较大的经济损失。

马铃薯早疫病主要危害叶片，病原菌入侵后，2 ~ 3 d 叶片形成病斑，3 ~ 4 d 便产生大量分生孢子，造成循环侵染（Gudmestad et al，2013）。病原菌最初出现在马铃薯植株下部的老叶上，逐渐向上蔓延至幼嫩组织。开始时叶片上呈现淡褐色到黑色的小斑点（直径约 1 mm），后逐渐扩大成为不规则形、具有明显同心轮纹的病斑，病斑外缘有黄色晕圈。田间湿度较大时，病斑上产生绒毛状黑色霉层。植株下部的叶片常先发病，渐次向上蔓延。块茎感染后，会出现暗褐色轻微凹陷，凹陷处变软，分界清晰，病部的薯肉呈褐色、干腐。对马铃薯早疫病的研究和防治是确保马铃薯生产安全的重要途径，而大面积种植抗病品种是防治马铃薯早疫病最有效、最直接的途径。因此，高效合理的抗性资源评价体系对于选育优良的抗病品种有着非常重要的意义。

早疫病抗性鉴定方法

田间鉴定法

田间鉴定法主要分为两种，一种是直接选择早疫病发病地块对目标品种进行田间自然鉴定，属于自然鉴定法，结果最符合实际情况，但实验周期长。另一种方法是自然病圃法，在没有合适的早疫病发病区域的情况下，人为施加病原菌来模拟病害环境，可人为控制一定植株生长条件，但仍受季节环境影响。该方法仍属于田间鉴定，但需对病圃进行严格控制，防止污染周边环境。

田间鉴定法可以较真实地反映品种间的抗病性，但由于受环境因素影响较大，每年能鉴定的品种数量有限，工作量较大，且不同年份鉴定结果会存在一定差异。

离体叶片接种法

离体叶片接种法属于间接鉴定法，多用于初步大量筛选。将供试的早疫病病株接种于马铃薯葡萄糖琼脂（PDA）斜面培养基上，置于 25 ℃ 恒温培养箱中培养。每 5 ~ 7 d 转接一次，每次挑取斜面菌落前沿菌丝一小块，移入到新的 PDA 培养基中培养 7 ~ 10 d。用无菌水冲洗并过滤掉菌丝，配制成孢子悬浮液。取生长状态一致的植株中下部大小一致、无损伤、无病斑的健康叶片。每一片叶子的叶柄插入含有吲哚乙酸（IAA）的 0.5% 的水琼脂中，黑暗环境下保湿处理 8 h，之后背面朝上平铺在灭过菌的滤纸上，以备接种。叶片接种又包括以下不同的接种方法：

（1）涂抹法。用毛笔将孢子悬浮液涂抹到叶片正面，25 ℃ 环境下保湿培养。

（2）菌碟法（菌块法）。取出培养好的早疫病 PDA 平板，用直径 0.5 cm 的打孔器取出大小一致的菌丝块，每个叶片接种 2 个菌丝块，置于 25 ℃ 环境下保湿培养。

（3）液滴法。等距离将上述配好的孢子悬浮液滴到叶片的正面，每叶点 2 ~ 4 滴（根据叶片大小），25 ℃ 环境下保湿培养，保证足够重复数。

离体叶片接种法具有简单、高效、不受环境限制的优点，可以同时鉴定大量材料，常作为一种辅助鉴定方法为田间鉴定提供参考（朱丽梅等，2015）。

试管苗接种法

待试管苗长至 7 ~ 8 片叶时，在试管苗根茎约 5 cm 处注入 10 μL 孢子悬浮液（不接触底部培养基），并以无菌水接种为对照，同样是 25 ℃ 环境下保湿培养。

试管苗接种法兼具田间鉴定法和离体叶片接种法的特点，可同时鉴定大量的材料，而且抗性结果更加接近田间鉴定法，但是操作难度大，需要大量重复。

早疫病抗性评价标准

早疫病田间抗性评价标准

在试验小区采取 5 点取样法，每点取 3 株，调查全株叶片的发病情况，记录病叶分级。按照下列标准进行病情分级，计算病情指数，开展抗性评价并测产。马铃薯早疫病病情分级标准，按照病斑面积占整株叶面积的百分比分级：0 级，无病斑；1 级，叶片发现零星病斑；2 级，病斑面积小于叶片面积的 1 / 4；3 级，病斑面积为叶片面积的 1 / 4 ~ 1 / 3；4 级，病斑面积为叶片面积的 1 / 3 ~ 1 / 2；5 级，大病斑很多融合成大斑，病斑面积占整个叶片面积的 1 / 2 以上（朱丽梅等，2015）。病情指数计算公式：

$$病情指数（DI）=\frac{\sum(各级发病植株总数\times发病等级)}{调查植株总数\times最高发病等级}\times100\%$$

根据病情指数将植株抗性级数分为免疫、高抗、中抗、中感和高感 5 级。抗性评价标准：病情指数 0 为免疫，0.1 ~ 10.0 为高抗，10.1 ~ 30 为中抗，30.1 ~ 50 为中感，50.1 以上为高感（娄树宝等，2017）。

早疫病离体叶片接种法抗性评价标准

关于叶片的发病情况有两种统计方法：一种是与田间统计标准一致，另一种是统计叶片病斑大小。按照病斑直径大小：0 级，无病斑；1 级，病斑直径 0.1 cm 以下；2 级，病斑直径 0.11 ~ 0.30 cm；3 级，病斑直径 0.31 ~ 0.50 cm；4 级，病斑直径 0.51 ~ 0.70 cm；5 级，病斑直径 0.70 cm 以上（郑寰宇，2010）。根据病情指数对植株抗性进行分级，具体标准与田间抗性评价标准一致。

早疫病试管苗接种法抗性评价标准

采用茎部病情分级及反应型划分标准：0 级，无症状；1 级，幼苗根茎部稍有变黑，叶片不萎蔫或可恢复性萎蔫；2 级，幼苗根茎部变黑达 1 ~ 2 cm，叶片不可恢复性萎蔫，下部叶片偶有脱落；3 级，幼苗根茎部变黑超过 1 ~ 2 cm，叶片明显萎蔫或落叶明显；4 级，幼苗根茎部变黑，皱缩，生长点外部叶脱落或整株萎蔫；5 级，植株枯死。病情指数计算方法同上。马铃薯早疫病抗性分级：病情指数 0 为免疫，0.1 ~ 10.0 为高抗，10.1 ~ 30 为中抗，30.1 ~ 50 为中感，50 以上为感病。

青枯病抗性评价

青枯病概述

由青枯菌（*Ralstonia solanacearum*）引起的青枯病（Bacterial wilt）是马铃薯生产中危害最大的细菌性病害，全球每年因青枯病造成马铃薯减产的损失超过9.5亿美元（Patil et al，2012）。青枯菌是一种危害维管系统的病原体，它通过伤口或自然孔口进入根部侵染皮层，在维管束内增殖和扩散（Caldwell et al，2017），因其大量增殖产生过量的胞外多糖及多种胞外蛋白而堵塞和破坏导管，从而导致植物营养、水分无法运输而枯萎死亡。青枯病的出现严重降低马铃薯的产量，影响马铃薯的商品性，制约马铃薯产业的发展（王炳森等，2017）。

2005年Fegan和Prior（2005）将青枯菌定义为一个物种复合体，通过分析青枯菌四个保守基因序列多态性，结合青枯菌的地理起源，将其归类为演化Ⅰ型（亚洲型）、演化Ⅱ型（美洲型A，美洲型B）、演化Ⅲ型（非洲型）、演化Ⅳ型（印度尼西亚型）。其中演化Ⅱ型中的亚群Race3 biovar2（R3Bv2）类菌株能够使马铃薯萎蔫，在世界范围内广泛流行，成为引起马铃薯青枯病的主要病原菌类型（Champoiseau et al，2009）。根据菌株*egl*序列的同源性，在演化型的基础上又划分出多个序列变种。2017年增加了57个新的序列变种（Wang et al，2017），并且还在增加。2016年结合基因组比对、青枯菌表型和转录组分析，Prior等（2016）将青枯菌重新整合为三类，一类由演化Ⅰ型和演化Ⅲ型的青枯菌组成，演化Ⅱ型和演化Ⅳ型的青枯菌各分为一类。2020年，Etminani等（2020）通过对青枯菌57个看家基因进行系统发育分析，进一步支持上述分类方法。

青枯病抗性鉴定对马铃薯种质资源青枯病抗性评价有较大影响，主要分为两大方向，即田间鉴定和室内鉴定。自然发病条件下的田间鉴定是鉴定抗病的最基本方法，对于青枯病来说一般指在出现严重青枯病症状的马铃薯地块或人为创造的病苗圃进行青枯病的抗性鉴定。青枯病田间抗性鉴定一般以病株率和病情指数等区分抗性差异。在自然环境条件下进行调查鉴定，可在全生育期内反映马铃薯青枯病的抗性，接近生产实际，真实性较高。然而该方法需要大量的田间重复，耗时较长，受季节和环境条件限制，不适宜进行初步大量的抗性筛选。

为了不受季节和环境条件的限制并提高抗性鉴定效率，也可利用温室进行室内鉴定。相较田间鉴定，在室内鉴定时必须人工接种，可调节接种环境，有利于青枯菌的侵染。室内鉴定因其可保持接种条件的一致性，免受外界因素干扰，用时短，发病周期快，可为田间鉴定提供广泛参考，具有一定优越性，更受研究者们欢迎，但是鉴定结果仍需通过田间鉴定进行验证。室内鉴定可对抗病育种研究初期获得的杂交后代、无性系试管苗、转基因株系等进行早期大量鉴定和筛选，也可对目标材料进行不同菌种的抗性差异鉴定（李广存，2006）。

在青枯病抗性研究进程中，研究者们多使用室内鉴定的研究方法。其中，利用组培苗在可控环境下进行人工接种鉴定青枯病抗性是目前主要的鉴定方法（黄勇，2016）。室内鉴定的相关方法主要是根据叶片的萎蔫程度来判断受试材料的抗性，在耐病、抗病和潜伏侵染的有效区分方面仍存在一定的欠缺。因此，研究者们进一步创造出利用标记基因追踪病原菌在植物体内的入侵、定殖等侵染途径的方法应用于青枯病抗性鉴定。目前，在青枯菌中使用的标记基因主要有绿色荧光蛋白（GFP）、荧光素酶基因（LUX）和β－葡萄糖苷酸酶基因（GUS）等。

青枯病抗性鉴定方法

灌根法

该法为比较传统的青枯菌接种方式，包括伤根接种法、不伤根土壤接种法。不伤根土壤接种法是一种将一定浓度的菌液直接倒入土壤中，使用该方法接种后每天记录存活株数，观察判断植株发病情况。该方法比较接近自然环境下青枯菌侵染的方式，但该方法植株发病慢，故一般采用灌根法中的伤根接种法进行接种。

伤根接种法主要适用于根系较发达的株系。通过人为制造根部伤口，加速青枯菌的侵染，加快发病的速度，一定程度上可缩短接种时间。但由于无法保证伤根程度的一致性，致使同一材料各重复之间病情差异较大，稳定性差，也会忽略掉由于根部结构特异性而产生对青枯病抗性的材料。因此，该方法通常用于野生种抗性材料的大批量筛选工作。下面主要介绍灌根法的相关内容。

接种材料选取：将马铃薯组培苗移栽至钵子（13 cm × 12 cm）中培养 2 ~ 3 周，培养条件为 16 / 8 h 光照 / 黑暗，20 ± 2 ℃。于接种前 2 d 从中选取长势相对一致的马铃薯苗，放置于温度为 28 ± 2℃的生长室中备用。

接种菌液配制：待接种青枯菌菌液应于接种前一周着手准备配制工作，具体操作如下：对保存的青枯菌菌株进行活化（若所需菌株经常使用，则无需进行活化）。将置于 －70 ℃长期保存的菌株取出，在含 1% TTC 溶液（氯化三苯基四氮唑溶液）的 BG 固体培养基（葡萄糖 2.5 g / L，胰蛋白胨 10 g / L，酸水解酪蛋白 1 g / L，琼脂 15 g / L））上划线，后将其放置于 28 ℃培养箱中培养约 48 h。培养 48 h 后，平板上出现若干单菌落。优先挑取白色或粉红色单菌落于 BG 液体培养基中，放置于 28 ℃、200 r / min 摇床中培养约 24 h。将上步所得菌液用无

菌水配制成浓度为 1×10^8 cfu / mL(OD_{600} = 0.1) 的菌液备用。

接种操作：

伤根（可选）：在马铃薯植株一侧，距离植株茎基部 1.5 ~ 2.0 cm 的位置处，用洁净锋利的小刀开始下划直至底部。

接种：在每株植株的伤口位置接种 10 mL 菌液。

观察：接种后及时进行观察，每隔两天记录每棵植株的发病等级。

注意事项：前文提到该接种方法易致使同一材料各重复之间病情差异较大，故注意在合理范围内增加重复次数以尽量降低误差。此外，为了避免伤根导致植物萎蔫，需加设接种水的阴性对照。

盘接法

盘接法的接种原理与灌根法一致，不同于灌根法的是，在一个育苗盘中同时栽种大量植株，可包含一种或多种材料，在托盘中直接灌入菌液，该方法可有效减少土壤、水分、光照等外部因素造成的发病差异，可进行每盘之中不同材料的抗性水平鉴定，也可进行每盘之间材料的抗性水平鉴定，减少离群数据造成的误差。统计方法可统计单株发病情况，也可通过统计整盘植株的萎蔫数来计算生存曲线。常用于植物抗性功能相关基因和青枯菌效应蛋白毒力功能的研究。

接种材料选取：将马铃薯组培苗移栽至 36 cm × 28 cm 的育苗盘中，按照 6 × 4 株排布（不宜过密，保持正常生长），培养 3 ~ 4 周。培养条件为 16 / 8 h 光照 / 黑暗，20 ± 2 ℃。

于接种前 2 d 从中选取长势相对一致的马铃薯苗，放置于温度为 28 ± 2 ℃ 的生长室中备用。

接种菌液配制：同伤根接种法中菌液配制一致。

接种操作：接种菌液量为 500 mL/ 盘(可根据接种盘大小和植株数目调整)。每天统计植株的发病数，直至发病数趋于稳定，最后绘制生存曲线图（ Wang et al，2021 ）

毛细管叶腋插管法

此方法是病害发展迅速、病情最为严重的接种方法。采用该方法接种后，仅第四天受试材料品种中每个重复发病率便高达 85% 以上，病情指数高达 30 以上，接种约 11 d 后受试材料几乎完全发病（ 贾士荣等，1998 ）。但该方法仍然可能由于操作时对不同粗细的植株茎枝所造成的伤害程度不同而引起受试材料株间差异较大。

接种材料选取：盆栽马铃薯幼苗长至 6 ~ 7 片叶时，选取茎秆相对健壮、长势相对一致的盆栽苗进行接种。

接种菌液配制：同伤根接种法中菌液配制一致。调整菌液浓度分别为 1×10^5 cfu / mL 备用。

接种操作：当盆栽幼苗长至 6 ~ 7 片叶时，用毛细管吸取 30 μL 菌液，于幼苗顶部第 3 片叶或第 4 片叶的叶腋处斜插入幼苗茎部，待菌液完全流入茎内后拔出即可。

沾根接种法

沾根接种法基本上不存在前文所述伤根接种法及毛细管叶腋插管法的缺点，发病相对充分平均，程度又不过重，能够区分出不同材料间的抗病性差异。因此，常常采用沾根接种法作为苗期的常规鉴定方法，但移栽过程中易造成根部损伤而形成株间差异。

接种材料选取：当马铃薯苗高 5 ~ 6 cm 时，即可选取长势相对一致的马铃薯苗进行接种。

接种菌液配制：同伤根接种法中菌液配制一致。

接种操作：当苗高 5 ~ 6 cm 时，将苗拔出，放于浓度约为 10^5 cfu / mL 的菌液中浸沾 5 min 后重新移植，余下的菌液以每株 30 mL 使用量进行灌根。

茎枝菌液浸泡法

该方法和常用的伤根接种法及毛细管叶腋插管法相比，具有结果重复性更高、一致性更强的优点。接种时茎枝所受伤害基本一致，避免了因操作伤害程度不同而引起植株抗感表现的差异。另外，有研究表明，采用茎枝菌液浸泡法时，浸泡菌液的浓度与发病早晚存在相关性，即菌液浓度越高，茎枝发病越早，因此该方法可人为控制发病时间的早晚。该方法适用于马铃薯青枯病的抗性鉴定和筛选，特别是病菌诱导产生抗性的抗(感)病植株的快速鉴定及其幼苗的先期快速筛选等（李广存，2006）。

接种材料选取：取生长健壮、无病虫害、长势相对一致的马铃薯植株，待植株长至 7 ~ 8 片展叶时，去除受试材料主茎顶芽，促使侧芽生长至 5 ~ 6 片展叶时进行接种。

接种菌液配制：同伤根接种法中菌液配制一致。调整菌液浓度分别为（10^5 ~ 10^8）cfu / mL 备用。

接种操作：用洁净锋利的手术刀片垂直切取带有 4 ~ 5 片展叶的主茎或侧枝，存放于自来水中保湿，待全部所需的主茎或侧枝取完后，同时插入盛有菌液的容器内进行浸泡，于浸泡后第三、五、七、十、十四天逐个材料、逐个枝详细调查发病期以及严重度，同时测定第十天浸泡菌液的 OD_{600} 值。

水培法

以上接种方法中马铃薯材料均于土壤中培养，需要相对较多的时间和空间，且土壤生长阻碍了对病原菌早期根系反应的研究。相较于固体培养，液体培养更有利于病菌的均匀扩散，且操作简单、省时省力，能较快获得接种结果。但该种方法要求较为严格，需要稳定的环境，且需要避免真菌污染等影响。

接种材料选取：选取 2 ~ 3 周大小的马铃薯外植体。

接种菌液配制：同伤根接种法中菌液配制一致。调整菌液浓度分别为（10^7 ~ 10^8）cfu/mL 备用。

接种操作：剪下外植体 2cm 左右的

芽，将其插入纸盒中，在 MS 液体培养基中水培马铃薯植株两周，用剪刀剪断根部，将其转移到 OD_{600} 值为 0.1 的 30 mL 青枯菌悬浊液中。观察记录 2 ~ 3 dpi 时叶片萎蔫症状，4 ~ 6 dpi 时可加测茎内细菌增殖情况（Wang et al，2019）。

液体接种法（培养盒接种法）

该方法与水培法类似。相较于水培法，该方法抛弃纸盒材料，改用滤纸桥并装入培养盒中，在组培苗繁殖过程中对组培苗提供支撑固定作用。组培苗长至适合接种状态时，直接在培养盒中加入青枯菌菌液。这样操作更加节省培养材料及空间，操作更加简单快捷，并且根部附着在滤纸表面,易于处理和取样。

接种材料选取：选取培养三周左右长势一致的组培苗进行接种。

接种菌液配制：同伤根接种法中菌液配制一致。

接种操作：配置 MS 液体培养基，分装至组织培养方盒中，约 30 mL / 盒；121 ℃ 高压灭菌 20 min 后，于超净工作台上向培养盒中加入折叠好的灭菌滤纸桥；用该液体培养基培养组培苗，长至 3 周左右，向培养方盒中加入青枯菌菌液，接种菌量为 5 mL / 盒；加盖封口后置于 28 ℃ 培养箱生长 18 d 左右。每天记录植株枯萎症状,并根据病情指数表示。

叶片注射接种法

上述所有接种方法，接种后主要依靠对受试材料萎蔫状况的调查记录反映材料抗性，而叶片注射青枯菌能够较为直观看到植物过敏反应，可用于进一步确定马铃薯与青枯菌之间的抗性关系。若材料抗青枯病则会出现较为明显的急性坏死，而感青枯病则不会出现坏死。该方法适用于叶片较薄较大的马铃薯植株。

接种材料选取：选取叶片较大的马铃薯苗移入 28 ℃ 生长室准备接种。

接种菌液配制：同伤根接种法中菌液配制一致。调整菌液浓度为（10^5 ~ 10^8）cfu / mL 备用。

接种方法：此方法与本氏烟草瞬时表达技术相似。用去掉针头的 1 mL 注射器吸取配制好的特定浓度菌液，选取靠近植株中上部的展开叶从叶片背面用手指按压进行注射。接种后及时观察注射叶片的表型变化，并拍照记录。

生物标记技术

传统的接种鉴定方法一般以成活率和发病率作为抗性评价指标，误认为成活率高的品种未受青枯菌侵染，因而忽视了青枯菌潜伏侵染的影响。利用标记基因追踪病原菌在植物体内入侵、定殖的侵染途径，是研究病原菌致病机制的有效手段和方法。该方法可以弥补传统鉴定方法的不足，有助于实时监测青枯菌在植株中的定殖情况，为了解青枯菌侵染寄主的进程提供了可能性。本方法需要构建稳定的青枯菌标记基因表达载体。

GUS 染色法：用带有 GUS 基因的青枯菌接种马铃薯材料，分别将接种后的马铃薯材料放入 EP 管中，加入 GUS 染色液浸没材料后抽真空 5 min。放入

37 ℃培养箱中反应 12 h。用 75% 乙醇将浸染过的植株脱色 2 ~ 3 次除去叶绿素，至阴性对照材料呈白色为止。体式显微镜观察拍照能够清晰看见 GUS 染色到青枯菌侵染的进程（张治飞，2016）。

GFP 标记法：将能稳定表达 GFP 基因的菌株接种至马铃薯材料中，与 GUS 染色法类似，一定天数后通过荧光显微镜对目标组织进行观察（陈卓等，2021）。

LUX 标记法：接种方法与上述一致，不同于 GUS 染色法和 GFP 标记法，接种 LUX 标记菌株的马铃薯材料可以进行整株的活体成像，实时观察菌株侵染进程（Cruz et al，2014）。

以上方法均属于室内鉴定法，这些方法简单易行，可操作性强，鉴定结果一致性强且重复度高，可人为控制发病的早晚，但是与真正的大田环境仍然存在一定的差异，因此最终确定种质资源的抗病性，仍需要结合大田鉴定方法共同确定。

青枯病抗性评价标准

对于育种材料抗病能力的判断，研究者们通常使用病情指数和病情相对值来表示。其中要注意的是，若要表示每种马铃薯材料的发病情况，通常采用病情指数（Disease index，DI）为指标；若要判断接种材料的整体发病情况，则采用病情相对值（Relativer esistance，RR）来表示。

除却病情指数和病情相对值等常用指标，曾有研究者将病情相对值进行调整，衍生出发病曲线下面积（Area under the disease progression curve，AUDPC）这一指标，用以评价抗性级别。

病情指数（DI）

病情指数（DI）用以表示每种材料的发病情况。计算公式如下：

$$\text{病情指数}(DI)=\frac{\sum(\text{各级发病植株总数}\times\text{发病等级})}{\text{调查植株总数}\times\text{最高发病等级}}$$

式中，植株发病等级的判定标准如下（Qu，1996）：

0 级，植株无任何萎蔫症状出现。

1 级，植株出现萎蔫症状，萎蔫叶片数达 0% ~ 25%。

2 级，植株出现萎蔫症状，萎蔫叶片数达 26% ~ 50%。

3 级，植株出现萎蔫症状，萎蔫叶片数达 51% ~ 75%。

4 级，植株出现萎蔫症状，萎蔫叶片数达 75% ~ 100%。

病情相对值（RR）

病情相对值（RR）用以判断接种材料的整体发病情况。计算公式如下：

$$\text{病情相对值}(RR,\%)=\frac{\text{病情对照品种的病情指数}-\text{供试品种的病情指数}}{\text{感病对照品种的病情指数}}\times100\%$$

病情相对指数与材料抗感情况关系如下：

RR > 80%，材料高抗（High

Resistance，HR）。

60% < RR ≤ 80%，材料抗病（Resistance，R）。

40% < RR≤60%，材料中抗（Medium Resistance，MR）。

20% < RR≤40%，材料中感（Medium Susceptible，MS）。

RR≤20%，材料感病（Susceptible，S）。

发病曲线下面积（AUDPC）

发病曲线下面积（AUDPC）是材料接种后 0 ~ 21 d 的发病等级形成曲线下的面积。计算公式如下（Wicker et al，2007）：

$$AUDPC=\sum_{i=1}^{n-1}\left[\frac{x_{i+1}+x_i}{2}\right](t_{i+1}-t_i)$$

其中：X 指代发病指数，n 指代调查次数，为两次调查之间的天数。

根据每个菌株对马铃薯材料的 AUDPC 数值进行层序聚类分析，将青枯菌根据致病力等级分为 3 个群体：低致病力群体（Low Virulence，L），中等致病力群体（Medium Virulence，M）和高致病力群体（High Virulence，H）。

病毒病抗性评价

病毒病概述

由病毒侵染引起的病毒病是马铃薯的一类重要病害，一些重要病毒能够导致马铃薯产量下降甚至绝收，严重损害马铃薯的品质，是制约马铃薯产业健康发展的重要因素之一。在生产实际中，病毒凭借着马铃薯无性繁殖的特点在种薯块茎中不断累积，并在马铃薯的生长周期中借由昆虫、机械等途径大肆传播，造成不同程度的产量损失和品种退化（Wang et al，2011）。在全世界范围内，大约有 40 种病毒已被报道能够侵染马铃薯（Jansky et al，2009），而在我国的马铃薯产区主要有 6 种病毒：马铃薯 Y 病毒（Potato virus Y，PVY）、马铃薯 X 病毒（Potato virus X，PVX）、马铃薯卷叶病毒（Potato leaf roll virus，PLRV）、马铃薯 S 病毒（Potato virus S，PVS）、马铃薯 M 病毒（Potato virus M，PVM）、马铃薯 A 病毒（Potato virus A，PVA）。此外，在我国还有马铃薯纺锤块茎类病毒（Potato spindle tuber viroid，PSTV）的类病毒，严重干扰了当地的马铃薯产业发展（马秀芬等，1996）。

PVY 是马铃薯 Y 病毒属（Potyvirus）中最具有代表性的成员之一，是能够对马铃薯生产造成严重经济损失的世界性重要病毒（Scholthof et al，2011）。PVY 的寄主范围非常广泛，能够感染多种茄科作物，可以通过30多种蚜虫以非持久性的方式传播，也能通过机械摩擦进行传播。PVY的感染通常能导致马铃薯植株出现花叶、斑驳、黑色坏死和顶端叶片皱缩等症状，造成的产量损失可达20%～50%（王晓明等，2005）。

PVX属于马铃薯X病毒属（Potexvirus），在生产环节中主要依靠机械摩擦进行传播，在马铃薯、茄子、番茄、辣椒等茄科作物上产生轻微的斑驳型花叶症状。单一的PVX侵染所造成的马铃薯减产十分有限，而在实际农业生产中，PVX常与多种病毒进行复合侵染，造成协同效应而导致严重的危害。

PLRV属于马铃薯卷叶病毒属（Polerovirus），主要通过蚜虫以持久性的方式进行传播（李云等，2011）。马铃薯卷叶病毒主要分布于维管束内，可以通过桃蚜、棉蚜、马铃薯蚜等介体进行传播，但通常只有桃蚜的传毒效率较高。蚜虫吸食有马铃薯卷叶病毒的植株后必须经过数个小时的潜伏期才能传毒，此后蚜虫能够持久带毒传毒，但不能以卵传给下一代。受感染的马铃薯植株在顶部新叶会产生黄化、卷曲，在底部叶片会产生坏死，对马铃薯产量可造成40%～60%的损失（王晓明等，2005）。

PVS和PVM同属于香石竹潜隐病毒属（Carlavirus），可以通过蚜虫进行非持久性传播，在其他作物上有的也可以由粉虱传播或者经种子进行传播。PVS的致病症状随株系、品种和气候而变化。典型的症状是马铃薯叶脉深陷，叶片粗短，叶片轻度垂叶。PVS单独侵染马铃薯时，引起的症状并不明显，但是与其他马铃薯病毒共同侵染时，会产生明显花叶或皱缩等症状，一般可使马铃薯减产20%～30%。PVM相对而言是这6种病毒里面发生率最低的，并且对块茎产量造成的损失也较小，但是通常也会与其他的病毒产生复合侵染。

PSTV属于马铃薯纺锤块茎类病毒。与普通马铃薯病毒不同，PSTV的结构为单链环状RNA，且无外壳蛋白包被，序列全长仅有359nt，棒状二级结构使其具有很强的稳定性，能够依赖寄主的RNA聚合酶自我复制（Gross et al，1978）。马铃薯植株被PSTV感染后表现为矮化、丛生、块茎变小变细呈现纺锤状，通常减产可达35%～40%（崔荣昌和李晓龙，1990）。PSTV的传播主要通过机械传播，例如枝叶摩擦、农具接触，也可通过马铃薯长管蚜取食传播。PSTV作为类病毒和其他几种常见的马铃薯病毒有很大的区别，首先它的致死温度为75～80℃，一般的热处理脱毒对于类病毒来说比较难达到理想的效果，而在脱毒种薯的生产实践中，PSTV是最难被脱除的病毒，必须通过严格的检测体系对种薯进行筛选（肖雅等，2008）。能够被PSTV感染的植物很多，但是仅有部分会表现出明显的症状，这给田间诊断和管理带来了相当大的难度。

马铃薯病毒病抗性鉴定即马铃薯病毒接种鉴定方法，对马铃薯种质资源病毒抗性评价有较大影响。马铃薯病毒病抗性鉴定一般采用人工接种鉴定。接种方法包括摩擦接种、嫁接接种、喷枪接种等；病毒抗性鉴定一般通过 qRT-PCR 和 ELISA 方法检测病毒的积累水平来评估植株对病毒的抗性（聂碧华，2010）。

病毒病抗性鉴定方法

机械摩擦接种

接种材料选取：将马铃薯组培苗移栽至钵子（13 cm × 12 cm）中培养 2 ~ 3 周，培养条件为 16 / 8 h 光照 / 黑暗，20 ± 2 ℃。将生长至 4 ~ 6 片真叶期的马铃薯植株放置于温度为 25 ± 2 ℃ 的生长室中备用。接种前浇足水分以促进接种成功率。

接种液配制：接种当天，收集含对应病毒的毒源材料叶片 5 g 左右，用灭菌的研钵充分研磨，加入适量的接种缓冲液（10 mmol / L 磷酸盐缓冲液，32 mmol / L 亚硫酸钠，pH 7.5）和细碳粉，充分混匀。

接种方法：选择中上部 3 片展开的（复）叶，用棉签沾上准备好的含病毒的滤液，在叶片上均匀地摩擦。摩擦时轻重适度，摩擦过轻时伤口少，初始侵染的病毒少，病程较慢；摩擦过重则对叶片伤害较大，对植株的生长和病毒侵染都有不利影响。合适的接种应该以在叶片上摩擦形成轻微而均匀的伤口为宜，在接种结束后叶片会发生暂时萎蔫，但第二天能迅速恢复。接种后用标签写明接种日期和病毒类型，每天监测叶片症状，直到收获。

喷枪接种

接种材料选取：将马铃薯组培苗移栽至钵子（13 cm × 12 cm）中培养 2 ~ 3 周，培养条件为 16 / 8h 光照 / 黑暗，20 ± 2 ℃。将生长至 4 ~ 6 片真叶期的马铃薯植株放置于温度为 25 ± 2 ℃ 的生长室中备用。接种前浇足水分以促进接种成功率。

接种液配制：接种当天，收集含对应病毒的毒源材料叶片 5 g 左右，用灭菌的研钵充分研磨，加入适量的接种缓冲液（10 mmol / L 磷酸盐缓冲液，32 mmol / L 亚硫酸钠，pH 7.5），充分混匀。将混匀后的接种液用双层滤纸过滤 3 ~ 5 次，确保没有颗粒杂质堵塞喷枪。

接种方法：将过滤后的病毒接种液与适量碳化硅粉末混匀，加入喷枪的上液瓶中，选择中上部 3 片展开的（复）叶，利用氮气罐产生的压力将混合液打出，打出的液流可打伤叶片，实现接种，同样氮气压力需适中，在对叶片造成较小伤害的情况下完成接种。每个叶片接种 4 ~ 6 个伤孔，接种的叶片在接种完成后会暂时出现萎蔫症状，但会迅速恢复正常。

嫁接接种

接种材料选取：将马铃薯组培苗移栽至钵子（13 cm × 12 cm）中培养 5 ~ 6

周，培养条件为 16 / 8 h 光照 / 黑暗，20 ± 2 ℃。待生长有 5 ~ 6 片展开的复叶时，放置于温度为 25 ± 2 ℃的生长室中备用。接种前浇足水分以促进接种成功率。

接种材料：嫁接时以健康植株（待鉴定材料）为砧木，以感染目标病毒（PVY 等病毒）的毒源植株枝条为接穗，进行嫁接前对所有植株进行常见病毒（PVY、PVX、PVA、PVS、PLRV 和 PSTV）的检测。

接种方法：嫁接采用劈接法，在砧木中上部茎上水平切一刀，再在茎中间纵切一道约 1 cm 深的伤口，将比砧木略细的接穗枝条基部切成楔形，并插入砧木的伤口，用封口膜（Parafilm）包扎，并用大小合适的塑料袋套住接穗及伤口以保湿直到砧木与接穗愈合。以健康的植株枝条嫁接作为阴性对照。

病毒病抗性评价标准

在病毒接种后定期观察植株的症状，于接种后 10 d、15 d 收集接种叶上部的系统叶片，通过 qRT–PCR 和 ELISA 的方法检测系统叶片的病毒积累量，以鉴定植株对病毒的抗性。

结合 qRT–PCR 和 ELISA 检测的结果以及植株症状来评估植株对病毒的抗性。一般来说，如果在系统叶上检测不到病毒，且植株不表现出任何症状，说明植株表现出对病毒的极端抗性，可能含有 *R* 基因。如果在系统叶上检测不到病毒，但植株接种叶片表现出局部坏死，则植株可能携带 *N* 基因，对病毒展现过敏性抗性。如果在系统叶上检测到病毒，则证明植株感病。此外，一般验证基因的抗病毒功能时，如果转基因植株 qRT–PCR 和 ELISA 检测的结果相对对照的病毒积累量有显著上升或下降时，即可认为转基因植株的病毒抗性降低或上升，表明基因功能与病毒抗性相关。

虫害抗性评价

虫害概述

马铃薯在整个生育进程中容易受到多种虫害的侵扰，限制马铃薯高产丰收，严重影响了马铃薯的收益。虫害不仅损坏植株茎叶，还影响产量和品质，如何有效地鉴定马铃薯的抗虫性资源对马铃薯的增产具有非常重要的意义。马铃薯虫害种类繁多，分为地上虫害和地下虫害两种。

地上虫害主要包括蚜虫、瓢虫、潜叶蝇和马铃薯甲虫等。蚜虫是春夏季节高发的马铃薯虫害，其中最常见的是桃蚜，寄生范围广，传播能力强，以刺吸式口器吸食叶片内养分，在马铃薯生长期一般聚集在马铃薯叶片背面，导致马铃薯叶片失水、萎缩，严重限制顶部幼芽和分枝生长。马铃薯蚜虫还是多种植物病毒的传播载体，对作物造成更大的间接危害。马铃薯瓢虫（马铃薯二十八星瓢虫）可将马铃薯叶片食尽而只留表皮和叶脉，并形成有规则的半透明的细凹纹。被啃食的叶片变褐并干枯，出现孔洞，严重的则整株叶片枯黄死亡，光合作用受到破坏，影响马铃薯产量和收益。潜叶蝇是危害马铃薯秋苗期的重要害虫之一，属于马铃薯致畸害虫，幼虫以叶肉组织为食，造成不规则的灰白线状隧道，严重时致使叶片枯黄脱落，甚至使植株枯萎死亡。马铃薯甲虫是世界有名的毁灭性检疫害虫，栽培的马铃薯是其最适寄主。在春季马铃薯苗出土时，越冬成虫产卵于叶片反面，成虫和幼虫贪食，均以马铃薯叶片和嫩尖为食，一般能造成马铃薯减产 30% 以上，尤其是在马铃薯始花期至薯块形成期形成危害，对产量影响最大，甚至会造成绝收（李超，2013）。

地下害虫对马铃薯的危害周期可以从播种至收获。因马铃薯地下块茎营养丰富，所以是害虫最喜爱的食物。地下害虫咬食马铃薯块茎后形成孔洞，不仅直接降低马铃薯的商品价值，还为病原菌的入侵创造了条件，易导致马铃薯腐烂。马铃薯地下害虫主要包括蛴螬、蝼蛄、金针虫和地老虎等。蛴螬终生生活在土壤之中，是马铃薯主要的地下害虫。马铃薯田蛴螬主要危害马铃薯地下嫩根、地下茎和块茎部分，其咬食的断口整齐，地下块茎被咬食和钻蛀后形成孔洞，易被病原菌侵入，造成腐烂，诱发病害。蝼蛄成虫和若虫对马铃薯均有危害性，主要危害地下茎和根。马铃薯出苗前蝼蛄会啃食种薯，阻断萌芽生长，从而导致缺苗。出苗后蝼蛄在幼根附近挖掘隧道，将根从土壤中分离，导致幼苗因缺水而生长缓慢，甚至死亡。马铃薯块茎形成后，蝼蛄会咬食块茎形成孔洞，使之易感染并造成腐烂。金针虫是叩头虫幼虫，主要在播种后出苗前危害种薯和根系，钻食马铃薯种薯，咬断根茎部，造成马铃薯生产田缺苗断垄，影响其产量和质量。地老虎是作物苗期危害最严重的地下害虫之一，以幼虫为害。地老虎对马铃薯的危害一是指幼虫在贴近地面的地方把幼苗咬断，导致幼苗死亡；二是低龄幼虫会咬食幼苗的嫩叶，嫩叶会出现孔洞或者缺刻；三是中老年幼虫会咬断作物幼苗的基部，植株会慢慢枯死，造成缺苗断垄（邵小丽，2018）。为确保马铃薯的品质，促进马铃薯产量的有效提升，选育抗虫性强的马铃薯品种是最直接有效的方式，那么制定相应的马铃薯抗虫资源的鉴定和评价体系具有重要意义。

虫害是马铃薯生产中一个严重的问题，马铃薯种质抗虫性鉴定是对马铃薯材料抵御害虫能力的测试和评价。测试可在田间自然环境或人工控制环境下进行。通过抗虫性鉴定可以选出对害虫具有抗性的品种，供生产利用；或选出具有抗虫性状的种质材料，供育种采用，培育出适合生产需要的抗虫品种，目的在于利用马铃薯品种自身的抗虫性来有效控制害虫,减少农药的使用,降低成本。

种质材料的抗虫性的机制一般分为耐害性、趋避性和抗生性三个方面。耐害性是指该种质材料对害虫的危害具有较强的恢复和补偿能力，从而表现出较轻受害程度的一种特性。趋避性是指由于马铃薯具备特殊的植株颜色、形态、体表毛状物、表面蜡质、组织厚度、物候特性以及植物次生物质等不利于害虫寄主的特性，使害虫在定向过程中对其无偏嗜性，不喜欢向该品种取食、产卵或栖居，因此可以避免或减轻虫害。抗生性是作物对害虫侵食以后表现出的一种抗虫机制,它能够对取食害虫的生长、发育和繁育产生不利影响，使它们的生活力和发育速度，包括体形、体重、代谢过程受到抑制，导致幼虫或未熟态虫体死亡率增加。在自然界，生物往往随着环境的改变而产生新的适应性。因此，马铃薯种质材料的抗虫性也是相对的。

马铃薯抗虫性的鉴定内容主要包括:

（1）研究害虫对不同马铃薯材料产卵的选择性。调查统计某种害虫在某一种质材料植株上产卵的多寡，是评价其是否抗虫的重要指标之一。这项试验可分别在田间和温室内进行，在同等条件下调查比较不同种质材料单株或单位叶面积上的着卵量。

（2）研究害虫取食不同种质材料后的发育速度及成活率。在特定条件下，接种一定数量的初孵幼虫，观察其成活率和发育速度及化蛹数量，称量单头蛹重，可综合评价某一种马铃薯品种对某种害虫的抗生性。

（3）研究害虫对不同种质材料的危害程度。害虫对马铃薯的危害包括产量损失和降低产品质量等方面。须通过调查虫口密度、种质材料的被害程度（包括被害植株率、死苗率、被害果率等）、产量损失或产品质量的评价等因素评比其抗虫程度。

马铃薯种质材料的抗虫性鉴定，可分别在实验室、温室、网室、笼罩和田间自然环境下进行。有些种质材料对某些害虫在室内和田间表现的抗性并不完全一致。因此,必须进行室内和田间鉴定。

虫害抗性鉴定方法

田间自然鉴定法

在虫口密度较大的地区或年份，依靠田间自然发生的害虫群体鉴定不同马铃薯品种的抗性程度。新育成的抗虫品种在大面积推广之前也需经过多次田间鉴定。

田间接种鉴定法

在虫口发生较少的地区或年份，人为在田间补充一定量的虫源，增加虫害对马铃薯品种的压力，强化不同品种间的抗虫性差异。田间接种法，只适于在马铃薯材料种植范围较小、害虫飞翔能力较弱的情况下进行，要特别注意接种后对周围其他非鉴定作物的影响。接种的方法、数量、时间都要根据种质材料和害虫的不同种类分别进行。

网室鉴定法

在田间建造的网室内种植被鉴定的马铃薯品种，并接种一定数量的害虫，可将害虫危害控制在一定范围内，以鉴定目标品种的抗虫性差异。该方法较为可靠，但成本相对较大。

以上三种方法均属于田间鉴定，需注意控制其他害虫以及避免害虫天敌的影响。

室内鉴定法

室内鉴定法指在实验室内制备待鉴定的马铃薯样品，接种一定数量虫体，用网纱玻璃罩等隔离，防止虫体随意转移，控制光温，在适宜条件下保持一定时间后，观察害虫和材料的变化，以此为依据鉴定马铃薯的抗虫性。将目前常用的室内对马铃薯抗虫性的鉴定方法汇总如下：

（1）室内对马铃薯蚜虫抗性的鉴定方法

将生长 25 d 左右 75 mm 的马铃薯试管苗贴着培养基剪断。茎的伤口处用脱脂棉包裹后用水喷湿，垂直放入底部铺有浸湿的脱脂棉的玻璃培养瓶中。一个培养瓶放一株试管苗，接种 2 头一龄蚜虫幼虫。将瓶口密封以防止试管苗萎蔫，设置 5 组平行，多次重复。将培养皿置于 24 ℃ 培养箱，在 20,000 Lx 的光照条件下培养。每隔 24 h 统计一次培养瓶中存活蚜虫幼虫的数量，连续记录 15 d。调查接种后 5 d 内蚜虫死亡数，将每个材料上存活的蚜虫数量求平均值得到蚜虫的种群数量变化情况。

（2）室内对马铃薯甲虫抗性的鉴定方法

将生长 25 d 左右 75 mm 的马铃薯试管苗贴着培养基剪断。称取重量后在茎的伤口处用脱脂棉包裹后用水喷湿，放置在 90 mm 培养皿中。每个培养皿放 5 株试管苗，每个试管苗上接种一头刚孵化的一龄马铃薯甲虫幼虫。接种前用分析天平将马铃薯幼虫称重。在第五天称取剩余植株和马铃薯甲虫幼虫的重量，计算取食量和马铃薯甲虫幼虫的生物量积累。在接种后第三天至第五天记录幼虫的死亡头数。每组实验 5 个重复。实验对马铃薯甲虫的死亡率、幼虫的生物量积累和取食量进行调查研究（米晓晓，2015），具体统计方法如下：

死亡率：记录第三天至第五天幼虫的死亡数，计算死亡率。

生物量积累：称量并记录 30 头接种前的第一龄幼虫和第五天每个培养皿中存活幼虫的总重量，计算每头幼虫接种前和接种后第五天的平均重量。生物量的积累以日平均增长率来计算。计算公式为 MRGR = (lnW2 − lnW1) / DD。MRGR 为日平均增长率，W1 为接种前每头幼虫的重量，W2 为接种第五天后每头幼虫的重量，DD 为发育历期。

取食量：称取接种前和接种后第五天植株的重量，根据对照组植株接种后第三天重量 / 第五天重量，第四天重量 / 第五天重量，我们通过计算其比值得到 2 个常数 Q1 和 Q2。取食量（mg / larva / day）= (M1 − M2) /5 × (N3 × Q1) + (N4 × Q2) + N5，M1 为在接种前植株的重量，M2 为接种后第五天剩余植株的重量。N3 为第三天死亡的虫数，以此类推。

（3）室内对马铃薯斜纹夜蛾抗性的鉴定方法

以斜纹夜蛾幼虫虫重、单虫食叶量和蛹重作为抗虫性指标（白潇，2014）。分别采集目标马铃薯植株对照植株新鲜叶片，对 1 ~ 2 龄幼虫进行喂食实验。每天更换新鲜的叶片，称量每次取出和加入的叶片重量。以 7d 为一周期，称量喂养至第七天时幼虫的重量。以单虫食叶量作为马铃薯抗选择性的鉴定指标，以幼虫重量的增长作为马铃薯抗虫性的鉴定指标。以化蛹 3d 后活体蛹重的平均值作为另一个抗虫性鉴定指标（实验重复 3 次）。具体计算公式为：

幼虫重 = 幼虫总重 / 存活幼虫数

单虫食叶量 =（总进叶量 − 总剩叶量）/ 存活幼虫数

蛹重 = 蛹总重 / 存活蛹头数

叶片的选择性实验是在塑料杯中同时加入目标马铃薯植株对照植株新鲜叶片，分别在幼虫取食 12 h 和 24 h 后观察记录叶片的取食情况（重复 5 次）。取大号培养皿，在培养皿底中放入一张大小相近的滤纸，加入蒸馏水使滤纸保持湿润。分别取转基因马铃薯和野生型对照的植株叶片，用打孔器将叶片打成直径为 1.2 cm 的圆片，在滤纸中央接入斜纹夜蛾 2 龄幼虫 30 头，用封口膜封住培养皿，用黑布遮盖 24 h 后观察叶片上取食的幼虫数量及叶片的危害情况来计算幼虫取食选择率，通过叶片被取食面积计算取食选择指数，进行 3 次重复实验。计算公式如下：

幼虫取食选择率 = 目标叶片上幼虫数 / 该组幼虫总数

取食选择指数 = 目标叶片取食面积 / 总取食面积

上述抗虫性鉴定方法均是经典的室内生物学抗虫鉴定方法，对其他害虫也适用，如蛴螬等（杨志超，2011）。

虫害抗性评价标准

虫害抗性评价标准主要包括虫口密度、被害程度的调查和统计分析。

（1）虫口密度调查：随机取样调查统计和比较马铃薯种质材料间的虫口数量，以衡量种质材料间的抗性程度。容易找到的害虫可直接调查单株或单位叶面积的虫口数量；钻蛀性害虫，可用剖茎或剖果法调查虫口数量；数量大、个体小的害虫可用扫网法或真空吸虫法在不同寄主上分别吸虫，然后计算其数量和密度。

（2）被害程度调查：须依据害虫为害方式而定。马铃薯的抗虫性可通过统计死苗率和结薯率评价其抗性程度。

（3）统计分析方法：调查所得到的各个种质材料的被害程度、虫口密度、产卵量或其他各种数据，如果是杂交后代，还须进行遗传系数试验，测定其最大和最小遗传系数。

霜冻抗性评价

霜冻胁迫概述

马铃薯生长喜冷凉，但不耐低温霜冻，植株适宜的生长温度在 21 ℃左右，块茎生长的最适宜温度为 18 ℃左右，地温 7 ℃以上幼芽才能萌发生长，低于 5 ℃时基本停止生长；播种后如果再遇到低温条件，将会直接在种薯上形成新的小薯块即“梦生薯”，梦生薯的形成严重影响马铃薯产量（门幅义和刘梦芸，1995）。低温霜冻严重影响马铃薯的生长、发育、产量及生态分布（Li，1977；Chinnusamy et al，2007）。广泛应用于生产上的马铃薯栽培种，大多不耐低温霜冻，一旦遭受霜冻灾害，将会造成严重的经济损失（Nick，2000；Chinnusamy et al，2007），仅 2008 年中国南方各地冰雪灾害就致使马铃薯受灾面积达 40.93 万 hm^2，造成经济损失约 10 亿元（寇爽等，2015）。Mendoza 等（1974）证实马铃薯栽培种遗传基础的狭窄阻碍了对马铃薯品种的进一步改良。然而马铃薯的野生种中存在耐低温霜冻的抗源，包括 *S. aclaule*、*S. commersoni*、*S. malmeanum* 和 *S. boliviense* 等（康黎，2017；赵庆浩，2020）。

在低温的影响下，细胞的膜流动性、蛋白质和核酸构象以及代谢物的浓度也随之改变。低温敏感的马铃薯植株在受到霜冻后，叶片表现为墨绿色和水渍状，并表现出植株茎干瘫软、叶片萎蔫、整株倒伏在地等症状。但耐低温植株受到霜冻后，植株表型无明显变化，茎干直立，植株叶片呈现鲜绿色且富有弹性，不会出现水渍状萎蔫等症状。

马铃薯的抗寒能力包括直接抗寒能力（Freezing tolerance，FT）和驯化抗寒能力（Cold acclimated freezing tolerance，CA）。直接抗寒能力是指马铃薯本身具有的，不需要经过低温驯化激活的抗霜冻能力；驯化抗寒能力则是指马铃薯经过适当低温处理后能够达到的最大抗寒能力。冷驯化能力（Acclimation capacity，ACC）则是指马铃薯经过一定低温锻炼后，表现出对霜冻耐受度增加的能力，用数值评估即为直接抗寒能力减去驯化抗寒能力（Gray et al，1997；Seppanen，1998）。在抗寒性研究进程中，常见的抗寒鉴定方法有电解质渗漏法、自然霜冻评级和差热分析法等。

霜冻抗性鉴定方法

电解质渗漏法

马铃薯抗寒性包括驯化抗寒能力和直接抗寒能力。直接抗寒能力（FT）鉴定处理材料：将生长 4 周左右的组培苗经炼苗后，移栽到 10 cm × 10 cm 的塑料钵子中，置于植物生长室（光照条件 16 h / 8 h，22 / 18 ℃，湿度 60% ± 10%）内生长 3 ~ 4 周后用于直接抗寒能力 LT50 鉴定。驯化抗寒能力（CA）鉴定处理材料：将生长 4 周左右的组培苗经炼苗后，移栽到塑料钵中，置于植物生长室内 3 ~ 4 周，驯化处理后进行驯化抗寒性 LT50 鉴定。驯化处理为将植物生长室内生长的植株转至低温生长室（光照条件 14 h / 10 h，4 ± 2 ℃，湿度 50% ± 10%）内处理 2 周。采用电解质渗漏液进行抗寒性鉴定时，在早上 7 点左右取下材料叶片，取第二至第四复叶上成熟的顶端功能叶片，用冰敷的方法保持剪下叶片的新鲜度。具体步骤如下：

取试管架7个，分别编号1、2、3、4、5、6、7，对应温度为0 ℃、－1 ℃、－2 ℃、－3 ℃、－4 ℃、－5 ℃、－7 ℃（有需要可增加试管架），将试管三个一组按照一一对应的原则放入试管架，每个试管内用移液枪打入 0.5 mL 的单蒸水。

将叶片用单蒸水清洗干净后，用吸水纸擦干表面水分，放入试管内，叶片背部贴壁，叶柄朝下，叶基部沾水。

将试管置于低温水浴槽中，并将水浴槽设定为 15 min 降到 0 ℃，30 min 降至 －1 ℃。此时开始加入用 PCR 板制作的小冰块，－1 ℃保持 60 min，随后保持 1 ℃ / h 的降温速率。在加冰后按照每个温度点处理 60 min 的原则进行冷冻，到达相应时间后将试管取出，放在冰盒上（见表 6–5）。

表 6–5 室内电导率 LT50 鉴定程序

步骤	温度（℃）	时间（min）	备注
1	0	15	加入小冰块
2	-1	30	
3	-1	60	
4	-2	60	
5	-3	60	
6	-4	60	
7	-5	60	
8	-6	60	
9	-7	60	

将试管全部取出后，放冰上过夜解冻。用移液器向每根试管内分别加入 9.5 mL 的蒸馏水，放置在水平摇床上，设置参数 160 r / min 处理 2 h。静置后用

表 6-6 马铃薯霜冻损伤评级标准

霜冻级别	植株表现
0	没有损伤
1	顶部叶片轻微伤害
2	少数顶部叶片冻死
3	大多数顶部叶片冻死
4	所有顶部叶片和叶柄冻死
5	所有叶片冻死
6	所有叶片及茎干冻死

电导仪（梅特勒，瑞士）分别测定对照的电导率 R0 和样品电导率 R1，沸水浴 30 min 冷却至室温后测量样品总电导率 R2，电解质渗透率为（R1–R0）/（R2–R0），通过拟合 Logistic 方程，电解质渗透率为 50% 时对应的温度即为半致死温度。

田间自然霜冻法

田间自然霜冻法是指根据植株受到田间自然低温霜冻后表现出的损伤程度来判定植物抗霜冻能力的评价方法。根据田间植株受到损伤后的损伤程度进行损伤评级，按照植株受损伤程度依次划分为 0 ~ 6 共 7 个等级（见表 6–6），由于分级合理，后续被用来作为植物抗寒性评价的主要方法之一。

室内霜冻鉴定法

将材料种植于10 cm × 10 cm的塑料钵，栽培基质为1∶1的泥炭土和蛭石，每份材料种植6钵，种植于生长室内。待到植株长至3 ~ 5片展开叶时（30d左右）进行低温处理。根据前期预备实验结果，设置 – 1 °C、 – 2 °C、 – 3 °C、 – 3.5 °C 和 – 4 °C 等 5 个温度在加拿大 Conviron 探入式植物生长箱（温度可精确到 0.1 °C，偏差为 ± 0.5 °C）内对材料进行低温处理。由于一些耐冻材料低温处理后表现出一定的冻伤症状，但常温放置一段时间后植株又恢复正常生长，因此为避免低温处理后立即评级带来的实验误差，本实验采用低温处理后，将材料置于 20 °C 下恢复生长 24 h，根据恢复后的植株状态进行霜冻损伤评级（赵喜娟，2013）。具体评级标准同表 6–6。

差热分析法

用差热分析法评价植物抗寒性的流程：以 1 °C / min 的速率将样品温度降至 – 60 °C，然后再以 1 °C / min 的速率使样品解冻，然后测量样品与对照的温差，估算待测样品中水分的熔点，以此来评价植株的抗寒性（徐呈祥，2014）。差热分析法检测效率高，可以检测出样品的细胞内冰晶存在期间的温度范围和临界温度点，但是由于冰晶存在时间短，所测得的结果出现误差的概率较大（Burr et al，2001）。

耐热性评价

高温胁迫概述

马铃薯原产于南美洲的安第斯山脉，独特的地理环境赋予它喜冷凉的生理习性。然而，随着温室效应的不断加重，全球变暖加剧，高温胁迫对马铃薯的生长发育及产量与品质都会带来不可忽视的影响。

马铃薯在不同的生长时期对温度有着严格的要求，其生长阶段可分为发芽期、幼苗期、块茎形成期、块茎膨大期、淀粉积累期以及成熟期。一般来说，当处于 4 ~ 7 ℃时可满足块茎萌发的温度条件；发芽期快速出苗的平均温度为 18 ℃，马铃薯地上部分理想的生长温度为 20 ~ 25 ℃（Rykaczewska，2015）；当块茎形成和块茎膨大时，马铃薯对温度的升高最为敏感，在 14 ~ 22 ℃的短日照条件下种植时，块茎产量最高（Hancock et al，2014）。据统计，由于夏季极端高温的胁迫，加拿大的安大略省 2016 年的马铃薯产量比 2015 年下降了 17.2%。

在农业生产中，当温度超过植物可承受的上限时，会对植物的生长和生产产生不利影响，这种高温造成的损害称为热害，而植物对高温的适应能力被称为耐热性。高温胁迫对植物的生长和发育有着严重的阻碍，并引发一系列不良影响。在发芽期，发芽指数和活力指数在高温下会显著降低；幼苗期的马铃薯极易发生徒长，新叶失水黄化或萎蔫，对光合作用产生负面影响，并导致植株的发育不良；在块茎的形成和膨大期，若温度超过适宜范围，植物生物量的积累和分配发生改变，代价是茎的生长和叶片数量的增加，块茎产量下降（Lafta and Lorenzen，1995）。此外，在温度升高的情况下，根生物量的减少可能会限制水分的吸收，从而导致二次生长的块茎数量较多（Huang et al，2012；Wahid et al，2007），或引起块茎细胞坏死而表现出块茎内褐色斑点、块茎形状不规则、提前发芽和干物质降低等不良反应，影响马铃薯的产量与品质。统计结果表明，不同的马铃薯品种对最适环境温度的需求并不相同，耐热性差异存在于野生种、原始栽培种、普通栽培种和不同耐性资源的杂交后代中，如普通马铃薯品种的最佳土壤温度为 15 ~ 18 ℃，而 *Solanum commersonii* 的最佳土壤温度为 25 ℃，高于马铃薯普通栽培种（Reynolds and Ewing，1990）。所以，利用好丰富的种质资源，通过多种途径筛选出耐热的马铃薯品种，对于提高马铃薯的产量与品质来说具有重要的意义。

高温被认为是影响马铃薯生长和产量的最重要的因素之一，无论是马铃薯的植株生长、块茎的膨大与品质的提升，都需要在符合其适宜温度的条件下进行。

马铃薯耐热性鉴定可人工控制或是在自然条件下进行，通过不同的手段调整环境温度，将高温条件下的生长或结薯状态与常温条件下的马铃薯进行对比，选育出具有耐热胁迫特性的品种，为耐热马铃薯的育种工作提供依据。

耐热性鉴定方法

光照条件下试管薯耐热筛选法

在植物组织培养的条件下，通过对马铃薯试管苗进行不同温度的处理，观察其生长过程中的块茎形成与植株状态，统计结薯率。由于试管薯的生长周期较短，可将该方法作为大量筛选时的筛选环节。

（1）基础苗的培养及繁殖：在无菌条件下截取试管苗茎段（带一个顶芽或腋芽），接种于含 35 mL MS 培养基的培养盒中，每盒接种 16 个茎段，置于 20 ± 1 ℃、光照时间 16 h / 8 h、光强为 2000 Lx 左右条件下培养 28 ~ 32 d，供后期试管薯诱导处理用。基础 MS 培养基含 4% 蔗糖和 8 g / L 的琼脂，不添加任何激素，121 ℃高温蒸汽灭菌 20 min，灭菌前 pH 值调至 6.0。

（2）试管薯的诱导培养：在同样的无菌条件下，取上述培养植株去顶芽后自上而下的第二、三、四节单茎段，分别将相同节位的节段转入分装有试管薯诱导培养基的同一培养盒中，每节段含一个腋芽，每盒接种 9 个茎段。将试验组每个基因型接种 30 盒（每节位 10 盒），将对照组置于 20 ℃条件下，试验组置于 28 ℃条件下，光照时间均为 8 h / d，培养 60 d。诱导结薯培养基成分为 MS 固体培养基 + 8% 蔗糖 + 0.2% 活性炭。

（3）数据记录和统计分析：本试验以在高温与常温下的株平均值为基数，统计结薯结果。两种温度条件处理约 2 周之后每隔 3 d 观察初始匍匐茎形成时间和初始结薯时间。培养 60 d 后，取出植株并洗净培养基后晾干，记录结薯率（每盒结薯株数占存活株数比例，表示试管苗单株试管薯形成的能力）、单株结薯数（每盒总结薯数与存活株数比值）。

黑暗试管薯诱导耐热筛选法

马铃薯在连续黑暗条件下也能形成试管薯，可通过其结薯位置分为基部试管薯、内侧试管薯和白化茎（孔令双，2021）。可通过高浓度糖的培养基对剪切的马铃薯试管苗节间进行培养，并设置不同温度的处理，通过对结薯情况的观察统计，筛选出耐热的马铃薯品种。

（1）基础苗的培养及繁殖：在无菌条件下截取试管苗茎段（带一个顶芽或腋芽），接种于含 35 mL MS 培养基的培养盒中，每盒接种 16 个茎段，置于 20 ± 1 ℃、光照时间 16 h / 8 h、光强 2,000 Lx 左右条件下培养 30 d，供后期试管薯诱导处理用。基础 MS 培养基含 4% 蔗糖和 8 g / L 的琼脂，不添加任何激素，121 ℃高温蒸汽灭菌 20 min，灭菌前 pH 值调至 6.0。

（2）试管薯的诱导：在无菌条件下，取上述培养 30 d 的试管薯，取带有一个叶片的茎节，扦插到含有 30 mL 糖含量为 8% 的 MS 组培瓶中，每瓶接种 6 个茎节。每种基因型扦插 4 瓶，其中 2 瓶置于温度 22 ℃（对照温度）连续黑暗环境中，2 瓶置于温度 30 ℃（处理温度）连续黑暗环境中，培养 30 d。

（3）数据记录和统计分析：本试验以在高温与常温下的株平均值为基数，统计结薯结果。两种温度条件下处理 30 d，以 10 d 为时间间隔，观察初始匍匐茎形成时间和初始结薯时间，记录结薯植株数量、未结薯植株数量、试管薯形成的位置等。30 d 后收获试管薯，记录试管薯数量，并称量试管薯质量。

单节段结薯耐热筛选法

与上述两种筛选方法所要求的全程无菌环境不同，该方法是在生长室条件下进行的。在适宜条件下将单叶节茎段进行扦插，腋芽会直接膨大形成腋芽薯（无柄薯 sessile tuber）。通过不同温度处理，统计扦插后的腋芽生长结果，筛选马铃薯在高温条件下结薯能力强的品种。

（1）材料准备：在无菌条件下截取试管苗茎段（带一个顶芽或腋芽），接种于含 35 mL MS 培养基的培养盒中，每盒接种 16 个茎段，置于 20 ± 1 ℃、光照时间 16 h / 8 h、光强 2,000 Lx 左右条件下培养 30 d，供后期试管薯诱导处理用。基础 MS 培养基含 4% 蔗糖和 8 g / L 的琼脂，不添加任何激素，121 ℃ 高温蒸汽灭菌 20 min，灭菌前 pH 值调至 6.0。

（2）单节段叶片扦插：将生长 3 ~ 4 周的组培苗移栽到生长室中，移栽后 7 ~ 8 周是制备单节段插条。所制备的单节段插条来自整个植株从顶端开始第三、四、五完全展开叶节段。扦插用基质使用全蛭石，环境条件为：光照强度 250 μmol · $m^{-2}s^{-1}$，常温（20 ℃ DT / 18 ℃ NT）或高温（30 ℃ DT / 28 ℃ NT）。

（3）数据记录和统计分析：扦插两周后收获，观察腋芽形态变化情况，分为膨大、伸长、未变化三类进行统计，分别计算每个马铃薯品种在高温条件与常温条件下的腋芽结薯率，收获并统计 0.2 mg 以上单颗薯重和数量，重复两次。

田间结薯耐热筛选法

尽管有多种人工控制条件下的筛选方法，但田间耐热筛选试验还是不可或缺的。可根据当地气候挑选适宜的种植时节，利用自然环境的温度变化来创造马铃薯生长温度的差异。虽然田间试验的工作量较大，但却最贴合实际生产环境，可将其作为最后的验证方法。

（1）材料准备：在无菌条件下截取试管苗茎段（带一个顶芽或腋芽），接种于含 35 mL MS 培养基的培养盒中，每盒接种 16 个茎段，置于 20 ± 1 ℃、光照时间 16 h / 8 h、光强 2,000 Lx 左右条件下培养 30 d，供后期试管薯诱导处理用。基础 MS 培养基含 4% 蔗糖和 8 g / L 的琼脂，不添加任何激素，121 ℃ 高温蒸汽灭菌 20 min，灭菌前 pH 值调至 6.0。选取培养 30 d 生长状态相对一致的试管苗栽培于装有蛭石、珍珠岩、基质土的方钵中培养 2 ~ 3 周，光照时间为 16 h / 8 h，温度为 20 ± 2 ℃。

（2）植株种植：将上述植株转移至大棚中，并移栽到大号圆钵中。以武汉地区为例，三月上旬移栽第一批植株作为常温处理组，四月下旬移栽第二批植株作为高温处理组。定期进行浇水、除虫等栽培管理。

耐盐碱性评价

盐碱胁迫概述

土壤盐渍化引起的盐碱胁迫逐渐成为制约植物生长的主要非生物胁迫之一。钠盐是造成盐分过高的主要盐类，习惯上把含碱性盐 Na_2CO_3 和 $NaHCO_3$ 为主的土壤叫碱性土壤，而把含中性盐 NaCl 和 Na_2SO_4 为主的土壤叫中性盐渍化土壤，但二者往往同时存在，因此统称为盐碱土（Guo et al，2020）。土壤中盐分含量过高时，会引起土壤盐碱化，给植物造成盐碱胁迫。盐碱胁迫对作物生理指标主要产生两方面的影响：一是土壤盐碱化干扰植物光合作用，引起渗透胁迫（Tavakkoli et al，2011）和离子毒害（Li et al，2010）等问题，扰乱细胞生理代谢，严重影响植物的生长发育；二是盐碱化引起的高 pH 胁迫使大量中性盐离子在植物中沉积，损伤细胞结构，严重阻碍植物对水和营养物质的吸收和摄取（Capula – Rodriguez et al，2016）。因此筛选及培育耐盐碱品种，高效利用盐碱地，对农业发展具有重要意义。

马铃薯属于盐碱敏感型作物，但也是我国干旱 / 半干旱地区重要的经济作物。近年来，随着干旱 / 半干旱地区长期盐分积累和农事操作不当，导致土壤盐渍化逐渐加重，并且现阶段推广的马铃薯品种耐盐碱性较差，严重抑制了马铃薯的生产。盐碱胁迫会严重影响马铃薯的代谢活动，如生长发育受抑制、光合速率变低、蛋白质合成受阻、能量代谢缓慢等，造成马铃薯叶片、茎、根和块茎发育异常，引起叶片及植株萎蔫，不能正常生长（祁雪等，2014）。盐碱土中有机质含量很少，土壤肥力弱，理化性质差，严重制约马铃薯的生产。

耐盐碱性鉴定方法

马铃薯耐盐碱性评价常用的试验方法包括田间鉴定法、盆栽法以及组织培养法。

田间鉴定法

田间鉴定法主要分为两种：一种是直接选择盐碱程度合适的地块进行比较试验，试验之前需检测盐碱地全盐含量以及 pH 值，属于自然鉴定法，结果最符合实际情况，但受自然季节气候影响，试验周期长；另一种是在没有合适盐碱地的情况下，人为施加盐碱胁迫来模拟盐碱环境，该方法便于控制田间盐碱程度，但会污染大田环境。

盆栽法鉴定

可以有效避免盐碱胁迫的施加对大田环境的污染。盆栽培养基质以体积4∶1的比例将蛭石和珍珠岩混合均匀，并以多菌灵进行消杀，播种前两天浇透水。马铃薯出苗后进行盐碱胁迫，用150 mmol / L混合盐碱（摩尔比 $NaHCO_3 : Na_2CO_3 = 9 : 1$）溶液进行处理，每3 d浇灌一次，并且进行其他常规管理（姚彦红等，2020；阮航等，2022）。

组织培养法

主要是使用组培苗在组培室中进行试验。

（1）试验材料的培养：取 20 d 苗龄长势较壮的试管苗，取中间的茎段，单节切段培养，每段只有一个叶片，插入盐碱处理培养基中，培养 3 周后取样检测相关指标。

（2）盐碱处理培养基的配制：MS 培养基 + 60 mmol / L NaCl + 15 mmol /L $NaHCO_3$，以普通 MS 培养基为对照（祁雪等，2014）。

耐盐碱性评价标准

抗氧化及渗透调节相关指标

马铃薯叶片超氧化物歧化酶（SOD）活性、过氧化物酶（POD）活性和脯氨酸（Pro）含量采用酶联免疫吸附法测定。过氧化氢酶（CAT）活性的测定采用铂酸铵比色法。还原型谷肤甘肤（GSH）含量采用可见分光光度法测定。可溶性糖（SS）采用蒽酮比色法测定。丙二醛含量采用硫代巴比妥酸法测定。海藻糖含量采用蒽酮比色法测定。

光合、气体交换参数及荧光参数

马铃薯测定部位均选取植株顶端的第三叶、第四叶，各处理均选取其中长势具有代表性的植株通过光合仪测定光合参数及荧光参数。

叶片叶绿素含量测定

叶绿素含量采用分光光度法测定，分别于 665 nm、645 nm 和 652 nm 波长处测定吸光度，计算出叶绿素 a、叶绿素 b 及叶绿素 a + b 的含量。

根系内源激素含量测定

马铃薯根系脱落酸（ABA）含量、赤霉素（GA）含量及油菜素内酯（BR）

含量均采用酶联免疫吸附法测定。

钠钾离子含量测定

将样品置于烘箱中烘干后，称取不同处理的根、茎、叶各 0.5 g，放入 150 mL 三角瓶中，加 5 mL 浓硫酸，轻轻晃动三角瓶使瓶内液体充分混合，常温放置过夜。将放有混合物的三角瓶缓慢均匀加热，待三角瓶中有大量白烟产生时，升高温度，保持微沸状态，至三角瓶中混合物的颜色呈棕黑色时，略微冷却后，加入适量的 30% H_2O_2，轻微晃动混匀后继续加热，重复多次，直到三角瓶中的溶液呈透明的状态时，再加热 5 ~ 10 min，之后冷却至常温，将瓶中液体过滤到 50 mL 容量瓶中，用蒸馏水定容，混匀后的液体为待测液，使用火焰分光光度计测定各样品吸光值，根据各指标标准曲线及公式计算钠钾离子的含量（康益晨，2021）。

产量及块茎品质测定

马铃薯成熟后收获计产并折合产量。薯块中淀粉含量采用碘比色法测定。可溶性蛋白含量采用考马斯亮蓝 G250 法测定。还原糖含量采用 3, 5 - 二硝基水杨酸（DNS）比色法测定。氨基酸含量采用茚三酮比色法测定。酚类物质含量采用 Folin 酚试剂法测定。Vc 含量采用紫外分光光度法测定。

按照以下公式，计算耐盐碱系数、综合耐盐碱系数、耐盐碱指数、隶属函数值，对隶属函数值进行聚类分析，划分抗盐级别。

各指标耐盐碱系数$PI = \dfrac{X_s}{X_c}$

综合耐盐碱系数$RI = \dfrac{1}{n}\sum_{i=1}^{n} PI$

耐盐碱指数$DI = (\dfrac{X_S}{\overline{X_S}})PI$

隶属函数值$u(x) = \dfrac{PI - PI_{i\min}}{PI_{i\max} - PI_{i\min}}$

式中：X_s、X_c 分别为正常条件、盐碱胁迫下各个材料中各个指标的测定值，$\overline{X_S}$ 为该指标在盐胁迫下的平均值，PI_{imin}、PI_{imax} 为各性状抗盐系数的最小值、最大值，RI 为各性状与综合抗盐指数的相关系数。

上述耐盐碱性评价体系参考自耐盐性鉴定体系（于国红等，2022）。

采用隶属函数法对试验材料的耐盐碱性进行评价。隶属函数均值 u（x）≥0.7 为高耐（HT）；0.4≤u（x）< 0.7 为耐盐（T），0.3≤u（x）< 0.4 为中耐（M）；0.2≤u（x）< 0.3 为敏感（S）；u（x）< 0.2 为高感（HS）。（李青，2019）

干旱抗性评价

干旱胁迫概述

马铃薯根系疏浅，属干旱敏感性作物，易受干旱胁迫的影响而导致减产，严重影响马铃薯产业的经济效益。受全球变暖的影响，我国马铃薯主产区干旱现象越发频繁，严重阻碍了马铃薯产业的发展，因此如何在干旱条件下提高马铃薯的产量对中国的粮食安全战略至关重要。植物在长期的进化过程中形成了系统应对干旱胁迫的机制，如抗旱性、耐旱性、避旱性。其中，植物感知缺水信号并启动应对策略的能力被定义为抗旱性，抗旱性是一个复杂的特性。

干旱对马铃薯的影响广泛而深刻，研究表明有限的干旱胁迫对马铃薯生长有正面的影响，即补偿效应；重度干旱除可能引起马铃薯的减产甚至绝产外，还会导致马铃薯品质下降，如空心、畸形等。培育具有抗旱、高品质、高产量的新品种，挖掘旱地生产潜力，可能是最高效、最省时的解决方式之一。收集和鉴定抗旱性的马铃薯种质资源是遗传改良和培育抗旱新品种的基础。挖掘和利用具有抗旱性的马铃薯种质资源不仅能够选择、培育优良的马铃薯种质，而且对于选择优良性状、培育耐旱新品种、解决马铃薯因干旱胁迫引起的减产问题都具有重要的现实意义（刘维刚等，2022）。

干旱对马铃薯生长发育的影响是系统而复杂的，通常会造成生理功能失常和代谢紊乱，从而导致体内水分的重新分配利用，引起多效表型的改变，严重时会导致植株死亡。植物对干旱胁迫的响应通常表现为叶片变小、萎蔫甚至脱落；叶面角质层加厚以减少水分流失；促进根系生长，根冠比增加，有利于深层水的利用；诱导气孔闭合以减少蒸腾作用，使光合作用减弱；改变细胞的代谢作用以适应干旱胁迫，增强细胞的渗透调节能力，减少细胞的失水；诱导抗旱基因的表达，调控多种信号通路应对干旱胁迫。因此，通过单一指标分析并不能准确地判断马铃薯抗旱性的强弱。目前，虽然对马铃薯抗旱性的评价形式多种多样，且做了大量的研究工作，但仍然缺乏系统而全面的鉴定方法，主要涉及的方法有田间直接鉴定法、人工模拟干旱鉴定法、抗旱指标测定评价法、利用抗旱基因评价法（张永成等，2007）。

干旱抗性鉴定方法

盆栽法

将马铃薯块茎种植于含营养土和蛭石（3∶1，v / v）的花盆（直径26 cm × 282 cm）中，放置于光照条件16 h / 8 h、20 ± 2 ℃的温室环境中生长4周后进行控水处理。其中对照组正常浇水，土壤含水量应保持在70% ~ 75%田间持水量。水分胁迫处理T1的土壤含水量保持在55% ~ 60%田间持水量，水分胁迫处理T2的土壤含水量保持在45% ~ 50%田间持水量，水分胁迫处理T3的土壤含水量保持在35% ~ 40%田间持水量，水分胁迫处理T4的土壤含水量保持在15% ~ 20%田间持水量，以及水分胁迫处理T4后再恢复土壤含水量70% ~ 75%田间持水量。每组至少设置三个重复，取样用于后续的研究和抗旱性评估。

PEG 模拟法

基础苗的培养：剪取含有 1 ~ 2 个腋芽的马铃薯试管苗的茎段，接种在蔗糖含量为 3% 的固体 MS 培养基中，每瓶 4 段，置于 21 ± 2 ℃，光照条件 16 h / 8 h，培养 4 周。

（1）水培法：选取长势相对一致的马铃薯试管苗，炼苗 2 ~ 3 d 后，移植于含有水培种植箱的霍格兰营养液中，置于光照条件 16 h / 8 h、20 ± 2 ℃ 的温室环境中生长，每周更换一次营养液，4 周后将处理组的营养液更换成含有 20% PEG6000（w / v）的霍格兰营养液模拟干旱胁迫处理马铃薯植株。分别在处理后 0 h、3 h、6 h、12 h 和 24 h 采集叶片，测定相关生理生化指标，用于后续马铃薯抗旱性的评估。

（2）盆栽苗法：将长势基本一致的试管苗移栽至含营养土和蛭石（3∶1，v / v）的花盆（直径26 cm × 282 cm）中，放置光照16 h / 8 h、20 ± 2 ℃的温室环境中生长。4周后，处理组用20%的PEG6000浇灌处理，对照组则正常浇水，分别在处理的0 h、1 h、2 h、4 h、8 h、12 h、16 h和24 h取样，测定相关生理生化指标（李志燕，2015）。

田间鉴定法

采用随机区组设计且选用干湿两种种植环境（半干旱与半湿润），至少有两年的试验数据。评估两地试验区两年的降水和气候情况相近、无明显差别方可用于大田实验分析。试验田的小区设计为：每小区两垄，垄宽 0.5 m，垄距 0.8 m，每垄两行，每行 20 株，株距 0.2 m，每个小区设置 1 m 间隔带。设置幼苗期、发棵期、结薯期、成熟期四个组别，每组设置三个重复。

抗旱系数（Drought tolerance coefficient，DTC）=SA / SH。其中，SA 为半干旱条件下特定指标的实测值（干旱处理测定值），SH 为半湿润条件下特定指标的实测值（对照测定值）（王志泰等，2013）。

干旱抗性评价标准

农艺性状

对马铃薯农艺性状的评价主要有株高、叶面积、茎粗、叶重等。

株高：测量马铃薯植株主茎基部到

植株顶端的距离。

叶面积：利用活体叶面积仪或者便携式叶面积仪测定生长点下第三片完全展开功能叶的叶片面积。

茎粗：使用游标卡尺测量植株茎部最宽处。

单株结薯数：统计单株马铃薯的结薯数量。

单株产量：称量单株马铃薯的块茎总重量。

生理指标之叶片

（1）叶片相对含水量：采集马铃薯叶片，称量鲜种（FW），将样品放入去离子水中充分吸收水分 12 h，用滤纸吸干表面水分，称量饱和鲜重（SFW）。将样品置于烘箱中依次 105 ℃杀青 20 min，70 ~ 80 ℃烘干 24 h，称叶片干重（DW）。根据公式 RWC = (FW − DW) / (SFW − DW) × 100% 计算叶片相对含水量。

（2）离体叶片失水速率：剪取 10 片在相同部位完全展开的叶片放在培养皿中，立即称量样品初始重量（0 时刻重量），然后放在室温下自然失水，每隔 20 min 称重一次，每份样品三次重复取均值。根据以下公式计算各时间点的失水速率，失水速率（%）=（0 时刻重量 − 各时间点重量）/ 0 时刻重量 × 100%。

（3）相对电导率：将马铃薯叶片称鲜重（0.5 g）并剪成 1 ~ 2 cm（避开主叶脉）的长度，用打孔器取 20 个圆片，放入 20 mL 试管中，加 10 mL 蒸馏水，用真空抽气泵抽真空 30 min，置于摇床上震荡 60 min，用电导率仪叶片初始电导率（R1），测定后将样品放入沸水浴中 25 min 后，自然冷却至室温，测定煮后电导率（R2），其中空白对照为蒸馏水，根据以下计算公式计算相对电导率：

相对电导率 REC（%）= (R1 − R0) / (R2 − R0)。

（4）叶绿素含量：用打孔器取 0.1g 马铃薯第三个展开叶片的样品，放入试管中，加 15 mL 96% 的乙醇，置于黑暗中处理 40 h 后，测定样品在 663 nm 和 645 nm 波长的吸光值，用公式计算叶绿素 a（Chla）、叶绿素 b（Chlb）、叶绿素总量（Chla + Chlb）含量：

$$C_a=12.72A_{663}—2.59A_{645}$$

$$C_b=22.88A_{645}—4.67A_{663}$$

$$C_{a+b}=20.29A_{645}—8.04A_{663}$$

叶绿素含量（$mg \cdot g^{-1}$）=C × V × L / FW，式中，FW 为样品鲜重（g），A 为不同波长下的吸光值，V 为提取液的体积（mL），C 为叶绿素浓度（mg / L），L 为稀释倍数

（5）叶片荧光参数测定：测定光适应下最大荧光（Fm'）、稳态荧光（Fs）和暗适应 20 min 后的最大荧光（Fm）、初始荧光（Fo）。计算光系统 Ⅱ 的实际光化学效率 ΦPSII = (Fm' − Fs) / Fm'，最大光化学效率 Fv / Fm = (Fm − Fo) / Fm。

（6）水分利用效率（WUE）：利用便携式光合测定系统测定马铃薯蒸腾速率（Tr）、净光合速率（Pn）。利

用以下公式计算叶片水分利用效率：WUE = Pn / Tr。

生理指标之根系

（1）根冠比：即地下部分与地上部分干重的比值。将地上部分与地下部分分别 105 ℃杀青，70 ~ 80 ℃烘干 24 h 至恒重，称量地上部分（SDW）与地下部分的重量（RDW）。根冠比（RSR）= RDW / SDW。

（2）根系总吸收面积和活跃吸收面积：采用甲烯蓝比色法，略有改动。根系总体积的测定通过排水法测定，即测定根系浸入装置水中时的体积与根系未浸入时水的体积之差。准备三个规格一致的烧杯，编号为 1 号、2 号、3 号，分别加入十倍根系体积浓度为 0.2 mmol / L 甲烯蓝溶液，将待测根系放入 1 号烧杯中，90 s 后取出，擦干后，再用相同的方法依次放入 2 号、3 号烧杯。取三个烧杯中的甲烯蓝溶液各 1mL，稀释 1 ~ 10 倍，测定在 660 nm 处的吸光度，根据标准曲线和计算公式计算根系总吸收面积和活跃吸收面积：

总吸收面积（m^2）= [（$C_0 - C_1$）V1+（$C_0 - C_2$）V_2] × 1.1

活跃吸收面积（m^2）= [（$C_0 - C_2$）V_3] × 1.1

式中，C_0 为甲烯蓝溶液原浓度（0.2 mmol / L），C_1、C_2、C_3 分别为三个烧杯浸根后溶液浓度（mg / mL），V_1、V_2、V_3 分别为三个烧杯加入 0.2 mmol / L 甲烯蓝溶液的体积（mL）。

（3）根系活力：采用三苯基四氮唑（TTC）法，略有改动。称约 0.5 g 马铃薯新鲜根，切成 1 cm 左右的小段，用无菌水冲洗 10 min 后，放入 10 mL 的 TTC 溶液中（1% TTC + 0.1 mol / L 磷酸缓冲液，pH = 7），使根充分浸没在溶液中，37 ℃，静止 1 h。加入 1 mol /L 硫酸 2 mL，以终止反应。此后，取出根，擦干根上的液体，再加入 3 ~ 5 mL 乙酸乙酯和少量石英砂在研钵内研碎，最后用乙酸乙酯定容 10 mL，提取甲臜，在 485 nm 读取吸光度值，根据标准曲线和计算公式计算根系活力。

TCC 还原强度 =TCC 还原量（g）/ 根重（g）× 时间（h）

（4）干物质含量：采用烘干称重法测定。将样品切成大小基本一致的小块，称重（W1）；在培养箱中 105 ℃杀青 30 min后，80 ℃烘干至恒重，称重（W2）。块茎干物质含量 =（W2 / W1）× 100%。

生化指标

MDA 的测定采用硫代巴比妥酸法（TBA），游离氨基酸总量采用茚三酮显色法测定，SOD 活性采用氮兰四唑（NBT）光还原法测定，过氧化物酶（POD）活性采用愈创木酚氧化法测定，过氧化氢酶（CAT）活性采用紫外吸收法测定，具体步骤见“马铃薯霜冻抗性评价”的内容。

化学染色

干旱会将植物体内 ROS 的产生与清

除平衡打破，导致 ROS 的积累。DAB 和 NBT 染色是检测 H_2O_2 和 O^{2-} 的重要方法（Wu et al，2017）。

（1）DAB（3,3’－二氨基联苯胺）染液配置：用水溶解 DAB 粉末，需用 0.2 mol / L HCl 调 pH 直至粉末溶解，终浓度为 1 mg / mL，该染液现配现用。

（2）NBT（硝基蓝四氮唑）染液配置：用 50 mmol / L 磷酸盐缓冲液（pH=7.8）配制 NBT 染液，终浓度为 1 mg / mL。

（3）DAB与NBT染色：采集相同位置的马铃薯叶片，放入装有DAB或NBT染色液的试管中，置于37℃黑暗中浸染16h。倒出染液，加入漂白液（乙醇:乙酸= 3：1），95 ℃煮沸15～20 min，然后多次用95%乙醇脱色直至完全去除叶绿素，冷却至室温后，观察拍照，每组三个重复。其中，NBT与O^{2-}反应可在叶片上观察到蓝色沉淀，DAB与H_2O_2反应可在叶片上观察到棕色沉淀，颜色深浅可作为判定O^{2-}与H_2O_2含量的依据。

形态结构

（1）气孔观察及气孔导度测量：在上午 11 时用戊二醛（2.5%）固定对照组和处理组的叶片，利用扫描电子显微镜观察叶片表面的气孔孔径，每组至少 6 个叶片，每个叶片随机选取 6 个视野，统计气孔情况。利用气孔导度仪测定的马铃薯叶片的气孔导度，对照组和处理组各 12 株，每株 3 个重复。

（2）结构观察：通过石蜡切片法观察叶片的结构。采集马铃薯倒数第四片完全展开的叶子，横向切取叶片中部位置的组织，大小约为 2 cm × 2 cm，经固定、脱水、透明、浸蜡、包埋、切片、贴片、脱蜡及番红固绿染色后，通过全景切片扫描仪成像，用 ImageJ 软件分析栅海比、栅栏组织结构紧密度（RT）和海绵组织结构疏松度（RL）。

栅海比 = 栅栏组织厚度 / 海绵组织厚度

RT（%）= 栅栏组织厚度 / 叶片 ×100

RL（%）= 海绵组织厚度 / 叶片厚度 ×100

抗旱标记基因

用 Trizol 法提取马铃薯叶片的 RNA，反转录成 cDNA 链，通过 qRT–PCR 检测抗旱标记基因的表达情况，评估马铃薯的抗旱性。常用的抗旱标记基因有：ABA 信号通路相关基因 NCED、ABI，脯氨酸合成相关基因 P5CS，ROS 清除有关基因 SOD、GR、APX（Chen et al，2006）。

抗旱性隶属函数是评价马铃薯抗旱性的综合指标，通常用来评价马铃薯抗旱性的强弱（见表 6–7），隶属函数的计算如下：

抗旱性呈正相关指标的隶属函数：

$R(X_{ij}) = (X_{ij} - X_{min}) / (X_{max} - X_{min})$

抗旱性呈负相关指标的隶属函数：

$R(X_{ij}) = 1 - (X_{ij} - X_{min}) / (X_{max} -$

X_{min}）

抗旱隶属函数平均值：

$Xi=\{\sum R(X_{ij})\}/n$

式中，i为组别，j为测定指标，X_{min}为干旱胁迫条件下指标测定值的最小值，X_{max}为干旱胁迫条件下指标测定值的最大值。

表6-7 马铃薯抗旱性评价标准

抗旱级别	抗旱隶属函数平均值	抗旱性
1	0.6 < Xi ≤ 1.0	高抗旱
2	0.4 < Xi ≤ 0.6	中度抗旱
3	0.2 < Xi ≤ 0.4	低抗旱
4	Xi ≤ 0.2	不抗旱

马铃薯种质资源的改良技术

本篇总结了马铃薯种质资源改良的遗传学和分子生物学相关技术，包括马铃薯基因组学与杂种优势、马铃薯远缘杂交与轮回选择、马铃薯倍性操作与分解综合育种、马铃薯体细胞融合、马铃薯基因工程和基因编辑等技术的研究进展和应用现状。这些技术是进行马铃薯优异种质资源创制、遗传育种和重要性状机制解析的重要技术手段。

马铃薯基因组与杂种优势

基因组组装与特征

基因组组装与注释

单倍型基因组

马铃薯第一个参考基因组（DM）由马铃薯测序联盟（The Potato Genome Sequencing Consortium）于 2011 年发表，由于受当时测序技术的限制，难以开展杂合基因组的拼接，所用的材料是一个通过花药培养获得的双单倍体（Doubled monoploid）。他们将 69.40 Gb 的二代数据组装到 contig 级别，然后用 Paired-end（长度为 300 ~ 550 bp）、Mate-pair（2 ~ 10 kb）、Fosmid-end（约 40 kb）和 BAC-end（约 100 kb）四种文库的数据进行 contig 的连接，使得 scaffold N50 的长度达到了 1,318 kb，获得了 727 Mb 的组装序列，占整个基因组预测长度 844 Mb 的 86.10%。进一步通过遗传图谱的构建对组装的序列进行染色体的锚定，最终将 623 Mb 的序列挂载到了 12 条染色体上。借助转录组数据、同源基因比对、从头基因预测（ab initio）和表达序列标签（EST，Expressed sequence tag），共预测了 39,031 个蛋白质编码基因。Pham 等（2020）利用三代测序技术和新的组装方法，升级完善了 DM，将基于 38.20 Gb 的三代 Oxford Nanopore Technology 长读长测序 reads 进行组装，共获得了 1,382 个 contigs，拼接总长度为 745.60 Mb，N50 为 17.30 Mb。进一步借助 Hi-C 数据最终将 731.29 Mb 的序列锚定到了 12 条染色体上，仅有 10.29 Mb 的序列没有锚定（DM6.1）。利用此基因组共注释了 32,917 个高可信度的基因，编码 44,851 个转录本，BUSCO（Benchmarking Universal Single-Copy Orthologs）评估基因组的完整性为 93%，较前一个版本 DM4.04 的 74.60% 有显著的提高。尽管 DM6.1 在序列完整度上有了质的提升，但仍存有 161 个 gap。为了进一步填补、完善，Yang 等（2022）组装完成了马铃薯 gap-free 的基因组（DM8.1）。他们首先利用 118.81× 的 Oxford Nanopore Technology 数据进行基因组的初步组装，获得了 179 个 contigs，总长度为 773.36 Mb，N50 的长度达到了 59.92 Mb，进而利用 130.57 × 的 Hi-C 数据将 738.82 Mb 的基因组序列锚定到了 12 条染色体上。

将比对到 gap 侧翼区的 ONT reads 进行再次组装，并结合 DM8.1 与 DM6.1 之间的共线性片段进行 gap 填补，使基因组上 gap 的数目由 25 个降低到 8 个。最后利用 PCR 和 HiFi（High fidelity）reads，填补了所有 gap，获得了端粒到端粒的完整基因组（见图 7-1）。此基因组共注释到 40,155 个蛋白质编码基因，BUSCO 评估显示基因组的完整性为 98.70%。

Yan 等（2021）对二倍体马铃薯地方种质栽培种 *Solanum tubersosum* Group *Stenotomum*（StGp *Stenotomum*）进行了组装，分别构建了 2 种不同插入片段（250 bp、450 bp）的 Paired-End 文库和 4 种不同插入片段（2 kb、5 kb、10 kb 和 20 kb）的 Mate-paired 文库，SOAP-denovo 的初步组装 N50 仅为 41 kb。利用 BioNano 光学图谱数据组装，获得了 39,554 个 scaffolds，总长度为 852.85 Mb，N50 为 3.70 Mb。最后根据 Hi-C 数据进行辅助连接，共有 788.75 Mb 的序列被锚定到 12 条染色体上，占序列总长度的 92.40%。基因组注释整合 ab initio、同源比对和三代转录组，共获得 41,914 个高可信度的蛋白质编码基因，其中的 60.22% 可被全长转录本支持，89.61% 能够在公共数据库被功能注释，有 93.3 5%（39,125 个）的基因被定位到了染色体上，CEGMA 和 BUSCO 基因组完整性的评估分别是 97.18% 和 95.00%。

荷兰 Solyntus 公司通过连续多代自交，培育了一个农艺性状较好栽培种的

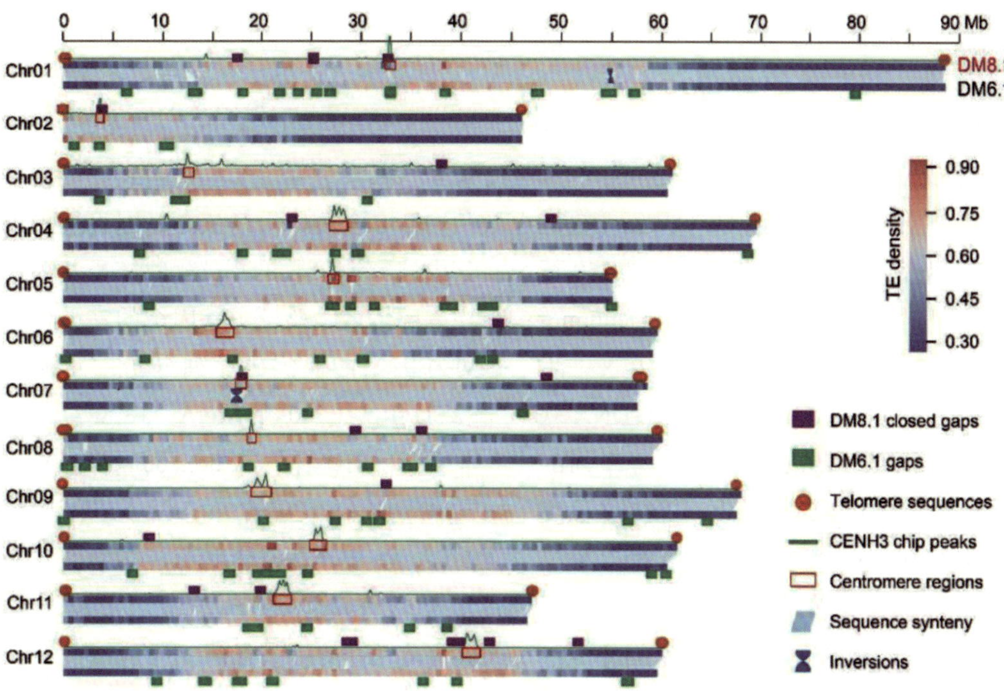

图 7-1 马铃薯单倍体 T2T 基因组 DM8.1 与 DM6.1 的差异（引自 Yang，2022）

高代系（F9）– *S.* tuberosum‘Solyntus’。研究人员对此材料进行了基因组的组装，产生了 38.40 Gb 的 Oxford Nanopore Technology 数据（长度为 4.6 ～ 420.4 kb）和 460 Gb 的二代 Illumina 数据，利用 Canu 软件共组装出 661 个 contigs，总长度是 716.16 Mb，N50 长度为 63.70 Mb。以 DM 基因组为参照，这些序列被锚定到 12 条染色体上，单条染色体最少仅由三条 contigs 拼接完成，平均 1 Mb 仅有 0.15 个未知碱基。通过基因注释共鉴定到 62,322 个转录本；以番茄基因集做同源比对共鉴定到 35,456 个转录本，BUSCO 评估显示有 93.70% 的同源基因被完整注释出来。

Freire 等（2021）对来源于四倍体栽培种的双单倍体降倍材料 dAg1 进行了基因的组装。他们同时利用了三代 PacBio、10×Genomics 和 Hi–C 数据，Canu 初步组装获得了 14,037 个 contigs，N50 长度为 0.20 Mb。同时利用 Falcon 获得了 2,109 个 contigs，N50 为 0.62 Mb。随后利用 Quickmerge 软件对上述序列进行混合组装，将 N50 长度提高到 0.87 Mb，通过 10 × Genomics 和 Hi–C 数据的复杂连接将 N50 进一步提高到 5.06 Mb。最后利用 3D–DNA 软件获得了 12 个超长和 614 个短序列的 contigs，N50 为 57.41 Mb，拼接总长度为 812.20 Mb，其中 744 Mb 的序列被锚定到 12 条染色体上，BUSCO 评估基因组的完整性为 95%。以单套基因组为参考，通过 reads 比对，鉴定了二倍体两套基因组的差异性，发现 7,829,534 个差异的 SNP 和 InDel 位点及 32,028 个基因组的结构变异，此二倍体基因组的杂合度约为 1%。

马铃薯具有丰富多样的种质资源，除了栽培种，前人也对马铃薯的野生种质进行了基因组的组装。Aversano 等（2015）对抗寒性状优良的野生种 *Solanum commersonii*（Cmm）进行了基因组拼接，构建了六种不同插入片段的文库（插入片段长度为 0.4 ~ 10 kb），共产生了 80 Gb 的二代数据。利用 SOAPdenovo 进行拼接，产生了 278,460 个 contigs，其 N50 长度为 6,506 bp；借助不同的文库，进一步组装为 64,665 个 scaffolds，其 N50 长度为 44.30 kb。以 DM 为参考序列，总长度为 830 Mb 的序列被锚定到 12 个染色体上。通过同源基因比对、从头基因预测（ab initio）和表达序列标签（EST，Expressed sequence tag），共预测了 37,662 个基因，其中有 30,727 个基因有蛋白质的编码能力。利用 248 个真核生物核心基因组检测，其中注释到 98% 的真核生物核心基因，在一定程度上验证了基因组的完整性。对基因组的非编码序列分析，发现了 22 个 tRNA、40 个 rRNA、18,882 个长非编码 RNA（Long noncoding RNAs，lncRNA）和 1,703 个小 RNA（miRNA）前体，其中 360 条能够形成典型的双链复合体结构，47 条与已知的成熟 miRNA 具有非常高的相似性。

野生种 *S. chacoense* 不但对多种马铃

薯病毒有很强的抗性，同时携带自交不亲和抑制基因（S-locus inhibitor gene，Sli），具有重要的育种价值。Leisner 等（2018）对野生种 *S. chacoense* 自交 7 代的材料 M6 进行了基因组拼接。他们首先利用 ALL-PATHS 进行了拼接，利用 GapCloser 填补 gap，最终产生了 8,260 个 scaffolds，N50 长度为 713,601 bp，拼接的总长度为 826 Mb，利用 M6 与 DM1-3 和 chc80-1 的杂交后代构建了两个遗传图谱，借助遗传图谱将大约 62% 的基因组序列锚定到染色体上。整个基因组共注释了 49,124 个高质量的转录本和 4,446 个低质量的转录本，BUSCO 评估注释基因的完整性为 95.40%。

S. verrucosum 是一种因 S-RNase 基因失活而自交亲和的马铃薯野生种。研究人员通过花药培养获得此野生种的单倍体材料，并进行了拼接。测序产生了 46.50 Gb 的三代 PacBio CCS（circular consensus sequencing）长读长数据，初步组装获得了 1,437 个 contigs，其基因组总长度为 779.91 Mb，然后利用 Hi-C 数据进行 scaffolds 的拼接，将 684 Mb 的序列拼接到 12 条染色体上，其 N50 长度为 55.20 Mb。基因组中共注释了 64,294 个基因，其中对 46,904 个基因进行了功能注释，BUSCO 评估基因组的完整性为 96.80%。

二倍体基因组

测序技术的不断完善使杂合基因组的分型成为可能。Zhou 等（2020）首次对二倍体杂合基因组个体 RH 进行了单倍型的组装。此个体的杂合度为 1.50%，这给基因组的组装带来不小的难度，为了解决高杂合度给组装带来的困难，他们整合了 Illumina、10 × Genomics、Oxford Nanopore Technology、PacBio CCS 和 Hi-C 数据，以及自交分离群体的遗传信息，共获得 1.67 Gb 的组装数据，N50 的长度为 1.74 Mb，借助遗传图谱和 Hi-C 数据进行锚定，成功将 1.62 Gb 分配到 24 条染色体上。BUSCO 评估基因的完整性为 97%，共注释到 76,394 个蛋白质编码基因。在研究中比较分析后发现两套单倍型间存在着广泛的变异，对两套单倍型分析共鉴定到 198 个共线性区域，这些区域总共长 1.30 Gb，占基因组长度的 80.20%，这些区域中共鉴定了约 12 Mb SNP（Single nucleotide polymorphism，单核苷酸多态性位点）、1 Mb InDel（Insertion and Deletion，插入或缺失位点）和 3,899 个大的结构变异（长度大于 50 bp），序列的差异度高达 2.10%，高于异交作物玉米，整个基因组中有 78.40% 的基因在两套单倍型中存在同源基因。

四倍体基因组

Bao 等（2022）对四倍体“合作 88”进行了组装，为了区分四套单倍型，他们整合了 PacBio CCS、自交后代的遗传图谱和 Hi-C 等数据，最终组装长度为 3.15 Gb，其中 3.03 Gb 被锚定到染色体上，四条染色体的长度为 894.6 ~ 954.57

Mb，共预测了 150,853 个蛋白质编码基因，涉及 217,651 个转录本，BUSCO 基因组完整性评估为 99.20%。他们在四套单倍型间共鉴定了 1,196.46 万个 SNPs 和 105.68 万个 InDels，变异序列的总长度约占一套基因组长度的 1.86%。四套染色体的等位基因的表达呈现明显的差异性，对 23,086 个位点的等位基因的表达量分析显示，在同一个组织中有 49.10% 位点的四个等位基因呈现差异表达，同时发现在这些位点中，有 33.05% 的位点包含 1 ~ 3 个有害等位基因，相对二倍体中的 23%，暗示了四倍体具有更强的基因互补效应。

Sun 等（2022）对四倍体“Otava”进行了组装，他们基于高质量 PacBio CCS reads、717 个花粉的单细胞二代数据和 Hi-C 数据进行了组装，最终将 3.1 Gb 的基因组序列锚定到 48 条染色体上。共预测了 152,855 个基因，重复序列占整个基因组的 66%，基因组完整性为 87.30%。等位基因分析发现 53.60% 的基因同时存在于四套染色体上，分别有 20%、15.90% 和 10.50% 的基因存在 3 个、2 个和 1 个等位基因，平均每个位点上有 3.20 个基因。转录组分析表明有 10.90% 的等位基因位点呈现差异化表达，其中约 25% 可能是通过等位基因特异性 DNA 甲基化进行调控的。

Wang 等（2022）对四倍体“青薯 9 号”进行了组装，他们通过 PacBio CCS 和 Hi-C 数据组装获得了 2.67 Gb 的序列并锚定到 48 条染色体上，重复序列占整个基因组的 63.40%。共预测了 126,070 个蛋白质编码基因，其中 99.20% 的基因被锚定到染色体上，基因组完整性评估为 99.30%。转录组分析表明 31,506 个同源基因发生了等位基因间的差异表达，其中有 18.77%、35.24% 和 38.65% 的基因呈现了 4 个、3 个和 2 个等位基因的差异表达。

泛基因组

Tang 等（2022）对 44 份二倍体马铃薯材料进行了基因组拼接，这些材料包括 5 份地方栽培种（Landrace）和分属于 21 个种的 39 份野生材料。平均每份材料测定了 24.50 Gb 的三代 HiFi 数据，获得的单倍体基因组的 N50 长度为 9.10 ~ 23.33 Mb，组装的基因组的长度范围为 835.10 Mb ~ 1.71 Gb，其中一套单倍体基因组的长度为 602.22 ~ 926.49 Mb，这些基因组的完整性平均为 96.58%，其中 7 个个体组装到了染色体级别，包括 1 个野生种 *S. candolleanum*、3 个地方栽培种和 1 个自交系。

随着测序和拼接技术的进步以及成本的下降，马铃薯基因组的组装不断地升级，从倍性来说由单倍体到四倍体，从拼接的质量来说 Contig N50 不断提高，现在最好的基因组（DM8.1）已经达到 gap-free 级别（见表 7-1）。现在杂合二倍体和四倍体马铃薯基因组基本实现了清晰的单倍型分型组装，组装到染色体水平的单倍型分型的基因组被逐渐报

表 7-1 已组装的马铃薯基因组大小及其数据类型

材料	总长度（Mb）	Contig（N50）	挂载长度	数据类型	参考文献
DM	773.3	59.9 Mb	731.3Mb	ONT，Hi-C，PacBio CCS	Molecular Plant，2020
S. commersonii	830.0	6.5 kb	830.0 Mb	illumina	The Plant Cell，2015
S. chacoense	826.0	712.7 kb	508.2 Mb	illumine，遗传图谱	The Plant Journal，2018
Solyntus	716.2	63.7 Mb	716.2 Mb	ONT，illumine	Genes Genomes Genetics，2020
S. verrucosum	780.2	21.0 Mb	684.0 Mb	PacBio CCS，Hi-C，	Genes Genomes Genetics，2020
RH	1670.0	2.2 Mb	1.6 Mb	10x Genomics，ONT，PacBio CCS，Hi-C，illumina	Nature Genetics，2022
C88	3200.0	18.8 Mb	3.0 Gb	PacBio CCS，遗传图谱，Hi-C，illumina	Molecular Plant，2022
Qingshu 9	2700.0	2.2 Mb	2.7 Gb	PacBio CCS，Hi-C	Plant Biotechnology Journal，2022
Otava	3100.0	2.1 Mb	3.1 Gb	PacBio CCS，花药单细胞测序，Hi-C	Nature Genetics，2022

道（Bao et al，2022；Sun et al，2022；Wang et al，2022；Zhou et al，2022）。随着测序技术和组装技术的不断发展与优化，更多高质量能实现单倍型的马铃薯 T2T（Telomere–to–telomere）基因组及图形化泛基因组将被成功组装。

基因组结构与特征

质体基因组的特征

马铃薯的叶绿体基因组长度在 155 kb 左右，由大单拷贝（Large single copy）、小单拷贝（Small single copy）和两个拷贝的反向重复区域组成（Inverted repeat sequence），叶绿体上含有 113 个基因，包含 79 个蛋白编码基因、30 个 tRNA 和 4 个 rRNA（见图 7–2）。

马铃薯线粒体基因组结构比叶绿体基因组复杂，不似其他植物基因组中存在一个主环结构（Master circle）。通过对栽培品种“Cicero”的拼接发现它的基因组包括两个可自我复制的环形分子（49,229 bp 和 112,797 bp）和一个被称为亚基因组的线形分子（312,494 bp），总长度为 475,520 bp。线粒体基

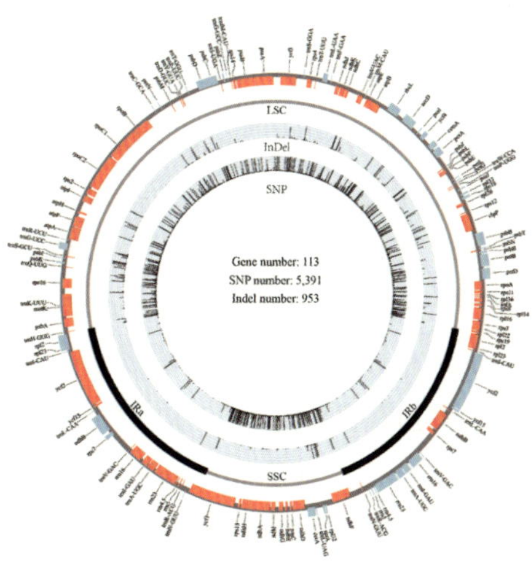

图 7–2 马铃薯叶绿体基因组及变异分布

因中存在着大量的重复序列，包括两个拷贝的 R1（～11,900 bp）、两个拷贝的 R2（～10,200 bp）和单拷贝的 R3（～7,500 bp）和 R5（～1,589 bp），这些重复序列的存在增加了不同片段间的重组率。线粒体上亚基因组 1 包含 54 个基因，亚基因组 2 包含 15 个基因，亚基因组 3 包含 7 个基因。部分基因少则 2 个，多则 5 个，会成簇分布形成一个转录单元，共同被转录。马铃薯线粒体基因组上也存在一个较保守的假基因 rps14，此基因在拟南芥基因组上也是假基因组，其拷贝序列大约在 80 百万年前从线粒体基因组转移到了细胞核基因组中。

核基因组特征

（1）基因数目：马铃薯不同单倍体基因组所包含的基因数目不同，数目在 37,000 ~ 47,000 个之间，这种差异与测序材料和分析标准有关，目前拼接质量最高的基因组 DM，包含 40,155 个蛋白质编码基因，其中 33,972 个基因被功能注释。Tang 等（2022）通过对 45 份马铃薯 pan-genome 的研究，发现整个马铃薯类群中有 51,401 个基因类群，core（核心，存在 45 个个体中）、soft-core（部分核心，存在 42 ~ 44 个个体中）和 shell（非必需，存在 2 ~ 41 个个体中）基因类群的数目分别是 13,123 个、5,743 个和 28,471 个。从不同类群基因间的比较发现，core 和 soft-core 基因集的表达水平是 shell 和个体特异基因集表达水平的 2.20 倍，但 Ka / Ks 值后者是前者的 1.70 倍，预示着这些基因功能的保守性以及与抗病和转座子相关的结构域显著富集在 shell 类基因。Leisner 等（2018）对烟草、茄子、辣椒、番茄及三个马铃薯基因组（DM、Cmm 和 M6）进行了直系同源基因的分析，共鉴定到 158,367 个核心的茄科基因，其中马铃薯种质特有的为 384 个家族，包括 1,897 个基因，这些基因可为马铃薯结薯研究提供重要的参考。

（2）重复序列：马铃薯基因组中存在大量的重复序列，DM 基因组中重复序列长度为 452.50 Mb，占整个基因组长度的 62.20%，主要的类型包括 LTR、DNA 转座子、LINE 和 SINE，其长度分别是 70.58 Mb、12.36 Mb、4.67 Mb 和 2.89 Mb，分别占全部基因组长度的 9.70%、1.70%、0.64% 和 0.40%。DM6.1 基因组中重复序列的长度为 595.70 Mb，占整个基因组长度的 66.80%。Yan 等（2021）对马铃薯栽培种 StGp *Stenotomum* 重复序列进行了评估，占拼接长度的 62.20%，这些重复序列中 59.10% 为转座子元件，这些转座子中以反转座子和 DNA 转座子为主，其分别占总拼接长度的 53.20% 和 6.78%。*S. commersonii* 基因组中的重复序列占基因组总长度的 55%，其中长末端重复反转座子（Long terminal repeat-retrotranspons，LTR-RTs）的占比最高，包括 Gypsy、Copia 和 Caulimovirus 三种类型，总长度为 292 Mb。四倍体栽培种“青薯 9 号”中重复序列为 1.69 Gb，占了整个基因组长度的 63.44%。这些重复序列中未知类型的总长度为 567.84 Mb，其次为 LTR 和 LINEs 两种转座子，其长度分别为 433.49 Mb 和 31.43 Mb，它们分别占基因组长度的 33.60%、25.65% 和 1.86%。转座子是重复序列的主要类型，研究人员对 *S. verrucosum* 基因组中的转座子元件进行了详细分析，发现其占整个基因组总长度的 61.82%。其中 LTR 占总长度的 39.87%，主要包括 Gypsy 和 Copia 两种类型；TIR（Terminal inverted repeat）占总长度的 9.70%，主要包括 Mutator、hAT、CACTA 等类型。

（3）马铃薯结薯类群的分化：马铃薯自身基因组上存在着 1,811 共线性区域，包含 10,046 个同源基因，利用这些同源基因上的 4 倍简并位点（4DTv，Fourfold degenerate sites），以及将马铃薯与葡萄、拟南芥和毛树杨的共线性同源基因比较，发现马铃薯基因组存在两个明显的全基因组复制事件（Whole genome duplication，WGD），第一次加倍对应于葡萄演化过程的中古六倍化事件，此事件大约发生在距今 185 ± 55 百万年之前，大致相当于单、双子叶植物分化的时间。最近一次加倍发生在距今约 67 百万年之前，大致相当于白垩纪至第三纪的分化时间。马铃薯跟葡萄大约在距今 89 百万年前发生了分化。马铃薯、番茄和 *S. etuberosum* 具有较近的进化关系，*S. etuberosum* 与马铃薯属和番茄属共同祖先分化的时间在 8.30 百万年之前，马铃薯和番茄分化的时间在距今 7.30 百万年之前。研究人员利用存在于牵牛花、辣椒、茄子、番茄及马铃薯不同亚种中的单拷贝基因家族进行了物种间的系统发生分析，鉴定了 8,880 个茄科共有的单拷贝基因，表明马铃薯和番茄分化的时间为距今 7 百万年至 11 百万年。Aversano 等（2015）利用马铃薯与番茄的同源基因的 4DTv 位点进行了种间进化关系的分析，以马铃薯和番茄分化的时间为基线，推算出 *S. commersonii* 和栽培马铃薯在距今约 2.30 百万年前发生了分化。

（4）基因家族的扩张与收缩：基因组数据为我们了解马铃薯类群的特异性提供了重要信息。通过对马铃薯、番茄以及其姊妹类群 *S. etuberosum* 的基因组比较，发现三个类群中共有的 424 个 NLR（Nucleotide-binding domain and leucine-rich repeat containing receptor）类型的抗病基因家族，其中 162 个在结薯类群中发生了明显的扩张。这其中包括 19,241 个在结薯类群中特异的基因，这些基因中 31.40% 在匍匐茎和薯块表达。这些抗病基因的扩张可能与薯块发育中抗病性防护有重要的关系。对 *S. commersonii* 基因组的抗病基因进行分析，发现基因组中包含 942 个病原菌识别蛋白，这些蛋白包括 286 个 CNL（CC-NBS-LRR）、71 个 NBS（Nucleotide-binding site）和 143 个 TIR-NBS、37 个 TIR（N-terminal toll/interleukin-1 receptor）、250 个 RLKs

（Receptor-like protein kinase）和 208 个 RLP（Receptor-like protein），栽培种质 DM 中包含 506 个 CNL、199 个 NBS、199 个 TIR-NBS、36 个 TIR、313 个 RLKs 和 237 个 RLP，而番茄基因组中 CNL 基因家族的数目仅为 81 个。马铃薯较番茄具有更多抗病基因家族，意味着马铃薯可能在进化过程中经历了更多病原菌的选择压力。

群体基因组与人工选择

基因组变异与多态性

核基因组的多态性

参考基因组的完善和大量重测序数据的产生为全面评估马铃薯种质的遗传多样性提供了便利。Hardigan 等（2017）对 20 份野生种、20 份南美洲地方栽培种（South American landraces）和 23 份北美栽培种（North American cultivars）进行了全基因组的分析。他在这些种质中共鉴定了 68.90 Mb 的 SNPs 位点，利用这些位点进行评估，发现野生群体的遗传多样性值为 0.0122、北美栽培种的为 0.0105、南美地方栽培种的为 0.0097，其中二倍体栽培种的遗传多样性是 0.0087，高于玉米地方栽培种的遗传多样性。他们也评估了不同群体的基因组杂合度，二倍体的杂合度为 1.05%，而四倍体的杂合度为 2.73%。

Li 等（2018）对包含野生种和栽培种的 202 份马铃薯群体进行了遗传分析，共鉴定了 4,487,006 个高质量的 SNPs 位点，这些位点中的 57% 和 16.40% 落在基因间区和编码区。野生群体的遗传多样性值为 0.43×10^{-3}，栽培群体的值为 0.22×10^{-3}。野生群体的 LD 衰减较快，而栽培群体 R^2 衰减到一半时为 25 kb。

叶绿体基因组的多态性

叶绿体基因组相较于核基因组，多态性较低，通过对 57 个马铃薯种、343 份叶绿体基因的分析发现，叶绿体变异总长度为 155,231 ~ 155,669 bp，GC 含量的比值是 37.73% ~ 37.93%，编码基因的数目为 113。在群体中共鉴定到 5,554 个 SNP 和 957 个 InDels，变异位点的密度约为 4.20%，还发现无义突变和移码突变多发生在基因 *ndhF*、*ndhI*、*ycf1*、*ycf2*、*ycf4*、*ccsA*、*infA*、*petL*、*psbT* 上面（见图 7-2）。

线粒体基因的多态性

马铃薯线粒体基因组的结构相较于叶绿体基因组保守性低，大部分个体的基因组包括 1 个线性分子（亚基因组 1）

和 2 个环形分子（亚基因组 2、亚基因组 3），但也有个例，*S. bukasovii* 只含有 1 个环状分子。Sai 等（2021）对 13 个马铃薯材料的线粒体基因组进行了比较，整个基因的长度为 429,483 ~ 478,227 bp，亚基因组 1 的长度变化为 49,155 ~ 49,302 bp，亚基因组 2 的长度为 111,695 ~ 113,419 bp，亚基因组 3 的基因组长度为 284,372 ~ 316,322 bp。线粒体基因组中存在大量的重复序列，根据特征差别，一些较长的重复序列分为 5 类，其长度由长到短分为：R1 ~ R5。重复序列 R1 ~ R5 在 13 份种质中并非十分保守，其中 R1 和 R5 存在其中的 12 份种质中，R1 的长度为 11,309 ~ 11,916 bp，R5 的长度为 1,589 bp；R2 存在其中的 3 份材料中，长度为 10,203 bp；R3 存在其中的 8 份材料中，长度变异为 1,234 ~ 7,502 bp；R4 存在其中的 6 份材料中，长度为 4,513 bp。这些种质的线粒体上都含有 60 个保守的基因，包括 37 个非重复的蛋白质编码基因、20 个 tRNA 和 3 个 rRNA，并含有 19 个非重复的开放阅读框。除 BUK 材料，假基因 *rps14* 和 *cob* 基因片段都存在于 12 份材料中；*orf111* 在多数种质中产生了基因内部的终止密码子；*Cox2*、*rpl16*、*rps19*、*rps3* 和 *orf102* 基因由于 R3 重复序列的存在，在 5 份种质中发生了复制；*orf102* 基因由于 R2 重复序列的存在，在 3 份种质中发生了复制；核糖体蛋白基因 *rps1* 的复制仅存在于 BUK2 种质中。

种群进化关系与结构

Spooner 等（2005）利用 438 个 AFLP 标记对 359 份马铃薯材料（包括 261 份野生种和 98 份地方栽培种）进行了系统进化树的构建，较为全面地解析了马铃薯野生种 *S. brevicaule* complex 的进化关系与分类，整个类群可分为 South 和 North 两类群，North 类群中包含 *S. ambosinum*、*S. canasense*、*S. candolleanum* 等分布于秘鲁区域的野生种（根据最新的分类信息，都已经归类为 *S. candolleanum* 种）；South 类群包含 *S. leptophyes*、*S. gourlayi*、*S. spegazzinii*、*S. sparsipilum* 等分布于 Bolivia 和 Argentina 区域的 20 多个野生种（已归类为一个种 *S. brevicaule*）。研究还发现四倍体栽培种和二倍体地方种以混杂的形式聚类在进化树的末端。

Hardigan 等（2017）利用 687,172 个 4d SNPs 位点分析了马铃薯的群体结构，群体材料包括野生种、南美洲地方栽培种（包含 Group *Andigena*、Group *Phureja*、Group *Stenotomum* 和 Group *Chilotanum*）和北美栽培种（Group *Tuberosum*）。*S. median*、*S. megistacrolobum* 和 *S. raphanifolium* 三个野生种在进化树中最靠近栽培类群。在栽培类群中，四倍体中的 Group *Andigena*、Group *Chilotanum* 和 Group *Tuberosum* 位于进化树的基部，然后是二倍体，这跟四倍体起源与二倍体栽培种的结论不符，可能是因为四倍体与野

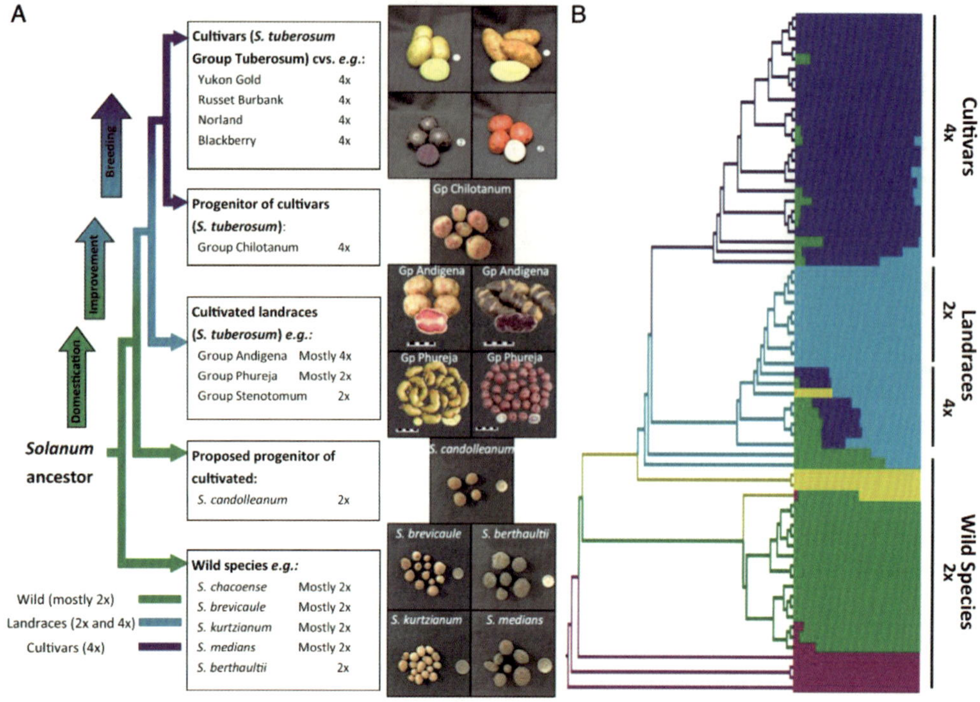

图 7-3 野生种与栽培种的进化关系（引自 Hardigen，2017）

生种间存在基因渐渗（见图 7-3）。

Li 等（2018）利用 1,468,400 个 SNPs 位点解析了马铃薯的群体结构，整个群体可分为 Clade1 + 2、Clade3、Clade4 三大部分，Clade4 可进一步分为 South 和 North 两亚群，栽培类群位于 North 类群的末端，但其中的 Group *Stenotomum* 和 Group *Phureja* 两个栽培亚种不能清晰地分开。研究中用全基因的数据更正了一些野生种的分类：*S. tarijense* 应归并在 *S. berthaultii* 种里面，*S. pampasense* 应归并在 *S. candolleanum* 种里面。

Hirsch 等（2013）利用含有 8,303 个位点的 SNPs 芯片对包含 250 份种质的群体进行了分析，这些群体主要是一些在 1857 年至 2011 年间培育的商业品种。这些群体可分为明显的四个亚群，亚群 1 为野生种和二倍体遗传材料，亚群 2 为四倍体栽培种，亚群 3 为四倍体遗传材料，亚群 4 为薯片加工类型的品种。研究还发现，在近 50 年的育种中，影响薯肉色素和碳水化合物组成的基因位点有明显的选择，如类胡萝卜素代谢途径中的 ZDS（*zeta-carotene desaturase*）、CHY1（*beta-carotene hydroxylase 1*）等不同等位基因在黄色薯肉品种和白色薯肉品种中呈现显著的差异。

Yan 等（2021）利用叶绿体基因信息解析马铃薯不同种的进化关系和群体结构。研究中利用了 343 份马铃薯材料，包括 53 个野生种和 4 个栽培种，整个群体可以明显地被分为三个类群（C1+2、C3、C4），C4 被进一步分为两个亚群，这些种可以根据地理分布分为北部（C4–N）和南部两支（C4–S）。被归为 *S. brevicaule* 的 7 个种都归类在 C4–N，但也出现了明显的群体分层，可以分为遗传构成差异较大的两个亚群。进化分析发现，*S. median*、*S. megistacrolobum*、*S. raphanifolium* 和 *S. candolleanum* 是与栽培种亲缘关系最近的野生种，其中 *S. candolleanum* 的部分个体与栽培种个体散落分布在进化树的末端。此外，研究中也重新界定了一些种的分类，之前 *S. stipuloideum*、*S. neocardenasii* 两个种被定义为一个新的类群“neacardenasii”，进化上位于 C1+2 和 C3 两类群之间，研究发现这两个种的所有个体都聚集在 C4 类群。前人研究表明 *S. sogarandinum* 种位于马铃薯结薯类群的基部，但基于叶绿体数据分析表明此种被归类在 C3 类群中（见图 7–4）。

Yan 等（2022）通过对 42 个进化关系确定种的叶绿体基因组序列分析，他们获得了马铃薯与番茄以及不同类群间

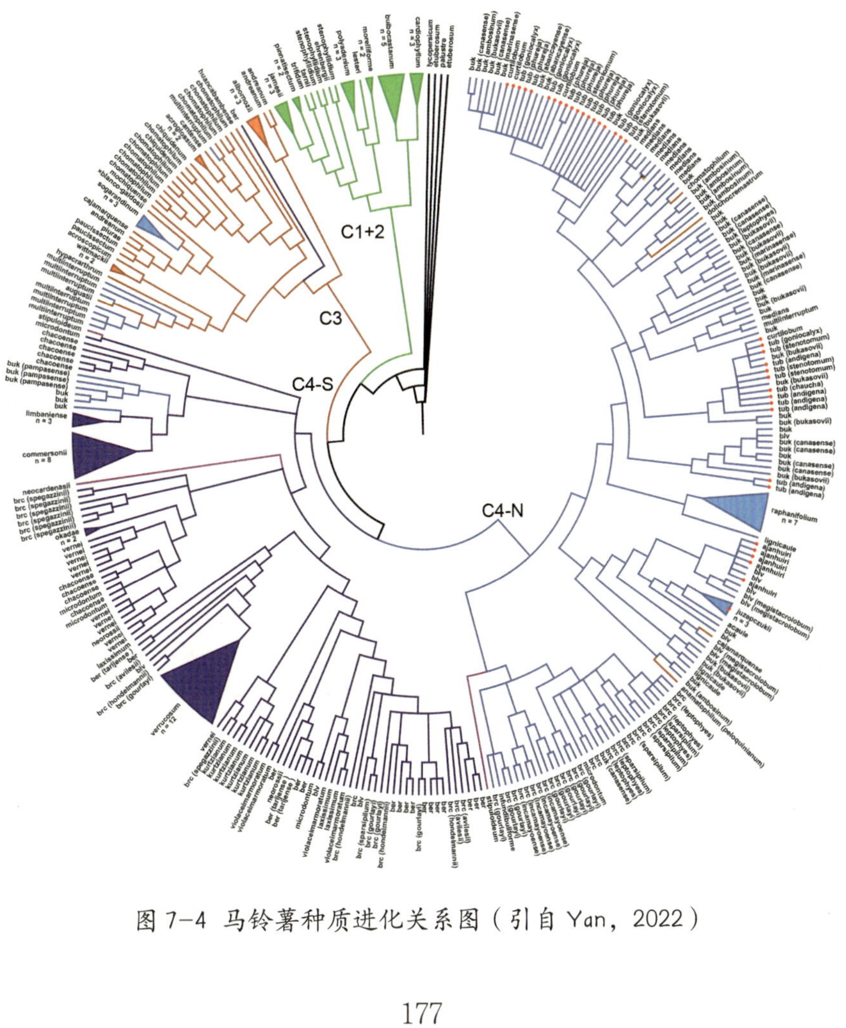

图 7–4 马铃薯种质进化关系图（引自 Yan，2022）

的进化关系。马铃薯结薯类群和番茄分化的时间大约在距今 8.56 百万年前（7.71 百万年 ～9.39 百万年），在距今约 7.30 百万年前（6.52 百万年 ～8.13 百万年）结薯类群产生分化，在距今约 5.79 百万年前（3.95 百万年 ～7.38 百万年）C1+2 类群形成，在距今约 5.77 百万年前（4.11 百万年 ～7.19 百万年）C3 与 C4 类群分化完成，在距今约 3.91 百万年前（2.53 百万年 ～5.70 万年）C4 类群发生了北部与南部的分化。

种间杂交与基因组渐渗

Hardigan 等（2017）分析了栽培种和野生种之间的渐渗情况，二倍体地方栽培种渐渗的基因主要来自分布于秘鲁的 *S. candolleanum*、*S. median* 和 *S. raphanifolium*；在四倍体中，除了以上野生种外，还包括分布于玻利维亚的 *S. brevicaule*、*S. leptophyes*、*S. microdontum* 和阿根廷的 *S. berthaultii*、*S. chacoense* 等野生种。他们发现 *S. microdontum* 在多个栽培种中都有较大片段的渐渗，其中在 7、11、12 号染色体上的渐渗集中在异染色质和着丝粒区域。野生基因组的渐渗有助于增强栽培种的抗逆性。研究发现野生渐渗片段中的 1,415 个基因约 70% 在四倍体中是保守的（评估了 23 份），这些基因相对于其他非渐渗基因在病害、抗冻和抗旱中等胁迫时呈现更高的表达量。

Bao 等（2022）利用 20 份马铃薯野生种的三代 HiFi reads 评估了野生基因组在四倍体栽培种“合作 88”中的渐渗情况，发现“合作 88”基因组中约有 25.52% 的区域有高深度野生基因组的覆盖，其中在 5 个较大的单倍型上有超过 50% 的区间存在明显的渐渗，在检测到的 35 个着丝粒区域中，有 30 个区域和渐渗区域重合，其中在 5 号染色体的末端有一个长达 136 kb 的片段与野生种 *S. demissum* BAC 克隆片段高度相似，并含有一个抗晚疫病的基因。

Yan 等（2021）利用叶绿体基因信息，通过分析马铃薯不同种的进化关系和群体结构，提供了部分野生种杂交起源的母系遗传证据。基于群体结构信息证明 *S. chacoense* 能够分为两个差异明显的亚群，两个亚群在地理分布上也明显不同，其中分布于高海拔山区的亚群在遗传构成上与野生种 *S. microdontum* 完全一致，这印证了前人提出的高山类群 *S. chacoense* 起源于低谷类群与 *S. microdontum* 的杂交结果。研究中也支持了 *S. ajanhuiri* 起源及 *S.megistacrolobum* 与安第斯山脉二倍体栽培种的杂交，六倍体野生种 *S. acaule* 是三倍体栽培种 *S. juzepczukii* 母系基因的贡献者。

驯化基因组和关键驯化基因

Hardigan 等（2017）利用群体间分化指数（F_{ST}）并结合 Tajima's D、核苷酸变异和等位基因频率等指数鉴定了马铃薯驯化过程中受选择的基因位点，包括核心基因 315 个、可信基因 841 个和可能的基因 2,622 个。功能分析显示，这些基因参与了细胞周期发育、生物节律、碳水化合物代谢、核内复制、茄碱代谢、莽草酸代谢等生物过程。Li 等（2018）利用 XP-CLR 的方法鉴定了 609 个受到强烈选择的基因。这些基因包括 GA20ox-1、CONSTANS，其参与了 GA 的生物合成和结薯，GA 是马铃薯匍匐茎伸长和结薯启动所必须的，GA20ox-1 基因被敲除后的突变体节间的伸长、茎的长度以及块茎的诱导受到明显的抑制；将 StCO（CONSTANS）基因敲除，马铃薯结薯的时间显著提早，过表达后则可推迟结薯。同时，发现的一些基因位点与块茎大小、结薯数目 QTL 定位区间比较吻合。

马铃薯驯化起源于南美洲的秘鲁一带，长期的自然选择使得马铃薯形成了在短日照下结薯的特性，这些材料一旦种植到长日照区域，结薯的时间就会推迟甚至无法结薯。而现在栽培种（*Solanum tuberosum* L.）能够在高纬度、长日照条件下结薯，实现这一关键性状的驯化是马铃薯能够在全世界不同地区广泛种植的关键，这一性状受关键驯化基因 *CDF1* 调控，当 *CDF1* 发生功能性突变后，将会产生长日照结薯的表型。现在长日照结薯材料中共发现两种不同的变异类型，一种是编码区存在 7 bp 的插入，另外一种变异是大片段的缺失，两种变异都导致了蛋白质功能的缺失。在马铃薯中，CONSTANS 可通过 *StSP5G* 调控成薯素 *SP6A* 的表达，*StCO1 / 2* 受上游 *CDF1* 与 *StFKF1* 和 *StGI1* 形成的复合体调控。在长日照条件下，*CDF1* 的表达量受昼夜节律调节，在白天具有较高的表达水平，黑夜则基本没有表达，其稳定性可能受 *StFKF1* 和 *StGI1* 的调控。低表达的 *CDF1* 减弱了对 *CO1 / 2* 表达的抑制，进而 *StSP6A* 的表达受到 *StSP5G* 的强烈抑制。当 *CDF1* 发生突变后，蛋白质的长度截短，形成了不同的剪接体 *CDF1.2 / CDF1.3*，两种剪接体在白天和黑夜都具有较高的表达水平，这可能是因为其单独与 *StGI1* 结合可形成更稳定的复合体，进而强烈抑制 *CO1/2* 的表达，从而减弱 *SP5G* 对 *SP6A* 转录的抑制功能，*SP6A* 得以大量生产并移到匍匐茎中，从而促进块茎的形成与膨大。

自交衰退和杂种优势

自交衰退表现与基因组基础

自交衰退研究体系构建

马铃薯在长期的无性繁殖过程中积累了大量的有害突变，这样的有害突变往往以杂合状态存在于基因组中，以减轻对植物自身的影响，然而在自交的过程中，有害突变若以纯合形式存在，对植物自身的生长往往会产生不良影响，这些有害突变会使基因型在群体中发生偏分离。

相较于四倍体的遗传复杂性，二倍体马铃薯为自交衰退的研究提供了极大的便利，然而马铃薯属于配子体型自交不亲和（Gametophytic SI，GSI），受 *S* 基因座的两个基因所影响，雌蕊 *S* 基因编码的是一类 *S-RNase* 酶，在花柱细胞中合成后分泌到花柱传导组织的间隙中，能够降解胞内 rRNA，终止花粉管的延伸。花粉 S 基因编码一类 *F-box* 蛋白，行使泛素连接酶的作用，在自交的过程中能够给异我型 *S-RNase* 挂上泛素标签，进而介导其被 26S 蛋白酶体降解，解除 *S-RNase* 的细胞毒性，使花粉管继续延伸；而自我型 *S-RNase* 不被降解，发挥细胞毒性，终止了花粉管的延伸，最终造成自交不亲和。马铃薯的二倍体种质中，绝大多数都是自交不亲和的。

马铃薯自交亲和突变体的发现为解决自交衰退问题和筛选可利用自交系提供了可能。自交亲和突变体包含天然突变体和人工创制突变体两类。前人在野生二倍体*S. chacoense*中发现了一个自交亲和的突变体，此材料能够自交亲和，利用此材料与自交不亲和的二倍体栽培种杂交后，F_1子代全部亲和，F_2子代的自交亲和性出现了3：1的分离，这就证明此自交亲和表型是由一个显性单基因控制的。进一步研究表明此基因可通过抑制花粉中*S*基因的功能将自交不亲和转化为自交亲和（Self-compatible，SC），并将这个基因命名为*S-locus inhabitor*（*Sli*）基因（Hosaka et al，1998）。研究人员将*Sli*基因克隆，此基因为*F-Box*基因，可以在花粉管中高效表达，同时该基因与多种类型的*S-RNases*互作，具有克服自交不亲和的功能。前人发现野生二倍体材料*S. verrucosum*不仅自交亲和，同时做母本可产生自交亲和的杂交后代，原因在于材料柱头组织中无法产生*S-RNase*，在杂交过程中可以使外源的花粉管在其柱头中延伸并完成受精。我国科学家利用基因组编辑技术CRISPR-Cas9将自交不亲和个体中的*S-RNase*基因进行了敲除，获得了自交亲和的个体S15-65，突变体植株的表型和长势与野生个体基本上没有区别，这也证明了利用基因组编辑技术创造自交亲和马铃薯种质的可能性。克服马铃薯二倍体种质的自交不亲和，创造自交群体，这为马铃薯自交衰退的研究提供了前提条件。

自交衰退的表现

Phumichai 等（2005）利用二倍体的自交分离群体对马铃薯的自交衰退进行了研究，起始亲本是 *S. chacoense*（携带的 Sli）和 *StGp Phureja*，从 F_1 的 7 个家系的 5,040 个单株开始，后代在育性、长势和结薯性状上都发生了明显的衰退，S_2 代种植了 315 株，有 16 株产生了后代；S_3 代种植了 118 株，有 15 株产生了后代；S_4 代种植了 106 株，有 28 株产生了后代；到 S_5 代种植了 427 株，仅有 43 株产生了后代。研究中利用 58 个 RFLP 和 326 个 AFLP 标记跟踪了不同世代的杂合度，平均每个世代杂合度的衰减度为 38.50%，远低于 50% 的理论值。

Solynta 公司在 2008 年发起了杂交马铃薯种子计划,培育自交系是第一步，通过利用野生种 *S. chacoense* 携带的 *Sli* 基因使栽培种具有自交亲和的能力，在 F_2 代就出现了较弱长势衰退，其中 10% 能够自交亲和的个体进行再次自交，在 F_3 代出现了更为严重的衰退，最终获得了一个纯合度达 95% 的自交系，但此自交系长势非常弱,且育性严重衰退。因而，他们从 F_3 和 F_5 中选择单株杂交后进行自交系的创制，到 2020 年获得了 F_9 代的单株。通过全基因组 SNP 的分析发现此材料的基因组杂合度高达 20.10%，远高于预期的理论值，作者认为可能的原因是在自交系创造过程中出现了未被发现的杂交或者是基于植株表型更易选择杂合度高的个体。

有害突变位点遗传解析

对自交群体基因型偏分离的分析是有效鉴定大效应有害突变的重要方式，Zhang 等（2019）对三个自交分离群体进行了分析，发现偏分离的基因组区域约占全基因组的 30%。鉴定到了五个致死突变的位点，其中三个位点（*la1*，*la2*，*la3*）的纯合隐性突变类型在后代群体中完全缺失；根缺失类型 *ar1*（*abnormal rooting1*）在纯合状态下会导致植物无法产生侧根；白化苗（white seedling，*ws1*）在纯合状态下会导致植物无法产生叶绿素。鉴定到了四个影响植株活力的位点，包括叶缘黄化（yellow margin，*ym*）、黄叶（yellow leaf，*yl*）和植株形态的两个位点（architectural，*ar1* 和 *ar2*）。通过对 *ar1* 位点的精细定位，目标基因组区域包含两个候选基因，一个有害突变 SNP 位点位于 *StSIEL* 基因上（*Short-Root Interacting Embryonic Lethal*），此变异导致基因发生了新的可

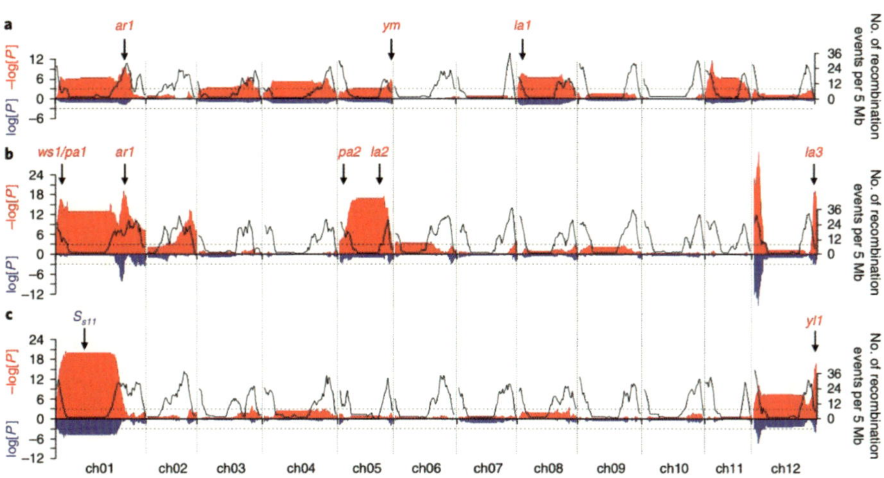

图 7-5 偏分离位点在三个群体的分布（引自 Zhang，2019）

变剪接。对番茄的同源基因进行基因编辑发现，T_1 代的移码纯合变异具有致死效应，从而证明此基因为 *ar1* 的候选基因。通过对三个自交分离群体的比较，发现这些大效应的有害突变具有明显的个体特异性，仅有 *ar1* 位点同时在两个群体中被检测到；对 *ar1* 关键变异位点在 151 份二倍体群体中的等位基因频率统计，此隐性突变基因型仅存在于两个个体中，为稀有突变类型（见图 7–5）。

Zhou 等（2020）利用 RH 的自交分离群体进行了偏分离位点的分析，其中两个有害突变位点 *ws1* 和 *pa1*（影响植株形态，具有更多的分枝）以相斥的形式位于 1 号染色体末端的两条同源染色体。他们利用 2,000 个分离后代的两个重组单株分别将两个位点定位到 1.19 Mb 和 191 kb 的区间，通过拟南芥基因的同源基因表型和基因的表达量分析推测一个编码乙烯不敏感蛋白（EIN3）的基因为 *pa1*。

有害突变的分布特征

有害突变是影响自交衰退的主要因素，通过基因序列保守性原理为有害突变的预测提供了理论依据。Zhou 等（2020）预测 RH 基因组中存在 22,134 个有害突变，这些突变发生在 10,642 个基因上。就两套基因组而言，这些位点同时落在等位基因 CDS 的情况相对较少，共发生在 1,753 个基因对上面。通过对 RH 自交后代分析，约有 25.70% 的基因组区域存在明显的偏分离，这些区域中的 71.40% 是由大效应的有害突变导致的。Freire 等（2021）对栽培种的双单倍体材料进行了有害突变的预测，在两套单倍型上分别存在着 13,287 和 16,766 个有害突变位点。

Zhang 等（2019）对群体水平在有害突变的分布进行了分析，在 151 份二倍体材料中共鉴定到 344,381 个有害突变，发现这些突变主要集中在着丝粒区域，其中纯合突变只占杂合突变类型的 1 / 3，这些突变在个体间异质性明显，大约 50.87% 的有害突变类型在群体中等位基因频率效应为 0.05，就任何两个基因型而言，只有 11.32% 的有害突变为共有。

普遍认为无性繁殖的植物较种子繁殖的植物具有更严重的自交衰退，因为大的有害突变可以通过种子繁殖过程中的染色体重组而被淘汰，但无性繁殖却不能，因此无性繁殖作物培养自交系的难度更大。Lian 等（2019）利用全基因组重测序的数据对马铃薯群体中的有害突变位点进行了评估与比较，研究中选择了 20 份二倍体栽培种（StGp *Stenotomum*）、8 份四倍体 *Andigena* 亚种和 20 份四倍体商业品种，发现有害突变位点的数目在三个群体中是逐渐增高的。四倍体和二倍体相比较，前者只含有后者 41% 的纯合有害突变，杂合有害突变却为后者的 1.4 倍，这预示着通过四倍体降倍获得的二倍体比栽培种二倍体具有更多的有害突变。

杂种优势

杂种优势的表现形式

自交衰退和杂种优势是同一遗传现象的不同表现形式，显性（Dominance）是自交衰退和杂种优势的基础。杂交马铃薯具有比较强的杂种优势，在四倍体育种中，研究人员以9个四倍体为亲本，调查了其后代在块茎性状上的杂种优势，发现F_1代结薯数量、薯块体积、块茎产量等性状呈现出显著的超中亲杂种优势。研究人员对二倍体杂交种在产量性状的杂种优势进行了评估，杂交亲本为自交5～7代的自交系，从572个杂交后代中获得了长势一致的65个后代作为评价对象。他们同时选择了19个不同类型的四倍体商业品种作为对照，在欧洲的五个地点进行了干物质重、块茎性状、产量及组成因素的评价，发现两个二倍体杂交种和一个四倍体的产量分别达到了48吨/公顷、52吨/公顷和52吨/公顷，这就表明了优良的杂交组合基本可以达到四倍体的产量水平，研究还表明产量构成因素对产量的影响在二倍体和四倍体上基本是一致的，更多的单株块茎数目能够显著地增加总产量，但单个薯块大小的增加对总产量的影响比较小，这些产量构成因素在不同生产环境下的影响基本是一致的。

二倍体研究体系的建立加速了马铃薯杂种优势的研究。Zhang等（2021）通过两个高纯度二倍体自交系杂交获得了F_1代，其表现出非常强的杂种优势，在叶片大小、植株长势和薯块产量等方面都表现出较强的杂种优势。在温室种植条件下，杂交种的产量是中亲值的3.38倍；在大田条件下杂种优势更为明显，是温室种植条件下的两倍，这也意味着马铃薯可以通过杂交育种来利用杂种优势。

杂种优势的遗传基础

Zhang等（2021）借助两个高纯度二倍体自交系和F_1代的基因组进行了分析，预测两亲本A6–26和E4–63各有10,994和11,093个有害突变，但仅有8.36%的位点是两个亲本中共有的，也就意味着后代中90%以上的有害突变位点在F_1中是杂合状态而不影响后代，这在一定程度上解释了后代F_1的杂种优势。

Li等（2022）结合代谢组、转录组和甲基化组对杂种优势的遗传基础进行了探索。在代谢物水平发现苗期、开花期和结薯期亲本及后代共检测到代谢物中57.93%～70.76%的物质，杂交后代与中亲值（MPV，Mid–parent value）相比有显著差异（$p < 0.05$），被定义为非加性的杂交优势值（MPH，Mid–parent heterosis），结果显示核苷酸、有机酸、糖类等主要代谢物的为正的MPH，而生物碱、酚酸、萜类等次生代谢物在苗期和花期的为负的MPH。在转录水平，三个时期的杂种中有4.27%～14.64%基因的表达量显著偏离，这些基因被定

义为非加性表达基因且被认为参与了杂种优势。同样，研究者发现生长素转运蛋白（AUX1）和生长素响应基因（*IAA17*、*GH3* 和 *SAUR*）在两个杂交 F_1 代中显著富集且上调表达，意味着生长素的快速响应可能促进植物生长。同时，能量代谢过程中的糖酵解、柠檬酸循环、戊糖磷酸途径和与光合作用相关的物质与基因具有明显的正 MPH，增强了植物生长中能量的供给。而且，在 F_1 中不同等位基因的表达呈现明显的亲本偏倚性，约 80% 特异等位基因的表达与其来源亲本表达一致。这种等位基因的差异表达与特异等位基因的甲基化水平呈明显的负相关。F_1 杂种在块茎中淀粉和总蛋白质含量呈显著正 MPH，发现许多 MPV-杂种间的差异表达基因在“淀粉和蔗糖代谢”途径显著富集。此外，还检测到与淀粉和蔗糖代谢相关的基因在杂种中表现出明显的显性互补。另外，这个 F_1 的两个亲本都是白色的花冠，但是 F_1 呈现了紫色花瓣，通过 F_2 群体的遗传定位发现了调控花青素合成的两个基因 *DFR* 和 *FlAN2* 在两个亲本中各缺失一个，在 F_1 中功能出现了互补。同时，还发现此代谢途径中多个基因在 F_1 中的表达总数呈现与高表达亲本一致的趋势，整个代谢途径呈现出基因互补的效应。

Adams 等（2022）对来自 400 份自交系的 806 份 F_1 的块茎数目、薯块大小和产量进行了杂种优势的解析，发现杂种优势在很多性状上都有体现，块茎大小、数目等产量组成因素都存在一般配合力（General combining ablity）和特殊配合力（Specific combining ability），其中前者的效应较大,平均是后者的两倍。块茎数目的一般配合力、特殊配合力和产量具有高度的相关性。块茎大小的遗传效应中加性效应占较大的比例，同时发现加性效应在产量的组成要素中均占较大的遗传构成，因此两亲本的中亲值可作为杂交育种评价的指标。由此他们认为加性效应是影响块茎产量的主要遗传因素，可作为杂交育种中的主要选择目标。

马铃薯远缘杂交与轮回选择

远缘杂交

远缘杂交的基本概念

远缘杂交是指不同种间、不同属间甚至亲缘关系更远的物种之间的杂交。通过远缘杂交可以把不同种、属的性状结合起来，突破种属界限，扩大遗传变异，从而创造新的变异类型或新物种。通过远缘杂交产生的后代称为远缘杂种，又称种间杂种。马铃薯分类学研究发现，在茄科茄属中，马铃薯有着十分丰富的栽培种、原始栽培种和野生种资源。Hawkes（1990）将不同马铃薯种分成 21 个系，包括 7 个栽培种和 228 个野生种；Spooner 等（2014）则在此基础上将这些种合并成 4 个栽培种和 107 个野生种。因此，马铃薯远缘杂交一般指马铃薯栽培种与原始栽培种、野生种之间的杂交。

目前普遍栽培的马铃薯基本属于马铃薯普通栽培种，其遗传基础十分狭窄。16 世纪中叶马铃薯才从美洲传入欧洲，经历了很长一段时间才在欧洲传播开来，并成为欧洲的主要作物之一。这段时间里，在原产地短日照条件下能够正常结薯的马铃薯只有极少数能够适应欧洲的长日照并被保留下来。19 世纪马铃薯晚疫病的流行，毁灭了大部分材料，只留下遗传基础极为狭窄的少数资源。这些适应了欧洲长日照条件下结薯并在晚疫病大流行中幸存下来的马铃薯是现代马铃薯育种的主要亲本来源。通过远缘杂交可以扩大栽培马铃薯的遗传背景，获得新的有益农艺性状，为现代马铃薯品种选育提供了更为广阔的操作空间。

和大多数植物一样，不同马铃薯种在自然界中，由于倍性不同、胚乳平衡数差异以及地理隔离等造成的进化方向差异一般都存在生殖隔离，而在育种者手中，利用现代育种手段（如倍性操作、桥梁种应用和胚挽救技术），大部分种间杂交可以获得杂种后代。这可以大大拓宽现代马铃薯育种的遗传背景，为选育突破性马铃薯新品种提供了更多的可能。

通过远缘杂交，植物学家不仅可以创造新种质、改良旧种质，还可以借此研究物种演化和利用杂种优势服务现代农业生产。马铃薯远缘杂交则可以利用马铃薯野生种和（或）原始栽培种中的有利性状，创造新的马铃薯育种中间材料，拓宽现代马铃薯育种的遗传背景，并且可以借此解析马铃薯重要性状的遗传机理，服务马铃薯产业的发展。

远缘杂交障碍

跟所有被子植物胚胎发育过程一样，马铃薯授粉后的双受精过程一般如下：父本花粉在母本柱头上萌发，两个精细胞通过花粉管到达母本胚囊部位。胚囊一般是七胞八核结构，包括一个卵细胞（n）、两个助细胞（n）、一个含有两个中央细胞核（也称极核）的中央细胞（n+n）和三个反足细胞（n）。到达胚囊部位的一个精细胞(n)会与卵细胞(n)结合，最终发育成胚（2n）；另一个精细胞（n）与中央细胞（n + n）结合，精细胞的染色体和两个极核结合后，最终发育成胚乳（3n）（见图 8–1）。

但在马铃薯远缘杂交过程中，往往表现出杂交不亲和，即远缘杂交障碍。这种不亲和有几种表现：①两个种间杂交亲本在自然授粉或人工授粉之后，父本花粉在母本柱头上不能正常萌发，不能完成双受精。②父本花粉能够在母本柱头萌发并完成双受精，但是由于倍性差异或胚乳平衡数差异造成胚败育或胚乳败育，不能形成正常种子。③两个种间杂交亲本能够完成受精并形成少量种

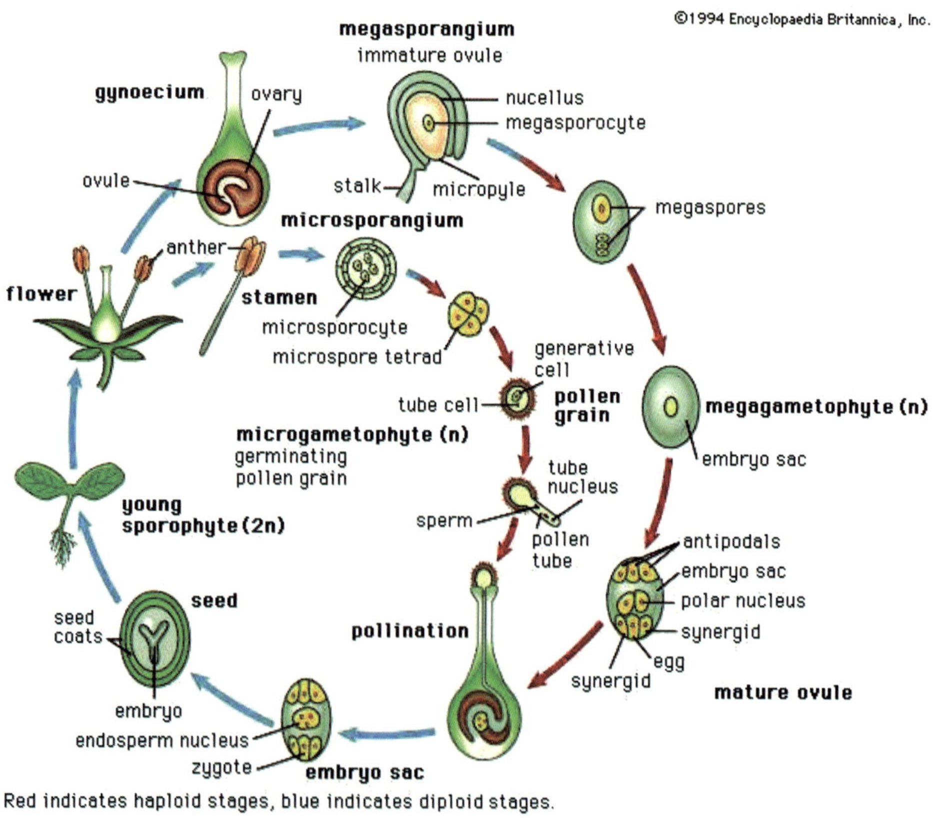

图 8–1 植物双受精示意图（引自 Britannica，2022）

子，但是这些种子出苗纤弱或者畸形生长，早期夭折，最终无法有效获得正常种间杂种后代。

一般来说，远缘杂交不亲和性的基本原因是两个杂交亲本的亲缘关系较远，遗传差异较大，双亲的配子在生理上也不协调，从而影响受精过程，使雌、雄配子不能结合形成合子，这也是自然界物种进化所形成的生殖隔离。但马铃薯远缘杂交不亲和基本上分为胚败育和胚乳败育两种类型。究其原因，主要是参与杂交的两个亲本的倍性差异或胚乳平衡数（EBN）差异造成的。

远缘杂交双亲倍性差异造成杂交障碍不难理解。当双亲倍性不同时，双方形成的正常雌、雄配子在双受精完成之后，精卵细胞的染色体不能正常配对，或者配对后不能正常分裂形成胚，最终导致杂交失败，即常见的胚败育。但在马铃薯中的这种双亲存在倍性差异也不是绝对不可以正常杂交，这也造成了在马铃薯众多野生种和近缘栽培种中除了常见的二倍体种、四倍体种等偶数倍种之外，还有非偶数倍种，包括三倍体种、五倍体种。如三倍体马铃薯栽培种 *S. juzepczukii*（3x）被认为是四倍体野生种 *S. acaule*（4x）和二倍体栽培种 *S. stenomum*（2x）之间的天然杂交种。而且该三倍体种还与四倍体普通栽培种安第斯亚种（*S. tuberosum* Andigenum group）通过天然杂交形成了五倍体马铃薯栽培种 *S. curtilobum*（5x）。这些马铃薯种的形成并不因为双亲倍性不同而没有保存下来。

远缘杂交障碍除了倍性差异等原因造成的胚败育之外，胚乳败育也是重要的因素。胚乳败育会影响种子的形成与发育，最终造成远缘杂交种无法形成。关于胚乳败育造成的远缘杂交障碍，当前比较有效的解释是胚乳平衡数假说。该假说由 1980 年美国科学家 Johnston、den Nijs 和 Peloquin 等在总结和发展前人研究成果的基础上提出。

该假说包括下列主要内容：①每个马铃薯种的染色体组在胚乳发育方面都有一个特定的固定EBN值。②每个马铃薯种的EBN是通过其与标准种的杂交行为为基础而确定的（见表8-1）。③标准种是南美二倍体马铃薯野生种*Solanum chacoense*，其EBN为2，记作2EBN。

表 8-1 与已知 EBN 标准种杂交确定未知种的 EBN

未知 EBN	标准 EBN	结果	结论
4x “A”	× 2x（2EBN）	失败	“A”是四倍体 4EBN
	× 4x（4EBN）	4X	
4x “B”	× 2x（2EBN）	3X	“B”是四倍体 2EBN
	× 4x（4EBN）	失败	
2x “C”	× 2x（2EBN）	失败	“C”是二倍体，但是 EBN 未知
	× 4x（4EBN）	失败	
4x “C” (CD)*	× 2x（2EBN）	3X	“C”是二倍体 1EBN
	× 4x（4EBN）	失败	

“*”表示 CD= 经秋水仙碱加倍

④在种间杂交时，胚乳中母本与父本的EBN比例必须为2∶1，杂交才能成功，若胚乳中母本与父本的EBN比例偏离2∶1，则会造成胚乳败育，最终导致杂交失败。

值得说明的是，不同马铃薯种中，EBN值与其倍性并非一一对应。目前已经发现有2x（1EBN）、2x（2EBN）、4x（2EBN）、4x（4EBN）、3x（3EBN）、3x（2EBN）和6x（4EBN）等类型的马铃薯种。此外，除了标准种以外，其余马铃薯种的EBN是通过测交确定的，因此，理论上有些马铃薯种的EBN也可能不是整数。表8-2列出了主要马铃薯野生种和栽培种的倍性及EBN。

自从1980年Johnston等提出胚乳平

表8-2 主要马铃薯野生种和栽培种的倍性及EBN

地理分布	1EBN	2EBN		4EBN	
	2x	2x	4x	4x	6x
美国	*jamesii*		*fendleri*		
墨西哥	*brachistotrichum*	*verrucosum*	*agrimonifolium*		*brachycarpum*
	bulbocastanum		*fendleri*		*demissum*
	cardiophyllum		*hjertingii*		*guerreroense*
	jamesii		*oxycarpum*		*hougasii*
	pinnatisectum		*papita*		*iopetalum*
	trifidum		*polytrichon*		
			stoloniferum		
南美洲	*brevidens*	*abancayense*	*acaule*	*gourlayi*	*albicans*
	capsicibaccatum	*amabite*	*colombianum*	*sucrense*	*moscopanum*
	circaeifolium	*acroglossum*	*sucrense*	*andigena*	*oplocense*
	chancayense	*ambosinum*	*tuquerrense*	*tuberosum*	
	commersonii	*berthaultii*			
	etuberosum	*boliviense*			
	lernandezianum	*brevicaule*			
	lignicaule	*bukasovii*			
	mochiquense	*canasense*			
		chacoense			
		chomatophilum			
		gandarillasii			
		gourlayi(2x)			
		huancabambense			
		infundibutiforme			
		kurtzianum			
		laxissimum			
		leptophyes			
		marinasense			
		medians			
		megistacrolobum			
		microdontum			
		multidissectum			
		multiinterruptum			
		pampasense			
		pascoense			
		phureja			

地理分布	1EBN	2EBN		4EBN	
	2x	2x	4x	4x	6x
		raphanifolium			
		sanctae-rosae			
		sogarandinum			
		sparsipilum			
		spegazzinii			
		stenotomum			
		tarijense			
		venturii			
		violaceimarmoratum			
		weberbaueri			

衡数假说以来，许多科学家通过试验测验出诸多马铃薯种的 EBN 值，也进一步证实了该假说的正确性，并解释了由于亲本 EBN 差异造成的许多二倍体马铃薯种间杂交障碍。应用该假说，只要控制胚乳中父母本的 EBN 比例，就能克服种间不亲和性，创制出新的有益的种间杂种，可将一些重要性状从马铃薯野生种或原始栽培种转育到马铃薯普通栽培种中，为马铃薯现代育种提供有价值的种质资源。

远缘杂交障碍的克服

蒙导授粉

马铃薯远缘杂交不亲和，可能跟父本花粉与母本柱头分泌物之间的识别障碍有关。不亲和的花粉在母本柱头上不能正常萌发，导致授粉失败。此时，可以采用蒙导授粉的方法获得种间杂种。具体做法是：①取得能够在母本柱头上正常萌发的花粉（亲和的花粉），然后用甲醇处理或者反复冷冻或者紫外线照射杀死亲和花粉（蒙导花粉），但是同时要保证花粉与柱头识别的蛋白不能失活。②将蒙导花粉（杀死的亲和花粉）和目标父本不亲和的花粉混合后，一起给母本授粉。③授粉成功后，应用分子标记或者特殊性状鉴定法，鉴定出远缘杂交后代单株。

花粉蒙导能够创造新的马铃薯种间杂种，已经成为马铃薯育种中非常常规的辅助手段。除了种间杂交，对于种内杂交困难的亲本间也可以采用花粉蒙导、混合花粉授粉等方法，提高本来杂交困难组合的结实率。

除了花粉蒙导之外，国内外有研究表明嫁接蒙导也可以提高马铃薯远缘杂交亲和性。国内有专家开发了马铃薯嫁接蒙导技术，用于提高马铃薯种间杂交亲和性。基本流程如下：①培育二倍体野生种植株为砧木，同时准备四倍体栽培种枝条为接穗。②嫁接。③用二倍体野生种材料花粉给四倍体栽培种接穗枝条授粉。④杂交种子收获。⑤杂交后代鉴定。

倍性操作

为使马铃薯远缘杂交种子胚乳中母

本和父本的EBN比例为2：1，确保胚乳正常发育和形成种子，倍性操作是重要的调节手段。马铃薯倍性操作包括人工加倍和降倍。

通常采用秋水仙碱（Colchicine）处理人工加倍亲本染色体。秋水仙碱又名秋水仙素，是一种生物碱，化学式为$C_{22}H_{25}NO_6$，最初从百合科植物秋水仙中提取出来。它能与微管蛋白二聚体结合，破坏纺锤体，阻止微管蛋白转换，使细胞分裂停止于有丝分裂中期。此时，处于有丝分裂的细胞染色体虽然纵裂，但细胞不分裂，不能形成两个子细胞，达到染色体加倍的效果。在用秋水仙碱进行处理时，通常以水或酒精作溶媒，也可用羊毛脂或琼脂作为基质。常用的方法是幼芽液滴涂抹法。用浓度0.3%的秋水仙碱溶液浸湿脱脂棉，放于马铃薯幼苗两片子叶之间的生长点上，并经常滴液，防止脱脂棉干燥，处理36～48 h。

人工降倍的方法主要包括花药培养、孤雌生殖诱导。通过花药培养或者孤雌生殖诱导，获得与配子体染色体数相同的后代，可以从四倍体普通栽培种（2n = 4x，4EBN）中获得普通马铃薯单倍体（n = 2x，2EBN），即双单倍体（Dihaploid）。普通马铃薯单倍体（n= 2x，2EBN）既可以与马铃薯二倍体种（2n = 2x，2EBN）正常杂交，获得二倍体后代，也可以与四倍体马铃薯种（2n= 4x，2EBN）正常杂交，获得三倍体后代，但前提是与其进行正常杂交的种胚乳平衡数为2（2EBN）。同时，普通马铃薯单倍体（n = 2x，2EBN）也可以通过秋水仙碱人工加倍恢复到四倍体水平（2n = 4x，4EBN）。这种马铃薯四倍体可以与二倍体种（2n = 2x，4EBN）或者四倍体种（2n = 4x，4EBN）正常杂交。

桥梁种应用

当两个亲缘关系较远的马铃薯种间杂交时，往往会出现杂交不亲和或杂交后代不育的现象。此时可以用第三个种作为桥梁种，以解决栽培种与野生种间或不同野生种间的不亲和性，同时也能克服种间杂交后代不育的问题，使获得的中间材料能够被育种者利用（见图8–2）。

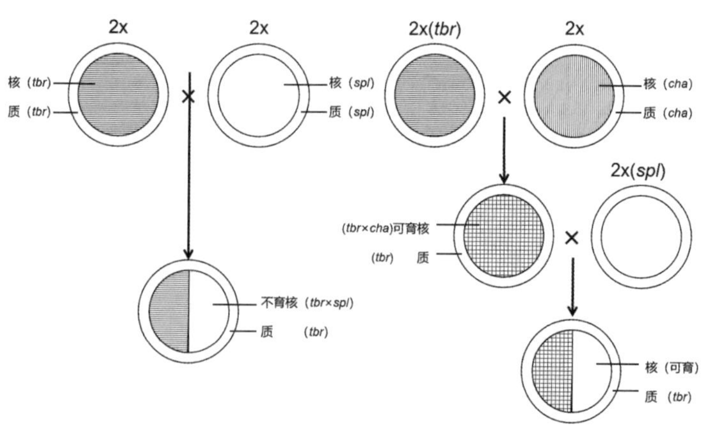

图8–2 利用恰柯薯（cha）作为桥梁种克服种间杂交后代不育示意图（转引自孙慧生主编的《马铃薯育种学》）

体细胞杂交

体细胞杂交也叫细胞融合或原生质体融合，是通过双亲原生质体融合后再生培养，实现在近缘的种内或种间，远缘的属间甚至科之间形成体细胞杂种后代。该技术规避了有性杂交过程，可以扩大植物遗传变异的重组范围，创造出常规育种技术不能获得的新品种（系）。马铃薯体细胞杂交步骤包括：①融合亲本材料的原生质体获得与培养。②原生质体融合。③融合后的原生质体再生培养。④体细胞杂种鉴定。常用的融合方法有电融合法和聚乙二醇诱导融合法（Polyethlene glycol，PEG）。在该技术研究初期，PEG 化学诱导方法被广泛使用，但随着电融合方法的不断改进完善，利用电融合方法获得马铃薯杂种植株的报道越来越多。

远缘杂交种质改良

种间杂交效果

20 世纪 60 年代以来，各国的马铃薯育种家充分利用野生种与原始栽培种等种质资源，不断扩大普通栽培马铃薯的遗传背景，进行了大量的种间杂交及回交工作，育成了一批抗病和具有其他优良性状的品种（系），其中很多已经成为现代马铃薯育种的主要亲本。孙慧生（2003）总结了近代欧美国家选育的 98 个现代马铃薯品种，发现这些品种除了含有马铃薯普通栽培种两个亚种 *S. tuberosum* ssp. *tuberosum (tbr)* 和 *S. tuberosum* ssp. *andigena (adg)* 的血缘外，还含有 2 ~ 3 个马铃薯原始栽培种和(或)野生种血缘。涉及的近缘栽培种和野生种包括 *S. acaule (acl)*、*S. chacoence (cha)*、*S. microdotum (mic)*、*S. spegazzinii (spg)*、*S. stoloniferum (sto)*、*S. vernei (ver)*、*S. demissum (dem)*、*S. commersonii (com)*、*S. maglia*、*S. phueja (phu)* 等。到 21 世纪初，欧美大部分品种均含有上述野生种的血缘，而几乎所有新育成的马铃薯品种中都或多或少含有包括马铃薯普通栽培种安第斯亚种（*adg*）、原始栽培种富利亚薯（*phu*）和野生种落果薯（*dem*）等的血缘。

国内开展马铃薯远缘杂交的工作相对较晚，更多的工作是 20 世纪七八十年代开始从国外引进大量马铃薯种质资源。这些种质资源或多或少地包含了部分马铃薯原始栽培种和（或）野生种的一些血缘，成为我国现代马铃薯新品种选育的重要资源。其中，较为重要的亲本材料包括从马铃薯普通栽培种安第斯亚种（*adg*）中培育出的新型栽培种（Neo-tuberosum），从 CIP 引进的包含大量野生种血缘的 B 群体材料，从欧美国家引进的马铃薯普通栽培种（*tbr*）和马铃薯野生种的种间杂交后代。这些资源的引进大大丰富了国内育种单位的基因库，国内科研单位在这些引进材料的基础上进一步开展资源创新，从中选育了一大批核心亲本材料，为选育突破性马铃薯新品种奠定了基础。

通过分析 2004—2015 年云南省选育的 44 个马铃薯新品种的亲本信息，发现上述新品种的亲本中有 32.6% 是从 CIP 引进的材料，这些材料的核遗传贡献率为 36.4%。在 44 个品种中，有 CIP 亲本血缘的品种就有 27 个，占比为 61.4%，其中包括“合作 88”等主栽品种。由此可见，远缘杂交产生的种间杂种后代，大大拓宽了马铃薯普通栽培种的遗传背景，已经成为我国马铃薯新品种选育的重要遗传资源。

ABPT 种间杂交组群的选育

荷兰马铃薯育种家 Hermsen 最早报道了利用桥梁种创制 ABPT 种间杂交组群的例子。该实例涉及的马铃薯种包括两个马铃薯野生种、一个原始栽培种和一个马铃薯普通栽培种，分别是四倍体野生种 *S. acaule* (*acl*，用字母 A 表示)、二倍体野生种 *S. bulbocastanum* (*blb*，用字母 B 表示)、二倍体近缘栽培种 *S. phureja*（用字母 P 表示）和四倍体普通栽培种 *S. tuberosum*(*tbr*，用字母 T 表示)。育种家的初衷是想将二倍体 *blb* 的晚疫病抗性转育到普通栽培种中，但是该种染色体不能与普通栽培种 *tbr* 的染色体配对，导致无法完成杂交。而 *acl* 的两套染色体 A 和 C 在二倍体状态下可以互相结合，但是在四倍体状态下优先同源结合（即 A－A、C－C）。而 *acl* 与 *blb* 能够杂交，*acl* 与 *tbr* 也能够杂交。因此，使用 *acl* 作为桥梁种可以将 blb 的抗性转育到 *tbr* 中。杂交过程如图 8-3 所示。

第一步，在 *S. acaule* 和 *S. bulbocastanum*

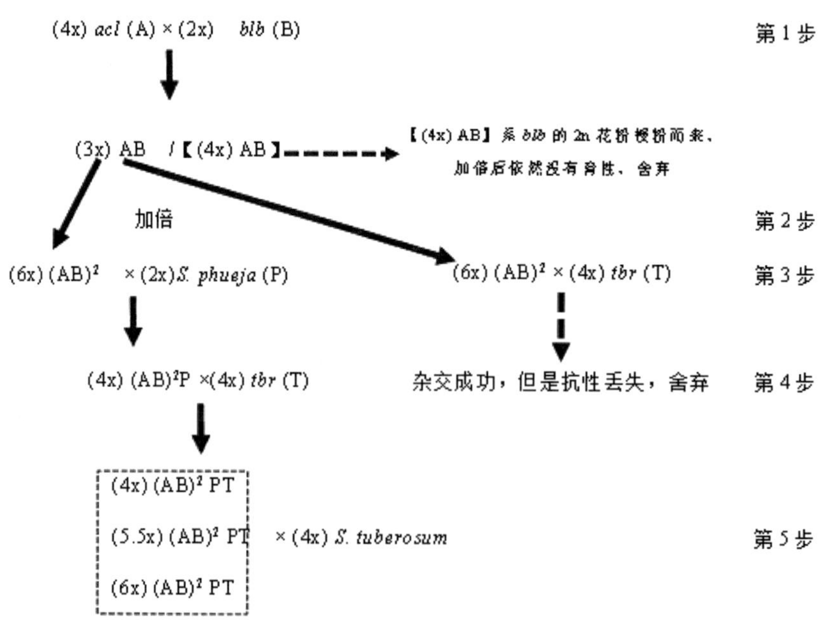

图 8-3 马铃薯 ABPT 种间杂交组群的选育流程

之间进行正反交，发现 *acl* 的花柱较短，*blb* 花柱较长，只有用 *acl* 做母本才能杂交成功。杂交后代中有三倍体（染色体配型为 AC / B）88 株、四倍体（染色体配型为 AC / BB）15 株，其中四倍体源于 *blb* 的 2n 花粉授粉而来。不论是三倍体还是四倍体后代花粉育性极低。

第二步，将 AB 杂种用秋水仙碱加倍。其中三倍体 F_1 成为正常的异源六倍体（2n = 6x = 72，染色体配型为 AACC /BB），具有完全育性。而四倍体 F_1 成为同源异源八倍体（2n = 8x = 96，染色体配型为 AACC / BBBB），仍然不育，在随后的工作中舍弃四倍体 F_1 后代。

第三步，将六倍体 F_1 与普通栽培种 *tbr* 杂交，发现杂交后代对晚疫病完全感病，表明抗性无法直接转育到普通栽培种中。此时，引入第二个桥梁种 *S. phureja*（2n = 2x = 24），使用六倍体 F_1 与二倍体 *S. phureja* 杂交，后代具有较好的抗性，并且获得的三杂交种倍性水平恢复到四倍体。

第四步，用四倍体三杂交种 ABP 与四倍体普通栽培种（T）杂交，获得了 ABPT 种间杂交组群，该组群大部分后代为四倍体，但是也有抗性更好的 5.5 倍体和六倍体。值得注意的是，这一步杂交工作十分艰难，平均结实率仅 7.8%，而每个浆果中平均种子数量仅为 0.12，种子的发芽率也仅有 21%。最终，获得了 40 个杂交后代（ABPT）。

第五步，使用 ABPT 种间杂种与普通栽培种杂交，获得具有稳定抗性的无性系。

VEPT 种间杂交组群的选育

涉及该种间杂交组群的种包括二倍体野生种 *S. verrucosum*（TV5，具有普通栽培种的细胞质）、二倍体不结薯野生种 *S. etuberosum*（E）、二倍体野生种 *S. pinnatisectum*（P）和四倍体普通栽培种 *S. tuberosum*（T）。构建该杂交组群的目的是将 *S. etuberosum*（E）中的高抗 PLRV 特性转育到普通栽培种中，其杂交流程如图 8–4 所示。

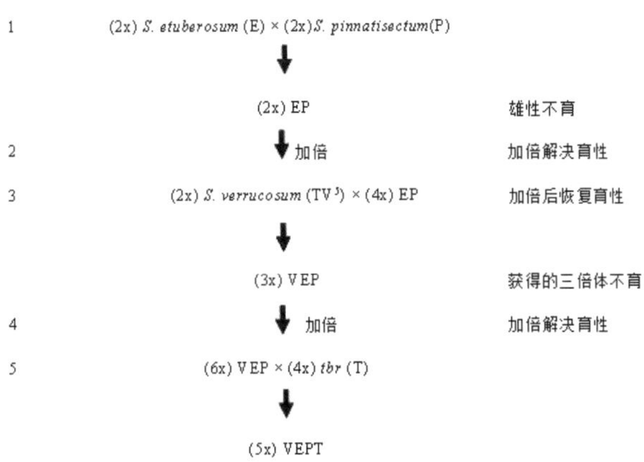

图 8–4 马铃薯 VEPT 种间杂交组群的选育流程

轮回选择

群体遗传与群体改良

群体遗传

生物进化是群体遗传组成随着时间的变化而变化的过程。群体由不同的杂交个体组成，其遗传组成由每个个体携带的基因组组成。由于个体死亡或个体进出迁移，造成群体遗传组成处在不断变化的过程。如果群体中的个体数量不同，也会影响下一代群体的构成。群体中的每个新个体都会不同程度地影响群体的基因构成。个体的基因组是双亲基因组独特组合的结果，在减数分裂过程中被隔离和重组，并且可能因突变而进一步产生变异。这些个体的个别变异对整个群体的影响可能很小，但是它是所有的个体和其世代子孙中基因的微小变化的积累，是推动进化的最基本因素。

马铃薯在自然界存在的千百年间，正是由于群体结构的不断优化重组，才造就了多样性的马铃薯种质资源。在现代马铃薯育种过程中，人工选择也在极大程度上改变了马铃薯群体结构，育种家按照育种目标有意识地选择目标性状，让马铃薯的性状朝向符合农业生产需求的方向改变。

传统群体遗传学基于观察到的等位基因频率与预期频率的分析。例如，在Wright–Fisher 模型下，研究者可能会看到有性繁殖的二倍体个体群体，而且这些种群没有重叠世代，更复杂的模型可以包含在实际群体中观察到的影响的不同方面，然而，大多数这些模型都假设群体是以有性方式繁殖的。马铃薯作为无性繁殖作物，经过人工选择后形成了各种不同需求的种质资源类型，其群体结构更为复杂。如何用群体改良的方法推动群体向育种需求方向发展，是育种家更期望看到的结果。

群体改良

传统的马铃薯育种材料多是欧洲人从南美洲引进、适应了欧洲长日照条件的普通栽培种。这些引进的材料本身基数就小，再经历 19 世纪欧洲晚疫病大爆发又丢失了许多，造成了现代马铃薯育成品种及其育种材料基因的狭窄（Mendoza and Haynes，1974），这也是多年来普通栽培品种间杂交育种停滞不前的一个重要原因。根据产量及其稳定性取决于品种的杂合性的理论，利用传统的系谱法或回交育种法对于扩大遗传多样性效果很差（Mendoza and Haynes，1973）。这种方法周期长，有时要回交 7 ~ 8 次，在引入个别优良性状的同时，许多不利野生性状通过连锁累赘，也被导入栽培种中，而且在多代回交选择过程中，由于严格淘汰野生性状，有时也丢失了许多有利基因。另外，有些资源的原始群体中，控制数量性状的优良基因频率很低，其中一些有利基因又与不利基因相互连锁，很难在某个无性系中聚集较多的有利基因。尤其是在选育多抗、高产潜力、各类专用型品种等方面，这些传统的育种手段显得无能为力。因此，欲使抗性、产量、加工性状等方面能够有所突破，应当最大限度地将各个种可利用的特性结合在一起，培育出适应性强、抗不良环境和多种病害的群体，这可以通过增加亲本遗传的多样性来实现。

而另一方面，马铃薯极其广泛的资源库等待着人类发掘其更大的作用，尤其是大量的近缘栽培种和野生种蕴含着丰富的基因资源，但是由于在日照长度、可交配性和不良性状的连锁累赘等方面的障碍，使得其应用进展缓慢。据此，CIP 在 20 世纪 70 年代提出并倡导了一种以表现型轮回选择为基础的群体改良方法。该方法利用广泛的种质资源及遗传变异材料为基础材料，将 2 ~ 3 个或更多个有特异性状的种群相结合，通过入选的优良个体间混合授粉或互交后，按照预定的选择目标，对产生的后代群体进行多种抗性鉴定、产量鉴定和加工性状鉴定及筛选，选留多个优良单株，再重复混合授粉或互交，进行周期性的轮回选择。通过数个轮回后，群体遗传多样性更为丰富，群体内优良基因发生重组，抗病、优质、丰产、适应性等优良基因频率得以提高，获得的改良群体将为马铃薯育种不断地提供优良的基础材料（见图 8–5）。

改良前，马铃薯的各种有利基因孤立地分布在不同的种中；改良后，马铃

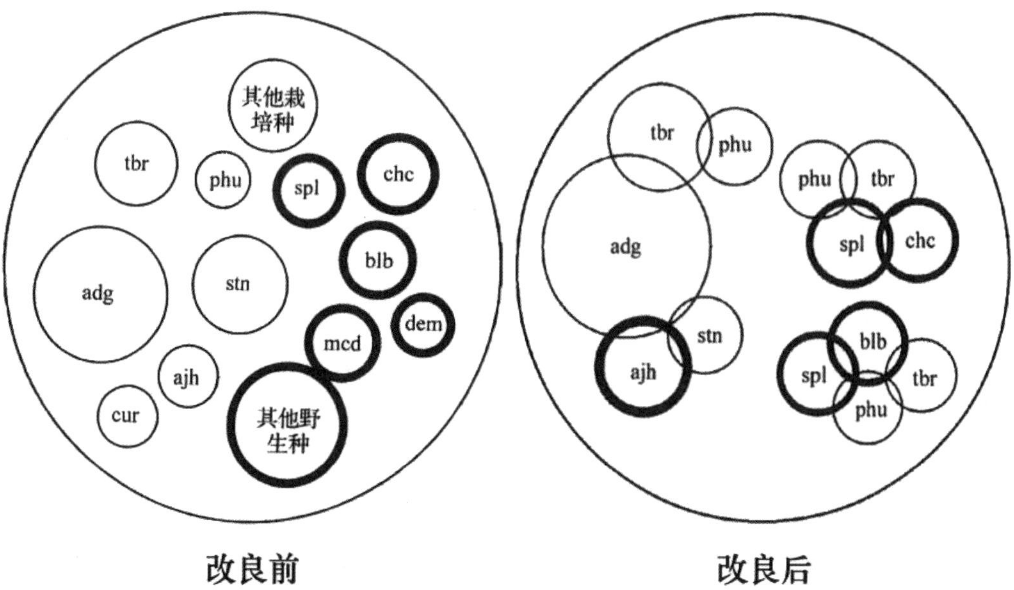

图 8–5 群体改良效果示意图
（引自 Mendoza，转引自孙慧生主编的《马铃薯育种学》）

薯不同种间发生遗传物质交流形成新的种间杂种群。

应用群体改良策略开展育种工作与传统育种工作的主要区别是前者能加强累加基因与非累加基因效应，而传统育种方法主要靠非累加基因的作用。通过轮回选择，既引进了优良的基因，又提高了育种效果，其主要优势表现在：①增加改良群体的遗传异质性和多样性，为育出高产稳产品种提供遗传基础。②增加需要的优良基因频率，如适应性、丰产性、抗病性以及对不良环境的耐受性。③同一群体内或群体间的基因重组，促进了优良性状的再结合，为现代遗传育种提供具有广泛遗传背景的育种资源。

Mendoza（1989）报道利用群体改良的方法获得了结合多个不同栽培种和野生种种群的改良群体，在这些改良群体中结合的种群包括普通栽培种的两个亚种（ssp. *tuberosum* 和 ssp. *andigena*）、原始栽培种 *S. phureja*（*phu*）、*S.stenomum*（*stn*）、*S. curtilobum*（*cur*）、*S. ajanhuri*（*ajh*）以及野生种 *S. bulbocastanum*（*blb*）、*S. microdontum*（*mcd*）、*S. acaule*（*acl*）、*S. chacoense*（*cha*）、*S. demissum*（*dem*）、*S. vernei*（*ver*）、*S. berthautii*（*ber*）、*S. sparsipilum*（*spl*）和 *S. stoloniferum*（*sto*）等。20 世纪 70 年代，东北农业大学从 CIP 引入了一批马铃薯新型栽培种群体，从 70 年代中期开始，采取在不同的地理生态条件下进行混合轮回选择的方法，对马铃薯新型栽培种进行了定向改良。在 4 ~ 6 个轮次的选择之后，这些新型栽培种群体的主要性状得到了改进，基本达到可以在马铃薯品种改良中应用的程度（陈伊里等，2004），其群体改良的一个基本方法就是轮回选择。

轮回选择

轮回选择的基本方法是通过原始群体内单株相互杂交或者使用混合花粉授粉，并且按照原始群体单株的配合力或表现型的测交鉴定结果，通过田间性状鉴定，将杂交后代中具有目标改良性状的后代基因型筛选出来，形成新的群体。经过多个轮回的筛选，使得后代群体的优良基因频率逐渐增加。轮回选择基本程序如图 8-6 所示。

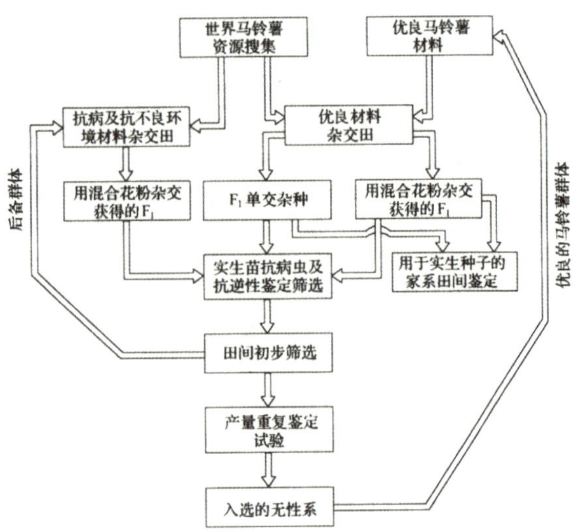

图 8-6 马铃薯群体改良的轮回选择程序（引自 Mendoza，转引自孙慧生主编的《马铃薯育种学》）

这个程序包括了对两个群体——优良群体和后备群体的选择。后备群体主要来源于马铃薯资源库中的原始栽培种和野生种，也包括经过一到两个轮回筛选初步选定的后代单株。进入后备群体的材料在综合性状上可能还有一些不足，但是其必须具有特定的优良性状（如抗病性、抗逆性等），并且能够保留起始群体丰富的遗传变异，是马铃薯群体改良的重要基础材料。与后备群体不同的是，入选优良群体的单株是通过不同的育种计划入选的品种和优良的无性系组成的基因库。这个群体一般是从 CIP 的马铃薯资源库中入选的一些无性系间的杂交后代，并且经过 4 ~ 6 个轮回选择而产生的优良单株。这些筛选过的单株已结合了多种抗性和对环境条件的适应性，每经一个轮回选择，都有一系列优良的无性系充实这个群体。因此，这个群体既有广泛的遗传基础，又增加了优良基因频率和理想性状的重组。

通过轮回选择，改良后备群体的目的是增加抗性和优良基因频率，将抗病虫基因和耐不良环境的基因重组，改进农艺性状,缩小与优良群体的遗传距离。当优良群体中需要导入某个新性状时，可选自经过改良的备用群体，以保护优良群体中许多已经形成的特性不遭破坏。在轮回选择的初期，受来自原始栽培种和野生种的一些不良性状的影响，入选的无性系频率很低，在多次的轮回选择过程中，不良性状的影响显著降低，入选的无性系频率也相应提高。

要实现上述育种方法，在选择过程中需要研究大量的杂交组合，入选较多的杂交后代，扩大群体规模，保持广泛的遗传变异性，最大限度地避免近亲繁殖，并且可以选用特定的鉴定和筛选方法，如分子标记辅助选择等。CIP 通过十多年的群体改良，应用轮回选择取得了显著效果，群体中耐热性、早熟、青枯病抗性、根结线虫抗性、晚疫病田间抗性、耐霜冻等性状的入选频率都得到了显著的提高（Gautney and Haynes，1983）。这些得到改良群体的优良株系已经通过各种合作的形式被广泛地应用到世界各地的马铃薯育种中来，并且获得了许多优秀的后代品种（系），开创了马铃薯遗传育种的一个新的历程。

为了拓宽中国马铃薯品种和遗传多样性，丰富抗病（晚疫病、青枯病和主要病毒病等）和优良品质（高淀粉、低还原糖等）的资源库，东北农业大学等育种单位先后从加拿大、国际马铃薯中心引入 Neo-tuberosum 的实生种子，后经过各育种单位多轮选择后，多种性状得到了很大改善，如改良轮回群体中出现了抗晚疫病、青枯病及主要病毒（PLRV、PVX、PVY 等）的抗源材料，也有一批具有高淀粉、高蛋白、高维生素 C、低还原糖的无性系和一大批优良亲本材料。利用这些轮回选择群体，各育种单位通过直接从这些优良材料中选育或与栽培种杂交育成一批优良新品种，如“克新 10 号”“晋薯 8 号”“内薯 7 号”“中薯 4 号” “呼薯 7 号” “蒙薯 10 号” “鄂马铃薯3号”“鄂马铃薯5号”“华薯2号”和“华恩1号”等。

群体改良案例

1971年成立于秘鲁利马的CIP在建立之初就意识到，有必要为发展中国家提供遗传基础广泛的马铃薯新种质和候选品系，特别是对晚疫病具有持久抗性的种质，并开始了马铃薯B群体的研发。马铃薯B群体是CIP最早向世界各地分发的一个群体。该群体是在CIP原来收集到的对晚疫病具有较高抗性的A群体基础上，剔除了主效抗性基因，只保留高水平抗性单株组成的一个群体。随后分发的群体B1主要包括适应短日照条件下结薯的安第斯亚种，而B2群体则是通过安第斯亚种杂交后筛选出的适应长日照结薯的材料构成。在群体B1和B2的基础上，引入马铃薯野生种的种质，通过早代筛选中剔除了含有*R*基因的单株，创制出了B3群体。B群体（包括B1、B2、B3群体）的改良目的是帮助发展中国家获得适用于不同环境下的改良品种，并赋予这些品种稳定而持久的晚疫病抗性和病毒病抗性，同时块茎类型能满足不同的需求，烹饪特性和加工质量符合食用需要。

图8-7显示了B3C1群体材料393075.54的系谱图，可以看出该材料血缘包含有墨西哥来源种质群（Mex Bulk）、早熟马铃薯种质群（Precoz Bulk）、ABPT种间杂种以及早期搜集的马铃薯A群体材料Nevada，India-1058，Monserrate等。该材料在创制初期使用原始群体墨西哥来源种质群（Mex Bulk）和早熟马铃薯种质群（Precoz Bulk）的混合花粉授粉筛选单株。而混合花粉授粉是马铃薯轮回选择过程中最常用也是最经济有效的资源创制方法之

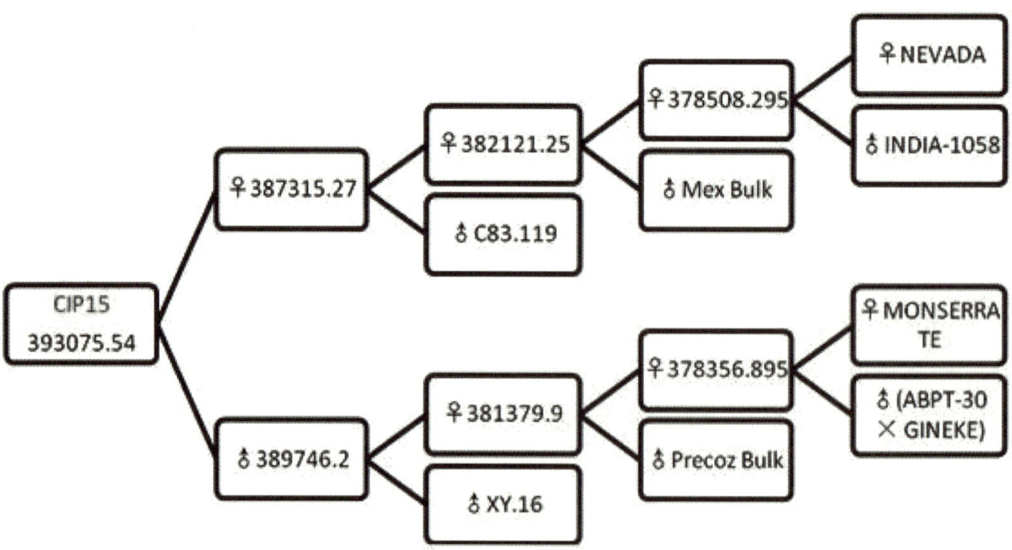

图8-7 B3C1群体材料393075.54的系谱图

一。根据现有资料的追溯，B3C1 群体材料的起源非常复杂，遗传背景也十分丰富，涵盖了现代马铃薯育种中所使用的主要种质资源。

值得注意的是，为了评估 B 群体材料的长日照适应性，B 群体在开展轮回选择的同时也在阿根廷、韩国等地开展长日照适应性评估，以满足群体目标使用区域的适应性，扩大 B 群体材料在长日照条件下的适应性。通过 B 群体材料在世界各地分发利用，B 群体材料后代的晚疫病抗性及其他主要性状均得到进一步改良，并迅速适应了不同的环境条件，成为世界各地重要的马铃薯育种基础材料。

此外，CIP 的育种家还开发了一个适应热带低地抗病毒马铃薯群体——LTVR（Lowland tropic virus resistant）群体。该群体一方面整合了在秘鲁高温季节培育的源自马铃薯普通栽培种安第斯亚种 *S. tuberosum ssp. Andigena*（*adg*）中耐高温和薯块形成早的特性，同时也集合了 *adg* 和马铃薯新型栽培种（Neo-tbr) 中的病毒病抗性。通过几个世代的轮回选择，在秘鲁海岸的热带低地环境中进行反复选择和评估，筛选出同时具有对马铃薯 X 病毒（PVX）和马铃薯 Y 病毒（PVY）极端抗性的后代，并且在这几个轮回选择周期中，后代群体能更好地适应热带低地的温暖环境。目前，CIP 的育种家还将源自欧洲及其他长日照地区选育的优良种质加入到轮回选择程序，用以提高后代群体对马铃薯卷叶病毒（PLRV）的抗性，改良其早熟性及商品性。

因此，不论是 B 群体还是 LTVR 群体，CIP 群体改良工作的目的是为给位于热带高地或低地的发展中国家提供源源不断的马铃薯新品种（系）以及中间育种材料。这些新材料必须面临的挑战包括: ①在目标区域热带和亚热带高地，晚疫病和胞囊线虫的压力越来越严重。②在温暖、干旱的产区，将受到病毒、细菌、干旱、根结线虫和其他害虫的挑战。通过轮回选择改良 LTVR 群体和（或）B3 群体，需要引入新的种质、新的筛选方法和多点试验场地，以保证经过改良的群体后代能够更快地传播到国内外育种家手中。

从20世纪80年代末开始，B群体（主要是 B3 群体和 B3C1 群体）和 LTVR 群体材料通过 CIP 在世界各地的分支机构迅速分发到全球育种者手中，对推动全球马铃薯育种尤其是发展中国家马铃薯新品种改良起到了积极作用。

一方面，利用引进的 B 群体材料或含有 B 群体材料血缘的杂交组合实生籽选育了一批突破性马铃薯新品种，其中最有代表性的品种是“合作 88”和“青薯 9 号”。1990 年，云南师范大学和云南省会泽县农业技术推广中心利用从 CIP 引进的一批杂交种子，经过长达 5 年 9 轮的田间选择和评价之后，从其中一个母本为“I－1085”（CIP 高代品系）、父本为 BLK2（B 群体中 15 个抗晚疫病材料混合授粉后代）的组合中选育出一个新品种，并以“合作 88”命名（He and Wang，1993）。自 1996 年“合作 88”通过云南省审定以来，该品种迅速成为中国西南地区最重要的马铃薯新品种，被誉为 CIP 与中国合作的成功典范。2000 年，青海省农林科学院生物技术研究所从 CIP 北京办事处引进了利用 B 群体材料“387521.3”（母本）与荷兰品种“Aphrodite”（父本）配制的杂交组合实生籽，并从实生 1 代材料 C92.140 中经系统选育，育成了马铃薯新品种“青薯 9 号”，也曾是全国种植面积最大的马铃薯品种之一。

另一方面，利用从 CIP 引进的群体改良资源材料开展了大量的马铃薯新品种选育和资源创新工作。据不完全统计，目前全国大面积种植的 100 多个马铃薯品种中，有大约三分之一的品种具有 CIP 种质资源的背景，而这些资源中最重要的就是 CIP 通过轮回选择手段进行群体改良的资源材料。据统计，截至 2013 年年底中国育成与 CIP 种质资源相关的 100 多个马铃薯新品种，其中有接近一半使用 CIP 资源作为亲本（如“中薯 2 号”“鄂马铃薯 3 号”），三分之一是引进 CIP 杂交组合进行筛选（如“合作 88”“青薯 9 号”“丽薯 6 号”），剩余部分为引进 CIP 品种（系）直接鉴定为新品种（如“冀张薯 8 号”）。2002 年，华中农业大学从 CIP 引进了晚疫病水平抗性群体 B3C1 材料 27 份，并以此为起始群体，利用轮回选择手段，结合了国内具有优良农艺性状、适应性好的种质资源材料，通过混合花粉授粉、优良表型田间选择以及分子标记辅助背景选择，在尽可能保存 B3C1 广泛的遗传背景的前提下，获得了晚疫病抗性和适应性均明显提高的后代群体 B3C2 和晚疫病田间抗性较国内现有材料明显增强的改良群体 IB3C2，为国内晚疫病持久抗性品种的选育提供了重要的遗传资源。同时，利用引进的 B3C1 群体单株杂交选育出马铃薯新品种“华渝 5 号”。此外，通过与 CIP 合作，B 群体和 LTVR 群体材料陆续被引进到中国，成为国内主要马铃薯科研单位最重要的育种资源之一。相信在可预见的未来，一批含有上述群体血缘的有突破性的马铃薯新品种将不断涌现。

马铃薯倍性操作与分解综合育种

染色体数与倍性

染色体数与倍性简介

马铃薯的基本染色体数为 x = 12，在自然界中存在着丰富的不同倍性的种质资源，有二倍体（2n = 2x = 24，见图 9–1a）、三倍体（2n = 3x = 36，见图 9–1b）、四倍体（2n = 4x = 48，见图 9–1c）、五倍体（2n = 5x = 60，见图 9–1d）和六倍体（2n = 6x = 72，见图 9–1e）。据报道，在 160 多个结薯种中，74.4% 是二倍体，11.5% 是四倍体，其他倍性所占比例很小。现在广为接受的马铃薯分类系统是 Spooner 于 2014 年提出来的，他把马铃薯划分为 107 个野生种和 4 个栽培种，其中野生马铃薯大部分为二倍体。栽培马铃薯的 4 个种分别为

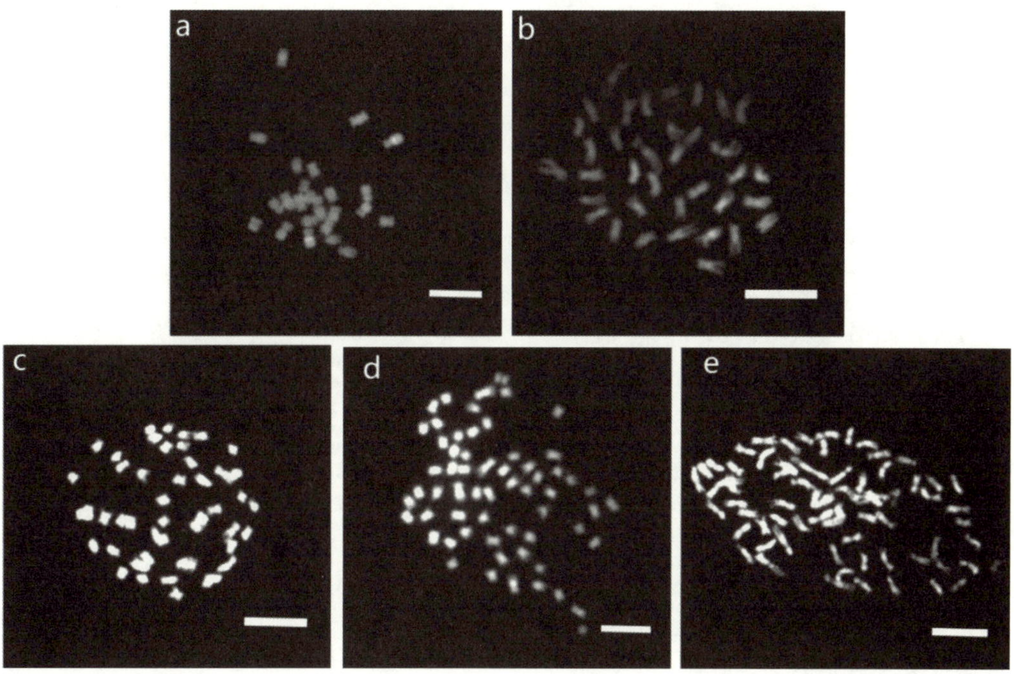

注：a. 二倍体马铃薯染色体；b. 三倍体马铃薯染色体；c. 四倍体马铃薯染色体；d. 五倍体马铃薯染色体；e. 六倍体马铃薯染色体

图 9–1 不同倍性的马铃薯染色体（引自赵庆浩，2020）

S.tuberosum、*S. ajanhuiri*、*S. juzepczukii* 和 *S. curtilobum*，其中 *S. tuberosum* 栽培种又包括 *Andigenum* 和 *Chilotanum* 两个亚种，*Andigenum* 亚种中有二倍体、三倍体和四倍体等，*Chilotanum* 栽培种都为四倍体；*S. ajanhuiri* 栽培种均为二倍体，*S. juzepczukii* 栽培种均为三倍体，而 *S. curtilobum* 栽培种均为五倍体（Spooner et al，2014）。

染色体工程

染色体减倍

植物减数分裂形成的配子具有体细胞一半的染色体数，因此，通过诱导未受精配子单性发育的孤雌生殖（诱导雌配子）或孤雄生殖（诱导雄配子），就可以从四倍体获得二倍体。通常把具有配子染色体数的个体称为“单倍体”（Haploid），但由四倍体配子诱导的植株的染色体数目与二倍体诱导的植株不同，不是 x 而是 2x，为了区别起见，故将马铃薯四倍体栽培种诱导的单倍体称为“双单倍体”（Dihaploid，2n = 2x = 24），而将由二倍体种或由双单倍体诱导的单倍体称为“一倍体”（Monohaploid，n = x = 12）。

马铃薯的双单倍体除了能提高育种效率外，在引进野生种质方面，也具有重要意义。这是因为，在马铃薯家族中占 75% 左右的野生种都是二倍体，它们与四倍体杂交产生的三倍体很难发育，限制了这些野生种质资源的利用。如果把四倍体（2n = 4x = 48）先变为双单倍体（2n = 2x = 24），则它们很容易与野生二倍体种杂交，获得具有优良特性的后代，这在解决马铃薯栽培种种质资源贫乏问题方面起着很重要的作用。此外，由双单倍体可以进一步诱导出一倍体（n= x = 12），将一倍体通过两次染色体加倍，可以获得纯合的四倍体品系。纯合的四倍体是很难用常规自交的方法获得的，它在生产不分离的杂种实生籽中起着重要的作用。由于绝大多数病毒不通过实生籽传播，因此，实生籽在早期解决马铃薯品种退化方面起着重要的作用。但由于现有马铃薯品种都是来自杂种的无性系，实生籽的分离很大，不能保证其产量和品质，因而限制了实生籽在生产中的应用。若能生产出高产、优质且具有强杂种优势而又无分离的实生籽，则为实生籽的利用开辟了道路，而生产不分离实生籽的一个先决条件就是要培育出纯合的四倍体亲本。因此，诱导一倍体是生产不分离实生籽最关键的一步。

利用诱导孤雌生殖的方法获得双单倍体的研究早已开始，自从 20 世纪 60 年代初发现用一个南美洲的二倍体栽培种 *S. phureja* 的个别株系与四倍体普通栽培种授粉，能诱导后者孤雌生殖，产生双单倍体，并选育出了高频率的诱导品系（如 IVP35 等）以来，人工诱导双单倍体的工作逐渐进入实用性阶段，已获得了大量双单倍体品系。随后欧美各国主要用这种方法诱导双单倍体。但这种方法也有它的缺点，例如易受到影响开花结实的一些自然因素的影响，不同品种可诱导性有较大的差异，以及在授粉过程中可能发生父本部分染色体或染色体片段进入卵细胞而使某些性状发生变异等。

20 世纪 60 年代末发展起来的通过花药培养诱导花粉孤雄生殖产生单倍体的技术是诱导双单倍体的另一方法，它与孤雌生殖法相配合能够取长补短，大大地扩大了诱导双单倍体的范围。马铃薯花药培养诱导双单倍体的研究虽然早在 20 世纪 70 年代就有成功的报道，但四倍体普通栽培种的诱导频率一直很低。如据 Uhring（1983）的报道，他们在提高诱导频率方面做了一系列的研究，较高频率的诱导效果仅限于少数无性系及其杂交后代，但对于大多数的品系，诱导频率仍很低，有不少基因型的诱导频率为零。这种强烈的基因型限制和低诱导率影响了花药培养法在马铃薯育种实践中的运用。为了研究提高马铃薯四倍体栽培种花药培养诱导双单倍体频率的途径，使这一技术能在马铃薯育种实践中应用，从 20 世纪 80 年代初开始，进行了大量的研究工作，取得了良好进展，不仅使诱导双单倍体的频率大大提高，而且还从许多品种或品系中获得大量的双单倍体植株。试验证明双单倍体表现出极强烈的分离，即使由同一花药诱导出的植株，无论在表型上或在生活力的强弱上均表现出极大的差异，每个植株都是一个独特的基因型，分离范围和程度比四倍体的自交后代大得多，可以提供极丰富的育种材料。

在诱导大量双单倍体的基础上，进一步利用花药培养法或孤雌生殖法由双单倍体诱导一倍体植株，它们具有 n=x=12 的染色体数。一倍体植株与双单倍体植株一样，具有广泛的分离，不仅在生活力方面有很大的差异（有的生长很正常，有的生活力很弱，继代培养几次后就夭亡了），而且在植株和农艺性状方面的差异也很大，有的品系表现出较好的抗病性和较高的生产能力，这为今后培育产量较高的纯合二倍体或纯合四倍体提供了良好的材料。从大量试验研究结果来看，把四倍体降倍进行的“分解育种”的确具有其优越性，可以选出大量好的育种材料供育种家们使用，这在四倍体水平上是很难办到的。

染色体加倍

诱导双单倍体和一倍体的最终目的是要把它们通过杂交和染色体加倍综合成杂种四倍体。在“综合育种”过程中，对双单倍体和一倍体进行染色体加倍的技术也十分关键。研究发现，用试管苗的茎段或叶片通过诱导愈伤组织和再分化植株，可以高频率地获得加倍的二倍体（由一倍体产生）和四倍体（由双单倍体产生）。双单倍体产生的实生籽用秋水仙素浸种后再置于培养基上培养，以减少因根系发育受阻而引起死苗的问题，对于提高加倍植株的频率也具有较好的效果。

根据戴朝曦（1982）对大量双单倍体的观察发现，双单倍体杂交后能够分离出独特的优良性状，如抗病、早熟、薯形好、淀粉含量高、结薯集中或者丰产性较好，为育种提供了有价值的材料，充分证明了把四倍体水平降到二倍体水平进行“分解育种”的优越性。利用这些优良品系与一些有利用价值的二倍体野生种如 *S. microdontum*、*S. vernei*、*S. bulbocastanum*、*S. infundibuliforme*、*S. verrucosum*、*S. phureja*、*S. spegazzinii* 等进行了大量的杂交，得到了不少远缘杂种，这些杂种大部分仍为二倍体，但也有少数为四倍体，这可能是由双单倍体和野生二倍体中所形成的染色体未减数的 2n 配子受精后形成的。因为已有大量研究证明，在双单倍体和野生二倍体种中，2n 配子的产生是一种常见的现象。研究结果表明这些二倍体或四倍体杂种，大部分表现出较强的杂种优势，若把这些二倍体杂种染色体加倍成四倍体，产量和品质等将会进一步提高。

倍性鉴定方法

直接鉴定法

马铃薯染色体倍性的鉴定方法分为直接鉴定法和间接鉴定法。直接鉴定法也称染色体计数法，是确定染色体倍性最基本和最精确的方法，一般以根尖、茎尖、幼叶、花蕾、芽以及愈伤组织为材料，用染色液进行染色压片，在显微镜下观察细胞分裂中期的染色体并计数。国内外通用的制备植物染色体标本的两种基本方法是压片法和去壁低渗—火焰干燥法。

压片法是以人工外加的机械压力而使染色体分散压平，其优点是程序简单，机动性大，固定的材料可以较长时间保存备用，细胞集中在盖片下的小范围内，不易丢失，且便于镜检。此外，它还易于保持一个细胞染色体的完整性。基于以上优点，压片法至今仍是作为植物染色体计数和一般形态观察分析的最方便快捷的方法。

去壁低渗—火焰干燥法适合染色体较小、根较硬且不易充分软化的植物。它是在除去细胞壁的条件下，利用表面张力而使染色体自行铺展，类似于人类染色体的制片方法，它可进行染色体计数，也可进行染色体组型分析，并可借助扫描电镜对染色体进行观察，但该方法需要具备良好的实验条件，且操作过程繁琐，工作量大。

马铃薯由于其倍性复杂，因此染色体数也不尽相同。肖增宽等（1994）利用马铃薯块茎发根，取其根尖压片，对四倍体马铃薯（*S. tuberosum*）进行染色体核型分析，取得了理想的结果，得到了两种四倍体材料的核型和组型表达式。李先平等（2002）以匍匐茎尖为材料，对马铃薯进行了倍性鉴定，同样观察到了二倍体与四倍体马铃薯的染色体。而有关用去壁低渗—火焰干燥法进行马铃薯染色体分析的研究尚未见有关报道。

间接鉴定法

流式细胞鉴定法

该方法是通过流式细胞分析仪对大量处于分裂间期染色体的 DNA 含量进行测定，然后经计算机自动统计分析，绘出 DNA 含量（倍性）的分布曲线图。其步骤是：将样本置于含有对 DNA 特异性的荧光染料 DAPI 缓冲液中，用刀片切碎，悬浮液经 20 ~ 40 μm 的筛网过滤，调整细胞核密度 10 万 ~30 万个 / ml。由于 DNA 含量与荧光信号强度成正比，可用流式细胞仪检测每个细胞核荧光信号强度。细胞核的倍性最后以 C 值表示，1C 表示单倍体，2C 表示二倍体，依次类推。赵庆浩（2020）采用流式细胞仪对 44 个体细胞杂种进行倍性鉴定，以已知倍性的二倍体野生种 MLM266–2 峰值为 50，四倍体栽培种 E3 峰值为 100 作对照，体细胞杂种的倍性可与对照对比得出。鉴定结果表明，44 份体细胞杂种中六倍体株系有 26 份，占被检测总数的 59.09%。除此之外有非整倍体株 6 份，占被检测总数的 13.64%；五倍体株系 5 份，占被检测总数的 11.36%；四倍体株系 5 份，占被检测总数的 11.36%；七倍体株系 2 份，占被检测总数的 4.55%（见图 9–2）。

气孔大小及保卫细胞叶绿体数目鉴定法

染色体倍性与叶片气孔及保卫细胞叶绿体数的关系已有报道。研究表明玉米实生苗和试管苗表皮细胞叶绿体数与

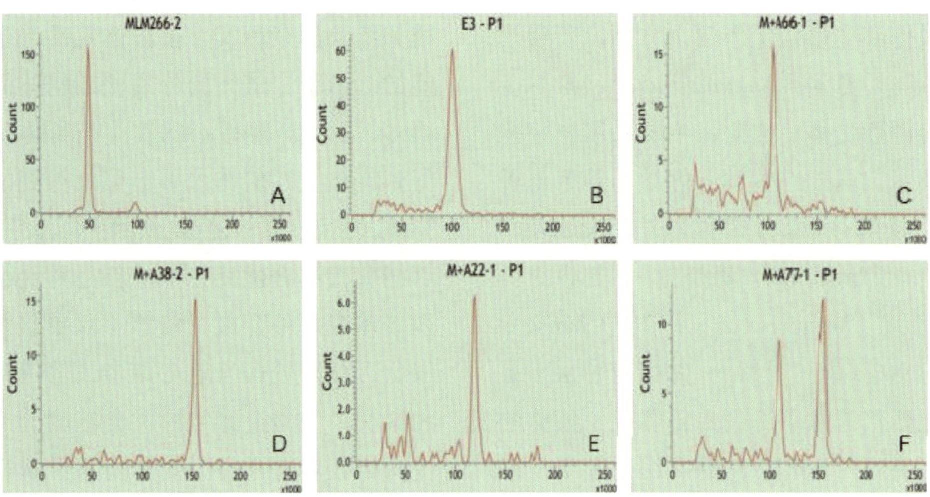

A. MLM266–2；B. E3；C. M+A66–1；D. M+A38–2；E. M+A22–1；F. M+A77–1

图 9–2 部分体细胞杂种倍性鉴定图（引自赵庆浩，2020）

染色体倍性成正相关，说明用保卫细胞叶绿体计数法对大量植株的倍性进行筛选是可取的。在对马铃薯体细胞杂种植株进行鉴定时，司怀军等（1998）也采用了植株的气孔叶绿体数和气孔密度来区分二倍体和四倍体，研究发现，与二倍体的双亲相比，杂种植株的下表皮气孔保卫细胞叶绿体数目较多，但单位面积气孔数目较少，明显地表现出四倍体的特征。

植物形态指标鉴定法

随着细胞染色体倍性增加，植物细胞和各器官体积一般趋于增大。马铃薯二倍体与四倍体在形态上的差别同样有相关报道，对二倍体马铃薯的主要农艺性状进行分析时发现，相对四倍体来说，大部分的二倍体马铃薯叶色浅，长势较弱，芽眼较深，薯形以圆形所占比例大，且二倍体的单株产量低，花粉败育率高（吕文河等，1999）。

倍性操作

双单倍体和一倍体的诱导及利用

分解 – 综合育种法

植物染色体工程技术主要包括整倍操作和非整倍操作两个方面。普通马铃薯栽培种（*Solanum tuberosum* L.）为同源四倍体。因此，主要采用整倍操作技术。国外一些学者倡导马铃薯育种的“分解 – 综合育种法”（Analytic-synthetic breeding）就是这一技术的具体运用（Wenzel et al，1979；Chanse et al，1963）。“分解 – 综合育种法”是先把四倍体水平降到二倍体或一倍体的水平去进行选育，然后再综合起来，恢复到四倍体水平。把四倍体水平降到二倍体水平有很多好处：①由于四倍体基因的分离比较复杂，特别是对有利隐性基因，很难在杂种后代纯合化表现出来，要使它们表现并加以选择，杂种后代群体的个体数不得不大大增加，马铃薯又是大株行距作物，在实际育种工作中种植如此大的杂种实生苗群体几乎是不可能的。由于二倍体的分离比四倍体简单得多，因此，用较小的实生苗群体就能得到许多在四倍体水平上很难得到的变异体，再经过加倍，恢复到四倍体水平后，就能获得具有优良性状的新品种。②把四倍体栽培种变成二倍体（双单倍体）以后，可以较容易地与许多二倍体野生种杂交，使引进野生种优良基因的工作变得比较容易进行。③马铃薯性状遗传规律的研究在四倍体水平上由于分离的复杂性，很难进行，但在二倍体水平上则容易得多。④四倍体基因分离复杂，用常规的自交方法很难获得纯系，常常需自交几十代以上才能获得大体上纯的品系。⑤由于马铃薯存在自交衰退现象，自交几代或十几代，往往就不能开花了，使自交无法进行下去。但用降倍后再加倍的方法，先把四倍体变成二倍体，再变成一倍体，然后通过两次染色体加倍，就可以在较短的时间内获得高质量的纯系，为进一步培育出不分离的杂种实生籽创造了条件。

由四倍体栽培种诱导产生的双单倍体（2n = 2x = 24）不仅在“分解 - 综合育种法”中对于提高育种效率有重要意义，而且在引进野生种质的优良基因方面也具有重要作用。马铃薯家族中有数百个近缘野生物种，是一个巨大的基因库，有许多有利用价值的基因（如抗病、抗寒、抗虫、高蛋白、高淀粉和低还原糖），对于进一步提高马铃薯育种的水平极为有用。但马铃薯野生种 75% 左右的都是二倍体，它们很难与四倍体普通栽培种杂交。过去多采用先将二倍体野生种加倍成四倍体然后再与四倍体栽培种杂交的方法，但实践证明效果并不好，即使杂交成功也仍然是建立在四倍体水平上的，选育效率不高。大量试验证明，如果先将四倍体普通栽培种降为二倍体，培育出的双单倍体则很容易与二倍体野生种杂交。在二倍体水平上对杂种先进行选择，然后再加倍成四倍体，效果比较好，育种效率可大大提高。后来大量的试验也充分证明了这一点。此外，由双单倍体还可以进一步诱导出一单倍体，再通过加倍可以获得纯结合的二倍体或四倍体，它们是选育不分离实生籽的基础，也是研究马铃薯遗传的良好材料。不分离实生籽在防止品种退化、解决就地留种问题和利用杂种优势进一步提高马铃薯产量等方面有着十分重要的意义。

孤雌生殖途径

早在 1939 年 Ivanovskaja 等（1939）就发现在用一个二倍体种 *S. phureja* 与四倍体栽培种授粉时，杂种后代出现了双单倍体植株，但是一直未引起人们的重视和应用。直到 1958，经过 Hougas 和 Peloquin（1958）深入研究之后才引起了人们的重视并开始在遗传育种研究中应用。经过多年的选择，选出了一批高频率的诱导品系，如 IVP35、IVP48、PI225628.1.1、PI225628.1.3 和 PI225628.1.22 等，使双倍体的诱导频率大大提高，最高的可达到每 100 个浆果产生 993 个双单倍体植株。另外，又给诱导品系引入了在种子胚部位的粉红色斑点显性基因，可以根据授粉后产生的种子是否有此粉红色胚点而区分其是否是双单倍体（无胚点者为双单倍体）。随后国外有许多研究单位都主要采用此法诱导双单倍体。Van Breukelen 等（1977）又用此法由双单倍体诱导出了一单倍体。但这种方法在实践应用中存在着一些缺点，如授粉和结实受外界条件的影响较大，不少品种不易坐果或结实，诱导频率在不同基因型之间差异很大，以及父、母本间的花期不遇等。特别是由双单倍体诱导一单倍体，其诱导频率比较低，难度更大。

20 世纪 80 年代，有人试图用未授粉的子房或胚珠离体培养的方法，人工诱导孤雌生殖产生双单倍体，但成功率很低，只有中国科学院遗传研究所报道用处于单核期花粉的未授粉子房进行培养的方法，由两个品种所产生的愈伤组织中分化出了 26 株双单倍体植株（Tao et al，1988）。离体培养的方法可以克服在植株上诱导孤雌生殖的一些缺点，但仍然需要进行深入研究，以提高诱导频率。

传统方法获得马铃薯二倍体自交系一般需要多代自交，周期长、效率低，而单倍体育种只需通过单倍体诱导和加倍两个世代即可实现纯系的创制，显著加快自交系的选育进程和效率，是农业生物育种中的共性关键技术。中国农业科学院深圳农业基因组研究所的黄三文团队利用双单倍体技术构建了高纯度二倍体马铃薯自交系的方法体系（Zhang et al，2022），为二倍体马铃薯杂交育种提供了强有力的技术保障。研究人员发现玉米和番茄中单倍体诱导基因 *DMP* 在马铃薯中具有较高的保守性，并利用 CRISPR / Cas9 系统结合 FAST-Red 荧光筛选标记，获得了 StDMP 功能缺失的突变体。在此基础上，进一步通过杂交、荧光筛选、分子标记鉴定、流式细胞仪测定以及秋水仙素加倍获得了近乎 100% 纯合的二倍体马铃薯材料（见图 9–3）。此外，该研究通过对单倍体进行全基因组测序发现，单倍体的基因组均来自母本，不含有父本的片段和非整倍体片段，说明 StDMP 突变体可诱导产生纯母本来源的单倍体。此外，通过分析基因组的杂合 SNP 分布发现，与高代自交系相比，单倍体的基因组几乎不含任何杂合的区域，基因组纯合度显著高于高代自交系。该研究构建的利用双单倍体技术获得高纯度二倍体马铃薯自交系的方法，与传统自交的方法相比，不用克服马铃薯二倍体自交不亲和的结构性障碍，且大幅缩短了育种周期，大约可在 8 个月内完成，这将为实现马铃薯快速育种提供新的解决方案。

孤雄生殖途径

利用花药培养的方法，人工诱导孤雄生殖现已成为获得单倍体的重要方法（见图 9–4），已在许多种植物中获得成功。马铃薯四倍体栽培种的花药培养早在 1973 年就有获得成功的报道（Dunwell et al，1973），但只从一个品种中得到了一株双单倍体植株。Foroghi–Wehr 等（1977）用花药培养法由双单倍体诱导出一倍体以来，经过一系列研究发现，不少双单倍体品系能大量地由胚状体直接成苗，产生出一倍体。不经过愈伤组织阶段，因而国外在马铃薯花药培养方面的研究大多集中在由双单倍体诱导一倍体方面，用四倍体栽培种研究很少。直到 20 世纪 80 年代初，中国学者在马铃薯四倍体栽培种花药培

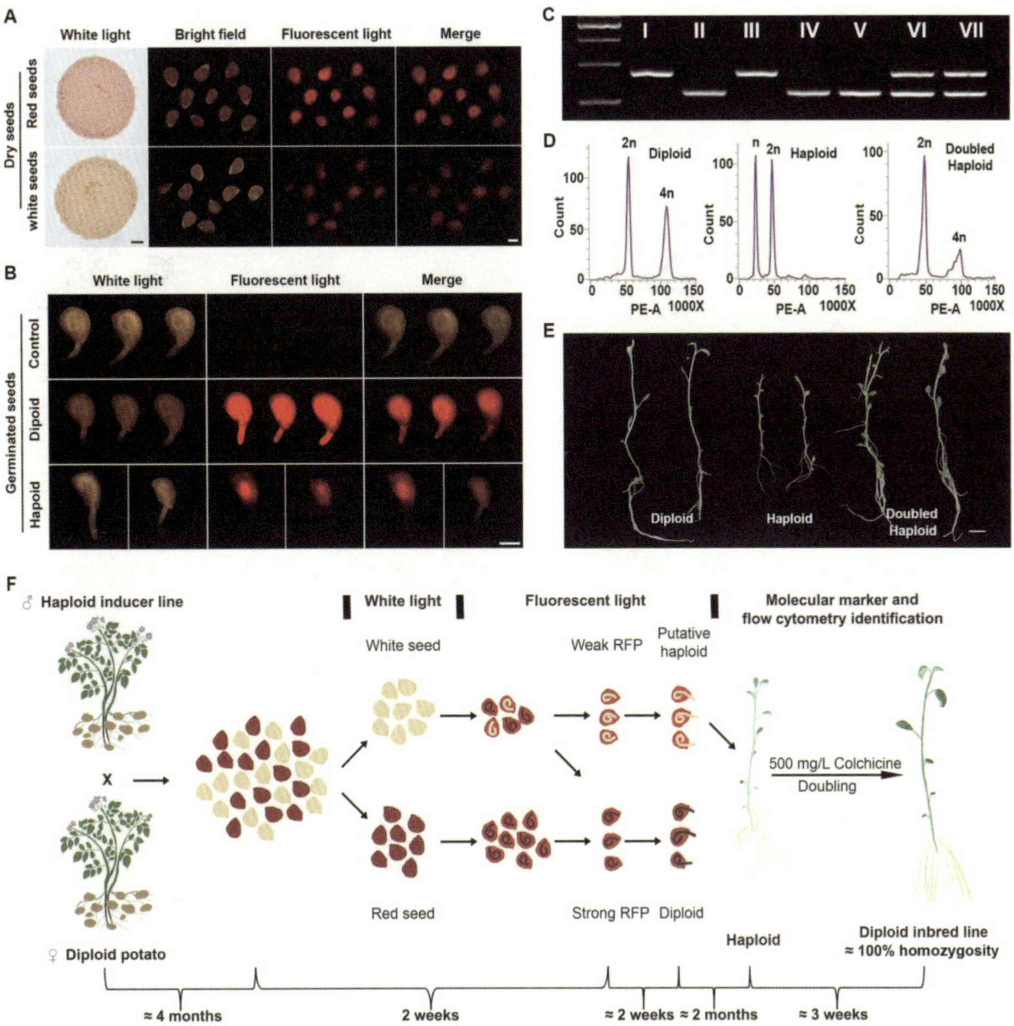

A，B：基于 fast-red 的单倍体种子鉴定。在白光下，由于 FAST-Red 标记的存在，杂交种子可分为白色种子和红色种子。部分白色种子在荧光光照下表现出较弱的 RFP 信号（A）。种子萌发过程中，单倍体在胚根尖不表现出 RFP 信号（B）。C：用诱变系和测试系之间的多态性标记对推测的单倍体幼苗进行基因分型。罗马数字 I 至 VII 分别代表 S15-65（I）、PG6359（II）、stdmp 突变体（III）、PG6359-9stdmp 的单倍体（IV 和 V）、PG6359-9stdmp 的二倍体（VI 和 VII）。D：对二倍体对照、推定单倍体和双单倍体进行流式细胞术倍性验证。E：单倍体、二倍体和双单倍体的表型。单倍体植株的营养器官比二倍体或双倍单倍体植株小。F：利用 stdmp 诱导系进行马铃薯纯合子二倍体繁殖的示意图。在白光下，杂交种子可以很容易地分为白色和红色种子。在荧光光照下，选取少量 RFP 信号较弱的白色种子进行进一步分析。检查发芽种子的根尖是否存在 RFP 信号。初生根尖无 RFP 信号的种子为单倍体，分子标记和倍性分析进一步证实了这一点。用秋水仙碱处理真单倍体植株获得双单倍体。

图 9-3 孤雌生殖诱导马铃薯二倍体纯合子（引自 Zhang et al，2022）

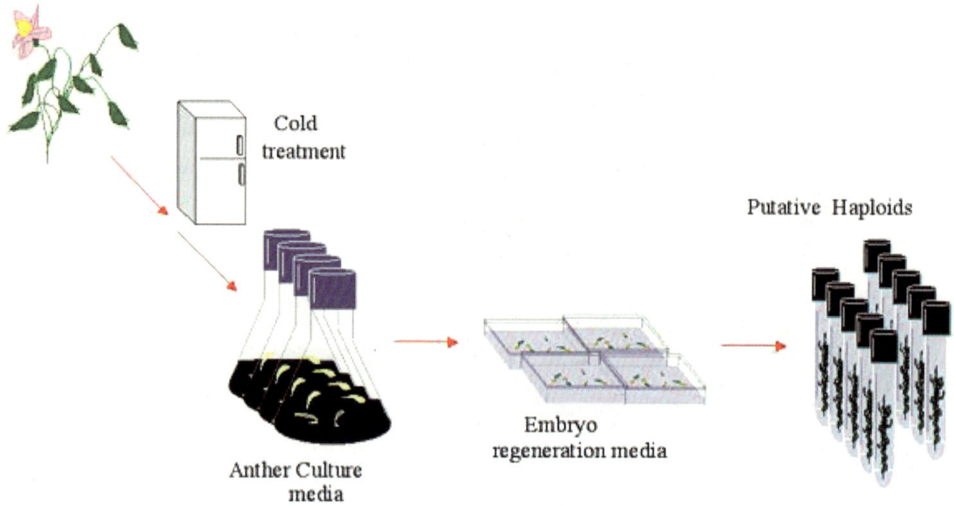

图 9-4 花药培养诱导马铃薯双单倍体和一单倍体的模式图（引自 Varrieur et al，2002）

养中也取得了一定的成绩，诱导的品种有中晚熟品种，也有早熟品种，还有抗晚疫病品种，但栽培种通过花药培养诱导双单倍体获得成功的仍限于少数基因型。通过花药培养获得过双单倍体的四倍体栽培种有“渭薯 1 号”“高原 7 号”“京丰 1 号”“郑州 798–24”“中心 24”“波 C”“讷 16”“克新 13 号”“扎列娃”“克 97G8”“白俄 3”“内薯 7 号”“春薯 4 号”以及国际马铃薯中心品系“S17”“T3”“KW47”（朱旭等，2021）。另外，戴朝曦等对四倍体栽培种的花药培养进行了大量的研究，在培养基和培养方法方面进行了许多改进，取得了较大进展，并从许多不同基因型的品种或品系中诱导出大量的双单倍体植株，已从中选育出百余个具有不同特点的优良品系，已经在育种实践中利用。戴朝曦等（1990）首次报道了用花药培养法由一个典型的雄性不育的双单倍体品系诱导产生一单倍体的试验。从接种的 1850 个花药中诱导出 28 个胚状体和 23 块愈伤组织，并从它们中分化出了 24 株绿苗。分化出的小植株生活力大部分较弱，在继代培养过程中逐渐死亡，但也有一些生活力较强的植株存活下来，经 L1、L2 和 L3 三个胚层细胞的检查表明，它们具有典型的一倍体特征，体细胞染色体数目为 $n = x = 12$。植株之间表现出明显的性状分离，说明它们均来自减数分裂后的小孢子。大部分植株的产量较低，但也有少数生活力强，单株块茎产量达 0.5 kg 左右，且抗病性和品质较好。所有植株都具有不正常的减数分裂，无有效花粉形成，个别植株能结实，但无种子形成，用四倍体或双单倍体的可育花粉授粉也不能形成种子，进一步证明了它们具有一单倍体特性（见图 9–5）。此外，戴朝曦等（1991）还从一些双单倍体品系中诱导出了一倍体植株，特别是从一个雄性不育的双单倍体品系诱导出了一些一倍体植株，这在世界上

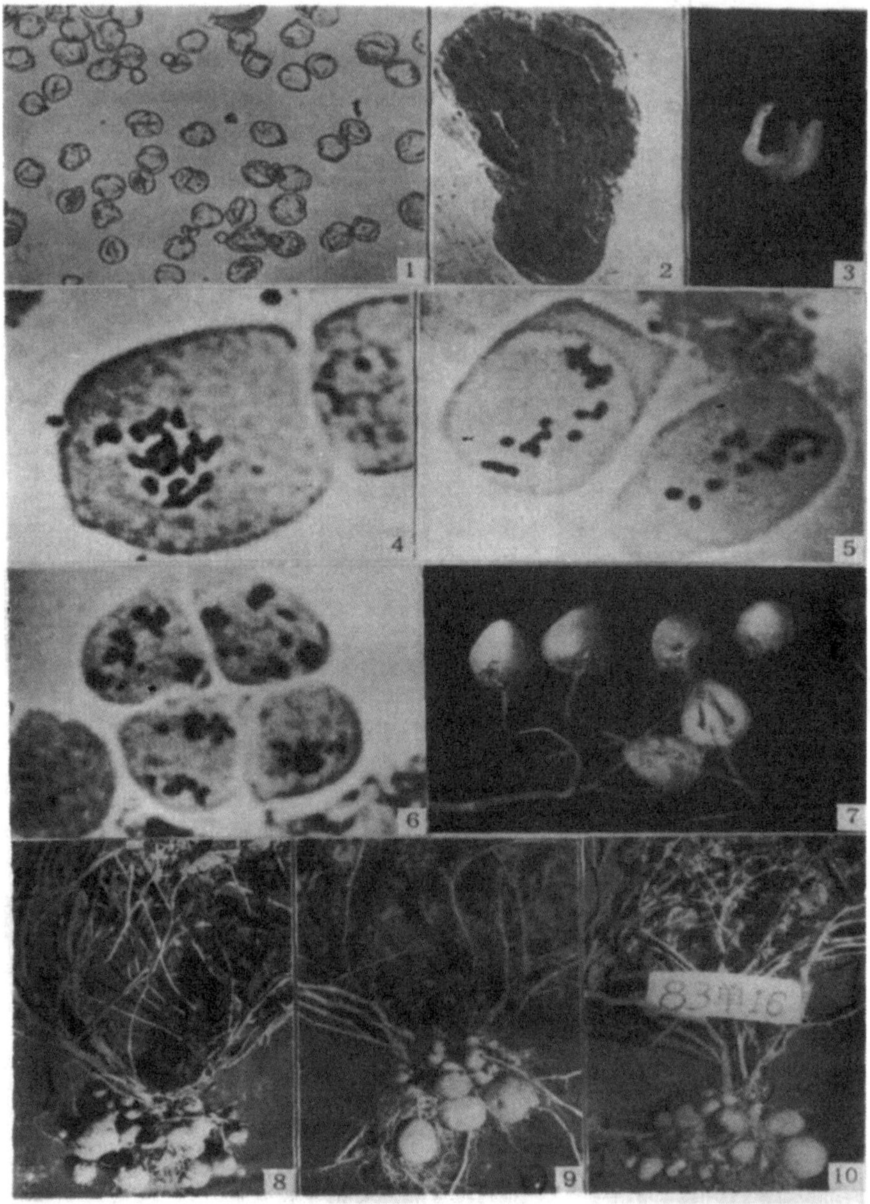

1. 雄性不育双单倍体供体品系“甘花双 7 号”的无效空瘪花粉粒。2. 培养 14 天后花药中由小孢子发育成的早期胚状体。3. 绿色小苗在透导培养基上直接从花药中长出。4. 一单倍体植株的根尖细胞有丝分裂中期染色体（2n=x=12）。5. 一单倍体植株花粉母细胞减数分裂后期Ⅰ单价染色体的乱分配和部分染色体的非同源联会。6. 一单倍体植株花粉母细胞减数分裂后期Ⅱ的各种类型：左上，纺锤体成一定夹角的正常走向，染色体走向四极；右上，两个平行纺锤体及落后染色体；左下，两个平行纺锤体融合形成一个二分体；右下，染色体未分开，形成一个单分体。7. 一单倍体“甘花单 3 号”结的无籽果实及浆果的纵剖面（下）。8～10. 一单倍体植株田间性状的分离及优良植株的长势和结薯情况。

图 9-5 用花药培养法由马铃薯雄性不育双单倍体诱导一单倍体植株

（引自戴朝曦等，1993）

还属首次。这些一单倍体品系在植株性状、生育期和生活力等方面差异很大，大部分生活力较弱，但也有少数生活力较强、丰产性及抗病性均较好的一单倍体品系。在四倍体马铃薯的花药培养中，国内外的报道大多是由愈伤组织分化成苗，分化出的植株染色体数目变化很大，不能保证倍性的稳定性。经过对培养基和培养方法等多方面的改进，做到了大部分由胚状体直接成苗，避免了上述缺点，使分化出的苗能保证绝大多数成为双单倍体或一单倍体，这在马铃薯染色体工程的倍性操作中是十分重要的。

多倍体的获得及利用

无性多倍化

染色体加倍是马铃薯分解育种法中染色体倍性操作的重要环节。虽然单倍体和野生杂种（Haploid and wild species，HS 杂种）可以得到较高水平的产量，少数甚至可以达到对照品种的产量，但根据杂种优势利用原理，由于四倍体马铃薯每个位点有四个等位基因，位点内和位点间的互作都比二倍体强，产量水平显著高于二倍体，因此只有将得到的优良二倍体通过合适的途径加倍成四倍体才能应用于生产上。早期的工作都是用秋水仙素处理马铃薯实生种子和植株分生组织，这些常规方法效果很差，且产生的大多数是倍性嵌合体植株。据报道，从单倍体以及单倍体和 *S. phureja* 的二倍体杂种的叶片愈伤组织培养中因有丝分裂异常而发生染色体的核内复制并得到频率较高的完全四倍体植株，但是用体细胞加倍单倍体和 HS 杂种得到的四倍体的活力和块茎产量均不增加，加倍以后基因间的互作和杂合性并没有增加，产量和活力自然也就不增加。

有性多倍化

有性多倍化即通过二倍体中 2n 配子的作用将二倍体 HS 杂种加倍产生四倍体的过程。它与无性多倍化不同的是 2n 配子可将二倍体亲本位点间、位点内的互作有效地传给四倍体后代，并可选出高产的无性系。有性多倍化的优点是可提供较多的遗传变异和较强的杂种优势，其四倍体后代的生活力和块茎产量显著高于二倍体亲本。

（1）双向有性多倍化：产生 2n 卵和 2n 花粉的二倍体杂交而得到四倍体后代的方法即为双向有性多倍化，简写为 2x × 2x。在应用这种方法时，必须选用无亲缘关系的二倍体杂种作亲本，对其适应性、产量及其他性状和 2n 配子产生频率进行了选择，两个能产生 2n 配子，无亲缘关系的二倍体杂种杂交，可能得到最大杂合性的后代。第一次分裂重组（First division restitution，FDR）2n 花粉较容易发现，但 2n 卵的形成通常属于第二次分裂重组（Second division restitution，SDR）机制，遗传分析时，染色体的着丝点到第一次交换间，FDR×FDR 优于 SDR × FDR，而在第一次交换到第二次交换间，SDR×FDR 优于 FDR×FDR。因此，只要父本产生 FDR 2n 花粉，同样能得到高度杂合性的四倍体后代，据 Werner（1991）报道，只有极有限的 FDR 2n 卵的后代家系产量比 SDR 2n 卵的家系高。2x × 2x 组合后代中产生二倍体和四倍体两种植株，四倍体后代的活力和产量显著高于二倍体全同胞后代，有的产量甚至高于对照品种，同时也比无性加倍得到的四倍体后代要高得多。因为无亲缘关系的两个 HS 杂种间经两种 2n 配子有性多倍化得到的四倍体个体在每个位点上有四个等位基因，共有六个一级互作和一个更高级的互作，使四倍体后代接近最大程度的杂合性而高产、生活力强。

（2）单向有性多倍化：当 24 条染色体的 HS 杂种与四倍体栽培品种杂交时，产生的后代大部分是四倍体的过程，即为单向有性多倍化，简写为 4x × 2x。HS 杂种必须是能产生 FDR 2n 花粉的优良杂种。这种组合具有异常优良的育种潜力，杂种优势被加强，农艺性状和产量都比较突出。这种方法可利用较多的四倍体优良材料和改良的二倍体材料，但是需要通过杂交改良杂种的块茎外观性状。

在这个过程中提供遗传多样性的二倍体父本有两种：一种是双单倍体和 *S.phureja* 的杂种，其四倍体后代平均块茎产量一般都比四倍体品种高；另一种是双单倍体和二倍体野生种的杂种。HS 杂种的 FDR 2n 花粉将亲本大约 80% 的杂合性传递给了四倍体后代，对这种杂种优势有过大量的报道，并已育成了品种。另一令人惊喜的结果是从 4x × 2x 组合的四倍体后代中获得的块茎干物质含量（比重）的杂种优势和在炸片颜色上的优良表现。4x × 2x 组合中，高水平的杂合性增加了后代对环境的稳定性，并能产生高频率的高产四倍体个体，可以在单株阶段选择产量和比重，在较小群体中获得高产优良的无性系。因此，在马铃薯优良加工品质、高产稳产品种选育上，4x × 2x 将比常规育种方法 4x × 4x 更有效。

我国通过 4x × 2x 杂交选育出了群体分离小、高产的优良实生种子组合并应用于实生种子利用中，同时利用 2n 配子材料，通过 4x × 2x 杂交将二倍体种质的高淀粉、炸片品质、抗晚疫病和青枯病等优良性状分别转移到了四倍体栽培种中，获得了优良的高代无性系（金黎平等，2002）。

减数分裂突变及其应用

早在 1931 年就曾发现，在马铃薯中有未减数的 2n 配子产生（Bleier et al，1931）。Chanse 等（1963）在其“分解育种方案”中指出了 2n 配子由二倍体产生四倍体杂种中的重要作用。自从 20 世纪 60 年代初，美国 Peloquin 领导的研究组对 2n 配子突变及其在杂种后代中的表现进行了大量的研究（Hanncmann et al，1967；Hannemann et al，1968；

Mendiburu et al，1971；Mendiburu et al，1977），并得到了具有较强杂交优势的四倍体后代，使 2n 配子的研究受到马铃薯育种界的广泛注意和重视。据 Mok 和 Peloquin（1975）的研究和见解，2n 配子有三种不同的形式和机制，产生出两种不同的效果，即：①由于中期Ⅱ形成平行纺锤体（Parallel spindle）代替了成 60° 夹角的正常纺锤体，平行纺锤体使后期Ⅱ染色体只走向两极而不是四极，因而形成一个二分体而不是四分体。二分体所产生的两个子细胞分离后的染色单体只进入一个细胞，无基因分离，好像第一次分裂时同源染色体分离后又再次组合在一起一样，故将此种机制称为 FDR。②发生在末期 I 的提前成熟胞质分裂 I（Premature cytokinesis I）。③发生在前期Ⅱ的提前成熟胞质分裂Ⅱ。这后两种机制效果相同，都是由于胞质分裂与染色体分离的不同步，形成了二分体，从而使染色体加倍产生 2n 配子。后两种机制产生的 2n 配子有基因分离，都发生在第二次分裂时，称为 SDR。Ramanna 等（1979）对 FDR 2n 配子形成的机制提出了不同的看法，他们认为不是由平行纺锤体形成的，而是由于中期Ⅱ两个纺锤体融合，然后走向两极形成的。因为他们发现产生中期Ⅱ纺锤体融合的细胞频率与 2n 配子频率密切相关，而平行纺锤体是马铃薯中普遍存在的现象。在没有非姊妹染色单体交换的情况下，FDR 形成的 2n 配子遗传组成与亲本的细胞相同，无基因分离，因而在马铃薯育种中具有重要意义。

2n 配子不仅可以在雄配子中发生，在雌配子中也可发生，现在国外已选出一些能产生 2n 花粉和 2n 卵的品系。2n 配子的重要意义在于能实现有性多倍化，在“分解 – 综合育种”方案中占重要地位。此外，2n 配子在实生薯的利用和防止品种退化方面也有一定的意义。马铃薯品种的迅速退化是由于病毒感染并通过无性繁殖逐代积累病毒而引起的。大量研究表明，绝大部分的病毒都不能通过有性繁殖产生的马铃薯实生籽传播，而由实生苗种植产生的实生薯基本上是无毒的，所以在生产上采用实生薯留种的方法能防止品种退化。但由于现有的马铃薯品种都是杂种的无性系，所以无论是由杂交或自交得来的实生籽都会发生遗传分离，使实生薯的产量和品质得不到保证。而且目前国内外普遍采用茎尖分生组织培养脱毒种薯的办法，解决了大面积生产用种和防退化的问题，四倍体实生籽的利用也就失去了意义。

遗传学理论指出，要使有性繁殖的种子后代不发生分离一般有两条途径：一是用纯种，一是用由纯种亲本产生的 F_1。但实践证明马铃薯的纯合四倍体产量很低，不能在生产中应用，只能用 F_1 代杂种。获得不分离的 F_1 代的前提是必须选育纯合的四倍体亲本。马铃薯是同源四倍体，遗传分离复杂，用常规自交的方法生产自交系不仅需要很长的时间，而且常常由于自交退化不能开花使自交无法进行。所以用常规方法培育马铃薯自交系是不可能的。生物工程技术使培育马铃薯纯系成为可能，这可以通过一倍体的两次染色加倍来实现，只需几代就能培育出来。利用 F_1 代的杂种优势，虽然可以获得较高的产量，但基因杂合的程度还不算高，在同一位点内只能做到 A1A1A2A2 这样的杂合性。不发生非姊妹染色单体交换的情况下，利用 FDR 的 2n 配子可以产生等位基因 4 个成员高度杂合而又分离的后代，使产量进一步提高。这可以通过无配子分离的 FDR 的 2n 卵品系 （A1A2）与 FDR 的 2n 花粉品系（A3A4）杂交来实现。所产生的 A1A2A3A4 四倍体杂种后代具有更复杂的位点内和位点间的互作，使杂种后代的生活力更强，产量进一步提高。此外，用 2n 配子无需种植纯种，这不仅可以避免纯种生活力弱和不开花结实等缺点，还有利于引进外源种质。由此可见，利用无分离的 FDR 的 2n 配子在进一步提高马铃薯育种水平和产量方面具有极重要的意义。 2n 配子过去大多在一些野生种中发现，这一性状受单一隐性基因控制，可以通过连续回交选择的方法将它转到普通栽培种的双单倍体中去。现在，国外有的单位已开始在育种方案中应用 2n 配子来选育品种，但还未将它用来生产不分离杂种实生籽。我国在这方面的研究也取得了一定成果，现在只有极少数单位在进行，也已获得了一些 4x × 2x 和 2x × 2x 的四倍体杂种。

染色体加倍技术在种质资源改良中的应用

马铃薯染色体加倍技术早期的工作都是用秋水仙素处理马铃薯植株的分生组织部位或处理幼苗生长点。 如 Johnstone 等（1939）就曾用 0.15% 和 0.5% 的秋水仙素溶液浸泡马铃薯种子，得到了少量加倍植株；Frandsen 等（1976）用 0.25% 秋水仙素处理马铃薯的双单倍体的种子 1 ~ 2 周，得到了 38.7% ~ 39.5% 加倍的植株。种子处理方法虽然简单，且有一定效果，但大部分双单倍体是自交不亲和或雄性不育的，不能结种子，不可能采用种子处理的方法进行加倍，必须采用无性系加倍的方法。但前人的研究表明，用秋水仙素的水溶液或羊毛脂软膏处理芽眼或腋芽以及用秋水仙素溶液浸泡试管苗切段都不能得到加倍植株（戴朝曦等，1991）。Ross 等（1967）采用次生腋芽加倍法，先将温室内嫁接在番茄上的马铃薯植株的腋芽切去，再用浸有秋水仙素的棉球包裹切口，当腋芽长出后，得到了一些加倍的植株。以上这些加倍方法不仅费工、费时，而且效果都很差，所获得的加倍植株绝大多数还都是倍性嵌合体，不能在实践中应用。

自从组织培养技术被大量应用以来，人们发现，在愈伤组织的培养过程中，常常会由于有丝分裂异常而发生染色体的核内复制，产生出加倍的细胞和个体。因此，这一方法受到马铃薯研究者们的广泛重视，如 Jacobsen 等（1978）的报道，用叶片愈伤组织从5个双单倍体基因型得到了26% ~90%加倍的植株，而且没有一株是嵌合体。Hermsen等(1981)也报道，从*S. phureja*和栽培种双单倍体产生的二倍体杂种的叶片愈伤组织中产生出了83.9%完全的四倍体植株，并且认为双单倍体或一单倍体愈伤组织有染色体自然加倍成四倍体的趋向。这种趋向很可能是由于加倍的四倍体细胞有较强的生活力，在培养过程中，在与不同倍性细胞的竞争时，容易占优势的缘故。此外，许多研究表明由愈伤组织分化形成的不定芽是由单细胞发育而成的，因此得到的加倍植株与秋水仙素处理的效果不同，不会产生嵌合体，这也是用组织培养法加倍的另一大优点。戴朝曦等（1991）也研究表明，用试管苗的叶片或茎段诱导不定芽的形成能高频率地实现加倍，有的无性系加倍率高达90%，而且用茎段诱导不定芽的加倍效果最好，延长愈伤组织培养的时间对于提高加倍频率是比较有利的。

马铃薯体细胞融合

原生质体的游离与培养

植物原生质体培养理论

植物原生质体是除去了细胞壁、被质膜包被的有活力的“裸细胞”。原生质体具有活细胞的一切生命特征，同时由于原生质体失去了细胞壁，可作为一个单细胞系统来研究细胞壁再生、细胞膜离子转运、病毒侵染机理等基础理论问题，同时也是利用遗传转化、细胞杂交进行作物改良的理想材料，在植物生理学、植物组织和细胞培养研究领域都得到了广泛应用（孙蒙祥等，1994）。

植物原生质体培养理论涉及原生质体分离时的逆境反应以及培养过程中的细胞修复机理、脱分化机理、细胞分裂、形态发生调控等发育学上的问题。当细胞脱壁时会引起细胞自身防御系统启动，诱导某些基因表达或关闭。Meyer 等（1988）通过对新叶片、新鲜分离的原生质体、最初培养的原生质体以及原生质体再生的愈伤组织中的蛋白质合成及 mRNA 的累积情况分析，发现叶片在酶解过程中原有的一种 mRNA 合成消失，当原生质体分离纯化后有新的一种 mRNA 形成，这种 mRNA 具有愈伤组织特异性。原生质体必须先脱分化成为类似分生组织状态的细胞，才能进行再分化与形态发生，进一步对叶肉原生质体脱分化研究表明脱分化是酶解过程中基因表达变化的结果。从生理学角度讲，脱分化是叶肉原生质体对分离时伤害作出的反应，并认为所有离体培养愈伤组织最初形成时都是受伤愈伤组织，在这些组织中累积了大量病理诱导蛋白，脱分化与蛋白酶抑制诱导因子之间有一定联系，因此认为叶肉原生质体初分裂能力低是因为它对伤害反应不敏感。

细胞分裂是原生质体培养再生的前提，有许多蛋白激酶及细胞周期蛋白参与细胞分裂的调节。在分裂周期中，P34 蛋白激酶能保证细胞从 G1 向 S 期过渡进入有丝分裂周期。原生质体培养体系中蛋白激酶和细胞周期蛋白调控表达研究对提高原生质体植板率具有理论指导作用。Fowke 等（1990）在云杉胚性原生质体培养中观察到微管形成与细胞分裂有关。Takahashi 等（1989）分离出烟草叶肉原生质体在 G0 期向 S 期过渡时表达的生长素诱导基因，该基因的表达对细胞分裂有很大影响。

基本理论认为细胞分化主要取决于生长素与细胞分裂素的比例，但对其机理未深入研究。Dudits 等（1991）用不同基因型苜蓿研究基因型对原生质体再生作用的影响，发现某个基因型在离体培养时难以形成体细胞胚，但如果将发根农杆菌中对激素调节有作用的 *rol* B、*rol* C 基因引入并表达，就能促进体细胞胚形成，并由此推断控制再生的基因可能是受激素调节或调节激素的一类基因。

原生质体游离

马铃薯原生质体培养最早的工作始于 Lorenzini 等（1973），他们用普通栽培种的块茎细胞游离原生质体进行培养，得到愈伤组织，但未分化成苗。ButenKo 等（1977）用普通栽培种的原生质体培养分化出苗，但具有不正常染色体数。与此同时，美国的 Shepard 和 Totten(1977)通过改进技术，用商业品种“赤褐布尔班克（Russet Burbank）”的叶肉原生质体获得形态完整的再生植株。此后又陆续有许多报道（李耿光等，1988；张淑红等，2004；周宇波等，2001）。孙雪梅（2007）以二倍体马铃薯叶肉细胞分离原生质体，通过原生质体培养获得再生植株（见图 10–1）。关于马铃薯的报道主要集中在 20 世纪 80 年代，不同作者所用材料、方法都各不相同，所涉及的材料有四倍体栽培种、双单倍体和野生种。

不同材料来源及预处理

选择合适的材料是原生质体游离与培养能否成功的关键，在选择材料时，应考虑基因型、材料类型以及预处理方法等方面的因素。

（1）基因型的选择：一般而言，植物的各个器官，如根、茎、叶、子叶、愈伤组织、悬浮细胞等，都可作为分离原生质体的材料。但要获得产量高、质量好且易分离的原生质体，选择合适的

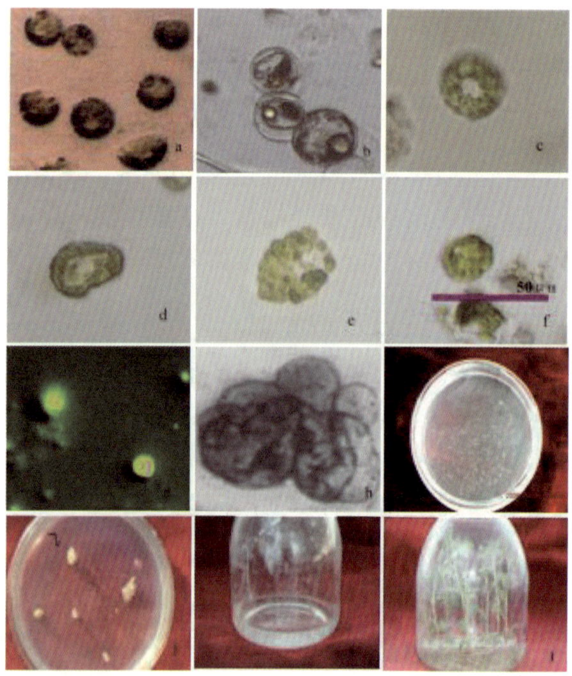

注：a. 由叶肉细胞游离出的原生质体；b. 圆的原生质体；c. 皱缩的原生质体；d. 破碎的原生质体；e. 由愈伤组织游离出的原生质体；f. 原生质体的大小；g. FDA 染色显示原生质体活力；h. 细胞团形成；i. 固液双层培养基上形成小愈伤；j. 愈伤组织分化出芽；k. 由芽形成植株；l. 生根快繁。

图 10–1 原生质体游离与培养过程

（引自孙雪梅，2007）

基因型是原生质体培养成功的关键因素之一（刘庆昌等，2003）。不同基因型的马铃薯在原生质体培养时，可以观察到从原生质体开始培养到肉眼可见的愈伤组织整个阶段无显著差异，但形成的愈伤组织在分化培养基上培养时分化效率存在显著差异（周宇波等，2001），这表明不同基因型在愈伤组织分化阶段对培养基的成分存在敏感性差异。周宇波等（2001）在对三个不同基因型的马铃薯进行原生质体培养的过程中发现从细胞分裂至形成细胞团及愈伤组织的过程中，三个基因型间无太大差异，而在同一种分化培养基上，其分化频率存在明显差异，说明基因型在原生质体培养中的影响是不容忽视的。

（2）材料类型及生理状态：植物体的幼嫩部分是制备原生质体的理想材料。双子叶植物的幼叶、子叶、根和下胚轴常用来制备原生质体，当用成熟叶片做外植体时，需将叶片的下表皮撕去，以便酶液可以与叶肉组织作用。单子叶植物不易被酶液降解，因而应选择疏松的愈伤组织或悬浮细胞作为原生质体的材料。在马铃薯的原生质体培养中，以叶片和悬浮细胞为材料，成功培养出愈伤和分化出苗的例子有许多（刘庆昌等，2003；李世君等，1989）。

戴朝曦等（1994）用马铃薯子叶及下胚轴游离的原生质体与试管苗上部幼嫩叶片和茎尖游离的原生质体相比，前者含有较多体积小、叶绿体较少的幼嫩原生质体（见图 10–2 中的 1 图）。根据前人的报道（Chaput et al，1990），这类原生质体来自幼嫩的细胞，具有较强的分裂能力，而那些体积较大、含叶绿体较多的原生质体，虽然其体积可以增大数倍，也能形成新的细胞壁，但一般是不具有分裂能力的，即使分裂也不能形成正常的细胞，培养一段时间后还是会死亡。将子叶和下胚轴原生质体培养 48 h 后，可观察到第 1 次细胞分裂（见图 10–2 中的 2 图），55 ~ 70 h 后，第 1 次细胞分裂完成（见图 10–2 中的 3 图），比试管苗得来的原生质体早 24 ~ 46 h，三个品系的表现基本相同。培养 4 d 后，开始第 3 次细胞分裂（见图 10–2 中的 4 图），比试管苗原生质体再生的细胞早 3 ~ 5 d。培养 9 ~ 10 d 后，前者已形成具有 16 个以上细胞的多细胞团（见图 10–2 中的 5 图），而后者要 7 ~ 10 d。培养 7 d 后统计分裂细胞的频率表明，由三个品系的子叶及下胚轴原生质体再生的细胞，其平均分裂频率已达 46.1%，而来自试管苗的仅为 19.2%，差异极显著，3 个品系的表现基本一致。

在形态方面，由子叶及下胚轴原生质体再生的细胞，90% 以上都表现均等的细胞分裂，形成体积较小、胞质浓厚、质地较紧密的细胞团（见图 10–2 中的 5 图），而来自试管苗者，60% 左右的细胞表现为不均等的分裂，形成体积较大、质地松散的细胞团。由子叶及下胚轴原生质体产生的细胞生长和发育较快，培养 1 个月后，即可见直径 1 mm 左右的小愈伤组织悬浮于液体培养基中。质地紧密的愈伤组织，当转移到固体的愈伤组织培养基上后会迅速繁殖，培养 2 周后，其直径可达 2 ~ 4 mm（见图 10–2 中的 6 图），而来自试管苗者，达到此标准的时间要晚 20 ~ 30 d。由于前者愈伤组织的质量较高，在愈伤组织培养基上培养 25 ~ 30 d 再转移到分化培养基上，经过 20 ~ 30 d 即分化出大量正常生长的绿苗（见图 10–2 中的 7 图），三个品系平均分化频率达 95.8%，而后者愈伤组织不仅分化的时间迟 1 个月左右，且平均分化率仅 56.1%，差异极显著。此外，由子叶及下胚轴原生质体再生的小植株在分化培养基上绝大部分都可产生根，移植到花盆中后，成活率达 100%（见图 10–2 中的 8 图）；由试管苗原生质体再生的苗有 30% 左右生长缓慢，需先转移到伸长培养基上，在高浓度赤霉素下培养 20 ~ 30 d 后再转移到生根和繁殖培养基上方可长成正常的小植株。

（3）材料的预处理：在酶解前有时需要对材料进行预处理，改变细胞和细胞壁的生理状态，增加细胞膜的强度，达到提高细胞壁酶解效率，减少原生质体损伤的目的。常见的预处理方法有枝条暗处理、叶片萎蔫预处理、叶片预培养、预先质壁分离、

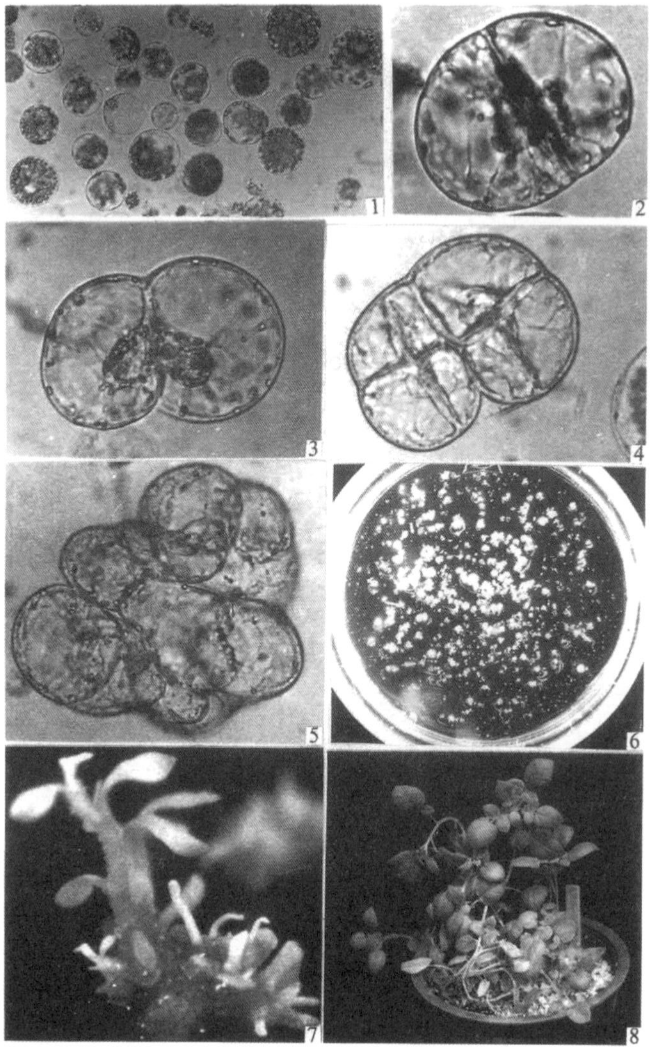

注：1. 马铃薯子叶及下胚轴游离的原生质体；2. 培养 48 h 后原生质体细胞开始第 1 次分裂；3. 培养 55 ~ 70 h 后第 1 次细胞分裂完成；4. 培养 4 d 后细胞进行第 3 次分裂；5. 培养 9 ~ 10 d 后形成的多细胞团；6. 经过 1 个月液体培养转移到固体培养基上两周后形成的愈伤组织团块；7. 愈伤组织转移到分化培养基上 30 ~ 40 d 后分化的苗；8. 正常生长的来自子叶和下胚轴原生质体的再生植株。

图 10–2 马铃薯子叶及下胚轴原生质体的游离与植株再生

（引自戴朝曦，1994）

胚性愈伤组织和悬浮细胞系的预培养等（朱至清等，2003）。随着原生质体培养工作的展开，预处理的方法也越来越多，越来越完善。Shepard 等（1977）将材料游离原生质体前进行弱光短光照周期处理，发现可显著提高马铃薯原生质体产量。戴朝曦等（1995）将供体材料置于酶液中剪碎后倒入真空抽气瓶中，在 0.05 Mpa 下抽气 10 min，这样能提高原生质体释放速度以及原生质体的质量，并减少材料在酶液中的时间，减轻酶液对原生质体的伤害，大大提高了原生质体的活力。李世君等（1989）将 25 ℃下生长 28 d 的无菌苗放到暗处，4 ℃过夜后游离原生质体，可大大提高原生质体的活力。李凤云等（2014）在马铃薯植株培养基中添加乙烯拮抗剂 $AgNO_3$ 可促进马铃薯原生质体的分离和培养。刘文萍等（2015）将马铃薯叶片在 MS 液体培养基 4 ℃下处理或者在 FM 液体培养基中 20 ℃下黑暗处理 48 h 后转入 CM 培养基中 4 ℃下持续 24 h，可显著提高原生质体质量且有较多细胞进行分裂。

细胞壁的酶解

植物的细胞壁主要由纤维素、半纤维素和果胶质构成。纤维素占细胞壁干重的 25%～50%，半纤维素占 53% 左右，果胶质约占 5%。用来使细胞分离并降解细胞壁的酶制剂主要有纤维素酶（Cellulase）、半纤维素酶（Hemicellulase）及果胶酶（Pectinase），在试验中运用广泛的是纤维素酶和果胶酶。正确地选择酶制剂的种类、浓度及酶制剂的组合，不仅可以提高原生质体的产量，而且会对原生质体的活性和稳定性产生很大的影响。酶的种类和浓度的选择应根据材料的来源而定。一般来说，以幼嫩叶片、下胚轴等组织为材料时，去壁相对容易，应选用活性较弱的酶，且酶的浓度要低。当以愈伤组织悬浮培养系为材料游离原生质体时，应选用活性较高的酶。原生质体游离时应根据酶解液的组成和浓度选择合适的酶解时间。在其他条件相同的情况下，酶解时间越长，酶解液中碎片越多，原生质体活力越低。在试验过程中，应确定所用材料的最佳酶解时间，尽量减小酶液对原生质体的毒害作用，获取更有活力的原生质体。在游离原生质体时，采用在摇床上振荡酶解的方式有利于原生质体的释放。赵颖君等（2000）认为随着振荡时间的延长，原生质体得率增加，振荡 4 h 时得率最高。而在静止条件下酶解 4 h 时其原生质体得率仅为振荡 4 h 的 1 / 24，原因可能是低速振荡增加了酶液与材料之间的接触，同时还增加了氧气的供应，从而有利于原生质体的释放。

酶解条件的影响

在酶解时，酶解液的渗透压对原生质体的影响也不容忽视的，所以应注意渗透压的调节，否则游离出的原生质体会胀裂或皱缩而影响其活性。调节方法是通过在酶液中加入渗透压调节剂，常见的调节剂有甘露醇、山梨醇、蔗糖、葡萄糖等。不同的渗透压调节剂在游离原生质体时会有不同的效果。李韬等（2000）的研究表明，以蔗糖作为渗透压调节剂，其结果明显优于以甘露醇和葡萄糖＋甘露醇为渗透压调节剂，其原因可能是由于蔗糖分子量较大，在同样的渗透压下具有较高的浮力，减少了原生质体沉入底部发生碰撞而破裂的损失。孙海宏等（2018）研究证明，用 0.3 mol / L 甘露醇作为渗透压调节剂可获得产量和活力较高的马铃薯叶片原生质体。赵小强等（2010）在进行草地早熟禾原生质体培养时采用 0.4 mol / L 甘露醇来维持渗透压，并且发现在原生质体培养过程中逐步降低渗透压的浓度有利于愈伤组织的形成。

对酶的活性来说，最适温度是 40 ~ 50 ℃，而对细胞来说，这样的培养温度太高。一般游离原生质体的温度以 25 ~ 30 ℃为宜。陈鹏等（2014）研究表明，酶解温度受所用酶的活性和材料类型的影响，马铃薯叶片原生质体酶解的最佳温度为 28 ℃。孙海宏等（2018）研究证明，虽然 28 ℃时可获得最高产量的原生质体，但此时原生质体状态差于 25 ± 1 ℃时获得的原生质体，因此建议最佳的酶解温度为 25 ± 1 ℃。同样，酶的活性与 pH 值也有很大的关系。Onozuka 纤维素酶 R–10 和离析酶 R0–10 的最适 pH 值分别为 5.0 ~ 6.0 和 4.0 ~ 5.0，实际上酶溶液的 pH 值经常被调节在 4.7 ~ 6.0。试验时应根据所选的酶制剂确定最适合的 pH 值。

原生质体的培养

原生质体的培养方法

原生质体的培养方法包括液体培养、固 – 液体双层培养、固体培养 – 琼脂糖平板培养法（周宇波等，2001）。一般认为，对于易分裂的原生质体，采用液体浅层和固 – 液体双层培养能获得较好的效果，而对难以分裂的植物原生质体，采用固体培养、固 – 液体双层培养系统较好。

（1）液体培养法（Liquid culture）：液体培养包括液体浅层培养（Liquid thin culture）和微滴培养（Droplet culture）。液体浅层培养是目前较常用的原生质体培养方法（Haberlunch et al，1985）。它是将含原生质体的悬浮液在培养皿底部铺一薄层，封口后进行培养。这种方法操作简单，对原生质体的伤害较小，便于添加新鲜培养基和转移培养物。但原生质体在培养基中分布不均，常发生原生质体的粘连现象而影响进一步的分裂和发育，而且难以定点观察单个原生质体的发育情况。微滴培养是在液体浅层培养基础上发展起来的一种方法。将 0.1 ml 或更少的原生质体悬浮液用滴管滴于无菌干燥的培养皿底部，封口后进行培养。此法可用于较多组合的试验，亦可用于进行融合体及单个原生质体培养。但此法原生质体分布不均匀，小的微滴易挥发，解决这个问题的办法就是在液滴上覆盖矿物油。

（2）固 – 液体双层培养（Agrose–liquid double layer）：分为液体浅层 – 固体平板双层培养和琼脂糖培养法。液体浅层 – 固体平板双层培养是在培养皿底部铺一薄层不含原生质体的固体培养基，再将原生质体悬浮液滴于固体培养基表面。其优点是固体培养基中的营养成分可以缓慢释放到液体培养基中，如果在下层固体培养基中添加一定的活性炭，则可以吸附培养物产生的有害物质，促进原生质体的分裂和细胞团的生成。琼脂糖培养是将含原生质体的液态琼脂糖培养基用吸管以大约 50 μl 一滴滴于培养皿中，待其固化后再添加 3 ml 液体培养基并于摇床上旋转培养，这样琼脂糖滴就处于液体培养基的包围之中。这种方法由于改变了培养物的通气和营养环境，从而促进了原生质体的分裂，有利于细胞团的形成。

（3）固体培养 – 琼脂糖平板培养法（Agrose bead method）：低熔点琼脂糖是良好的培养基凝固剂，可在 30 ℃左右融化并与原生质体混合而不影响原生质体的生命活动。将混合后的含原生质体的培养基平铺于培养皿底部，封口后进行培养。由于原生质体彼此分开并固定了位置，避免了有害代谢物对原生质体的伤害，具有促进细胞分裂的作用，且便于定点观察，有利于追踪原生质体再生细胞的发育过程。但此法对操作要求较严格，尤其是琼脂糖培养基与原生质体悬浮液混合时的温度必须合适，添加培养基和转移愈伤组织比较繁琐。另外，琼脂糖包埋后对空气交换不利，对原生质体的生长发育不利，易造成褐化死亡。

原生质体的培养条件

在原生质体培养初期，为避免强光导致叶绿素分解而造成细胞死亡，培养物应放在黑暗或弱光条件下培养。刘庆昌等（2003）研究表明，马铃薯原生质体在 24±1 ℃暗培养时，培养 1 d 后体积增加，此时原生质体已再生出细胞壁。培养 3 d 后发生第 1 次分裂，5 d 后发生第 2 次分裂，在 28±1 ℃时，原生质体可以再生细胞壁但不发生分裂。

原生质体的培养基

原生质体培养与组织细胞培养类同，培养基中需要大量、微量元素，同时还需要糖类作碳源，需要维生素、激素及有机物。由于原生质体除去了细胞壁，在培养初期需较高的渗透压和丰富的有机成分，无机成分比细胞培养低，所以培养基一般是加以改良的细胞培养基。一般认为，对原生质体培养效果影响最大的是 Ca^{2+} 离子和 NH_4^+ 离子，由于 Ca^{2+} 离子影响膜电荷平衡，因此较高浓度的 Ca^{2+} 离子有利于原生质体的分裂。NO_3^- 离子和 NH_4^+ 离子的比例也影响原生质体分裂，高浓度的 NH_4^+ 离子对原生质体的发育不利。目前所用的培养基大都是在 Shepard 等（1980）的配方或

Kao 等（1975）的 KM 培养基配方上进行改良的。马铃薯原生质体培养所用的培养基有 Nitsch、B5、Lam 和 KM8p 等。此外，如在马铃薯培养基中加入甘氨酸、聚乙烯吡咯烷酮（PVP）、抗坏血酸（Vc）等可以较好地防止原生质体再生细胞团的褐化现象。

原生质体植株再生与变异

表型变异

马铃薯原生质体再生植株存在广泛的变异，这一现象最早是在四倍体栽培种品种“赤褐布尔班克”（Russet Burbank）中发现的，变异涉及表型性状、细胞学水平变异、分子水平变异等方面（Shepard et al，1977）。

表型变异常见的有矮小、不育、叶片形状改变以及薯块大小和颜色等各个方面。李耿光等（1992）将再生植株表型变异分为两类：一是外形与母株接近，但在细微处存在差异，如叶色更浓绿、附生毛较多等；二是外形与母株差异大，彼此之间不相似，易区分。Sree-Ramulu 等（1984）将再生植株分为三类：貌似正常的，少量特征变异的，大量特征变异的。Secor 和 Shepard 等（1981）对“赤褐布尔班克”（Russet Burbank）的 65 个原生质体再生植株进行 35 个田间性状检测，其中 22 个性状发生显著变化，4 个变化不明显，9 个性状正常，变异最小的是单株，仅有一个性状变异，变异最大的单株中有 17 个性状改变。Gill 等（1985）在“赤褐布尔班克”（Russet Burbank）再生植株中发现了减数分裂突变，单株 M248 能产生 83% 的单倍体花粉，克服了“赤褐布尔班克”（Russet Burbank）因纺锤体异常而不能产生单倍体花粉的困难。

细胞学变异

Karp 等（1982）对马铃薯“Maris Bard”和“Fortyfold”原生质体再生植株进行细胞学分析，发现非整倍体频率相当高。在“Maris Bard”中不仅有较高染色体数，且非整倍体染色体数目变异幅度在 46 ~ 92 之间。Creissen 等（1985）在 200 多株“Majestic”叶肉原生质体再生植株中发现，57% 的再生植株有正常核型（2n = 48），并且在 3 株植株中观察到了染色体易位和缺失的结构变化，这种结构变化并没有带来表型上的明显变异。

分子水平变异

随着分子生物学的发展，特别是 RAPD、RFLP 技术在体细胞无性系变异方面的研究和应用，能够在 DNA 水平上对染色体数目和结构变异进行识别，为遗传变异起源提供最直接的证据。Kemble 等（1984）对马铃薯品种“赤褐布尔班克”（Russet Burbank）原生质体再生植株的线粒体和质体 DNA 进行限制性内切酶酶切，发现线粒体基因的变异，但未发现质体的变异。Harding 等（1991）

还利用 rDNA 基因探针对低温保存材料进行 RFLP 分析，也发现了 DNA 水平上的遗传变异。Ball 和 Seilleur 等（1986）用 RFLP 对未发现表型变异的再生植株进行检测，发现 DNA 水平存在变异，同时也发现线粒体基因和核 DNA 高度重复序列的变化。

体细胞融合

植物体细胞融合理论

细胞融合在植物学中即原生质体融合，或称为体细胞杂交，是指两种异源（种、属间）原生质体在诱导剂诱发下相互接触，从而发生膜融合、胞质融合和核融合并形成杂种细胞，进一步发展成杂种植株的细胞工程技术。它能使有性杂交不亲和的亲本之间进行遗传重组，扩大了遗传物质重组的范围，这是植物改良、培育植物新品种的一种新方法，同时也是细胞生物学和遗传学研究的一个新途径。它包括自发融合和诱发融合，自发融合是在酶解过程中相邻原生质体彼此融合形成同核体，自发融合频率不高。在植物育种和改良的研究中，通常所用的融合方法是诱发融合。

体细胞融合方法

化学融合法

在原生质体融合中，彼此融合的原生质体一般具有不同的来源。为了实现诱发融合，需要使用适当的化学融合剂和电融合的方法（见图 10–3）。

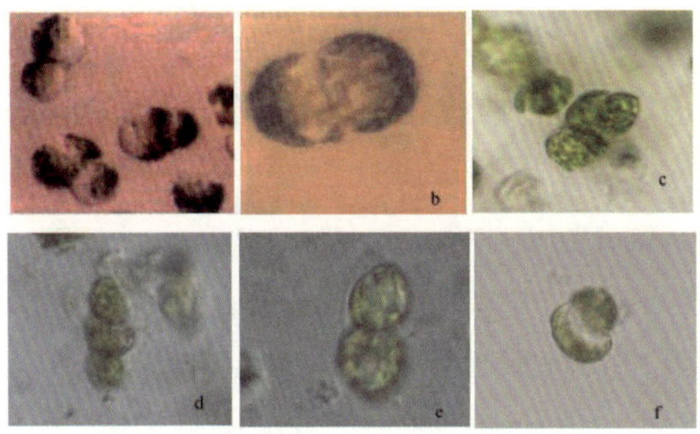

注：a. PEG 作用下部分原生质体发生融合；b. 两个原生质体发生的融合；c. 多个原生质体发生的融合；d. 交变电场作用下形成的原生质体串；e. 高压直流脉冲下发生的电融合；f. 融合过程即将结束。

图 10–3 原生质体融合过程（引自孙雪梅，2007）

（1）$NaNO_3$ 融合法：Kuster 等（1909）首次在洋葱中观察到，低渗 $NaNO_3$ 溶液可以引起两个亚原生质体的融合。运用同样的原理，Power 等（1972）成功地进行了燕麦和玉米幼苗根尖原生质体的种内和种间融合。1972 年 Carlson 等（1972）利用 $NaNO_3$ 获得第一个植物体细胞杂种。该方法的融合频率低，且 $NaNO_3$ 对细胞本身有毒害作用，现已不再采用。

（2）高 pH 融合法：Keller 和 Melchars 等（1973）用 pH10.5 的高钙离子溶液使两个品系的烟草叶肉原生质体彼此融合。使用这个方法，Melchars 和 Labib 等（1974）在烟草属中获得了种间种内体细胞杂种。这一融合方法对大多数原生质体系统来说，高 pH 值可能有很大的毒害作用。

（3）聚乙二醇（PEG）融合法：该方法是目前普遍使用的一种化学融合方法。Kao 等（1974）发现，PEG 能高效介导植物原生质体发生融合，后来将 PEG 与高 pH 高 Ca^{2+} 法结合起来，先用 PEG 处理原生质体，然后用高 pH 高 Ca^{2+} 溶液冲洗获得了很高的融合频率。PEG 诱导融合的基本原理是：高分子化合物 PEG 和原生质体质膜都带有弱负电荷，用 PEG 处理后，原生质体相互粘连，挤压变形，聚集在一起，再在高 pH 高 Ca^{2+} 溶液作用下，电荷重新分配并导致质膜的融合，形成融合体，其融合频率为 15%～20%，最高可达 50%（田志宏等，1997）。此外，一些研究者也发现在 PEG 溶液中加入融合促进剂，如二甲基亚砜、链霉素蛋白酶、伴刀豆球蛋白，能有效提高融合频率（Norwood et al，1976；Kamey et al，1979）。PEG 融合法的优点是双核异核体形成频率高，重复性好，诱导融合没有特异性。但 PEG 对原生质体有较强的毒害作用，甚至可导致线粒体被严重破坏，融合时需要高的原生质体密度，且融合是随机的，往往产生多个原生质体的融合产物，一对一的理想成对融合频率低，因而限制了其进一步的发展。

（4）其他诱导原生质体融合的物质：除以上化学物质外，聚乙酸异烯脂、聚乙烯吡咯烷酮、藻酸钠和葡聚糖等也能诱导原生质体的融合。另外，聚－D－赖氨酸、聚－L－鸟氨酸、伴刀豆蛋白 A、细胞松弛素 B 和卵磷脂等，它们能改变质膜特性，有利于原生质体的融合。其中葡聚糖有较好的融合效果，已被成功地用于种属间植物原生质体的融合（贾敬芬等，1994）。同时，有文献报道螯合剂能诱导微生物原生质体的融合（王建华等，1998）。

电融合法

电诱导融合技术是一项新兴的细胞融合技术，具有操作简便、快捷，融合同步性好，可在显微镜下观察并控制整个融合过程，不需要任何融合剂，无任何毒害作用等优点。电融合较化学融合的融合频率高，且电场刺激对细胞分裂和植株再生具有促进作用。随着电融合技术迅速发展，已被广泛应用于植物、动物和微生物的细胞融合，成为目前流行的融合方式（王天池等，1994）。Senda 等（1979）首次将电场诱导融合应用于植物原生质体的研究，后来 Zimmerman 和 Scheurich（1981）进一步完善了此法。此后，电融合技术得以迅速发展，电融合参数更加精细化。戴朝曦等（1994）在马铃薯电融合方面做了一些研究，获得了在生长势、产量、薯形等方面优于亲本的一些体细胞杂种植株，并已从形态学、细胞学和同工酶方面做了详细鉴定（司怀军等，1997，1998）。

（1）电融合的基本原理：Zimmermann 和 Scheurich（1981）对电场诱导细胞膜融合的机制提出了一个模型，即通过施加电场于电极的两平行板上，让原生质体在电场作用下进行双向电泳使细胞质膜靠在一起，并诱导膜接触区域产生蛋白游离区，使相邻细胞膜的脂双层膜紧密接触，接着施加短时高压直流电脉冲产生电击穿，导致膜结构的紊乱，形成瞬间可逆的小孔，从而使两者的膜脂双层形成“桥”，两膜发生融合，随后剩余膜形成小脂质体进入细胞质。电融合通常是利用特制的细胞融合仪，它一般由融合小室、双向电泳仪、脉冲发生器和示波器等部分组成。双向电泳仪产生横跨电极的交流电场，使原生质体向两极进行双向电泳而聚集成串，脉冲发生器提供诱发原生质体融合的高强度单向矩形波脉冲，示波器则用于对电场进行调节和监视。研究人员构建了一个具有流动装置的电融合仪，由样品室、细胞收集室、蠕动泵、脉冲发生器等构成。由于能连续操作，可进行大量原生质体融合。原生质体的电融合包括双向电泳和可逆击穿两个过程，具体包括：①在两极间对原生质体悬浮液施加高频交流电场，使原生质体偶极化而沿电场线方向泳动，并相互吸引形成与电场线平行的原生质体链。②用一次或多次瞬间高压直流电脉冲来引发质膜的可逆性破裂而形成融合体(金晓玲等，2003）。

（2）电融合的主要技术参数：目前国内外已有多种型号的复合电融合仪，其交流电场频率、场强、作用时间以及高压直流脉冲电压、激发时间、击穿次数均连续可调。常用的融合仪有德国 Eppendorf 公司生产的 Eppendorf Multiporator 4308 型多功能电穿孔电融合仪，由于其轻便小巧、操作方便而深受研究人员的欢迎。电融合仪的不同之处在于参数的可调幅度及输出波形，一般根据需要调整都可取得理想效果。电极类型对外电场的各项参数及融合效率有很大影响。常见的有铂平行板电极、镀银电极和镍铬合金电极。关于电极国内外还有很多设计，主要有平行极式、电镀金属极式、圆形电极和电极丝。电极的类型主要涉及极板间距和电场散度。极板间距一般为 0.2 ~ 2 mm。极板形状决定电场散度，当细胞直径大于 4 μm，两根平行柱形导线之间的轻度不均匀性就足以诱导它们排列成串，小细胞要采用更高的电场散度，就需要采用同心圆式。如果融合细胞体积相差较大，就需要改进流动融合室和改变进样方式，否则难以接触成串（和睦等，1985）。

（3）融合液与原生质体的密度：融合液一般含甘露醇、蔗糖、果糖、山梨醇等渗透压稳定剂，另外还有膜稳定剂 Ca^{2+}，以及 pH 稳定剂 2 –(N – 吗啡啉)

乙磺酸（2-（N－morpholino） ethane sulfonic acid）。Pohl 等（1979）发现电介质电泳聚集作用随溶液导电率的降低而升高，当溶液中含有电介质时，电融合过程会产生热量，引起对流，干扰细胞串的形成，延长成串时间，降低融合细胞的生活力，所以融合过程是在非电解质溶液中进行，一般不加 Ca^{2+}。马铃薯电融合试验表明融合过程中加入 Ca^{2+} 降低了融合效率，但在增强细胞膜稳定性、防止细胞破碎方面显示出明显的正效应（戴朝曦等，1994）。原生质体密度对融合效果有很大的影响，密度过大或过小均不能达到预期的效果。当马铃薯原生质体密度大于 10^5 个 / ml 时，形成细胞串迅速，直流脉冲刺激后往往形成较多的多元融合体。而当密度低于 10^4 个 / ml 时，原生质体过于分散，不易形成细胞串，融合频率低。所以只有合适的细胞密度才能形成较多的短细胞串，提高融合效率。

（4）交变电场频率、强度及作用时间：这三个参数是决定原生质体成串、膜接触的关键参数。交变电场频率决定原生质体在电场中能否成串。只有一定的交变电场频率才能形成原生质体串。电解质电泳的最大电泳力出现在某个频率范围内，考虑到细胞的旋转频率，一般植物原生质体融合采用 0.5 ~ 20 MHz。对于马铃薯，1 MHz 就能取得很好的效果。交流电场的场强决定原生质体“珠串”形成的质量和速度，要使电场的定向力大于热运动的随机力，才能形成稳定的原生质体串。原生质体成串速度随电场强度的增强而加大，但是交流电场太高，原生质体就会被拉长，引起质膜的击穿破碎和对细胞功能的干扰，故要求适中的电压来成串，一般在 100 ~ 350 V / cm。交流电场的作用时间和强度决定原生质体串的长度。作用时间越长，强度越大，形成的原生质体串越长，当施加高压直流脉冲时，长串往往形成多融合体。交流电场散度就是电场的非均匀性，也是影响原生质体成串的因素。在同一电场强度下电场散度越大，原生质体成串能力越强。

（5）直流脉冲电压、脉冲宽幅及脉冲次数：电融合中施加的直流脉冲是导致融合的决定因素，膜的可逆击穿有一个临界击穿电压阈值，低于此值不能破膜，高于此值，则导致膜的不可逆击穿。脉冲幅宽在几十到几百微秒，方波脉冲可用几十微秒幅宽，尖波脉冲可多至几百微秒。不同外植体来源的原生质体质膜对电场刺激的敏感性不同，理想的脉冲电压及幅宽需要通过多次试验才能获得。过高的场强及幅宽可以导致膜的不可逆击穿，还能在细胞内引起高密度电流，引起原生质体的伤害。以上各参数是相互制约、相辅相成的。实际融合过程中应根据不同外植体来源种类、原生质体对电场的敏感性及融合特性整体考虑。李继红等（1994）在马铃薯体细胞杂交技术的研究中发现，用正弦波频率 1.1 MHz、120 ~ 157 V / cm 的交变电场处理 25 ~ 50 s，在直流脉冲场强

1.25 ~ 1.50 kV / cm、宽幅 630 μs 作用下，对大多数基因型可获得 40% ~ 80% 的融合率和 20% 以上的细胞分裂率。目前电融合技术应用日益增多，已成为一项通用的生物技术。在实际操作中，如何优化融合参数，不断提高融合效率，仍是电融合过程中需要解决的问题。诱导异源原生质体融合产生异核体是细胞融合的第一个关键环节。

杂种细胞的筛选和杂种植株的鉴定

有关杂种细胞的筛选，到目前为止还没有一种通用的方法。比较常用的有抗生素抗性筛选、遗传互补选择法和人工机械选择法。Sundberg 等（1986）利用叶肉细胞和培养细胞或下胚轴细胞的原生质体进行融合，根据遗传互补选择法将前者含有叶绿体、后者有浓密的细胞质来鉴别杂种细胞，在倒置显微镜下挑出进行单个原生质体进行微培养，获得杂种细胞的再生植株。王清等（2001）利用子叶原生质体叶绿体含量多但下胚轴原生质体含量少的特征作为标记，对马铃薯杂种细胞进行挑选。Sjodin 等（1989）采用人工机械选择法，用荧光激活细胞分拣机大量挑选杂种细胞。融合亲本之一是白菜型油菜的叶肉原生质体，具叶绿体自发荧光（红色），另一亲本是花椰菜的下胚轴原生质体，酶解时用羧基荧光素染色，具绿色荧光。融合处理后经细胞分拣机分拣的 80% 原生质体为融合细胞，培养后再生出杂种植株，但杂种分化率很低。体细胞杂种后代主要从四个不同水平进行鉴定，分别为形态学鉴定、染色体数目和形态鉴定、同工酶谱带鉴定和分子标记鉴定。形态学鉴定是最常用的鉴定方法，是利用杂种植株与双亲在表型上的差异进行比较分析。植株表型若介于双亲的中间类型，则有可能是杂种。染色体数目和形态具有种的特性，是鉴定杂种的主要细胞学依据和必不可少的指标。如果双亲的染色体数目和形态、大小有显著差异，杂种的鉴定就比较容易。对杂种染色体和细胞器进行亚显微观察，观察杂种植株叶片保卫细胞叶绿体的数目也可作为杂种鉴定的参考。同工酶谱带分析是体细胞杂种鉴定中普遍应用的方法之一。体细胞杂种的同工酶谱带表现为双亲酶带的总和，既可同时出现双亲的谱带，也有可能出现新的杂种带和丢失部分亲带。但生化标记往往受到植株生长发育阶段、取样部位、植株生长环境、植株个体差异、检测条件的影响，而且有效的生化标记数量较少，需要的样本量大。这些缺点使生化标记用于体细胞杂种鉴定的有效性和可能性受到限制。利用 RFLP、RAPD 和 AFLP 等分子标记鉴别手段，能提供原生质体融合是否发生的 DNA 分子证据，是十分有效且广泛应用的体细胞杂种鉴定技术。采用分子生物学技术特别适宜于胞质基因组及具特异性 DNA 片段基因的鉴定。采用特异性探针进行分子杂交，即可鉴定出杂种后代中该基因的导入结果。蔡兴奎等（2004）用叶绿体 SSR 引物筛选鉴定了马铃薯栽培种 *S. tuberosum* 和二倍体野生种 *S. chacoense* 杂种叶绿体的组成，观察到体细胞杂种中同时具有单亲本类型和双亲本的重组类型。

体细胞杂交技术在马铃薯遗传改良中的应用

原生质体的理论研究和遗传应用

原生质体培养和细胞融合是细胞工程的核心内容，它在基础理论研究和远缘遗传重组、遗传转化、创造和改良品种中展示出了广阔的应用前景(李杰等，2003）。离体的原生质体和其起源细胞一样具有全能性，可作为生物实验系统广泛用于生理学、遗传学、病理学和育种学的研究。细胞各种生理现象也可以采用原生质体培养技术进行研究，如细胞壁的形成过程、细胞分裂及分化等。同时由于分离的原生质体质膜充分暴露，为研究质膜结构、功能及其表面特性提供了方便，同时对质膜的物质运输、质膜对激素分子、毒素和抑制物的反应及膜表面的信号传导研究均有很大作用。

原生质体又是遗传工程的理想受体，可以直接摄取外源物质，包括细胞核、细胞器基因组、DNA 片段及病毒颗粒，而且在控制条件下，以单个原生质体进行准确的遗传操作，方便转化受体的筛选和分析，避免嵌合现象。在基因工程中，将外源基因与 Ti 质粒构建成重组质粒，以原生质体为宿主，重组质粒更易于优化，经培养、选择与分化，最终获得所需的材料。

原生质体呈单细胞状态，每个植株都是单细胞起源，每个原生质体都有同等的再生机会。因而，原生质体培养为突变体的分离、纯化及离体诱导提供了便利条件。原生质体在培养过程中对外界理化因素比较敏感，因而可发生高频率的自发突变和人工诱变，且产生的突变不易为正常细胞所掩盖。因此，植物无性系变异是遗传变异的重要来源之一。

体细胞杂交的应用

在理论上，体细胞杂交可以和常规的有性杂交技术一样作为遗传分析的手段，用于对遗传性状的本质、核基因、核外基因以及细胞分化和形态发生机理的研究和分析。在实践中的应用主要体现在 3 个方面：①获得新的种质。体细胞杂交技术不仅能使近缘不亲和种内或种间植物融合，而且可以使远缘不亲和的属间甚至科间产生体细胞杂种，使植物能够利用远缘的有用基因，从而扩大植物可利用的基因库。如果杂种植株可育，就可能形成农业上有用的新物种。②培育新品种。将栽培品种与相关的野生种作为亲本，经过原生质体融合、选择和再生，从而获得具有抗性的新品种。通过这种方法，得到抗马铃薯晚疫病的体细胞杂种。③通过原生质体融合转移细胞质基因。原生质体融合涉及双亲细胞质，不仅可把细胞质基因转移到全新的核背景中，也可使线粒体基因和叶绿体基因重新组合，创造出细胞质变异的新资源。

体细胞杂交技术在马铃薯遗传改良中的应用

马铃薯体细胞融合和杂交研究与其他茄科植物的研究相比，起步较晚，最早是 Melchers 等（1978）获得成功的，他们用马铃薯双单倍体的一个叶绿素缺失突变体与番茄的一个变种 Carasiforme 进行原生质体融合，获得了杂种植株。这是一个属间杂种，称为“马铃薯 - 番茄”（Pomato）或“番茄 - 马铃薯”（Topato）。但所有杂种植株都是畸形的，既不能结薯，也不能结番茄，具有完全的不育性，染色体数为 50 ~ 72，没有一株是 2n = 48 的异源四倍体。但 DNA 限制性酶切片断和酶的分析表明，杂种植株含有两个亲本的基因组 DNA 成分，有些杂种含有马铃薯的质体(Pomatoes)，而另一些含有番茄的质体（Topatoes）。20 世纪 80 年代以来，有不少关于体细胞融合和杂交成功的报道，获得了大量抗病、抗虫、雄性不育和耐盐的马铃薯新种质。

（1）抗病新种质：体细胞杂交技术可有效克服马铃薯野生种与栽培种的生殖障碍，通过此技术可以将野生种抗病基因和优良农艺性状基因等转移至普通栽培种中，从而提高栽培品种的整体特性。Luthra 等（2019）通过对马铃薯种间 *S. tuberosum* (+) *S. cardiophyllum* 融合杂种植株进行 cph-hybrids 分析，获得了对晚疫病表现出良好抗性的杂种植株。Smyda-Dajmund 等（2017）利用细胞融合技术获得 *S. michoacanum* (+) *S. tuberosum* 的杂种植株后再与 *S.michoacanum* 回交，最终获得抗晚疫病的杂种马铃薯植株。Luthra 等（2016）对 *S. tuberosum* (+) *S. pinnatisectum* 杂种植株在大田进行分析，杂种植株较对照对晚疫病表现出更明显的抗性，并且品质性状也优于对照。Tek 等（2004）利用体细胞杂交技术获得 *S. tuberosum* (+) *S. brevidens* 杂种植株，部分杂种植株对马铃薯早疫病具有良好的抗性。Jadari 等（1992）利用电融合技术获得 *S.tuberosum* (+) *S. torvum* 杂种植株，所得杂种植株均对黄萎病产生抗性，说明大丽轮枝菌病原菌 (*Verticillium dahliae*) 抗性转移至马铃薯,从而抑制了马铃薯黄萎病的发生。McGrath 等（2002）对 *S. tuberosum* (+) *S. brevidens* 细胞融合的杂种株系分析，发现抗软腐病的基因稳定导入马铃薯杂种植株中。Fock 等（2001）利用电融合技术对栽培种 *S. tuberosum* 和野生种 *S.stenotomum* 进行细胞融合，获得抗青枯病与 *S. stenotomum* 相当的杂种植株。Ahn 等（2013）通过分析由 *S. brevidens* (+) *S. tuberosum* 细胞融合而来的杂种株系，观察到杂种株系抗青枯病的能力要强于亲本，为进一步获得新种质奠定了基础。蔡兴奎等（2003）利用中薯无性系 3 # 和 8 # 与野生种 *S. chacoense* 融合，创造出具有青枯病抗性的体细胞杂种。Laurila 等（2003）通过细胞融合技术获得了 *S. tuberosum* (+) *S. acaule* 杂种植株，杂种植株根据核基因来源于 *S. acaule* 所占比例的差异，呈现出对环腐病不同程度的抗性。Yu 等（2013）通过电融合获得 *S. melongena* (+) *S. tuberosum* 的杂种后代，后代表现出抗青枯病特性，说明抗青枯病的特性从茄子成功转移至马铃薯，这为培育抗青枯病马铃薯奠定了基础。Nouri-Ellouz 等（2006）利用电融合技术获得 2 个马铃薯二倍体杂种植株，在大棚接种马铃薯 Y 病毒，一些杂种植株的症状出现延迟并且感染率降低，其中 1 株表现完全抗马铃薯 Y 病毒。Nouri-Ellouz 等（2016）通过细胞融合获得的马铃薯体细胞杂种 *S. berthaultii* (+) *S. tuberosum* 对土传真菌和马铃薯 Y 病毒表现出部分抗性。

（2）抗虫新种质：马铃薯在生长过程中易遭受蚜虫、甲虫和线虫等危害。Novy 等（2002）通过对 *S. etuberosum* (+) *S. tuberosum* 杂种后代的大田研究，发现大田中马铃薯桃蚜的生殖力下降，成虫变小，同时后代表现出对马铃薯桃蚜、PLRV 和 PVY 具有多重抗性。Thieme 等（2010）通过电融合获得 *S.cardiophyllum* (+) *S. tuberosum* 的杂种植株，经鉴定野生种的 *cph* 基因成功转移至商业品种中，杂种植株表现出对马铃薯甲虫的抗性，同时对 PVY 也表现出一定的抗性。Jeffrey 等（2012）将融合获得的 *S.tuberosum* (+) *S. bulbocastanum* 杂种植株再与栽培种回交，在筛选出的 63 个品系中有 9 个品系表现出对绿桃蚜的抗性，有 5 个品系表现出对马铃薯蚜虫的抗性。Cooper-Bland 等（1994）对马铃薯的 2 个二倍体进行电融合，获得的杂种植株对马铃薯胞囊线虫表现出一定的抗性。

（3）抗除草剂新种质：Binding 等（1982）用马铃薯普通栽培种的双单倍体与一个能抗除草剂“阿特拉津（Atrazine）”的龙葵（*S. nigrum*，2n=72）进行原生质体融合（这两个种是有性杂交不亲和的，而且抗“阿特拉津”的特性在龙葵中是母性遗传的）获得了融合植株。染色体数目为 2n= 90。有 9 个无性系表现出两个亲本的特性和有抗“阿特拉津”的能力。

（4）雄性不育新种质：在预防马铃薯病害的过程中，发现种子可以避免一些病害的传播，因此可以利用细胞融合技术培育新的雄性不育系，以应用于实生种子生产。Perl 等（1990）融合了碘乙酰胺处理的马铃薯和 γ 辐射的原生质体（含有 *S. stoloniferum* 胞质），杂种植株呈现出雄性不育的特性，从而阻断了通过实生种子传播的病害。Barsby(1984)等用来自品种“赤褐布尔班克（Russet Burbank）”的一个白化突变体与不形成块茎的一个二倍体野生种 *S. brevidens* 进行体细胞融合，得到了具有两亲本中间性状的有生活力的绿色植株，染色体数目在 72 ~ 96 之间，花粉败育，只形成无籽果实。

（5）耐盐新种质：Trabelsi 等（2005）

利用 PEG 融合法获得了 *S. tuberosum* (+) *S. verne* 杂种植株，通过试验检测，杂种植株对盐的耐受性增强。Bidani 等（2007）通过分析 *S. tuberosum* (+) *S. berthaultii* 的 3 个杂种株系 STBa、STBc 和 STBd，结果证明杂交种系耐盐性要高于亲本 BF15，同时 STBc 和 STBd 株系表现出较强的耐盐性，而 STBa 株系的耐盐性处于中间状态（Bidani et al，2015）。

马铃薯基因工程和基因编辑

基因工程

基因工程技术原理

基因工程（Genetic engineering）是指利用分子遗传学的理论基础，从供体中分离目的基因，将其在体外与载体进行重组，再经遗传转化导入受体基因组中进行稳定表达和遗传的工程技术。基因工程技术在马铃薯中已得到广泛研究和应用，通过对不同来源的目的基因进行克隆、重组，再整合至马铃薯基因组，使其表达和遗传，从而获得具有优良性状的马铃薯新种质资源（见图 11–1）。基因工程育种的方法突破了生殖隔离障碍，实现了不同物种间优良性状的整合，具有育种目的性强、周期短、成本低等优点。当前，马铃薯基因工程种质资源改良主要围绕抗病虫害、抗逆及提升品质和产量等方面开展。

基因工程技术在马铃薯的应用研究上有代表性的方面包括：①增加块茎的营养价值，如增加蛋白质含量和淀粉含量，改变植物蛋白的必需氨基酸比例等。②提高马铃薯的抗逆性，如抗旱、耐盐、抗寒等性能。③提高光合作用效率，如

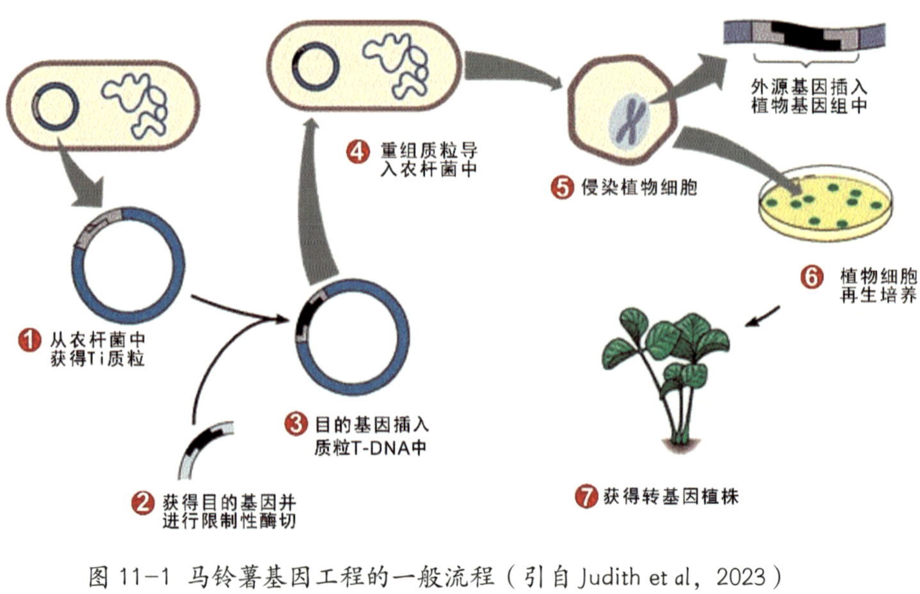

图 11–1 马铃薯基因工程的一般流程（引自 Judith et al，2023）

提高产量、缩短生长期等。④提高马铃薯抗病虫害性能，如抗晚疫病、抗病毒病、抗虫等（Del et al，2021）。

抗旱种质改良

干旱概述

由于马铃薯根系短而浅，导致水分吸收能力有限，因此，马铃薯极容易受到水分胁迫的影响。极端温度、干旱和盐胁迫被认为是影响马铃薯生长和产量的主要环境因素，而干旱影响尤为严重。在极端干旱期间，土壤水蒸发加剧，马铃薯根系可利用水量逐渐减少，从而导致马铃薯生长受阻，产量大幅减少。干旱的原因包括降雨不足、土壤盐渍化及农业灌溉用水的减少，全球变暖将进一步加剧水分的蒸发。气象学者预测到 2100 年极端干旱地区的比例将增至 30%，全球范围内因为干旱导致的马铃薯减产将进一步加剧（Kopecka et al，2023）。马铃薯在长期的驯化过程中进化出了多种分子机制，通过生理生化反应、特异性基因表达和代谢途径变化来应对干旱胁迫。因此，揭示这些调控原理，并通过基因工程技术能够进一步改良抗旱马铃薯种质资源（见图 11-2）。

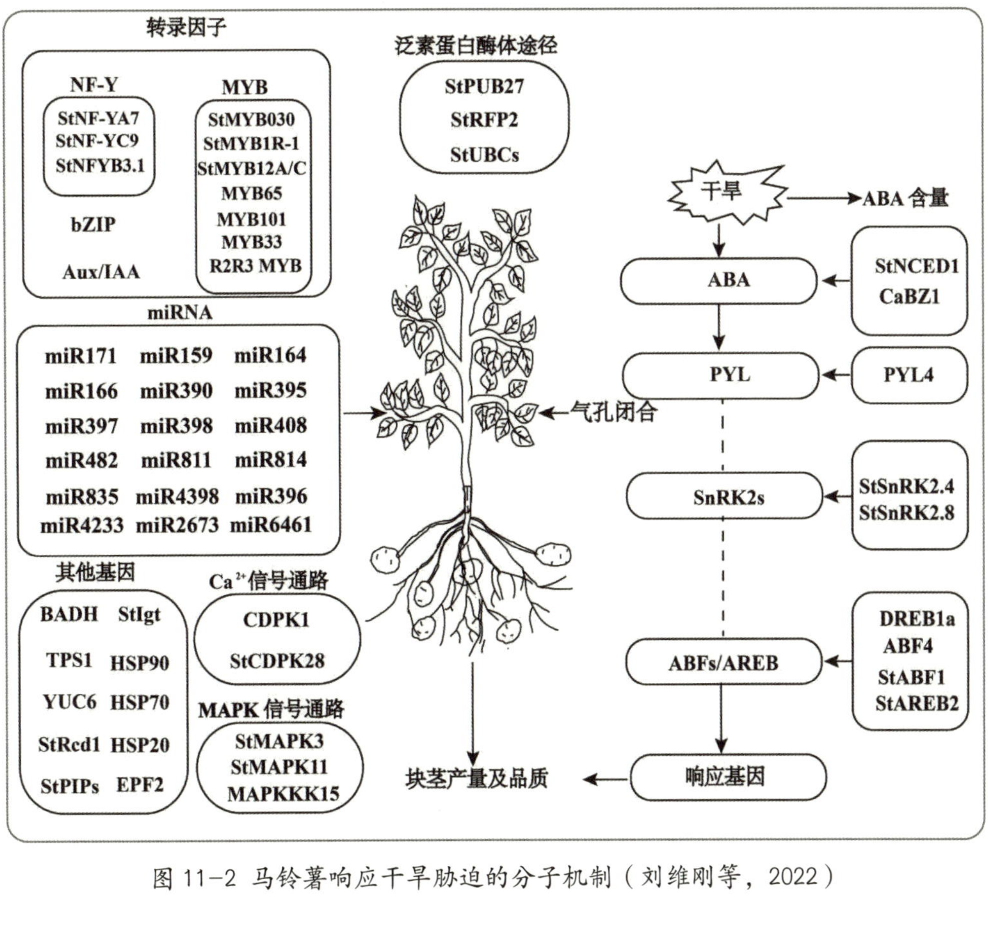

图 11-2 马铃薯响应干旱胁迫的分子机制（刘维刚等，2022）

脱落酸信号通路

脱落酸（ABA）是一种普遍存在于植物中的激素和信号分子，能够调控气孔运动并诱导多种与胁迫相关基因的表达，ABA 参与包括干旱在内的多种非生物胁迫调控。在干旱胁迫下，ABA 通过调控气孔的闭合来影响地上地下水分和干物质的分配，从而影响马铃薯的产量。有研究表明，适度干旱能够增加根、匍匐茎与叶片中 ABA 的含量，外源高浓度 ABA 能促进马铃薯结薯并增加单薯重。因此，研究马铃薯 ABA 在干旱胁迫下的调控机理对耐旱和产量均具有重要的意义。脱落酸响应元件结合因子（ABF）是 ABA 信号传导的关键调节因子，属 bZIP 类转录因子，它们与 ABA 反应元件 ABRE 结合，调控非生物胁迫期间 ABA 信号传导，在调控马铃薯块茎的形成过程中发挥重要作用。过表达 *AtABF4* 基因的马铃薯植株能够增强抗旱性，并增加了块茎产量。*StABF1* 基因在 ABA 和干旱胁迫下被诱导，这表明 *StABF1* 基因可能是马铃薯中依赖 ABA 信号通路而响应胁迫的关键调节因子。9–顺式–环氧类胡萝卜素双加氧酶（NCED）是植物中 ABA 生物合成途径的关键限速酶，该基因的表达模式直接影响 ABA 代谢。PEG–6000 模拟干旱胁迫处理 4 个马铃薯品种，干旱敏感型品种中的 ABA 含量明显高于其他三个品种，ABA 含量与 *StNCED1* 表达量之间呈现出正相关的关系。过表达辣椒 bZIP 转录因子 *CaBZ1* 的马铃薯植株增加了 ABA 的含量，使胁迫相关基因 *CYP707A1*、*CBF* 和 *NAC* 的表达量上调，增强了对干旱胁迫的耐受性。对“鄂马铃薯 3 号”的转录组测序表明，ABA 信号转导核心因子蛋白激酶 *StSnRK2.4* 和 *StSnRK2.8* 与转录因子 *StAREB2* 显著差异性表达；对 *SnRK2* 基因家族的鉴定和表达分析也表明，*SnRK2* 的表达与干旱胁迫紧密相关（Yao et al，2023）。

丝裂原活化蛋白激酶

丝裂原活化蛋白激酶（MAPKs）信号通路一般包含三级级联激酶。研究表明其与植物对干旱胁迫的响应密切相关，在马铃薯研究中也有相关的报道。马铃薯在 PEG、甘露醇处理下，其光合作用和气孔导度受 *StMAPK3* 调控，这表明 *StMAPK3* 是干旱和渗透胁迫的调节因子。对马铃薯 15 个 *MAPKs* 基因的表达量分析表明，*StMAPK11* 在干旱条件下明显上调，*StMAPK11* 通过调节抗氧化活性和光合作用来增强马铃薯植株的抗旱性。此外，stu–miR856 的表达量下调会驱动两个 *StMAPKs* 基因家族成员的过表达，这有助于马铃薯植株适应干旱胁迫。对耐旱和干旱敏感马铃薯品种进行 RNA–seq 分析，结果筛选到 22 个干旱响应 *MAPKs* 基因，这说明 MAPK 信号通路在干旱条件下被激活（Majeed et al，2022）。

泛素蛋白酶体途径

泛素蛋白酶体途径作为蛋白质特异性降解和翻译后修饰机制，深度参与调控马铃薯对干旱胁迫的响应。对PEG处理下的马铃薯蛋白质组泛素化进行分析，结果共检测到200个Lys残基泛素化修饰，通过比较发现共有25个差异泛素化修饰位点。对马铃薯泛素结合酶E2的家族基因进行鉴定和对干旱胁迫下表达谱的分析，结果发现马铃薯含有64个E2基因，其中包括*StUBC12*、*StUBC18*在内的多个E2基因在干旱胁迫下呈现差异表达。马铃薯U-box型泛素连接酶家族含有66个成员，其中*StPUB27*通过调控气孔导度负调节马铃薯的抗旱性（Tang et al，2020，2022）。RING-finger型E3连接酶*StRFP2*通过影响Pro、MDA的含量和CAT的活性提高马铃薯植株的保水能力，从而正调控马铃薯的抗旱性。SUMO化修饰被认为是泛素化修饰中的特殊组成部分，SUMO标签分子与泛素分子的序列差异较大，但两者可以折叠成相似的空间结构。马铃薯DM 1-3中含有7个SUMO基因、3个SAE（E1）基因、9个SCE（E2）基因和1个SIZ（E3）基因，在PEG6000和盐胁迫下，*StSCE1/5/6/7*和*StSUMO1*的表达量均表现出显著升高。构建双启动子共过表达载体pRI201-AN-StSCE1-StSUMO1，采用农杆菌介导法转化马铃薯品种“大西洋”和花序浸染法转化拟南芥，获得转基因植株，结果发现干旱环境下转基因马铃薯株系的株高、根长、鲜重等农艺性状相比野生型显著增加，转基因马铃薯株系也具有更高的SOD和Pro含量，MDA含量更低，转基因拟南芥相比野生型表现出更强的抗旱性。这表明*StSCE1*和*StSUMO1*基因共过表达显著促进了生长，并提高了植株的抗旱性。采用酵母双杂交技术在马铃薯文库中筛选*StSCE1*的互作蛋白，结果发现*StSCE1*与*StSUMO1*和多酚氧化酶（PPO）互作（Ghimire et al，2020；Shantwana，2021）。

转录因子

目前，马铃薯中已鉴定出许多响应非生物胁迫的转录因子（TFs），包括MYB、bZIP、WRKY、AP2/EREBPs和bHLHs等。研究表明NF-Y转录因子与植物的抗旱性有关，*StNF-YA7*过表达植株叶片水分流失，抗旱性增强。*StNF-YC9*通过增强光合作用速率、抗氧化酶活性和脯氨酸积累以及降低马铃薯植株中MDA积累在马铃薯抗旱性中发挥重要作用。*StNFYB3.1*的过表达导致马铃薯对ABA的反应更加敏感，并增强了气孔关闭，推测*StNFYB3.1*通过调控ABA介导的气孔关闭从而提高马铃薯植株水分的利用效率和抗旱性。马铃薯中共鉴定出233个MYBs基因，其中多个成员受干旱胁迫诱导表达，如*StMYB030*在干旱胁迫处理下显著上调。R1型MYB转录因子*StMYB1R-1*在马铃薯中通过调节水分流失增强植株的抗旱性，表

明 *StMYB1R-1* 作为转录因子参与干旱相关基因的激活（Sun et al，2019）。CBP80 / ABH1 能够调节 miR159 的水平，而 miR159 能够调节靶基因 *MYB33* 和 *MYB101* 转录因子水平，从而影响马铃薯对干旱的反应。对具有抗旱性差异的两个马铃薯品种转录组测序分析，结果筛选到 6 个 Aux / IAA 转录因子，qRT-PCR 验证表明干旱胁迫下它们在根中呈现差异性表达。这表明 Aux/IAA 转录因子可能通过调控根部的发育响应干旱胁迫。

miRNA

MicroRNAs（miRNAs）是一类非编码内源性短链 RNA，长度一般为 20 ~ 24 个核苷酸。miRNAs 在转录后水平负调节真核生物的基因表达，参与调控植物的生长发育，响应生物和非生物胁迫。对干旱处理下马铃薯的 miRNA 高通量测序后表明，共有 1,338 个 miRNA 有差异表达，miRNA 的靶基因涉及 HD-Zip、SPL 等转录因子及与抗旱相关的功能蛋白等，这表明 miRNA 在马铃薯响应干旱胁迫过程中扮演重要的角色。研究表明 miR171、miR159、miR164、miR166、miR390、miR395、miR397、miR398、miR408、miR482、miR811、miR814、miR835、miR4398 等 miRNAs 响应干旱胁迫（Ozturk et al，2021）。干旱胁迫下，miR159 通过调控其靶基因 *R2R3 MYB* 响应干旱胁迫。对生物信息学和 qRT-PCR 分析后表明 miR172、miR396a、miR396c、miR2673 和 miR4233 可能调节 *P5CS* 基因，而 miR6461 可能调节 *ProDH* 基因以响应干旱胁迫，Stu-mi164 则通过调控其靶基因 *StNAC262* 基因的丰度降低了马铃薯对渗透胁迫的抗性。

其他调控因子和功能基因

甘氨酸甜菜碱（GB）在植物中由甜菜碱醛脱氢酶（BADH）催化胆碱脱氢而生成，利用拟南芥诱导型启动子 rd29A 驱动 *BADH* 基因并转化马铃薯，结果表明在干旱胁迫下转化植株相比非转化植株鲜重增加了 17% ~ 29%；转化植株在干旱胁迫下叶片的电导率相对更低，使用基因工程技术增强 GB 合成途径能够成功提高许多植物的干旱耐受性。转 *BADH* 基因的马铃薯植株表现出对盐及干旱的抗性。海藻糖及其磷酸盐是一类具有调节细胞渗透压的渗透调节物质。海藻糖和海藻糖 -6- 磷酸（T6P）分别由海藻糖 -6- 磷酸磷酸酶（TPP）和海藻糖 -6- 磷酸合成酶（TPS）催化合成。将 *TPS1* 基因转化到马铃薯中，结果表明转基因植株的相对含水量和光合作用速率明显高于对照组，而气孔导度低于非转化植株，这表明海藻糖的积累有利于提高马铃薯的抗旱性。马铃薯响应干旱胁迫往往与植物激素有关，其中色胺途径（TAM）中的 YUCCA 是 IAA 生物合成的关键酶。研究表明过表达 YUCCA 家族成员 *AtYUC6* 的马铃薯植株能够增强抗旱性，同时降低了叶中活性氧的水平。马铃薯 *DRO1* 参与响应干旱胁迫，并与株高、根长、叶绿素含量和 SOD 活性的调控密切相关。钙依赖蛋白激酶 StCDPK28 可通过降低 MDA、H_2O_2 的含量，增加 CAT、SOD 和 POD 的活性，提高马铃薯植株的抗旱能力（Zhu et al，2022）。异源表达 *AtCDPK1* 增强了马铃薯的保水能力以提高植株的抗旱性。*StPIPs* 的表达改善了植物的水分利用效率，并有助于维持光合作用和气孔导度，最大限度地减少碳饥饿并增强整个植株对干旱胁迫的耐受性。表皮模式因子 *EPF2* 是气孔发育的负调节因子，过表达 *EPF2* 提高了植株的光合速率、光系统 II 效率和瞬时水分利用效率，增强了植株的抗旱能力。

基因组学、蛋白质组学、代谢组学等研究加快了对马铃薯抗旱机理的研究进程。对马铃薯 *StIgt*、*HSP90* 基因家族的全基因组鉴定和表达分析结果显示，在干旱 / PEG 胁迫下多个 *StIgt*、*HSP90* 基因呈现差异性的表达，这表明 *HSP90*、*StIgt* 在响应干旱胁迫过程中发挥着重要作用。比较干旱敏感型品种（Milva、Alegria）和耐旱品种（Desiree、Saturna）在温室和田间的转录组，结果发现在干旱胁迫下分别有 54 个基因均上调表达，48 个基因均下调表达，包括 HSP20、HSP70、ABA 受体 PYL4、MAPK 激酶、PERK1 激酶等。耐旱马铃薯品种宁蒗 182 的蛋白组学分析表明，共有 12 个差异蛋白被发现，包括光合系统、线粒体保护、胁迫响应信号传导和物质运输相关蛋白等。上述研究表明马铃薯的抗旱性与 ABA 信号通路、MAPK 激酶、受体激酶、热激蛋白等多种代谢途径有关。

耐盐种质改良

耐盐分子机制

土壤盐碱化是当下农业生产中面临的重要生态环境问题之一。常年对土地的不合理灌溉使土壤的盐化加剧，盐胁迫是制约马铃薯生长发育以及减产的重要因素之一。为了应对不利的环境条件，包括马铃薯在内的植物进化形成了一系列复杂的调控机制，阐明这些调控机制进而通过基因工程的手段进行种质资源改良是提高马铃薯耐盐性的主要方式之一。

筛选马铃薯耐盐性相关的 QTL 发现数个控制芽长相对值、芽干质量相对值、根干质量相对值、根鲜质量相对值的 QTLs，其中控制根干质量相对值的 QTL 对耐盐性贡献率最大。甘氨酸甜菜碱是甘氨酸的衍生物，被认为是最好的渗透调节剂。植物受盐胁迫时，甜菜碱含量增加 3 ~ 6 倍，催化其合成的甜菜碱醛脱氢酶（BADH）活性也会增加 3 倍以上。利用 RACE 同源克隆技术，在马铃薯中克隆到甜菜碱醛脱氢酶基因，该基因的克隆有利于增进对马铃薯耐盐机制的深入了解。蔗糖非酵解相关蛋白激酶家族 2（SnRK2）是植物中一类高度保守的蛋白激酶，也是植物响应盐导致的渗透性胁迫的主要调控元件。从马铃薯品种“陇薯3号”中克隆得到8个 *SnRK2* 基因，8个基因的相对表达量有所差异，*StSnRK2.5* 在盐胁迫下表达量显著下调（Bai et al，2017）。进行盐胁迫下马铃薯转录组分析表明，与光合作用相关的基因表达显著下调，通过蛋白组分析发现渗透蛋白、热休克蛋白、蛋白抑制剂和钙网蛋白表达显著上调，防御相关蛋白的上调可能赋予马铃薯植株相对的耐盐性。

转基因耐盐种质改良

盐胁迫下植物通过合成一些有机物如甜菜碱、脯氨酸和甘露醇等以减少细胞内水分流失，防止大量的被动脱水，减轻盐胁迫对细胞的伤害。甜菜碱在叶绿体中由胆碱经胆碱单加氧酶（CMO）和甜菜碱醛脱氢酶（BADH）催化合成。研究证明将CMO和BADH导入马铃薯均可使其耐盐能力提高。脯氨酸是细胞结构和酶的保护剂，在正常条件下脯氨酸主要由鸟氨酸途径合成，而在胁迫条件下主要由谷氨酸途径合成。在谷氨酸合成途径中，Δ1-吡咯琳-5-羧酸合成酶（*P5CS*）是脯氨酸合成的关键酶，将拟南芥 *P5CS* 基因导入马铃薯，发现盐胁迫下叶片中脯氨酸含量显著增加，耐盐性增强。甘露醇亲水性强，能有效抵抗盐胁迫下细胞渗透脱水，提高植物耐盐能力。细菌中甘露醇合成的关键酶为1-磷酸-甘露醇脱氢酶，由mt1D编码，而甘露醇在植物中的合成途径多数未能鉴定，现已证明用细菌来源的mt1D转化马铃薯，可增强耐盐胁迫能力。

植物在液泡中积累高浓度 Na^+ 能够抵御盐胁迫损伤，该机制主要依靠源自液泡质膜 H^+-ATPase 和 H^+-PPase 产生跨膜的 H^+ 电化学势梯度，驱动质膜或液泡膜上 Na^+/H^+ 逆向转运蛋白完成 Na^+ 向液泡内转运。*AtNHX1* 在拟南芥中编码逆向转运蛋白，参与盐胁迫保护，*HAL1* 能够调节细胞内的离子均衡，使细胞内保持较低的 Na^+/K^+ 比例，以减轻 Na^+ 对细胞的毒害作用。将 *AtNHX1* 和 *HAL1* 基因导入马铃薯，有利于实现细胞水平和整株水平的耐盐区域化分配，提高其耐盐能力。

盐胁迫导致马铃薯活性氧产生和清除平衡被破坏。导入氧化胁迫保护酶基因，可提高其维持活性氧平衡的能力。转入铜/锌超氧化物歧化酶（Cu/Zn SOD）和抗坏血酸过氧化物酶基因（APX）可增强马铃薯清除活性氧的能力，提高耐盐性。导入脱氢抗坏血酸还原酶（*AtDHAR1*）基因可维持抗坏血酸再生和平衡，促使转基因马铃薯在盐胁迫下生长较非转基因植株快。将从抗逆性极强的诸葛菜（*Orychophyragmus violaceus*）中克隆的脱水应答原件结合蛋白类转录因子（*ODREB2B*）基因导入马铃薯，经0.5% NaCl处理后转基因植株抗氧化酶活性上升幅度明显大于非转基因植株。高盐渗透胁迫能够诱导植物激素ABA的迅速合成和大量积累，

ABA 的增加可促进气孔关闭，从而减缓脱水反应。脱落酸应答元件结合蛋白 ABRE/ABF 是调控 ABA 应答的关键调节子，将棉花 *GhABF2* 导入马铃薯提高了耐盐性。

抗寒种质改良

抗寒种质资源的筛选

马铃薯为喜冷凉但不耐寒作物，马铃薯栽培品种大部分不耐低温霜冻，冬春季低温霜冻严重影响马铃薯的产量和品质。低温寒潮导致马铃薯幼苗冻死率能达到 75% 以上，减产幅度为 40% 以上，造成严重经济损失。随着分子生物学的不断发展，马铃薯抗寒机制及遗传特性的解析、抗寒相关基因的定位、抗寒种质资源的挖掘为马铃薯产业平稳健康发展提供重要支撑（Kopecka et al，2023）。

马铃薯对低温的反应可分为抗冻害胁迫型和冻害敏感型两类，能够在 －4℃以下存活的品种为抗冻害胁迫型，只能在 －2.5 ℃以上存活的为冻害敏感型。不同马铃薯品种间抗寒性差异较大，筛选出抗寒马铃薯品种对马铃薯抗低温霜冻栽培具有重要意义。众多马铃薯科研工作者对大量马铃薯品种和材料的抗寒性进行了筛选评价，根据半致死温度和低温驯化的程度可以将马铃薯野生种和栽培种分为以下几种类型：①抗冻害胁迫型且能够被低温驯化，主要包括 *S. acaule*、*S. commersonii*、*S. multidissectum* 和 *S. chomatophilum*。②抗冻害胁迫型但不能够被低温驯化，主要包括 *S. bolviense*、*S.megistacroiobum* 和 *S. sanctae-rosae*。③冻害敏感型且能够被低温驯化，主要包括 *S.oplocense* 和 *S. polytrichon*。④冻害敏感型且不能够被低温驯化，主要包括 *S. brachistotrichum*、*S. tuberosum*、*S. cardiophyllum* 和 *S. fendleri* 等。马铃薯普通栽培种 *S. tuberosum* 的半致死温度平均为 －3 ℃，属于冻害敏感型且不能够被低温驯化，这对马铃薯抗寒育种提出了挑战。国内许多育种家也进一步对马铃薯栽培种进行抗寒性评价，筛选出大量抗寒品种和低温敏感品种（见表 11-1）。

表 11-1 栽培种马铃薯抗寒性评价

抗寒品种 / 材料	低温敏感品种 / 材料	参考文献
03079-444、03079-435、03079-343	中薯 3 号、03079-322、03088-344	李飞等，2008
桂农薯 1 号	费乌瑞它	邓英毅等，2017
丽薯 6 号	费乌瑞它	李丽淑等，2017
丽薯 6 号、中薯 20 号	师大 6 号、宣薯 2 号	杨慧菊等，2017
郑薯 6 号、桂农薯 1 号	NA	李华伟等，2016
AV9、GS393、8033(4)	8033(9)、21×11、41×5	潘妃，2016
晋薯 2 号、克新 2 号、郑薯 5 号、郑薯 6 号	NA	魏亮等，2017
AV9、BS214、GS393、狗头山药、临薯 3 号	Anti-10、陇薯 5 号、Sten-1	丁红映等，2019
Alaska Frostless、Simcoe、M1、华渝 5 号、华薯 11 号	NA	董建科等，2019

抗寒相关遗传位点和基因筛选

随着分子生物学技术的不断发展，对马铃薯抗寒性相关基因的挖掘和研究取得系列进展。低温胁迫对马铃薯的伤害主要是破坏细胞膜并影响光合作用和生理代谢，马铃薯低温驯化后硬脂酰基载体蛋白去饱和酶基因（SAD）表达上调能够增强马铃薯冷胁迫耐受性。利用转录组测序技术从3个野生马铃薯种中分离出不饱和脂肪酸合成途径中的关键脱氢酶基因SAD，并成功将SAD基因过表达在栽培种“中薯8号”中，结果显著提高了其抗寒性。将拟南芥冷响应元件结合因子AtCBF3在马铃薯中过表达，增强了马铃薯抗氧化作用和低温耐受性。原生质体细胞壁转化酶（CWI）主要通过诱导ABA显著影响马铃薯的抗寒性（Dou et al，2015）。研究表明二倍体野生种*S. commersonii*具有极强抗寒性，通过转录组测序发现855个基因冷驯化后表达上调，主要包括*CBF3*、*E3*泛素连接酶*HOS*、*CBF*调控转录因子*ICE1*、*SUMO E3*连接酶*SIZ1*等抗寒基因。对转录组和代谢组分析发现马铃薯亚精胺脱羧酶基因*ADC1*在低温处理下高表达，过表达*ADC1*导致腐胺含量增加并显著提高马铃薯的抗冻能力。过表达*S. pinnatisectum*的CBF1（*SpCBF1*）基因提高了马铃薯冷诱导基因COR表达，SOD活性增加，提高了马铃薯抗寒能力。将*S. tuberosum* CBF1（*StCBF1*）和*S. commersonii* CBF1（*ScCBF1*）基因在拟南芥中过表达，与对照相比，2个基因过表达植株耐低温能力更强，且*ScCBF1*比*StCBF1*效果更显著（Li et al，2022）。研究发现马铃薯材料GS393分离的StumiRNA390受低温胁迫诱导，抑制其靶基因*SCLRRK1*表达。过表达马铃薯*StSOD1*基因能够调控马铃薯体内抗氧化酶活性并提高抗寒性。过表达淀粉酶抑制剂基因*SbAI*能够减少马铃薯淀粉合成以抵御短期低温胁迫。

植物抗寒性是一个受多基因控制的复杂数量性状，可通过绘制分子遗传图谱确定马铃薯抗寒相关QTL具体位置，进而解析遗传机制。利用抗寒材料*S. commersonii*和霜冻敏感材料*S.cardiophyllum*的回交群体构建遗传连锁图谱，图谱长479.4 cM，包含77个RAPD标记和2个SSR标记。在2个不同连锁群鉴定到非适应阶段抗寒相关QTLs 2个，表型变异为44%；鉴定到抗寒相关QTLs 2个，表型变异为24.9%。利用低温敏感型的*S. verrucosum*（母本）与*S. commersonii*（父本）构建BC1分离群体，进行BSA和DNA-seq联合分析绘制平均Δ(SNP-index)和G'值分布图，发现峰值都位于2号染色体上，预测抗寒位点可能位于2号染色体36.23～45.14 Mb的区域。上述关于马铃薯抗寒性QTL定位研究存在遗传图距大、分子标记少和定位区间大等缺点，马铃薯抗寒性QTL关键位点还有待进一步分离鉴定。

马铃薯普通栽培种被认为是低温

敏感型品种且不能被低温驯化，但马铃薯野生种 *S. commersonii* 抗寒性最强。通过基因组水平分析发现，与 *S. tuberosum* 相比 *S. commersonii* 基因组的杂合度（1.5%）显著低于栽培种（53% ~ 59%），且基因组较小，这种差异主要是由基因间的序列长度差异引起的。参考转录组数据注释基因组预测到 1,703 个 microRNA 以及 18,882 个非编码 RNA，在非编码 RNA 中有 20% 能够靶定到低温胁迫响应基因上，这些低温响应基因共预测到 39,290 个蛋白，其中 126 个低温胁迫相关基因在 *S. tuberosum* 中没有。*S. commersonii* 基因组测序为研究马铃薯的驯化以及创制马铃薯新资源提供了参考，大量低温胁迫相关基因是选育抗低温种质资源的潜在靶基因。

转录组分析技术是解析马铃薯胁迫响应的重要手段，在马铃薯低温胁迫的研究中，转录组分析技术已得到广泛应用。马铃薯野生种 *S. commersonii* 在低温驯化和非低温驯化条件下进行低温胁迫转录组分析，低温驯化条件下差异基因为 720 个，非低温驯化条件下差异基因为 784 个，前者特异差异基因为 71 个，后者为 135 个。通过 GO 分析两种条件下差异的代谢通路，发现非低温驯化条件下差异基因主要富集到细胞器代谢、光合作用和油菜素内酯代谢途径，低温驯化条件下差异基因主要富集到共质体和液泡代谢途径。利用转录组结合蛋白质组分析马铃薯 *S. tuberosum* 低温胁迫响应，表明抗氧化相关基因和蛋白受低温胁迫诱导表达明显，光合作用相关基因受低温胁迫抑制表达。此外，一些氨基酸和糖类代谢相关的基因和酶类受低温胁迫影响显著。通过对马铃薯栽培种 “Bintje” 和其矮化突变体进行 RNA-seq 分析，发现突变体中胁迫相关的基因表达上调，包括温度胁迫响应蛋白 COR413-PM2 等。

基因工程改良抗寒种质资源

目前，在植物响应低温胁迫的分子机制方面已经开展了大量研究，主要包括植物激素、转录因子、激酶以及功能蛋白等，其中 ICE-CBF-COR 信号传导途径被认为在低温驯化中起关键作用。马铃薯中存在 CBF3-CBF1-CBF2-CBF-2B 和 CBF5-CBF4 两个基因簇，通过比较马铃薯 *S. tuberosum* 和 *S. commersonii* 中 CBF 基因家族发现，在 *S. tuberosum* 上存在 *CBF4* 和 *CBF5* 基因，且 *CBF4* 与 *CBF5* 是联系在一起的，但在 *S. commersonii* 中只有 *CBF4*。马铃薯中只有 *CBF1* 和 *CBF4* 能够被低温诱导表达，在 *S. tuberosum* 和 *S. commersonii* 中过表达 ScCBF1 提升了植株的干旱胁迫耐性，与对照相比脯氨酸含量显著升高。

低温胁迫影响细胞膜的流动性，导致其渗透性降低，最终细胞解体死亡。马铃薯 stearoyl-ACP desaturase（ω－9）基因在细胞膜脂质去饱和中发挥重要功能，与不抗寒普通栽培种 *S. tuberosum* 相比，在抗寒野生品种 *S. commersonii* 中低温胁迫能够显著诱导ω－9基因的表达，

在 *S. tuberosum* 中过表达 ω－9 改变了细胞膜脂肪酸脂质的组成，提升了马铃薯植株的抗寒性。对 *S. commersonii*、*S. acaule* 和 *S. cardiophyllum* 中 ω－6 脱氢酶基因（*FAD2*）的序列分析发现，核苷酸中有 8 个位点的差异导致对应的氨基酸残基变化，其中第 11 位和第 44 位氨基酸残基与马铃薯冷驯化存在一定的相关性。对表达模式分析发现，低温驯化后 *FAD2* 基因在 3 个马铃薯野生种中表达上调，但 *S. commersonii* 和 *S.acaule* 的 *FAD2* 基因表达水平显著高于 *S . cardiophyllum*。

此外，植物激素作为重要的调节因子广泛参与低温胁迫耐性的响应，在许多植物中已进行了较为深入的研究。在马铃薯中低温胁迫通过诱导 ABA 信号途径 *AREB3* 和 *ABI5* 的表达直接调控 *StADC1* 的表达，并介导腐胺合成增强 CBF 途径上相关基因的表达来提高驯化抗寒性。马铃薯 ScmiR390-5p 通过抑制 *SCLRRK1* 的表达参与低温胁迫响应的调节，且 ScmiR390-5p / SCLRRK1 调控模块在盐胁迫、渗透胁迫和 6-BA 响应中也起着重要作用（Zeng et al，2019）。低温胁迫诱导乙烯响应蛋白 *StEREBP1* 的表达，过表达 *StEREBP1* 提升了马铃薯植株的抗寒性，且与对照相比马铃薯产量提升 30%。过表达 *StGA2ox1* 基因降低马铃薯植株体内活性 GA 的含量，诱导胁迫响应基因 *RD28*、*DREB1*、*WRKY1* 和 *SnRK2* 的表达，提升了脯氨酸含量，植株表现出更强的低温胁迫耐性。

马铃薯普通栽培种不耐低温且不能被驯化，因此通过基因工程技术引入外源抗寒基因是解决马铃薯抗寒性的选择之一。在马铃薯普通栽培种“Desiree”中异源表达拟南芥 *DREB1A* 和 *DREB1B* 显著增强马铃薯植株抗寒性，与对照相比，转基因植株的脯氨酸含量较高。在马铃薯中利用胁迫诱导性启动子 rd29A 异源表达 *AtCBF1* 和 *AtCBF3* 基因，能够提升马铃薯植株的抗寒性，并且能够最大限度地减少对产量的影响。同样地，将蓝藻 Δ12 酰脂质脱氢酶 *desA* 基因过表达到 *S. tuberosum* 中，转基因植株脂肪酸含量比对照高 42%，且经过低温胁迫表现出更强的胁迫耐性。这些分子机制的研究为马铃薯抗寒分子育种提供了理论依据和基因资源。

基因编辑

基因编辑技术原理

基因编辑是一种能够修改生物体 DNA 序列的分子生物学技术，可以实现在基因组中插入、删除或更改特定的核苷酸序列。基因编辑技术主要包括三种类型：转录激活样基因激酶（Transcription activator-Like effector nucleases，TALENs）、锌指核酸酶（Zinc finger nucleases，ZFNs）和规律间隔成簇短回文重复序列（Clustered regularly interspaced short palindromic repeats，CRISPR）及其相关蛋白（CRISPR-associated protein，Cas）。其中 CRISPR/Cas 是原核生物抵御病毒感染或噬菌体入侵时产生的一种适应性免疫系统，其主要通过适应、表达、干扰 3 个基本阶段来保护细菌免受病毒反复攻击。自从这一自然现象被发现以来，研究人员不断对 CRISPR/Cas 系统进行优化升级，使其成为分子生物学领域最重要的基因编辑工具之一（Tuncel and Qi，2022）。

CRISPR / Cas 发展至今已形成 3 种不同的系统，其中Ⅱ型 CRISPR/Cas9 基因编辑系统组成相对简单，操作简便，编辑效率高，所以它在基因编辑中得到了广泛的研究和应用。近年来，研究人员不断发掘出更多种类的 Cas9 蛋白并对其进行优化改造，以扩大识别基因组的范围，实现精准高效的基因编辑。此外，一系列基于 CRISPR / Cas9 系统的基因编辑工具也被不断开发出来，如能对单个碱基进行转变的碱基编辑器（Base editors，BEs） 能在不造成基因组断裂的情况下实现特定靶点碱基替换、片段插入或删除的 Prime 编辑器（Prime editors，PEs）等。CRISPR / Cas9 系统主要由引导 RNA（Guide RNA，gRNA） 和 Cas9 蛋白组成。Cas9 蛋白本质上是一种多域 DNA 核酸内切酶，负责切割目的基因形成双链断裂，也被称为遗传剪刀。在使用 CRISPR / Cas9 系统进行基因编辑时，研究人员把 crRNA 和反式激活 crRNA 的 tracr RNA 组合起来设计成单个引导 RNA（Single guide RNA，sgRNA），用来引导 Cas9 蛋白对目的基因进行切割（Tussipkan and Manabayeva，2021）。

CRISPR / Cas9 系统主要通过识别、切割和修复 3 个步骤进行基因编辑。sgRNA 通过其 5'-crRNA 与目标基因碱基互补配对来识别靶序列，引导 Cas9 核酸酶定位到靶序列。如图 11-3 所示，在 RNA-DNA 杂交体形成后，Cas9 蛋白在 PAM 序列上游的 3 bp 处对 DNA 进行切

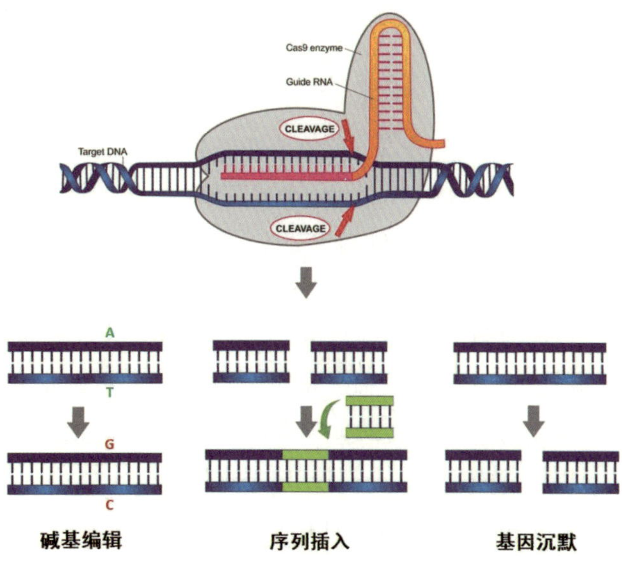

图 11-3 CRISPR/Cas9 介导的基因编辑

割，产生一个双链断裂的平末端（Double strand break，DSB），随后目标基因通过非同源末端连接（Non-homologous end joining，NHEJ）途径或同源定向修复（Homology-directed repair，HDR）途径进行修复。在没有修复模板的情况下，双链断裂通过 NHEJ 途径重新连接，它是细胞内的主要修复机制，在各个细胞周期都很活跃，但可能导致连接位点核苷酸的随机插入或缺失，导致移码突变或无义突变，可用于基因敲除。HDR 通常仅在分裂细胞中活跃，发生频率较低，但可以利用外源修复性模板在目标基因上进行精确地插入或替换（Doudna and Charpentier，2014；Hou et al，2023）。

化脓性链球菌 Cas9（Streptococcus pyogenes Cas9，SpCas9）是第一个用于基因编辑的 Cas9 蛋白，研究人员对其进行突变改造以提高靶向特异性、降低脱靶效应、识别不同 PAM 序列，生成了一系列新的变体，如 Super Fi-Cas9、xCas9 等。此外，研究人员还设计了具有特殊功能的 Cas9 蛋白变体，如核酸酶活性丧失的 Cas9（Nuclease dead Cas9，dCas9），并可以通过与其他分子融合恢复酶活性，使其在特定位点发挥作用；只能对目的基因进行单链切割的切口酶 Cas9（Cas9 nikase，nCas9），在基因编辑过程中可激活细胞内高保真的 HDR 途径进行修复，所以常用于高精准的基因编辑（Doudna and Charpentier，2014）。

作物遗传改良上应用的基因组编辑技术主要包括 ZFNs、TALENs 和 CRISPR / Cas 系统 3 种类型。其中 CRISPR/Cas 系统包括 CRISPR / Cas9、CRISPR-Cpf1、CRISPR-C2c1 和 CRISPR-C2c2 等亚类型，CRISPR/Cas9 应用较多。CRISPR / Cas9 基因编辑技术是基于细菌或古细菌 CRISPR 介导的获得性免疫系统衍生而来，由一段 RNA 通过碱基互补配对识别 DNA，指导 Cas9 核酸酶切割识别的双链 DNA，诱发同源重组或非同源末端链接，进而实现在目的 DNA 上进行编辑。CRISPR / Cas9 基因编辑技术已在作物育种中得到应用，通过基因敲除、碱基编辑、片段插入等技术提高了作物产量并增强了抗逆性、抗病性等。此外，还有报道通过 CRISPR / Cas9 蛋白和 gRNA 组装成的核糖核蛋白复合体（RNP）被成功应用于小麦、玉米的 DNA-free 基因编辑（Zhang et al，2021）。

马铃薯基因编辑研究发展迅速，特别是自 2011 年第一个双单倍体马铃薯全基因组序列被揭示以来，将基因编辑应用于马铃薯有了更多明确的靶点（见图 11-4）。近年来，在马铃薯上已实现 DNA-free 基因编辑，研究人员选取合成直链淀粉的关键酶——颗粒结合型淀粉合成酶（Granule-bound starch synthase，GBSS）作为靶标，通过原生质体分离、转染和分化等步骤将 RNP 导入马铃薯，成功将所有 4 个 GBSS 等位基因全部突变，完全消除了酶活性。因此，基因编

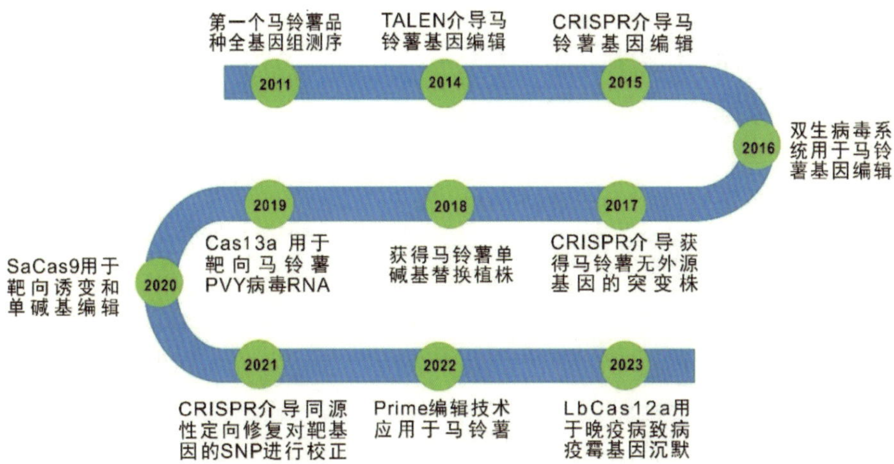

图 11-4 基因编辑在马铃薯中应用的发展历程

辑技术，特别是 DNA-free 基因编辑为马铃薯中靶基因定向突变提供了新的途径，将成为创新马铃薯育种材料新的研究领域，为马铃薯精准分子育种提供了新思路（Hou et al，2023）。

基因编辑在马铃薯种质资源改良中的应用

淀粉合成调节

淀粉占马铃薯干物质的80%左右，是马铃薯作为食物和工业原料的物质基础。马铃薯淀粉包含直链淀粉和支链淀粉，不同品种中两者的比例略有差异，但大致是直链淀粉：支链淀粉为1：4。不同类型淀粉含量的马铃薯决定了其用途，例如支链淀粉可作为食品工业中的膨松剂和增稠剂，而直链淀粉更耐消化，是糖尿病患者理想的食品。

淀粉体是贮藏组织中淀粉合成的场所，是积累淀粉的一种质体，其形态表现为形成团粒结构的淀粉粒。淀粉粒形态大小因植物种类不同而具有很大差异，是决定不同内源淀粉性质的重要因素之一。淀粉粒结合蛋白（Starch granule-associated proteins，SGAPs）常结合在淀粉粒表面或内部，颗粒结合型淀粉合成酶 1（Granule-bound starch synthase，GBSS1）是目前研究较为深入的一种淀粉粒结合蛋白。*GBSS1* 基因的显著特征之一是其编码的蛋白质能够与淀粉粒结合而表现出活性，具有延长直链的特殊功能。GBSS 活性的下降或丧失使植物贮藏器官中的直链淀粉合成量下降或根本不合成，表明 *GBSS1* 是合成贮藏器官中直链淀粉的重要基因。

通过 CRISPR / Cas 介导的基因编辑调控淀粉合成的研究主要集中在颗粒结合型淀粉合成酶 1（*GBSS1*）上，该基因主要负责直链淀粉的合成。通过构建 CRISPR/Cas-GBSS1 质粒载体、合成 crRNP、体外转录产生 ivtRNP 三种方法同时转化马铃薯原生质体，最后检测 *GBSS1* 基因的敲除率，结果显示不同方法的基因敲除率不相同，采用 ivtRNP 的敲除率最高。三种方法获得的转化株系直链淀粉含量均显著下降。马铃薯基因编辑研究见表 11-2 所示

低温糖化改良

马铃薯在低温储藏期间，还原糖的含量随之增加，还原糖在高温油炸时形成褐色，影响质地和口味。此外，还原糖在高温环境下与游离氨基酸反应生成

表 11-2 马铃薯基因编辑研究汇总

靶基因	编辑技术	品种	代谢途径	参考文献
ALS1	Cas9	Desiree	抗除草剂	Butler et al，2015
IAA2	Cas9	Doubled monoploid	生长发育	Wang et al，2015
ALS1	Cas9	Desiree	抗除草剂	Butler et al，2015
GBSS1	Csa9	Kuras	淀粉合成	Andersson et al，2017
MYB44	Cas9	Desiree	非生物胁迫	Zhou et al，2017
GBSS1	Csa9	Kuras	淀粉合成	Andersson et al，2018
GBSS1	Csa9	Sayaka	淀粉合成	Kusano et al，2018
GBSS1	A3A-CBE	Desiree	淀粉合成	Zong et al，2018
16DOX	Csa9	Mayqueen	生物碱合成	Nakayasu et al，2018
S-RNase	Cas9	Phureja S15-65	自交亲和	Ye et al，2018
GBSS1	Csa9	Desiree、Wotan	淀粉合成	Johansen et al，2019
GBSS1	Csa9 和 PmCDA1-CBE	Desiree、Furia	淀粉合成	Veillet et al，2019
SBE1 和 *SBE2*	Csa9	Desiree	淀粉合成	Tuncel et al，2019
PPO2	Csa9	Desiree	抗氧化	Gonzalez et al，2019
P3、*CI*、*NIB* 和 *CP*	Csa13a	Desiree	生物胁迫	Zhan et al，2019
ALS1	PmCDA1-CBE	Desiree	抗除草剂	Veillet et al，2019
S-RNase	Cas9	DRH-195/310	自交亲和	Enciso-Rodriguez et al，2019
SS6	Csa9	Desiree	淀粉合成	Sevestre et al，2020
PDS	Csa9	Desiree	类胡萝卜素合成	Banfalvi et al，2020
PDS	Csa9	DMF1	类胡萝卜素合成	Butler et al，2020
DMR6-1	Cas9 和 PmCDA1-CBE	Desiree	生物胁迫	Veillet et al，2020
SBE1 和 *SBE2*	Csa9	Desiree	淀粉合成	Zhao et al，2021
SBE3	Csa9	Sayaka	淀粉合成	Takeuchi et al，2021
GWD1	Csa9	Wotan、Saturna	淀粉合成	Carlsen et al，2021
PPO2	Csa9	Desiree	抗氧化	González et al，2021
SSR2	Csa9	Atlantic	生物碱合成	Zheng et al，2021
DMR6-1	Cas9	Wotan、Saturna	生物胁迫	Carlsen et al，2021
CCOAOMT	Cas9	Russet Burbank	生物胁迫	Hegde et al，2021
DND1、*CHL1* 和 *DMR6-1*	Cas9	Desiree、King Edward	生物胁迫	Kieu et al，2021
Sli	Cas9	B665、B663	自交亲和	Eggers et al，2021
GBSS1	Csa9	Yukon Gold TXYG79	淀粉合成	Toinga-Villafuerte et al，2022
eIF4E1	Csa9	Desiree	生物胁迫	Lucioli et al，2022
RNase III	Cas13	Xushu 29	生物胁迫	Yu et al，2022
ALS1	Prime Editor 2	Desiree	抗除草剂	Perroud et al，2022
IT1	Cas9	Phureja S15-65	生长发育	Tang et al，2022

致癌物丙烯酰胺，对健康造成危害，因此培育耐低温糖化的品种具有重要意义。参与低温糖化的关键酶是液泡转化酶（*VLNV*），它催化蔗糖降解为葡萄糖和果糖。采用 TALEN 介导的 *VLNV* 基因沉默的马铃薯在冷藏期间其还原糖和油炸后丙烯酰胺的含量均显著下降。低温储藏期间发生的另一个显著变化是褐变，褐变是因多酚氧化酶（PPO）氧化催化多酚类物质生成棕褐色醌类物质而造成的。马铃薯 PPO2 是最具活性的多酚氧化酶，采用 CRISPR / Cas9 靶向 *PPO2* 基因沉默，10% 的转化株系实现了四个等位基因的同时沉默，多酚氧化酶活性和褐变率均显著下降。

低龙葵碱马铃薯种质创制

龙葵碱是一类以茄啶为苷元构成的甾体皂苷类生物碱，根据连接的糖基不同可分为茄碱和卡茄碱。其中 α－茄碱和 α－卡茄碱是马铃薯中龙葵碱的主要构成形式，占马铃薯中总龙葵碱含量的 90% 以上。龙葵碱主要分布在马铃薯的花、茎和叶中，但在块茎中也有分布。收获后的马铃薯块茎如果受到损伤或强光刺激，其龙葵碱的含量会迅速积累。龙葵碱对人体神经系统和消化系统会造成损害，高剂量摄入会导致胃痛、腹泻、呕吐、头晕、头痛、失眠等症状，长期摄入含有龙葵碱的食物，使罹患结直肠癌和胃癌的风险增加。医学界普遍认为马铃薯块茎中龙葵碱含量的安全阈值为 200 mg / kg，因此培育低龙葵碱的马铃薯品种至关重要。

胆固醇是合成龙葵碱的前体，采用 TALEN 将胆固醇合成甾醇的关键酶甾醇侧链还原酶 2（*SSR2*）特异性沉默，则使马铃薯转化株系叶片中龙葵碱的含量降低了 10%。采用 CRISPR / Cas9 靶向 *SSR2* 基因，虽未获得四等位基因的突变体，但转化株系马铃薯块茎中龙葵碱含量降低了 34%。另外，采用 CRISPR / Cas9 靶向龙葵碱合成的另一个关键基因 2－氧代戊二酸加氧酶基因（*St16DOX*），在四等位基因突变体中未检测到 α－卡茄碱和 α－龙葵碱。

生物胁迫抗性改良

马铃薯病毒病是影响马铃薯生产的主要生物胁迫之一，其中马铃薯Y病毒（PVY）引起的危害较为严重，发生更普遍。马铃薯Y病毒寄主范围较广，可侵染多种茄科、藜科和豆科植物，主要侵染叶脉，使叶片褐化坏死。病原体PVY是一种RNA病毒，CRISPR/Cas系统能够有效地抵抗病原体。来自纤毛菌*Leptotrichia shahii*的Cas13a变体LshCas13a能够靶向PVY的四个不同区域，这些区域在三个不同的毒株PVY^{O}、PVY^{N}和$PVY^{N:O}$中都是保守的，并且这些区域都是编码PVY复制酶和包膜的关键基因。构建LshCas13a /sgRNA并获得稳定表达的转基因品系，能够抵御PVY病原体的侵染，叶片感染后没有观察到病害症状。马铃薯翻译起始因子*eIF4E1*在PVY繁殖过程中至关重要，将两个

*eIF4E1*等位基因进行基因编辑突变，再分离出*eIF4E1*两等位基因突变体的原生质体，进行病毒转染得到对PVY^{NTN}感染具有抗性的株系。

晚疫病是马铃薯的主要病害之一，曾导致爱尔兰大饥荒，该病也是我国马铃薯生产的主要危害。马铃薯晚疫病由致病疫霉[*Phytophthora infestans* (Mont.) de Bary]引起，该致病疫霉的感染过程依赖马铃薯中的易感基因，降低这些易感基因的活性能够有效阻止疫霉的感染。*StDMR6-1* 和 *StCHL1* 两个基因被认为是最具潜力的易感候选基因，通过 CRISPR / Cas9 介导这两个基因的沉默株系表现出对致病疫霉感染的抗性，但还不能完全抵抗病原体的侵染。另一种防治晚疫病的方法是在栽培马铃薯品种中引入晚疫病抗性基因，一般通过传统育种方法从野生马铃薯亲缘种中获得抗性基因来实现，但这是一个非常耗时的过程，还可能导致后代的其他优良性状改变。咖啡酰辅酶 A-O- 甲基转移酶（CCoAOMT）是黄酮代谢中的关键酶，通过 CRISPR / Cas9 介导 StCCoAOMT 基因中的单核苷酸改变，消除了一个过早的终止密码子，这增加了下游晚疫病抗性基因的表达，并使转基因马铃薯获得了部分晚疫病抗性。

基因编辑在马铃薯种质资源改良中的前景

有关马铃薯产量、抗性、养分高效利用等相关基因不断被鉴定和克隆，重要性状遗传基础不断被深入解析。此外，随着大规模测序技术的发展、成熟以及基因组组装的算法和策略的不断完善，越来越多四倍体栽培马铃薯品种的基因组得到解析，这些都为马铃薯种质资源的创新提供了靶向基因和位点。自以 CRISPR / Cas 系统为代表的基因编辑技术诞生以来，马铃薯育种界对基因编辑技术的应用和新技术的迭代一直保持着很高的研究热度。目前，CRISPR / Cas 系统介导的马铃薯基因编辑包括基因靶向敲除、单碱基编辑、DNA 片段的靶向敲入等。基因编辑技术发展迅速，并不断成熟和完善，功能也愈发地强大，未来将成为马铃薯育种中的最重要工具之一。

CRISPR / Cas9 基因编辑技术作为一种新的育种辅助手段，尽管还存在易脱靶、编辑效率低等技术问题，但仍以其独特的改造基因的能力吸引着越来越多的研究者对其开展深入研究。靶标任意选择、精准定点替换、基因敲入的实现将大大扩展 CRISPR / Cas9 基因编辑技术在马铃薯种质资源创新中的适用范围，助推马铃薯育种技术不断革新，特别是无外源 DNA 序列导入的基因编辑技术将是马铃薯商业化育种的发展方向。总体而言，通过利用基因编辑技术，可以加速育种进程并提高马铃薯的产量、抗病性和品质，从而对保障全球食品安全和农业可持续性发展发挥关键作用。

马铃薯种质资源的利用现状

本篇总结了马铃薯野生种和栽培种资源研究和利用的现状，包括 *Solanum acaule*、*Solanum boliviense*、*Solanum bulbocastanum*、*Solanum candolleanum*、*Solanum chacoense*、*Solanum commersonii*、*Solanum demissum*、*Solanum malmeanum* 八个野生种以及 *Solanum tuberosum* Andigenum Group、*Solanum tuberosum* Chilotanum Group、*Solanum Juzepczukii*、*Solanum curtilobum* 四个栽培种资源的基本植物学和农业性状特点以及其蕴藏的优良性状，同时综述了这些性状调控涉及的基因和机制研究进展，为现代马铃薯品种遗传改良和利用提供了重要的资源宝藏。

野生种 *Solanum acaule* 的利用与改良

基本信息

起源与分布

Solanum acaule（*S. acaule*）是分布最广泛的马铃薯野生种之一，从秘鲁中部到玻利维亚，并一直延伸到阿根廷北部，在厄瓜多尔等地区也有分布（见图12-1）。*S. acaule* 分布在海拔较高的地方，大部分生长在年平均气温只有 7 ℃的秘鲁和玻利维亚的高原地区（Ochoa，2004）。“*acaule*”的意思是“无茎”，意指该种的植株无明显主茎，株型开展或半直立，匍匐生长。*S. acaule* 的起源与野生种 *S. megistacrolobum* 相关（Kardolus and Groendijk-Wilders，1998），早期研究人员通过形态学观察和杂交试验发现 *S. megistacrolobum* 和 *S. canasense* 可能以杂交的方式参与了 *S. acaule* 种的形成（Ugent，1981）。*S. acaule* 的植株形态与 *S. megistacrolobum* 非常相似，叶片形态又与 *S. canasense* 非常类似，而且 *S. acaule* 的繁殖习性也与上述两个野生种有很多共同之处。Nakagawa（2002）通过对上百份野生种的核 DNA 和叶绿体 DNA 进行 RFLPs 分析，发现 *S. acaule* 的叶绿体 DNA 在序列结构上和 *S. megistacrolobum* 与 *S. sanctae-rosae* 非常相似，都属于C类型，

图 12-1 *S. acaule* 分布地区[b]

而 *S. acaule* 的核 DNA 和 *S. megistacrolobum* 与 *S. sanctae-rosae* 在进化树上距离非常近，都属于 Cluster 1 类型。

此外，还有研究表明二倍体野生种 *S. boliviense* 可能在 *S. acaule* 形成过程中发挥了重要的作用。Gavrilenko 等（2013）检测了数百份野生种和栽培种中叶绿体的简单重复序列（cpSSR）类型并对相关种亲缘关系进行分析，发现 *S. acaule* 和 *S. boliviense* 的标记序列具有高度的相似性，推测 *S. boliviense* 可能通过杂交的方式直接参与了 *S. acaule* 的形成。上述研究表明，在 *S. acaule* 的形成过程中，二倍体野生种 *S. boliviense*、*S. megistacrolobum*、*S. sanctae-rosae*、*S. canasense* 都可能参与其中，其中 *S. megistacrolobum* 和 *S. boliviense* 可能性最大，这也进一步证明了马铃薯种的形成是野生种在进化过程中长期相互渗透的结果。

遗传信息

S. acaule 简称为 acl，自然界存在 4x 植株，EBN 为 2（Spooner and Hijmans，2001）。*S. acaule* 在短日照条件下结薯，具有自交亲和性，核基因组类型为 A，细胞质基因组类型为 M。

分类与演化

Hawkes 和 Hjerting（1969）认为 *S. acaule* 与其他马铃薯野生种没有直接的亲缘关系，但从形态学上看，*S. acaule* 与墨西哥的 Demissa 系中的 *S. demissum* 非常相似。对于 *Acaulia* 系，在分类学上也有不同观点。Hawkes（1990）接受了 *S. acaule* 和 *S. albicans* 为两个独立物种的观点，根据马铃薯的形态学特征，如叶片解剖结构、绒毛和花冠的颜色等，将 *S. acaule* 正式定义为茄属（*Solanum* L.）马铃薯组（Sect. *Petota* Dumort）马铃薯亚组（Subsection. *Potatoe*）轮状花冠大系（Superseries *Rotata*）*Acaulia* 系中的一个野生种。他又将 *S. acaule* 分为 *punae* 亚种（秘鲁中部）、*acaule* 亚种（秘鲁南部至阿根廷拉里奥哈省）和 *aemulans* 亚种（阿根廷拉里奥哈省）三个地理亚种。Okada 和 Clausen（1982）认为阿根廷朱朱伊省的 *aemulans* 亚种可以被假定为 *S. acaule* 与 *S. megistacrolobum* 的可育杂交衍生物。但 Debener 等（1990）关于核 DNA 的 RFLP 数据分析表明，*S. acaule* 与 *S. demissum* 一致性较高，但与 *S. megistacrolobum* 相关性较小。Hosaka 和 Spooner（1992）对 RFLP 的数据分析结果表明 *S. albicans* 与 *acaule* 亚种和 *aemulans* 亚种亲缘关系较近。他们还发现阿根廷朱朱伊省和拉里奥哈省的 *aemulans* 亚种之间存在区域差异。但 Spooner（2014）认为 *S. acaule* ssp. *aemulans* 和 *S.* × *indunii* 只是野生种 *S.* × *aemulans* 的两种不同倍性表型。

S. acaule 与 *S.* × *aemulans*、*S. albicans* 等其他无茎系的形成有密切的联系。*S.* × *aemulans* 可能是 *S.*

acaule ssp. *acaule* 和二倍体野生种 *S. megistacrolobum* 的天然杂交后代（Okada and Clausen，1982），且因为 *S. megistacrolobum* 能产生 2n 配子，导致 *S.* × *aemulans* 存在三倍体和四倍体两种不同的倍性。*S. albicans* 则有可能是 *S. acaule* ssp. *punae* 和一个与无茎系亲缘关系较远的二倍体杂交后经过天然加倍形成（Hawkes，1990；Nakagawa et al，2000）。

除了参与 *S.* × *aemulans*、*S. albicans* 等其他无茎系野生种的形成，*S. acaule* 还可能参与了其他野生种和原始栽培种的形成。如 *S.* × *bruecheri* 可能是 *S. acaule* ssp. *acaule* 和二倍体野生种 *S. infundibuliforme* 的天然杂交后代（Okada and Clausen，1985）。原始栽培种 *S. juzepczukii* 和 *S. curtilobum* 可能也含有 *S. acaule* 的血缘（Hawkes，1962；Schmiediche et al，1980；Gavrilenko et al，2013），其中 *S. juzepczukii* 为 *S. acaule* 与 *S. stenotomum* 的天然杂交后代，*S. curtilobum* 则为 *S. juzepczuki* 的 2n 配子与 *S. andigenum* 的天然杂交后代。

植物学与农艺学性状

植物学性状

S. acaule 植株矮小，株高通常为 0.1 ~ 0.3 m，株形开展到半直立。茎无棱绿色，有时呈紫色或绿色与紫色相间斑驳，茎粗 2 ~ 4 mm，植株基部近无毛到中等短柔毛。

叶为奇数羽状复叶，复叶叶片大小（9 ~ 24.5）×（2.2 ~ 6）cm，正面和背面有与茎相似的毛，侧生小叶 4 ~ 6 对，近等长，顶生小叶（2.4 ~ 7）×（1.3 ~ 4.2）cm，圆形到宽倒卵形。小叶无梗到短叶柄，通常 0 ~ 7 对，卵形到圆形。

S. acaule 在植株顶部附近形成 3 ~ 7cm 花序，但有时在植株的下半部分有额外的单花序。花序有 1 ~ 4 朵不分枝花，轴上有与茎一样的短柔毛，花序梗高度收缩。*S. acaule* 的花和花药一般都是 5 瓣，花萼长 3 ~ 5 mm，花冠通常蓝色，正面和背面有条纹，直径 1.4 ~ 2.5 cm。花冠边缘平展，背面不折叠，正面无毛，背面尤其是沿着中脉微柔毛，边缘尤其在花冠顶端具缘毛。盛花期，新开放花朵中柱头伸出花药外部较长，花柱直且无毛，长约 3.5 mm，柱头棍棒状到头状，花药披针形、黄色、长 2 ~ 3 mm。。

S. acaule 作为母本或者自交产生球状至近卵球形浆果，宽 1 ~ 2 cm，长 1 ~ 2.2 cm，成熟时呈绿色至略带紫色。来自活体标本的种子呈卵球形，长约 2mm，新鲜时呈白色至绿色，干燥

图 12-2 *S. acaule* 植物学性状[b]

时呈褐色，种皮细胞有一层厚厚的“毛状”侧壁，使种子潮湿时呈白绿色。*S. acaule* 植物学性状如图 12-2 所示。

农艺学性状

野生种大部分结薯性状较差，*S. acaule* 结薯习性也不够优良，如图 12-3 所示。*S. acaule* 块茎都非常小，平均单株薯重仅为 1.53 g。*S. acaule* 的亚种 *S. acaule* f. acaule 单株结薯数接近 20 个，

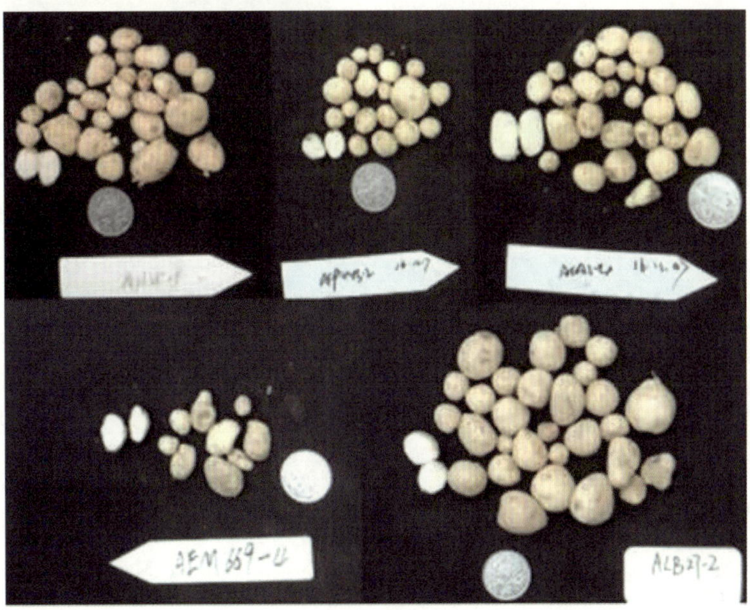

图 12-3 *S. acaule* 农艺学性状[a]

而其另一个亚种 *S. acaule* f. punae 单株结薯数只有 6.67 个。*S. acaule* 薯形为椭圆形，皮色和肉色均为白色。

重要性状鉴定与遗传解析

重要性状鉴定

S. acaule 具有很强的抗寒性，同时对 PVX、PVY、PLRV 和 PSTVd 具有不同程度的抗性，已在该野生种中鉴定出 PVX 的抗性基因 Rx2。此外，*S. acaule* 对马铃薯孢囊和根结线虫也具有一定的抗性。相关抗性鉴定结果具体见表 12-1。

抗寒性

S. acaule 具有很强的抗寒性，是改良栽培种马铃薯抗寒性的重要基因资源（Chen et al，1980），*S. acaule* 的大部分株系可以抵御 －5.5 ℃以下的霜冻（Sukumaran，1972；Li，1977）。赵喜娟（2013）通过人工冷冻对 18 个野生种的 97 份材料进行抗寒性评价，在 －3.5 ℃的温度条件下处理 24 h，评价方法与田间自然霜冻法相同，结果表明 *S. acaule* 有部分株系抗寒能力较强，只有顶部叶片轻微受损。

通过比较 *S. acaule* 和 *S. tuberosum* 两个物种冷驯化过程中代谢物变化的趋势发现，在逐步冷驯化条件下，野生

表 12-1 *S. acaule* 相关抗性鉴定结果

抗性	类型	抗性水平	来源
早疫病	真菌	中抗	Jansky，2008
环腐病	细菌	中抗	Laurilla，2003
干旱	非生物胁迫	中抗	Machida-Hirano，2015
抗寒	非生物胁迫	抗	Chen，1977
包囊线虫	虫害	中抗	Castelli，2003
包囊线虫	虫害	中抗	Jackson，1988；Bachmann Pfabe，2019；Castelli，2003
高温	非生物胁迫	中抗	Machida-Hirano，2015
甲虫	虫害	中抗	Machida-Hirano，2015
根结线虫	虫害	抗	Nirula，1967
晚疫病	真菌	中抗	Bachmann-Pfabe，2019
黑胫病	细菌	中抗	Chung，2011
卷叶病毒	病毒	中抗	Machida-Hirano，2015
PSTVd	病毒	中抗	Machida-Hirano，2015
PVX	病毒	抗	Machida-Hirano，2015；Wetter，1971
PVY	病毒	中抗	Machida-Hirano，2015
黑痂病	真菌	抗	Machida-Hirano，2015
青枯病	细菌	中抗	Machida-Hirano，2015

注：材料抗性水平包括抗、中抗和敏感三级

种 *S. acaule* 和栽培种 *S. tuberosum* 总糖和淀粉的增加趋势相同，但 *S. acaule* 叶片含水量没有显著下降。与对照相比，在冷驯化处理过的 *S. acaule* 植株中观察到高水平的总 RNA、rRNA、总蛋白、可溶性蛋白和磷脂，但在冷驯化的 *S. tuberosum* 中没有观察到上述物质的上升，反而发现总脂和磷脂水平降低。Chen（1977）发现 *S. acaule* 的细胞壁明显比 *S. tuberosum* 厚，这种结构差异可能是影响抗寒性的原因之一。此外，经过霜冻后，*S. acaule* 叶绿体的淀粉也会减少，可能转化为可溶性糖，这是降低植物细胞凝固点的一种常见适应策略。这些特征表明 *S. acaule* 可能能够更有效地从霜冻引起的脱水中恢复。

耐盐性

马铃薯属盐中度敏感型作物，盐胁迫耐受能力比较弱，盐胁迫会影响马铃薯细胞结构以及次级代谢物的合成，严重抑制马铃薯的生长发育，导致株高降低、叶绿素含量减少、出苗迟缓甚至死亡。Daneshman 等（2010）在体外使用 NaCl（80 mmol / L）处理野生马铃薯 *S. acaule*，结果显示植物脂质过氧化、电解质渗漏、H_2O_2 含量和脂氧合酶（LOX）活性未受盐胁迫影响，但超氧化物歧化酶（SOD）、愈创木酚过氧化物酶（GPOD）、抗坏血酸过氧化物酶（APX）、过氧化氢酶（CAT）和谷胱甘肽还原酶（GR）的活性因盐胁迫而增强。Daneshman 和 Arvin（2011）进一步比较了 *S. acaule* 和 *S. tuberosum* 对盐胁迫的响应，结果表明 NaCl 会降低 *S. tuberosum* 地上部干重、类胡萝卜素、酚类物质、花青素、类黄酮、抗坏血酸和谷胱甘肽含量以及脯氨酸脱氢酶和苯丙氨酸解氨酶活性，但 NaCl 对 *S. acaule* 的地上部干重和丙二醛含量没有显著影响，同时增加了类胡萝卜素、酚类、花青素、类黄酮、抗坏血酸、谷胱甘肽、PAL 和脯氨酸的含量，并提高了 P5CS 活性。

抗环腐病

马铃薯环腐病是由环腐棒状杆菌（*Clavibacter michiganensis* ssp. *sepedonicus*）引起的一种马铃薯维管束病害，在许多国家被列为检疫性病害。利用 C. *michiganensis* ssp. *sepedonicus* 对 *S. acaule* 进行环腐病抗性鉴定（Kurowski and Manzer，1992；Kriel et al，1995），发现 *S. acaule* 似乎对细菌环腐病免疫（Ishimaru et al，1994；Kriel et al，1995）。Kurowski 和 Manzer 等（1992）研究发现，641 份 *S. acaule* 资源中有 86% 以上材料在病原菌侵染 8 周后无明显症状，27% 以上的植株在 IFAS 试验中呈现阴性，表明 *S. acaule* 可以作为重要的环腐病抗源。Laurila 等（2003）使用两种环腐病菌在温室条件下测试了七份 *S. acaule* 材料和一份 *S. tuberosum* 材料的抗性，发现 *S. acaule* 对微囊线虫感染引起的环腐病具有温度依赖性免疫力。

抗 PVX 病毒

Webb 和 Schultz（1960）通过嫁接接种 PVX 的强毒株系研究了 *S. acaule* 的抗性，结果表明 *S. acaule* 材料具有很强的 PVX 抗性。Solomon（1985）也发现 *S. acaule* 对大多数 PVX 株系具有极端抗性。

抗晚疫病

由致病疫霉菌（*Phytophthora infestans*）引起的晚疫病是限制马铃薯产量的重要因素。晚疫病对马铃薯生产具有毁灭性伤害，可造成茎叶死亡和块茎腐烂，导致马铃薯产量大幅度下降，严重时常造成大面积绝产，其危害程度已超过水稻稻瘟病和小麦锈病，被视为国际上最大的作物病害。Morante 等（2007）对马铃薯野生种的种群进行了抗性评估，发现 *S. acaule* 和 *S. circaeifolium* 种群对晚疫病表现出高度的抗性。

基因挖掘与遗传机制解析

抗寒基因克隆

S. acaule 和 *S. commersonii* 均耐低温霜冻且具有较强冷驯化能力，而 *S. cardiophyllum* 对低温敏感且不具冷驯化能力。李飞等（2014）利用 RT-PCR 技术在上述三个马铃薯野生种中克隆出不饱和脂肪酸合成途径中的关键酶 ω－6 脱氢酶基因（FAD2），分别命名为 *Aca-FAD2*（GenBank 登录号为 KF214781）、*Cmm-FAD2*（KF214782）和 *Cph-FAD2*（KF214783）。序列分析表明该基因在 3 个马铃薯野生种中核苷酸长度均为 1326 bp，编码 441 个氨基酸残基。*FAD2* 基因的核苷酸序列和蛋白序列比对结果显示，在 18 个位点的差异核苷酸中有 8 个位点的差异导致对应的氨基酸残基变化，其中第 11 和第 44 氨基酸残基处，耐冻且有冷驯化能力的 *S. commersonii* 和 *S. acaule* 有相同的氨基酸，而冷冻敏感 *S. cardiophyllum* 的氨基酸却不同。二级结构预测结果表明 *S. commersonii* 和 *S. acaule* 的 FAD2 蛋白与 *S. cardiophyllum* 的 FAD2 蛋白的 α－螺旋、延伸链和随机卷曲存在明显差异。通过对蛋白多序列比对和进化树分析，表明 3 个马铃薯野生种的 *FAD2* 基因与番茄的亲缘关系最近，其次是马齿苋。qPCR 分析表明，12 d 冷驯化使 *FAD2* 基因在 3 个马铃薯野生种中都上调表达，但 *S. commersonii* 和 *S. acaule* 的 *FAD2* 基因表达水平均显著高于 *S. cardiophyllum*。

丝裂原活化蛋白激酶（MAPK）级联通路参与植物非生物胁迫相关的各种信号传递。Chen 等（2022）发现耐寒材料 *S. acaule* 中 *SaMKK2* 和 *SaMAPK16* 在低温条件下表达量显著高于低温敏感型材料“鄂马铃薯 3 号”（E3）。分析发现 *MKK2* 在二者中的启动子存在较大差异，在 E3 中超量表达 *SaMKK2* 基因后，转基因株系直接抗寒性显著高于野生型对照。然而超量表达 *SaMAPK16* 基因后，无论冷驯化与否，对抗寒性都无影响。同时，在低温处理 2 h 后，超量 *SaMKK2* 基因株系中 *CBF1/2/3*、*OPR2* 和 *SLD2* 的表达量较对照组也显著增加。通过观察 *SaMKK2* 与 *SaMAPK4/7* 在细胞质中的相互作用，推测 *SaMKK2* 与 *SaMAPK4/7* 的相互作用可能促进 *CBFs*、*OPR2* 和 *SLD2* 的表达，从而提高马铃薯的直接抗寒性。Kou 等（2018）通过对低温处理 *S. acaule* 后差异表达基因的 GO 和 KEGG 分析，发现多胺和氨基酸代谢途径特异性上调，并同时检测到腐胺、糖类、氨基酸等代谢物的特异性积累。综合转录组和代谢组分析发现，腐胺的累积模式与精氨酸脱羧酶基因 *ADC1* 的表达模式表现一致，通过分析腐胺、亚精胺和精胺三种多胺及其相关的关键酶基因，证实了腐胺在抗寒过程中的主要作用，表明腐胺和 *ADC1* 在耐寒型 *S. acaule* 中得到了增强。将 *SaADC1* 基因在 E3 中超量表达，能够显著增强材料的抗寒性，进一步证实了腐胺的功能，表明其在植物适应低温过程中的重要作用。同时，检测到 *CBFs*（C-Repeat binding factor）的大量激活，因此推测与 *ADC1* 基因相关的腐胺途径在马铃薯的冷驯化中发挥的重要作用可能是通过增强 *CBF* 基因的表达来实现的。

Chen 等（2022）在对大量马铃薯种质资源抗寒性鉴定的基础上，从马铃薯野生种 *S. commersonii*、*S. malmeanum* 和 *S. acaule* 中分别挖掘出 1 份抗寒能力较强的基因型，并以来自 *S. tuberosum* 的 2 份低温敏感基因型为对照，通过比较转录组分析的方法，从低温处理后 *S. commersonii*、*S. malmeanum* 和 *S. acaule* 的样品中共筛选到 34 个冷应答上调基因，进一步结合 GO 注释和 KEGG 注释，围绕其中的钙信号传递基因 *CBL1-like* 开展功能解析。作者从 *S. acaule* 克隆获得了 *SaCBL1-like* 基因，分别构建 *CBL1-like* 超量和干涉载体并获得转基因株系，转基因株系的抗寒能力鉴定结果显示马铃薯 *CBL1-like* 正调控马铃薯抗寒能力，且 *CBL1-like* 超表达不影响马铃薯产量、单株薯重等主要经济学性状。随后研究进一步表明 *CBL1-like* 通过提高和延长冷处理后 *CBF* 基因的表达量和持续时间从而提升马铃薯材料的抗寒能力。互作蛋白分析结果显示，*CBL1-like* 并不与拟南芥已报道的 *AtCBL1* 互作蛋白 *AtCIPK7* 互作，而与 *CIPK3-1* 存在互作关系，且 *CBL1-like* 可招募 *CIPK3-1* 至细胞膜上，同时 *CBL1-like* 与 *CIPK3-1* 均不与 *ICE1* 存在互作，推测该基因可能通过全新的途径介导 *CBF* 表达量的提高和抗寒能力形成。

抗病毒病相关基因鉴定

用 PVY 和 PVX 进行接种对 Lady Rosetta、Spunta、Burren、Cara、Hermine、Nicola、Hermes、Draga、Diamond 9 个马铃薯品种和 *S. acaule*、*S.*

demissum、*S. hougasii*、*S. stoloniferum* 4 个野生种接种，发现 *S. acaule* 症状较轻，进一步利用已知抗性基因 *Rx2* 的序列设计了 6 对引物，并在 *S. acaule* 中检测到 *Rx2* 基因的存在。

性状改良与利用

倍性操作利用

根据胚乳平衡数（EBN）假说，在种间杂交或不同倍性间杂交时，其杂交种子的正常发育取决于胚乳中母本和父本配子遗传的平衡性。四倍体 *S. acaule* 具有 2EBN 和二体行为等繁殖和遗传特征，与具有 4EBN 和四体行为的四倍体栽培种不同。由于 EBN 的差异，*S.acaule* 和四倍体栽培种之间的杂交非常困难，而通过倍性操作可以跨越杂交障碍，将来自二系四倍体野生种的有利基因导入四倍体栽培种中。当 *S. acaule* 产生未减数的配子时，*S. tuberosum* 可以与 *S.acaule* 杂交，*S. acaule* 的未减数胚珠为 4x 和 2EBN，*S. tuberosum* 的正常花粉为 2x 和 2EBN，这就能产生一个六倍体（6x）和 4EBN 的杂种。由于 *S. acaule* 很少产生未减数的花粉，因此无法成功地与 *S. tuberosum* 杂 交。Camadro（1990）报道了 *S. acaule* 与 *S. tuberosum* 成功产生了六倍体后代，尽管这些后代似乎能产生有活力的花粉，但不能成功自交。*S.acaule* 可以作为将 *S. bulbocastanum*、*S.cardiophyllum* 和 *S. pinnatisectum* 基因转移至 *S. tuberosum* 的中间媒介。*S. acaule* 为母本与它们杂交时，获得的 F1 是不育三倍体，通过秋水仙素处理这些三倍体能够获得可育的六倍体。从 *S. acaule* 和 *S. pinnatisectum* 杂交获得的六倍体能成功与 Tuberosa 系的二倍体和四倍体杂交，由此产生的一些三元杂交种是自交可育的。

Watanabe 等（1992）通过染色体加倍和多次回交的方式，获得了含有 *S. acaule* 血缘的四倍体杂种，这些杂种中有部分株系检测到 PLRV 和 PSTVd 抗性。波兰科学家利用染色加倍将 *S. acaule* 的一个无性系变成同源八倍体后与普通栽培种杂交后再进行多次回交，成功获得回交杂种 MPI44.106 / 10，该杂种被用于抗 PVX 的育种亲本，并用其选育出 Barbara 等多个抗 PVX 的品种（孙慧生，2003）。我国研究者通过同样加倍的方法将野生种 *S. acaule* 的 PVX 抗性导入普通栽培中，并通过 3 ~ 4 代轮回选择后成功获得了多份抗 PVX 的育种亲本（夏平，2000）。

体细胞融合利用

S. acaule 和 *S. stoloniferum* 等四倍体野生种具有马铃薯栽培种中不存在的极强病毒抗性和其他优良特性，常被应用于育种（Cockerham，1970）。虽然这些物种不能与四倍体马铃薯普通栽培种直接杂交，但依据 EBN 数量，它们可以与二倍体马铃薯杂交（Ehlenfeldt and Hanneman，1988；Johnston et al，1980）。Laurila 等（2003）利用原生质体融合技术融合了栽培种 *S. tuberosum* 和野生种 *S. acaule*，其体细胞杂种植株的环腐病抗性变化范围很大，抗性强弱取决于转入的 *S. acaule* 抗性成分的多少。研究人员通过将 *S. acaule* 和普通栽培种进行体细胞融合，获得的体细胞杂种中存在 PVX 极端抗性株系，且有些株系结薯性状非常优良，可作为育种中间材料（Yamada et al，1997；Rokka et al，1998）。Yamada（1998）将花药培养诱导的 *S. acaule* 双单倍体（ATDH-1）和四倍体 *S. tuberosum* 体细胞融合获得了两个非整倍体杂种 DA12-3（2n = 68）和 DA28（2n = 74），再与 *S. tuberosum* 杂交产生了两个 BC1 家系 DA12T 和 DA28T，每个家系包含 25 个株系，DA12T 中 2n = 54 ~ 62，DA28T 中 2n = 58 ~ 65。利用特异性 RFLP 单拷贝探针检测上述杂种材料基因组组成，结果表明 73.7% 的 *S. acaule* 染色体被检测为重组体，这表明 *S. acaule* 和 *S. tuberosum* 染色体之间频繁发生同源重组。因此，通过六倍体体细胞杂种与 *S. tuberosum* 的回交，可以有效地将 *S. acaule* 种质转移到马铃薯栽培种中。在这两个 BC1 家系中，*S. acaule* 染色体 3、4、6 和 11 被检测为重组体，其频率（84% ~ 98%）高于染色体 9 和 10（分别为 60% 和 58%），表明 *S. acaule* 基因组之间存在染色体分化。

常规杂交利用

S. acaule 在马铃薯育种中得到了广泛应用。当 *S. acaule* 产生未减数的配子时，*S. tuberosum* 可与 *S. acaule* 杂交。Iwanaga 等（1991）用“Bolora”等四倍体的普通栽培种和 *S. aclule* 杂交，再通过 *S. phureja*（IVP35）的花粉进行诱导，成功获得了 3 个可育的四倍体杂种，这三个杂种均检测出 PSTVd 抗性，且这三个四倍体材料均具有优良结薯表型（Watanabe et al，1994）。*S. bulbocastanum* 作为桥梁用于 *S. acaule* 与 *S. phureja* 和 *S. tuberosum* 杂交以产生 ABPT〔*S. acaule*（A），*S. bulbocastanum*（B），*S. phureja*（P） 和 *S. tuberosum*（T）〕杂交材料。这些 ABPT 材料被荷兰马铃薯育种家用作桥梁种，具有较好的晚疫病田间抗性。“Alaska Frostless”“Bounty”“Chieftain”“Conestoga”“Dakchip”“Islander”“Norchip”“Nordak”“Norgleam”“Norking Russet”“Redsen”“Sangre”“Snowflake”“Trent”“Viking”“Yukon Gold”“Century Russet”

“Chieftai”“NorDonna”“NorValley”等许多栽培马铃薯品种可能都含有*S*. *acaule*血缘（Plaisted，1989；Love，1999），其中“Alaska Frostless”是通过将*S. acaule*的染色体加倍8x（4EBN）与“Katahdin”杂交，然后将该杂交后代与“Ontario”杂交，最后将获得的杂交后代再与栽培种育种系杂交后经子代选择获得，是目前利用*S.acaule*和*S*. *tuberosum*培育的抗寒性较强的杂交品种。

野生种 *Solanum boliviense* 的利用与改良

基本信息

起源与分布

Solanum boliviense（*S. boliviense*）主要分布在南美洲南部至中部地区，包括从秘鲁南部到玻利维亚以及阿根廷北部的区域（见图 13–1），平均海拔 4,200 m 左右，常见的地方种名又叫 Hampatu papa、Quita papa、Papa aromatica 等。“boliviense” 这个名称来源于该物种的最大多样性分布区域 Bolivia。

图 13–1 *Solanum boliviense* 分布地区[b]

遗传信息

S. boliviense（2n = 2x = 24）简称为 blv，胚乳平衡数（EBN）为 2，细胞核分类核分支为 4，所属系为轮状花冠大系大顶裂片系中的 Megistacroloba（Hawkes，1990）。*S. boliviense* 在短日照条件下能结薯，自交亲和能力差，但部分株系可以自交，核基因组类型为 A，细胞质基因组类型为 W。

分类与演化

在早期的研究中，*S. boliviense*、*S. megistacrolobum*、*S. sanctae-rosae*、*S. toralapanum* 和 *S. astleyi* 由于具有相似的形态学特征，一直被认为是同一类群，直到 Spooner 等（1997）利用单拷贝核苷酸限制性酶切位点检测和多数据分析比对才区分出 *S. boliviense* 和 *S. megistacrolobum* 为不同的马铃薯野生种，而 *S. megistacrolobum* 和 *S. toralapanum* 则相似度更高，需要表型结合酶切位点的多变量分析方法才能加以区分

（Giannattasio and Spooner，1994）。随后他们对 *S. astleyi* 和 *S. boliviense* 进行 RAPD 分析，发现虽然可以通过分子标记技术加以区分，但它们彼此之间的相似性很高，这表明 *S. astleyi* 和 *S. boliviense* 是姐妹类群，并认为 *S. astleyi* 是 *S. boliviense* 的一个亚种。Jacobs 等（2008）通过 AFLP 技术检测到 *S. sanctae-rosae* 和 *S. megistacrolobum*、*S. toralapanum* 相似度极高，应该划分为同一个类群。在他们研究的 3 个物种的 69 个样本材料中，只有 12 个样本能明确区分为哪一类，表明这些物种差异很小，因此他们认为当前的分类方法具有局限性，利用分子标记区分不同种的微小差异是最好的生物学进化证据，但不应该成为生物物种种群划分依据。因此，在进行后期分类过程中，将这些物种特异性很小的物种种名进行了同义化，即在后期研究中 *S. boliviense* 同名于 *S. astleyi*、*S. megistacrolobum*、*S. sanctae-rosae* 和 *S. toralapanum*。Spooner（2014）总结了 1990 年以来有关 *Solanum* section *Petota* 形态学和分子生物学研究，将之前的分类信息进行归纳与总结，把包括 *S. astleyi* 等多个种的材料重新归类到 *S. bolivense* 中。在 Spooner（2014）新的分类中，*S. bolivense* 被归类到茄属（*Solanum* L.）马铃薯组（Section *Petota* Dumortier）马铃薯亚组（Subsection *Potatoe*）。

植物学与农艺学性状

植物学性状

S. boliviense 生长于土壤贫瘠、气候寒冷的环境，大部分株型开展或者半直立。植株从低矮的开展莲座丛到匍匐再到株高达 15 英尺的株型材料均有分布，形态各异。*S. boliviense* 茎色主要以绿色和褐色为主，与马铃薯栽培种相比，为叶片狭长且叶片边缘外卷的窄叶形状。叶片茸毛较多，叶表面光泽度中等偏暗，叶片较厚且边缘呈微波状，叶片正面绿色到深绿，叶片背面大部分为紫色。*S. boliviense* 种大部分叶片复叶较为特别，顶小叶较大，复叶上的对叶叶柄消失，对叶叶片发育缓慢、退化甚至消失，植株发育后期长出的对叶叶片直接与茎融合而无叶柄连接。

S. boliviense 花冠形状主要以星形和近五边形为主，花色以蓝色和紫色较为常见，开花繁茂，且花粉活力较高（醋酸洋红染色活力 90% 左右），柱头无裂，花药黄色，花药呈锥形。据报道，大部分 *S. boliviense* 自交不亲和，但其中存在自交亲和且能产生有活力正常种

图 13-2 *S. boliviense* 部分株系植物学性状及自交结实性[a,b]

子的株系，浆果呈圆球形至卵形，直径 1 ~ 2cm，成熟时绿色，通常具分散的白点，种子呈扁圆形，通常为褐色。*S.boliviense* 的植物学性状见图 13-2、图 13-3。

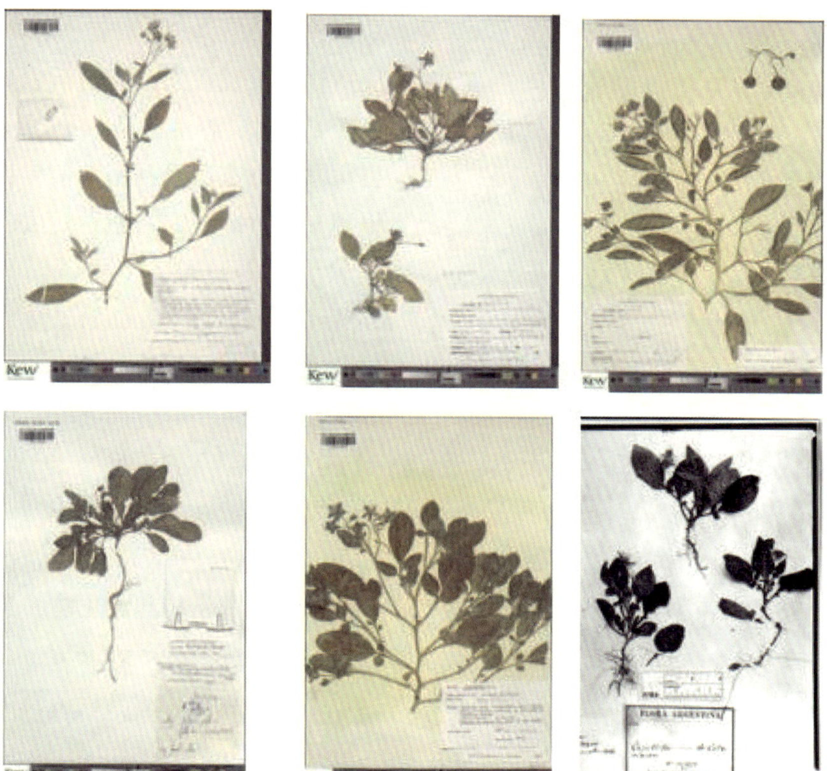

图 13-3 *S. boliviense* 的植株标本[c]

图 13-4 *S. boliviense* 农艺学性状[a,b]

农艺学性状

S. boliviense 在短日照条件下可结薯，但产量极低，薯形呈倒卵、长筒形，有时呈串珠状或链状，如图 13-4 所示。单个薯块较小，田间种植大部分块茎直径只有硬币大小，浅黄皮，白肉，芽眼较浅，薯皮光滑。匍匐茎较短，部分株系长日照条件下没有匍匐茎，也不能正常结薯。据报道，*S. boliviense* 薯块中糖苷生物碱含量较高，而且糖苷生物碱在整个植株各个部分都有分布，以花和芽的含量最高，块茎芽眼位置附近超量的糖苷生物碱可能导致食用中毒，400 mg 糖苷生物碱会使成年人严重中毒甚至死亡。

Hermundstad 和 Peloquin（1986）利用 *S. boliviense* 等 8 个二倍体野生种与 40 个二倍体栽培种材料进行杂交，统计分析发现 *S. boliviense* 杂交后代呈现出单株产量低并且单株结薯数少的特点。Jansky（2011）利用 3 个马铃薯栽培种双单倍体（2n = 24）与 9 个二倍体野生种材料进行杂交，对 27 个杂交后代进行了为期两年的田间农艺性状鉴定，发现二倍体野生种 *S. boliviense* 的杂交后代可育性较强，花粉活力达到 90% 以上。同时，野生种 *S. boliviense* 在抗病虫害方面具有重要利用价值，目前已经报道 *S. boliviense* 具有根结线虫、青枯菌、茎软腐病等抗性（Nirula et al，1967；Patil et al，2012；Lynch et al，2003）。

重要性状鉴定与遗传解析

重要性状鉴定

目前围绕 *S. boliviense* 已开展了包括低温、高温、干旱、早疫病、晚疫病、枯萎病、根结线虫及马铃薯常见病毒病等在内的多种生物和非生物胁迫抗性鉴定，结果表明 *S. boliviense* 是一个重要的携带丰富优异性状的马铃薯野生种资源（Machida-Hirano，2015）。*S. boliviense* 相关抗性鉴定结果见表 13-1。

表 13-1 *S. boliviense* 相关抗性鉴定结果

抗性	类型	抗性水平	来源
早疫病	真菌	中抗	Jansky，2008
干旱	非生物胁迫	中抗	Machida-Hirano，2015
低温	非生物胁迫	中抗	Machida-Hirano，2015
枯萎病	真菌	抗	Lynch，2003
白线虫	生物胁迫	中抗	Castelli，2003
金线虫	生物胁迫	中抗	Castelli，2004
热胁迫	非生物胁迫	中抗	Machida-Hirano，2015
甲虫	生物胁迫	中抗	Machida-Hirano，2015
根结线虫	生物胁迫	中抗	Machida-Hirano，2015
绿桃蚜	生物胁迫	中抗	Machida-Hirano，2015
软腐病	细菌	中抗	Chung，2011；Machida-Hirano，2015
晚疫病	真菌	抗	Bachmann-Pfabe，2019；Gonzales，2002
卷叶病	病毒	中抗	Machida-Hirano，2015
PVM	病毒	中抗	Marczewski，2006
PVS	病毒	中抗	Santillan，2018
PVX	病毒	抗	Horvath，1989
PVY	病毒	敏感	Cai，2011
白霉病	真菌	敏感	Jansky，2006
疣病	病毒	中抗	Machida-Hirano，2015

注：材料抗性水平包括抗、中抗和敏感三级

抗寒性

Vega 和 Bamberg（1995）检测了101个种的2600多份马铃薯材料后发现，*S. boliviense* 具有中等抗寒能力，部分株系在田间温度降至 －5 ℃时仍可存活。梅文祥（2016）利用室内电导率法测定了 *S. boliviense* 种25份材料的抗寒性，结果表明二倍体 *S. boliviense* 具有较强的直接抗寒能力（Freezing tolerance）和驯化抗寒能力（Acclimated freezing tolerance），其中直接抗寒能力主要分布在 －5 ℃到 －3 ℃，驯化抗寒能力主要分布在 －6.0 ℃到 －4.5 ℃。对其植物学与农艺性状进行统计，结果表明二倍体野生种 *S. boliviense* 株形较矮，呈半直立状，但生长势旺盛，花粉活力较高，是很好的马铃薯抗寒遗传改良的基础材料。董建科（2020）利用BLV29-2（*S. boliviense*）与二倍体栽培种材料ED25（*S. tuberosum*）进行杂交，杂交后代植株在生长势、开花繁茂性等方面均偏向栽培种亲本；在抗寒能力方面，直接抗寒能力偏向于敏感亲本，大部分株系的驯化抗寒能力较栽培亲本有明显提高，偏向野生种亲本。选取F1株系中综合性状相对优良的株系与 *S . boliviense* 亲本回交获得了两个回交组合，两个BC1群体材料株系直接抗寒能力分别分布在 －3.69 ℃到 －2.06 ℃之间和 －3.56℃到 －2.45 ℃之间，表现中亲优势，而两个BC1群体驯化抗寒能力明显增强，大部分株系表现出超亲现象，表明 *S.boliviense* 的抗寒性可通过常规杂交成功导入栽培种中。

早疫病抗性

早疫病作为一种重要的真菌性病害，严重制约了马铃薯产业的发展。Jansky 等（2008）对包括栽培种和野生种在内的 41 个种大约 5,000 份材料进行了早疫病抗性评价，将早疫病叶片发病程度划分为 0 到 4 共 5 个等级（0 = 抗、4 = 敏感），鉴定材料中 *S. neorossii*、*S. commersonii* 等抗晚疫病能力最强，*S. boliviense* 材料具有中等强度的抗早疫病能力，平均得分小于 1.5。

枯萎病抗性

多种镰刀菌可以侵染马铃薯导致枯萎病的爆发，造成马铃薯根、块茎的腐烂和叶片死亡，从而大幅降低产量。Lynch 等（2003）对 31 个野生种和栽培种接种了 *F. sambucinum* 型镰刀菌，*S. boliviense*、*S. gourlayi*、*S.microdontum* 及其与栽培种的杂交后代等材料均表现出较高的抗性，而 *S. tarijense*、*S. berthaultii* 和 *S. × doddsii* 则表现得较为敏感，这表明 *S. boliviense* 在抗 *F. sambucinum* 镰刀菌方面具有重要利用价值。

线虫抗性

Nirula 等（1967）对 38 个种的 88 份材料进行了根结线虫抗性鉴定，其中 *S. vernei* 表现出最强的根结线虫抗性，其次是 *S. acaule*、*S. raphanifolium* 和 *S. spegazzinii*，而在 *S. acroscopicum*、*S. boliviense*、*S. cardiophyllum*、*S. chacoense*、*S. fendleri*、*S. ochranthum*、*S. sparsipilum* 和 *S. stoloniferum* 8 个种中也均鉴定到抗根结线虫株系的存在。

Castelli 等（2003）对来自 63 个种的 198 份材料进行白线虫和金线虫抗性筛选，这些材料中 56% 具有金线虫抗性，53% 具有白线虫抗性，而 *S. boliviense* 则同时表现出对两种线虫的抗性。

软腐病抗性

Bains 等（1999）对 *S. boliviense*、*S. chacoense*、*S. sancta-rosae*、*S. canasense*、*S. tarijense*、*S. spegazzinii* 6 个野生种的 363 份材料与 3 个体细胞融合材料进行软腐病抗性鉴定，结果表明 *S. canasense* 材料全部感病，*S. tarijense* 中 97% 的材料感病，*S. spegazzinii* 中 95% 的材料感病，而 *S. boliviense*、*S. chacoense* 和 *S. sancta-rosae* 中分别有 31%、50%、67% 的材料具有软腐病抗性。Chung 等（2011）试图检测马铃薯软腐病抗性是否与分类亲缘关系相关，然而数据表明软腐病抗性分散在不同种中，而与抗性材料亲缘关系较近的部分种并没有表现出软腐病抗性，且软腐病抗性与年平均降水量、年平均温度等环境因素相关。对 38 个野生种的 123 个基因型进行抗性评价，发现 *S. paucijugum*、*S. brevicaule* 和 *S. commersonii* 抗软腐病能力最强，而 *S. verrucosum*、*S. chacoense* 和 *S. boliviense* 等同样具有很强的软腐病抗性。

基因挖掘与遗传机制解析

微量营养素缺乏症也称为隐性饥饿，影响着全世界20多亿人。增加粮食作物中微量营养素的含量有助于缓解全球微量营养素不足的问题，而通过育种对马铃薯等主要作物进行营养强化是减少人类微量营养素缺乏症的一种重要策略。Goyer和Sweek（2011）对33份原始栽培种材料和25个野生种的64份材料的块茎中维生素B_1和叶酸含量进行了测定，发现*S. vernei*、*S. verrucosum*等维生素B_1含量较高，达到10,000 ng/g，远高于栽培种材料（约1,500 ng/g），而*S. boliviense*的PI597736株系平均叶酸含量达到3,031 ng / g，高出栽培种将近10倍。Bali等（2018）将*S.boliviense*的PI597736株系与低叶酸含量的USW4self#3（*S. tuberosum*）材料杂交构建遗传定位群体，后代单株叶酸含量分布在304 ~ 2,952 ng / g。利用SNP芯片对94个F2单株进行后代采用SSTA（Survey SNP-trait association）和STA（SNP-trait association）两种方式基因分型，共鉴定到与叶酸相关的497个多态性SNP位点，其中42个位点为两种检测方式所共有，这些位点主要分布在4号和6号染色体上的代谢相关基因附近或基因内。

性状改良与利用

常规杂交利用

通过杂交将野生种的目标性状导入栽培种是目前常用的育种方法之一。目前，研究人员已通过多种技术手段利用马铃薯近缘栽培种和野生种杂交获得了大量的种间杂种，在很大程度上拓宽了马铃薯栽培种的遗传背景，获得了理想的目标性状。在改善各种生物胁迫和逆境抗性的同时，研究人员对其结薯性状展开了初步研究。然而，目前关于*S. boliviense*种在栽培种马铃薯遗传改良方面的研究还相对较少。Hermundstad和Peloquin（1986）利用二倍体野生种*S. berthaultii*（ber）、*S. boliviense*（blv）、*S. canasense*（can）、*S. infundibuliforme*（ifd）、*S. microdontum*（mcd）、*S. raphanifolium*（rap）、*S. sanctae-rosae*（sct）和*S. tarijense*（tar）作父本，40个二倍体栽培种材料作母本研究杂交F_1代薯块产量及相关性状，结果表明大多数杂交组合的后代的结薯性状良好，表现出产量较高且块茎表皮光滑的特性，而且个别材料结薯性状超过四倍体栽培种。研究发现野生亲本材料性状很大程度影响杂交后代结薯习性及块茎特征，如 ber、can、chc 和 tar 作为亲本的后代大部分表现出薯块产量较高、薯皮较光滑等特点，mcd 作为亲本的后代则表现出块茎芽眼更深、芽眼面积更大的性状，而 blv、ifd、rap 和 sct 作为亲本的后代表现出块茎较小、总产量低的特性。

S. boliviense 作为具有多种抗性资源的马铃薯野生种，已成功实现了与栽培种的常规杂交，如有 *S. boliviense* 血源的重要商业品种 Conestoga（Plaisted and Hoopes，1989）。Jackson 和 Hanneman 等（1999）利用 *S. boliviense* 与四倍体栽培种马铃薯进行正反交，均未获得成功，而在与不同倍性的野生种 *S. acaule*、*S. berthaultii*、*S. brevicaule*、*S. candolleanum*、*S. infundibuliforme* 杂交过程中均获得较多浆果和种子。

倍性操作利用

董建科（2020）利用 *S. boliviense* 种的 blv29-2 株系与二倍体栽培种 ED25（*S. tuberosum*）杂交，杂交 F_1 代株系在植物学性状方面与栽培种亲本相近且结薯性状介于亲本之间，F_1 株系与 *S. boliviense* 回交，产生的种间杂种后代较栽培种在抗寒性方面有明显提升，但单株结薯产量与野生种相近，单个块茎极小，单株结薯数较亲本明显增多。为了克服上述种间杂种后代块茎小的问题，研究人员将种间杂种与栽培种回交 2 ~ 3 次，发现能有效将结薯多、干物质高等丰产性状逐渐转入种间杂种，可有效改善马铃薯产量性状（盛万民，2009）。董建科等（2021）对具有 *S. boliviense* 遗传背景的二倍体种间杂种材料利用秋水仙素进行染色体加倍，成功获得四倍体材料。应静文等（2022）将上述加倍材料与四倍体栽培种进行杂交，获得了 2 个杂交组合，进一步对后代进行了抗寒和农艺性状鉴定，拟通过与四倍体栽培种的回交和农艺性状鉴定，期望筛选出抗寒性、植株长势、花粉育性、单株产量等多个性状优良的株系。

野生种 *Solanum bulbocastanum* 的利用与改良

基本信息

起源与分布

Solanum bulbocastanum（*S. bulbocastanum*）是于墨西哥发现的二倍体野生马铃薯种，“bulbocastanum”这个特异性称谓在当地语言中的意思是“栗子块茎”，这或许是指块茎较小的意思。如图 14–1 所示，*S. bulbocastanum* 主要分布于墨西哥西北部（杜兰戈和纳亚里特）到洪都拉斯之间的广泛区域，主要生长在该区域海拔 1,400 ~ 2,350 m 的范围，包括草地、仙人掌、热带落叶林、灌木丛、橡树林和松树林等多样化环境之中。

图 14-1 *Solanum bulbocastanum* 分布区域[b]

遗传信息

野生马铃薯 *S. bulbocastanum* 简称为 blb，核分支为 2，叶绿体分支为 2，自然界中存有二倍体和三倍体植株，EBN 为 1（Spooner and Hijmans，2001）。*S. bulbocastanum* 在短日照环境下结薯，具有自交不亲和性，核基因组类型为 B，细胞质基因组类型为 W。

分类与演化

根据叶形、花梗和花萼具有短柔毛和花冠形状的特征，Hawkes（1990）将中南美洲的野生二倍体马铃薯主要划分为 *bulbocastanum*、*morelliformia*、*pinnatisecta*、*polyadenia* 和 *tuberosa*。在 Hawkes（1990）分类系统中，*S. bulbocastanum* 被定义为茄属（*Solanum* L.）马铃薯组（Sect. *Petota* Dumort）马铃薯亚组（Subsection. *Potatoe*）星状花冠大系（Perseries *Stellate*）中的一个野生种。Spooner 和 Sytsma（1992）以及 Spooner 和 Castillo（1997）基于叶绿体

DNA 限制性酶切位点差异构建的系统发育树，将 *S. bulbocastanum* 和其姐妹种 *S. cardiophyllum* 划分在同一个支系。Spooner 等（2004）根据叶绿体 DNA 和 AFLP 数据的研究结果也支持了 *S. bulbocastanum* 和 *S. cardiophyllum* 的密切亲缘关系。同时，在植株形态上，*S. bulbocastanum* 和 *S. cardiophyllum* 均呈现奶油色至浅黄色花冠，这一特征在其原生地北美洲和中美洲的其他野生种中并不常见。

植物学与农艺学性状

植物学性状

S. bulbocastanum 植株株高最高可达 1 m，主茎基部直径在 3 ~ 6 mm 之间。叶片为奇数羽状复叶，长度在 2 ~ 17 cm 之间，宽度在 0.9 ~ 7.2 cm 之间，叶柄长度在 0.8 ~ 7 cm 之间，小叶全缘常呈波状、宽卵形、披针形或线状披针形，先端锐利至钝，基部圆形、楔形至下延，正面及背面密被短柔毛。

S. bulbocastanum 花萼长 3 ~ 8.5 mm，裂片长圆形，具细尖，尖峰长 1 mm。花冠星状无尖头，直径在 1.3 ~ 2.1 cm 之间，边缘平坦，背面不折，奶白色至浅黄色。花药黄色合生，长 3 ~ 3.5 mm，顶部多孔开裂，通常成熟后有一短的内侧顶端裂缝，花丝长 1 ~ 4 mm。子房的花柱长约 9 mm，超过雄蕊 1.5 ~ 3 mm，柱头呈球状。

S. bulbocastanum 是北美洲和中美洲最独特的野生马铃薯种资源之一，很容易通过其单叶和奶油色至浅黄色的花冠加以区分。其植株形状如图 14–2、图 14–3 所示。*S. bulbocastanum* 在自然条件下自交不亲和，与其他材料杂交，部分基因型可获得浆果，杂交浆果果实直径在 1 ~ 1.3 cm 之间，球状，成熟时通体浅绿色。种子呈卵圆形，长约 2 mm，种子外侧被厚厚的“毛发状”种毛覆盖，使种子在潮湿时具有黏性。用酶消化法去除这些毛发状的侧壁，可以看到其底部有蜂窝状的图案。

图 14–2 *S. bulbocastanum* 的植物学性状图片[b]

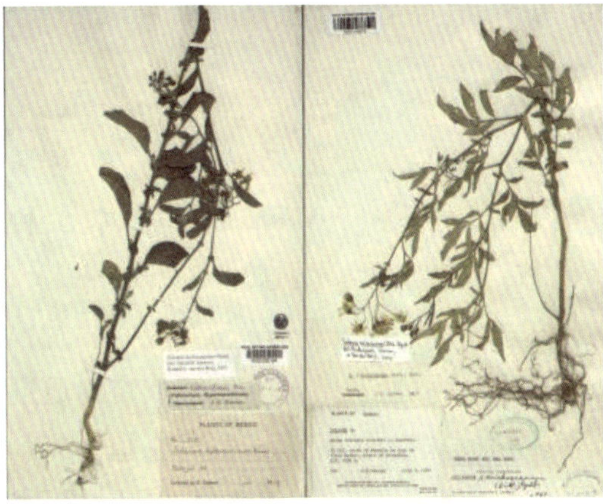

图 14-3 *S. bulbocastanum* 的植株标本[c]

农艺学性状

关于 *S. bulbocastanum* 的农艺学研究较少，正如“栗子块茎”的俗称，它结有黄色的小块茎，块茎具苦味，薯形扁圆到长筒形，块茎中具有较高的干物质含量。

重要性状鉴定与遗传解析

重要性状鉴定

Bethke（2017）对部分马铃薯野生种的生物逆境反应作了研究和评价，发现 *S. bulbocastanum* 在各项抗性测试中均在前 21%，综合评分 *S.bulbocastanum* 以显著优势排名第一。该野生种不仅具有对 PVX、PVY、PVA 和 PLRV 的抗性，同时还对青枯病、疮痂病、环腐病和黑胫病有一定抗性。在野生马铃薯中，它对马铃薯 Y 病毒的抗性最强。在抗晚疫病方面，该物种中已鉴定出三个主要

表 14-1 *S. bulbocastanum* 相关抗性鉴定结果

抗性	类型	抗性水平	来源
根结线虫	虫害	抗	Machida-Hirano，2015
桃蚜	虫害	不抗	Adams，1946
青枯病	细菌	一般抗性	Machida-Hirano，2015
哥伦比亚根结线虫	虫害	一般抗性	Brown，1989；Graebner，2018
干旱	非生物胁迫	一般抗性	Machida-Hirano，2015
早疫病	真菌	一般抗性	Jansky，2008
高温	非生物胁迫	一般抗性	Machida-Hirano，2015
晚疫病	卵菌	抗	Machida-Hirano，2015；Bachmann-Pfabe，2019
包囊线虫（金线虫）	虫害	一般抗性	Machida-Hirano，2015
包囊线虫（白线虫）	虫害	不抗	Bachmann-Pfabe，2019
PVY	病毒	一般抗性	Cai，2011
黑胫病	细菌	一般抗性	Chung，2011；Machida-Hirano，2015
癌肿病	真菌	一般抗性	Machida-Hirano，2015

注：材料抗性水平包括抗、中抗和敏感三级

的晚疫病抗性基因——*Rpi-blb1 / RB*、*Rpi-blb2* 和 *Rpi-blb3*（Chung,2011）。*S. bulbocastanum* 相关抗性鉴定结果见表14-1。

晚疫病抗性

马铃薯晚疫病由病原菌 *Phytophthora infestans* 造成。该疫霉菌除了可以侵染马铃薯的茎、叶和块茎外，同时具有对花和果实侵染的能力。育种家们尝试利用野生种的抗性基因培育抗晚疫病的栽培品种，Graham（1959）利用 *S. bulbocastanum* × *S. trifidum* 以及 *S. bulbocastanum* × *S. pinnalisectum* 两个杂交组合的后代分别接种来自墨西哥和加拿大的两种致病菌，可以观察到免疫、抗性和感病三种类型，在 1,148 个后代中对于两种病原小种同时免疫的有 778 个基因型，这表明 *S. bulbocastanum* 对晚疫病具有较高的抗性。Bachmann-Pfabe（2019）对来自 14 个国家的 19 个马铃薯种的 2,800 多份材料进行了包括晚疫病在内的数种抗性性状的分级评价，*S. bulbocastanum* 参与评估的 15 份材料中有 10 份对晚疫病表现为高抗，4 份表现为抗。此外，Karin（2021）发现 *S. bulbocastanum*表面积累了一种十七碳烯酸的溶血磷脂酰胆碱（LPC17：1）代谢物，体外试验表明LPC17：1能有效抑制致病疫霉孢子萌发和菌丝生长，表明 *S. bulbocastanum*叶片表面代谢产物能参与对致病疫霉的早期防御反应。

马铃薯木虱抗性

马铃薯木虱（*Bactericera cockerelli*），又名番茄木虱，隶属于木虱总科（*Psylloidaea*）个木虱科（*Triozidae*）线角木虱属（*Bactericera*），严重危害马铃薯、番茄及其他茄科植物。马铃薯木虱所有龄期若虫和成虫均通过刺吸宿主植物的汁液危害寄主植物，刺吸时会将毒素注入植物体，引起宿主“木虱黄叶病”，导致植株矮小、节间缩短、发育迟缓甚至死亡。它还是马铃薯斑纹片病的重要媒介昆虫，其所传播的病原细菌（*Candidatus* Liberibacter *solancearum*，Lso）属于韧皮部杆菌属，该病害在欧美地区发生并造成严重经济损失，造成马铃薯和番茄的大规模减产（Butler，2012）。2014 年欧洲和地中海植物保护组织将 Lso 和马铃薯木虱列为 A1 类检疫有害生物。

S. bulbocastanum 和木虱的原生地相互重叠，这增加了 *S. bulbocastanum* 种群进化出木虱抗性的概率。Cooper(2014）播种了 53 份 *S. bulbocastanum* 材料，在播种 3.5 个月后，对每株使用 100 只马铃薯木虱进行侵袭，并对侵袭 21 天后的卵、早期若虫和晚期若虫的数量进行计数，结果显示 *S. bulbocastanum* 可以降低马铃薯木虱的排卵偏好并影响其发育速度，其中 4 份材料对马铃薯木虱的抗性较强，但具体的抗性机制还有待研究。

PVY 病毒抗性

PVY 属于马铃薯 Y 病毒属（Potyvirus），是全世界马铃薯中危害最严重的病毒病原体之一。Cai（2011）用受 PVY 感染的烟草叶片提取汁液，对马铃薯野生种的复叶进行机械摩擦接种，并评估植物的病毒症状以确定不同马铃薯种的抗性，结果显示在 39 个品种（系）中 *S. bulbocastanum* 的抗性表现排名第三。

哥伦比亚根结线虫抗性

哥伦比亚根结线虫（*Meloidogyne chitwoodi*，CRKN）是北美洲西北太平洋地区马铃薯最严重的害虫之一，于 1977 年首次被报道，种群在马铃薯产区的沙质土壤中繁衍。哥伦比亚根结线虫会使块茎出现外部的虫瘿以及内部的斑点，导致马铃薯的商品性下降。目前利用土壤消毒剂进行土壤熏蒸是最有效的方法，但存在高成本和破坏环境的问题，而提高宿主的抗性被认为是控制哥伦比亚根结线虫的可持续方法，但目前还没有商业化的马铃薯品种具备针对哥伦比亚根结线虫的抗性。通过对马铃薯野生种的筛选，Graebner（2018）确定了 *S. bulbocastanum* 具有抗线虫的能力。Brown（1996）成功将 *S. bulbocastanum* 与四倍体栽培种 *S. tuberosum* 的原生质体进行融合，随后将体细胞杂种与栽培种回交，最终获得抗线虫高代育种材料 PA99N82-4。Brown（1996）研究表明 *S. bulbocastanum* 的抗性是由单个抗性基因座的显性等位基因 RMC1 控制，该基因被定位到 11 号染色体上，但其防御机制还不清楚。

早疫病抗性

早疫病（EB）每年都在全世界的马铃薯种植区域广泛发生。Boiteux（1995）通过对全球 934 份马铃薯材料的研究，发现栽培马铃薯中极少具有早疫病抗性，因此利用野生种的抗性是目前防治马铃薯早疫病的主要策略。为快速筛选抗病材料，Jansky（2008）研究发现原生地海拔高于 3,000 m 的野生种抗性更强，原生地海拔低于 2,500 m 的抗性更低。综合评价结果显示 *S. bulbocastanum* 在 41 种野生马铃薯中抗性排名第五，而在高海拔组中则排名第二。

抗寒性

目前关于 *S. bulbocastanum* 的抗寒性研究较少，根据 Li 在 1977 年对马铃薯野生种的抗寒性鉴定结果显示，*S. bulbocastanum* 可以在 −3 ℃ 的霜冻中生存。

基因挖掘与遗传机制解析

抗晚疫病基因定位

来自墨西哥和危地马拉的二倍体 *S. bulbocastanum* 是已知对晚疫病具有较高水平抗性的野生种之一。*S. bulbocastanum* 含有一个显性的抗性基因位点，将它导入栽培马铃薯中（Naess，2001），赋予了栽培种对晚疫病的水平抗性。一个名为RB（也称为*Rpi-blb1*）的基因已经被从*S. bulbocastanum*的RB抗性位点中分离出来，引入栽培马铃薯后，赋予了栽培马铃薯对致病疫霉的广谱抗性（Song，2003；van der Vossen，2003）。此后从*S. bulbocastanum*中又分离出*Rpi-blb2*、*Rpi-blb3*和*Rpi-bt1*，这三个基因同样对晚疫病具有水平抗性（van der Vosen，2005；Park，2005；Oosumi，2009）。

（1）*Rpi-blb1*基因定位：利用*S. tuberosum*与*S. bulbocastanum*无性系PT29的回交群体进行体细胞融合，筛选可育体细胞杂种作为亲本，构建了多个群体进行定位，最后将晚疫病主效抗性基因RB定位到8号染色体（Naess，2001）。随后，Vossen（2003）在来自墨西哥的*S. bulbocastanum* 8005-8株系中鉴定到一个抗性位点，命名为*Rpi-blb1*。进一步研究发现*Rpi-blb1*与*S. bulbocastanum*中RB位于8号染色体上的同一区域，说明二者本质是一个抗性基因（Naess，2000）。Vossen在定位R*pi-blb1*位点的过程中，还筛选了2,109个F_1单株用于检测标记TG513和CT64之间的重组，并利用标记CT88对BAC文库进行初步筛选，将*Rpi-blb1*位点定位在标记SPB33L和B149R之间的0.1 cM遗传区间内。

（2）*Rpi-blb2*基因定位：*Rpi-blb2*基因最初在几个四倍体的回交群体中发现，是由Vossen（2005）鉴定出的第二个抗晚疫病基因，并将之命名为*Rpi-blb2*。在对具有晚疫病抗性的种间杂种ABPT（4种野生种的首字母缩写，*S. acaule*、*S. bulbocastanum*、*S. phureja*和*S. tuberosum*的种间杂种）的研究中，将一个抗晚疫病基因定位在第6染色体短臂的远端。随后他们以*Rpi-blb2*基因座杂合的二倍体单株ARD1197-16构建了一个BAC文库，经过大量的筛选与标记开发将*Rpi-blb2*定位在标记69L和24L之间的区域。值得注意的是，该基因与番茄中*Mi-1*基因是直系同源基因，*Rpi-blb2*与*Mi-1*具有82%的序列一致性，在番茄中该基因赋予植株对三种根结线虫（*Meloidogyne* spp.）和马铃薯蚜虫*Macrosip hum*以及B和Q型烟粉虱*Bemisia tabaci*的抗性。

（3）*Rpi-blb3*基因定位：在*S. bulbocastanum*为亲本的BC1群体中，Meksem（1995）用CAPS标记确定了一个晚疫病抗性基因，其在染色体的位置与*Rpi-blb1*和*Rpi-blb2*不同，将该位点命名为*Rpi-blb3*。瓦赫宁根大学的Tae-Ho（2005）通过将抗致病疫霉株系Blb99-256-3与感病株系Blb48-5杂交，构建了定位群体Blb00-20。随后利用CT229和TG506两个标记在1,396株BC1代植株中，共鉴定出334个重组单株，利用这些重组子对*Rpi-blb3*位点进行精细定位，结果显示*Rpi-blb3*位于第4染色体上的一个基因簇上。Tae-Ho基于*Rpi-blb3*区间的抗感混池，使标记进

一步富集于 *Rpi–blb3* 区间，并将 *Rpi–blb3* 定位到一个 0.93 cM 的区间，该区间位于 AFLP 标记 PCAMAGA–260 和 EAACMAAC–99 之间。

哥伦比亚根结线虫抗性

由于哥伦比亚根结线虫（*M. chitwoodi*）寄主范围广，加之难以通过轮作的方式来控制，对欧美地区马铃薯的生长构成了严重威胁。Brown（1996）利用 *S. bulbocastanum* + *S. tuberosum* 的体细胞杂种进行回交，构建 BC_1 和 BC_2 群体，对 64 个 BC_2 后代进行作图，将哥伦比亚根结线虫抗性定位于 11 号染色体一端。进一步利用 CAPS 标记将 R_{mc1} 定位于CT182和M39b之间的4 cM间隔内。Zhang（2007）利用 *S. bulbocastanum* 构建的作图群体，对哥伦比亚根结线虫抗性基因 $R_{Mc1(blb)}$ 进行标记筛选和连锁分析，筛选到一个与 $R_{Mc1(blb)}$ 共分离的多态性标记，为抗性材料的筛选提供高效的技术。

对抗性材料 PA99N82–4 的细胞生物学研究表明，线虫幼虫在接种后 48 h 内成功感染了抗性和易感材料的根部组织，但 PA99N82–4 宿主能够限制线虫取食部位的形成。转录组差异表达基因分析表明，接种后 48 h、7 d、14 d 和 21 d，PA99N82–4 中 1,268、1,261、1,102 和 2,753 个基因分别上调，这些基因功能主要集中在植物与病原体的相互作用、植物激素信号传导、抗氧化活性和细胞壁强化途径中（Bali，2019）。

叶面独特的代谢产物对疫霉菌的抑制作用

植物代谢产物向质外体转运并在叶片表面积累，被认为有助于植物抵御病原体入侵。Karin（2021）发现，虽然对羟基肉桂酸酰胺（Hydroxycinnamic acid amides，HCAAs）是茄科植物叶片中主要的植物抗毒素，但是在接种了致病疫霉的*S. bulbocastanum*植株叶片上并不积累HCAAs。进一步研究表明，在*S. bulbocastanum*的叶表面检测到特异性代谢物单不饱和脂肪酸十七碳烯酸（LPC17：1），其中顺–9–十七碳烯酸对致病疫霉具有广谱非特异性抗性，顺–9–十七碳烯酸在插入细胞膜后会改变膜流动性，并通过推动膜破碎发挥作用。由于甾醇对膜流动性的变化具有缓冲作用，因此无甾醇膜或甾醇水平低的膜对破碎特别敏感。致病疫霉是甾醇营养缺陷型，依赖于从植物获得甾醇，无甾醇膜或甾醇水平低的膜易被LPC17：1破坏，导致致病疫霉无法存活，这可以解释LPC17：1对致病疫霉游动孢子的高效破坏能力。

病原卵菌 RXLR 效应基因挖掘

研究显示真核病原体可以如细菌一样通过分泌蛋白质调节植物的免疫响应，这类蛋白质被称为效应子（Chisholm，2006）。尽管效应子对植物存在毒害作用，但它们也可以在携带同源抗病（R）蛋白的植物品种中引起先天免疫，激活由 R 蛋白介导的间接或直接的细胞程序性死亡。而在对马铃薯晚疫病病原体 P. *infestans* 的研究中，RXLR 效应子之一 *AVR3a*，它能被携带 *R3a* 基因的马铃薯植株特异识别并引起免疫反应。Vleeshouwers（2008）通过对致病疫霉基因组计算预测，筛选出一个效应子 *IpiO*，通过在烟草中共表达 *IpiO* 与 *Rpi-blb1*，观察到超敏性细胞坏死现象。Sang-Keun（2009）也分离到效应子 *AVRblb1*，并确认其与马铃薯野生种 *S. bulbocastanum* 的 *Rpi-blb1* 蛋白共表达后同样引起超敏反应。此外，还发现候选效应子 *AVRblb2* 与 *S. bulbocastanum* 的另一个基因 *Rpi-blb2* 共表达后也引起超敏性细胞坏死现象，阻碍致病疫霉进一步侵染植物组织。

性状改良与利用

杂交及 2n 配子利用

在墨西哥，当大多数马铃薯种被晚疫病感染甚至致死的情况下，*S. bulbocastanum* 仍对疫霉菌免疫，因此具有很高的育种价值。但 *S. bulbocastanum* 与 *S. tuberosum* 之间不能直接杂交，因此使用桥梁种是必要的。Niederhauser 和 Servin（1959）利用 *S. pinnatisectum* 进行三桥杂交，但获得的种子并没有发芽。Watanabe（1991）通过对来自墨西哥和中南美洲的 38 个结块茎的野生马铃薯种进行研究，鉴定出 *S. bulbocastanum* 的 2n 花粉发生率约为 5.9%，*S. bulbocastanum* 杂交后代的 2n 花粉发生率约为 9.1%，表明 2n 花粉形成受遗传调控。

Dionne（1963）发现 *S. acaule* 可以作为 *S. bulbocastanum* 的桥梁种，同时他还发现 F_1 中的三倍体经秋水仙素加倍后产生了可育性较高的六倍体，而 F_1 中的二倍体加倍后仍旧保持高度不育。Hermsen（1971）研究了 *S. acaule* 与 *S. bulbocastanum* 的 72 个 F_1 杂种的形态、亲和性、育性和染色体数目，对其中 13 个四倍体杂种的形态分析显示，它们的特征与 *S. bulbocastanum* 更相似，因此推测这些四倍体起源于 *S. bulbocastanum* 产生的 2n 配子与 *S. acaule* 的受精。Dionne（1963）尝试利用 *S. acaule* 与 *S. bulbocastanum* 杂交产生的 F_1 与 *S. tuberosum* 进行杂交，并将杂交后代与 *S. tuberosum* 多次回交，但后代仍表现出大量异源多倍体的染色体行为。因此，将 *S. bulbocastanum* 的抗性引入栽培种必须通过整个染色体或大染色体片段的转移，且需携带特异的染色体配对的基因，这需要进行大量的回交工作。

Hermsen（1973）利用 *S. acaule*（2n=4x）和 S. *phureja*（2n = 2x）分别作为桥梁种与 *S. bulbocastamum* 杂交，产生了

一批三倍体以及接近四倍体的非整倍体材料，这些材料在马铃薯抗性育种过程中得到了广泛的利用。如 *S. acaule* 与 *S. bulbocastamum* 的三倍体杂交后代经秋水仙碱加倍，得到可育的六倍体，利用该六倍体再与 *S. phureja* 杂交，获得了一批三倍体株系，对获得的这些三倍体材料进一步与四倍体栽培种进行多次授粉杂交，最终获得了 40 个倍性稳定、可育且具有多种抗性的四倍体杂交种材料，它们在马铃薯育种中有较高的潜在利用价值。

倍性操作利用

尽管 *S. bulbocastanum* 对晚疫病、PVY、蚜虫和根结线虫具有高度的抗性，但由于杂交障碍，无法直接应用于栽培马铃薯中。Hermsen（1973）对 *S. bulbocastanum* 及其后代进行的杂交和细胞遗传学研究显示，无论是三倍体还是四倍体都是高度不育的，将三倍体加倍后可以获得高度可育的六倍体，而四倍体加倍则无法改变育性。对 *S. acaule*× *S. bulbocastanum* 的三倍体后代进行秋水仙素加倍处理，Hermsen（1973）获得了可育的六倍体后代。Caruso（2013）则对 *S. bulbocastanum* 四倍体植株与二倍体植株之间的叶片代谢物特征和天然化合物含量进行研究，结果表明四倍体植株显示出具有相似或较低的苯丙氨酸、色氨酸、酪氨酸和 α－沙克宁含量，气体和叶绿素荧光之间也没有明显差别，而甾体皂苷含量则高于二倍体植株，且多倍体化后 *S. bulbocastanum* 化合物生物合成的机制存在异常，这可能是多倍体基因组不稳定造成的。

体细胞融合利用

Thieme（1997）实现了二倍体无性系 *S. tuberosum* 和 *S. Pinnatilsectum*× *S. bulbocastanum* 杂交后代之间的原生质体电融合，电融合获得的后代 89% 为杂种。Helgeson（1998）曾利用 *S. bulbocastanum* 与 *S. tuberosum* 进行体细胞杂交获得三倍体后代，进一步加倍获得高抗晚疫病的六倍体（2n = 6x = 72）体细胞杂种。Szczerbakowa（2001）融合了二倍体 *S. scabrum* 与 *S. tuberosum*× *S. bulbocastanum* 的二倍体种间杂种，但所有的体细胞杂交后代的生长状况都不理想，研究人员将体细胞杂种的不良生长归因于亲本基因型在核或细胞质水平上的不相容性。在随后的研究中，Marie（2008）利用 *S. tuberosum* 双二倍体与 *S. bulbocastanum* 进行体细胞杂交，获得了 7 个体细胞杂种后代，在对后代的分析中获得了该组合的种间体细胞杂种谱 blb 8003(+)br dh 243，并验证了流式细胞术在检测体细胞杂种中的有效性。另外，Jeffrey（2012）通过对 *S. bulbocastanum* 和 *S. tuberosum* 体细胞融合后代的筛选，将晚疫病抗性成功渗入栽培马铃薯中，并兼具蚜虫抗性和病毒抗性。在入选的 63 个品系中，有 9 个品系对绿桃蚜具有抗性，有5个品系对马铃薯蚜具有抗性。超过四年的病毒抗性筛选研究表明，29个品系对PVY具有抗性，5个品系对PLRV具有抗性，两个品系对PVY和PLRV都有抗性。品系K7G－319具有明显的桃蚜、马铃薯蚜和PVY抗性，品系K7G–329具有明显的桃蚜、马铃薯蚜、PVY和晚疫病抗性。这项研究表明体细胞杂交可用于从 *S. bulbocastanum* 向 *S. tuberosum* 引入多种抗性。尽管体细胞杂交是引入抗性的有效手段，但仍然存在杂种后代高度不育的问题，这极大降低了体细胞杂种后代的育种价值（Sedlák，2022）。Iovene（2012）通过对体细胞杂种后代小孢子形成过程进行分析，结果显示小孢子形成过程中发生了较多的减数分裂异常，如染色体桥和各种纺锤体取向异常。

野生种 *Solanum candolleanum* 的利用与改良

基本信息

起源与分布

Solanum candolleanum（*S. candolleanum*）缩写为 cnd，二倍体野生种，形态复杂多变，性状较为复杂，是原产于秘鲁和玻利维亚的马铃薯野生种。根据早期探险者的记载，在秘鲁中部地区 *S. candolleanum* 分布广泛，几乎随处可见。而“candolleanum”这个特别的称谓是为了纪念瑞士植物学家 Augustin Pyramus de Candolle。Mandon 于 1851 年在秘鲁首次采集到该物种，秘鲁也被认为是该野生种主要起源地（Hawkes and Hjerting，1989；Ochoa，1990）。在其起源地，*S. candolleanum* 分布范围十分广泛且生长区域海拔较高，海拔约 3,992 m，生长环境凉爽潮湿。而在另一些地区，它的分布是随机的，有的植株甚至生长在陡峭山脉，表明 *S. candolleanum* 可以适应极其复杂的外部环境（见图 15-1）。*S. candolleanum* 在其自然栖息地，株型近直立到直立，茎较健壮，植株通常能长至栽培种的大小。*S. candolleanum* 植株间的差异相当大，这导致不同年代对于它的记录复杂多样，因此，无法有效地通过外形进行辨认。

图 15-1 *S. candolleanum* 分布地区[b]

遗传信息

S. candolleanum 的 EBN 值为 2，核基因组类型为 A。Spooner 等（2014）参考和分析前人研究结果，将其细胞质基因组类型最后鉴定为 M 和 P。*S. candolleanum* 的核分支为 clade 4，叶绿体分支为 clade 4。*S. candolleanum* 块茎形成需要严格的短日照，在长日照下表现为不结薯。*S. candolleanum* 材料表型分离较大，自交具有亲和性（Spooner et al，2006）。

分类与演化

在 Hawkes（1990）的分类系统中，根据花冠的形状和大小，将 *S. candolleanum* 分为茄属（*Solanum* L.）马铃薯组（Sect. *Petota* Dumort）马铃薯亚组（Subsection. *Potatoe*）轮状花冠大系（Perseries *Rotate*）*Tuberosa* 系的一个野生种。Spooner 等（2014）总结了前人的工作，沿用了 Hawkes（1990）对马铃薯大系的分类方法，在 *S. candolleanum* 的细分上，他将不同年代及不同出版物中介绍的马铃薯种类根据形态特征和分子标记信息等进行了区分，重新定义了 *S. candolleanum* 的名称。根据 GRIN–Global 上美国国家种质资源系统上的信息，*S. candolleanum* 曾用名包括 *S. abancayense*、*S. abbottianum*、*S. achacachense*、*S. amabile*、*S. amayanum*、*S. ambosinum*、*S. ancoripae*、*S. antacochense*、*S. aymaraesense*、*S. billhookeri*、*S. bukasovii*、*S. calcense*、*S. canasense*、*S. catarthrum*、*S. chillonanum*、*S. coelestipetalum*、*S. hapalosum*、*S. huancavelicae*、*S. lechnoviczii*、*S. lobbianum*、*S. longiusculus*、*S. marinasense*、*S. × mollepujroense*、*S. multidissectum*、*S. neohawkesii*、*S. ochoae*、*S. orophilum*、*S. ortegae*、*S. pampasense*、*S. puchupuchense*、*S. pumilum*、*S. punoense*、*S. sarasarae*、*S. sawyeri*、*S. saxatilis*、*S. sicuanum*、*S. soukupii*、*S. sparsipilum*、*S. tapojense*、*S. tarapatanum*、*S. tenellum* 和 *S. velardei* 等。

栽培种马铃薯一直被认为是起源于秘鲁中部、玻利维亚和阿根廷北部的安第斯山脉中的一群野生种，而栽培种起源研究的一个主要问题是关于其假定祖先物种边界的划分。长久以来，这个“假定祖先”被统称为 *Solanum brevicaule* Complex，简称 *S. brevicaule* 复合体（Berg et al，1998）。*S. brevicaule* 复合体是马铃薯组内一个包含 30 个形态类似物种的集合，它包含了许多现代研究的野生种，经常在文献、植物标本和种质资源收集库中被混淆（Grun，1990；Spooner et al，1992；Spooner et al，1994）。这个复合体首先在 1966 年被 Ugent 定义，他发现该类群的划分令人十分困惑，因为它们生长在栽培种的起源地，而且 *S. brevicaule* 复合体的野生种成员在表型上很难与现在的栽培种区分开，它们都有羽状多裂的叶、圆形的果实和旋状的五角星花冠，并且大多与栽培种杂交亲和，因此他推测 *S. brevicaule* 复合体的物种可能是现代栽培种的祖先（Ugent，1970；Hawkes and Hjerting，1969；Hawkes and Hjerting，1989；Ochoa，1990）。

Berg 等（1998）对来自 *S. brevicaule* 复合体 30 个种群中 215 个种质的 53 个形态特征进行评价，共获得了 80,000 个以上的数据，对这些数据表型分析无法支持 30 个分类群的划分，但是可以划分为互有联系的三个种群：①地理上相邻的玻利维亚和秘鲁种群（包括野生种和所有栽培种）。②玻利维亚和阿根廷种群。③一个分布在玻利维亚、阿根廷等地的单一的野生种 *S. oplocense*。这些种群的区分主要依靠花柱直径、柱头长度、花药长度等 9 个不易观察的特征。这项分析表明 Hawkes 在 1990 年对于种质的划分不够准确，许多物种含有重复名称，这就导致 *S. brevicaule* 复合体中的物种数量如此之多。Correll 在 1962 年也讨论了这个问题，他认为 *S. canasense*、*S. multidissectum* 等成员应该是同一个高度可变的种（Correll，1962）。该观点在 Spooner 等（2014）发表的研究中被证实，许多物种被划入 *S. candolleanum* 中。Hawkes 等认为，*S. brevicaule* 复合体如此丰富的变异与其栖息地的广泛和普遍存在的杂交带来的基因渗透有关。因此，在马铃薯组内，单纯的使用植物形态数据分析并不能构建可靠的分类和检索系统（Hawkes，1962；Hawkes，1990；Hawkes and Herjting，1969；Hawkes and Herjting，1989）。

Miller 等（1999）增加了 RFLP 和 RAPD 两种分子标记，检测了 Berg(1998) 研究中大部分材料（196 份）和一些栽培种在内的其他材料（42 份），结合它们的形态学数据分析，拟重新探究 *S. brevicaule* 复合体的物种边界的定义。在这项研究中，*S. brevicaule* 复合体被重新定义为两个种群：单系 B，包含玻利维亚西北部和阿根廷北部的种；基本分类级 A，包含来自秘鲁和玻利维亚最西北的种，并囊括了大部分栽培种。因此他们猜测栽培种的起源与单系 A 内的物种具有较大的联系。类似的结论在 Debener 等（1990）的研究中也被提出，他们以较小规模的群体（均为 *S. brevicaule* 复合体内定义的物种），构建了基于 RFLP 的系统发育树，定义了两个分支：A 分支由 *S. brevicaule* 复合体中的秘鲁成员组成，B 分支由 *S. brevicaule* 复合体中的玻利维亚和阿根廷的成员组成。但叶绿体 DNA 研究在 *S. brevicaule* 复合体物种上的应用未能达到足够明确的区分，这可能是困扰 *S. brevicaule* 复合体划分问题的重要因素（Hosaka，1995；Spooner et al，1997）。

Debener（1990）、Berg 等（1998）和 Miller 等（1999）的研究结果均支持 *S. brevicaule* 复合体是高度多样性的马铃薯类群集合，形态特征和分子标记信息都验证了这一点，并且其变异也符合其地理分布的差异，存在两个可分辨的种群：分类级 A，主要是秘鲁的种质，位于北方；

单系 B，主要是玻利维亚和阿根廷的种质，位于南方。

栽培种起源的调查和研究一直受制于 *S. brevicaule* 复合体中的分类学概念，但是关于该复合体物种的地理性分布差异，为后来的研究开辟了新的道路。一直到 2008 年，Spooner 等对 261 份马铃薯野生种材料和 98 份地方品种以及 3 份不结薯的马铃薯材料进行了系统发育分析，较完整地解析了马铃薯野生种和栽培种的驯化关系，并发现野生种材料和部分栽培种可以根据地理位置划分为南、北两个种群，与前人“南北两系”的猜想一致，并支持北部种群的野生种为现代栽培种的起源。同时，分子标记聚类的结果表明，这个北部种群的成员可以缩减为唯一的高度多样性的种，即 *S. candolleanum*。该研究最终在 Spooner 等（2014）撰写的马铃薯分类综述中得到阐述，*S. candolleanum* 继承了绝大多数 *S. brevicaule* 复合体成员。形态学和分子标记的结果都表明，它们之间存在可以评估的变异，并属于同一个物种（Spooner，1992；Spooner et al，2005；Spooner，2008；Spooer，2014）。至此，关于 *S. brevicaule* 复合体的识别与划分有了初步的定论，北方种群的主要成员是 *S. candolleanum*，且与栽培种的起源存在密切联系。Hardigan 等（2017）对多个马铃薯野生种、地方品种和栽培种的材料进行了测序，以评估马铃薯驯化过程中对基因组多样性的影响，进化分析同时验证了现代栽培种起源于 *S. candolleanum*，揭示了现代栽培种马铃薯的进化历史和驯化目标，也发现马铃薯二倍体和四倍体的序列多样性超过了迄今为止任何作物的重测序研究，部分原因在于 2n 配子的产生使得马铃薯的基因交流可以跨种进行，多倍体能够捕获起源地理环境以外的等位基因，这有利于它适应多种环境。Li 等（2018）利用 201 份马铃薯材料的重测序数据重新构建了基于全基因组测序的系统发育树，再一次验证南北种群的结论，并发现栽培种马铃薯与北方野生群的亲缘关系更近，并认为 *S. candolleanum* 是现代栽培种马铃薯的直系祖先。通过对比 *S. candolleanum* 与栽培种的基因组，发现栽培种基因组在驯化过程中发生了大量的基因丢失，其中大部分基因与信号转导相关，说明栽培种马铃薯与其祖先之间存在巨大的遗传差异。

Nixon 等提出的系统发育物种概念（PSC）是基于种群的差异特征来定义物种，他们认为 PSC 的概念在物种层面以下是不适用的（Nixon et al，1990）。基于可辨别的特征，物种是被定义为“最小的可诊断单位”（Luckow，1995）。但是像 *S. brevicaule* 复合体这样既具有高度的多样性又有许多相同特征的情况则无法有效地识别，因此，对于 *S. brevicaule* 复合体的划分也是在简化马铃薯的分类，减少同物异名的情况，这对研究马铃薯的起源和栽培种马铃薯的进化具有重要意义。

植物学与农艺学性状

植物学性状

S. candolleanum 的植物学性状见图 15-2，所示，呈半匍匐状到直立状，植株基部的茎直径约 1.5 ~ 12 mm，到达顶部附近可长至 4 mm 左右。茎秆呈现为绿色到紫色或者紫色和绿色斑驳相间，无绒毛分布或稍许绒毛，有的植株表现为密披短绒毛，呈现为白霜状。奇数羽状复叶，叶片长 3 ~ 35 cm，宽 3 ~ 38 cm，浅绿到深绿色，膜质感或纸质感，有时叶表面略带紫色。叶表面带有中等密度的短绒毛或者密披短绒毛，特别是叶片背面，表现为白霜状，其背面通常还密被短柔毛。侧生小叶 2 ~ 6 对，最远端的成对叶最大，一般长 1.2 ~ 3.6 cm，宽 0.3 ~ 4.7 cm，披针形、椭圆形、狭卵形和宽卵形都有。叶片先端锐尖到渐尖，基部对称到偏斜，有时轴上渐狭。对叶间有小叶着生，小叶叶柄消失，有时具第三级侧生小叶。顶生小叶近等长，并长至稍大于最远端的侧生小叶，长 1.2 ~ 3.6 cm，宽 1.5 ~ 3.0 cm，披针形、狭卵形、宽卵形到近圆形，先端锐尖到渐尖，基部对称，呈现截形或者楔形，没有小叶柄。

花序长 3 ~ 18 cm，顶生一对花芽，一般着生在顶部分叉的下半部分，有 3 ~ 20 朵花。花序梗长 1.5 ~ 10 cm。花梗长 5 ~ 30 mm，中部或稍远端有节。花萼长 4 ~ 10 mm，裂片长 2 ~ 5 mm，长渐狭到锐尖，尖端长 1 ~ 2.3 mm，生有像茎上一样的短绒毛。花冠直径 2.5 ~ 5 cm，五角形到旋转五边形，紫罗兰色到淡蓝色，有时呈现绿黄到白色或紫色的星形，花冠边缘平整，背面不折叠，正面无绒毛，背面稍被微柔毛，特别是在

图 15-2 *S. candolleanum* 植物学性状[a]

花冠顶端沿中脉的部位，其边缘生长有少许绒毛。雄蕊花丝长 1 ~ 2 mm。花药长 4 ~ 7 mm，披针形，黄色，顶端孔裂，子房无绒毛。花柱长 6 ~ 11 mm，直径约 1 mm，超过雄蕊 1.5 ~ 3.5 mm，顶部弯曲，无毛。浆果球形到卵球形，直径 1.6 ~ 3.5 cm，绿色或绿中带有零星白点，或淡绿色，或绿色带紫色条纹，通常无毛。活体标本的种子卵球形，长约 2 mm。新种子呈白色到绿色，干燥时带褐色，带有一层厚绒毛。

农艺学性状

S. candolleanum 的薯块较小，单株结薯数量 7 个左右。薯块表皮颜色为黄色到淡黄色，薯肉呈乳白色，形状呈不规则圆形到卵圆形，长 2 ~ 3 cm 左右，表皮粗糙或光滑，有突起，芽眼浅但数目较多，几乎遍布整个薯块（见图 15-3、图 15-4）。

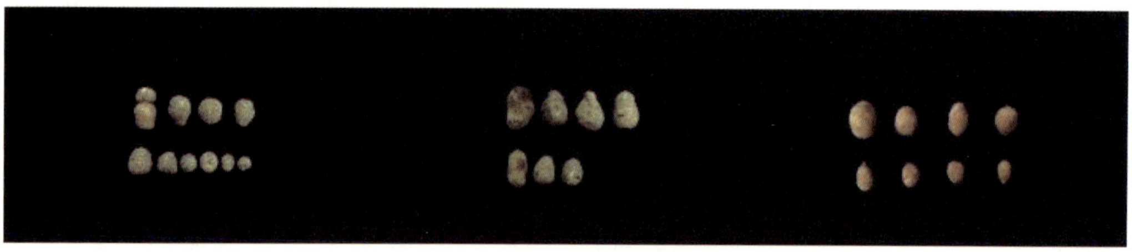

图 15-3 *S. candolleanum* 块茎表型[a]

图 15-4 *S. candolleanum* 植株标本[c]

重要性状鉴定与遗传解析

重要性状鉴定

S. candolleanum 已被报道具有较强的抗寒、耐旱能力，同时具有对晚疫病、多种马铃薯病毒病以及各类线虫、蚜虫的抗性，相关抗性鉴定结果见表 15-1。

低温霜冻

根据 *S. candolleanum* 起源地海拔高的特点，可以推断 *S. candolleanum* 具有优良的抗低温霜冻能力，这不仅有利于它适应艰难的生长环境，而且能够帮助它大范围地传播。Vega 和 Banberg（1995）利用田间霜冻评级对来自 101 个种的 2,635 份材料进行了抗寒性鉴定，结果表明包括 *S. candolleanum* 在内的多个野生种具有较强的抗寒性，它们的直接抗寒能力要显著高于普通栽培种。其中，*S. candolleanum* 的霜冻评级平均值为 2.25（霜冻评级 0 ~ 6 级，数值越大，植株受损伤程度越大）。梅文祥（2016）利用电解质渗漏法对 *S. candolleanum* 不同 PI 的 12 份材料进行鉴定后发现，*S. candolleanum* 确实存在抗寒性较强的株系。

表 15-1 *S. candolleanum* 相关抗性鉴定结果

病害	类型	抗性水平	来源
赤霉病	细菌	中抗	Machida-Hirano，2015
PVY	病毒	中抗	Chung，2011；Machida-Hirano，2015
PLRV	病毒	中抗	Machida-Hirano，2015
晚疫病	真菌	中抗	Bachmann-Pfabe，2019
黑腐病	细菌	中抗	Chung，2011
绿桃蚜虫	虫害	中抗	Machida-Hirano，2015
根结线虫	虫害	中抗	Machida-Hirano，2015
马铃薯甲虫	虫害	中抗	Machida-Hirano，2015
马铃薯孢囊线虫	虫害	抗	Castelli，2003
马铃薯孢囊线虫	虫害	中抗	Bachmann-Pfabe，2019
霜冻	非生物胁迫	中抗	Machida-Hirano，2015
干旱	非生物胁迫	中抗	Machida-Hirano，2015；Watanabe，2011

注：材料抗性水平包括抗、中抗和敏感三级

晚疫病

德国莱布尼茨植物遗传与作物研究所保存着大量的野生马铃薯种质资源。在过去的 20 年里，为了筛选对晚疫病菌具有广谱抗性的马铃薯种质资源，该研究所利用这些材料在实验室条件下进行了晚疫病抗性鉴定，经过数十年的重复验证，最终在 1,055 份供试材料中筛选到 68 份对晚疫病具有高度抗性的材料和 311 份具有部分抗性的材料。*S. candolleanum* 对晚疫病菌具有一定的抗性。同时还发现 *S. candolleanum*

等部分材料对晚疫病和孢囊线虫具有协同抗性，这对研究植物抗病机理和创制多抗种质资源具有重要意义。

PVY

Takacs 等（1999）发现 *S. candolleanum* 的部分材料对 PVY 病毒具有极端抗性，猜测其具有抗病基因，但是 Chung（2011）的接种鉴定表明，*S. candolleanum* 并不存在对 PVY 的极端抗性，仅有个别株系表现出对 Y 病毒的中度抗性，且与种植环境密切相关。因此 Chung 认为 *S. candolleanum* 对 PVY 的抗性并不是已知的对 Y 病毒具有极端抗性的 *Ryadg* 基因，后续的分子标记验证也并未在 *S. candolleanum* 中检测到 *Ryadg* 基因。*S. candolleanum* 对 PVY 的抗性可能与种植环境相关，这符合部分 N 基因控制的过敏性抗性的特征，在特定的条件下具有对 PVY 的中度抗性。

基因挖掘与遗传机制解析

S. candolleanum 与栽培种的驯化关系密切，因此对于该种的研究可以帮助我们了解马铃薯的起源和栽培种的驯化过程。Li 等（2018）基于马铃薯全基因组测序数据的分析为 Spooner 等之前的系统发育研究提供了证据，同时，该研究使用核基因组 DNA 数据和全基因组重测序数据解析了 Spooner 等（2014）前期定义的三个分支 clade1+2、clade3 和 clade4，提出并证实 *S. candolleanum* 直接参与了现代栽培种马铃薯的驯化。同时，该研究还通过 *S. candolleanum* 基因组与马铃薯栽培种 DM1-3 基因组的对比，鉴定到 529 个 *S. candolleanum* 独有的基因，其中大多数基因与信号转导相关，这些研究不仅说明现代栽培种与野生种之间的巨大差异，而且还为野生种马铃薯在栽培种马铃薯的驯化和传播方面的作用提供了基因层面上的证据。而研究这些驯化过程中丢失的基因可以为不同起源地环境适应性的研究提供重要线索，并有助于培育能抵御各种生物和非生物胁迫的马铃薯品种。同时，该研究还提供了多份 *S. candolleanum* 不同 PI 的二代测序数据，具体如表 15-2 所示。

2022 年中国农业科学院深圳基因组研究所挑选了 44 份具有代表性的二倍体马铃薯材料并进行高质量的基因组组装，首次开创和构建了马铃薯的泛基因组。这其中就包括 4 份 *S. candolleanum* 的材料，其 PI 分别为 458379、365317、458403 和 210055。这些数据可通过数据库（http://solomics.agis.org.cn/potato/）免费访问。

15-2 *S. candolleanum* 二代测序材料

曾用名	引种编号	种群	分布地区
S. canasense	210035	north	Peru，Cuzco
S. multidissectum	210052	north	Peru，Ayacucho
S. multidissectum Bitter	210055	north	Peru，Cuzco
S. canasense Hawkes	246533	north	Peru，Cuzco
S. canasense	265864	north	Peru，Cuzco
S. canasense	265865	south	Bolivia，La Paz
S. bukasovii	266385	north	Peru，Junin
S. multidissectum	275272	north	Peru，Cuzco
S. pampasense	275274	north	Peru，Ayacucho
S. pampasense Hawkes	275275	north	Peru，Ayacucho
S. canasense	283084	north	Peru，Puno
S. ambosinum	365317	north	Peru，Pasco
S. bukasovii Juz.	365353	north	Peru，Cuzco
S. ambosinum	365362	north	Peru，Ancash
S. bukasovii	414155	north	Peru，Apurimac
S. canasense	442696	north	Peru，Puno
S. pampasense	442697	north	Peru，Apurimac
S. pampasense	458381	north	Peru，Ayacucho
S. abancayense Ochoa	458403	north	Peru，Apurimac
S. abancayense	458404	north	Peru，Apurimac
S. multidissectum	473349	north	Peru，Cuzco
S. multidissectum	473352	north	Peru，Puno
S. canasense	473355	north	Peru，Ayacucho
S. bukasovii	473492	north	Peru，Huancavelica
S. bukasovii	473493	north	Peru，Huancavelica
S. bukasovii	473494	north	Peru，Huancavelica
S. ambosinum Ochoa	498209	north	Peru，Ancash
S. ambosinum	498210	north	Peru，Ancash
S. ambosinum	498212	north	Peru，Ancash
S. ambosinum	498213	north	Peru，Ancash
S. canasense	498226	north	Bolivia，La Paz
S. canasense	498227	north	Bolivia，La Paz
S. canasense	545972	north	Bolivia，La Paz
S. achacachense Cárdenas	558032	north	Bolivia，La Paz
S. bukasovii	568933	north	Peru，Puno
S. bukasovii	568954	north	Peru，Puno
S. canasense	568969	north	Bolivia，La Paz

（注：测序数据来源为 PRJNA394943）

性状改良与利用

Jackson 等（1999）对 Hawkes 分类系统中定义的 16 个系的 400 多份野生种材料和挑选的优良四倍体栽培种材料进行了大量的正反交试验。当 *S. candolleanum* 作为父本与栽培种杂交时，授粉花朵数为 461，结浆果数仅为 30 个，收获种子 5 粒；当 *S. candolleanum* 作为母本与栽培种进行杂交时，杂交效率同样极低。已有研究表明，*S. candolleanum* 与栽培种的直接杂交几乎无法产生可育的种子，而 Jackson 等也发现部分野生种会产生 2n 配子，*S. candolleanum* 的 2n 配子出现率为 3% ~ 12%。

Ochoa（1990）记录了多个野生种与 *S. candolleanum* 作为母本杂交的结果，并统计了它们的结果和结实率，结果显示 *S. candolleanum* 与大部分野生种的杂交结实率均在中等以上，并不存在显著的生殖障碍。*S. candolleanum* 与野生种杂交结果具体见表 15-3。

表 15-3 *S. candolleanum* 与野生种的杂交

母本	父本	结果率	结实
S. candolleanum	*S. acaule*	高	高
S. candolleanum	*S. berthaultii*	中等	中等
S. candolleanum	*S. brevicaule*	中等	中等
S. candolleanum	*S. boliviense*	中等	中等
S. candolleanum	*S. infundibuliforme*	中等	中等
S. candolleanum	*S. lignicaule*	无	无
S. candolleanum	*S. microdontum*	低	低
S. candolleanum	*S. raphanifolium*	高	高
S. candolleanum	*S. stipuloideum*	无	无
S. candolleanum	*S. candolleanum*	低	无

野生种 *Solanum chacoense* 的利用与改良

基本信息

起源与分布

Solanum chacoense（*S. chacoense*）是分布最广、变异最丰富的马铃薯野生种之一，其生长区域海拔约 2,000 m，主要分布范围从秘鲁南部、东部到玻利维亚、阿根廷、巴拉圭、乌拉圭和巴西南部等地区（见图 16-1）。“chacoense”这个称谓来源于南美国家阿根廷的二十三省之一“Chaco”，该省位于阿根廷北部、巴拉圭和玻利维亚东南部（Hawkes，1990）。

图 16-1 *S. chacoense* 分布地区[b]

遗传信息

野生马铃薯 *S. chacoense* 简称为 chc，核分支为 4，叶绿体分支为 4，自然界存在二倍体和三倍体植株，EBN 为 2（Spooner and Hijmans，2001；Spooner et al，2014）。*S. chacoense* 在短日照条件下结薯，具有自交亲和性，核基因组类型为 A，细胞质基因组类型为 W。

分类与演化

在漫长的马铃薯进化史中，分类学家根据马铃薯的形态学、细胞学等特征，对其进行分类来划分和界定马铃薯物种。Hawkes 和 Hjerting（1969）定义划分了 *S. chacoense* 种，并将 *S. muelleri* 划分为 *S. chacoense* 的一个亚种，通过比较侧生小叶的宽度来区分该亚种。在 Hawkes（1990）的分类系统中，根据马铃薯的形态学特征，如叶片解剖结构、绒毛、花冠的颜色等，将 *S. chacoense* 正式定义为茄属（*Solanum* L.）马铃薯组（Sect. *Petota* Dumort）马铃薯亚组（Subsection. *Potatoe*）星状花冠大系（Superseries *Stellata*）*Yungasensa* 系中的一个野生种。Spooner 等（2014）总结了前人的工作，利用分子生物学、现代基因组学等手段重新对马铃薯 *Petota* 组进行分类，沿用了 Hawkes（1990）对马铃薯大系的分类方法，重新将 *S. chacoense* 在不同出版物中的名称进行了统一，仅采用 *S. chacoense* 的单一名称。根据 GRIN-Global 上美国国家种质资源系统上的信息，*S. chacoense* 曾用名包括 *S. arnezii*、*S. bitteri*、*S. boergeri*、*S. caipipendense*、*S. calvescens*、*S.cuevoanum*、*S. emmeae*、*S. garciae*、*S. gibberulosum*、*S. guaraniticum*、*S.horovitzii*、*S. jujuyense*、*S. knappei*、*S. laplaticum*、*S. limense*、*S. muelleri*、*S.paraguariense*、*S. parodii*、*S.renggeri*、*S. saltense*、*S. schickii*、*S. subtilius* 和 *S. yungasense* 等。

野生种 *S. chacoense* 这一名称的最终确定经历了曲折的过程。早在 1911 年，Hassler 在南美洲的巴拉圭收集到一批马铃薯野生种并命名为 *Solanum guaraniticum*，同时将其划分为四个亚种。有趣的是，Saint-Hilaire 在 1825 年已经用 *S. guaraniticum* 这一名称对另一份巴西收集的马铃薯野生种进行了命名。Bitter 发现了这一错误，于是在 1912 年将巴拉圭收集的马铃薯野生种重新命名为 *S. chacoense*。同年 Hassler 提议用 Bitter 的名字将这一马铃薯种重新命名为 *S. bitteri*，但 1917 年 Hassler 对所有亚种进行描述时发现 Bitter 已经用 *S. chacoense* 代替了 *S. guaraniticum*。Correll（1962）在对 *S. chacoense* 和 *S. commersonii* 的花丝进行植物学性状鉴定时，发现两者极其相似，加上地理分布区域分布较近，因此怀疑这两个马铃薯野生种可能存在基因渗入的现象。Hawkes（1990）通过植物学性状鉴定发现，*S. commersonii* 区别于 *S. chacoense* 的性状在于其顶生小叶通常比侧生小叶大得多，花冠背面通常为紫色等。阿根廷西北部和玻利维亚的南部山谷的 *S. chacoense* 叶柄较短、花萼较长，很少有基生莲座叶，而平原地区的 *S. chacoense* 则可以看到，这有可能是由 *S. microdontum* 或者其他马铃薯种基因渗入所导致。

植物学与农艺学性状

植物学性状

S. chacoense 株高通常在 0.5 ~ 2.0m 之间，长势繁茂，株型直立。茎着紫色，植株主茎中下部分枝较多（见图 16-2 中 A 图）。

图 16-2 *S. chacoense* 植物学性状[a]

叶片为奇数仄形，叶缘平展，复叶大小约（10 ~ 39）×（6 ~ 24）cm，深绿且有光泽，正面和背面无毛至浓密短柔毛（见图 16-3）。小叶呈披针形，着生密度中等，顶小叶形状为椭圆形，侧生小叶 4 ~ 7 对，通常近等长。

图 16-3 *S. chacoense* 植株标本[c]

花冠为白色，开花繁茂且花期较长，花冠直径 1.6 ~ 3.7 cm，花萼长 3 ~ 5 mm，花冠形状从星形到近五边形，无重瓣花，花冠边缘平展，正面无毛，背面具柔毛，特别是花冠顶端沿着中脉边缘具柔毛（见图 16-2 中 B 图）。开花盛期，新开放花朵柱头较长，为绿色、无裂，柱头伸出花药长度约 1 / 3，花药为黄色，锥形，长 5 ~ 7 mm。

浆果为球形至卵形，直径 1.5 ~ 2 cm，成熟时为绿色，通常具分散的白点，无毛（见图 16-2 中 C 图）。种子呈卵球形，长约 2 mm，新鲜时白色至绿色，干燥时带有褐色，种子外侧有一层厚厚的“毛状”种皮，使种子潮湿时带有黏液，当其被酶分解时种皮细胞呈蜂窝状。

Correll（1962）认为 *S. chacoense* 存在以下特征：茎无节，没有基生叶的莲叶丛，侧生小叶较大。*S. chacoense* 在形态上与 *S. kurtzianum* 和 *S. malmeanum* 最为相似。与 *S. kurtzianum* 的区别在于其无纤毛的叶缘以及第一对远端侧生小叶的角度通常为钝角。与 *S. malmeanum* 相比，*S. chacoense* 可以通过植株较大、株型直立和较大的花序梗来区分。*S. chacoense* 也与 *S. berthaultii* 较为相似，但与该野生种可以从其叶片茸毛较少、花冠呈白色加以区别。

农艺学性状

野生种 *S. chacoense* 的块茎大多数为扁椭圆形，少数为楔形，不同基因型的株系其块茎形状存在差异。大部分匍匐茎较长，最长的可达 1 m 以上（见图 16-4 中 A 图）。薯块芽眼少而深，薯皮中等光滑，块茎表皮为浅黄色，大部分株系的块茎为白肉，但也存在黄肉类型的材料，结薯较为分散。

S. chacoense 虽然匍匐茎较长，但部分株系结薯能力相对优良，黄超（2015）对野生种 40–3（*S. chacoense*，2x）进行结薯习性研究，结果发现 40–3 在单株产量、单株结薯数和单薯重方面均高于栽培种对照材料 DM1–3（*S. tuberosum*，2x）。同时 *S. chacoense* 部分材料块茎具有见光变紫的特性。Zhao 等（2023）以黄皮的 RH（*S. tuberosum*，2x）为母本与同是黄皮的 M6（*S. chacoense*，2x）进行杂交产生 F_1 代 RM，RM 块茎也是黄皮，但暴露在光照下块茎的薯皮与 M6 一样会逐渐变紫（见图 16–4 中 B 图、图 16–4 中 C 图），对 RM–210 块茎进行花青素积累期间的转录组分析发现，在 RM–210 块茎花青素积累过程中，*StMYBA1* 基因的表达持续增加。经研究表明 *StMYBA1* 基因在光照条件下通过激活结构基因的表达促进马铃薯花青素的生物合成，这些发现丰富和发展了马铃薯花青素合成调控机制的理论研究。

注：A. C9701（*S. chacoense*）匍匐茎，bars = 3 cm；B. M6（*S. chacoense*）新鲜块茎，bars = 1 cm；C. M6 见光变紫块茎，bars = 1 cm。

图 16–4 *S. chacoense* 农艺学性状[a]

重要性状鉴定与遗传解析

重要性状鉴定

S. chacoense 具有许多优良抗性，Bethke 等（2017）对部分马铃薯野生种的抗性进行研究并评分，结果表明，在抗性评分中 *S. chacoense* 排名第四。该野生种具有 PVX、PVY、PVA 等多种病毒病抗性，还抗黄萎病、晚疫病、青枯病等真菌细菌性病害，由于其龙葵素含量较高，还具有抗马铃薯甲虫、金黄线虫、根结线虫等虫害的特性。*S. chacoense* 相关抗性鉴定结果具体见表 16–1。

PVY 病毒抗性

马铃薯 Y 病毒（PVY）分类上属于马铃薯 Y 病毒属（Potyvirus），是一种单链 RNA 病毒，粒体形态为弯曲长杆状，致死温度 52 ~ 62 ℃，体外存活期为 48 ~ 72 h。PVY 主要通过蚜虫传播，也可以通过汁液或者摩擦传播。马铃薯是一种极易感染病毒的茄科植物，病毒的侵染除直接影响生长发育外，更重要的是导致种性的退化和产量下降。PVY 是栽培马铃薯最主要的病毒病原体，对世界范围内马铃薯的块茎产量和品质造成严重损失。因此，世界各国皆把抗 PVY 作为抗病毒育种的主要目标。

马铃薯野生种 *S. chacoense* 中具有对 PVY 免疫或能引起过敏性反应的抗性基因（王仁贵和洪霞，1994）。Kasai 等（2000）开发了序列特征性扩增区（SCAR）标记，并检测到 *S. chacoense*

表 16–1 *S. chacoense* 抗性资源鉴定结果

抗性	类型	抗性水平	来源
早疫病	真菌	抗	Jansky et al，2008
干旱	非生物胁迫	中抗	Machida-Hirano，2015
抗寒	非生物胁迫	中抗	Li，1977；Machida-Hirano，2015
金黄线虫	虫害	中抗	Castelli et al，2003
高温	非生物胁迫	中抗	Machida-Hirano，2015
甲虫	虫害	中抗	Schaper，1953；Machida-Hirano，2015
根结线虫	虫害	中抗	Machida-Hirano，2015
晚疫病	真菌	中抗	Bachmann-Pfabe et al，2019
青枯病	细菌	中抗	Machida-Hirano，2015
黑胫病	细菌	中抗	Chung et al，2011
软腐病	细菌	中抗	Chung et al，2011
PLRV	病毒	中抗	Ross and Baerecke，1950
PVA	病毒	抗	Wetter，1971
PVX	病毒	中抗	Machida-Hirano，2015
PVY	病毒	中抗	Cai et al，2011；Li et al，2022
疮痂病	细菌	中抗	Machida-Hirano，2015
黄萎病	真菌	中抗	Lynch et al，1997

注：材料抗性水平包括抗、中抗和敏感三级

携带 Rychc 基因。Jansky 等（2008）通过酶联免疫检测对 39 个不同的马铃薯野生种进行了 PVY 的抗性评价，结果发现 *S. chacoense* 40–3 中存在 PVY 极端抗性基因 Ry_{chc}。华中农业大学马铃薯实验室将具有 Ry_{chc} 基因的野生种 *S. chacoense* 40–3 做父本与对 PVY 敏感的近缘栽培种 *S. phureja* DM1–3 进行杂交，并从杂交后代中随机选取 350 个株系构建了对 PVY 抗感分离的遗传定位群体。李歌歌（2021）利用该群体对 PVY 极端抗性基因 Ry_{chc} 进行了定位与克隆，从 *S. chacoense* 40–3 中首次克隆到位于 IX 号染色体上的 PVY 极端抗性基因 Ry_{chc}，并初步解析 Ry_{chc} 介导的抗病机制，同时还开发了一个可以准确检测 Ry_{chc} 的分子标记，能够极大地提高育种效率，为马铃薯的 PVY 抗性育种提供帮助。

甲虫抗性

糖苷生物碱（Steroidal glycoalkaloids，SGAs）是马铃薯特有的天然次生代谢物，在栽培种中主要包含 a–茄碱（a–solanine）和 a–查茄碱（a–chaconine），而马铃薯野生种 *S. chacoense* 中还含有勒帕茄碱（Leptinine）、垂茄碱（Demissine）、番茄碱糖苷（Tomatine）等稀有糖苷生物碱，这些物质具有抑制病原菌侵染等功能。由于 *S. chacoense* 叶片中含有瘦素（Leptin，LP），还可以阻止科罗拉多马铃薯甲虫和许多其他昆虫的取食（Sinden et al，1986）。基于野生种 *S. chacoense* 对甲虫具有较强抗性，Sinden 等（1980） 对 *S. chacoense* 的 20 个 F_2 代株系进行抗甲虫研究，实验中先让植株在生长室生长 3 周左右，选取 10 株较为一致的植株移栽至田间，前 4 周给予保护，在第 5 周后用甲虫鉴定它们的抗性，分 5 个等级对植株进行损伤评级，结果发现 *S. chacoense* 材料在防御甲虫伤害以及控制甲虫数量方面表现优异。

晚疫病抗性

由致病疫霉（*Phytophthora infestans*）引起的晚疫病是世界范围内马铃薯的主要病害之一，主要危害马铃薯茎、叶和块茎，也能够侵染花蕾、浆果。晚疫病在中国中部和北部地区普遍存在，其损害程度因各地气候条件不同而有所差异。马铃薯在 16 世纪和 17 世纪被引入欧洲、亚洲和北美，但大多数品种在 19 世纪中叶被晚疫病流行所摧毁（Bethke et al，2017）。1845—1846 年爱尔兰发生的马铃薯晚疫病灾难以及随后在英国和欧洲发生的流行病推动了马铃薯的抗病育种研究。Colon 和 Budding（1988）采用田间人工接种的方法对 *S. chacoense* 在内的 10 个野生种进行晚疫病的抗性鉴定，通过计算叶片发病面积来评价抗性强弱，研究显示 *S. chacoense* 对晚疫病具有抗性。Micheletto 等（2000）在温室和田间条件下鉴定了多个二倍体马铃薯野生种的晚疫病抗性，结果显示不同的 *S. chacoense* 株系对晚疫病的抗性水平不同，随后以 *S. chacoense* 抗感材料为亲本进行杂交，发现杂交后代对晚疫病抗性呈连续分布，因此明确了该晚疫病抗性属于多基因控制的数量性状。Bachmann–Pfabe 等（2019）对来自 14 个国家的 19 个种的马铃薯种进行晚疫病抗性研究，晚疫病致病菌侵染结果显示 *S. chacoense* 对晚疫病具有中等抗性。

枯萎病抗性

马铃薯枯萎病是由镰刀菌属真菌引起的土传性病害，其致病病原菌主要是尖孢镰刀菌（*Fusarium oxysporum*）。病害发生时马铃薯地上部分出现萎蔫，茎内部维管束变褐，湿度大时病部常产生白色至粉色菌丝。马铃薯枯萎病由于病菌复杂，遗传变异性大，抗逆性强，使得病害的防治难度较大，对马铃薯生产造成了严重威胁。*S. chacoense* 主要表现出对块茎枯萎病的抗性，也有研究表明 *S. chacoense* 具有抗叶枯病的能力（Micheletto et al，1999）。Bachmann–Pfabe 等（2019）共检测了 62 份 *S. chacoense* 材料枯萎病抗性，其中 1 份为极抗，23 份为抗，29 份为中抗，9 份为敏感。

黄萎病抗性

马铃薯黄萎病是较难防治的土传性病害，其病原菌主要有大丽轮枝菌（*Vericilum dahliae* Kleb）和黑白轮枝菌（*Verticillium albo–atrum* Reinke and Berthold）两种，通常在初花期发病，盛花期过后达到高峰，轻者减产 30%～40%，重者减产 50%～70%。Lynch 等（1997）对 *S. berthaultii*、*S. tarijense*、*S. chacoense* 3 个马铃薯种的 398 个基因型进行了黄萎病的抗性鉴定，并对 *S. chacoense* 中的 2 个基因型进行遗传研究，18–21R（PI472819）与 12–9S（PI472810）杂交的 F_1、F_2 和回交群体的分离比表明，其中一个抗性基因型（18–21R）的黄萎病抗性由一个单显性基因 Ve 控制，可以通过杂交导入马铃薯栽培种中。Bae 等（2008）在对二倍体杂种的黄萎病抗性研究中，开发了一个与黄萎病抗性紧密连锁的分子标记。

青枯病抗性

马铃薯青枯病是由茄科雷尔氏菌（*Ralstonia solanacearum*）引起的马铃薯病害，被认为是湿热地区最重要的马铃薯病害之一（French et al，1998），主要危害叶、茎和块茎，发病后植株下部叶片迅速凋萎，叶脉变褐，茎上生褐色条斑，病薯切开后导管变褐色，严重时腐烂并在内部形成空洞。马铃薯青枯病是分布较为广泛的细菌性土传病害，发病时无免疫抗原使病情更加难以控制，导致发病地区的减产较为明显，严重的地区产量损失可达 80% 左右（Chen et al，2013）。

利用野生种 *S. chacoense* 抗青枯病的特性对栽培种进行改良具有较大意义。李映等（2005）对马铃薯四倍体栽培种的双单倍体株系 81–15 与二倍体野生种 *S. chacoense* 的原生质体融合后代株系（4x）进行了青枯病抗性鉴定和农艺性状鉴定，共筛选到 3 个具有一定的青枯病抗性和较好的农艺性状的株系。汪晶（2009）利用抗青枯病的野生种 *S. chacoense* 与具有优良性状的双单倍体栽培种 DH1、DH3 和 DH4 进行体细胞融合，结果表明体细胞杂种（8 个 6x、1 个 4x、1 个 7x、1 个混倍体）青枯病抗性均显著高于栽培亲本，其中 3 个株系的青枯病抗性水平高于亲本 *S. chacoense*。陈琳（2013）对 *S. tuberosum* + *S. chacoence* 的体细胞杂种 3C28-1（5x）及其回交后代（14 个 4x、1 个 5x，其余为非整倍体）和自交后代进行了青枯病的抗性鉴定，发现它们对青枯病表现出不同程度的抗性，并检测出 3 个与青枯病抗性相关的位点。综上所述，马铃薯野生种 *S. chacoense* 具有青枯病抗性基因，可以通过原生质体融合转移到栽培种马铃薯中。

基因挖掘与遗传机制解析

卷叶病毒抗性

马铃薯卷叶病毒最早发现于1916年，是造成马铃薯严重减产的病毒性病害，此病分布广泛且常与其他病害（如PVY）复合侵染，造成马铃薯减产20%～80%（张武等，2020）。在四倍体马铃薯水平上的研究发现，马铃薯卷叶病毒的抗性具有较高的遗传力，表明四倍体马铃薯内可能存在少数主效的抗病基因座，但研究者同时也发现，无法有效地识别单个基因座及其影响。但在二倍体水平上，通过酶联免疫吸附剂测定（ELISA）对具有*S. chacoense*血缘的BC160与W5337.3和D6.11杂交的F_1及BC_1进行抗卷叶病毒的遗传研究，结果发现BC_1抗感分离1：1，并成功鉴定出一个单显性抗性基因RLRchc（Brown and Thomas，1994）。

色素合成遗传

马铃薯薯皮和薯肉颜色的丰富多样性引起了众多科学家的兴趣，Endelman 和 Jansky（2016） 对 DM（*S. tuberosum*）杂交 M6（*S. chacoense*）的 F_2 群体进行研究，他们将 F_2 群体根据块茎表皮颜色（M6，白色；DM，红色；F_1，紫色）以及薯块肉色强度进行了分级（0～10 分，颜色越深，得分越高）。首先，他们将是否着色作为第一个研究的性状，白色为无色，其他为着色，通过构建极端混池测序和比对分析，在 10 号染色体上成功发现一个显著的峰值。进一步精细定位发现目标基因座的 1.5 LOD 间隔区间包括了 Jung 等（2009）鉴定的 *R2R3-MYB* 转录因子 *Stan2*，他们将该基因座确定为 D 基因座，控制颜色的有无。然后，通过将块茎颜色映射为二元性状（红色和紫色），他们在 2 号和 6 号染色体上也发现了两个显著的峰值。通过比对发现，6 号染色体上峰值的 1.5 LOD 间隔包括 Jung 等（2005）鉴定的类黄酮 3',5'-羟化酶，该基因座被鉴定为 *P*（紫色）基因座；2 号染色体上 1.5 LOD 区间含有 Zhang 等（2009）研究的二氢黄酮醇 4 - 还原酶，并最终被鉴定为 *R*（红色）基因座。

低温糖化抗性

S. chacoense 具有耐低温糖化的优良性状，是改良栽培种炸片品质的最佳野生种资源之一。赵青霞（2013）研究发现，*S. chacoense* 是适合炸片品质改良的渐渗系亲本，利用 *S. chacoense* 与高产、抗旱和抗病虫害但炸片品质较差的马铃薯栽培品种“青薯 2 号”和“甘农薯 4 号”进行杂交和回交，成功筛选出 0732–43 和 0742–66 两个渐渗系，经低温贮藏 180 d 后，这两个渐渗系的还原糖以及丙烯酰胺（Millard 反应的重要产物）含量仍然较低，可以作为良好的炸片加工材料。黄超（2015）以低温糖化敏感型材料 E3 做对照，分析 *S. chacoense* 40–3 块茎中还原糖含量和油炸加工品质，发现 *S. chacoense* 40–3 在整个处理期间还原糖含量都很低而且比较稳定。Braun 等（2017）利用马铃薯栽培种无性系 US–W4 与 *S. chacoense* 的一个 7 代自交系杂交成的 F_2 群体，定位马铃薯低温糖化抗性相关位点，成功在 IV 号和 VI 号染色体上分别定位到一个与抗低温糖化相关的 QTL，但抗性基因的精细定位与克隆还尚未完成。

生殖发育调控相关基因

（1）胚珠受体激酶基因 *ScORK17 / 28*，主要在 *S. chacoense* 雌性细胞中表达，Germain 等（2007）将 *ScORK28* 在 *S. chacoense* 中超量表达，但 *ScORK28* 蛋白水平没有显著变化，表明蛋白质水平受到了严格的转录后调控，且在营养和生殖水平上没有明显变化。同样，Germain 等（2008）将 *ScORK17* 在拟南芥中异源超量表达，发现转基因株系结实数变少，胚囊发育异常。

（2）受精相关激酶（FRK）属于植物 MAPKKKs 的 MEKK 亚族，是一类主要在 *S. chacoense* 生殖组织中表达的 MAP 三激酶。Brien 等（2007）将 *ScFRK2* 基因在 *S. chacoense* 中超量表达，发现该基因严重干扰花粉发育，成熟时半数以上花粉失活，其余花粉粒也明显小于非转基因对照。后来研究发现，超量表达 *ScFRK1* 基因的转基因株系的胚囊发育和花粉管引导均受影响，且果实小，数目少（Lafleur et al，2015）。此外，Daigle 等（2019）发现干扰 *ScFRK3* 基因后，突变体株系果实中种子数目减少，胚囊退化，部分雄配子致死，表明 *ScFRK3* 基因也参与调控配子发育。

（3）*ScMAP4K1* 是 *S. chacoense* 植物花柱和子房中的 MAP 四激酶，与 MAPKKKK 家族成员具有较高的序列相似性，Major 等（2009）通过干扰 *S. chacoense* 内部 *ScMAP4K1* 基因表达，发现转基因株系果实生长异常，且胚囊缺陷均高于非转基因对照，但每个株系种子数量无特殊规律。

（4）小肽在植物细胞信号交流方面

发挥重要功能，从而调控植物的生长发育、繁殖等。*RALF* 类基因是一类编码分泌肽的大家族，Chevalier 等（2013）从 *S. chacoense* 中分离出 5 个可能参与繁殖的 RALF 类基因，并且发现 *ScRALF3* 是雌性配子体发育的重要调控因子，受激素诱导，在受精前后均受到严格调控，通过 RNA 干扰下调 *ScRALF3* 的表达后，发现胚囊发育不完全，果实中产生的种子更少，胚囊核极化丧失，以及异步分裂增加，这导致巨细胞发生过程中细胞功能障碍和胚囊发育过早停滞。

抗逆相关基因

（1）PVY是栽培马铃薯最主要的病毒病原体，对世界范围内马铃薯块茎质量和产量造成严重损失。Duan等（2012）在*S. chacoense*中发现寄主因子eIF4E-1中的一个变异基因*Evα1*，该基因表达产物与栽培种中的同源物存在10个氨基酸差异，在栽培种中超量表达发现，它可以诱导eIF4E-1缺陷型马铃薯对Y病毒的抗性。Li等（2022）成功从*S. chacoense*中克隆了Ry_{chc}基因，并进一步将Ry_{chc}基因稳定地转化到二倍体敏感栽培种AC142和四倍体E3来编码TIR-NLR蛋白。研究发现Ry_{chc}在两种基因型马铃薯中都对PVY^{O}、$PVY^{N:O}$和PVY^{NTN}具有极端抗性。

（2）*Snakin*-1（*SN1*）是一种富含半胱氨酸的肽，具有体外广谱抗菌活性，Almasia 等（2008）从野生（*S. commersonii* 和 *S. chacoense*）和栽培马铃薯中克隆出该基因，将 *S. chacoense* 的 *SN1* 基因在栽培种中超量表达，发现只有 *SN1* 表达量较高的转基因株系表现出对纹枯病抗性增加。此外，转基因株系还表现出对真菌有较高抗性，表明 *SN1* 基因具有体内抗真菌和抗细菌活性。

性状改良与利用

2n 配子利用

EBN决定了每个物种胚乳的“有效倍性”，胚乳中母本与父本EBN的比例必须是2：1杂交才能成功。Johnston和Hanneman（1980）在马铃薯一些种中进行EBN的验证，证明它在预测杂交的成功与否及后代的倍性方面的有效性。Correll（1962）发现南美物种2x（1 EBN）*S. commersonii*及其与同胞物种2x（2 EBN）*S. chacoense*存在生殖隔离，两者之间的单向杂交障碍主要由于这两个同胞种的胚乳剂量不一致。Ehlenfeldt和Ortiz（1995）在利用*S. commersonii*、*S. chacoense*和他们的三倍体杂种正反交后发现当母本EBN大于或等于父本

EBN时会有可育种子形成，这为茄属中胚乳亲本剂量效应提供证据，然而这是基于EBN这个概念来说明胚乳剂量效应对种子发育的影响。Jackson和Hanneman（1999）发现*S. chacoense*能产生2%～11%的2n花粉。涂卫（2020）利用二倍体1 EBN 的*S. malmeanum*与二倍体2 EBN 的*S. chacoense*杂交后发现有可育的种子形成，成苗的单株均为三倍体，基于EBN理论（Johnston et al，1980），杂交形成三倍体过程中可能有2n配子形成，这与前人研究结果一致，进一步利用基因组重测序和荧光原位杂交技术对杂交F_1的遗传组分分析，发现杂交后代中确实有来源于母本的2份遗传组分，这从基因组角度更直接说明*S. malmeanum*可以形成2n卵，形成2n卵致使雌配子中EBN为2，而来源于*S. chacoense*的雄配子的EBN为1，因此在形成的胚乳中EBN母本：父本为2：1仍符合其理论假说。

自交不亲和基因挖掘利用

尽管在*S. chacoense*中发现了可以抑制自交不亲和的基因*Sli*，并且获得了一个多代自交纯和二倍体，但是同时也发现其农艺性状表现较差，块茎品质和产量极低，这被认为是马铃薯严重近亲繁殖衰退的证据，而且近交系的商业价值极低。*Sli*基因的广泛存在可用于培育自交亲和二倍体马铃薯，从而解决育种人员在二倍体近交早期可能遇到的遗传瓶颈。Lindhout等（2011）提出将*Sli*基因导入优良的二倍体种质。对F_1代进行自交，并从自交亲和性、长势旺盛、块茎品质、产量等方面进行选择，利用SNP标记，对马铃薯亲本及其后代进行研究，育成自交亲和性与优良农艺性状相结合的自交系，这些自交系后代具有高水平的纯合性、良好的植株表型和块茎质量及产量。

体细胞融合利用

原生质体融合技术最早在烟草上取得成功，国外1977年获得马铃薯原生质体培养的再生植株，但直到1980年马铃薯原生质体融合才获得成功，是由Butenko等（1980）将普通四倍体栽培种与二倍体野生种*S. chacoense*进行融合，创制了抗PVY的体细胞杂种植株。马铃薯原生质体融合研究也随之进入快速发展期。1994年戴朝曦等运用普通栽培种双单倍体品系81–15分别与*S. phureja*、*S. chacoense*进行原生质体融合，并在国内首次获得体细胞杂种植株（戴朝曦，1994）。戴朝曦等从形态学、细胞学和同工酶等方面对体细胞杂种植株作了详细的鉴定（司怀军和戴朝曦，1998），获得了一些在植株生长势、产量、薯形等农艺性状方面均优于亲本的体细胞杂种。蔡兴奎等（2004）利用“中薯2号”经花粉诱导孤雌生殖后加倍产生的四倍体3#、8#与*S. chacoense*进行体细胞融合，以创制抗青枯病的新材料，结果共获得100个再生株系，97%的再生株系为体细胞杂种（51个6x，14个8x，14个非整倍体，18个混倍体），该研究通过体细胞融合技术成功将*S. chacoense*的青枯病抗性导入普通栽培种中。

杂交利用

*S. chacoense*与四倍体栽培种进行杂交时既可以作为父本也可以作为母本，均能产生浆果及有效种子（Jackso，1999）。*S. chacoense*也可以与其他野生型马铃薯进行杂交，*S. chacoense*作为母本时可以与*S. berthaultii*、*S. Brevicaule*、*S. stenotomm*等进行杂交，均能产生浆果及种子（黄美杰，2009）；作为父本时，可以与*S. commersonii*等杂交（Propach，1940；Hawkes，1969）。

美国农业部利用“Menominee”与*S. chacoense*杂交的F_1与*S. chacoense*回交得到的BC_1再与“Cherokee”进行杂交，育成“B3672-3”品系，以“B3672-3”与“Delta Gold”进行杂交，于1967年育成“Lenape”等品种。“Lenape”是一个抗低温糖化的优良炸片品种，通过此品种进而选育了许多具有*S. chacoense*血缘的优良品种，如以“Lenape”作母本与“Wauseon”进行杂交，于1976年选育出用于炸片和全粉加工的专用型品种“Atlantic”（Webb et al，1978），该品种于1978年从国际马铃薯中心引入中国。鉴于“Atlantic”具有许多优良特性，甘肃农业科学院马铃薯研究所以油炸加工型品种“Atlantic”为母本，高淀粉、抗晚疫病品系“L9705-9”为父本配制杂交组合，于2010年得到高淀粉、中抗晚疫病的品种“陇薯8号”（李高峰等，2010）。为了进一步利用“陇薯8号”超高淀粉的优良特性，该所李建武等（2021）以“陇薯8号”为母本、“早大白”为父本，通过有性杂交，于2020年选育出淀粉加工型马铃薯新品种“陇薯16号”。甘肃农业大学农学院张峰等（2016）以“Atlantic”为母本与“L0029-35”进行杂交，于2016年选育出抗晚疫病的“甘农薯6号”；以“Atlantic”为母本、“陇薯7号”为父本进行杂交，于2020年选育出薯条及全粉加工型马铃薯品种“甘农薯7号”。此外，根据Reeves等（1985）研究发现，利用“Lenape”还可育成其他优良品种，如“Campbell 11”（“Lenape”×“Wauseon”，1977）和“Campbell”（“Lenape”×“Wauseon”，1981），以及一些优良品系，包括“BR5960-9”（“B4808-19”×“Lenape”）和“B6563-2”（“Lenape”×“Caocade”），通过这些品系进而选育了一些优良品种，包括“Campbell-14”（“BR5960-9”×“ND5737-3”，1985）、“Sunrise”（“Wauseon”×“B6563-2”，1985）。

目前世界上利用*S. chacoense*育成的品种还有“Allagash Russet”“Belchip”“Campbell 14”

“Chipbelle” “Conestoga” “Denali” “Islander” “Lenape” “Norking Russet” “Russette” “Seminole” “Simcoe” “Sunrise” “Trent” “Yankee Supreme” “Andover” “Chipeta” “Mainestay” “Norvalley”“Pike and Snowden”等(Plaisted and Hoopes，1989；Love，1999）。

野生种 *Solanum commersonii* 的利用与改良

基本信息

起源与分布

Solanum commersonii（*S. commersonii*）是法国分类学家 Michel-Felix Dunal 以 Philibert Commerson 的名字命名的，他于 1767 年在乌拉圭的蒙得维亚地区收集了 *S. commersonii* 的样本材料，这被认为可能是第一个在科学考察中收集到的野生马铃薯资源（Hawkes，1990）。*S. commersonii* 主要分布在阿根廷、巴拉圭、乌拉圭和巴西等地区（见图 17-1）。在其起源地，*S. commersonii* 分布范围和栖息环境多样，在海拔 0 ~ 400 m 的范围分布最多（Hawkes，1969），同时在大海沿岸、岩石区和沙丘等多种恶劣生态环境中均有分布，使 *S. commersonii* 具有包括抗盐碱在内的众多优良抗逆特性。

图 17-1 *S. commersonii* 分布地区[b]

遗传信息

S. commersonii，二倍体马铃薯野生种，简称为cmm，胚乳平衡数（EBN）为1。*S. commersonii* 自交不亲和，但生长环境适宜时，在长、短日照下均能结薯。Watanabe（1991）发现该物种与其他马铃薯材料杂交时能产生2n配子，*S. commersonii* 天然条件下产生2n花粉的比例约占4.8%。

分类与演化

在早期的分类中，*S. commersonii* 包含 *comasonii* 和 *malmeum* 两个亚种（Hawkes and Hjerting，1969），这两个亚种形态极为相似，通常通过小叶的基部形状以及花冠颜色来区分，*malmeum* 亚种花冠颜色为白色，而 *comasonii* 为紫色。这些亚种与马铃薯其他种存在生殖隔离，即使是相同倍性的马铃薯种也很难直接与其成功杂交，因为它们与相同倍性水平的其他物种存在胚乳平衡数（Endosperm balance number，EBN）差异，使得大部分杂交失败，很少能产生可育后代。在育种家长期的收集与分类过程中，*S. commersonii* 产生了多个分类名，包括 *S. acroleucum*、*S. compactum*、*S. henryi*、*S. mechonguense*、*S. mercedense*、*S. nicaraguense*、*S. ohrondii*、*S. rionegrinum*、*S. sorianum* 和 *S. tenue* 等。2014年Spooner等根据形态学和分子标记的差异，将 *S. malmeum* 从 *S. commersonii* 中独立出来，重新作为一个单独的野生种。

植物学与农艺学性状

植物学性状

S. commersonii 叶片为奇数羽状复叶，绿色，正面无毛或覆盖有短柔毛。侧小叶2～5对，明显不等长，向叶基部减少。最远侧小叶狭长到宽卵形，先端渐尖，基部通常偏斜，无柄或有小叶柄。顶生小叶（3.8～8.3）×（2.3～4）cm，宽卵形到宽椭圆形，基部楔形。下部小叶0～3片，无柄或短小叶柄，卵形到圆形。叶柄0.9～2.8 cm，有短柔毛。茎粗1～3mm，绿色，无毛。花序2～15cm，顶生，有一个对生的腋芽，一般在植株的上半部，通常分叉，有3～12朵花，轴无毛。花序梗长1.5～6.5 cm。花很小，呈星状。花萼长3～7 mm，筒部长1～2 mm，裂片长1～6 mm，尖头长1～2 mm，无毛或被短柔毛。花冠直径2～3 cm，星状，紫色或白中带紫，花冠边缘平坦，背面不折叠，正面无毛。雄蕊与花丝长1～2

mm；花药长 4 ~ 5 mm，披针形，合生，黄色；花柱长 9 ~ 12 mm，超过雄蕊 2 ~ 5 mm，无毛，柱头为棍棒状到头状。浆果呈锥形，长 2.5 ~ 3 cm，宽 2 ~ 2.5 cm，成熟时绿色，无毛。种子呈卵圆形，长约 2 mm，新鲜时呈白色或绿色，干燥时呈褐色（见图 17–2）。

农艺学性状

S. commersonii 为自然条件下能结薯的马铃薯野生种，其块茎形状大部分为卵形至扁椭圆形，结薯能力较强，适宜条件下单株结薯小而多，薯块大部分长 2.5 ~ 3 cm、宽 2 ~ 2.5 cm，薯皮和薯肉均为白色，且薯皮表面颗粒状较为粗糙，匍匐茎相对较长。

图 17–2 *S. commersonii* 植物学性状[a]

重要性状鉴定与遗传解析

重要性状鉴定

S. commersonii 具有许多栽培马铃薯中缺少的抗性特征，包括根结线虫、软腐病、细菌性枯萎病、马铃薯 X 病毒、烟草蚀纹病毒病、赤霉病和晚疫病等抗性（Hawkes，1990；Micheletto et al，2000）。*S. commersonii* 相关抗性鉴定结果具体见表 17–1。

抗寒性

S. commersonii 拥有很强的抗寒性和冷适应能力。该物种可以在低至 －5℃的霜冻中存活（Li，1977），而驯化后它的临界致死温度能达到 －10 ℃以下（康黎等，2019）。Li（1977）对野生种进

表 17-1 *S. commersonii* 相关抗性鉴定结果

抗性	类型	抗性水平	来源
枯萎病	真菌	中抗	Jansky，2008
寒冷	非生物胁迫	抗	Machida-Hirano，2015
白线虫	虫害	敏感	Bachmann-Pfabe，2019；Castelli，2003
孢囊线虫（金线虫）	虫害	抗	Castelli，2003
马铃薯甲虫	虫害	中抗	Machida-Hirano，2015
根结线虫	虫害	中抗	Machida-Hirano，2015
软腐病	细菌	中抗	Chung，2011；Machida-Hirano，2015
晚疫病	真菌	中抗	Gonzales，2002；Bachmann-Pfabe，2019
PVY	病毒	敏感	Cai，2011
白霉病	真菌	抗	Jansky，2006
疥疮链霉菌（结痂）	细菌	中抗	Machida-Hirano，2015
溃疡病	真菌	中抗	Machida-Hirano，2015

注：材料抗性水平等级包括抗、中抗和敏感

行梯度降温处理，发现 *S. acaule* 的抗寒能力最强，致死温度可以达到 －6.5 ℃，其次为 *S. commersonii*。Vega 和 Bamberg（1995）用田间霜冻法对马铃薯品种进行抗寒性鉴定，霜冻结果表明 *S. acaule* 的抗寒能力最强，其次为 *S. commersonii*。赵喜娟（2013）通过人工冷冻法进行抗寒性鉴定，同样得到了 *S. acaule* 与 *S. commersonii* 抗寒性较强的结果。相比之下，栽培马铃薯被归类为低温敏感型，且无低温驯化能力（Palta and Simon，1993）。低温条件下转录组分析结果表明，*S. commersonii* 在低温环境下能增强半乳糖醇合酶的产生，而半乳糖醇合酶与棉子糖等寡糖的产生有关，这些低聚糖可以防止渗透应激，从而增强植株抗寒性（Aversano，2015）。

S. commersonii 不仅具有很强的直接抗寒能力，并且还有很强的驯化抗寒能力。研究证实，该野生种中直接抗寒能力和驯化抗寒能力这对性状的遗传是受独立基因控制的（Palta and Simon，1993；Stone et al，1993），其中直接抗寒能力属于隐性多基因性状，同时它不受胞质基因影响（Palta et al，1997；Vega et al，2003）。Vaiverde 和 Chen（1999）围绕 *S. commersonii* 构建抗寒定位群体，通过分析 3 个 F_1 群体的抗寒遗传特性表明，直接抗寒的广义遗传率是 0.73，驯化抗寒的广义遗传率是 0.74，说明 *S. commersonii* 的抗寒特性具有很高的遗传力。

抗晚疫病

晚疫病是影响马铃薯产业的重要病害，研究者们对 144 份不同基因型的 *S. commersonii* 资源进行晚疫病抗性鉴定，发现测试材料中 54% 基因型抗晚疫病能力较强，13% 具有中等程度的抗性，剩余的基因型表现感病（Wulff et al，2003）。*S. commersonii* 的部分株系 OKA7310.01、OKA7256.08、OKA7256.07 和 OKA7256.01 接种晚疫病后表现出极强的抗性。而通过对

OKA7310.01（抗）与 OKA7282.06（感）的杂交后代接种晚疫病，后代发生了抗性分离，表明 *S. commersonii* 中存在晚疫病抗性基因（Micheletto et al，1999）。Micheletto 等（2000）在对 *S. commersonii* 材料进行抗晚疫病鉴定时，发现有 13 个基因型表现出抗性，12 个基因型表现出感病。在用 AUDPC 对田间抗性进行统计分析时，结果表明编号 OCL7256 的系列材料中，基因型 1、6 和 8 表现出感病，而 2、7、9 等基因型表现出抗性，表明 *S. commersonii* 中存在调控晚疫病抗性的关键基因。

抗青枯病

青枯病是由 *Ralstonia solanacearum* 所引起的一种细菌性病害。这种维管细菌侵入马铃薯根部，并定植和繁殖而导致马铃薯的部分或整株完全枯萎。在热带和亚热带地区该病会造成毁灭性损失，甚至限制温带地区马铃薯的生产（Champoiseau et al，2009）。研究者将 *S. commersonii* 与 *S. tuberosum* 进行原生质体融合，结果显示在 6 个体细胞杂种中，有 5 个的青枯病抗病水平与 *S. commersonii* 相似，而 *S. commersonii* 的青枯病抗性明显高于 *S. tuberosum*，表明体细胞杂交的抗性来源于 *S. commersonii* 而不是 *S. tuberosum*（Laferriere et al，1999）。Kim（2005）也同样证明 *S. commersonii* 对青枯病具有抗性，并已将该抗性通过原生质体融合转移到栽培马铃薯中。Carputo 等（2009）利用 *S. commersonii* 和栽培种 *S. tuberosum* 杂交，将杂交后代进行人工接种青枯菌，抗性鉴定结果表明 26 个杂交后代与 *S. commersonii* 一样，具有较高的青枯病抗性。Bachmann 等（2019）发现 *S. commersonii* 不仅具有很高的块茎青枯病抗性，且能耐受孢囊线虫感染。

抗软腐病

软腐病是由 *Pectobacterium carotovorum ssp. carotovorum* 引起的，这种细菌会在不同环境条件下阻碍马铃薯生长，造成田间和贮藏期间块茎的损失。Eca 与 Ecc 是软腐病的两个菌株，研究发现 *S. tuberosum* + *S. commersonii* 体细胞杂种对 Eca 和 Ecc 表现出抗性（Carputo et al，2000）。将三倍体的 *S. commersonii* 与四倍体的栽培种杂交后，在 BC_2 与 BC_3 后代中分别鉴定到 11 个和 5 个抗软腐病的基因型，表明它们成功遗传了 *S. commersonii* 对软腐病的抗性（Barone et al，2001；Carputo et al，2007）。

其他病害

白霉病是由真菌病原体 *Sclerotinia sclerotiorum*（*Lib.*）*de Bary* 引起的，在高肥高湿的情况下容易发生。研究者对 34 个种进行鉴定发现，*S. commersonii* 对白霉病抗性最强，而 *S. infundibuliforme* 则最敏感（Jansky et al，2006）。

疮痂病是由 *Actinomyces scabies* 等病原菌引起的细菌性病害。Redick（1939）

对不同种的马铃薯进行疮痂病抗性鉴定，发现三倍体的 *S. commersonii* 完全没有出现结痂的现象，而其他的敏感品种则表现出明显结痂症状，表明 *S. commersonii* 对疮痂病有较强的抗性。

基因挖掘与遗传机制解析

基因组测序

S. commersonii 是一个对生物和非生物胁迫具有较高耐受性的野生马铃薯种，是许多优异抗性基因的来源，特别是在应对干旱、低温等逆境胁迫方面，逐渐被广为研究。根据对质体基因组和减数分裂行为分析结果表明，*S. commersonii* 与 *S. tuberosum* 较为接近，这表明 *S. tuberosum* 和 *S. commersonii* 之间可能存在较为密切的进化关系（Matsubayashi，1991；Pert et al，1991）。Cho 等（2016）研究发现，与 *S. nigrum* 和 *S. bulbocastanum* 相比，*S. commersonii* 和 *S. tuberosum* 的核基因组显示出较高比例的共享序列相似性，约为 90%。在 *S. commersonii* 和 *S. bulbocastanum* 中分别检测到最长和最短的串联重复，总长度为 1,178 bp 和 928 bp，并且与 *S. tuberosum* 相比，这些近缘野生种没有重排和拷贝数变化。Aversano 等（2015）对 *S. commersonii* 进行了基因组测序和组装，Survey 分析表明 *S. commersonii* 的基因组杂合度为 1.5%，组装后基因组大小为 830 Mb，锚定到 12 条染色体水平。RNA-seq 数据预测到 18,882 个长非编码 RNA，其中 20% 显示为低温响应基因，还有 39,290 个蛋白质编码基因，其中包含大量非冗余核苷酸结合位点编码基因和 126 个冷相关基因，这些基因在 *S. tuberosum* 中是缺失的，他们可能是 *S. commersonii* 抗寒能力较强的主要原因。

抗寒基因定位

Stone 等（1993）利用 *S. commersonii* 和 *S. cardiophyllum* 这两个二倍体野生种的 F_1 和回交群体首次发现在分离群体中马铃薯的直接抗寒和驯化抗寒能力没有相关性，它们是独立遗传的。Vega 等（2003）利用以上相同的野生种 *S. commersonii*（抗寒且具有驯化能力）和 *S. cardiophyllum*（敏感无驯化能力）的回交群体，构建了包含 77 个 RAPD 标记和 2 个 SSR 标记长度为 479.4 cM 的连锁遗传图谱；在 5 号染色体上定位到非驯化抗寒（NARFT）的 2 个 QTLs 和驯化抗寒（CAC）的 2 个 QTLs，分别占表型变异的 44.0% 和 24.9%，进一步证明 2 个性状存在独立遗传机制。Aversano 等（2015）发现在非驯化和驯化条件下，*S. commersonii* 半乳糖醇合酶 1 基因（Galactinol synthase，*GolS1*）相比于栽培种显著上调。前期研究表明，来自 *Medicago falcata* 与 *Boea hygrometrica* 的 *GolS1* 的过表达能促进棉子糖家族低聚糖（如半乳糖醇、棉子糖和泡糖）的生物合成，并导致转基因烟草植物对低温的耐受性升高，由此推测 *S. commersonii GolS1* 的高表达可能同样有助于提高 *S. commersonii* 霜冻耐受性。邓高峰（2019）对 *S. commersonii* 的分离群体 LT_{50} 值及其田间自然霜冻表型进行卡方测验后发现结果并不符合正态分布，推测马铃薯直接抗寒能力可能存在主效调控基因。

抗青枯病相关基因

将 *S. commersonii* 与栽培品种“Chieftain”进行杂交，该群体后代表现出对青枯病 *R. solanacearum* 的抗性水平连续分布的现象，表明这种抗性是由多基因控制的（Gonzalez et al，2013）。在此基础上，研究者使用 *S. tuberosum* 的 cDNA 芯片，在用 *R. solanacearum* 侵染 6 ~ 120 h 后，取茎组织 RNA 测定了 *S. commersonii* 中高抗性单株 F100 的转录组，结果表明水杨酸（SA）和乙烯（ET）在早期防御反应中发挥着重要作用（Narancio et al，2013）。随后研究者使用同样杂交所得到的后代 F97（敏感）和 F118（抗性）的转录组来揭示青枯病与马铃薯的植病互作，转录组分析显示，调控酶活性的基因在 *S. commersonii* 中表达最多（55.2%），而在 DM1-3（*S. tuberosum*）中则为 31.2%（Zuluaga et al，2015）。此外，进一步的植病互作分析表明，在侵染早期的根组织中，枯萎病菌参与氨基酸代谢和运输的基因明显下调，且脂类代谢也受到显著抑制。同时，在 *S. commersonii* 中发现了三个上调基因：*SuhB*、*rhs* 和碳酸氢酶基因 *RSUY_RS16085*，它们可能与细菌对植物的毒力有关（Marina et al，2017）。

抗逆相关基因

（1）肌醇半乳糖苷合酶（GolS）是棉子糖家族低聚糖（RFOs）合成的关键酶，在植物对非生物胁迫的响应中起着重要作用。He 等（2022）利用该基因构建 CaMV35S-pBI121-ScGolS1 超表达载体，将其转入栽培品种“Atlantic”和“Desiree”中，发现转基因株系的抗寒性显著提高，且 CBF1、CBF2、CBF3 和下游冷响应基因 *COR413*、*COR47* 以及响应乙烯的转录因子基因 *ERF3*、*ERF4*、*ERF6* 均经冷冻处理诱导后，在 *ScGolS1* 过表达系中表达水平更高，这些研究结果表明 *ScGolS1* 过表达通过诱导乙烯和 CBF 信号通路改变了转基因马铃薯的糖组成，从而增强其抗寒性。

（2）马铃薯栽培种对干旱胁迫敏感，当土壤中水势较低时，影响植株生长和生理活动，块茎产量严重下降。Pino 等（2013）在 *S. commersonii* 和 *S. tuberosum* 中超量表达 *ScCBF1*，发现转基因株系较非转基因对照更耐干旱。同样，李健（2018）将 *StCBF1* 和 *ScCBF1* 基因分别在马铃薯栽培种中过表达，发现 *StCBF1* 和 *ScCBF1* 基因虽然能够提高马铃薯抵御低温、干旱和盐胁迫的能力，但也影响植株的生长发育和薯块产量。

（3）硬脂酰酰基载体蛋白去饱和

酶（SAD）是高等植物细胞质中重要的脂肪酸合成酶，在维持饱和脂肪酸和不饱和脂肪酸平衡方面发挥重要作用。Li 等（2015）测得马铃薯野生种材料 *S. commersonii*（PI473412）和 *S. acaule*（PI472678）具有较强的耐寒性，且 SAD 蛋白序列相似，将 SAD 蛋白序列与栽培品种（“中薯 8 号”）比对，发现二者有 7 个位点的氨基酸存在差异。于是将 *ScSAD* 基因在“中薯 8 号”中超量表达，对转基因植株抗冻性分析，发现超量 *ScSAD* 基因能有效提高“中薯 8 号”的抗冻性。

（4）甾体糖生物碱（SAGs）是一类含氮糖苷，HMG-CoA 还原酶是植物体内参与 SAGs 生物合成途径的初始酶，该合成过程受生物和非生物胁迫调控。Villano 等（2020）将 *S. commersonii* 中 *ScHMG1* 基因在其自身中超量表达后，极大地促进了 SAGs 的合成，表明该基因在 SAGs 累积过程中起关键作用。

（5）细胞质膜损伤是造成冻害的主要原因，而脂质的饱和程度决定了质膜的完整性和功能，也是决定植物耐寒能力高低的重要因素。马铃薯硬脂酰 -ACP 去饱和酶（ω-9）基因是编码脂质去饱和的第一个酶，其表达水平在耐寒材料 *S. commersonii* 中较敏感型 *S. tuberosum* 高。De Palma 等（2008）将该基因在 *S. commersonii* 和 *S. tuberosum* 中超量表达，通过测定驯化前后的电导率发现，在未经历驯化时，超量株系的抗寒性与空载对照无明显差异，而经过冷驯化后，超量株系的抗寒性较空载对照提高了 1.8 ℃左右，表明该基因对提高马铃薯驯化抗寒性有重要作用。

（6）脱落酸 ABA 是一种常见的内源激素，调节植物休眠，在植物体内，ABA 的产生受多种转录因子介导，除 ABA 响应元件结合因子外，还包括 MYB 家族（Melcher et al，2009）。Shin 等（2011）利用反向 Northern-blot 分析在 *S. commersonii* 中筛选到一个与逆境胁迫相关的 R1 型 MYB 类转录因子（*StMYB1R-1*），发现 *StMYB1R-1* 在非生物胁迫下转录增加，而不受生物胁迫影响。将该基因在栽培种中过表达后，获得的转基因株系耐旱性增强，干旱条件下失水率降低，气孔关闭速度加快，防止了过度失水，表明 *StMYB1R-1* 基因在马铃薯中通过调控水分流失来增强其耐旱性。

性状改良与利用

桥梁种利用

科学家们已经提出了几种方案来克服马铃薯杂交不亲和性，包括使用2n配子或染色体加倍以及使用桥梁种（Ehlenfeldt and Hanneman，1988）。为了将2x种*S. commersonii*（1EBN）的抗性基因导入栽培种，研究人员在一系列倍性操作的基础上，获得了杂交F_1代三倍体（3x）和BC_1五倍体资源。这种繁育方法非常简单，也很容易实施。但是也存在一个主要的缺点，即由于奇数倍性的存在，产生的配子可能是不育的（Carputo et al，1997）。Ehlenfeldt 和 Hanneman（1988）以及Masuelli等（1992）使用2x-2EBN桥梁种（*S. chacoense* 和*S. gourlay*），将*S. commersonii*抗性间接转移到*S. tuberosum*。Carputo等（1997）通过叶片外植体的体外组织培养产生了PI 243503（cmm，4x）的四倍体植株，并将cmm 4x与phu-tbr杂交，得到的三倍体F_1杂种再与tbr回交，获得了BC_1 5x杂种，其中4/5的杂交组合在授粉后得到了含种子的浆果。

另外，研究发现*S. commersonii*也能成功与部分其他种进行常规杂交。将*S. commersonii*作为母本时，与*S. jamesii*、*S. brevicaule*、*S. chacoense*、*S. kurtzianum*、*S. verrucosum*、*S. wittmackii* 和 *S. stoloniferum* 等野生种杂交均能得到浆果及种子，其中与*S. brevicaule*、*S. chacoense*、*S. verrucosum*、*S. wittmackii*杂交时，能得到2x的种子（Propach，1940）。而将3x的*S. commersonii*作为母本时，和*S. demissum*、*S.* × *edinense*、*S. stoloniferum*杂交均能产生种子（Black，1945）。*S. commersonii*作为父本时，也能与*S. stoloniferum*成功杂交得到种子（Reddick，1939）。

2n配子的利用

根据胚乳平衡数（EBN）假说，每个茄属物种都有一个特定的EBN，通过杂交试验发现，所有成功的杂交都需要胚乳中母本与父本的EBN比为2：1。*S. commersonii*是一种二倍体物种，胚乳平衡数（EBN）为1，与四倍体4EBN的*S. tuberosum*存在生殖隔离，4x的*S. tuberosum*与2x的*S. commersonii*和2x的*S. tuberosum*双单倍体（2EBN）之间的杂交一再失败。同样后期在将*S. commersonii*作为母本与作为父本的4x的*S. tuberosum*进行杂交时，也没有成功得到浆果。虽然在将上述材料进行反交时，得到了少许浆果，却并没有产生种子（Jackson and Hanneman，1999）。尽管*S. commersonii*与4x的*S. tuberosum*很难通过常规杂交获得种子，但研究者发现*S. commersonii*可以通过产生2n配子与二倍体栽培种成功杂交，获得长势良好的三倍体后代。3x的*S. commersonii*种间杂种材料作为母本在与4x的*S. tuberosum*杂交时能成功获得含种子的浆果（Bukasov，1940）。

体细胞融合

体细胞融合是另一种克服不亲和性的方法。Kim等（1993）利用电融合技术，使*S. commersonii*（Lz3.2）和*S. tuberosum*的双单倍体（PT56）之间的原生质体融合并产生了体细胞杂交种，并且确定其具有青枯病抗性。将*S. commersonii*和*S. tuberosum*进行体细胞杂交，发现27个体细胞杂种中70%是（近）四倍体，22%是（近）六倍体，8%是（近）八倍体，6x和8x再生植株可能来自多次融合或融合产物的体细胞加倍。此外，体细胞融合杂交产生的BC_1和BC_2种群的一些后代可以用作进一步杂交的亲本（Kim-Lee et al，2005）。用质体和线粒体探针分析这些体细胞杂种时发现，*S. tuberosum*的质体与*S. commersonii*的线粒体未匹配，这表明亲本细胞器之间可能存在某种形式的不亲和性（Bastia et al，2000）。Cardi等（1993）将*S. commersonii*与*S. tuberosum*进行体细胞融合，得到大约70%的体细胞杂种是四倍体，30%是六倍体。体细胞杂种比亲本更有活力，在几种形态学特征上表现出中间表型，开花中度至繁茂。与四倍体体细胞杂种相比，六倍体体细胞杂种的活力较差，开花程度较低。所有体细胞杂种都是雌性可育，但大部分雄性不育，仅有一个是雄性可育的。

野生种 *Solanum demissum* 的利用与改良

基本信息

起源与分布

Solanum demissum（*S. demissum*）是广泛分布于墨西哥的马铃薯野生种之一，也是抗晚疫病育种中利用最早和最多的一个野生种。*S. demissum* 主要分布于墨西哥北部（奇瓦瓦和索诺拉），并向南延伸至危地马拉（见图 18-1），通常生长在海拔 2,100 ~ 3,700 m 的地方。“demissum”由拉丁词“demissus”演化而来，意思是“低”，意指这个物种植株普遍较矮。

图 18-1 *S. demissum* 分布地区[b]

遗传信息

野生型马铃薯 *S. demissum* 简称为 dms 或 dem，该野生种为六倍体，EBN 为 4（Spooner and Hijmans，2001）。这个物种长期以来被认为是异源多倍体，同时携带 *A* 和 *B* 基因组。最新的研究表明，它是同源多倍体，只有 *A* 基因组（Rodriguez，2009），其染色体联会后形成三组二价体。*S. demissum* 在短日照条件下结薯，具有自交亲和性，核基因组类型为 *A*，细胞质基因组类型为 *D*。

分类与演化

Spooner 等（2004）分类采用的新样本可追溯到 1852 年，属于 Klotzsch 植物标本馆的一部分。新标本带有 Bitter 的注释 *Solanum demissum* var. *klotzchit* 这个名字，但从未发表过。Rybin（1929）指出 *S. demissum* f. xitlense 有圆锥形的果实，花梗衔接处和顶生小叶的形态特征清楚地表明它就是 *S. demissum*。Hawkes（1990）根据 *S. demissum* 花冠的形状和大小，将其划分为茄属（*Solanum* L.）马铃薯组（Sect. *Petota* Dumort）马铃薯亚组（Subsection *Potatoe*）轮状花冠大系（Superseries *Rotata*）*Demissa* 系的一个野生种。基于马铃薯的叶绿体 DNA 的数据，Spooner 等认为 *S. demisum* 与 *Acaulia* 系（*S. acaule* 和 *S. albicans*）的关系更近。学者根据形态学（Spooner et al，1995；Kardolus，1999）、花序结构（Kardolus and Groendijk-Wilders，1998）、单拷贝至低拷贝限制性核酸片段长度的多态性（Debener et al，1990；Nakagawa and Hosaka，2002）、甾体糖生物碱（Petersen et al，1993）和 AFLPs（Kardulus et al，1998）的数据同样得出这一结论。

S. demissum 是同源多倍体 *A* 基因组物种（Pendinen et al，2012），这表明 *S. demissum* 可能来自相关的 *A* 基因组物种或来自相同的 *A* 基因组祖先物种。基因组原位杂交（Genomic in situ hybridization，GISH）结果支持 Spooner（2004）等最近的分类，他们也将墨西哥六倍体物种归入 Demissa 系，该系包括 *S. brachycarpum*、*S. demissum*、*S. hougasii*、*S. iopetalum* 和 *S. schenckii*。

植物学与农艺学性状

植物学性状

S. demissum 通常株高 0.6 m 左右，基生叶序通常为莲座状，基部的形态从莲座到直立均有，植物基部的茎直径约 3 ~ 6 mm。叶片为奇数羽状复叶，长 3.5 ~ 20 cm，宽 1.5 ~ 10 cm，假托叶长 0.1 ~ 0.5 mm，叶片正面和背面在发育期有细短绒毛。叶柄长 1.5 ~ 3.0 cm。侧生小叶 2 ~ 4 对，从外向叶基部逐渐减小，大多数远端侧生小叶长 2.0 ~ 4.0 cm，宽 1.2 ~ 2.5 cm，形状为卵形或椭圆形，叶基部由圆形到楔形均有，无柄。顶生小叶长 3.0 ~ 6.0 cm、宽 2.0 ~ 4.0 cm，卵形到椭圆形，先端锐尖到钝，基部圆形到楔形。花序为二歧分枝，无苞片，单歧聚伞花序或二歧聚伞花序，有 2 ~ 3 个分叉，通常在植物的上半部。花为完全花，花序梗长 0.2 ~ 1.9 cm。花梗长 3 ~ 15 mm，在近端 1 / 4 和远端 1 / 4 之间有花梗关节。花冠直径 1.5 ~ 2.6 cm，花冠边缘扁平，正面呈紫色，背面呈均匀的紫色或呈射线状紫色，叶柄中间组织呈浅紫色。花萼长 4 ~ 8 mm，花药为合生花药，长 2 ~ 5 mm，黄色，顶部多孔开裂，通常成熟后朝内形成裂缝，花丝长 1 ~ 4 mm。花柱直立，长 5 ~ 6 mm，柱头比花药长 2 mm 左右，柱头为球状。

浆果直径 1 ~ 2.5 cm，形状从球形到卵球形，颜色从浅绿到中绿皆有，果皮外有光滑的白点。种子呈绿白色，卵圆形，长约 2 mm，种皮细胞的侧壁有一层厚的“毛发状”覆盖物，使种子潮湿时呈黏液状。当其被酶分解时，种皮细胞呈蜂窝状（见图 18-2）。

通常很容易通过 *S. demissum* 高花梗接合处（花梗远端 1 / 4 处）和植物近

图 18-2 *S. demissum* 植物学性状 [b,c]

图 18-3 *S. demissum* 植株标本 [c]

端 1 / 2 处的花序来区分 *S. demissum*，但它可能与 *S. verrucosum*（以其向内卷曲的花冠边缘区分）和 *S. stoloniferum*（与 *S. verrucosum* 类似，花梗在花梗远端 1 / 4 以下有花梗连接）的物种混淆。*S. demissum* 的叶丛通常是半莲座状，此习性仅在北美洲和中美洲分布的野生马铃薯中可见（见图 18–3）。

农艺学性状

野生种 *S. demissum* 块茎的性状差异较大，薯形主要为圆形或扁圆形，皮色多数是浅紫色，也有白色和黄色。薯肉既有白色也有黄色，芽眼深且多。*S. demissum* 形成的块茎小而分散，单株产量较低，重量在 5.0 ~ 7.5 g 左右。

S. demissum 具有较多对产量有利的性状，比如抗晚疫病、抗 PVY、抗 PVA、耐霜冻等，可以通过杂交将这些性状导入栽培品种中，拓宽遗传育种的基础，提高马铃薯的产量（盛万民，2009）。*S. demissum* 较易与普通栽培种（*S. tuberosum*）进行杂交，以其作母本，栽培种作父本，对杂种回交两到三次，可筛选出具有优良目标性状的后代。对野生种 *S. demissum* 抗寒性最高的株系 DMS65–3 进行花粉活性鉴定，结果表明有效花粉活性可达 90% 以上（见图 18–4）。

图 18–4 *S. demissum* 植株和块茎表型、花粉育性鉴定[a]

重要性状鉴定与遗传解析

重要性状鉴定

Bethke（2017）对 43 个马铃薯野生种的晚疫病抗性进行研究，结果显示 *S. demissum* 在抗性评价中排名第八。野生种 *S. demissum* 是抗晚疫病育种中利用最早和最多的一个种，世界各国利用其作亲本育成了 200 多个品种。除了能从 *S. demissum* 中找到对晚疫病有水平抗性和垂直抗性的类型外，还筛选到抗

表 18-1 *S. demissum* 相关抗性鉴定结果

抗性	类型	抗性水平	来源
早疫病	真菌	中抗	Jansky，2008
干旱	非生物胁迫	中抗	Machida-Hirano，2015
霜冻	非生物胁迫	中抗	Machida-Hirano，2015
包囊线虫（白线虫）	虫害	中抗	Castelli，2003；Bachmann-Pfabe，2019
包囊线虫（金线虫）	虫害	中抗	Castelli，2003
甲虫	虫害	中抗	Machida-Hirano，2015
根结线虫	虫害	中抗	Machida-Hirano，2015
软腐病	细菌	中抗	Chung，2011；Machida-Hirano，2015
晚疫病	卵菌	抗	Gonzales，2002；Bachmann-Pfabe，2019
PLRV	病毒	中抗	Machida-Hirano，2015
PVX	病毒	中抗	Machida-Hirano，2015
PVY	病毒	抗	Machida-Hirano，2015
PVY-C	病毒	敏感	Cai，2011
癌肿病	真菌	中抗	Machida-Hirano，2015

注：材料抗性水平包括抗、中抗和敏感三级

癌肿病、疮痂病、抗 PVY、抗 PVA、抗 PLRV 以及抗马铃薯甲虫的株系，且能获得高淀粉、高蛋白质的类型，同时发现该种部分株系可耐 －5 ℃低温（Li，1977）。Vega（1995）发现 *S. demissum* 比栽培种马铃薯更耐霜冻。*S. demissum* 相关抗性鉴定结果具体见表 18-1。

抗晚疫病

由晚疫病菌（*Phytophthora infestans*）引起的晚疫病是马铃薯的毁灭性病害，曾造成 19 世纪的“爱尔兰大饥荒”。中国每年因晚疫病减产的马铃薯最高可达 50% 以上。晚疫病菌有 A1 和 A2 两种交配型，小种变异和进化极快，因此较难防治。目前防治晚疫病最有效的途径是利用具有广谱抗性的 *R* 基因，并发掘持久有效的抗病基因进行育种。*S. demissum* 是马铃薯抗晚疫病基因的最主要来源，从中已鉴定出 15 个晚疫病抗病 *R* 基因，并且多数已经在栽培品种中得到利用。*S. demissum* 与四倍体栽培种（*S. tuberosum*）杂交难度较低，短期内利用其获得抗晚疫病品种效果良好。然而这些 *R* 基因均为小种专化抗性基因，易被克服，导致其晚疫病抗性逐步丧失。目前除了 *R8* 外，*R* 基因在抗马铃薯晚疫病育种中很大程度上失去了利用价值。不过，这些小种专化抗病基因的分离为研究植物防御机制与免疫应答提供了重要基础。*S. demissum* 中目前已鉴定和克隆的晚疫病抗性基因见表 18-2。

PVX 病毒抗性

马铃薯 X 病毒（PVX）1931 年由 Smith 在马铃薯中首次发现，也叫马铃薯潜隐病毒（Potato latent virus）或马铃薯轻花叶病毒（Potato mild mosaic virus），目前在世界各地的马铃薯主产区均有报道。PVX 可侵染 16 科 240 多种植物，主要通过摩擦传播。通过杂交将栽培种、野生种或近缘种的抗病基因

表 18-2 *S. demissum* 中鉴定和克隆的晚疫病抗性基因

抗病基因	染色体	类型	抗性谱	参考文献
RD	IV			Zhang et al，2014b
Rpi-demf1	IV			Danan et al，2011
R1	V	CC-NB-LRR	小种专化抗性	Ballvora et al，2002
R2	XI	CC-NB-LRR	小种专化抗性	Lokossou et al，2009
R3a	XI	CC-NB-LRR	小种专化抗性	Huang et al，2004
R3b	XI	CC-NB-LRR	小种专化抗性	Li et al，2011
R4	XI		小种专化抗性	Van Poppel et al，2009
R5	XI		小种专化抗性	Huang，2005
R6	XI		小种专化抗性	Huang，2005
R7	XI		小种专化抗性	Huang，2005
R8	IX	CC-NB-LRR	广谱抗性	Vossen et al，2016
R9	IX	NB-LRR		Huang，2005
R9a	IX	CC-NB-LRR	广谱抗性	Jo et al，2015
R10	XI		小种专化抗性	Huang，2005
R11	XI		小种专化抗性	Huang，2005

引入普通栽培种品种中是马铃薯抗病毒病育种的主要途径之一。目前已分离出多个 PVX 的抗性基因并引入马铃薯育种材料中。根据 Machida（2015）统计，*S. demissum* 对 PVX 具有一定的抗性，可以作为抗 PVX 的良好育种资源。*R1* 基因是目前研究最多的晚疫病抗病基因之一，它所在 V 号染色体的位置也是 PVX 单基因抗性基因的所在区域。

抗寒性

马铃薯喜凉不耐寒，低温胁迫会严重影响其生长发育，制约产业健康稳定的发展。当马铃薯植株遭受低温冻害时，叶片会表现出墨绿色水渍状，茎干瘫软倒伏，叶片丧失光合作用的能力以至于植株停止生长，严重影响马铃薯产量；低温胁迫也会改变细胞膜结构，导致细胞膜易发生相变 (Theocharis et al，2012)。冻害会造成植物细胞间隙或胞内结冰，直接破坏细胞膜完整性使细胞丧失功能，低温诱导植物产生光抑制现象，造成气孔关闭，导致光合功能受到抑制。中国农业大学植物抗逆性实验室对 60 种茄属植物的霜冻致死温度进行了研究，结果表明 *S. demissum* 的霜冻致死温度为 －3.5 ℃，属于较为抗寒的野生种。华中农业大学马铃薯实验室对 *S. demissum* 的 2 个株系 DMS64、DMS65 以及 *S. hougasii* 的一个株系进行抗寒鉴定，发现来自 *S. demissum* 的材料 DMS64 和 DMS65 具有较强的抗寒性。董建科等（2019）通过电解质渗透法和直接评价体系对 40 份马铃薯材料进行了抗寒能力测定，结果显示 *S. demissum* 种材料表现为中等抗寒。

软腐病抗性

马铃薯软腐病的病原菌主要有果胶杆菌属 *Pectobacterium* spp. 和迪基氏菌属 *Dickeya* spp. 的细菌，该病在中国马铃薯各产区均有分布，严重影响了我国马铃薯的产量和质量。根据发病时期的不同，人们把在田间生育期马铃薯植株地下茎、块茎和地上茎基部组织出现黑色腐烂症状的病害称为黑胫病，将贮藏和运输期间病原菌引起的马铃薯块茎腐烂症状的病害称为软腐病。两种病原菌引起的马铃薯软腐病和黑胫病的症状相似，环境潮湿时，病变使块茎呈黏糊状，并使其潮湿、腐烂；环境干燥时，茎叶会出现发育不良、发黄和枯萎的症状。Chung（2011）从美国马铃薯基因库（NRSP-6）获取马铃薯种子种植后，对植株和块茎进行了软腐抗性评价，通过统计分析发病状况发现 *S. demissum* 对软腐病具有一定的抗性。

早疫病抗性

马铃薯早疫病（Potato early blight，EB）又称夏疫病或轮纹病，是由茄链格孢菌（*Alternaria solani*）和交链格孢菌（*Alternaria alternata*）两种病原菌引起的真菌性病害，主要危害马铃薯的叶片和块茎。病菌初侵染发生在马铃薯植株下部的叶片上，并逐渐向上蔓延至幼嫩组织。感染早疫病的叶片呈现黑褐色圆形或近圆形病斑，具轮纹，病斑外侧呈现黄色晕圈，直径约 10 mm。世界范围内的马铃薯种植区均有早疫病的发生，该病是马铃薯生产上的一大挑战和难关。Jansky（2008）对美国马铃薯基因库（NRSP-6）中约 5,000 份栽培种和野生种马铃薯种质资源进行早疫病抗性鉴定，栽培种通过观察田间自然侵染后的病情发展情况来评估早疫病抗性，野生种则进行体外接种试验评估早疫病抗性。通过对植物发病率和病斑大小进行评分，*S. demissum* 在众多材料中排名第十，表明其具有一定的早疫病抗性。

癌肿病抗性

马铃薯癌肿病是马铃薯生产上危害较大的病害，分布遍及欧洲、拉丁美洲、北美洲、亚洲、非洲和大洋洲，中国于 1975 年在云南省昭通地区永善县首次发现该病，该病集中分布于山区和气候冷凉地带，包括我国在内的世界 50 余个国家已将其列为禁止传入的检疫性病害。病菌侵入寄主后，随着病菌在寄主体内的生长发育，刺激感染部位的寄主细胞增生和体积膨大，由于这种不正常的刺激性病变引起感病部位形成大小形状各异的瘤状突起，小瘤聚集簇形成大的畸形肿瘤，形如花椰菜状，故称癌肿病。

马铃薯癌肿病的病原菌为内生集壶菌（*Synchytrium endobitoicum* Percival），是专性寄生菌。目前已知的马铃薯癌肿病的生理小种有 8 种。其病原菌不通过菌丝繁殖，由孢子囊释放游动孢子，游动孢子利用鞭毛达到寄主细胞表面，鞭毛脱落后进入寄主细胞。根据 Machida-Hirano（2015）报道，马铃薯野生种 *S. demissum* 中具有抗癌肿病的优良性状。用其与栽培品种杂交，杂种后代再与栽培种回交 2 ~ 3 次，能有效将癌肿病抗性转入栽培品种。

基因挖掘与遗传机制解析

R1 基因

S. demissum 高抗晚疫病，且易与四倍体栽培品种 *S. tuberosum* 杂交，是马铃薯晚疫病抗性基因的重要来源。100 多年来从 *S. demissum* 中鉴定出来并转育到栽培马铃薯品种中的晚疫病抗病基因已经有 11 个（*R1* ~ *R11*）。*R1* 基因定位在 *S. demissum* 的 5 号染色体上，属于 LZ-NBS-LRR 型基因。Ballvora（2002）等通过图位克隆与候选基因结合的方法克隆了该基因。Kuang 等（2005）在 *R1* 基因位点附近鉴定出 3 个不同抗性的基因家族，表明 *R1* 同源基因包括 3 组不同的抗病基因。

R2 和 *R2-like* 基因

R2 基因定位在马铃薯 4 号染色体上，有 11 个与其位点紧密连锁的 AFLP 分子标记（Li et al，1998），属于 LZ-NBS-LRR 型基因。Lokossou 等（2009）克隆了 *R2* 以及与其编码的 LRR 区高度同源的 *R2-like*，但 *R2* 的 LRR 区比 *R2-like* 多了一段氨基酸插入。

R3 基因

R3 定位于 6 号染色体的末端，属于 CC-NBS-LRR 类型，是马铃薯晚疫病抗性的主效位点（Major late blight resistance complex，MLB）。*R3* 有 3 个抗病基因簇，其中 *R3a* 和 *R3b* 具有抗病功能，这 2 个基因之间遗传距离为 0.4 cM，具有不同的抗病特性。

R8 基因

R8 是主效单基因，位于 4 号染色体，属于 CC-NBS-LRR 类型，Jo 等（2011）发现了 *R8* 侧翼近端粒区的 2 个标记 CDP^{Sw5} 4 和 CDP^{Sw5} 5，远端粒区 3 个标记 CDP^{Tm2} 1-1、CDP^{Tm2} 1-2 和 CDP^{Tm2} 2 与 *R8* 共分离标记 CDP^{Hero3}，这为分子标记辅助育种和 *R8* 的图位克隆奠定了基础。Jack 等（2016）发现 *R8* 是番茄抗病基因 *Sw-5* 的同源基因，并广泛存在于来自欧洲（“Sarpo Mira”）、美国（“Jacqueline Lee”“Missaukee”）和中国（“PB-06”“S-60”）的晚疫病抗性马铃薯品种中。蒋锐等（2018）通过图位克隆的方法，将基因功能的区间缩小到 389 kb 的区段，该区段位于基于马铃薯参考基因组设计的新标记 3233-1 和 8384-1 之间，并使用 dRenSeq 方法，在抗性单株组成的群体中鉴定出 *R8* 的完整编码序列，并完成了功能鉴定。

R10 与 *R11* 基因

R10 与 *R11* 位于 6 号染色体，徐建飞等（2008）通过比较基因组学结合 BSA 分析方法构建了 *R10* 位点的高分辨率遗传图谱，并成功将 *R10* 定位于标记 656T 和 1001T 之间的 0.26 cM 区域内，*R11* 与最近的标记距离约为 2.4 cM，*R11* 比 *R3b* 和 *R10* 更靠近端粒区。

其他来自于 *S. demissum* 的晚疫病抗病基因

R6 和 *R7* 均位于马铃薯 6 号染色体上。Huang 等（2005）的研究表明 *R5* ~ *R11* 可能是 *R3* 基因的等位基因。在 *S. demissum* 鉴定出的 15 个小种专化性的晚疫病抗病基因中有 *R1* 等 7 个被分离出来（见表 18–2）。

抗逆相关基因

抗菌肽在植物免疫系统中发挥着重要作用，可作为抗生素的替代品。郭鹏飞等（2022）利用指示菌内置文库抗性基因筛选技术，从野生种 *S. demissum* 的 cDNA 中筛选出两种具备广谱抗菌活性的抗菌肽 SDR2332 和 SDR2770，它们还具有较为稳定的理化性质和较低的溶血性。青枯菌（*Ralstonia solanacearum*）经这两种抗菌肽处理后，出现了明显的活性氧迸发现象，细胞也出现皱缩和破损，说明这两种抗菌肽对病原菌有一定的抑制作用。

性状改良与利用

细胞质遗传效应

S. demissum 可以将抗病基因传递给杂种后代，使后代实现产量的增加和加工品质的改良，这些后代遗传基础广泛，可作为马铃薯育种的优质亲本材料，但它们与栽培种 *S. tumberosum* 亲本回交一代会出现产量低、商品薯率低等不良性状。前人实践发现，亲本正交与反交得到的后代的性状差异明显，因此猜测在杂交改良中存在细胞质效应。盛万民等（2009）采用广义线性模型，研究回交一代材料主要产量性状的细胞质遗传效应，并探讨了 *S. demissum* 与栽培品种“Katahdin”回交一代的优良无性系材料在马铃薯品种改良中的潜力，研究结果表明栽培种的早熟性能有效地克服 *S. demissum* 的匍匐茎长、结薯晚等野生性状，且该野生种亲本细胞质对其杂种后代性状有极显著的影响。因此，在利用 *S. demissum* 与其他材料回交进行改良时，要注意充分发挥亲本细胞质的遗传效应。

常规杂交利用

S. demissum 是马铃薯育种中最常利用的野生种之一，也是抗晚疫病育种中利用最早和最多的一个种。德国在二战前常利用 *S. demissum* 进行马铃薯育种，由此产生的杂交种被称为 W 族。利用该野生种作为母本易与其他栽培品种杂交并回交，能将结薯多、比重高等优良性

状转入栽培品种中。

1934 年利用 W 族育出含有 *S. demissum* 血缘的第一个品种叫“Sandnudel”，随后又育出了“Aquila”等一系列品种。德国马普植物研究所利用 *S. demissum* 与 ssp. *tuberosum* 直接或间接杂交获得了很多有价值的类型，如 MPI44335、MPI19268 等回交系。美国于 1930 年首次利用 *S. demissum* 育成“Empire”，接着以 *S. demissum* × *S. maglia*（2x，3x）和 *S. demissum* × *S. fendleri*（4x）组合的杂种回交，育成了“Ashworth”和“Bonne”等优良品种，并进行规模化种植。美国为了改善马铃薯品种引进了 W 族，并于 1948 年用“USDA9-56”的杂种后代与 W 族杂交培育出“Kennebec”等 40 个品种。英国爱丁堡植物育种中心从 1930 年至今持续研究 *S. demissum*，该中心首先以 *S. demissum* 和 *S. phureja* 为基础培育出新品种“Craigs Bounty”，此后培育的大量品种均含有该品种的血缘（Glendinning，1988）。苏联学者利用 *S. demissum* 与“Зубреиок”进行杂交，成功获得了晚疫病高抗品系“BHP9－367－68”。梅文祥（2016）选择野生种 *S. demssium* 中抗性较好的株系 DMS264-1、DMS343-1、DMS364-6 等品种和品系杂交，并对获得的杂种后代进行了抗寒性鉴定，结果表明后代的抗寒性均有一定的提高。

目前世界上利用 *S. demissum* 育成的品种包括：“C Ashworth”“Boone”“Chenango”“Cortland”“Empire”“Es-sex”“Fillmore”“Glenmeer”“Hartford”“Madison”“Placid”“Snowdrift”“Virgil”“Agassiz”“Alasclear”“Allagash Russet”“Avon”“Belleisle”“BelRus”“Campbell12”“Canso”“Caribe”“Cariboo”“Cascade”“Centennial Russet”“Crystal”“Dakchip”“Denali”“Fundy”“Highlat Russet”“Hunter”“Keswick”“Pennchip”“Pennrose”“Penobscot”“Raritan”“Sable”“Sunrise”“Tobique”“Yankee Supreme”“York”“CalWhite”“Cascade”“Centennial Russet”“Chipeta”“Frontier Russet”“Itasca”“Nooksack”和“Russet Norkotah”等（Hougas，1956；Plaisted，1989；Love，1999）。

此外，以下马铃薯品种也渗入了 *S. demissum* 遗传信息：“Acadia Russet”“Agassiz”“Alamo”“Allagash Russet”“Arenac”“Atlantic”“Avon”“Bake King”“Belchip”“Belleisle”“Bison”“Blanca”“Campbell 11”“Campbell 12”“Campbell 14”“Caribe”“Carlton”“Catoosa”“Centennial Russet”“Chinook”“Chipbelle”“Crystal”“Denali”“Elba”“Emmet”“Erik”“Fundy”“Grand Falls”“Hampton”“Highlat Russet”“Hudson”“Hunter”“Islander”“Jemseg”“Jewel”“Krantz”“Lemhi Russet”“Lenape”“Nampa”“Navajo”“Nooksack”“Norchief”“Norking Russet”“Onaway”“Oneida”“Pennrose”

"Redsen" "Reliance" "Rhinered" "Russette" "Sable" "Seminole" "Shepody" "Shoshoni" "Simcoe" "Snowflake" "Sunrise" "Superior" "Targhee" "Trent" "Wischip" "Yankee Chipper" "Yankee Supreme"和"York"(Plaisted，1989)。

野生种*Solanum malmeanum*的利用与改良

基本信息

起源与分布

野生种 *Solanum malmeanum*（*S. malmeanum*）原产于南美洲南部，主要分布于阿根廷、巴西、巴拉圭、乌拉圭等地区，其分布主要集中在海拔约 300 m 的区域（见图 19-1）。*S. malmeanum* 由于与 *S. commersonii* 在植株形态和生长习性方面高度相似，一直被认为是 *S. commersonii* 的一个亚种，直到 2014 年才被划分为一个独立的马铃薯野生种（Spooner etal，2014）。

图 19-1 *S. malmeanum* 分布地区[b]

遗传信息

S. malmeanum 简称为 mlm，自然界中存在 2x 和 3x 植株，其 EBN 为 1（Spooner and Hijmans，2001；Spooner et al，2014）。自然界大部分二倍体材料 EBN 值为 2，马铃薯普通栽培种 EBN 值为 4，因此通过常规杂交将 *S. malmeanum* 的抗性导入现有栽培种中相对困难。前期研究表明 *S. malmeanum* 是短日照条件下能结薯的马铃薯野生种，单株薯块较小，但单株结薯数较多（大于 10 个）。

分类与演化

Correll（1962）对 *S. malmeanum* 进行分类时发现，其与 *S. commersonii* subsp. *commersonii* 在侧叶性状、花序分枝和花冠颜色上有一些微小的差异，两者在其他特征上基本相同，所以早期将 *S. malmeanum* 划分为 *S. commersonii* 的一个亚种。Hawkes 和 Hjerting（1969）指出 Correll 将 *S. malmeanum* 归类为 *S. commersonii* 的一个亚种不够准确。

他们发现 *S. malmeanum* 的侧生小叶通常逐渐减少，到叶基部逐渐变窄，花序梗不分枝或分枝无明显收缩，花序梗较 *S. commersonii* 长，花冠多为白色。而 *S. commersonii* 的侧生小叶向叶基部迅速减小，通常明显下延且无梗，花序梗分枝并略有收缩，在中部偏下分节，花冠略带紫色，裂片的长度约为 *S. malmeanum* 的 1.5 倍，甚至更长。然而 Hawkes（1990）经过比较发现 *S. commersonii* subsp. *commersonii* 和 *S. commersonii* subsp. *malmeanum* 除了在侧小叶特征、花序分支和花冠颜色方面的一些微小差异，其余的植物学特征几乎相同，因此在其分类标准中重新将 *S. malmeanum* 划分为 *S. commersonii* 的一个亚种。Metz 和 Oliveira（2004）也认为 *S. malmeanum* 是 *S. commersonii* 的一个亚种，但根据小叶分布以及花冠颜色的差异将其列为 *S. commersonii* 的一个亚种的说法受到质疑。

2014 年 Spooner 等将 *S. malmeanum* 重新归类为一个独立的马铃薯野生种。Spooner 等（2016）认为可以根据 *S. malmeanum* 的侧生小叶、叶柄和白色的花冠将其与 *S. commersonii* 区分开来。*S. malmeanum* 的花冠几乎是全白的，极少数情况下会在花冠裂片背面的中脉上观察到一个小的条状突起，而 *S. commersonii* 的花冠裂片背面的中脉会出现明显的深色条纹。

植物学与农艺学性状

植物学性状

S. malmeanum 是多年生草本植物，在适宜的生长环境下，植株株高通常在 15 ~ 30 cm，在阴凉的林地或高原地区可达 1 m。茎基部直径 1 ~ 3 mm，茎色为绿色，分支较多，株型通常为开展或半直立。

S. malmeanum 叶片呈绿色，叶面粗糙，为奇数羽状复叶，有 3 ~ 5 对羽状小叶，小叶通常等长或者向叶片基部逐渐变小。叶柄很短，约 1.3 ~ 4.5 mm，叶柄上有短绒毛。假托叶长度小于 1 mm，托叶上也有短绒毛（见图 19–2）。

S. malmeanum 花冠为五角星形，花萼长 3 ~ 7 mm。花冠直径为 1.8 ~ 2.9 cm，几乎纯白色或者白色略带紫色，花冠边缘扁平，正面无毛，背面有微柔毛。雄蕊花丝长 12 mm，花药长 4 ~ 5.5 mm，颜色为黄色。子房无毛，花柱 9 ~ 12 mm，超过雄蕊 2 ~ 5 mm，无毛，柱头呈棍棒状或者头状。花序长 5 ~ 10 cm，在花序末端有一个腋芽，通常在花序的远端会分化为 2 ~ 8 朵完全花，花轴上有短柔毛，

图 19-2 MLM266-2（*S. malmeanum*）植株形态[a]

花梗长 1.5 ~ 6 cm（见图 19-2）。

S. malmeanum 的种子为卵圆形，长约 2 mm，新鲜时呈白色或者绿色，干燥后带褐色，种皮细胞侧壁有一层厚厚的“毛状”覆盖物，使种子潮湿时呈黏液状，全株绿白色，酶消化除去侧壁后，种皮细胞呈蜂窝状。

农艺学性状

S. malmeanum 结薯能力较差，薯块较小，且表皮粗糙，与栽培种改良后，后代材料产量与抗性均有明显增强。Tu 等（2021）利用体细胞杂交技术实现了 MLM266-2（*S. malmeanum*）与 AC142（*S. tuberosum*）的基因交流，选取部分 M+A 株系（MLM26-2 与 AC142 的体细胞融合后代）与四倍体栽培种杂交，对后代材料进行农艺性状鉴定，结果表明在株高和单株块茎产量上存在较大差异，后代材料株高分布在 30 ~ 110 cm，单株块茎产量 0 ~ 534 g。后代材料的农艺性状较体细胞融合亲本有明显改良，部分后代的单株块茎产量较高，其中 FT069-16、FT069-32、FT070-1、FT070-22 和 FT071-57 的单株块茎产量与栽培种接近，且抗寒能力较栽培种显著提高。

重要性状鉴定

研究表明野生种 *S. malmeanum* 具有较强抗寒和耐旱能力，同时具有抗早疫病、晚疫病、青枯病等真菌细菌性病害的特性。由于其龙葵素含量较高，*S. malmeanum* 还具有对桃蚜、马铃薯叶蝉、马铃薯胞囊线虫等虫害的抗性。由于前期认为 *S. malmeanum* 是 *S. commersonii* 的一个亚种，早期研究主要集中在 *S. commersonii*，因此对 *S. malmeanum* 的报道相对较少，表 19-1 中的数据是 *S. malmeanum* 已报道的部分生物和非生物逆境抗性。

表 19-1 *S. malmeanum* 相关抗性鉴定结果

抗性	类型	抗性水平	来源
抗寒	非生物胁迫	抗	Tu，2021
青枯病	细菌	中抗	Siri，2009
早疫病	真菌	中抗	Wolters et al，2021
晚疫病	真菌	中抗	Micheletto，2000
马铃薯蚜虫	虫害	抗	Radcliffe and Laufr，1971
马铃薯叶蝉	虫害	中抗	Flanders and Radcliffe，1992
马铃薯胞囊线虫	虫害	抗	Castelli，2003

注：抗性水平包括抗、中抗和敏感三类

抗寒性

Hawkes 和 Hjerting（1969）对包括 *S. malmeanum* 在内的 82 份野生和栽培马铃薯进行抗寒性鉴定，结果表明 82 份材料中有 23 份能够在 －0.55 ℃至 －5 ℃下存活，且叶片没有受损或受损比例相对较小（0%～20%），*S. malmeanum* 就是这 23 份材料之一，表明 *S. malmeanum* 具有良好的直接抗寒能力和极强的驯化抗寒能力。为了利用 *S. malmeanum* 的抗寒性，Tu 等（2021）采用体细胞杂交技术将这一优良性状导入马铃薯栽培种中。将抗寒性较好的马铃薯野生种材料 MLM266-2（*S. malmeanum*，2x）与敏感栽培种材料 AC142（*S. tuberosum*，2x）进行原生质体融合，共获得 44 份融合后代（1 个 7x、27 个 6x、5 个 5x、6 个 4x、5 个混倍体），并对这 44 份材料采用电解质渗漏法进行抗寒性评价。研究发现 88.64% 的体细胞杂种直接抗寒性（LT50 值）介于 AC142（－2.38 ℃）和 MLM266-2（－5.10 ℃）之间，大多数体细胞杂种的驯化抗寒能力显著高于 AC142。

晚疫病抗性

晚疫病是由致病疫霉（*Phytophthora infestans*）引起的真菌性病害，主要危害叶和果实，也可侵染茎部，是世界上威胁马铃薯生产的主要病害之一。我国马铃薯晚疫病发生范围广、产量损失重，在各个产区内均为头号病害，且危害程度远超其他病害，但目前防治工作仍存在较大困难。Micheletto 等（2000）在 1997—1998 年分别在温室和田间条件下对多份来自阿根廷的 *S. malmeanum* 进行了晚疫病抗性鉴定。在待鉴定的 *S. malmeanum* 周围种植晚疫病敏感品种“Bintje”和“Serrana INTA”作为感染源，以确保均匀的自然感染条件。在植株表现出侵染症状后，每周计算一次受晚疫病影响的叶面积百分比，鉴定结果表明 *S. malmeanum* 种内不同株系间晚疫病抗性存在较大差异，部分株系表现出较强抗性。

青枯病抗性

Siri 等（2009）以品种“Chieftain”为青枯病敏感对照，对在乌拉圭收集到的 12 份 *S. malmeanum* 材料进行了抗性鉴定。将青枯病病原菌接种到叶片上，综合发病时间和严重程度，将12份材料分为敏感、中等敏感、中等抗性和抗性四个等级。结果发现敏感对照“Chieftain”在5 ~ 10 d后开始出现典型的枯萎症状，而*S. malmeanum*发病时间明显延后，根据其对青枯病抗性等级划分标准，12个*S. malmeanum*株系中有3个株系对青枯病具有极强的抗性，4个株系表现出中等抗性，其余5个株系与对照差异较小。

早疫病抗性

Wolters等（2021）在早疫病抗性鉴定试验中观察到，接种早疫病菌MLM266-2（*S. malmeanum*）后的植株上出现小的系统性坏死斑，推测其可能对早疫病具有过敏性抗性。Wolters等（2021）通过流式细胞仪鉴定了MLM266-2（*S. malmeanum*）和RH89-039-16（*S. tuberosum*）都是二倍体材料，他们利用MLM266-2作为母本与RH89-039-16杂交，获得杂交后代群体，通过早疫病抗性鉴定，得出群体材料中的抗感分离比为1∶1，表明MLM266-2的早疫病抗性受单个主效位点控制，但该基因的定位与克隆尚未完成。

其他抗性

Radcliffe和Laufr（1971）对野生种*S. malmeanum*的抗虫性进行研究，结果发现*S. malmeanum*对马铃薯叶蝉具有中等抗性，但其防御机制尚未阐明。此外，研究还发现野生种*S. malmeanum*对马铃薯蚜虫也具有较强抗性。

性状改良与利用

2n配子利用

马铃薯栽培种的遗传背景相对狭窄，野生种具有丰富的抗性资源，但马铃薯栽培种和野生种杂交时通常出现杂交障碍。胚乳平衡数（EBN）有助于预测种间杂交的成功与否（Carputo et al, 2003；Hanneman，1994）。涂卫（2020）利用MLM266-2（*S. malmeanum*，2x，1EBN）与C9701（*S. chacoense*，2x，2EBN）、RH89-039-16（*S. tuberosum*，2x，2EBN）分别杂交，倍性测定结果表明，杂交后代均为三倍体，推测可能是杂交过程中产生了2n配子。进一步利用荧光原位杂交和基因组测序对三倍体杂交后代的遗传组分进行了分析，结果表明产生三倍体的原因是由于*S. malmeanum*产生2n卵导致，该研究从基因组层面验证了EBN假说。

体细胞融合利用

原生质体融合技术为更好利用马铃薯野生种资源，特别是利用非生物胁迫的抗性资源提供了新的途径。邹莹（2016）将具有较强抗寒性的二倍体野生种 *S. malmeanum* 与敏感二倍体栽培种 *S. tuberosum* 进行体细胞融合，共获得愈伤组织 980 个，分化芽 248 个。利用亲本特异性 SSR 标记对随机选择的 80 个再生株系进行染色体组成分析，得到 51 个体细胞杂种。在继代培养过程中，56.82% 的体细胞杂种由于不稳定的染色体组成而导致基因组倍性水平发生变化，但体细胞杂种的抗寒性均显著优于栽培亲本。赵庆浩（2020）利用上述体细胞杂种作为研究材料，系统地评价了体细胞杂种的抗寒性、倍性和农艺性状，并与栽培种回交创制了具有野生种 *S. malmeanum* 血缘的抗寒资源。

马铃薯栽培种资源的利用与改良

Solanum tuberosum Andigenum Group 的利用与改良

Solanum phureja

基本信息

二倍体马铃薯 *S. phureja* 主要分布在委内瑞拉西部到玻利维亚中部的安第斯高原，海拔 2,000 ~ 3,400 m，具有适应短日照、休眠期较短的特点。*S. phureja* 为二倍体栽培种，EBN 为 2，细胞核基因组类型为 A，细胞质基因组类型为 P。

英国分类学家 Dodds 使用分组命名法，即“栽培种 – 组分”，基于比较形态学、繁殖生物学、细胞及遗传数据和栽培实践等方面的信息，将 *S. phureja* 分类为 Group Phureja。俄罗斯分类学家 Bukasov（1978）基于生态地理学将 *S. phureja* 分类为 Andigena Bukasov 中的 *S. phureja* Juz. & Bukasov。英国分类学家 Hawkes（1990）将 *S. phureja* 分为 7 个马铃薯栽培种之一。Spooner 在 2014 年并没有将其分为单一的种。

植物学与农艺学性状

S. phureja 植株矮小且易倒伏（见图 20-1），茎着紫红色素，花紫红色，匍匐茎较短，早熟，块茎几乎没有休眠期。“Criolla”是来自 *S. phureja* 的一个品种，其块茎黄皮黄肉，并且富含维生素 A、维生素 B 和维生素 C（Rodríguez et al，2009）。

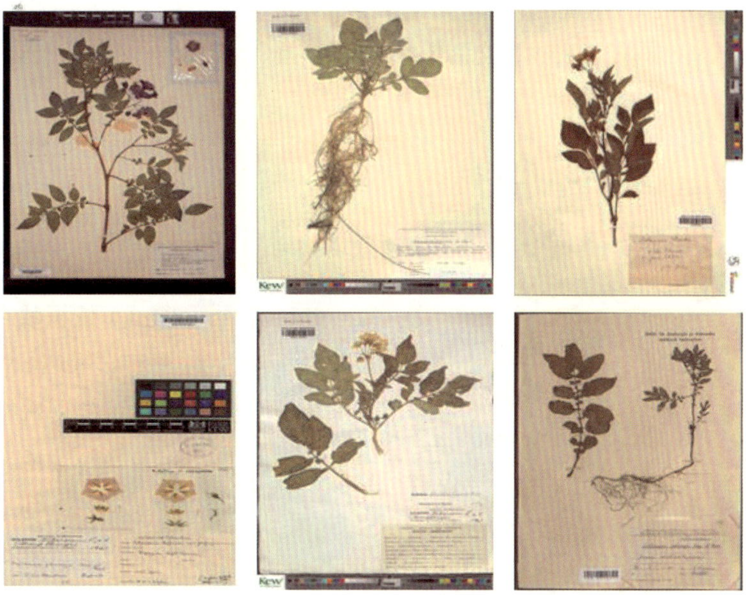

图 20-1 *S. phureja* 植株标本[c]

倍性操作利用

S. phureja 能够诱发孤雌生殖产生双单倍体。关于 *S. phureja* 具有诱发孤雌生殖产生双单倍体的机能，一些学者认为是质量性状遗传，涉及一对或数对隐性基因（Hermsen and Verdenius，1973）。1939 年 Ivanovskaja 用 *S. phureja* 做父本，给四倍体栽培种授粉，在杂种后代中发现了双单倍体植株。1957 年 Hougas 和 Peloquin 从四倍体马铃薯品种“Katahdin”与 *S. phureja* 的杂交后代中得到了一株双单倍体，从而发现了优良授粉者 *S. phureja* PI225682.1（PHU1.1）。1963 年 Gabert 从 *S. phureja* PI225682 的无性系中筛选到 3 个诱导双单倍体的优良授粉者。Hermsen 等（1973）利用 PHU1.22 和 *S. phureja* PI225682.22 作为亲本材料，对其后代进行轮回选择，筛选出具有胚斑标记基因的 IVP35、IVP48 和 IVP101 等优良授粉者。吕文河等（1987）从 IVP35 自交后代中选育出优良授粉者 NEAP 16/19。

2n 配子利用

利用 2n 配子，四倍体普通栽培种与能够产生 2n 配子的二倍体杂交，将二倍体的优良性状转移到四倍体水平，从而丰富栽培种马铃薯遗传基础。戴朝曦等（1998）通过利用 *S. phureja* 产生 2n 配子，选育出高产抗病的“甘农薯 2 号”。盛万民等（2001）利用 3 份具有 *S. phureja* 遗传背景的四倍体杂种材料和 1 份四倍体普通栽培种 *S. tuberosum* 优良无性系为亲本，按照 Griffing 方法，配制成对双列杂交组合 12 个（包括正交 6 个，反交 6 个），配合力效应估算结果表明，同一性状的一般配合力效应值在不同亲本间差异亦较大，并且同一性状的特殊配合力效应值在不同组合间差异亦较大。Qu 等（1996）也利用 2n 花粉途径成功将 *S. phureja* 中的青枯病抗性转育到四倍体栽培种中，得到一批具有青枯病抗性的材料。

体细胞融合利用

Fock 等（2000） 将 *S. phureja* 与马铃薯双单倍体 BF15 通过原生质体融合，获得了具有抗青枯病能力的品系。司怀军等（1997）利用电融法将普通栽培种的一个优良双单倍体品系 81-15 与 *S. phureja* 融合，得到了生活力强的愈伤组织，进一步通过分化培养基筛选获得了具有优良农艺性状的体细胞杂种的品系。

常规杂交利用

为解决四倍体马铃薯栽培种近交严重和遗传基础狭窄的问题，Haynes 等（1972）依据块茎的大小和结薯的数量对 *S. phureja* 和 *S. stenotomum* 两个种进行最初的轮回选择，形成了 *S. phureja* 和 *S. stenotomum* 的杂种群体（PHU-STN），其中包括 72 个半姊妹家系（Haynes，1980）。杂种群体（PHU-STN）比重的狭义遗传力估算结果表明，其遗传力范围在 0.28 ~ 0.74 之间，而且未被选择群体和被选择群体在比重上有显著差异，方差分析表明对这个群体进行进一步轮回选择有利于提高薯块比重（Ruttencutter et al，1979）。赵明辉等（2004）测定了 9 份 PHU–STN 无性系的主要品质性状，结果表明 PHU–STN 无性系与四倍体品种（系）在干物质含量和粗蛋白质含量上有明显差异，而在维生素 C 含量和还原糖含量上差异不明显。王潇等（2014）分析了 32 份适应长日照的 PHU–STN 无性系块茎中铁和锌的含量，分别筛选到 28 份二倍体无性系铁含量和锌含量均显著高于四倍体品种。此外，赵明辉等（2020）评价了 164 份 PHU–STN 无性系的耐盐性，并从中筛选出 26 份耐盐无性系。

低温会导致马铃薯块茎淀粉降解、还原糖（主要是葡萄糖和果糖）积累，称为“低温糖化”现象。马铃薯品种抗低温糖化性状改良已成为马铃薯加工品质育种的主要目标。通过“渐渗育种”将马铃薯原始栽培种和野生种中优良性状基因整合进栽培种中，是创制普通栽培种抗低温糖化种质，获得适宜炸片品系的有效途径。赵青霞等（2013）以 *S. phureja* 为父本，以国内马铃薯主产区抗旱、抗病、高产但抗低温糖化特性差的主栽品种（四倍体）为母本，通过杂交、回交获得渐渗系。以 *S. phureja* 为供体亲本的渐渗系（0712–33 和 0722–90）在产量、干物质含量、淀粉含量和支链淀粉含量上均显著高于以 *S. vernei* 和 *S. raphanifolium* 为供体亲本的渐渗系，且 0722–90 在低温储藏 180 d 后还原糖含量和丙烯酰胺含量仍然较低，适宜于炸片加工。

由茄科雷尔氏菌（*Rastonia solanacearun*）引起的青枯病是仅次于马铃薯晚疫病的马铃薯第二大病害，在世界范围内的马铃薯主要栽培国家和地区均有马铃薯危害发生。Rowe 和 Sequeira（1970）利用 *S. phureja* 的抗青枯病无性系（R）和易感青枯病无性系（S）配置 R×S、R×R 和 S×S 杂交组合，通过接种 K–60 菌株，在后代中鉴定到一些抗青枯病材料。何礼远等（2007）选育的高抗青枯病的新品种“抗青 9–1”，其母本为 BR63.5，其抗性就来源于 *S. phureja*。

Solanum stenotomum

基本信息

S. stenotomum 主要种植在以秘鲁和玻利维亚交界处“的的喀喀湖”为中心的地区，包括从秘鲁经玻利维亚到阿根廷西北部的安第斯山高地以及南美洲的哥伦比亚、秘鲁、玻利维亚的安第斯山区及乌拉圭等地。*S. stenotomum* 是二倍体中栽培时间最早的一个种，公元前 2000 年就已被栽培。*S. stenotomum* 为二倍体，EBN 为 2，S 型细胞质（Hosaka et al，1988），该种具有能够诱发孤雌生殖的隐性基因，且能够产生 2n 配子。

Hawkes（1958）提出 *S. stenotomum*

的起源与 *S. canasense*、*S. leptophyes* 和 *S. soukupii* 等的祖先有关。*S. stenotomum* Juz. et Buz. 是马铃薯的七个栽培种之一，它在安第斯高原的“的的喀喀湖”周边被驯化，跨越秘鲁和玻利维亚的边界（Bukasov，1978）。*S. stenotomum* Juz. et Buz 二倍体种也称为 *S. tuberosum* Stenotomum group，被认为是栽培种马铃薯的祖先（Hawkes，1990）。Huamán 和 Spooner（2002）认为 *S. stenotomum* 属于 *S. tuberosum* 的一个栽培种群，鉴于 *S. stenotomum* 与其他种具有共同的形态特征，后被 Spooner（2007）纳入 *S. tuberosum* Andigenum 类群。

植物学与农艺性状

S. stenotomum 有许多形态类型，植株细小，叶片茸毛稠密且无光泽，小叶很窄；晚熟，5 ~ 6 个月才能形成块茎。块茎芽眼较深，薯皮呈黄色或白色，有时有花青素，表面不光滑，薯形多为圆形或长形（见图 20-2、图 20-3），块茎休眠期长（孙慧生，2003）。

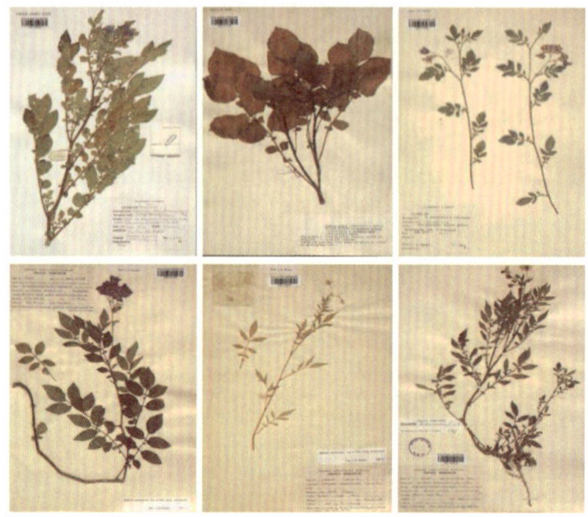

图 20-3 *S. stenotomum* 植株标本[b]

图 20-2 *S. stenotomum* 植物学及农艺学性状[d]

抗 PVY 病毒

黄美杰等（2009）通过人工接种的方法对 5 个不同 *S. stenotomum* 杂交组合进行 PVY 抗性鉴定，结果表明不同野生种对 PVY 抗性存在明显的差异，其中 *S. stoloniferum* (S.A2) × *S. stenotomum* (104) 和 *S. stoloniferum* (SA5) × *S. stenotomum* (105) 组合抗性最强，属于抗病群体；*S. chacoense* × *S. stenotomum* (103) 组合属于中抗群体。

抗甲虫

糖苷生物碱（Steroidal glycoalkaloids，SGAs）是马铃薯特有的天然次生代谢物，在栽培种中主要包含 α－茄碱（α－Solanine）和 α－卡茄碱（α－Chaconine），而马铃薯野生种 *S. chacoense* 中还包含有勒帕茄碱（leptines）、垂茄碱（demissine）和番茄碱糖苷（tomatine）等稀有糖苷生物碱，这些物质具有抑制病原菌侵袭、防止昆虫采食的功能。CIP 通过超过 15 年的努力，利用栽培马铃薯 *S. tuberosum*、*S. andigena*、*S. phureja*、*S. stenotomum* 和野生马铃薯 *S. bukasovii*、*S. chacoense*、*S. multidissectum*、*S. sparsipilum* 创制了一批适应短日照结薯的二倍体抗虫材料（Kazuo et al，2008）。

Solanum chaucha

基本信息

S. chaucha 主要分布于秘鲁海拔 2,100～4,100 m 的地区，在玻利维亚、厄瓜多尔和哥伦比亚也有零星发现。*S. chaucha* 是三倍体栽培种，具有 S 型 ct 基因组（Hosaka et al，1986）。

图 20-4 *S. chaucha* 植物学及农艺学性状[d]

图 20-5 *S. chaucha* 植株标本[b]

S. chaucha 形态变异很大，生育期长达 5～6 个月（见图 20-4、图 20-5）。

分类进展

Rybin（1929，1933）提出根据倍性水平来区分形态相似的马铃薯栽培种。Bukasov（1939）认为 *S. chaucha*（= *S. tuberosum Andigenum*）是一个块茎无休眠期的杂交三倍体种，由 *S. phureja* 和 *S. Andigenum* 的杂交形成。基于比较形态学、生殖生物学、细胞学和遗传学数据以及栽培实践，Dodds（1962）将其分类为 Group Chaucha。Lekhnovich（1971）和 Bukasov（1971，1978）将其命名为 *S. chaucha Juz. and Bukasov*。在 Hawkes（1990）分类系统中，认为 *S. chaucha* 是一个三倍体栽培种，起源于二倍体 *S. phureja* subsp. *phureja* 或 *S. stenotomum* 和四倍体 *S. tuberosum* subsp. *andigenum* 之间的自然杂交。Ochoa（1990，1999）将其分类为 *S.* × *chaucha*。按照形态学，Huamán 和 Spooner（2002）建议将该种分类为 *S. tuberosum Chaucha*；Spooner 等（2007）根据《国际栽培植物命名法》形态与分子证据，将其归为 *S. tuberosum* L. Andigenum Gruop。

Solanum tuberosum Chilotanum Group 的利用与改良

基本信息

Chilotanum Group 主要分布在智利南部，Hawkes（1956）将所有的四倍体马铃薯（智利种和安第斯种）归类为 *S. tuberosum* L.。Dodds（1962）和 Brücher（1998）也同意这一分类。Hawkes（1990）提出 *S. tuberosum* Chilotanum Group 来自于 *S. tuberosum* Andigenum Group 四倍体种群的长日照适应性选择。基于多地起源假说，Juzepczuk 和 Bukasov 认为，*S. tuberosum* Chilotanum Group 是从智利南部的低地和邻近岛屿进化而来，独立于 *S. tuberosum* Andigenum Group。俄罗斯分类学家认为智利地方种是野生四倍体种 *S. fonckii* 进化而来。Ugent 等（1987）提出了四倍 *S. tuberosum* Chilotanum Group 的另一起源假说，认为其可能

来自野生种 *S. maglia*。现有研究表明其来自智利西海岸和阿根廷的一个峡谷，基于限制起源假说，*S. tuberosum* Chilotanum Group 最初起源于安第斯山脉，在安第斯山脉中部驯化后，被引入智利。

植物学与农艺学性状

Chilotanum Group 在形态学上相对统一（见图 20–6）。Chilotanum Group 大多数块茎呈卵圆形，块茎小（直径可达 3 cm），薯皮和薯肉呈蓝色、紫色、浅红色；都有长匍匐茎，其中一些延伸超过 2 m（Ovchinnikova et al，2011）。Anita 等（2023）利用 CIP 标准，对 290 个 Chilotanum Group 基因型进行了表型分析，结果表明薯肉颜色主要有乳白色（41%）、黄色（26%）或白色（2%），彩薯薯块薯肉颜色主要呈紫色和红色，其中 21 个基因型薯肉为紫色，10 个基因型薯肉为粉红色，只有 1 个基因型薯肉为浅红色（见图 20–7），这主要是由于 Chilotanum Group 块茎具有很高的花青素含量和总酚含量（TPC）。进一步将分子标记与表型性状进行关联分析表明，薯肉为红色和紫色，皮呈黑色的块茎中花青素含量最高，花青素含量低的块茎薯肉呈奶油色，皮呈褐色，而总酚含量低的基因型薯肉主要为白色，外皮呈棕色。使用 UPGMA 将这 290 个基因型分成了 7 个不同的分支，在 B（47%）和 F（59%）分支中，基因型与花青素含量和总酚含量呈正相关。此外，Chilotanum Group 可以和普通的栽培马铃薯品种杂交，提高后代对病害和胁迫的抵御能力。

图 20–6 Chilotanum Group 植株标本（引自 Ovchinnikova，2011）

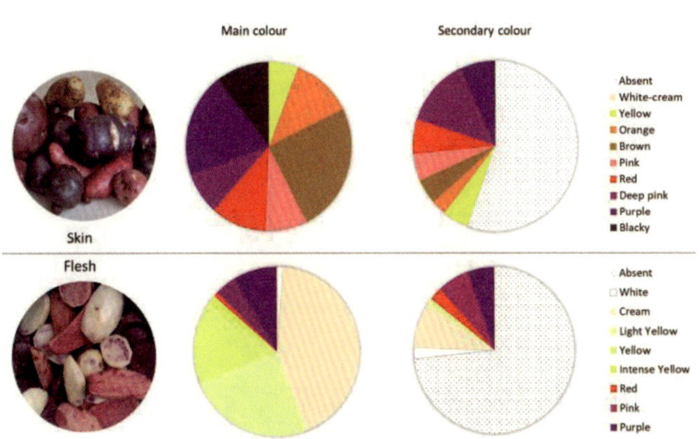

图 20–7 Chilotanum Group 块茎薯皮和薯肉颜色（引自 Anita，2023）

地方品种资源

地方品种资源是指在特定的地域或地区出现的一类农作物种群，其形态、生理特性、产量和品质等性状较为突出和适应性强。地方品种通常具有丰富的遗传多样性和环境适应性。国际马铃薯中心（CIP）保存的地方品种超过4400份。马铃薯地方品种高度多样化，块茎形状、表皮及薯肉颜色各异，包括二倍体（2n = 2x = 24）、三倍体（2n = 3x = 36）、四倍体（2n = 4x = 48）和五倍体（2n = 5x = 60）。目前，马铃薯地方品种主要分布在委内瑞拉西部到阿根廷北部及智利中南部沿海一带。

马铃薯在我国的栽培历史已有400余年。1848年，吴其濬在《植物名实图考》一书中记载了我国马铃薯栽培史上的第一张马铃薯形状素描图，其描述既有紫花品种，又有白花品种，而且叶片形状也不相同。20世纪40年代以前引入或传入我国，经过生产实践成为适应当地条件的地方品种，包括“兰花”“大白芋子”“延边红”“红窝（Warba）”“男爵（Irish Cobbler）”和“朝鲜白（Cobbler）”等。我国在长期的马铃薯生产实践过程中积累了大量地方品种，为进一步改良和选育马铃薯品种提供了大量种质资源。我国于1940年、1943年及1947年三次较大数量引进品种（系）74份，杂交组合62个，自交系45份，近缘种16份。从这些材料中鉴定出了一批有利用价值的种质资源。1956年，农业部从全国各县地征集到567份马铃薯地方品种。收集到的优良品种包括四川抗晚疫病的“滑石板”“巫峡”“丰收”和抗癌肿病的“金红”，吉林抗瓢虫的“延边红”，江苏抗退化的“上海红”及四川、甘肃种植的地方品种“乌洋芋”。1983年由黑龙江省农科院马铃薯研究所等单位组织出版了《全国马铃薯品种资源编目》，编入引进鉴定推广品种27个、地方品种123个、优良品系材料171份以及我国育成品种93个。其中地方品种编入条件为“经过长期生产与自然条件的考验得以保存下来的珍贵品种，具有某些优良特性，只要生产上存在的或有单位保存者，一律编入”。

Solanum Juzepczukii 的利用与改良

基本信息

起源与分布

S. juzepczukii 主要分布在秘鲁、玻利维亚和阿根廷北部的安第斯山海拔3700～4100 m的地区（见图20–8），该生长地区时常有霜冻形成。*S. juzepczukii* 的名称是为了纪念俄罗斯植

图 20-8 *S. juzepczukii* 分布地区[b]

物学家 Sergei Vasilievich Juzepczuk。

遗传信息

S. juzepczukii 是由二倍体栽培种 *S. tuberosum* 和四倍体野生种 *S. acaule* 杂交产生。*S. juzepczukii* 为三倍体，EBN 为 2，自交不亲和，短日照结薯，核基因组类型为 A，细胞质基因组类型为 M（Hawkes，1962；Schmiediche et al，1980）。通过比较叶绿体基因组发现 *S. juzepczukii* 叶绿体基因组与 *S. acaule* 的同源性较高（Park，2021）。

分类进展

Juzepczuk 和 Bukasov 认为智利地方种是在智利南部低地地区和邻近岛屿上由独立于 Andigenum group 的种群进化而来，他们发现 *S. juzepczukii*、*S. curtilobum* 与野生种 *S. acaule* 在形态上具有相似性，且该物种具有独特的倍性水平和生态地理标准。Juzepczuk 认为 *S. juzepczukii* 和 *S. curtilobum* 具有相同的起源，将其归入 Acaulia 系。Bukasov 认为 *S. juzepczukii* 由未知的栽培二倍体和野生四倍体物种 *S. acaule* 自然杂交产生（Bukasov，1955；Lekhnovich，1971）。Huamán 和 Spooner（2002）通过形态学分析，并结合前人研究，将 *S. juzepczukii* 重新分类为马铃薯栽培种中的一个三倍体种。

植物学与农艺学性状

植物学性状

S. juzepczukii 株高通常 0.4 ~ 0.8 m，基生叶序半莲座状，半直立。植株基部直径 10 ~ 15 mm，无翅或有狭翅，疏生短柔毛，颜色为绿色或带有紫色斑点。

S. juzepczukii 叶片为奇数羽状复叶，长 × 宽 在 (14 ~ 28) cm × (6 ~ 10) cm 之间，深绿色，具皱纹，正面和背面具有疏生短柔毛，与茎毛相似。侧生小叶为 5 ~ 7 对，从顶端到基部由大到小递减。最上部的侧生小叶长 × 宽在 (2.5 ~ 6.5) cm × (1 ~ 3.5) cm 之间，在下侧的轴上稍下延，宽卵形到宽椭圆形，先端钝到锐尖，基部楔形或圆形。顶生小叶长 × 宽在 (3 ~ 7) cm × (2 ~ 4) cm 之间，宽卵形或宽椭圆形，基部楔形或圆形。插入的小叶 1 ~ 4 片，叶柄短小，宽卵形或宽椭圆形。叶柄 2 ~ 4 cm，茎具有短柔毛。假托叶 1 ~ 5 mm，耳形，短柔毛，与茎毛相似。

图 20-9 *S. Juzepczukii* 植物学性状[b]

S. juzepczukii 花序长 5 ~ 6 cm，顶生一对花芽，通常在植株的上半部，通常分叉，有 10 ~ 15 朵花，所有的花表面光滑，轴被短柔毛，毛与茎毛相似；花序梗长 7 ~ 16 cm；花和果实的花梗长 22 ~ 35 mm，间隔 1 ~ 10 mm，关节不明显或稍明显，花梗的下半部关节较长。

花型为同型花柱，5 瓣。花萼长 4 ~ 10 mm，筒部长 1 ~ 2 mm，裂片长 2 ~ 9 mm，三角形披针形或椭圆形披针形，裂片顶端有尖头，尖头长 2 ~ 4.5 mm，有类似于茎的毛。花冠直径 3 ~ 4 cm，紫丁香色、暗红紫色或中到深紫色，筒部长 1 ~ 2 mm，头状花序长约 3 ~ 5 mm。花冠边缘扁平，背面不折叠，背面无毛，正面微柔毛，特别是沿中脉，边缘具缘毛。雄蕊花丝长 1 ~ 2 mm，花药长 3 ~ 5 mm，披针形。子房无毛。花柱长约 6 ~ 8 mm，超过雄蕊 1 ~ 2 mm，在上半部具小乳突，柱头头状。

S. juzepczukii 浆果为球状或卵球形，直径 0.5 ~ 1 cm，成熟时为绿色或绿色微紫色，无毛。实生种子呈卵球形，长大约 2 mm，新鲜时呈白色或绿色，干燥时呈褐色，种皮细胞的侧壁上存在一层厚厚的毛发状覆盖物，使种子潮湿时产生黏液，整个呈绿白色，当侧壁被酶消化去除时，种皮细胞呈蜂窝状（见图 20-9、图 20-10）。

图 20-10 *S. Juzepczukii* 植株标本[c]

图 20-11 *S. Juzepczukii* 块茎表型[b]

农艺学性状

马铃薯 *S. juzepczukii* 块茎的性状差异较大，大多数品种块茎外皮为紫色，薯肉为紫色，仅有少部分为白色或黄色（见图 20-11）。

重要性状鉴定与遗传解析

配糖生物碱

S. juzepczukii 是高海拔地区（3,700 m 以上）的主要马铃薯种（Huamán et al，2002），其祖先种 *S. acaule* 和 *S. megistacrolobum* 都具有霜冻耐受性（Hijmans et al，2003）。*S. juzepczukii* 是马铃薯种质改良的重要资源（Hovav et al，2008），为育种者提供了丰富的遗传多样性，其重要的遗传性状包括块茎产量和大小、低糖苷生物碱含量、较高的营养价值、特殊的风味和优良烹饪特性等。*S. juzepczukii* 含有锤茄碱等两种以上未鉴定的配糖生物碱（Osman et al，1986），这些发现对植物育种和食品安全具有重要的意义。配糖生物碱会影响马铃薯的口感，使其味道偏苦，而 *S. juzepczukii* 具有抗霜冻和抗旱特性，但它们的配糖生物碱含量不高，因此无苦味。*S. juzepczukii* 含有二糖二氢 －β1－ 查茄碱。当植物中含有二糖二氢 －β1－ 查茄碱和二氢茄碱时，它们会代替 α－ 查茄碱和 α－ 茄碱，并且含量与 α－ 查茄碱和 α－ 茄碱相当。

抗寒性

霜冻会导致叶子部分或完全丧失活性，导致光合产物减少，从而导致产量下降。*S. juzepczukii* 是唯一在寒冷地区种植的马铃薯种（Ochoa，1990）。*S. acaule* 和 *S. juzepczukii* 都能抵抗霜冻，能很好地适应山区频繁发生的温度变化（Ochoa，1990）。

耐热性

光系统 II（Photosystem II, PSII）是光合作用中对高温比较敏感的部分，PSII 的热变性会导致在弱光下叶绿素荧光突然上升（Schreiber and Berry, 1977），从而可以提供一种便捷的方式评价植物

表 20-1 *S. juzepczukii* 不同品种杂交

父本	母本	结果率	结实率	胚芽	倍性
S. tuberosum (4x)	*S. juzepczukii*	是	是	是	4x
S. juzepczukii	*S. tuberosum* (2x)	非常低	非常低	是	
S. juzepczukii	*S. acaule*	低	非常低	是	

的相对耐热性(Berry and Raison, 1981)。Havaux (1955) 的研究发现 *S. juzepczukii* 中 PSII 比 *S. tuberosum* 更耐热，表明 *S. juzepczukii* 对极端温度胁迫的耐受性更强，因此，光合作用对霜冻和高温的适应能力可能是马铃薯在安第斯高原区生存的先决条件。

重要性状改良与利用

倍性操作利用

Swaminathan（1950）发现用秋水仙碱处理马铃薯种子，可以将马铃薯品种或杂交种的染色体数量加倍。现已证明将插枝放在秋水仙碱溶液中，可以有效使不育的三倍体 *S. juzepczukii* 的染色体数量增加一倍。用“秋水仙素嫁接”法使马铃薯插条染色体数目增加一倍后，Swaminathan 成功获得了六倍体，该六倍体 *S. juzepczukii* 能够与四倍体杂交。

常规杂交利用

由于 *S. juzepczukii* 为三倍体，很少有机会利用这个种进行育种（见表 20-1），目前用驯化的二倍体花粉进行人工授粉，仅得到一些带有几粒实生种子的浆果（Ochoa，1990）。

Solanum curtilobum 的利用与改良

基本信息

S. curtilobum 是由安第斯种四倍体和马铃薯原始栽培种 *S. Juzepczukii* 杂交得到，主要分布在秘鲁北部到玻利维亚中部的高地，而在阿根廷北部海拔 3,800 m 以上的区域分布较少（见图 20-12）。

S. curtilobum 简称为 cur，该栽培种为五倍体，EBN 为 4（Spooner and Hijmans，2001）。自交亲和，块茎形成

图 20-12 *S. curtilobum* 分布地区[b]

光周期条件为短日照，核基因组类型为A，细胞质基因组类型为P。

Dodds（1962）按《国际栽培植物命名法规》（ICNCP）划分马铃薯栽培种，*S. curtilobum* 被划分为一个独立的栽培种。Huamán 和 Spooner（2002）研究支持栽培马铃薯地方品种种群分类的形态学，使用了 Hawkes（1990）分类学处理中概述的所有7个种和大多数亚种的代表，分别为 *S. ajanhuiri*、*S. chaucha*、*S. curtilobum*、*S. juzepczukii* 和 *S. tuberosum* 的分类。Spooner 等（2007）利用 SSR 标记指纹技术分析了742个地方品种及8个与栽培马铃薯有着密切亲缘的野生种的系统发育关系，根据《国际栽培植物命名法》的形态学和分子证据，将马铃薯栽培种重新划分为块茎种 *S. tuberosum*、二倍体 *S. ajanhuiri*、三倍体 *S. juzepczuki*、五倍体 *S. curtilobum* 四类。

植物学与农艺学性状

S. curtilobum 株高0.5～0.9 m，基生叶序通常为半莲座，发育至半直立。植株基部茎直径10～16 mm，具窄翅，稀疏的柔毛，绿色带紫色斑点。在其起源地1—5月开花结果。

叶片奇数羽状复叶，长7～18 cm，宽3.5～9 cm，深绿色，近轴面和远轴面疏生短柔毛，有类似茎的柔毛。侧生小叶5～6对，大小从顶端到基部递减。多数远侧小叶长2.5～4.5 cm、宽1.5～2.7 cm，卵形到椭圆形，顶端短渐尖，基部截形到圆形到心形。顶生小叶长2.7～4.5 cm、宽1.5～2.7 cm，卵形至椭圆形，顶端短渐尖，基部截形到圆形到心形。倒生小叶4～6对，无柄至短具小叶柄，卵形至椭圆形。叶柄2～4 cm，具有和茎一样的短绒毛。

花序5～11 cm，顶生有一对生腋芽，通常在植株的上半部，通常叉状，有8～14朵花，所有的花发育完全时，花轴与茎类似，具有短柔毛。花序梗长7～8 cm。花和果实中的梗长1.6～2.2 cm，0.1～1.0 cm，节间不明显或仅稍明显。

花型为同型花柱，5瓣。花萼长6～8.5 mm，管长1～2 mm，裂片4～7.5 mm，椭圆状披针形裂片顶端突然变窄至短尖，渐尖长2～3.5 mm，类似茎的柔毛。花冠直径3.5～5 mm，轮生，淡紫色，管长1～2 mm，尖长1～3 mm，花冠边缘平，背侧不折叠，远轴面无毛，近轴面有微柔毛，特别是沿中脉，边缘有柔毛，尤其在花冠的顶端。雄蕊长1～2 mm。花药长5～6 mm，披针形，顶端靠合，黄色，顶端呈多孔状，随着生育期的增长，毛孔延长成狭缝。子房无毛。花柱长8～9.5 mm，宽约1 mm，超过雄蕊3～4 mm，直型，乳头状在上半部。头状柱头。

果实为球形至卵形浆果，直径2～3 cm，成熟时浅绿色至绿色，带紫色，无毛。实生种子呈白色或绿色，干燥时呈褐色，卵圆形，长约2 mm，种皮细胞侧壁有较厚的毛发状覆盖，实生

图 20-13 *S. curtilobum* 植物学及农艺学性状[b]

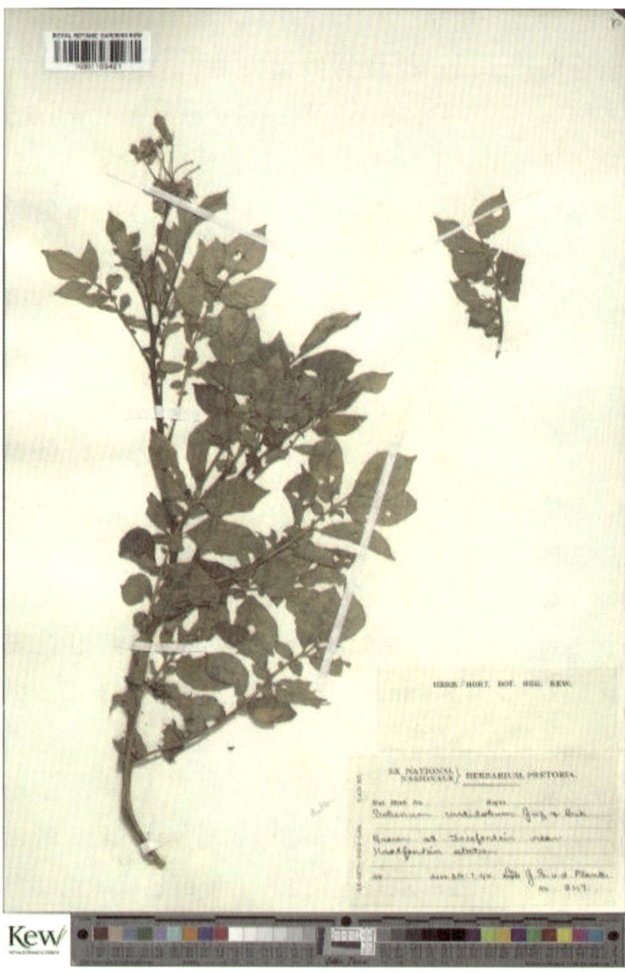

图 20-14 *S. curtilobum* 植株标本[c]

种子湿润时呈黏液状，全为绿白色。经酶消化去除侧壁时，雄蕊细胞呈蜂窝状，其植株如图 20-13、图 20-14 所示。*S. curtilobum* 块茎通常为紫色或白色薯皮及白色薯肉（见图 20-13）。

重要性状鉴定与遗传解析

晚疫病抗性

由致病疫霉菌 *Phytophthora infestans* 引起的马铃薯晚疫病严重威胁着全球马铃薯的生产安全，严重时导致马铃薯大幅度减产。王洪洋等（2019）利用离体叶片接种法对国内外收集和引进的 43 份马铃薯种质资源进行晚疫病抗性鉴定，发现

表 20-2 *S. curtilobum* 抗性水平鉴定

病害	类型	抗性水平	来源
晚疫病	真菌	一般抗性	Bachmann-Pfabe，2019
PVX	病毒	一般抗性	Machida-Hirano，2015
青枯病	细菌	抗性	Martin，1977
根结线虫	无脊椎动物	一般抗性	Machida-Hirano，2015
霜冻	非生物胁迫	一般抗性	Machida-Hirano，2015
干旱	非生物胁迫	一般抗性	Machida-Hirano，2015

S. curtilobum 对晚疫病的抵抗力为中间抗性（19.8%～29.0%），病级为3级（离体叶片形成中量病斑，占叶面积的10%～30%，病斑周围有褪绿晕圈且可见白色菌丝）。*S. curtilobum* 抗性水平鉴定见表 20-2。

抗寒性

S. curtilobum 生长在海拔 4,200m 的地区，是最耐寒的马铃薯种之一。主要分布在秘鲁南部和玻利维亚北部，一年中有 300 d 会经历霜冻。根据 Mendoza 等（1979）的报道，*S. curtilobum* 能抵抗 －4 ℃到 －5 ℃的低温，可能是由于它含有来自 *S. acaule* 的血缘（Chen et al，1999）。Martinez 等（2001）研究发现 *S. curtilobum* 对 PEG 诱导的水分胁迫和甲基紫精（Methyl viologen）介导的氧化胁迫具有较强的耐受能力，在两种胁迫条件下表现出较高的总 SOD 活性，其中叶片 SOD 和 FeSOD 的总活性显著增加（约 2 倍），约占总活性的 50%。

主要农艺性状评价

Duran 等（2003）发现，*S. curtilobum* 主要在芽眼深浅、薯肉颜色和叶片解剖方面存在差异，但在更多性状上存在统计学差异。这表明 *S. curtilobum* 种具有相当大的遗传多样性，与 Ochoa（1979）和 Schmiediche（1980）等的研究相反。

Bonifacio（2013）以 *S. curtilobum* 的两个品种“Laram Ch'uqipitu”和“Janq'u Ch'uqipitu”为材料，对其花粉育性、种子活力以及产生的遗传和形态变异进行评价，以 *S. tuberosum* ssp. *andigena*（“Waych'a”）作为对照。结果表明三个品种都具有良好的花粉育性，其中“Janq'u Ch'uqipitu”的实生种子平均发芽率为 68.33%，“Laram Ch'uqipitu”的实生种子平均发芽率为 66.00%，“Waych'a”的实生种子平均发芽率为 61.33%。各品种在生长习性、花色、块茎表皮颜色、块茎果肉颜色、芽眼的数量和深度及块茎形状等方面均存在差异。杂交后代倍性多变，可分为三倍体、四倍体和五倍体。“Laram”和“Janq'u Ch'uqipitu”后代单株产量分别为 398.1 ± 428.9 g 和 558.9 ± 583.4 g。实生种子产生的遗传多样性对于选择基因型扩大遗传多样性意义重大。

重要性状相关基因挖掘

高等植物的生长和发育以及它们对外界刺激的反应，都受到植物激素介导的细胞间通讯的调节。除了“经典”植物激素（IAA、细胞分裂素、ABA等）外，许多肽类激素家族，它们是可移动分泌的寡肽或小蛋白，在协调植物发育过程中发挥着重要作用（Gancheva et al，2019）。CLE（CLV3/ESR）肽家族是具有多种功能的肽植物激素中最著名的家族之一。Gancheva等（2021）利用NCBI数据库，通过CLE基因同源性分析，从*S. curtilobum*中鉴定出40个CLE基因，与其他不同种的马铃薯CLE蛋白相比，*S. curtilobum*栽培种中CLE26蛋白的CLE结构域中，第一位是L；CLE11蛋白的CLE结构域中，第五位是E。CLE蛋白AAS中的巨大种间差异与CLE结构域外的序列有关，*S. curtilobum*种CLE5蛋白的VD中有额外的4AA区，使其能够分别编码没有该区域的蛋白质和有该区域的蛋白质。

*S. curtilobum*为异源多倍体栽培种，为培育优良品种提供种质资源。当多倍体形成时，人类选择可能作用于结合基因组产生的新转录网络的调控。这些新的途径可能贡献了重要的驯化性状。此外，同源染色体上的基因已被证明在异源多倍体中差异转录（Hovav et al，2008）。一个基因组相对于另一个基因组的优势表达水平因组织和发育时间点而异，并可能受到驯化事件的影响（Flagel et al，2008）。五倍体*S. curtilobum*可直接与栽培品种杂交，产生可育的非整倍体后代。

附件一

茄属检索表（引自《中国植物志》第 67(1) 卷 (1978)）

①植物体无刺；花药较短而厚；顶孔向内或向上，大多数与药室直径相等，常初时顶生，而后裂成侧缝……………………………………………………………………………②

①植株有刺；药长并在顶端延长，顶孔细小，向外或向上…………………………㉒

②地下枝形成块茎；叶为奇数羽状复叶，小叶片具柄，大小相间；伞房花序初时近顶生，而后侧生（栽培种）…………………………………………… **马铃薯** *Solanum tuberosum*

②无地下块茎；叶不分裂或羽状深裂，裂片近于相等；花序顶生，假腋生，腋外生或对叶生……………………………………………………………………………………③

③草本至亚灌木或小灌木，直立，扶立或攀援；浆果小，直径最大不超过 1 cm ………④

③直立灌木或小乔木；浆果较大，直径约 1.2 ~ 2.5 cm …………………………………⑱

④直立草本或灌木状，通常矮小；聚伞花序、蝎尾状或因总轴的极端紧缩而形成伞状（极少为聚伞式圆锥花序）……………………………………………………………………⑤

④蔓生草本或藤状亚灌木至小灌木；校细长；聚伞花序顶生或腋外生，极少为聚伞式圆锥花序……………………………………………………………………………………⑧

⑤花紫色，成熟浆果红色；花萼的两萼齿间连接成弧形……… **红果龙葵** *Solanum villosum*

⑤花白色（稀青紫色）；成熟浆果黑色；花萼的两萼齿间连接成角度…………………⑥

⑥亚灌木；花序短蝎尾状或为聚伞式圆锥花序…………………… **木龙葵** *Solanum scabrum*

⑥一年生草本。花序伞状或为短的蝎尾状…………………………………………………⑦

⑦植株粗壮；短的蝎尾状花序通常着生 4 ~ 10 朵花；果及种子均较大 …… **龙葵** *Solanum nigrum*

⑦植株纤细；花序近伞状，通常着生 1 ~ 6 朵花；果及种子均较小 ……………………………………………………………………………**少花龙葵** *Solanum americanum*

⑧叶通常 5 ~ 7 ~（9）羽状深裂，裂片卵形，卵状长椭圆形至披针形 …………………⑨

⑧叶全缘或全缘至基部（2）~ 3 ~ 5 裂，裂片全缘或具波状齿 …………………………⑪

⑨植株无毛；叶的裂片多为卵状长椭圆形，全缘……………… **南青杞** *Solanum seaforthianum*

⑨植株被毛；叶的裂片卵形至披针形，全缘或浅波状……………………………………………⑩

⑩植株被白色具节弯卷的短柔毛；叶的裂片多为披针形，先端尖……………………………………………………………………………………………… **青杞** *Solanum septemlobum*

⑩植株被腺毛及白色具节的短柔毛；叶的裂片近卵形或披针形，先端钝或尖………………………………………………………………………… **茄子蒿** *Solanum septemlobum* var. *indutum*

⑪叶至少有少数在基部具（2）~ 3 ~ 5 裂 ……………………………………………………⑫

⑪叶决不分裂…………………………………………………………………………………………⑯

⑫植株无毛或被较稀疏的短柔毛或几近于无毛………………………………………………⑬

⑫茎叶均被多节的长柔毛，叶全缘至基部 3 ~ 5 裂 ……………………………………………⑮

⑬植株无毛；茎生叶多在基部为 3 深裂，茎生叶披针形至卵状披针形，全缘；花大，直径约 2.5 cm（栽培种）…………………………………………… **素馨叶白英** *Solanum laxum*

⑬植株近无毛或被稀疏的短柔毛；花小，直径不超过 1 cm ……………………………………⑭

⑭叶戟形，中裂片边缘有时具不规则波状齿或浅齿……………… **欧白英** *Solanum dulcamara*

⑭叶三角状披针形或卵状披针形，稀自基部 3 浅裂，中裂片边缘不具波状齿或浅齿……………………………………………………………………… **野海茄** *Solanum japonense*

⑮叶大多全缘，心脏形或卵状披针形，基部心形，稀自基部戟形 3 裂………………………………………………………………………………… **千年不烂心** *Solanum cathayanum*

⑮叶大多基部为戟形至琴形，3 ~ 5 裂 …………………………………… **白英** *Solanum lyratum*

⑯植株光滑无毛；叶披针形至卵状披针形；花多数为白色，少数为紫色………………………………………………………………………………… **海桐叶白英** *Solanum pittosporifolium*

⑯植株被微柔毛，至少叶的边缘具缘毛………………………………………………………⑰

⑰草本，基部木质化；叶卵形至广卵形，基部阔心形或圆形；花紫色………………… **光白英**

⑰草本；叶卵状披针形，基部圆形…………………………………… **台白英** *Solanum hidetaroi*

⑱小乔木，密被白色头状簇绒毛；聚伞花序多花，形成近顶生的聚伞式圆锥状平顶花序…………………………………………………………………………… **假烟叶树** *Solanum erianthum*

⑱灌木，无毛或幼枝被树枝状簇绒毛；聚伞花序侧生、腋外生或近于对叶生或蝎尾状花序顶生、腋生或近腋生…………………………………………………………………………⑲

⑲花序及果序蝎尾状；植株完全无毛……………………………………………………………⑳

⑲花多单生，很少成蝎尾状，果单生；无毛或幼枝及叶下面沿脉常有树枝状簇绒毛……㉑

⑳花序蝎尾状顶生、腋生或近腋生；花冠辐形，蓝紫色；果椭圆状长椭圆形；叶自基部 3 ~ 5 裂（栽培种） …………………………………………… **澳洲茄** *Solanum laciniatum*

⑳花序螺旋状，对叶生或腋外生；花冠深 5 裂，白色；果圆形；叶狭椭圆状披针形，决不

分裂……………………………………………………………………旋花茄 *Solanum spirale*

㉑全株光滑无毛………………………………………………………**珊瑚樱** *Solanum pseudocapsicum*

㉑幼枝及叶下面沿脉常被树枝状簇绒毛…… **珊瑚豆** *Solanum pseudo-capsicum* var *diflorum*

㉒毛被简单（仅 *S. khasianum* C. B. Clarke 的叶下面被有不明显的稀疏分散的星伏毛），丝状或纤毛状；茎上的皮刺直而尖锐；聚伞花序短而少花（*S. sisymbriifolium* 为蝎尾状花序）……………………………………………………………………………………㉓

㉒毛被为星状绒毛；茎上皮刺多种多样；聚伞花序通常多花，有时花序有两种并生，能孕花单生而不孕花较多……………………………………………………………………………㉖

㉓花紫色；果实倒梨形，基部具 5 个突起（栽培种）……………**乳茄** *Solanum mammosum*

㉓花白色，少数为亮紫色；果实圆球形至扁球形………………………………………………㉔

㉔茎、枝无毛，具细而直的皮刺；叶上面及边缘多纤毛，下面无毛或在近边缘处被少数分散的纤毛；果实较大，扁球形，成熟后橙红色………………… **牛茄子** *Solanum capsicoides*

㉔茎枝上多混生具节长硬毛，短硬毛及腺毛或全部为柔毛状腺毛，具基部宽扁的皮刺或钻状皮刺；果实较小，圆球形，成熟后淡黄色或殊红色…………………………………………㉕

㉕成熟果淡黄色，宿萼不膨大包果；叶不为羽状裂……… **喀西茄** *Solanum aculeatissimum*

㉕成熟果殊红色，绝大部分被膨大的宿萼所包；叶作羽状深裂…………………………………………………………………………………………… **蒜芥茄** *Solanum sisymbriifolium*

㉖果序蝎尾状或聚伞状；果圆形，较小，直径最大不超过之 2.5 cm…………………………㉗

㉖果单生，果形各式，直径最小在 3 cm 以上 ………………………………………………㊲

㉗叶面被极不等长分枝的星状毛被，其中一分枝特长，硬毛状；茎、枝具长约 1 ~ 8 mm 的皮刺；花序蝎尾状………………………………………………………………………………㉘

㉗叶面被星状绒毛及少数不等长分枝的星状毛；茎、枝具直刺或基部宽扁的弯刺；花序各式…………………………………………………………………………………………………㉙

㉘蝎尾状花序延长；果无毛，大部为宿萼所包被；宿萼外面密被顶端分枝的小皮刺；花冠蓝紫色……………………………………………………………… **刺苞茄** *Solanum barbisetum*

㉘蝎尾状花序不延长；果被星状硬毛，不为宿萼所包被；花冠白色…………………………………………………………………………………………… **毛茄** *Solanum lasiocarpum*

㉙聚伞花序或聚伞式圆锥花序…………………………………………………………………㉚

㉙蝎尾状花序……………………………………………………………………………………㉝

㉚伏地草本；茎、枝各部密生细长的直刺，刺长约 5 ~ 20 mm；叶面疏被分枝极短的星状绒毛；花冠蓝紫色；果成熟后黄色…………………………… **黄果茄** *Solanum virginianum*

㉚直立亚灌木至小灌木；茎、枝具基部宽扁的钩刺，刺长 1 ~ 10 mm ……………………㉛

㉛花萼具小针状皮刺；叶卵形，通常 7 半裂，裂片边缘具波状齿；花冠紫色………………

附件一

…………………………………………………… **雪山茄** *Solanum nivalo-montanum*

㉛花萼不具小针状刺；叶卵形至卵状长椭圆形，边缘波状，浅裂或 5 ~ 7 波状半裂，裂片全缘……………………………………………………………………………………㉜

㉜花冠紫色；花梗及萼外面被星状毛而决无腺毛；果成熟后橙红色，果皮干后光亮；茎上的皮刺短，长约在 3 mm 以下，有时几近于无 ……………………**山茄** *Solanum macaonense*

㉜花冠白色；花梗及萼外面被星状毛及腺毛；果成熟后黄色，果皮干后暗淡无光泽；皮刺长在 5 mm 以上 ………………………………………………………… **水茄** *Solanum torvum*

㉝叶卵形、倒卵形至卵状长椭圆形，最长不超过 5 cm，最宽不超过 3 cm，边全缘或 2 ~ 4 波状浅圆裂………………………………………………………………………………㉞

㉝叶卵形，长（2.5) ~ 5 ~ 10 cm，宽（2）~ 4 ~ 8 cm，边缘 5 ~ 7 深裂或 5 ~ 7 三角状浅裂………………………………………………………………………………………㉟

㉞花紫色，5 数；茎上的皮刺稀疏而小；叶近全缘 …………………**疏刺茄** *Solanum nienkui*

㉞花白色，4 数；茎上密具基部宽扁的钩形皮刺；叶缘为波状浅圆裂 ……………………………………………………………………………… **海南茄** *Solanum procumbens*

㉟花白色；花序柄及萼外面不具小针状皮刺；花后果柄反折… **苦刺** *Solanum de exicarpum*

㉟花紫色或白色，花序柄及萼外面具刺状皮刺或基部膨大的弯形小皮刺；花后果柄不反折……………………………………………………………………………………………㊱

㊱花白色；茎上具有长不超过 4 mm 的小直刺；果大部为膜质宿萼所包；宿萼外面疏生基部膨大的小而弯的皮刺……………………………… **膜萼茄** *Solanum griffithii* (Prain)

㊱花紫色；茎上具有基部宽扁长在 5 mm 以上的弯形皮刺；果为具针刺且向外反折的宿萼所托………………………………………………………………**刺天茄** *Solanum violaceum*

㊲果圆形，顶基压扁，外面具肋棱，成熟后橙红或橙黄色………**红茄** *Solanum aethiopicum*

㊲果圆形、长形、梨形或其他形状，无棱……………………………………………………㊳

㊳萼裂片锐尖，披针形，长 10 ~ 20 mm；花大，直径约 2.5 ~ 7 cm……………………㊴

㊳萼裂片短，三角形而基部宽；花冠小得多，直径约 1.7 ~ 3 cm …………………………㊵

㊴草本至亚灌木，萼长 10 ~ 15 mm，花冠直径约 2.5 ~ 3 cm（栽培种）……………………………………………………………………………… **茄** *Solanum melongena*

㊴乔木，萼长 15 ~ 17 mm，花冠直径约 6 ~ 7 cm（栽培种） … **大花茄** *Solanum wrightii*

㊵花梗圆柱形，花冠外面被星状绒毛……………………………… **野茄** *Solanum undatum*

㊵花梗四棱形，花冠外面被灰色长硬毛………………………… **菲岛茄** *Solanum coagulans*

附件二

马铃薯组分类索引表（Hawkes，1990）

无匍枝薯亚组（*Estolonifera* Hawkes）分类索引表

无薯系（*Etuberosa* Juzepczuk）

草本植物，轮状花冠，紫色或蓝色，花柄节很低几乎位于基部，没有巴蒿属亚组典型的“刺刀毛”。有时有地下变态茎，但不产生匍匐茎或块茎。

①花柄节基生；花萼、茎和叶片光滑无茸毛…………………………… *S. fernandezianum*

①花柄节位于基部上方；植株极少完全无毛………………………………………………②

②花萼顶部或完全无尖端或尖端长度不超过 0.5 ~ 1mm ……………………………………③

②花萼有典型的尖端，尖端 1 ~ 2mm 长甚至更长 ……………………………………………④

③植株和花药外部密被柔毛；花柄节着生于基部上 1 / 4 到 1 / 3 处 …………… *S. palustre*

③植株或具短绒毛或无毛，花药无毛；花柄节着生较低，位于基部上 2 ~ 4mm 处 ………
……………………………………………………………………………… *S. brevidens*

④植株矮小，株高不足 20 ~ 30 厘米，无茸毛；无次级小叶 …………………… *S. subandinum*

④植株较大，外覆茸毛，有相当多的次级小叶（通常超过三个）…………… *S. etuberosum*

胡桃叶系（*Juglandifolia* （Rydb.）Hawkes）

草质茎或木质茎，鲜黄色花，无匍匐茎或块茎，花柄节着生于基部上方。在形态上与番茄和 *S. pennellii* 极其相似，区别在于花苞片的有无和花粉粒的可育性方面不同于两者。

①叶子呈不规则的二回羽状全裂；草本或灌木植株，株高小于 2.5m ……………………②

①羽状复叶；植株为多年生木质藤本植物，株高远超 2.5m ………………………………③

②全株外覆腺毛；木质茎（靠近基部位置尤为明显）…………………… *S. lycopersicoides*

②草本植物，无毛，肉质叶……………………………………………………………… *S. sitiens*

③叶片皱褶，覆有硬毛；极少有次级小叶；浆果直径小于 4.5cm ………… *S. juglandifolium*

③叶片柔软光滑；常见次级小叶；浆果直径可达 6cm…………………………… *S. ochranthum*

马铃薯亚组（*Potatoe* G. Don）分类索引表

五角星花冠大系（Superseries *Stellata* Hawkes）

五角星形花冠，在裂片和尖端之间无明显界限区分。花冠颜色通常为白色或奶油色，绝大多数情况下白色花冠是该大系非常典型的特征。

龙葵型系（*Morelliformia* Hawkes）

形成小块茎的草本植物，与 *S. nigrum* 有较强的相似性，大多数具有附生习性，单叶，星状花冠，很小（直径小于 1.5cm），白色，花药细长，浆果小且少种子。该系以前与球果系合并，后来由于极具特色的花被区分开，该系与马铃薯的祖先类型最为接近。

小型附生植物，常附生于树木、密林中覆盖着苔藓的峭壁和岩石上，从不在地上生长；单叶、小五角星形花、细长花药和少种子的小浆果作为典型特征………… *S. morelliforme*

球果系（*Bulbocastanum*（Rydb.）Hawkes）

形成小型块茎的草本植物，不附生、单叶、五角星形花冠（直径 1.53cm），具有比龙葵型系更大的短粗花药和圆形浆果。

①花冠裂片白色至深奶油色；叶基圆形至楔形，通常密被短柔毛；花药短粗（花药基部 2 裂）；块茎无色素……………………………………………………………… *S. bulbocastanum*

②花瓣顶端紫色；叶片阔卵形至心形，叶基截形至心形；花药基部 3 ~ 5 裂片；块茎深紫色………………………………………………………………………………………… *S. clarum*

羽叶裂系（*Pinnatisecta*（Rydb.）Hawkes）

草本植物，奇数羽状全裂叶至羽状全裂叶，星状花冠，从白色扩展到深奶油色，有时呈淡紫色；浆果球状至圆锥状。

①有羽状浅裂的假叶，不抱茎……………………………………………………………②

①具镰刀形或半月形假叶，抱茎…………………………………………………………③

②叶片无毛；有 6 ~ 8 对线状披针形小叶；花冠裂片长稍大于宽 ………… *S. pinnatisectum*

②叶片通常有毛；有 2 ~ 3（~ 5）对披针形小叶；花冠裂片长远大于宽 ………*S. jamesii*

③浆果长椭圆形至圆锥形，顶部锐尖……………………………………………………④

③浆果圆形至短椭圆形，顶部钝化………………………………………………………⑤

④小叶下延至叶轴，密被短柔毛……………………………………………… *S. trifidum*

④小叶有明显的叶柄和稀疏的短柔毛………………………………………… *S. hintonii*

⑤小叶具叶柄，不下延或几乎不下延……………………………………………………⑥

⑤小叶无柄或近乎无柄，下延至叶轴……………………………………………………………⑦

⑥有 2 ~ 4 对小叶；或无毛或短柔毛稀疏且不朝上 ………………………… *S. cardiophyllum*

⑥有 3 ~ 5（ ~ 7）对小叶；茎干外覆短茸毛，朝上 ……………………………… *S. tarnii*

⑦茎干外覆极短茸毛，朝下……………………………………………………………………⑧

⑦若茎干上有茸毛，则较长……………………………………………………………………⑨

⑧小叶（或裂片）披针形；叶长很少超过 10cm，一般长约 6 ~ 7cm …*S. brachistotrichum*

⑧小叶（或裂片）线形至线状披针形；叶长超过 10cm ……………… *S. stenophyllidium*

⑨茎干密被朝下的长茸毛；花药基部 3 裂 ……………………………………… *S. nayaritense*

⑨茎干上长茸毛不朝下；花药基部 2 裂……………………………………………………⑩

⑩植株基本无毛，生长弱小………………………………………………………*S.* × *sambucinum*

⑩植株无毛，粗壮直立………………………………………………………… *S.* × *michoacanum*

多腺系（*Polyadenia* Bukasov ex Correll）

具有致密腺毛和刺激性气味的草本植物，这些腺体大多有二细胞型的腺柄（这是其他任何马铃薯系中所没有的特征）。花冠白色，五角星形。浆果卵圆形、心形或圆锥形，稍扁平，有黑色条纹，尤其在浆果边缘。

①植株绿色部位密覆多细胞茸毛（非腺毛）和许多腺体，肉眼可见；茎干紫色；浆果长圆锥形…………………………………………………………………………………………… *S. lesteri*

②植株极少有与 *S. lesteri* 类似的茸毛，肉眼不易观察到；茎干无色；浆果卵圆至心形 ……………………………………………………………………………………… *S. polyadenium*

孔目松系（*Commersoniana* Bukasov）

具有奇数羽状复叶和五角星形花冠，花冠萼片长一般不及两倍宽，花白色或淡紫色。

①植株直立；小叶有柄，不下延；花药狭窄，宽约 1mm，与花丝界限不明显 ……………………………………………………………………………………………… *S. calvescens*

②植株大多低矮呈莲座状；小叶沿叶轴下延；花药宽约 1.5mm，与花丝分界明显 ……………………………………………………………………………………… *S. commersonii*

旋卷叶系（*Circaeifolia* Hawkes）

叶片较小，顶小叶比侧小叶大；白色花冠，五角星形，直径小于 1.5cm；浆果窄圆锥形，顶端锐尖。

①小叶线状披针形；顶小叶与侧小叶同宽…………………………………………… *S. soestii*

①小叶披针形、卵形或心形；顶小叶明显宽于侧小叶……………………………………②

②小叶背面密被短柔毛，正面稀疏；小叶顶端渐尖或钝尖………………… *S. capsicibaccatum*

②小叶或完全无毛，或正面有稀疏不一短柔毛、背面少且短；小叶顶端渐尖………………

…………………………………………………………………………………………… *S. circaeifolium*

木茎薯系（*Lignicaulia* Hawkes）

S. lignicaule 的单型系，圆柱形木质茎，覆有短柔毛；白色花冠，五角星形至半五角星形；浆果球形至卵形分布。

茎叶上有香味浓郁的腺毛，有 3 ~ 4 排狭窄的披针形或线状披针形的渐尖小叶，小叶间有数对次级小叶，叶正面黄绿色，背面偏白；茸毛很软，背面更密；花萼尖端呈线状匙形，星形花冠，乳白色，花药长约 4mm，花柱长 8 ~ 10mm ………………………*S. lignicaule*

奥尔莫斯薯系（*Olmosiana* Hawkes）

块茎具浓密的短柔毛；叶片有宽翼形叶轴，翼形极不规则，叶片或完全无毛或具稀疏中等长茸毛，有卵形侧小叶（顶端渐尖）和较大的顶小叶。花冠白色至亮黄色，五角星形，直径 2.0 ~ 2.5cm；花药长约 5mm；花柱长约 10mm；浆果卵形至梨形 …… *S. olmosense*

永根生氏系（*Yungasensa* Correll）

奇数羽状复叶，白色或乳黄色五角星形花冠，具极宽的萼片，萼片长通常小于两倍宽。该系以前归为孔目松系，但在遗传基础上与其有分离，相对 *S. commersonii*，其白色花冠的萼片更宽，浆果呈球状。

①植株上密布着闪亮的腺毛……………………………………………………………………②

①无浓密的腺毛………………………………………………………………………………③

②短柄腺毛顶端由四细胞型腺体组成（A 型腺毛），也有长的非腺毛………… *S. tarijense*

②具有 A 型腺毛和顶端有凸起物的长茸毛的复合型腺毛（B 型腺毛） … *S. avoviridens*

③花乳黄色（极少白色）；茎翼通常宽 3 ~ 5mm………………………………………………④

③花白色；茎翼狭窄（除了部分分布在阿根廷的 *S. chacoense*） …………………………⑤

④叶片或完全无毛或具稀疏短柔毛，分布于低海拔、潮湿的热带地区（玻利维亚）………
………………………………………………………………………………………… *S. yungasense*

④叶片短柔毛适中至密集，分布于中海拔干燥森林区……………………………… *S. arnezii*

⑤花冠五角星形至半五角星形（秘鲁北部）……………………………*S. huancabambense*

⑤五角星形花冠（玻利维亚以南）……………………………………………… *S. chacoense*

轮状花冠大系（Superseries *Rotata* Hawkes）

花冠五边形至完全轮状（即使花冠为罕见的半五角星形，也能明显区分出萼片和尖端）。花冠从白色至深奶油色分布，或呈现深浅不一的紫色。轮状花冠大系中某些系被认为是“原始的”系，其花冠从五边形到半五角星形分布，包括大顶裂片系、楔翼系、锥形果系中的南方种、马格利亚薯系、马铃薯系中的南方种和两个长梗系的北方种（*S. fendleri*

和 *S. hjertingii*）。有些更“高级”的系呈完全轮状花冠，包括锥形果系中的北方种、多鲑系、羽翼叶系、马铃薯系中的北方种、无茎系、长梗系（*S. fendleri* 和 *S. hjertingii*）和落果系。

大顶裂片系（*Megistacroloba* Cárd et Hawkes）

茎干低矮，莲座状，顶小叶很大；侧小叶或叶裂远小于顶小叶。侧小叶存在时，其会下延到基底部叶轴上；总花梗通常很短；花柄长，花柄节较高；花冠半五角星形至轮状，紫色。

①主茎上部、总花梗和花柄上密被浓密、平展短柔毛，有短柄腺体；花冠较大，直径达 4cm，半五角星形 …………………………………………………………… *S. huanucense*

①稀疏短柔毛，非腺毛；花冠较小，直径不超过 3.5cm，轮状至半五角星形 ……………②

②侧小叶裂片很小，着生于顶小叶下延的基部；轮状花冠…………………… *S. hastiforme*

②侧小叶裂片或小叶若存在时不会很小，不着生于顶小叶下延的基部……………………③

③上部的数对小叶有极宽的三角翼；轮状花冠居多；植株直立………………… *S. hawkesii*

③没有 *S. hawkesii* 的小叶类型；花冠五边形至半五角星形；植株通常呈莲座状…………④

④叶片很短且宽，侧叶有 1（～2）对宽裂片、小叶及更宽的顶小叶 ……… *S. chavinense*

④叶片类型与 *S. chavinense* 不一样，更狭长……………………………………………………⑤

⑤植株直立至莲座状；叶片披针形，单叶或偶尔在培养下侧面有 1 对叶裂……… *S. astleyi*

⑤植株开展、莲座状或匍匐，侧小叶和顶小叶裂片卵形、椭圆形甚至圆形…………………⑥

⑥一般不存在侧小叶，若存在时会有短叶柄……………………………………… *S. boliviense*

⑥成熟时出现侧小叶，无叶柄……………………………………………………………………⑦

⑦小叶（尤其是顶小叶）阔卵形至圆形、钝形、窄翼形，与萝卜叶类似… *S. raphanifolium*

⑦叶子卵形至卵状披针形，通常呈宽翼形…………………………………………………………⑧

⑧侧小叶裂片渐尖，十分狭窄……………………………………………………… *S. sanctae-rosae*

⑧侧小叶裂片钝尖至锐尖，较宽……………………………………………………………………⑨

⑨若叶裂存在，会有极宽的三角翼；总花梗长 6～8cm；花萼尖端下延，无气味 ………… ……………………………………………………………………………………… *S. toralapanum*

⑨若叶裂存在，会有狭窄的三角翼；总花梗非常短，不超过 6cm；花萼尖端贴伏、直立 ………………………………………………………………………………………………………⑩

⑩阔卵形顶小叶；花序粗壮，总花梗长 5～6cm；轮状花冠 ……………… *S. sogarandinum*

⑩卵形顶小叶；花序细弱，总花梗短，长不超过 2cm；花冠半五角星形…………………… ……………………………………………………………………………………*S. megistacrolobum*

楔翼系（*Cuneoalata* Hawkes）

具有羽状半裂叶的矮小匍匐的草本植物，每对小叶之间有窄楔形向下的翼状叶轴。花冠浅紫，半五角星形或轮状，花瓣尖端界限分明。

①有 7 对或 9 ~ 10 对线形叶裂 ……………………………………………… *S. peloquinianum*

①叶裂披针形至狭披针形，不超过 7 对…………………………………………………………②

②叶裂通常 5 ~ 6 对，偶尔有镰刀形的次级小叶；花冠半五角星形 …… *S. anematophilum*

②叶裂通常少于 5 对，不弯曲，无次级小叶；花冠五边形至轮状……… *S. infundibuliforme*

锥形果系（*Conicibaccata* Bitter）

通常具有全裂叶和小叶顶端渐尖，花冠轮状、五边形或半五角星形，花色通常为白色或紫色，浆果从卵状圆锥形延展到长圆锥形。

①有许多明显的长柄、短柄腺体及长的非腺体毛………………………… *S. contumazaense*

①无明显的腺毛……………………………………………………………………………………②

②叶子和花序分枝无毛或近乎无毛………………………………………………………………③

②叶子和花序分枝外覆茸毛………………………………………………………………………⑦

③叶片有 7（ ~ 9）对侧小叶及多达 20 对的次级小叶………………… *S. agrimonifolium*

③叶片有 3 ~ 5 对侧小叶，几乎没有次级小叶 …………………………………………………④

④叶片无毛…………………………………………………………………………………………⑤

④叶片近乎无毛，即使有也特别稀疏……………………………………………………………⑥

⑤无次级小叶……………………………………………………………………… *S. longiconicum*

⑤通常存在次级小叶…………………………………………………………… *S. chomatophilum*

⑥叶片有狭长披针形、长渐尖小叶；浆果窄圆锥形，顶端锐尖……………… *S. oxycarpum*

⑥叶片有披针形渐尖小叶；浆果卵圆锥形，顶端钝形………………………… *S. santolallae*

⑦叶片很短；小叶阔卵形等，相互重叠……………………………………………… *S. donachui*

⑦叶片类型与 *S. donachui* 不同 …………………………………………………………………⑧

⑧花冠裂片很浅，有 10 个左右的小尖端 ………………………………………………………⑨

⑧花冠类型与 *S. moscopanum* 不同 ……………………………………………………………⑩

⑨叶片全裂，4 对或 6 对或 10 对；花柄节大概位于中部 ………………… *S. moscopanum*

⑨叶片浅裂，1 ~ 3 对；花柄节很高，位于花萼下部 ……………………………… *S. ahaultii*

⑩叶片浅裂，一般有 2 对或 3 对侧小叶…………………………………………………………⑪

⑩叶子全裂，3 ~ 5 对或 10 对侧小叶……………………………………………………………⑱

⑪ 2 对叶片，成对小叶间隔较远，长叶柄，无次级小叶……………………………… *S. otites*

⑪叶片无 *S. otites* 特征 …………………………………………………………………………⑫

⑫叶片、花序分枝和花萼密覆闪亮茸毛…………………………………………………………⑬

⑫叶片等器官无上述特征…………………………………………………………………………⑮

⑬花序很大，多达 100 多朵花………………………………………………… *S. multiflorum*

⑬花序较小，仅有 5 ~ 10 朵花 ⋯⋯⋯⋯⋯⋯⋯⋯⋯⋯⋯⋯⋯⋯⋯⋯⋯⋯⋯⋯⋯⋯⋯⋯⋯⑭

⑭顶小叶明显大于侧小叶⋯⋯⋯⋯⋯⋯⋯⋯⋯⋯⋯⋯⋯⋯⋯⋯⋯⋯⋯⋯⋯ *S. villuspetalum*

⑭顶小叶与侧小叶大小相近⋯⋯⋯⋯⋯⋯⋯⋯⋯⋯⋯⋯⋯⋯⋯⋯⋯⋯⋯⋯ *S. urubambae*

⑮ 顶小叶比侧小叶稍大 ⋯⋯⋯⋯⋯⋯⋯⋯⋯⋯⋯⋯⋯⋯⋯⋯⋯⋯⋯⋯⋯⋯⋯⋯⋯⋯⑯

⑮顶小叶明显大于侧小叶⋯⋯⋯⋯⋯⋯⋯⋯⋯⋯⋯⋯⋯⋯⋯⋯⋯⋯⋯⋯⋯⋯⋯⋯⋯⋯⋯⑰

⑯叶片和花序分枝上密被长茸毛⋯⋯⋯⋯⋯⋯⋯⋯⋯⋯⋯⋯⋯⋯⋯⋯⋯ *S. pillahuatense*

⑯叶片上的茸毛稀疏，花序枝上的茸毛又短又稀疏⋯⋯⋯⋯⋯⋯⋯⋯⋯⋯ *S. woodsonii*

⑰花柄节大约位于中部⋯⋯⋯⋯⋯⋯⋯⋯⋯⋯⋯⋯⋯⋯⋯⋯⋯⋯⋯⋯⋯⋯ *S. paucijugum*

⑰花柄节很低⋯⋯⋯⋯⋯⋯⋯⋯⋯⋯⋯⋯⋯⋯⋯⋯⋯⋯⋯⋯⋯⋯⋯⋯ *S. neovalenzuelae*

⑱叶片很大，长至 35 厘米，短柔毛稀疏 ⋯⋯⋯⋯⋯⋯⋯⋯⋯⋯⋯⋯⋯⋯⋯⋯ *S. laxissim*

⑱叶片较小；短柔毛多⋯⋯⋯⋯⋯⋯⋯⋯⋯⋯⋯⋯⋯⋯⋯⋯⋯⋯⋯⋯⋯⋯⋯⋯⋯⋯⋯⑲

⑲小叶无柄，明显下延，没有次级小叶⋯⋯⋯⋯⋯⋯⋯⋯⋯⋯⋯⋯⋯⋯ *S. pamplonense*

⑲小叶不下延，一般存在次级小叶⋯⋯⋯⋯⋯⋯⋯⋯⋯⋯⋯⋯⋯⋯⋯⋯⋯⋯⋯⋯⋯⋯⑳

⑳茎、叶和花序枝条上有长而细的茸毛⋯⋯⋯⋯⋯⋯⋯⋯⋯⋯⋯⋯ *S. subpanduratum*

⑳茎、叶和花序枝条无茸毛⋯⋯⋯⋯⋯⋯⋯⋯⋯⋯⋯⋯⋯⋯⋯⋯⋯⋯⋯⋯⋯⋯⋯⋯⋯⋯㉑

㉑茎紫红色，叶片密被茸毛⋯⋯⋯⋯⋯⋯⋯⋯⋯⋯⋯⋯⋯⋯⋯⋯ *S. violaceimarmoratum*

㉑茎非紫红色⋯⋯⋯⋯⋯⋯⋯⋯⋯⋯⋯⋯⋯⋯⋯⋯⋯⋯⋯⋯⋯⋯⋯⋯⋯⋯⋯⋯⋯⋯⋯⋯㉒

㉒植株密覆长茸毛，花萼尤其明显⋯⋯⋯⋯⋯⋯⋯⋯⋯⋯⋯⋯⋯⋯⋯⋯⋯⋯⋯ *S. buesii*

㉒植株密覆中等长度茸毛，花萼上茸毛不明显⋯⋯⋯⋯⋯⋯⋯⋯⋯⋯⋯ *S. colombianum*

多鲑系（*Piurana* Hawkes）

叶片有光泽、无毛或接近无毛，干燥时变得坚韧、边缘外卷；花冠大，轮状，蓝紫色、白色或紫色；浆果卵形，顶端扁平。

①花冠全白⋯⋯⋯⋯⋯⋯⋯⋯⋯⋯⋯⋯⋯⋯⋯⋯⋯⋯⋯⋯⋯⋯⋯⋯⋯⋯⋯⋯⋯⋯⋯⋯⋯⋯②

①花冠有色素⋯⋯⋯⋯⋯⋯⋯⋯⋯⋯⋯⋯⋯⋯⋯⋯⋯⋯⋯⋯⋯⋯⋯⋯⋯⋯⋯⋯⋯⋯⋯⋯⋯③

②顶小叶极大，圆形至阔卵形⋯⋯⋯⋯⋯⋯⋯⋯⋯⋯⋯⋯⋯⋯⋯⋯⋯ *S. hypacrarthrum*

②顶小叶比侧小叶稍大，披针形⋯⋯⋯⋯⋯⋯⋯⋯⋯⋯⋯⋯⋯⋯⋯⋯⋯⋯⋯ *S. cantense*

③花冠白色，每个外部花瓣中心区域或尖端有色素⋯⋯⋯⋯⋯⋯⋯⋯⋯⋯⋯⋯⋯⋯⋯④

③花冠深紫色、紫罗兰色等⋯⋯⋯⋯⋯⋯⋯⋯⋯⋯⋯⋯⋯⋯⋯⋯⋯⋯⋯⋯⋯⋯⋯⋯⋯⋯⑥

④花冠外部中央有紫色条纹⋯⋯⋯⋯⋯⋯⋯⋯⋯⋯⋯⋯⋯⋯⋯⋯⋯⋯⋯⋯ *S. albornozii*

④花冠的外部色素仅限于尖端或花冠 1 / 3 以下部位 ⋯⋯⋯⋯⋯⋯⋯⋯⋯⋯⋯⋯⋯⑤

⑤花冠色素仅存在于尖端外部；叶片 3 ~ 4 对 ⋯⋯⋯⋯⋯⋯⋯⋯⋯⋯ *S. yamobambense*

⑤花冠色素存在尖端及附近；叶片 1 ~ 3 对 ⋯⋯⋯⋯⋯⋯⋯⋯⋯⋯⋯ *S. paucissectum*

⑥顶小叶明显大于侧小叶⋯⋯⋯⋯⋯⋯⋯⋯⋯⋯⋯⋯⋯⋯⋯⋯⋯⋯⋯⋯⋯ *S. chilliasense*

⑥顶小叶仅比侧小叶略大……⑦

⑦叶片 4 ~ 6（或 10）对，有 1 ~ 10 对次级小叶……⑧

⑦叶片深裂……⑨

⑧叶片 4 对，下部叶表面深蓝紫色；花萼三裂…… *S. cyanophyllum*

⑧叶片 4 ~ 6 对（或 10 对）；下部叶表面绿色；花萼非三裂 …… *S. tuquerrense*

⑨叶片 1 ~ 2 对，无次级小叶 ……⑩

⑨叶片有多对侧小叶……⑪

⑩侧小叶尖端呈长舌状…… *S. acroglossum*

⑩侧小叶渐尖…… *S. solisii*

⑪小叶无柄，下延…… *S. jalcae*

⑪小叶有柄…… *S. piurae*

羽翼叶系（*Ingifolia* Ochoa）

直立或匍匐的草本植物，有粗壮的翼状茎；叶片具宽翼叶轴，翼沿叶柄延续至叶基部；轮状花冠；子房卵形至圆形。

① 1 ~ 3 对小叶，叶轴和叶柄具宽翼，边缘平滑或只在下一个小叶的基部略微变窄，无次级小叶…… *S. ingifolium*

② 4 ~ 5 对小叶，有次级小叶，叶轴和叶柄翼狭窄 ……*S. raquial*atum

马格利亚薯系（*Maglia* Bitter）

高大的灌木，有 1 ~ 3 对的卵圆形侧小叶及较宽的顶小叶；花冠白色，五边形至轮状，与其他系的区别在于花药松散、呈圆筒状，花药和花丝在颜色和形态上没有明显界限…… …… *S. maglia*

马铃薯系（*Tuberosa*（Rydb.）Hawkes）

花冠轮状到五边形，花冠裂片较长且开展、圆形，并有长度大于 2.5mm 的尖端，雄蕊为圆锥形至圆柱形，花药与花丝有明显界限；浆果球状至卵状，长小于宽的 2 倍；叶片无叶轴翼（若存在则平滑下延，并从每片小叶的基部开始宽度递减，不会下延成宽翼），一般存在次级小叶；除了某些栽培种，该系无花冠裂片，花外观呈圆形。

●野生种（墨西哥、委内瑞拉、哥伦比亚和厄瓜多尔）：

①浆果疣状或瘤状，有明显白色疣状突起…… *S. verrucosum*

①浆果光滑，即便出现白点，也不会凸出表面……②

②无次级小叶……③

②存在次级小叶……④

③有 3 ~ 5 对叶，正面密覆粗毛 …………………………………………………… *S. regularifolium*

③有 3 对叶，正面短毛稀疏…………………………………………………………*S. paramoense*

④植株莲座状，叶片和茎干等外覆长而粗糙的延展茸毛……………………… *S. lobbianum*

④植株没有上述特征……………………………………………………………………………⑤

⑤叶片密覆的闪亮茸毛；次级小叶密集、彼此相邻………………………… *S. minutifoliolum*

⑤植株无 *S. minutifoliolum* 特征 …………………………………………………………………⑥

⑥花萼三裂，茎灌木状…………………………………………………………… *S. suffrutescens*

⑥花萼正常，茎非灌木状…………………………………………………………………………⑦

⑦小叶有柄，不下延……………………………………………………………………… *S. correllii*

⑦小叶无柄，下延………………………………………………………………………… *S. andreanum*

●野生种（秘鲁）：

①花冠白色、乳白色或淡黄色……………………………………………………………………②

①花冠紫色、淡紫色、紫罗兰色、天蓝色等…………………………………………………⑧

②花冠乳白色扩展到黄色………………………………………………………… *S. chrysoflorum*

②花冠纯白色………………………………………………………………………………………③

③单叶，极大，长 15 ~ 30cm ……………………………………………………… *S. guzmanguense*

③羽状复叶，常有侧小叶…………………………………………………………………………④

④小叶披针形至狭披针形…………………………………………………………………………⑤

④小叶从卵形至近圆形……………………………………………………………………………⑥

⑤有 6 ~ 9 对侧小叶及多达 16 对的次级小叶 ………………………………… *S. gracilifrons*

⑤有 4 ~ 5 对侧小叶和 0 ~ 7 对次级小叶 ……………………………………………… *S. immite*

⑥全株无毛或近似无毛…………………………………………………………… *S. chancayense*

⑥植株有明显的茸毛………………………………………………………………………………⑦

⑦植株有密覆白色的粗厚茸毛；顶小叶从阔卵形到近圆形分布………… *S. cajamarquense*

⑦植株无密集的白色粗厚茸毛；叶正面有光泽，仅叶脉上有毛，叶缘齿状…………………
………………………………………………………………………………………… *S. mochiquense*

⑧整个植株密覆有柄腺体，有时候外覆稀疏的白色茸毛………………………… *S. wittmackii*

⑧如果有腺毛，则仅限于花柄………………………………………………………………………⑨

⑨ 4 对或 6 ~ 8 对侧小叶；3 对或 5 ~ 20 对次级小叶 ……………………………………………⑩

⑨ 2 ~ 5 对侧小叶；0 ~ 3（ ~ 6）对次级小叶 ………………………………………………………⑰

⑩全株无毛或近似无毛；侧小叶长渐尖………………………………………… *S. acros*copicum

⑩叶片和其他器官上明显有毛；侧小叶非长渐尖的…………………………………………⑪

⑪花序分枝上几乎没有茸毛……………………………………………………… *S. multiinterruptum*

⑪花序分枝上密覆茸毛……⑫

⑫花序分枝上密覆绒状或贴伏的短毛……⑬

⑫花序枝上密覆长而平展的茸毛……⑮

⑬小叶基部心形…… *S. coelestipetalum*

⑬小叶基部圆形或楔形……⑭

⑭小叶茸毛长而偏白…… *S. multiinteruptum* f. *longipilosum*

⑭小叶茸毛闪亮有光泽、淡黄色…… *S. canasense*

⑮叶片上的茸毛短而密…… *S. abancayense*

⑮叶片上的茸毛皱缩，长度中等……⑯

⑯花柄长至 15 ~ 20cm …… *S. bukasovii*

⑯花柄短，5 ~ 10cm…… *S. multidissectum*

⑰全株无茸毛……⑱

⑰有茸毛……⑲

⑱花为淡紫色，花瓣背面有深色条纹，多次级小叶…… *S. moniliforme*

⑱花瓣中央没有条纹，无或仅有 1 个次级小叶…… *S. huarochiriense*

⑳花柄有短柄腺体和非腺毛……㉑

⑳花柄没有腺体……㉒

㉑花柄有朝向的茸毛和腺体；侧小叶披针形，长渐尖…… *S. orophilum*

㉑花柄有平展的茸毛和腺体；侧小叶卵状披针形，钝尖…… *S. pampasense*

㉒花柄密覆短茸毛…… *S. ambosinum*

㉒花柄上的茸毛稀疏、贴伏、非绒状…… *S. leptophyes*

㉓叶片上表面有光泽……㉔

㉓叶片上表面没有光泽……㉕

㉔叶片正面粗糙；花序和花萼无毛；花冠淡紫色，几乎白色…… *S. chiquidenum*

㉔叶片正面光滑；花序和花萼上的茸毛或稀疏或密集…… *S. marinasense*

㉕侧小叶明显下延到叶轴上……㉖

㉕侧小叶不明显下延……㉙

㉖叶轴翼下延到下一对小叶下面，侧小叶狭披针形…… *S. sandemanii*

㉖叶轴翼只下延一部分……㉗

㉗叶面和叶缘上茸毛很厚，短且明显…… *S. tacnaense*

㉗叶面上茸毛无 *S. tacnaense* 特征 ……㉘

㉘花序分枝上有粗短的茸毛…… *S. medians*

㉘花序分枝上有平展的茸毛和部分腺体…… *S. weberbaueri*

㉙花淡紫色，每片花瓣中央有一条深紫色的条纹…………………………… *S. humectophilum*

㉙花器官无 *S. humectophilum* 特征 ……………………………………………………………㉚

㉚花淡紫色，每片花瓣中央都有白色条纹，有紫色的脉纹……………… *S. neoweberbaueri*

㉚花器官无 *S. neoweberbaueri* 特征……………………………………………………………㉛

㉛顶小叶宽斜方形，比披针形的侧小叶大………………………… *S. rhomboideilanceolatum*

㉛顶小叶和侧小叶与 *S. rhomboideilanceolatum* 不一致 ……………………………………㉜

㉜植株很小，基部莲座状，花柄长 5 ~ 9cm ……………………………………… *S. sicuanum*

㉜植株与 *S. sicuanum* 不一致 ……………………………………………………………………㉝

㉝ 3 ~ 4 对叶，有 1 个或 3 ~ 4 个或更多的次级小叶；叶片茸毛稀疏，短且不明显 ………
……………………………………………………………………………………… *S. sparsipilum*

㉝叶片性状与 *S. sparsipilum* 不一致 ……………………………………………………………㉞

㉞ 1 ~ 3 对叶片，叶正面密覆短柔毛 ……………………………………… *S. dolichocremastrum*

㉞ 1 ~ 4 对叶片，叶正面密覆中等长度的粗茸毛 ………………………………… *S. medians*

●野生种（玻利维亚、阿根廷和智利）：

①茎干和叶片密覆长柄或短柄腺体…………………………………………………………………②

①茎干和叶片无腺体（或偶尔有几个短柄腺体）…………………………………………………③

②花白色，轮状；无次级小叶或次级小叶极少且很小（玻利维亚）……… *S. neocardenasii*

②花淡紫色，半五角星形至五边形；有明显的次级小叶……………………… *S. berthaultii*

③花白色…………………………………………………………………………………………………④

③花淡蓝色、紫色、淡紫色、洋红色和白色等……………………………………………………⑧

④植物完全无毛（或少数几乎无毛）………………………………………………………………⑤

④有短柔毛………………………………………………………………………………………………⑥

⑤顶小叶长卵形；侧小叶小；花萼尖端狭窄（阿根廷）……………………………… *S. venturii*

⑤顶小叶阔卵形；侧小叶大，但小于顶小叶；花萼卵形，萼尖钝形，无尖端（玻利维亚）
…………………………………………………………………………………… *S. gandarillasii*

⑥ 3 ~ 4（ ~ 5）对叶片；小叶是狭窄的卵披针形，顶小叶和侧小叶大小相同（阿根廷）
……………………………………………………………………………………… *S. kurtzianum*

⑥ 0 ~ 2（ ~ 4）对叶片，小叶阔卵形，顶小叶显著大于侧小叶 …………………………⑦

⑦叶片和其他绿色部位密覆长茸毛；茎翼宽 1 ~ 2mm 或更宽（玻利维亚和阿根廷） ……
…………………………………………………………………………………… *S. microdontum*

⑦叶片和其他绿色部位茸毛稀疏且短；茎翼狭窄，小于 1mm ……………………… *S. okadae*

⑧叶片有 1 ~ 2（ ~ 4）对侧小叶，侧小叶叶基楔形，一般小于顶小叶 ……………………⑨

⑧叶片至少有 4 对近等长的侧小叶，最上部侧小叶与顶小叶大小相似……………………⑭

⑨叶厚、肉质，叶片稀疏短柔毛（阿根廷）…………………………… *S. incamayoense*

⑨叶无肉质，通常具浓密短柔毛……………………………………………………………⑩

⑩花冠完全轮状，深紫色，花冠裂片尖端呈圆形（玻利维亚）……………… *S. hoopesii*

⑩花特征与 *S. hoopesii* 不同，花冠轮状或五边形……………………………………⑪

⑪花浅蓝紫色，上部小叶下延，无柄至近无柄（玻利维亚）……………… *S. alandiae*

⑪花深紫色，上部小叶不下延……………………………………………………………⑫

⑫叶片上表面密覆柔软的短柔毛，尤其在幼叶上…………………………… *S. avilesii*

⑫短柔毛与 *S. avilesii* 类型不同 ……………………………………………………⑬

⑬ 2～3（～4）对小叶，渐尖，具叶柄，植株健壮、直立（玻利维亚） … *S. virgultorum*

⑬ 1～2（～3）对小叶，无柄至近似无柄，钝形至锐尖；植株纤细、匍匐（阿根廷） …
……………………………………………………………………………… *S. neorossii*

⑭叶片大、长势旺；块茎大，可食（阿根廷南部，智利南部）……………… *S. tuberosum*

⑭叶片没有 *S. tuberosum* 大，块茎很小，不可食用 ……………………………………⑮

⑮柱头极小，细于花柱先端…………………………………………………………………⑯

⑮柱头明显比花柱先端粗大，柱头球形至棍棒状…………………………………………⑰

⑯植株通常呈矮莲座状，花柱直立，长 6～8mm，轮状花冠，裂片扁平（玻利维亚）……
…………………………………………………………………………… *S. achacachense*

⑯植株粗壮，花柱弯曲，长 10～14mm；花冠五边形至半五角星形；裂片锐尖（玻利维亚和阿根廷）…………………………………………………………………… *S. oplocense*

⑰叶片上表面的柔毛短且稀疏………………………………………………………………⑱

⑰叶片上表面的柔毛长度中等至较长，柔毛密度中等至较密………………………………⑳

⑱小叶渐尖，基部楔形，狭下延至小叶柄和翼形叶轴（玻利维亚）……… *S. hondelmannii*

⑱小叶锐尖至渐尖，叶基圆形至近心形，不下延或极少下延……………………………⑲

⑲茎翼皱缩；叶上表面有光泽和皱纹，无色素沉积；柱头棍棒状（玻利维亚和秘鲁）……
…………………………………………………………………………… *S. sparsipilum*

⑲茎翼笔直；叶上表面无光泽或皱纹，粉红色叶脉和叶轴；柱头大、球状（玻利维亚）…
……………………………………………………………………………… *S. sucrense*

⑳花冠白色，外围花瓣中心有洋红色的条纹（阿根廷）……………………… *S. kurtzianum*

⑳花冠全蓝色、紫色等，无条纹……………………………………………………………㉑

㉑叶背面密覆短柔毛；植株高大，长势旺盛（阿根廷）…………………………… *S. vernei*

㉑叶背面的短柔毛稀疏，植株长势适中……………………………………………………㉒

㉒次级小叶非常多，每个复叶多达 20～25 对次级小叶 …………………………………㉓

㉒每个复叶次级小叶不多，一般 2～5 对 …………………………………………………㉔

㉓侧小叶长是宽的三倍，近对生；顶小叶与侧小叶大小相差无几（阿根廷）…………………………………………………………………………………… *S. spegazzinii*

㉓侧小叶长约为宽的两倍，对生；顶小叶稍宽于侧小叶，但稍短（玻利维亚）… *S. ugentii*

㉔叶片上表面密覆长而贴伏的柔毛，茎干紫罗兰色（玻利维亚）………… *S. candolleanum*

㉔叶片上表面的柔毛半贴伏，密集到稀疏，茎干不是紫罗兰色的…………………………㉕

㉕叶片上表面的茸毛半贴伏、密集；花冠深紫色（玻利维亚）……………… *S. brevicaule*

㉕叶片上表面的茸毛从中等密度到非常稀疏分布；花冠中紫色……………………………㉖

㉖植株长势中等；基部叶片的小叶比近顶端叶片的小叶宽（玻利维亚）…… *S. leptophyes*

㉖植株纤细、平展；所有叶片的小叶纤细、狭窄（阿根廷和玻利维亚）……… *S. gourlayi*

●栽培种：

①花柄节高，离花萼基部 2 ~ 4（ ~ 8）mm；常在花柄上部 1/4 处；叶片坚挺，顶端无弓形弯曲……………………………………………………………………………………②

①花柄节较低，低于花柄长度的 2 / 3，叶片通常在顶端稍微弓形弯曲 ……………………④

②花冠近五边形；上部侧小叶与叶轴夹角大，开展且下延；叶片有茸毛……… *S. ajanhuiri*

②轮状花、很短的花萼裂片；上部侧小叶与叶轴夹角不大，不下延；叶片无茸毛………③

③花柄节极不明显；花冠蓝色，直径不超过 2.5cm；总花梗短，为 0.5 ~ 2.0（ ~ 4.0）cm …………………………………………………………………………………… *S. juzepczukii*

③花柄节明显；花冠紫色、直径 3.0 ~ 3.5cm；总花梗长 5 ~ 10cm 或更长 …………………………………………………………………………………………………… *S. curtilobum*

④花萼裂片短且萼尖短，通常规则排列；侧小叶长约为宽的两倍…………… *S. tuberosum*

④花萼裂片长卵圆形，通常排列不规则（2+3 或 2+2+1 组），若排列规律，侧小叶宽度远长于两倍长……………………………………………………………………………………⑤

⑤花冠裂片的宽度是长度的 2 ~ 3 倍，通常比花冠半径长；叶片有些光滑 …… *S. chaucha*

⑤花冠裂片宽度短于长度或等于长度…………………………………………………………⑥

⑥叶片稀疏短柔毛，生长期间有光泽；在短日照条件下（12 h 光照）3 ~ 4 个月后结薯，块茎无休眠期…………………………………………………………………… *S. phureja*

⑥叶片上密被短柔毛、无光泽；块茎在短日照条件下 6 个月（或更长）结薯，有明显的休眠期…………………………………………………………………………… *S. stenotomum*

无茎系（*Acaulia* Juzepczuk）

矮生，呈莲座状（偶尔会形成长主茎）；有典型的钝形小叶，在上侧基部附有耳状托叶；总花梗很短甚至没有；无花柄节。花冠小，轮状，具有很短的萼片。

①总花梗无分叉；通常无花柄节（若有花柄节，则常着生于花萼下 2 ~ 3mm）；花柱不

外露……………………………………………………………………………… *S. acaule*

①总花梗分叉；花柄节较低，位于花萼下 5 ~ 7mm；花柱外露，高于花药柱 1.5 ~ 2.0mm ……………………………………………………………………………… *S. albicans*

长梗系（*Longipedicellata* Bukasov）

草本植物，匍匐茎长；叶面粗糙，部分种有白色茸毛。弓状的花冠裂片和长花冠尖使花冠呈轮状，有明显尖端。花冠部分呈近半五角星形或五边形。

①花柄密覆白色平展茸毛，甚至到花柄节上部…………………………… *S. polytrichon*

①花柄茸毛稀疏甚至无毛，尤其在花柄节之上；若花柄节下有稠密地茸毛，则茸毛相互紧贴……………………………………………………………………………②

②花冠裂片呈钝三角形，逐渐形成尖端……………………………………………③

②除界限分明的尖端，花冠呈近圆形………………………………………………⑥

③花冠小，直径小于 1.5cm，深紫色花冠或尖端模糊的白色花冠；植株高度一般低于 10cm ……………………………………………………………………………… *S. papita*

③花冠大，直径 2 ~ 3cm，深紫色；植株一般高于 10cm ……………………………④

④茎干、叶片和花萼完全无毛（少数有极少茸毛）；小叶一般具有小叶柄……………⑤

④全株密覆粗茸毛；小叶通常无叶柄……………………………… *S. fendleri* subsp. *fendleri*

⑤总花梗和花柄无毛；花冠淡紫色，半五角星形………………………………… *S. hjertingii*

⑤总花梗和花柄密覆粗茸毛；花冠深紫色，轮状至五边形…………………… *S. matehualae*

⑥花色从白色到蓝紫色分布；顶小叶与侧小叶在大小上差异不大………… *S. stoloniferum*

⑥花冠深紫色；顶小叶阔卵形或菱形，远大于侧小叶…………………………………⑦

⑦花药长约 5mm；植株生长繁茂 ………………………………………… *S.* × *vallis-mexici*

⑦花药长约 3mm；植株矮小 …………………………………… *S. fendleri* subsp. *arizonicum*

落果系（*Demissa* Bukasov）

落果系主要特征是有非常短、相当扁平的花冠裂片和高花柄节。

①花冠白色或白中带紫；浆果球状到椭圆形分布…………………………………… *S. hougasii*

①花冠呈紫色（不同深浅类型）；浆果球状到圆锥形分布………………………………②

②植株莲座或半莲座；主茎不发达或茎干长，从基部往上有几个花序；小叶顶端钝形；浆果球状到卵形分布……………………………………………………………… *S. demissum*

②植株通常直立；小叶顶端锐尖或渐尖；浆果圆锥形…………………………………③

③侧小叶无叶柄，明显下延，向叶基渐趋狭窄；浆果有疣状突起…………… *S. schenckii*

③侧小叶一般有小叶柄，不下延或几乎不下延；浆果无疣状突起………………………④

④全裂叶，有 5 ~ 7 对侧小叶和 8 ~ 11 对次级小叶 ………………………… *S. guerreroense*

④深裂叶，有 2 ~ 4（ ~ 6）对侧小叶和多达 4 对次级小叶 ·······································⑤

⑤最上部两对的侧小叶大小相同；花冠浅蓝紫色且伴有白色细纹············*S. brachycarpum*

⑤最上部两对小叶大小不一；花冠颜色艳丽呈深紫色·································*S. iopetalum*

参考文献

中文部分

[1] Shantwana G. 马铃薯 SUMO 化成员鉴定及 StSUMO1 和 StSCE1 功能研究 . 兰州：甘肃农业大学，2021.

[2] 敖翔 . 黑龙江省马铃薯晚疫病菌群体结构及块茎晚疫病抗性分析 . 哈尔滨：东北农业大学，2018.

[3] 白潇 . 野生种马铃薯抗虫相关蛋白酶抑制剂基因 SpCYS 的功能分析 . 南京：南京农业大学，2014.

[4] 蔡兴奎，柳俊，谢从华 . 马铃薯叶肉原生质体电融合参数优化及杂种植株再生 . 华中农业大学学报，2003，22(5)：494 – 498.

[5] 蔡兴奎，柳俊，谢从华 . 马铃薯栽培种与野生种叶肉细胞融合及体细胞杂种鉴定 . 园艺学报，2004，5：623 – 626.

[6] 陈琳 . 马铃薯体细胞杂种及其回交和自交后代遗传组分分析与青枯病抗性评价 . 武汉：华中农业大学，2013.

[7] 陈鹏 . 马铃薯叶片和悬浮细胞原生质体的分离与培养 . 兰州：甘肃农业大学，2014.

[8] 陈若男 . 马铃薯无性系农艺性状、产量和品质的评价 . 哈尔滨：东北农业大学，2019.

[9] 陈士炎 . 茶数倍性与保卫细胞叶绿体数的关系 . 茶叶科学，1989，9(2)：127 – 132.

[10] 陈伊里，石瑛，王凤义等 . 中国马铃薯学术研讨会与第五届世界马铃薯大会论文集 . 哈尔滨：哈尔滨工程大学出版社，2004.

[11] 陈卓，肖熙鸥，陈曙等 . 利用 GFP 标记的 *Ralstonia solanacearum* 鉴定马铃薯青枯病抗性 . 中国瓜菜，2021，34(1)：35 – 41.

[12] 成善汉 . 马铃薯块茎低温糖化机理及转化酶抑制子基因的克隆与功能鉴定 . 武汉：华中农业大学，2005.

[13] 崔荣昌，李晓龙 . 马铃薯纺锤块茎类病毒不同株系及不同接种方法对产量的影响 . 中国马铃薯，1990，4(3)：129 – 139.

[14] 戴朝曦，冉毅东，王清等. 细胞工程技术在马铃薯育种中应用的研究. 遗传，1998，20(S1)：39 – 42.

[15] 戴朝曦，孙顺娣，李继红 . 马铃薯体细胞电融合技术的研究 . 兰州：兰州大学学报 (自然科学版)，1994，30：82 – 87.

[16] 戴朝曦，孙顺娣，李继红 . 马铃薯原生质体培养及体细胞融合杂交技术的研究 . 农业科学集刊 (第二卷)，1995，144 – 151.

[17] 戴朝曦，孙顺娣 . 马铃薯实生苗子叶及下胚轴原生质体培养研究 . 植物学报，1994，36(9)：671 – 678.

[18] 戴朝曦，于品华，冉毅东等 . 用花药培养法由马铃薯雄性不育双单倍体诱导一单倍体植株的研究 . 遗传学报，1993，20(2)：141 – 146.

[19] 戴朝曦，于品华，王蒂等 . 花药培养中出现的一些特殊现象及对双单倍体植株的观察 . 马铃薯杂志，1985，2：3 – 7.

[20] 戴朝曦，于品华，王蒂等 . 马铃薯遗传工程技术的研究 . 马铃薯杂志，1990，1：23 – 25.

[21] 戴朝曦 . 用花药培养法诱导马铃薯产生双单倍体植株的研究 . 科学通报，1982，24：1529 – 1532.

[22] 戴朝曦等 . 生物工程技术在马铃薯遗传育种研究中的应用 . 马铃薯杂志，1991，5(3)：161 – 163.

[23] 邓高峰 . 马铃薯野生种 *S. commersonii* 抗寒基因的初定位和标记开发 . 武汉：华中农业大学，2019.

[24] 董建科，涂卫，王海波等 . 马铃薯高效染色体加倍方法建立与抗寒资源创制 . 作物学报，2021，46(11)：1659 – 1666.

[25] 董建科，涂卫，赵庆浩等 . 国内主要马铃薯品种 (系) 抗寒性鉴定 . 2019 年中国马铃薯大会论文集 . 2019，189 – 195.

[26] 董建科 . 利用野生种 *Solanum boliviense* 创制马铃薯抗寒种质资源 . 武汉：华中农业大学，2020.

[27] 郭鹏飞，张家欣，王洁玉等 . 利用枯草芽胞杆菌表达系统进行马铃薯抗细菌基因的筛选 . 植物病理学报，2022，3：52 – 58.

[28] 何礼远. 抗青枯病高产优质马铃薯新品种“抗青 9 – 1”. 中国马铃薯，

2007，21(6)：381 – 382.

[29] 和睦，鲁玉瓦 . 电场诱导细胞融合 . 生物化学与生物物理进展，1985，3：52 – 58.

[30] 胡人亮 . 苔藓植物学 . 北京：高等教育出版社，1987.

[31] 胡艳梅，孟然然，李周等 . 彩色马铃薯块茎花色素苷分析测定 . 西南农业学报，2013，26(3)：950 – 956.

[32] 黄超 . 马铃薯资源 DM1 – 3 和 40 – 3 差异性状评价及 PVY 抗性转移 . 武汉：华中农业大学，2015.

[33] 黄闯，张泽生，王玉本等 . 马铃薯蛋白酸水解工艺及氨基酸组分检测 . 食品科技，2010，35(8):317.

[34] 黄美杰 . 野生马铃薯抗 PVY 材料的筛选与评价 . 哈尔滨：东北农业大学，2009.

[35] 黄强，郑敏，王钏等 . 马铃薯晚疫病的危害及防治措施 . 江西农业，2019，151：21 – 25.

[36] 黄勇 . 马铃薯青枯病抗性资源的鉴定及效应蛋白突变体的筛选 . 武汉：华中农业大学，2016.

[37] 贾敬芬 . 植物细胞杂交研究进展 . 细胞生物学进展 (第三卷)，北京：高等教育出版社，1994.

[38] 贾士荣，屈贤铭，冯兰香等 . 转抗菌肽基因提高马铃薯对青枯病的抗性 . 中国农业科学，1998，3：5 – 12.

[39] 蒋锐 . 马铃薯晚疫病广谱抗性 QTL dPI09c 的精细定位及抗性基因克隆 . 武汉：华中农业大学，2018.

[40] 金黎平，屈冬玉，谢开云等 . 染色体倍性操作在马铃薯遗传育种中的应用 . 2002 年马铃薯专业委员会年会论文集，哈尔滨：哈尔滨工程大学出版社，2002，89 – 93.

[41] 金黎平，屈冬玉，谢开云等 . 我国马铃薯种质资源和育种技术研究进展 . 种子，2003，22(5)：99 – 101.

[42] 金晓玲，何平 . 木本植物原生质体培养与融合研究进展 . 浙江师范大学学报 (自然科学版)，2003，26(1)：54 – 59.

[43] 康黎 . 马铃薯无茎系野生种抗寒性评价与利用 . 武汉：华中农业大学，2017.

[44] 康益晨 . 马铃薯响应碱性盐胁迫的生理及分子机制研究 . 兰州: 甘肃农业大学，2021.

[45] 孔令双 . 马铃薯种质资源的耐热性分析及鉴定 . 杨凌：西北农林科技大学，

2021.

[46] 寇爽，涂卫，赵喜娟等 . 马铃薯普通栽培种杂交后代抗寒性分析 . 中国马铃薯，2015，29(5)：257 – 262.

[47] 李超 . 基于 GIS 的新疆马铃薯甲虫扩散规律研究 . 重庆：西南大学，2013.

[48] 李飞，雷尊国，刘杰等 . 野生马铃薯材料苗期耐冻性鉴定 . 中国蔬菜，2008，12：6 – 10.

[49] 李飞，徐建飞，刘杰等 . 三个耐冻性不同的马铃薯野生种中 FAD2 基因的克隆及表达分析 . 作物学报，2014，40(1)：45 – 53.

[50] 李高峰，王一航，文国宏等 . 超高淀粉马铃薯新品种陇薯 8 号 . 中国蔬菜，2010，23：36 – 40.

[51] 李歌歌 . 马铃薯 Y 病毒极端抗性基因 Ry_{chc} 的克隆与功能分析 . 武汉：华中农业大学，2021.

[52] 李耿光，张兰英 . 马铃薯叶肉原生质体再生植株研究 . 植物学报，1988，30(1)：21 – 24.

[53] 李广存 . 马铃薯青枯病抗性相关基因的分离及其功能分析 . 北京：中国农业科学院，2006.

[54] 李继红，刘山鸣，郑学勤等 . 马铃薯细胞融合及杂交技术的研究 . 热带作物学报，1994，15：75 – 82.

[55] 李建武，文国宏，李高峰等 . 马铃薯新品种陇薯 16 号的选育 . 中国蔬菜，2021(2)：101 – 103.

[56] 李建武 . 马铃薯 (*Solanum tuberosum* L.) 块茎淀粉含量及植株熟性性状 QTL 定位与遗传分析 . 武汉：华中农业大学，2019.

[57] 李健. ScCBF1 与 StCBF1 转录因子在马铃薯应答低温、干旱及盐胁迫过程中存在功能差异. 泰安：山东农业大学，2018.

[58] 李杰，黄敏仁 . 植物原生质体培养和体细胞融合技术研究进展 . 仲恺农业技术学院学报，2003，16(4)：64 – 71.

[59] 李青 . 马铃薯耐盐生理及相关基因的筛选与分析 . 长沙：湖南农业大学，2019.

[60] 李清，郑周宜，刘雨婷等 . 云南省马铃薯早疫病病原及毒性特点分析 . 微生物学通报，2022，1 – 16.

[61] 李世君，李向辉，孙勇如 . 马铃薯无菌苗叶肉原生质体再生植株 . 生物工程学报，1989，5(1)：57 – 63.

[62] 李韬，戴朝曦 . 提高马铃薯原生质体细胞分裂频率的研究 . 作物学报，

2000，26(6)：953 – 958.

[63] 李先平，隋启君，赵志坚 . 通过匍匐茎尖检查马铃薯染色体的方法 . 中国马铃薯，2002，16(6)：356 – 357.

[64] 李映，蔡兴奎，李林章等 . 马铃薯体细胞杂种的青枯病抗性鉴定 . 中国马铃薯，2005，19(4)：198 – 203.

[65] 李云，卢其能，赵昶灵等 . 马铃薯抗卷叶病毒基因工程研究现状 . 黑龙江农业科学，2011，9：142 – 149.

[66] 李志燕 . PEG – 6000 胁迫下马铃薯耐旱指标的筛选 . 哈尔滨：东北农业大学，2015.

[67] 刘庆昌，吴国良 . 植物细胞组织培养 . 北京：中国农业大学出版社，2003，163 – 180.

[68] 刘维刚，唐勋，付学等 . 马铃薯抗旱性研究进展 . 中国马铃薯，2022，36(4)：358 – 369.

[69] 刘喜才，张丽娟 . 马铃薯种质资源描述规范和数据标准 . 中国农业出版社，2006.

[70] 娄树宝，田国奎，王海艳等 . 国外引进马铃薯资源对早疫病的田间抗性评价 . 马铃薯产业与精准扶贫，2017，287 – 290.

[71] 卢新雄，辛霞，刘旭 . 作物种质资源安全保存原理与技术 . 北京：科学出版社，2019.

[72] 陆树刚 . 蕨类植物学 . 北京：高等教育出版社，2007.

[73] 吕文河，李景华. 马铃薯二倍体栽培种（*Solanum phureja*）自交后代中选育诱发高频率双单倍体授粉者的研究 . 马铃薯杂志，1987，1：2 – 8.

[74] 吕文河，王亮，陈伊里等 . 二倍体马铃薯主要农艺性状及其 2n 花粉频率的表现 . 马铃薯杂志，1999，13(2)：67 – 70.

[75] 马炜梁，王幼芳，李宏庆等 . 植物学 . 北京：高等教育出版社，2022.

[76] 马秀芬，刘莉，张鹤龄等 . 中国流行的马铃薯纺锤块茎类病毒（PSTVd）株系鉴定及其对产量的影响 . 内蒙古大学学报（自然科学版），1996，4：562 – 567.

[77] 马英，赵冬梅，杨志辉等 . 29 个马铃薯品种（品系）抗晚疫病基因组成与抗病相关性分析 . 植物保护，2020，46：212 – 218.

[78] 梅文祥 . 马铃薯资源抗寒性鉴定及 *S. demssium* × *S. tuberosum* 杂交后代抗性鉴定 . 武汉：华中农业大学，2016.

[79] 门福义，刘梦芸 . 马铃薯栽培生理 . 北京：中国农业出版社，1995.

[80] 米晓晓 . 转 cry3A 和 GNA 基因提高马铃薯抗虫性的研究 . 兰州：甘肃农业大

学，2015.

[81] 莫日根，杜艳，吕娟等 . 超高效液相色谱 - 串联质谱法测定马铃薯中 8 种必需氨基酸 . 化学分析计量，2021，30(9):54 – 58.

[82] 聂碧华 . 马铃薯 Y 病毒新变异株系的克隆鉴定及马铃薯—病毒互作机制研究 . 武汉：华中农业大学，2010.

[83] 牛志敏，兰青义 . 马铃薯炸条、炸片资源材料筛选 . 中国马铃薯，2001，3:156 – 157.

[84] 庞万福，屈冬玉，高占旺等 . 高频率诱导马铃薯双单倍体的研究 . 马铃薯杂志，1996，10(2)：70 – 74.

[85] 祁雪，张丽莉，石瑛等 . 盐碱胁迫对马铃薯生理和叶片超微结构的影响 . 作物杂志，2014，4：125 – 129.

[86] 钱春，梁国鲁，刘素君 . 果树 2n 配子产生及应用研究进展 . 西南农业学报，2005，18(4)：492 – 495.

[87] 阮航，多浩源，范文艳等 . AtERF49 在拟南芥应答盐碱胁迫中的作用 . 生物技术通报，2022，39(1)：1 – 7.

[88] 邵小丽 . 马铃薯常见病虫害综合防治措施 . 农业科技与信息，2018，11：15 – 17.

[89] 盛万民，王凤义，宁海龙 . 马铃薯野生种 *S. demissum* 与普通栽培品种 Katahdin 回交一代材料主要产量性状细胞遗传效应分析 . 东北农业大学学报，2009，40 – 45.

[90] 盛万民，王凤义，牛志敏等 . 马铃薯二倍体栽培种 *S. phureja* 与普通栽培种的四倍体杂种品质性状育种价值的研究 . 中国马铃薯，2001，2：72 – 77.

[91] 盛万民 . 马铃薯野生种 *Solanum Demissum* 与栽培品种杂交后代的遗传分析 . 哈尔滨：东北农业大学，2009.

[92] 司怀军，戴朝曦 . 马铃薯种间体细胞杂种植株的细胞学观察和过氧化物同工酶分析 . 马铃薯杂志，1998，12(4)：195 – 199.

[93] 司怀军，戴朝曦 . 马铃薯种间体细胞杂种植株的形态学和农艺性状观察 . 马铃薯杂志，1997，11(4)：193 – 196.

[94] 孙海宏，周云，贺苗苗 . 二倍体野生种马铃薯 *Solanum pinnatisectmum* 原生质体分离纯化与培养的研究 . 分子植物育种，2018，16(1)：140 – 146.

[95] 孙慧生 . 马铃薯育种学 . 北京：中国农业出版社，2003.

[96] 孙蒙祥，杨弘远，周嫦 . 用聚乙二醇诱导选定的成对原生质体间的融合 . 植物学报，1994，36(7)：489 – 499.

[97] 孙雪梅. 二倍体马铃薯原生质体培养与体细胞融合技术研究. 西宁: 青海大学, 2007.

[98] 田志宏，孟金陵. 芸薹属作物原生质体融合及基因转移. 中国油料，1997, 19(1)：70－75.

[99] 涂卫. *Solanum malmeanum* 2n 卵形成机制解析及马铃薯抗寒资源创制. 武汉：华中农业大学，2020.

[100] 汪晶. 二倍体马铃薯原生质体融合创制抗青枯病的新种质. 武汉：华中农业大学，2009.

[101] 王炳森，王丽，陈惠兰. 山东省马铃薯病害调查. 中国马铃薯，2017, 31(2)：104－112.

[102] 王洪洋，刘晶，董金美等. 马铃薯种质资源的晚疫病抗性鉴定. 亚热带植物科学，2019，48(1)：91－95.

[103] 王建华，赵学慧. 螯合剂对原生质体融合的影响. 生物工程学报，1998, 14(1)：112－114.

[104] 王清，黄惠英，李学才. 二倍体马铃薯体细胞电融合的研究. 甘肃农业大学学报，2001，36(4)：394－399.

[105] 王仁贵，洪霞. 马铃薯野生种与栽培种的杂种回交后代对 PVY 的反应. 马铃薯杂志，1994，1：12－15.

[106] 王天池，林葵. 电融合技术在植物细胞工程中的应用现状. 植物学通报，1994，11(3)：19－24.

[107] 王潇，张伟，白雅梅等. 二倍体马铃薯富利亚和窄刀薯杂种块茎中铁和锌的含量及广义遗传力. 作物杂志，2014，161(4)：59－64.

[108] 王晓明，金黎平，尹江. 马铃薯抗病毒病育种研究进展. 中国马铃薯，2005，19(5)：285－289.

[109] 王志泰，马瑞，马彦军等. 利用隶属函数法分析胡枝子抗旱性. 干旱区资源与环境，2013，27(9)：119－123.

[110] 夏平. 国外种质资源在我国马铃薯生产中的应用. 中国马铃薯，2000, 14(1)：41－43.

[111] 肖雅，何长征，聂先舟等. 马铃薯病毒病防治策略. 中国马铃薯，2008, 22(2)：106－110.

[112] 肖增宽，陈伊里，吕文河等. 四倍体马铃薯 (*S. tuberosum*) 核型分析. 马铃薯杂志，1994，8(2)：81－84.

[113] 徐呈祥. 植物抗寒性鉴定与测试方法研究进展. 广东农业科学，2014,

41(16)：50 － 54.

[114] 徐建飞 . 马铃薯抗晚疫病主效位点的基因定位和遗传分析 . 北京：中国农业科学院，2008.

[115] 杨慧菊，郭华春 . 马铃薯不同品种抗寒性综合评价 . 分子植物育种，2017，15：716 － 724.

[116] 杨业华 . 普通遗传学 (第二版). 北京：高等教育出版社，2006. 196 － 197.

[117] 杨志超，张丽莉，卢翠华等 . 农杆菌介导 P2300-pa-8e 抗虫基因转化马铃薯的研究 . 中国蔬菜，2011，18：36 － 40.

[118] 姚彦红，康益晨，杨昕宇等 . NaCl 胁迫对马铃薯生理生化特性产量及品质的影响 . 甘肃农业科技，2020，4：36 － 42.

[119] 叶创兴 . 植物学 . 北京：高等教育出版社，2007.

[120] 应静文 . 马铃薯野生种 *Solanum boliviense* 抗寒种质资源的利用 . 武汉：华中农业大学，2022.

[121] 张大鹏，宋伯符 . 越南马铃薯实生籽的研究与进展 . 内蒙古农业科技，1988，47 － 48.

[122] 张峰，余斌，赵宝勰等 . 马铃薯新品种“甘农薯 6 号”. 园艺学报，2016，43(S2)：2729 － 2730.

[123] 张淑红，王蒂，王清 . 影响马铃薯叶肉原生质体褐化的因素及 AgNO3 对其褐化和分裂的作用 . 中国马铃薯，2004，18(2)：77 － 81.

[124] 张武，吴雁斌，高彦萍等 . 马铃薯早熟品种与晚熟品种对马铃薯 Y 病毒（PVY）和马铃薯卷叶病毒（PLRV）的生理反应 . 中国马铃薯，2020，34(2)：103 － 113.

[125] 张希近，庞万福，高占旺等 . 孤雌生殖诱导马铃薯双单倍体的遗传操作技术 . 国外农学 - 杂粮作物，1997，17(4)：34 － 36.

[126] 张永成 . 马铃薯实验研究方法 . 北京：中国农业科学技术，2007.

[127] 张治飞 . 青枯菌的基因标记及马铃薯青枯病抗性相关信号途径探究 . 武汉：华中农业大学，2016.

[128] 赵凤敏，李树君，张小燕等 . 不同品种马铃薯的氨基酸营养价值评价 . 中国粮油学报，2014，29(9)：13 － 21.

[129] 赵明辉，白雅梅，吕文河 . 离体条件下评价二倍体马铃薯 (*Solanum phureja* × *S. stenotomum*) 耐盐性 . 核农学报，2020，34(1)：1 － 9.

[130] 赵明辉，白雅梅，邱彩玲等 . 马铃薯二倍体和四倍体栽培种主要品质性状的差异 . 中国马铃薯，2004，6：333 － 337.

[131] 赵青霞，林必博，张鑫等 . 马铃薯抗低温糖化渐渗系培育和炸片品系筛选 .

中国农业科学，2013，46(20)：4210 – 4221.

[132] 赵青霞 . 马铃薯抗低温糖化渐渗系培育和炸片品系筛选 . 兰州：甘肃农业大学，2013.

[133] 赵庆浩 . 利用野生种 *Solanum malmeanum* 的体细胞融合材料创制马铃薯抗寒种质资源 . 武汉：华中农业大学，2020.

[134] 赵喜娟 . 马铃薯苗期抗寒性直接鉴定方法的建立与抗寒资源筛选 . 武汉：华中农业大学，2013.

[135] 赵小强，马晖玲，林栋 . 草地早熟禾新格莱德胚性愈伤组织原生质体培养及植株再生的研究 . 草业学报，2010，19(2)：55 – 60.

[136] 赵颖君，祁新，李鹏志等 . 马铃薯叶肉原生质体培养 . 吉林农业科学，2000，25(3)：18 – 20.

[137] 郑寰宇 . 马铃薯早疫病菌生物学特性及致病力分化的研究 . 大庆：黑龙江八一农垦大学，2010.

[138] 郑慧慧，王泰云，赵娟等 . 马铃薯早疫病研究进展及其综合防治 . 中国植保导刊，2013，33(1)：18 – 22.

[139] 周宇波，柳俊，谢从华等 . 马铃薯原生质体培养体系改良 . 华中农业大学学报，2001，20(5)：469 – 473.

[140] 朱丽梅，崔群香，刘卫东等 . 自然病圃法和离体叶片接种法对茄早疫病抗病性鉴定比较 . 江苏农业科学，2015，43(6)：116 – 118.

[141] 朱旭，李楠，杨春明等 . 中国马铃薯花药培养关键技术研究进展 . 中国马铃薯，2021，35(03)：281 – 286.

[142] 朱至清 . 植物细胞工程 . 北京：化学工业出版社，2003，152 – 164.

[143] 邹莹 . 马铃薯抗寒资源和抗寒群体创制. 武汉：华中农业大学，2016.

[144] 图片来源 a：华中农业大学马铃薯实验室 .

[145] 图片来源 b：https://www.cultivariable.com/instructions/potatoes/how-to-grow-wild-potatoes.

[146] 图片来源 c：https://powo.science.kew.org/taxon/urn:lsid:ipni.org:names:818470 – 1.

[147] 图片来源 d：Catálogo de variedades de papa nativa de Huancavelica-Perú. CIP，Federación Departamental de Comunidades Campesinas (FEDECH)，2006，1 – 208.

英文部分

[1] Achakkagari S.R., Kyriakidou M., Tai H.H., et al. Complete plastome assemblies from a panel of 13 diverse potato taxa. PLoS One, 2020, 15(10): e0240124.

[2] Achakkagari S.R., Bozana I., Anglinb N.L., et al. Complete mitogenome assemblies from a panel of 13 diverse potato taxa. Mitochondrial DNA, 2021, 6: 894-897.

[3] Adams J.R., de Vries M.E., Zheng C., et al. Little heterosis found in diploid hybrid potato: the genetic underpinnings of a new hybrid crop. Genes, Genomes, Genetics, 2022, 12(6): jkac076.

[4] Adiwilaga K.D., Brown C.R. Use of 2n pollen-producing triploid hybrids to introduce tetraploid Mexican wild species germ plasm to cultivated tetraploid potato gene pool. TAG, 1991, 81: 645-662.

[5] Agblor A., Scanlon M.G. Effect of storage period, cultivar and two growing locations on the processing quality of French fried potatoes. American Journal of Potato Research, 2002, 79(3): 167-172.

[6] Ahmed S., Zhou X., Pang Y., et al. Improving starch-related traits in potato crops: achievements and future challenges. Starch-Stärke, 2018, 70(9): 1700113.

[7] Ahn Y.K., Park T.H. Resistance to common scab developed by somatic hybrids between *Solanum brevidens* and *Solanum tuberosum*. Acta Agriculturae Scandinavica, 2013, 63(7): 595-603.

[8] Almasia N.I., Bazzini A.A., Hopp H.E., et al. Overexpression of snakin-1 gene enhances resistance to *Rhizoctonia solani* and *Erwinia carotovora* in transgenic potato plants. Molecular Plant Pathology, 2008, 3(9): 329-338.

[9] Andersson M., Turesson H., Nicolia A., et al. Efficient targeted multiallelic mutagenesis in tetraploid potato (*Solanum tuberosum*) by transient CRISPR-Cas9 expression in protoplasts. Plant Cell Reports, 2017, 36: 117-128.

[10] Andersson M., Turesson H., Olsson N., et al. Genome editing in potato via CRISPR-Cas9 ribonucleoprotein delivery. Physiologia Plantarum, 2018, 164: 378-384.

[11] Anita B., Carolina L., Felipe Z., et al. Phenolic and anthocyanin content characterization related to genetic diversity analysis of *Solanum tuberosum* subsp. *tuberosum* Chilotanum Group in southern Chile. Frontiers in Plant Science. 2023, 10(13): 1045894.

[12] Austin S., Baer M.A., Helgeson J.P. Transfer of resistance to potato leaf virus from *Solanum brevidens* into *Solanum tuberosum* by somatic fusion. Plant Cell Reports, 1985, 39:

75-81.

[13] Austin S., Pohlman J.D., Brown C.R., et al. Interspecific somatic hybridization between *Solanum tuberosum* L. and *S. bulbocastanum* Dun. as a means of transferring nematode resistance. American Potato Journal, 1993, 70(6): 485-495.

[14] Aversano R., Contaldi F., Ercolano M.R., et al. The *Solanum commersonii* genome sequence provides insights into adaptation to stress conditions and genome evolution of wild potato relatives. The Plant Cell, 2015, 27(4): 954-968.

[15] Bachmann-Pfabe S., Hammann T., Kruse J., et al. Screening of wild potato genetic resources for combined resistance to late blight on tubers and pale potato cyst nematodes. Euphytica, 2019, 215(3): 48-55.

[16] Bae J., Halterman D., Jansky S.H. Development of a molecular marker associated with *Verticillium wilt* resistance in diploid interspecific potato hybrids. Molecular Breeding, 2008, 22: 61-69.

[17] Bai J., Mao J., Yang H., et al. Sucrose non-ferment 1 related protein kinase 2 (SnRK2) genes could mediate the stress responses in potato (*Solanum tuberosum* L.). BMC Genetics. 2017, 18(1): 41.

[18] Bains G.S., Howard H.W. Haploid plants of *Solanum demissum*. Nature, 1950, 166: 795-795.

[19] Bains P.S., Bisht V.S., Lynch D.R., et al. Identification of stem soft rot (*Erwinia carotovora* subspecies *atroseptica*) resistance in potato. American Journal of Potato Research, 1999, 76: 137-141.

[20] Bali S., Robinson B.R., Sathuvalli V., et al. Single Nucleotide Polymorphism (SNP) markers associated with high folate content in wild potato species. PLoS One, 2018, 13(2): e0193415.

[21] Bali S., Vining K., Gleason C., et al. Transcriptome profiling of resistance response to *Meloidogyne chitwoodi* introgressed from wild species *Solanum bulbocastanum* into cultivated potato. BMC Genomics, 2019, 20(1): 907.

[22] Ball S.G., Seilleur P. Characterisation of somaclonal variation in potato by chemical approach, in semal Ⅰ eds, somaclonal variations an crop improvements, Martinus Nijhoffpub, 1986, 229-235.

[23] Ballvora A., Ercolano M.R., Weiss J., et al. The R1 gene for potato resistance to late blight (*Phytophthora infestans*) belongs to the leucine zipper/NBS/LRR class of plant resistance genes. The Plant Journal, 2002, 30(3): 361-371.

[24] Bamberg J.B. Allelism of endosperm balance number (EBN) in *Solanum acaule* Bitt. and other wild potato species. TAG, 1994, 89: 682-686.

[25] Banfalvi Z., Csakvari E., Villanyi, V., et al. Generation of transgene-free PDS mutants in potato by Agrobacterium-mediated transformation. BMC Biotechnology, 2020, 20: 25.

[26] Bao Z., Li C., Li G., et al. Genome architecture and tetrasomic inheritance of autotetraploid potato. Molecular Plant, 2022, 15(7): 1211-1226.

[27] Barone A., Sebastiano A., Carputo D., et al. Molecular marker-assisted introgression of the wild *Solanum commersonii* genome into the cultivated *S.* tuberosum gene pool. TAG, 2001, 102(6): 900-907.

[28] Barsby T.L., Shepard J.F., Kemble R.J., et al. Somatic hybridization in the genus *Solanum*, *S. tuberosum* and *S. brevinden.* Plant Cell Rcports, 1984, 3: 165-166.

[29] Bastia T., Carotenuto N., Basile B., et al. Induction of novel organelle DNA variation and transfer of resistance to frost and *Verticillium wilt* in *Solanum tuberosum* through somatic hybridization with 1EBN *S. commersonii*. Euphytica, 2000, 116(1): 110.

[30] Berdugo-Cely J.A., Martínez-Moncayo C., Lagos-Burbano T.C. Genetic analysis of a potato (*Solanum tuberosum* L.) breeding collection for southern Colombia using single nucleotide polymorphism (SNP) markers. PLoS One, 2021, 16: e0248787.

[31] Berg R.G., Miller J.T., Ugarte M.L., et al. Collapse of morphological species in the wild potato *Solanum brevicaule* complex (*Solanaceae*: sect. *Petota*). American Journal of Botany, 1998, 85(1): 92-109.

[32] Bethke P.C., Halterman D.A., Jansky *S.* Are we getting better at using wild potato species in light of new tools? Crop Science, 2017, 57(3): 1241-1258.

[33] Bidani A., Nouri-Ellouz O., Lakhoua L., et al. Interspecific potato somatic hybrids between *Solanum berthaultii* and *Solanum tuberosum* L. showed recombinant plastome and improved tolerance to salinity. Plant Cell Tissue and Organ Culture, 2007, 91(3): 179-189.

[34] Binding H., Jain S.M., Finger J., et al. Somatic hybridization of an atrazine resistant biotype of *Solanum nigrum* with *Solanum tuberasum*. I. Clonal variation in morphology and in atrazine sensitivity. TAG, 1982, 63: 273-277

[35] Black W. Inheritance of resistance to blight (*Phytophthora infestans*) in potatoes; unbalanced segregations. Proceedings of Royal Society Biological Science. 1946, 62(2): 171-181.

[36] Black W. Inheritance of resistance to blight in potatoes. Annals of Applied Biology,

1945, 32(3): 279-280.

[37] Boiteux L. S. Allelic relationships between genes for resistance to tomato spotted wilt tospovirus in *Capsicum chinense*. TAG, 1995, 90(1): 146-149.

[38] Bonifacio A., Ramos P., Alcón M., et al. *Solanum* × *curtilobum* Juz. et Buk.: papa amarga cultivada con potencial para el mejoramiento genético, Revista Latino Americana de la Papa. 2013, 17(2): 118-129.

[39] Braun S.R., Endelman J.B., Haynes K.G., et al. Quantitative trait loci for resistance to common scab and cold-induced sweetening in diploid potato. The Plant Genome, 2017, 10 (3): 1-9.

[40] Bretagnolle F.T.J. Gametes with the somatic chromosome number: Mechanisms of their formation and role in the evolution of autopolyploid plants. New Phytologist, 1995, 129(1): 1-22.

[41] Brien M., Gray-Mitsumune M., Kapfer C., et al. The ScFRK2 MAP kinase kinase kinase from *Solanum chacoense* affects pollen development and viability. Planta, 2007, 225: 1221-1231.

[42] Brown C.R., Masuelli R. RFLP analysis of resistance to Columbia root-knot nematode derived from *Solanum bulbocastanum* in a BC2 population. TAG, 1996, 92: 572-576.

[43] Brown C.R., Thomas P.E. Resistance to potato leafroll virus derived from *Solanum chacoense*: characterization and inheritance. Euphytica, 1994, 74: 51-57.

[44] Brownfield L., Kohler C. Unreduced gamete formation in plants: Mechanisms and prospects. Journal of Experimental Botany, 2011, 62(5): 1659-1668.

[45] Brownfield L., Yi J., Jiang H., et al. Organelles maintain spindle position in plant meiosis. Nature Communications, 2015, 6: 6492-6501.

[46] Brücher H.E. Useful Plants of Neotropical Origin and Their Wild Relatives. New York: Springer, 1998.

[47] Bukasov S.M. Principles of the systematics of potatoes. Proceedings on Applied Botany, Genetics, and Breeding, 1978; 62(1): 3-35.

[48] Bukasov S.M. The origin of potato species. Physis (Buenos Aires), 1939, 18: 41-46.

[49] Bukasov S.M. The successes and failures of interspecific hybridization of the potato. Vestnik Socialisticeskogo Rastenievodstva, 1940, 3: 39-48.

[50] Bukasov S.M., Kameraz A.J. Basis of Potato Breeding. Moskow-Leningrad: State

publisher, Selskohozjastv Literatura, 1959, 528.

[51] Bukasov, S. M. The potatoes of South America and their breeding possibilities. Supplement to Mathematical Botanic Supplement, 1933, 58: 1-192.

[52] Burr K.E., Hawkins C.D.B., L'Hirondelle S.J., et al. Methods for Measuring Cold Hardiness of Conifers. Conifer Cold Hardiness, 2001, 369-401.

[53] Butenko R.G., Kuchko A.A. Somatic hybridization of *Solanum tuberosum* and *S. chacoense* by protoplast fusion. Advances in Protoplast Research. Pergamon Press, 1980, 293-300.

[54] Butenko R.G., Kuchko A.A., Vitenko V.A., et al. Production and cultivation of isolated protoplasts from mesophyll of leaves of *Solanum tuberosum* L. and *Solanum chacoense* Bitt. Soviet Plant Physiology, 1977, 24(3): 541-546.

[55] Butler C.D., Trumble J.T. The potato psyllid, *Bactericera cockerelli* (Sulc) (Hemiptera: Triozidae): life history, relationship to plant disease, and management strategies. Terrestrial Arthropod Reviews, 2012, 5: 87-111.

[56] Butler N.M., Atkins P.A., Voytas D.F., et al. Generation and inheritance of targeted mutations in potato (*Solanum tuberosum* L.) using the CRISPR/Cas system. PLoS One, 2015, 10: e144591.

[57] Butler N.M., Jansky S.H., Jiang J. First-generation genome editing in potato using hairy root transformation. Plant Biotechnology Journal, 2020, 18: 2201-2209.

[58] Cadima Fuentes X., Van Treuren R., Hoekstra R., et al. Genetic diversity of Bolivian wild potato germplasm: Changes during ex situ conservation management and comparisons with resampled in situ populations. Genetic Resources and Crop Evolution, 2017, 64: 331-344.

[59] Cai D., Rodríguez F., Teng Y., et al. Single copy nuclear gene analysis of polyploidy in wild potatoes (*Solanum* section *Petota*). BMC Evolutionary Biology, 2012, 12(1): 1-16.

[60] Cai X., Spooner D.M., Jansky S.H. A test of taxonomic and biogeographic predictivity: Resistance to potato virus Y in wild relatives of the cultivated potato. Phytopathology, 2011, 101(9): 1074-1080.

[61] Caldwell D., Kim B.S., Iyer-Pascuzzi A.S. *Ralstonia solanacearum* differentially colonizes roots of resistant and susceptible tomato plants. Phytopathology, 2017, 107: 528-536.

[62] Camadro E.L., Espinillo J.C. Germplasm transfer from the wild tetraploid species

Solanum acaule Bitt. to the cultivated potato *S. tuberosum* L. using 2n eggs. American Potato Journal, 1990, 67：737-749.

[63] Capula-Rodriguez R., Valdez-Aguilar L.A., Cartmill D.L., et al. Supplementary calcium and potassium improve the response of tomato (*Solanum lycopersicum* L.) to simultaneous alkalinity, salinity, and boron stress. Communications in Soil Science and Plant Analysis, 2016, 47: 505-511.

[64] Cardi T., D'Ambrosio E., Consoli D., et al. Production of somatic hybrids between frost-tolerant *Solanum commersonii* and *S. tuberosum*: characterization of hybrid plants. TAG, 1993, 87(2): 193-200.

[65] Carlsen F.M., Johansen I.E., Yang Z., et al. Strategies for efficient gene editing in protoplasts of *Solanum tuberosum* theme: Determining gRNA efficiency design by utilizing protoplast. Frontiers in Genome Editing, 2021, 3: 795644.

[66] Carlson P. S. Parasexual interspecific plant hybridization. PANS, 1972, 69: 2292-2294.

[67] Carman J.A.S., Kuan S.S., Ware G.M., et al. Rapid high-performance liquid chromatographic determination of the potato glycoalkaloids alpha-solanine and alpha-chaconine. Journal of Agricultural and Food Chemistry, 1986, 34(2): 279-282.

[68] Carputo D., Aversano R., Barone A., et al. Resistance to *Ralstonia solanacearum* of sexual hybrids between *Solanum commersonii* and *S. tuberosum*. American Journal of Potato Research, 2009, 86(3): 196-202.

[69] Carputo D., Barone A., Cardi T., et al. Endosperm balance number manipulation for direct in vivo germplasm introgression to potato from a sexually isolated relative (*Solanum commersonii* Dun.). PNAS, 1997, 94: 12013-12017.

[70] Carputo D., Basile B., Cardi T., et al. Erwinia resistance in backcross progenies of *Solanum tuberosum* × *S. tarijense* and *S. tuberosum* (+) *S. commersonii* hybrids. Potato Research, 2000, 43(2): 135-142.

[71] Carputo D., Castaldi L., Caruso I., et al. Resistance to frost and tuber soft rot in near-pentaploid *Solanum tuberosum-S. commersonii* hybrids. Breeding Science, 2007, 57(2): 145-151.

[72] Carputo D., Frusciante L., Peloquin S.J. The role of 2n gametes and endosperm balance number in the origin and evolution of polyploids in the tuber-bearing *Solanums*. Genetics, 2003, 163(1): 287-294.

[73] Caruso I., Dal Piaz F., Malafronte N., et al. Impact of ploidy change on secondary

metabolites and photochemical efficiency in *Solanum Bulbocastanum*. Natural Product Communications, 2013, 8(10): 1934578X1300801.

[74] Castelli L., Ramsay G., Bryan G., et al. New sources of resistance to the potato cyst nematodes *Globodera pallida* and *G. rostochiensis* in the common wealth potato collection. Euphytica, 2003, 129(3): 377-386.

[75] Champoiseau P.G., Jones J.B., Caitilyn A. *Ralstonia solanacearum* race 3 biovar 2 causes tropical losses and temperate anxieties. Plant Health Progress, 2009, 10(1): 35.

[76] Chanse S.S. Analytic breeding in *Solanum tuberosum*. Canadian Journal of Genetics and Cytology, 1963, 5: 359-363.

[77] Chaput M.H., Sihachakr D., Ducreux G., et al. Somatic hybrid plants produced by electrofusion between dihaploid potatoes: BF15 (H1), Aminca (H6) and Cardinal (H3). Plant Cell Reports, 1990, 9(8): 411-414.

[78] Chen C.W., Yang Y.W., Lur H.S., et al. A novel function of abscisic acid in the regulation of rice (*Oryza sativa* L.) root growth and development. Plant and Cell Physiology. 2006, 47(1): 1-13.

[79] Chen L., Guo X., Xie C., et al. Nuclear and cytoplasmic genome components of *Solanum tuberosum* + *S. chacoense* somatic hybrids and three SSR alleles related to bacterial wilt resistance. TAG, 2013, 126: 1861-1872.

[80] Chen P., Li P.H., Cunningham W.P. Ultrastructural differences in leaf cells of some *Solanum species* in relation to their frost resistance. Botanical Gazette, 1977, 138(3): 276-285.

[81] Chen T., Li P.H. Characteristics of cold acclimation and deacclimation in tuber-bearing *Solanum* species. Plant Physiology, 1980, 65: 1146-1158.

[82] Chen Y., Chen L., Sun X., et al. The mitogen-activated protein kinase kinase MKK2 positively regulates constitutive cold resistance in the potato. Environmental and Experimental Botany, 2022, 194: 104702.

[83] Chen Y.K., Bamberg J.B., Palta J.P. Expression of freezing tolerance in the interspecific F1 and somatic hybrids of potatoes. TAG, 1999, 98: 995-1004.

[84] Chevalier E., Loubert-Hudon A., Matton D.P. ScRALF3, a secreted RALF-like peptide involved in cell-cell communication between the sporophyte and the female gametophyte in a solanaceous species. The Plant Journal, 2013, 73(6): 1019-1033.

[85] Chinnusamy V., Zhu J., Zhu J. Cold stress regulation of gene expression in plants. Trends in Plant Science, 2007, 12(10): 444-451.

[86] Chisholm S.T., Coaker G., Day B., et al. Host-Microbe interactions: shaping the evolution of the plant immune response. Cell, 2006, 124(4): 803-814.

[87] Chung M.Y., Chung J.D., Ramanna M., et al. Production of polyploids and unreduced gametes in *Lilium auratum* × *L. henryi* hybrid. International Journal of Biological Sciences, 2013, 9: 693-702.

[88] Chung Y.S., Holmquist K., Spooner D.M., et al. A test of taxonomic and biogeographic predictivity: resistance to Soft-rot in wild relatives of cultivated potato. Phytopathology, 2011, 101(2): 205-212.

[89] Clausen A., Spooner D. Molecular support for the hybrid origin of the wild potato species *Solanum* × *rechei*. Crop Science, 1998, 38: 858-865.

[90] Cockerham G. General studies on resistance to potato viruses X and Y. Heredity, 1970, 25: 309-348.

[91] Cohen Y., Farkash S., Reshit Z., et al. Oospore production of *Phytophthora infestans* in potato and tomato leaves. Phytopathology, 1997, 87: 191-196.

[92] Colon L., Budding D. Resistance to late blight (*Phytophthora infestans*) in ten wild *Solanum* species. Euphytica, 1988, 39: 77-86.

[93] Condori B., Hijmans R.J, Quiroz R., et al. Quantifying the expression of potato genetic diversity in the high Andes through growth analysis and modeling. Field Crops Research, 2010, 119(1):135-144.

[94] Cooper W.R., Bamberg J.B. Variation in *Bactericera cockerelli* (Hemiptera: Triozidae) oviposition, survival, and development on *Solanum bulbocastanum* germplasm. American Journal of Potato Research. 2014, 91(5): 532-537.

[95] Cooper-Bland S., de Maine J., Fleming M.L.M.H., et al. Synthesis of intraspecific somatic hybrids of *Solanum tuberosum*: assessments of morphological, biochemical and nematode (*Globodera pallida*) resistance characteristics. Journal of Experimental Botany, 1994, 45(9): 1319-1325.

[96] Correll D.S. The Potato and Its Wild Relatives. Contributions from the Texas Research Foundation Botanical Studies, 1962, 41-606.

[97] Creissen G.P., Karp A. Karyotypic changes in potato plants regenerated from protoplasts. Plant Cell Tissue Organ Culture, 1985, 4: 171-182.

[98] Cruz A.P., Ferreira V., Pianzzola M.J., et al. A novel sensitive method to evaluate potato germplasm for bacterial wilt resistance using a luminescent *Ralstonia solanacearum* reporter strain. Molecular Plant-Microbe Interactions, 2014, 27: 277-285.

[99] Cruz G., Ribotta P., Ferrero C., et al. Physicochemical and rheological characterization of Andean tuber starches: Potato (*Solanum tuberosum* ssp. *Andigenum*), Oca (*Oxalis tuberosa* Molina) and Papalisa (*Ullucus tuberosus* Caldas). Starch-Stärke, 2016, 68(11): 1084-1094.

[100] D' Erfurth I., Cromer L., Jolivet S., et al. The cyclin-A CYCA1；2/TAM is required for the meiosis I to meiosis II transition and cooperates with OSD1 for the prophase to first meiotic division transition. PLoS Genetics, 2010, 6: 1000989-1001001.

[101] D' Erfurth I., Jolivet S., Froger N., et al. Mutations in AtPS1 (*Arabidopsis thaliana* parallel spindle 1) lead to the production of diploid pollen grains. PLoS Genetics, 2008, 4: 1000274-1000283.

[102] Daigle C., Mazin B., Matton D.P. The *Solanum chacoense* Fertilization-Related Kinase 3 (ScFRK3) is involved in male and female gametophyte development. BMC Plant Biology, 2019, 19(1): 202.

[103] Daneshman F., Arvin M.J. Response of potato species to salt and osmotic stress in vitro and the role of acetylsalicylic acid: non-enzymatic antioxidants. Iranian Journal of Plant Physiology, 2011, 285: 300.

[104] Daneshman F., Arvin M.J., Kalantari KM., et al. Acetylsalicylic acid (Aspirin) induces salinity and osmotic tolerance in *Solanum acaule* in vitro. Agrochimica, 2010, 54(1): 52-64.

[105] De Palma M., Grillo S., Massarelli I., et al. Regulation of desaturase gene expression, changes in membrane lipid composition and freezing tolerance in potato plants. Molecular Breeding, 2008, 21(1): 15 – 26.

[106] De Storme N., Geelen D. Pre-meiotic endomitosis in the cytokines is-defective tomato mutant pmcd1 generates tetraploid meiocytes and diploid gametes. Journal of Experimental Botany, 2013, 64(8): 2345 – 2358.

[107] De Storme N., Geelen D. The Arabidopsis mutant jason produces unreduced first division restitution male gametes through a parallel/fused spindle mechanism in meiosis II. Plant Physiology, 2011, 155: 1403 – 1415.

[108] De Vries S.E., Tempelaar M.J. Electrofusion and analysis of potato somatic hybrids. Potato. 1987, 211 – 221.

[109] Debener T., Salamini F., Gebhardt C. Phylogeny of wild and cultivated *Solanum* species based on nuclear restriction fragment length polymorphisms (RFLPs). TAG, 1990, 79: 360 – 368.

[110] Deimling S., Zitzlsperger J., Wenzel G. Somatic fusion for breeding of tetraploid potato. Plant Breeding, 1988, 101: 181 – 189.

[111] Del M., Curtin S.J., Gutierrez-Gonzalez J.J. Potato improvement through genetic engineering. GM Crops Food. 2021, 12(1): 479 – 496.

[112] Dewitte A., Eeckhaut T., Van Huylenbroeck J., et al. Occurrence of viable unreduced pollen in a Begonia collection. Euphytica, 2009, 168(1): 81 – 94.

[113] Dinu I.I., Hayes R.J., Kynast R.G., et al. Novel inter-series hybrids in *Solanum*, section *Petota*. TAG, 2005, 110: 403 – 415.

[114] Dionne L.A. Mechanisms of interspecific incompatibility in tuber-bearing Solanum species. American Potato Journal, 1961, 38(3): 73 – 77.

[115] Dionne L.A. Studies on the use of Solanum acaule as a bridge between *Solanum tuberosum* and species in the series Bulbocastana, Cardiophylla and Pinnatisecta. Euphytica, 1963, 12(3): 263 – 269.

[116] Dodds K. S. Classification of cultivated potatoes. Botanical Studies, 1962, 4: 517 – 539.

[117] Dou H., Xv K., Meng Q., et al. Potato plants ectopically expressing *Arabidopsis thaliana* CBF3 exhibit enhanced tolerance to high-temperature stress. Plant, Cell & Environment. 2015, 38(1): 61 – 72.

[118] Doudna J.A., Charpentier E. Genome editing. The new frontier of genome engineering with CRISPR-Cas9. Science, 2014, 346: 1258096.

[119] Drenth A., Janssen E.M., Govers F. Formation and survival of oospores of *Phytophthora infestans* under natural conditions. Plant Pathology, 2010, 44: 86 – 94.

[120] Duan H., Richael C., Rommens CM. Overexpression of the wild potato eIF4E-1 variant Eva1 elicits Potato virus Y resistance in plants silenced for native eIF4E-1. Transgenic Research, 2012, 21(5): 929 – 938.

[121] Dudits D. Molecular and cellular approaches to the analysis of plant embryo development from somatic cells in vitro. Cell Science, 1991, 99(3): 473 – 482.

[122] Dunwcll J.M., Sunderland, N. Anther culture of *Solanum tuberosum*. Euphytica, 1973, 22: 317 – 320.

[123] East E.M. The distribution of self-sterility in the flowering plants. Proceedings of the American Philosophical Society, 1940, 82(4): 449 – 518.

[124] Eggers E.J., van der Burgt A., van Heusden S., et al. Neofunctionalisation of the Sli gene leads to self-compatibility and facilitates precision breeding in potato. Nature

Communication, 2021, 12: 4141.

[125] Ehlenfeldt M.K., Hanneman R.E. The transfer of the synaptic gene (sy-2) from 1EBN *Solanum commersonii* Dun. to 2EBN germplasm. Euphytica, 1988, 37(2):181 – 187.

[126] Ehlenfeldt M.K., Ortiz R. Evidence on the nature and origins of endosperm dosage requirements in *Solanum* and other angiosperm genera. Sex Plant Reprod, 1995, 8: 189 – 196.

[127] Enciso-Rodriguez F., Manrique-Carpintero N.C., Nadakuduti S.S., et al. Overcoming self-incompatibility in diploid potato using CRISPR-Cas9. Frontiers in Plant Science, 2019, 10: 376.

[128] Endelman J.B., Jansky S.H. Genetic mapping with an inbred linederived F2 population in potato. TAG, 2016, 129: 935 – 943.

[129] Etminani F., Yousefvand M., Harighi B. Phylogenetic analysis and molecular signatures specific to the *Ralstonia solanacearum* species complex. European Journal of Plant Pathology, 2020, 158: 1 – 19.

[130] Fegan M., Prior P. How Complex Is the *Ralstonia Solanacearum* Species Complex. APS Press, 2005.

[131] Fish N. Production of somatic hybrids by electrofusion in *Solanum*. TAG, 1988, 76: 260 – 266.

[132] Flagel L., Udall J., Nettleton D., et al. Duplicate gene expression in allopolyploid Gossypium reveals two temporally distinct phases of expression evolution. BMC Biology, 2008, 6: 1 – 9.

[133] Fock I., Collonnier C., Luisetti J., et al. Use of *Solanum stenotomum* for introduction of resistance to bacterial wilt in somatic hybrids of potato. Plant Physiology and Biochemistry, 2001, 39 (10): 899 – 908.

[134] Fock I., Collonnier C., Purwito A., et al. Resistance to bacterial wilt in somatic hybrids between *Solanum tuberosum* and *Solanum phureja*. Plant Science. 2000, 160(1):165 – 176.

[135] Foroughi-Wehr B., Wilson H.M., Mix G., et al. Monohaploid plants from anthers of a dihaploid genotype of *Solanum tuberosum*. Euphytica, 1977, 26: 361 – 367.

[136] Fowke L.C. Microtuble organization and cell division in embryogenic of protoplast culture of white spruce (*Picea glauca*). Protoplasm, 1990, 158(12): 86 – 94.

[137] Freire R., Weisweiler M., Guerreiro R., et al. Chromosome-scale reference genome assembly of a diploid potato clone derived from an elite variety. Genes, Genomes,

Genetics, 2021, 11(12): jkab330.

[138] French E.R., Anguiz R., Aley P. The Usefulness of Potato Resistance to *Ralstonia solanacearum* for The Integrated Control of *Bacterial Wilt*. Springer, 1998.

[139] Gancheva M.S., Dodueva I., Lebedeva M., et al. CLAVATA3/ EMBRYO SURROUNDING REGION (CLE) gene family in potato (*Solanum tuberosum* L.): Identification and expression analysis. Agronomy. 2021, 11(5): 984.

[140] Gancheva M.S., Malovichko Y.V., Poliushkevich L.O., et al. Plant peptide hormones. Russian Journal of Plant Physiology, 2019, 66: 171 – 189.

[141] Gautney T.L., Haynes F.L. Recurrent selection for heat tolerance in diploid potatoes (*Solanum tuberosum* subspp. *phureja* and *stenotomum*). American Potato Journal, 1983, 60: 537 – 545.

[142] Gavrilenko T. Application of molecular cytogenetics in fundamental and applied research of potato. Genetics, Genomics Breeding of Potato, 2011, 184 – 206.

[143] Gavrilenko T., Antonova O., Ovchinnikova, A., et al. A microsatellite and morphological assessment of the Russian national cultivated potato collection. Genetic Resources and Crop Evolution, 2010, 57: 1151 – 1164.

[144] Gavrilenko T., Antonova O., Shuvalova A., et al. Genetic diversity and origin of cultivated potatoes based on plastid microsatellite polymorphism. Genetic Resources and Crop Evolution, 2013, 60(7): 1997 – 2015.

[145] Geng X., Han Z., Yang J., et al. The different origins of artificially-induced unreduced female gametes and their effect on transmitted parental heterozygosity in Populus. Euphytica, 2019, 215: 181 – 191.

[146] Germain H., Gray-Mitsumune M., Lafleur E., et al. ScORK17, a transmembrane receptor-like kinase predominantly expressed in ovules is involved in seed development. Planta, 2008, 228: 851 – 862.

[147] Germain H., Houde J., Gray-Mitsumune M., et al. Characterization of ScORK28, a transmembrane functional protein receptor kinase predominantly expressed in ovaries from the wild potato species *Solanum chacoense*. FEBS Letters, 2007, 581(26): 5137 – 5142.

[148] Ghimire S., Tang X., Zhang N., et al. Genomic analysis of the SUMO-conjugating enzyme and genes under abiotic stress in potato (*Solanum tuberosum* L.). International Journal of Genomics, 2020, 9703638.

[149] Giannattasio R., Spooner D.M. A reexamination of species boundaries and hypotheses hybridization concerning *Solanum megistacrolobum* and *S. toralapanum*

(*Solanum* sect. *Petota*, series *Megistacroloba*): molecular data. Systematic Botany, 1994, 19: 106 – 115.

[150] Gill B.S., Kam-Morgan L.N.M., Shepard J.F. An apparent meiotic mutation in a mesophyll cell protoclone of the Russet Burbank potato. The Journal of Heredity, 1985, 76: 17 – 20.

[151] Gillen A.M., Richard G.N. Molecular characterization of the progeny of *Solanum etuberosum* identifies a genomic region associated with resistance to potato leafroll virus. Euphytica, 2007, 155 (3): 403 – 415.

[152] Glendinning D.R. Potato introductions and breeding up to the early 20th century. New Phylologist, 1988, 94: 479 – 505.

[153] Gonzalez M., Galvan G., Siri M.I., et al. Resistencia a la marchitez bacteriana de la papa en *Solanum commersonii* Dun. Agrociencia Uruguay, 2013, 17(1): 45 – 54.

[154] González M.N., Massa G.A., Andersson M., et al. Comparative potato genome editing: Agrobacterium tumefaciens-mediated transformation and protoplasts transfection delivery of CRISPR/Cas9 components directed to StPPO2 gene. Plant Cell, Tissue and Organ Culture, 2021, 145: 291 – 305.

[155] Gonzalez M.N., Massa G.A., Andersson M., et al. Reduced enzymatic browning in potato tubers by specific editing of a polyphenol oxidase gene via ribonucleoprotein complexes delivery of the CRISPR/Cas9 system. Frontiers in Plant Science, 2019, 10: 1649.

[156] Goodwin S.B. Direct detection of gene flow and probable sexual reproduction of *Phytophthora infestans* in northern North America. Phytopathology, 1995, 85: 473 – 479.

[157] Goyer A., Sweek K. Genetic diversity of thiamin and folate in primitive cultivated and wild potato (*Solanum*) Species. Journal of Agricultural and Food Chemistry, 2011, 59: 13072 – 13080.

[158] Graebner R.C., Brown C.R., Ingham R.E., et al. Resistance to *Meloidogyne chitwoodi* identified in wild potato species. Am. J. Potato Research, 2018, 95(6): 679 – 86.

[159] Graham K.M., Niederhauser J.S., Servin L. Studies on fertility and late blight resistance in *Solanum bulbocastanum* in Mexico. Canadian Journal of Botany, 1959, 37(1): 41 – 49.

[160] Gray G.R., Chauvin L.P., Sarhan F., et al. Cold acclimation and freezing tolerance (A complex interaction of light and temperature). Plant Physiology, 1997, 114(2): 467 – 474.

[161] Gross H.J., Domdey H., Lossow C. Nucleotide sequence and secondary structure of potato spindle tuber viroid. Nature, 1978, 273: 203 – 208.

[162] Grun P. The evolution of cultivated potatoes. Economic Botany, 1990, 44(3): 39 – 55.

[163] Gudmestad N.C., Arabiat S., Miller J.S., et al. Prevalence and impact of SDHI fungicide resistance in Alternaria solani. Plant Disease, 2013, 97: 952 – 960.

[164] Guo H., Huang Z., Li M., et al. Growth, ionic homeostasis, and physiological responses of cotton under different salt and alkali stresses. Scientific Reports, 2020, 10: 21844.

[165] Guo X., Xie C., Cai X., et al. Meiotic behavior of pollen mother cells in relation to ploidy level of somatic hybrids between *Solanum tuberosum* and *S. chacoense*. Plant Cell Reports, 2010, 29 (11): 1277 – 1285.

[166] Gutaker R.M., Weiß C.L., Ellis D., et al. The origins and adaptation of European potatoes reconstructed from historical genomes. Nature Ecology & Evolution, 2019, 3(7): 1093 – 1101.

[167] Haberlunch G.T. Isolation, culture and regeneration of protoplasts from potato and several related *Solanum* species. Plant Science, 1985, 39: 67 – 74.

[168] Han Z., Geng X., Du K., Xu C., et al. Analysis of genetic composition and transmitted parental heterozygosity of natural 2n gametes in *Populus tomentosa* based on SSR markers. Planta, 2018, 247: 1407 – 1421.

[169] Hancock R.D., Morris W.L., Ducreux L.J., et al. Physiological, biochemical and molecular responses of the potato (*Solanum tuberosum* L.) plant to moderately elevated temperature. Plant, Cell & Environment, 2014, 37(2): 439 – 450.

[170] Hanneman R.E. Assignment of endosperm balance number to the tuber-bearing solanums and their close non-tuber-bearing relatives. Euphytica, 1994, 74: 19 – 25.

[171] Hanneman R.E., Peloquin S.J. Crossability or 24- chromosome cultivars. European Potato Journal, 1967, 10: 62 – 47.

[172] Hannemann R.E and Peloquin S.J. Ploidy levels of progeny from diploid-tetraploid cross in the potato. American Potato Journal, 1968, 45: 255 – 261.

[173] Hardham A.R. The cell biology behind Phytophthora pathogenicity. Australasian Plant Pathology, 2001, 30: 91 – 98.

[174] Hardigan M.A., Bamberg J., Buell C.R., et al. Taxonomy and genetic differentiation among wild and cultivated germplasm of *Solanum* sect. *Petota*. The Plant Genome, 2015, 8: 1 – 16.

[175] Hardigan M.A., Laimbeer F.P.E., Newton L., et al. Genome diversity of tuber-

bearing Solanum uncovers complex evolutionary history and targets of domestication in the cultivated potato. PNAS, 2017, 114(46): 9999 – 10008.

[176] Harding K. Molecular stability of the ribosomal RNA genes in S*olanum tuberosum* plants recovered from slow growth and cryopreseration. Euphytica, 1991, 55: 141 – 146.

[177]Havaux M. Temperature sensitivity of the photochemical function of photosynthesis in potato (*Solanum tuberosum*) and a cultivated Andean hybrid (*Solanum* × *juzepczukii*). Journal of Plant Physiology, 1995, 146: 47 – 53.

[178] Hawkes J.G. Significance of wild species and primitive forms for potato breeding. Euphytica, 1958, 7: 257 – 270.

[179] Hawkes J.G. Taxonomic studies on the tuber-bearing Solanums. I: *Solanum tuberosum* and the tetraploid species complex. Proceedings of the Linnean Society of London, 1956, 166(2): 97 – 144.

[180] Hawkes J.G. The evidence for the extent of N.I. Vavilov's new world Andean centers of cultivated plant origins. Genetic Resources and Crop Evolution,1999, 46: 163 – 168.

[181] Hawkes J.G. The origin of *Solanum juzepczukii* Buk. and *S. curtilobum* Juz. et Buk. Zeitschrift für Pflanzenzüchtung, 1962, 47: 1 – 14.

[182] Hawkes J.G. The Potato: Evolution, Biodiversity and Genetic Resources. London: Belhaven Press, 1990.

[183] Hawkes J.G., Hjerting J.P. The Potatoes of Argentina, Brazil, Paraguay and Uruguay. London: Oxford University Press, 1969.

[184] Hawkes J.G., Hjerting J.P. The potatoes of Bolivia: their breeding value and evolutionary relationships. Brittonia, 1989, 42(2): 164 – 176.

[185] Hawkes, J.G. Potato collecting expeditions in Mexico and South America. Imperial Bureau of Plant Breeding and Genetics, 1941.

[186] Haynes F.L. Progress and future plans for the use of *Phureja-Stenotomum* populations. In: French E.R. eds, Utilization of the Genetic Resources of the Potato III. Report of the Planning Conference. Lima, Peru: International Potato Center. 1980.

[187] Haynes F.L. The use of cultivated diploid Solunum species in potato breeding. In: French E.R. eds, Prospects for the Potato in the Developing World. Lima, Peru: International Potato Center Symposium, 1972, 100 – 110.

[188] He F., Xu J., Jian Y., et al. Overexpression of galactinol synthase 1 from *Solanum*

commersonii (ScGolS1) confers freezing tolerance in transgenic potato. Horticultural Plant Journal, 2022, 9(3): 541 – 552.

[189] Hegde N., Joshi, S., Soni N., Kushalappa, A.C. The caffeoyl-CoA O-methyltransferase gene SNP replacement in Russet Burbank potato variety enhances late blight resistance through cell wall reinforcement. Plant Cell Reports, 2021, 40: 237 – 254.

[190] Helgeson J.P., Pohlman J.D., Austin S., et al. Somatic hybrids between *Solanum bulbocastanum* and potato: a new source of resistance to late blight: TAG, 1998, 96: 738 – 742.

[191] Hermsen J.G.T. Mechanisms and genetic implications of 2n gamete formation. Iowa State Journal of Research, 1984, 58: 421 – 434.

[192] Hermsen J.G.T., De Boer A.J.E. The effect of colchicine treatment on *Solanum acaule* and *S. bulbocastanum*; a complete analysis of ploidy chimeras in *S. bulbocastanum*. Euphytica, 1971, 20(2): 171 – 180.

[193] Hermsen J.G.T., Ramanna M.S. Double-bridge hybrids of *Solanum bulbocastanum* and cultivars of *Solanum tuberosum*. Euphytica, 1973, 22: 457 – 466.

[194] Hermsen J.G.T., Ramanna M.S., Sawor Z. The effect of chromosome doubling on fertility, meiotic behaviour and crossability of *Solanum etuberosum* × *S. pinnatisectum*. Euphytica, 1981, 30: 33 – 39.

[195] Hermsen J.G.T., Verdenius J. Selection from *Solanum tubersum* group *Phureja* of genotypes combining high frequency haploid induction with homozigosity for embryo-spot. Euphytica, 1973, 22: 244 – 259.

[196] Hermundstad S.G.T., Peloquin S.J. Tuber yield and tuber traits of haploid-wild species F1 hybrids. Potato Research, 1986, 29(3): 289 – 297.

[197] Hijmans R.J., Garrett K.A., Huamán Z., et al. Assessing the geographic representativeness of genebank collections: the case of Bolivian wild potatoes. Conservation Biology, 2000, 14(6): 1755 – 1765.

[198] Hijmans R.J., Gavrilenko T., Stephenson S., et al. Geographical and environmental range expansion through polyploidy in wild potatoes (*Solanum* section *Petota*). Global Ecology and Biogeography, 2007, 16(4): 485 – 495.

[199] Hijmans R.J., Jacobs M., Bamberg J.B, et al. Frost tolerance in wild potato species: Assessing the predictively of taxonomic, geographic, and ecological factors. Euphytica, 2003, 130: 47 – 59.

[200] Hijmans R.J., Spooner D.M. Geographic distribution of wild potato species.

American Journal of Botany, 2001, 88(11): 2101 – 2112.

[201] Hirsch C.N., Hirsch C.D., Felcher K., et al. Retrospective view of North American potato (*Solanum tuberosum* L.) breeding in the 20th and 21st centuries. Genes, Genomes, Genetics, 2013, 3(6): 1003 – 1013.

[202] Hosaka K. Successive domestication and evolution of the Andean potatoes as revealed by chloroplast DNA restriction site analysis. TAG, 1995, 90: 356 – 363.

[203] Hosaka K. Who is the mother of the potato? -restriction endonuclease analysis of chloroplast DNA of cultivated potatoes. TAG. 1986, 72(5): 606 – 18.

[204] Hosaka K., Spooner D.M. RFLP analysis of the wild potato species, *Solanum acaule* Bitter (*Solanum* sect. *Petota*). TAG, 1992, 84: 851 – 858.

[205] Hosaka K., Hanneman R.E. Genetics of self-incompatible wild diploid potato compatibility in a self- species Solanum chacoense. 1. Detection of an S locus inhibitor (Sli) gene. Euphytica. 1998, 99: 191 – 197.

[206] Hou X., Guo X., Zhang Y., et al. CRISPR/Cas genome editing system and its application in potato. Frontiers in Genetics, 2023, 14: 1017388.

[207] Hougas R.W., Peloquin S.J., Ross R.W. Haploids of the common potato. Journal of Heredity, 1958, 49: 103 – 106.

[208] Hougasv R.W., Ross R.W. The use of foreign introductions in breeding American potato varieties. American Potato Journal, 1956, 33(11): 328 – 339.

[209] Hougsa R.W., Peloquin S.J. A haploid plant of the potato variety Katahdin. Nature, 1957, 180: 1209 – 1210.

[210] Hovav R., Chaudhary B., Udall J.A., et al. Parallel domestication, convergent evolution and duplicated gene recruitment in allopolyploid cotton. Genetics, 2008, 179(3): 1725 – 1733.

[211] Hovav R., Udall J.A., Chaudhary B., et al. Partitioned expression of duplicated genes during development and evolution of a single cell in a polyploid plant. PNAS, 2008, 105: 6191 – 6195.

[212] Howard H.W., Swaminathan M.S. The cytology of haploid plants of *Solanum demissum*. Genetica, 1953, 26: 381 – 91

[213] Huamán Z., Hoekstra R., Bamberg J. The inter-genebank potato database and the dimensions of wild potato germplasm. American Journal of Potato Research, 2000, 77: 353 – 362.

[214] Huamán Z., Salas A., Gomez R., et al. Conservation of potato genetic resources

at CIP. In Potato, Global Research & Development, Eds. Khurana S.M.P., Shekhawat G.S., Singh B.P. et al. Shimla: Indian Potato Association, 2000.

[215] Huamán Z., Spooner D.M. Reclassification of landrace populations of cultivated potatoes (*Solanum* sect. *Petota*). American Journal of Botany, 2002, 89(6): 947 – 965.

[216] Huang B., Rachmilevitch S., Xu J. Root carbon and protein metabolism associated with heat tolerance. Journal of Experimental Botany, 2012, 63(9): 3455 – 3465.

[217] Huang B., Ruess H., Liang Q., et al. Analyses of 202 plastid genomes elucidate the phylogeny of *Solanum* section *Petota*. Scientific Reports, 2019, 9(1): 4454.

[218] Huang S., Van der Vossen E.A., Kuang H., et al. Comparative genomics enabled the isolation of the R3a late blight resistance gene in potato. Plant Journal, 2005, 42(2): 251 – 261.

[219] Iovene M., Aversano R., Savarese S., et al. Interspecific somatic hybrids between *Solanum bulbocastanum* and *S. tuberosum* and their haploidization for potato breeding. Biologia Plantarum, 2012, 56(1): 1 – 8.

[220] Ishimaru C.A., Lapitan N.L.V., VanBuren A., et al. Identififcation of parents suitable for molecular mapping of immunity and resistance genes in *Solanum* species. American Potato Journal, 1994, 71: 517 – 533.

[221] Ivanovskaja E.V. A Haploid Plant of *Solanum tuberasum* L..Proceedings of the USSR Academy of Sciences, 1939, 24: 517 – 520.

[222] Iwanaga M., Freyre R., Watanabe K. Breaking the crossability barriers between disomic tetraploid *Solanum acaule* and tetrasomic tetraploid *S. tuberosum*. Euphytica, 1991, 52: 183 – 191.

[223] Jackson S.A. Hanneman R.E. Crossability between cultivated and wild tuber-and non-tuber-bearing *Solanums.* Euphytica, 1999, 109(1): 51 – 67.

[224] Jackson S.A. Multiple signaling pathways control tuber induction in potato. Plant Physiology, 1999, 119(1): 1 – 8.

[225] Jacobs M.M., van den Berg R.G., Vleeshouwers V.G., et al. AFLP analysis reveals lack of phylogenetic structure within Solanum section Petota. BMC Evolutionary Biology, 2008, 145(1): 2 – 12.

[226] Jacobsen E. Doubling dihploid potato clones via leaf tissue culture Z. Pflanzenzuchig, Zeitschrift Fiir Pflanzenphysiologie, 1978, 80: 80 – 82.

[227] Jadari R., Sihachakr D., Rossignol L., et al. Transfer of resistance to *Verticillium dahliae* Kleb. from *Solanum torvum* S.W. into potato (*Solanum tuberosum* L.) by protoplast

electrofusion. Euphytica, 1992, 64(1): 39 – 47.

[228] Jansky S. Parental effects on the performance of cultivated × wild species hybrids in potato. Euphytica, 2011, 178(2): 273 – 281.

[229] Jansky S.H., Jin L.P., Xie K.Y., et al. Potato production and breeding in China. Potato Research, 2009, 52: 57 – 65.

[230] Jansky S.H., Simon R. and Spooner D.M. A Test of taxonomic predictivity: resistance to white mold in wild relatives of cultivated potato. Crop Science, 2006, 46: 2561 – 2570.

[231] Jansky S.H., Simon R., Spooner D.M. A test of taxonomic predictivity: resistance to early blight in wild relatives of cultivated potato. Phytopathology, 2008, 98(6): 680 – 687.

[232] Jbir-Koubaa R., Safa C., Ellouz W., et al. Investigation of the response to salinity and to oxidative stress of interspecific potato somatic hybrids grown in a greenhouse. Plant Cell, Tissue and Organ Culture, 2015, 120(3): 933 – 947.

[233] Jeffrey A.D., Radcliffe E.B., Christian A.T., et al. Resistance to aphids, late blight and viruses in somatic fusions and crosses of *Solanum tuberosum* L. and *Solanum bulbocastanum* Dun. American Journal of Potato Research, 2012, 89(6): 489 – 500.

[234] Jiang R., Li J., Tian Z., et al. Potato late blight field resistance from QTL dPI09c is conferred by the NB-LRR gene R8. Journal of Experimental Botany, 2018, 69(7): 1545 – 1555.

[235] Jo K.R., Arens M., Kim T.Y., et al. Maping of the *S. demissum* late blight resistance gene R8 to a new locus on chromosome IX. TAG, 2011, 123(8): 1331 – 1340.

[236] Jo K.R., Visser R.G.F., Jacobsen E., et al. Characterisation of the late blight resistance in potato differential MaR9 reveals a qualitative resistance gene, R9a, residing in a cluster of Tm-2 2 homologs on chromosome IX. TAG, 2015, 128(5): 931 – 941.

[237] Johansen I.E., Liu Y., Jorgensen B., et al. High efficacy full allelic CRISPR/Cas9 gene editing in tetraploid potato. Scientific Reports, 2019, 9: 17715.

[238] Johnston S.A., Hanneman R.E. Support of the endosperm balance number hypothesis utilizing some tuber-bearing Solanum species. American Potato Journal, 1980, 57: 7 – 14.

[239] Johnstone F.E. Chromosome doubling in potatoes induced by colchicine treatment. American Potato Journal, 1939, 16: 288 – 304.

[240] Judelson H.S., Blanco F.A. The spores of phytophthora: Weapons of the plant destroyer. Nature Reviews Microbiology, 2005, 3: 47 – 58.

[241] Judith L.F., Julia M.D. Genetically modified organism. Encyclopedia Britannica, 2023.

[242] Jung C.S., Griffiths H.M., De Jong D.M., et al. The potato developer (D) locus encodes an R2R3 MYB transcription factor that regulates expression of multiple anthocyanin structural genes in tuber skin. TAG, 2009, 120: 45 – 57.

[243] Jung C.S., Griffiths H.M., De Jong D.M., et al. The potato P locus codes for flavonoid 3', 5' – hydroxylase. TAG, 2005, 110: 269 – 275.

[244] Kao K.N. A method for high-frequecy intergeneric fusion of plant protoplast. Planta, 1974, 115: 335 – 367.

[245] Kao K.N., Michayluk M.R. Nutritional requirements for growth of *Vicia hajastana* cells and protoplasts at a very low population density in liquid media. Planta, 1975, 126: 105 – 110.

[246] Kardolus J.P., Groendijk-Wilders N. The inflorescence architecture of *Solanum acaule* and related taxa of *Solanum* section *Petota* (*Solanaceae*). Acta Botanica Neerlandica, 1998, 47(2): 195 – 207.

[247] Kardolus J.P., van Eck H.J., van den Berg R.G. The potential of AFLPs in biosystematics: a first application in *Solanum* taxonomy (*Solanaceae*). Journal of Systematics and Evolution, 1998, 210: 87 – 103.

[248] Karin G., Perino E.H.B., Lederer S., et al. Lysophosphatidylcholine 17:1 from the leaf surface of the wild potato species *Solanum bulbocastanum* inhibits *phytophthora infestans.* Journal of Agricultural and Food Chemistry, 2021, 69(20): 5607 – 5617.

[249] Karp A., Nelson R.S., Thomas E., et al. Chromosome variation in protoplast-derived potato plants. TAG, 1982, 61: 265 – 272.

[250] Kasai K., Morikawa Y., Sorri V.A., et al. Development of SCAR markers to the PVY resistance gene Ryadg based on a common feature of plant disease resistance genes. Genome, 2000, 43(1): 1 – 8.

[251] Kazuo W., Matilde O., Masaru I., et al. Diploid potato germplasm derived from wild and land race genetic resources. American Potato Journal, 2008, 71(9): 599 – 604.

[252] Keller W.A and Melchers G. Effect of high pH and calcium on tobacco leaf protoplast fusion. Z.Naturforsch.C, 1973, 28: 737 – 741.

[253] Kemble R.J, Shepard J.F. Cytoplasmic DNA Variation in a potato protoclonal population. TAG, 1984, 69: 211 – 216.

[254] Kieu N.P., Lenman M., Wang E.S., et al. Mutations introduced in susceptibility

genes through CRISPR/Cas9 genome editing confer increased late blight resistance in potatoes. Scientific Reports, 2021, 11: 4487.

[255] Kim-Lee H., Moon J.S., Hong Y.J., et al. Bacterial wilt resistance in the progenies of the fusion hybrids between haploid of potato and *Solanum commersonii*. Am. J. Potato Research, 2005, 82(2): 129 – 137

[256] Kopecka R., Kameniarova M., Cerny M., et al. Abiotic stress in crop production. International Journal of Molecular Sciences, 2023, 24(7): 6603.

[257] Kou S., Chen L., Tu W., et al. The arginine decarboxylase gene ADC1, associated to the putrescine pathway, plays an important role in potato cold-acclimated freezing tolerance as revealed by transcriptome and metabolome analyses. The Plant Journal, 2018, 96(6): 1283 – 1298.

[258] Kriel C.J., Jansky S.H., Gudmestad N.C., et al. Immunity to *Clavibacter michiganensis* subsp. *sepedonicus*: inheritance of immunity in S*olanum acaule*. Euphytica, 1995, 82: 133 – 139.

[259] Kuang H., Wei F.H., María R.M., et al. The R1 resistance gene cluster contains three groups of independently evolving, type I R1 homologues and shows substantial structural variation among haplotypes of *Solanum demissum*. The Plant Journal, 2005, 44(1): 37 – 51.

[260] Kurowski C.J., Manzer F.E. Reevaluation of *Solanum* species accessions showing resistance to bacterial ring rot. American Potato Journal, 1992, 69(3): 289 – 97.

[261] Kusano H., Ohnuma M., Mutsuro-Aoki H., et al. Establishment of a modified CRISPR/Cas9 system with increased mutagenesis frequency using the translational enhancer dMac3 and multiple guide RNAs in potato. Scientific Reports, 2018, 8: 13753.

[262] Kuster E. Ueber die Zersetzung des Weingeistes durch Brom, European Journal of Organic Chemistry, 1909, 27: 280 – 298.

[263] Laferriere L.T., Helgeson J.P. Allen C. Fertile *Solanum tuberosum* + *S. commersonii* somatic hybrids as sources of resistance to bacterial wilt caused by *Ralstonia solanacearum*. TAG, 1999, 98(8): 1272 – 1278.

[264] Lafleur E., Kapfer C., Joly V., et al. The FRK1 mitogen-activated protein kinase kinase kinase (MAPKKK) from *Solanum chacoense* is involved in embryo sac and pollen development. Journal of Experimental Botany, 2015, 66(7): 1833 – 1843.

[265] Lafta A.M., Lorenzen J.H. Effect of high temperature on plant growth and carbohydrate metabolism in potato. Plant Physiology, 1995, 109(2): 637 – 643.

[266] Laurila J., Metzler M.C., Ishimaruand C.A., et al. Infection of plant material derived from *Solanum acaul*e with *Clavibacter michiganensis* ssp. *sepedonicus*: temperature as a determining factor in immunity of *S. acaule* to bacterial ring rot. Plant Pathology, 2003, 52: 496 – 504.

[267] Lehesranta S.J., Davies H.V., Shepherd L.V.T., et al. Proteomic analysis of the potato tuber life cycle. Proteomics, 2006, 22(6): 6042 – 6052.

[268] Leiner I.E. Nutritional aspects of soy protein products. Journal of the American Oil Chemists Society, 1977, 54(6): 454 – 472.

[269] Leisner C.P., Hamilton J.P., Crisovan E., et al. Genome sequence of M6, a diploid inbred clone of the high-glycoalkaloid-producing tuber-bearing potato species *Solanum chacoense*, reveals residual heterozygosity. The Plant Journal, 2018, 94(3): 562 – 570.

[270]Lekhnovich V.S. Cultivated potato species. In: Bukasov S.M. eds, Flora of Cultivated Plants, Volume IX. Russia, Kolos: Leningrad, 1971, 41 – 304.

[271] Li C., Sun Y., Li J., et al. ScCBF1 plays a stronger role in cold, salt and drought tolerance than StCBF1 in potato (*Solanum tuberosum*). Journal of Plant Physiology, 2022, 278: 153806.

[272] Li F., Bian C., Xu J., et al. Cloning and functional characterization of SAD genes in potato. PLoS One, 2015, 10(3): e0122036.

[273] Li G., Shao J., Wang Y., et al. Rychc confers extreme resistance to potato virus Y in potato. Cells, 2022, 11(16): 2677.

[274] Li P.H. Frost killing temperatures of 60 tuber-bearing *Solanum* species. Am. J. Potato Reseaech, 1977, 54(9): 452 – 456.

[275] Li R., Shi F., Fukuda K. Interactive effects of various salt and alkali stresses on growth, organic solutes, and cation accumulation in a halophyte *Spartina alterniflora* (Poaceae). Environmental and Experimental Botany, 2010, 68, 66 – 74.

[276] Li X., van Eck H.J., van der Voort J.R., et al. Autotetraploids and genetic mapping using common AFLP markers: the R2 allele conferring resistance to *Phytophthora infestans* mapped on potato chromosome 4. TAG, 1998, 96(8): 1121 – 1128.

[277] Li X.Q., De Jong H., De Jong D.M., et al. Inheritance and genetic mapping of tuber eye depth in cultivated diploid potatoes. TAG, 2005, 110: 1068 – 1073.

[278] Li Y., Colleoni C., Zhang J., et al. Genomic analyses yield markers for identifying agronomically important genes in potato. Molecular Plant, 2018, 11(3): 473 – 484.

[279] Li Y., Shen Y., Cai C., et al. The type II Arabidopsis formin interacts with

microtubules and microfilaments to regulate cell division. The Plant Cell, 2010, 22: 2710 – 2726.

[280] Lian Q., Tang D., Bai Z., et al. Acquisition of deleterious mutations during potato polyploidization. Journal of Integrative Plant Biology, 2019, 61(1): 7 – 11.

[281] Lindhout P., Meijer D., Schotte T., et al. Towards F1 hybrid seed potato breeding. Potato Research, 2011, 54: 301 – 312.

[282] Liu T., Yan Y., Cai X., et al. Introgression of bacterial wilt resistance from *Solanum melongena* to *S. tuberosum* through asymmetric protoplast fusion. Plant Cell, Tissue and Organ Culture, 2016, 125(3): 433 – 443.

[283] Lokossou A.A., Park T., van Arkel G., et al. Exploiting knowledge of R/Avr genes to rapidly clone a new LZ-NBS-LRR family of late blight resistance genes from potato linkage group IV. Molecular Plant -Microbe Interactions, 2009, 22(6): 630 – 641.

[284] Lorenzini M. Obtaining tuber protoplasts from Domme Deterre. Comptes Rendus de L Academie Bulgare Des Sciences, 1973, 276: 1839 – 1842.

[285] Love S.L. Founding clones, major contributing ancestors, and exotic progenitors of prominent North American potato cultivars. Am. J. Potato Research, 1999, 76(5): 263 – 272.

[286] Lucioli A., Tavazza R., Baima S., et al. CRISPR-Cas9 targeting of the eIF4E1 gene extends the potato virus Y resistance spectrum of the *Solanum tuberosum* L. cv. Desiree. Frontiers in Microbiology, 2022, 13: 873930.

[287] Luckow M. Species concepts: assumptions, methods, and applications. Systematic Botany, 1995, 20: 589 – 605.

[288] Luthra S.K., Tiwari J.K., Kumar V., et al. Evaluation of interspecific somatic hybrids of potato (*Solanum tuberosum*) and wild *S. cardiophyllum* for adaptability, tuber dry matter, keeping quality and late blight resistance. Agriculture Research, 2019, 8(2): 158 – 164.

[289] Luthra S.K., Tiwari J.K., Lal M., et al. Breeding potential of potato somatic hybrids: evaluations for adaptability, tuber traits, late blight resistance, keeping quality and backcross (BC1) progenies. Potato Research, 2016, 59(4): 375 – 391.

[290] Lüttringhaus S., Pradel W., Suarez V., et al. Dynamic guardianship of potato landraces by Andean communities and the genebank of the International Potato Center. CABI Agriculture and Bioscience, 2021, 2: 1 – 16.

[291] Lynch D.R., Kawchuk L.M., Chen Q., et al. Resistance to *Fusarium sambucinum*

in wild and cultivated Solanum species. Am. J. Potato Research, 2003, 80: 353 – 358.

[292] Lynch D.R., Kawchuk L.M., Hachey J., et al. Identification of a gene conferring high levels of resistance to *Verticillium wilt* in *Solanum chacoense*. Plant Disease, 1997, 81(9): 1011 – 1014.

[293] Ma L., Zhang C., Zhang B., et al. A nonS-locus F-box gene breaks self-incompatibility in diploid potatoes. Nature Communications, 2021, 12(1): 4142.

[294] Machida-Hirano R. Diversity of potato genetic resources. Breeding Science, 2015, 65(1): 26 – 40.

[295] Machida-Hirano R., Niino T. Potato genetic resources. The Potato Genome, 2017, 11 – 30.

[296] Majeed Y., Zhu X., Zhang N., et al. Functional analysis of mitogen-activated protein kinases (MAPKs) in potato under biotic and abiotic stress. Molecular Breeding, 2022, 42(6): 31 – 40.

[297] Major G., Daigle C., Stafford-Richard T., et al. Characterization of ScMAP4K1, a MAP kinase kinase kinase kinase involved in ovule, seed and fruit development in *Solanum chacoense* Bitt. Plant Biology, 2009, 10: 27 – 46.

[298] Marina P., Rodrigo G.S., Paola Z., et al. Transcriptomes of *Ralstonia solanacearum* during root colonization of *Solanum commersonii*. Frontiers in Plant Science, 2017, 8: 370.

[299] Marine G., Polzerová H., Vlastníková H. Electrofusion of protoplasts from *Solanum tuberosum*, *S. bulbocastanum* and *S. pinnatisectum*. Acta Physiologiae Plantarum, 2008, 30(6): 787 – 796.

[300] Martinez C.A., Loureiro M.E., Oliva M.A., et al. Differential responses of superoxide dismutase in freezing resistant *Solanum curtilobum* and freezing sensitive *Solanum tuberosum* subjected to oxidative and water stress. Plant Science, 2001, 160(3): 505 – 515.

[301] Masuelli R.W., Camadro EL., Mendiburu A.O. 2n gametes in *Solanum commersonii* and cytological mechanisms of triplandroid formation in triploid hybrids of *Solanum commersonii* × *Solanum gourlayi*. Genome, 1992, 35: 864 – 869.

[302] Matsubayashi M. Phylogenetic Relationships in the Potato and its Related Species. Elsevier, 1991.

[303] Mcgrath J.M., Christie E.W., Geraldine T.H., et al. Introgression and stabilization of erwinia tuber soft rot resistance into potato after somatic hybridization of S*olanum*

tuberosum and *S. brevidens.* Am. J. Potato Research, 2002, 79(1):19 – 24.

[304] Meksem K., Leister D., Peleman J., et al. A high-resolutionmap of the vicinity of the RI locus on chromosome V of potato based on RFLP and AFLP markers. Molecular Genetics and Genomics, 1995, 249: 74 – 81.

[305] Melcher K., Ng L.M., Zhou X.E., et al. A gate-latch-lock mechanism for hormone signalling by abscisic acid receptors. Nature, 2009, 462: 7273.

[306] Melchers G, Labib G. Somatic hybridisation of plants by fusion of protoplasts. Molecular and General Genetics, 1974, 135(4): 277 – 294.

[307] Melchers G., Sacristán M.D., Holder A.A. Somatic hybrid plants of potato and tomato regenerated from fused protoplasts. Carlsberg Research Communications, 1978, 43: 203 – 218.

[308] Mendiburu A., Peloquin S.J. High yielding tetraploids from 4X-2X and 2X-2X matings. American Potato Journal, 1971, 48: 300 – 301.

[309] Mendiburu A.O., Peloquin S.J. Bilateral sexual polyploidization in potatoes. Euphytica, 1977, 26: 573 – 583.

[310] Mendoza H.A. Population breeding as a tool for germplasm enhancement. American Potato Journal, 1989, 66: 639 – 653.

[311] Mendoza H.A., Haynes F.L. Genetic relationship among potato cultivars grown in the United States. HortScience, 1974, 9: 328 – 330.

[312] Mendoza H.A., Haynes F.L. Some aspects of breeding and inbreeding in potatoes. American Potato Journal, 1973, 50: 216 – 222.

[313] Mendoza R.N., Estrada. Breeding potatoes for tolerance to stress: heat and frost. In: Mussell H., Staples R.C. eds, Stress Physiology in Crop Plants, New York: Wiley, 1979, 227 – 264.

[314] Mentz L.A., Oliveira P.L. *Solanum* (*Solanaceae*) na região sul do Brasil. Pesquisas, 2004.

[315] Meyer Y., Chartier Y., Grosset J. Why do mesophyll protoplast dedifferentiate? In: Puite K.J., Done J.J.M. eds, Progress In Plant Protoplast Research. Boston: Kluwer Academic Publishers, 1988, 133 – 134.

[316] Micheletto S., Andreoni M., Huarte M.A. Vertical resistance to late blight in wild potato species from Argentina. Euphytica, 1999, 110(2): 133 – 138.

[317] Micheletto S., Boland R., Huarte M. Argentinian wild diploid *Solanum* species as sources of quantitative late blight resistance. TAG, 2000, 101: 902 – 906.

[318] Miller J.T., Spooner D.M. Collapse of species boundaries in the wild potato *Solanum brevicaule* complex (*Solanaceae*, *S.* sect. *Petota*): molecular data. Plant Systematics and Evolution, 1999, 214(1): 103 – 130.

[319] Moisy C., Schulman AH., Kalendar R., et al. The Tvv1 retrotransposon family is conserved between plant genomes separated by over 100 million years. TAG. 2014, 127(5): 1223 – 35.

[320] Mok D.W.S., Peloquin S.J. The inheritance or three mechanism of dihaploid (2n pollen) formation in diploid potatoes. Heredily, 1975, 35: 295 – 302.

[321] Morante M.C., Ticona V.H., Plata W.C., et al. Distribution of wild potato species in the North of the Department of La Paz, Bolivia. Spanish Journal of Agriculture Research, 2007, 5(3): 153 – 252.

[322] Naess S.K., Bradeen J.M., Wielgus S.M., et al. Analysis of the introgression of *Solanum bulbocastanum* DNA into potato breeding lines. Molecular Genetics and Genomics, 2001, 265(4): 694 – 704.

[323] Naess S.K., Bradeen J.M., Wielgus S.M., et al. Resistance to late blight in *Solanum bulbocastanum* is mapped to chromosome 8. TAG, 2000, 101(5): 697 – 704.

[324] Nagel M., Dulloo M.E., Bissessur P., et al. Global Strategy for the Conservation of Potato. Germany, Bonn: Global Crop Diversity Trust. 2022

[325] Nakagawa K., Hosaka K. Species relationships between a wild tetraploid potato species, *Solanum acaule* Bitter, and its related species as revealed by RFLPs of chloroplast and nuclear DNA. Am. J. Potato Research, 2002, 79(2): 85 – 98.

[326] Nakagawa K., Uehara H., Hosaka K. Chloroplast DNA variation in the wild potato species, *Solanum acaule* and *S. albicans.* Euphytica, 2000, 116(3): 197 – 202.

[327] Nakayasu M., Akiyama R., Lee H.J., et al. Generation of alpha-solanine-free hairy roots of potato by CRISPR/Cas9 mediated genome editing of the St16DOX gene. Plant Physiology and Biochemistry, 2018, 131: 70 – 77.

[328] Narancio R., Zorrilla P., Robello C., et al. Insights on gene expression response of a characterized resistance genotype of *Solanum commersonii* Dun. against *Ralstonia solanacearum*. European Journal of Plant Pathology, 2013, 136(4): 823 – 835.

[329] Nick P. Control of the response to low temperatures. Plant Microtubules, 2000, 121 – 135.

[330] Nirula K.K., Nayar N.M., Bassi K.K., et al. Reaction of tuber-bearing *Solanum* species to root knot nematode, *Meloidogyne incognita*. American Potato Journal, 1967, 44:

66 – 69.

[331] Nixon K.C., Wheeler Q.D. An amplification of the phylogenetic species concept. Cladistics, 1990, 6(3): 211 – 223.

[332] Norwood T.H. DMSO enhances polyethylene glycol-modiated cell fusion. Somatic Cell Genetics.1976, 2: 263 – 266.

[333] Nouri-Ellouz O., Gargouri-Bouzid R., Sihachakr D., et al. Production of potato intraspecific somatic hybrids with improved tolerance to PVY and *Pythium aphanidermatum*. Journal of Plant Physiology, 2006, 163(12): 1321 – 1332.

[334] Nouri-Ellouz O., Mohamed A.T., Jbir-Koubaa R., et al. Somatic hybrids between potato and *S. berthaultii* show partial resistance to soil-borne fungi and potato virus Y. Journal of Phytopathology, 2016, 164(7/8): 485 – 496.

[335] Novy R.G., Nasruddin A., Ragsdale D.W., et al. Genetic resistances to potato leafroll virus, potato virus Y, and green peach aphid in progeny of *Solanum etuberosum*. American Journal of Potato Research, 2002, 79(1): 9 – 18.

[336] Ochoa C. Review of recommendations of March 1976 Conference: Status of Solanum expedition, collections, and classifications. In: Report of the Planning Conference of the Exploration, Taxonomy, and Maitenance of Potato Germplasm III. Peru, Lima: International Potato Center, 1979. 23 – 25.

[337] Ochoa C.M. Las papas de Sudamerica: Peru. Peru, Lima: International Potato Center. 1999.

[338] Ochoa C.M. The Potatoes of South America: Bolivia. London: Cambridge University Press, 1990.

[339] Ochoa C.M. The Potatoes of South America: Peru. Peru, Lima: International Potato Center, 2004.

[340] Okada K.A., Clausen A.M. Natural hybridization between *Solanum acaule* Bitt. and *S. megistacrolobum* Bitt. in the province of Jujuy, Argentina. Euphytica, 1982, 31(3): 817 – 835.

[341] Okada K.A., Clausen A.M. Natural triploid hybrids between *Solanum acaule* Bitter and *S. Infundibuliforme* Philippi in the province of Jujuy, Argentina. Euphytica, 1985, 34(1): 219 – 231.

[342] Oosumi T., Rockhold D.R., Maccree M.M., et al. Gene Rpi-bt1 from *Solanum bulbocastanum* confers resistance to late blight in transgenic potatoes. American Journal of Potato Research, 2009, 86(6): 456 – 65.

[343] Osman S.F., Johns T.A., Price K.R. Sisunine, a glycoalkaloid found in hybrids between *Solanum acaule* and *Solanum* × *ajanhuiri*. Phytochemistry, 1986, 25(4): 967 – 968.

[344] Otto S.P., Whitton J. Polyploid incidence and evolution. Annual Review of Genetics, 2000, 34: 401 – 437.

[345] Ovchinnikova A., Krylova E., Gavrilenko T., et al. Taxonomy of cultivated potatoes (*Solanum* section *Petota*: *Solanaceae*). Botanical Journal of the Linnean Society, 2011, 165(2): 107 – 155.

[346] Ozturk G.Z., Aksoy E., Bakhsh A., et al. Combined drought and heat stresses trigger different sets of miRNAs in contrasting potato cultivars. Functional & Integrative Genomics, 2021, 21(3): 489 – 502.

[347] Palta J.P., Bamberg J.B., Chen Y.K., et al. Understanding the genetic control of freezing stress resistance using potato species as a model system. Molecular Biology, Biochemistry and Physiology, 1997, 67 – 75.

[348] Palta J.P., Simon G. Breeding potential for improvement of freezing stress resistance: genetic separation of freezing tolerance, freezing avoidance, and capacity to cold acclimate. Advances in Plant Cold Hardiness, 1993, 299 – 310.

[349] Panis B., Nagel M., Van den Houwe I. Challenges and prospects for the conservation of crop genetic resources in field genebanks, in in vitro collections and/or in liquid nitrogen. Plants, 2020, 9(12): 1634.

[350] Panta A., Cruzado J., Silvestre, R., et al. Genebank: In Vitro Conservation of Potato. Peru, Lima: CIP-OP025. 2015, 181:15.

[351] Park T.H. Complete chloroplast genome sequence of the wild diploid potato relative, *Solanum acaule*. Mitochondrial DNA Part B, 2021, 6(3): 1189 – 1191.

[352] Park T.H., Kim J.B., Hutten R.C., et al. Genetic positioning of centromeres using half-tetrad analysis in a 4x-2x cross population of potato. Genetics, 2007, 176: 85 – 94.

[353] Patil V.U., Gopal J., Singh B.P. Improvement for bacterial wilt resistance in potato by conventional and biotechnological approaches. Agricultural Research, 2012, 1: 299 – 316.

[354] Pendinen G., Gavrilenko T., Jiang J., et al. Allopolyploid speciation of the tetraploid Mexican potato species revealed by genomic in situ hybridization. Genome, 2008, 51: 714 – 720.

[355] Pendinen G., Spooner D.M., Jiang J., et al. Genomic in situ hybridization reveals both auto-and allopolyploid origins of different North and Central American hexaploid

potato (*Solanum* sect. *Petota*) species. Genome. 2012, 55(6): 407 – 415.

[356] Pereira A.S., Coffin R.H., Yada R.Y., et al. Inheritance patterns of reducing sugars in potato tubers after storage at 12 °C and 4 °C followed by reconditioning. American Potato Journal, 1993, 70: 71 – 76.

[357] Perl A., Aviv D., Galun E. Protoplast-fusion-derived CMS potato cybrids: potential seed-parents for hybrid, true-potato-seeds. Journal of Heredity, 1990, 81(6): 438 – 442.

[358] Perroud P.F., Guyon-Debast A., Veillet F., et al. Prime editing in the model plant physcomitrium patens and its potential in the tetraploid potato. Plant Science, 2022, 316: 111162.

[359] Pert A., Aviv D., Galun E. Nuclear-organelle interaction in *Solanum*: interspecific cybridizations and their correlation with a plastome dendrogram. Molecular Genetics and Genomics, 1991, 228(1): 193 – 200.

[360] Petersen H.W., Mølgaard P.A., Nyman U., et al. Chemotaxonomy of the tuber-bearing Solanum species, subsection Potatoe (*Solanaceae*). Biochemical Systematics and Ecology, 1993, 21: 629 – 644.

[361] Pham G.M., Hamilton J.P., Wood J.C., et al. Construction of a chromosome-scale long-read reference genome assembly for potato. GigaScience, 2020, 9(9): 100.

[362] Phumichai C., Mori M., Kobayashi A., et al. Toward the development of highly homozygous diploid potato lines using the self-compatibility controlling Sli gene. Genome, 2005, 48(6): 977 – 984.

[363] Pino M.T., Andrea A., Molina A., et al. Enhanced in vitro drought tolerance of *Solanum tuberosum* and *Solanum commersonii* plants overexpressing the ScCBF1 gene. Ciencia E Investigacion Agraria, 2013, 40.

[364] Plaisted R.L., Hoopes R.W. The past record and future prospects for the use of exotic potato germplasm. American Potato Journal, 1989, 66(10): 603 – 627.

[365] Pohl R. Dielectric and Electronic Properties of Biological Materials. NewYork: Jahn Wiley and Sone. 1979.

[366] Powell W., Baird E., Duncan N., et al. Chloroplast DNA variability in old and recently introduced potato cultivars. Annals of Applied Biology, 1993, 123: 403 – 410.

[367] Power J.B. Fusion of isolation plant protoplast. Nature, 1970, 225: 1016 – 1018.

[368] Prior P., Ailloud F., Dalsing B.L., et al. Genomic and proteomic evidence supporting the division of the plant pathogen *Ralstonia solanacearum* into three species.

BMC Genomics, 2016, 17: 90.

[369] Propach H. Cytogenetische untersuchungen in der Gattung Solanum, Sect. Tuberarium. Molecular and General Genetics, 1940, 78: 115 – 128.

[370] Puite K. J., Roest S., Pijnacker L.P. Somatic hybrid potato plants after electrofusion of dihaploid *Solanum tuberasum* and *S. phureja*. Plant Cell Reports, 1986, 5: 263 – 265.

[371] Qu D.Y. Use of Unredueed Gametes of Diploid Potato (*Solanum tuberrosum* L.) Fortrue Potato Seed (TPS) Production Through 4X-2X Crosses. NL: Wageningen Agricultural University, 1996.

[372] Radcliffe E.B., Laufr F.I. Resistance to green peach aphid and potato aphid in introductions of wild tuber-bearing *Solanum* species. Journal of Economic Entomology, 1971, 64(5): 1260 – 1266.

[373] Raimondi J.P., Peralta I., Masuelli R.W., et al. Examination of the hybrid origin of the wild potato *Solanum ruiz-lealii* Brücher. Plant Systematics and Evolution, 2005, 253: 33 – 51.

[374] Ramanna M.S. A re-examination of the mechanisms of 2n gamete formation in potato and its implications for breeding. Euphytica, 1979, 28: 537 – 561.

[375] Reddick D. Scab immunity. American Potato Journal, 1939, 16(3): 71 – 76.

[376] Reeves A.F., Cunningham C.E., Nickeson R.L., et al. Campbell 14: a verticillium resistant round white potato variety. American Potato Journal, 1985, 62: 215 – 220.

[377] Rexen B. Studies of protein of potatoes. Potato Research, 1976, 19(2):189 – 202.

[378] Reynolds M.P., Ewing E.E., Owens T.G. Photosynthesis at high temperature in tuber-bearing *Solanum* species. Plant Physiology, 1990, 93: 791 – 797.

[379] Rodríguez F., Spooner D.M. Nitrate reductase phylogeny of potato (*Solanum* sect. *Petota*) genomes with emphasis on the origins of the polyploid species. Systematic Botany, 2009, 34(1): 207 – 219.

[380] Rodríguez L.E., Ñústez C.E., Estrada N. Criolla Latina, Criolla Paisa and Criolla Colombia, new cultivars of 'diploid potato' for the province of Antioquia (Colombia). Agronomía Colombiana, 2009, 27: 289 – 303.

[381] Rokka V.M., Tauriainen A., Pietilä L., et al. Interspecific somatic hybrids between wild potato *Solanum acaule* Bitt. and anther-derived dihaploid potato (*Solanum tuberosum* L.). Plant Cell Reports, 1998, 18: 82 – 88.

[382] Rokka V.M.V.J. Characterization of haploids derived from somatic hybrids

between *Solanum brevidens*, *S. Tuberosum* through anther culture. Plant Science, 1995, 112(1): 85 – 95.

[383] Ross R.W., Dionne L.A., Hougas R.W. Doubling the chromosome number of selected Solanum genotypes. European Potato Journal, 1967, 10: 237 – 252.

[384] Rouiss H., Cuenca J., Navarro L., et al. Unreduced megagametophyte production in lemon occurs via three meiotic mechanisms, predominantly second-division restitution. Frontiers in Plant Science, 2017, 8: 1211 – 1227.

[385] Rowe P.R., Sequeira L. Inheritance of resistance to *Pseudomonas solanacearum* in *Solanum phureja*. Phytopathology, 1970, 60: 1499 – 1501.

[386] Ruttencutter G., Haynes F.L., Moll R.H. Estimation of narrow-sense heritability for specific gravity in diploid potatoes (*Solanum tuberosum* subsp. *phureja* and *stenotomum*). American Potato Journal, 1979, 56: 447 – 453.

[387] Rybin V. Karyological investigation on some wild growing and indigenous cultivated potatoes of America. Trudy by Appropriate Botanics of Genetics and Selection, 1929, 20: 655 – 720.

[388] Rybin V.A. Cytological investigation of the South American cultivated and wild potatoes, and its significance for plant breeding. Trudy Prikl Bot Gen Selekcii Ser II, 1933, 2: 3 – 100.

[389] Rydberg P.A. The section tuberarium of the genus *Solanum* in Mexico and Central America. Bulletin of the Torrey Botanical Club, 1924, 51: 145 – 154.

[390] Rykaczewska K. The effect of high temperature occurring in subsequent stages of plant development on potato yield and tuber physiological defects. Am. J. Potato Research, 2015, 92(3): 339 – 349.

[391] Salas A., Gaspar O., Rodríguez W., et al. Regeneration guidelines: wild potato. In: Dulloo M.E., Thormann I., Jorge M.A. and Hanson J., eds. Crop Specific Regeneration Guidelines. CGIAR System-wide Genetic Resource Programme, 2008.

[392] Sanetomo R., Hosaka K. Reciprocal differences in DNA sequence and methylation status of the pollen DNA between F1 hybrids of *Solanum tuberosum* × *S. demissum*. Euphytica, 2011, 182: 219 – 229.

[393] Sang-Kenu, Young C., Lee M., et al. In planta expression screens of *Phytophthora infestans* RXLR effectors reveal diverse phenotypes, including activation of the *Solanum bulbocastanum* disease resistance protein Rpi-blb2. The Plant Cell, 2009, 21(9): 2928 – 2947.

[394] Schmiediche P.E., Hawkes J.G., Ochoa C.M. Breeding of the cultivated potato species *Solanum* × *juzepczukii* Buk and *Solanum* × *curtilobum* Juz. et Buk. Euphytica, 1980, 29(3): 685 – 704.

[395] Scholthof K.B., Adkins S., Czosnek H., et al. Top 10 plant viruses in molecular plant pathology. Molecular Plant Pathology, 2011, 12(9): 938 – 54.

[396] Schreiber U., Berry J.A. Heat-induced changes of chlorophyll fluorescence in intact leaves correlated with damage of the photosynthetic apparatus. Planta, 1977, 136: 233 – 238.

[397] Scott G.J. Plants, people, and the conservation of biodiversity of potatoes in Peru. Natureza & Conservação, 2011, 9(1): 21 – 38.

[398]S ecor G.A., Shepard J.F. Variability protoplasts of potato clones. Crop Science, 1981, 21:102 – 105.

[399] Sedlák P., Sedláková V., Vašek J., et al. Phenotypic, molecular and biochemical evaluation of somatic hybrids between *Solanum tuberosum* and *S. bulbocastanum*. Scientific Reports, 2022, 12(1): 4484.

[400] Senda M. Induction of cell fusion of plant protoplasts by electrical situation. Plant and Cell Physiology, 1979, 20: 1441 – 1443.

[401] Seppanen M., Majaharju M., Somersalo *S.* Freezing tolerance, cold acclimation and oxidative stress in potato: Paraquat tolerance is related to acclimation but is a poor indicator of freezing tolerance. Physiologia Plantarum, 1998, 102(3): 454 – 460.

[402] Sevestre F., Facon M., Wattebled F., et al. Facilitating gene editing in potato: A single-nucleotide polymorphism (SNP) map of the *Solanum tuberosum* L. Cv. Desiree genome. Scientific Reports, 2020, 10: 2045.

[403] Shepard J.F. Mutant selection and plant regeneration from potato mesophyll protoplasts. In: Genetic Improvement of Crops Emergent Techniques. Twin Cities: University Minnesota Press, 1980, 185: 201 – 215.

[404] Shepard J.F., Bidney D., Barsby T., Kemble R. Genetic transfer in plants through interspecific protoplast fusion. Science, 1983, 291: 638 – 688.

[405] Shepard J.F., Totten. Mesophyll cell protoplasts of potato: Isolation, proliferation and plant regeneration. Plant Physiology, 1977, 60(2): 313 – 316.

[406] Shin D., Moon S.J., Han S., et al. Expression of StMYB1R-1, a novel potato single MYB-like domain transcription factor, increases drought tolerance. Plant Physiology, 2011, 155(1): 421 – 432.

[407] Sidorov V.A., Zubko M.K., Kuchko A.A., et al. Somatic hybridization in potato: use of rirradiated protoplasts of *Solanum prinnatisectun* in genetic reconstruction. TAG, 1987, 74: 364 – 368.

[408] Sinden S.L., Sanford L.L., Deahl K.L. Segregation of leptine glycoalkaloids in *Solanum chacoense* Bitter. Journal of Agricultural and Food Chemistry, 1986, 34: 372 – 377.

[409] Sinden S.L., Sanford L.L., Osman S.F. Glycoalkaloids and resistance to the Colorado potato beetle in *Solanum chacoense* Bitter. American Journal of Potato Research, 1980, 57: 331 – 343.

[410] Singh J., Kaur L. Advances in Potato Chemistry and Technology. New York: Academic Press, 2016.

[411] Siri M.I., Galván G.A., Quirici L., et al. Molecular marker diversity and bacterial wilt resistance in wild *Solanum commersonii* accessions from Uruguay. Euphytica, 2009, 165: 371 – 382.

[412] Sjodin C., Gimelius K. Transfer of resistance against phomalingam to Brassica napus by asymmetric somatic hybridization combined with toxin selection. TAG, 1989, 78: 531 – 520.

[413] Smyda-Dajmund P., Sliwka J., Wasilewicz-Flis I., et al. BC1 and F1 progeny from *Solanum* × *michoacanum* (+) *S. tuberosum* somatic hybrids, autofused 4 × *S. michoacanum* and cultivated potato. Am. J. Potato Research, 2017, 94 (4): 323 – 333.

[414] Solomon R.M. The relationship of genes X and Nb for resistance to potato virus X. Heredity, 1985, 55: 135 – 138.

[415] Song J., Bradeen J.M., Naess S.K., et al. Gene RB cloned from *Solanum bulbocastanum* confers broad spectrum resistance to potato late blight. PNAS, 2003, 100(16): 9128 – 9133.

[416] Spooner D.M. Reexamination of series relationships of South American wild potatoes (*Solanaceae*: *Solanum* sect. *Petota*): evidence from chloroplast DNA restriction site variation. American Journal of Botany, 1997, 84(5): 671 – 685.

[417] Spooner D.M., Alvarez N., Peralta I.E., et al. Taxonomy of wild potatoes and their relatives in Southern South America (*Solanum* sects. *Petota* and *Etuberosum*). Systematic Botany Monographs, 2016, 100: 240.

[418] Spooner D.M., Berg R.G.V.D., Rodríguez A., et al. Wild potatoes (*Solanum* section *Petota*; *Solanaceae*) of North and Central America. Systematic Botany Monographs. American Society of Plant Taxonomists, 2004, 68.

[419] Spooner D.M., Ghislain M., Simon R., et al. Systematics, diversity, genetics, and evolution of wild and cultivated potatoes. The Botanical Review, 2014, 80(4): 283 – 383.

[420] Spooner D.M., Hijmans R.J. Potato systematics and germplasm collecting, 1989 – 2000. Am. J. Potato Research, 2001, 78(4): 237 – 268.

[421] Spooner D.M., Hoekstra R., Van den Berg R.G., et al. Petota in Guatemala; taxonomy and genetic resources. Am. J. Potato Research, 1998, 75(1): 3 – 17.

[422] Spooner D.M., Jansky S., Clausen A., et al. The Enigma of *Solanum maglia* in the origin of the Chilean cultivated Potato, *Solanum tuberosum* Chilotanum Group. Economic Botany, 2012, 66(1):12 – 21.

[423] Spooner D.M., López A.S, Huamán Z., et al. Wild potato collecting expedition in Southern Peru. Am. J. Potato Research, 1999, 76(3): 103 – 119.

[424] Spooner D.M., McLean K., Ramsay G., et al. A single domestication for potato based on multilocus amplified fragment length polymorphism genotyping. PNAS, 2005, 102(41): 14694 - 14699.

[425] Spooner D.M., Nuñez J., Rodríguez F., et al. Nuclear and chloroplast DNA reassessment of the origin of Indian potato varieties and its implications for the origin of the early European potato. TAG, 2005, 110: 1020 - 1026.

[426] Spooner D.M., Núñez J., Trujillo G., et al. Extensive simple sequence repeat genotyping of potato landraces supports a major reevaluation of their gene pool structure and classification. PNAS, 2007, 104: 19398 – 19403.

[427] Spooner D.M., Rodríguez F., Polgár Z. Genomic origins of potato polyploids: GBSSI gene sequencing data. Crop Science, 2008, 48: 27 – 36.

[428] Spooner D.M., Salas A. Structure, biosystematics, and genetic resources. In: Handbook of Potato Production, Improvement, and Postharvest Management. CRC Press, 2006, 1 – 40.

[429] Spooner D.M., Sytsma K.J. Reexamination of series relationships of Mexican and Central American Wild Potatoes (*Solanum* sect. *Petota*): Evidence from chloroplast DNA restriction site variation. Systematic Botany, 1992, 17(3): 432.

[430] Spooner D.M., Sytsma K.J., Conti E. Chloroplast DNA evidence for genome differentiation in wild potatoes (*Solanum* sect. *Petota*: *Solanaceae*). American Journal of Botany, 1991, 78: 1354 – 1366.

[431] Spooner D.M., Ugarte M.L., Skroch P.W. Species boundaries and interrelationships of two closely related sympatric diploid wild potato species, *Solanum astley* and *S. boliviense*

based on RAPDS. TAG, 1997, 95: 764 – 771.

[432] Spooner D.M., van den Berg R.G. An analysis of recent taxonomic concepts in wild potatoes (*Solarium* sect. *Petota*). Genetic Resources and Crop Evolution, 1992, 39: 23 – 37.

[433] Spooner D.M., van den Berg R.G., Bamberg J.B. Examination of species boundaries of *Solanum* series *Demissa* and potentially related species in series *Acaulia* and series *Tuberosa* (sect. *Petota*). Systematic Botany, 1995, 20: 295 – 314.

[434] Spooner D.M., van den Berg R.G., Garcia W., et al. Bolivia potato germplasm collecting expeditions 1993, 1994: Taxonomy and new germplasm resources. Euphytica, 1994, 79(1): 137 – 148.

[435] Sree-Ramulu K.S., Dijikhius P., Roest S. Early occurrence of genetic instability in protoplast culture of potato. Plant Science Letters, 1984, 36: 79 – 86.

[436] Stokstad E. The new potato. Science, 2019, 363: 574 – 577.

[437] Stone J.M., Palta J.P., Bamberg J.B., et al. Inheritance of freezing resistance in tuber-bearing *Solanum* species: Evidence for independent geneticcontrol of nonacclimated freezing tolerance and cold acclimation capacity. PNAS, 1993, 90(16): 7869 – 7873.

[438] Sukumaran N.P., Weiser C.J. An excised leaflet test for evaluating potato frost tolerance. HortScience, 1972, 7: 467 – 468.

[439] Sun H., Jiao W.B., Krause K., et al. Chromosome-scale and haplotype-resolved genome assembly of a tetraploid potato cultivar. Nature Genetics, 2022, 54(3): 342 – 348.

[440] Sun W., Ma Z., Chen H., et al. MYB gene family in potato (*Solanum tuberosum* L.): genome-wide identification of hormone-responsive reveals their potential functions in growth and development. International Journal of Molecular Sciences, 2019, 20(19): 1 – 23.

[441] Sundberg E., gimelius K. A method for production of interspecific hybrids within *Brassiceae* via somatic hybridization, using resynthesis of *Brassica napus* as a model. Plant Science, 1986, 43:155 – 156.

[442] Szczerbakowa A., Maciejewska U., Pawlowski P., et al. Electrofusion of protoplasts from *Solanum tuberosum*, *S. nigrum* and *S. buibocastanum*. Acta Physiologiae Plantarum, 2001, 23: 169 – 179.

[443] Tae-Ho P., Gros J., Sikkema A., Vleeshouwers V.G.A.A., et al. The late blight resistance locus Rpi-blb3 from *Solanum bulbocastanum* belongs to a major late blight R gene cluster on Chromosome 4 of Potato. Molecular Plant-Microbe Interactions, 2005, 18(7): 722 – 729.

[444] Takacs, A.P., Horvath J., Kazinczi G., et al. *Solanum* Species As New Resistance Sources of C Strain of Potato Y Potyvirus (PVYc). Belgium: Faculty of Agricultural and Applied Biological Sciences University, 1999.

[445] Takahashi Y., Kuroda N., Tanaka T., et al. Isolation of an anxin-regulated gene cDNA expressed during the transition from G0 to S phase in tobacco mesophyll protoplast. PNAS, 1989, 86: 9279 – 9283.

[446] Takeuchi A., Ohnuma M., Teramura H., et al. Creation of a potato mutant lacking the starch branching enzyme gene StSBE3 that was generated by genome editing using the CRISPR/dMac3-Cas9 system. Plant Biotechnology, 2021, 38: 345 – 353.

[447] Tang D., Jia Y., Zhang J., et al. Genome evolution and diversity of wild and cultivated potatoes. Nature, 2022, 606: 535 – 541.

[448] Tang X., Ghimire S., Liu W., et al. Genome-wide identification of U-box genes and protein ubiquitination under PEG-induced drought stress in potato. Physiologia Plantarum. 2022, 174(1): 13475.

[449] Tang X., Ghimire S., Liu W., et al. Potato E3 ubiquitin ligase PUB27 negatively regulates drought tolerance by mediating stomatal movement. Plant Physiology Biochemistry, 2020, 154: 557 – 563.

[450] Tavakkoli E., Fatehi F., Coventry S., et al. Additive effects of Na^+ and Cl^- ions on barley growth under salinity stress. Journal of Experimental Botany, 2011, 62:2189 – 2203.

[451] Tek A.L., Stevenson W.R., Helgeson J.P., et al. Transfer of tuber soft rot and early blight resistances from *Solanum brevidens* into cultivated potato. TAG, 2004, 109(2): 249 – 254.

[452] Theocharis A., Clément C., Barka E.A. Physiological and molecular changes in plants grown at low temperatures. Planta, 2012, 235: 1091 – 1105.

[453] Thieme R., Darsow U., Gavrilenko T., et al. Production of somatic hybrids between *S. tuberosum* and late blight resistant Mexican wild potato species. Euphytica, 1997, 97: 189 – 200.

[454] Thieme R., Rakosy-Tican E., Nachtigall M., et al. Characterization of the multiple resistance traits of somatic hybrids between *Solanum cardiophyllum* L. and two commercial potato cultivars. Plant Cell Reports, 2010, 29(10): 1187 – 1201.

[455] Toinga-Villafuerte S., Vales M.I., Awika J.M., et al. CRISPR/Cas9-Mediated mutagenesis of the Granule-Bound starch synthase gene in the potato variety Yukon Gold to obtain Amylose-Free starch in tubers. International Journal of Molecular Sciences, 2022,

23(9): 4640.

[456] Trabelsi S., Gargouri-Bouzid R., Vedel F., et al. Somatic hybrids between potato *Solanum tuberosum* and wild species *Solanum verneexhibit* a recombination in the plastome. Plant Cell Tissue and Organ Culture, 2005, 83: 1 – 11.

[457] Tu W., Dong J., Zou Y., et al. Interspecific potato somatic hybrids between *Solanum malmeanum* and *S. tuberosum* provide valuable resources for freezing-tolerance breeding. Plant Cell, Tissue and Organ Culture, 2021, 147(1): 73 – 83.

[458] Tuncel A., Corbin K.R., Ahn-Jarvis J., et al. Cas9-mediated mutagenesis of potato starch-branching enzymes generates a range of tuber starch phenotypes. Plant Biotechnology Journal, 2019, 17: 2259 – 2271.

[459] Tuncel A., Qi Y. CRISPR/Cas mediated genome editing in potato: Past achievements and future directions. Plant Science, 2022, 325: 111474.

[460] Tussipkan D., Manabayeva S.A. Employing CRISPR/Cas technology for the improvement of potato and other tuber crops. Frontiers in Plant Science. 2021, 12: 747476.

[461] Ugent D. Biogeography and origin of *Solanum acaule* Bitter. Phytologia, 1981, 48(1): 85 – 95.

[462] Ugent D. The potato: what is the origin of this important crop plant, and how did it first become domesticated? Science, 1970, 170: 1161 – 1166.

[463] Uhrig H. Genetic selection and liquid medium conditions improve the yield of androgenetic plants from diploid potatoes. TAG, 1985, 71(3): 455 – 460.

[464] Uijtewaal B.A., Posthumus E., Suurs L.C.J.M., et al. Relative performance of monohaploid potato clone and their dihaploid parents at plant level and after protoplast isolation and subsequent fusion. TAG, 1987, 74: 364 – 368.

[465] Vaiverde R., Chen T.H.H. Genetic analysis of frost hardiness traits in tuber-bearing *Solanum* species. Journal of Plant Biology, 1999, 42(2): 174 – 180.

[466] van Breukelen E.W.M., Ramanna M.S., Hermsen J.T. Parthenogenetic monoploids (2n=x=12) from *Solanum tuberosron* and *Solanum verrucasum* and the production of homozygous potato dihaploids. Euphytica, 1977, 26: 263 – 272.

[467] van der Vossen E., Gros J. Sikkema A., et al. The Rpi-blb2 gene from *Solanum bulbocastanum* is an Mi-1 gene homolog conferring broad-spectrum late blight resistance in potato: Isolation of the late blight resistance gene *Rpi-blb2*. The Plant Journal, 2005, 44(2): 208 – 222.

[468] van der Vossen E., Sikkema A., Hekkert B.T.L., et al. An ancient R gene from

the wild potato species *Solanum bulbocastanum* confers broad-spectrum resistance to *Phytophthora infestan*s in cultivated potato and tomato. The Plant Journal, 2003, 36(6): 867 – 882.

[469] van der Vossen J.H., van Arkel G., Bergervoet M., et al. The *Solanum demissum* R8 late blight resistance gene is an Sw-5 homologue that has been deployed worldwide in late blight resistant varieties. TAG, 2016, 129(9): 1785 – 96.

[470] van Poppel P.M., Huigen D.J., Govers F. Differential recognition of *Phytophthora infestans* races in potato R4 breeding lines, Phytopathology, 2009, 99(10): 1150 – 1155.

[471] Vega S.E., Bamberg J.B. Screening the US potato collection for frost hardiness. Am. J. Potato Research, 1995, 72(1): 13 – 21.

[472] Vega S.E., Del Rio A.H., Bamberg J.B., et al. Marker-assisted genetic analysis of non-acclimated freezing tolerance and cold acclimation capacity in a backcross *Solanum* population. Am. J. Potato Research, 2003, 80: 359 – 369

[473] Veillet F., Chauvin L., Kermarrec M.P., et al. The *Solanum tuberosum* GBSSI gene: A target for assessing gene and base editing in tetraploid potato. Plant Cell Reports, 2019, 38: 1065 – 1080.

[474] Veilleux R. Diploid and polyploid gametes in crop plants: mechanisms of formation and utilization in plant breeding, Plant Breeding, 1985, 3: 253 – 288.

[475] Villano C., D Amelia V., Esposito S., et al. Genome-wide HMG family investigation and its role in glycoalkaloid accumulation in wild tuber-bearing *Solanum commersonii*. Life, 2020, 10(4): 37.

[476] Vleeshouwers V.G.A.A., Rietman H., Krenek P., et al. Effector genomics accelerates discovery and functional profiling of potato disease resistance and *Phytophthora infestans* avirulence genes. PLoS ONE, 2008, 3(8): 2875.

[477] Wahid A., Gelani S., Ashraf M., et al. Heat tolerance in plants: an overview. Environmental and Experimental Botany, 2007, 61(3): 199 – 223.

[478] Wang B., He T., Zheng X., et al. Proteomic analysis of potato responding to the invasion of *Ralstonia solanacearum* UW551 and its type III secretion system mutant. Molecular Plant-Microbe Interactions, 2021, 34: 337 – 350.

[479] Wang B., Ma Y., Zhang Z., et al. Potato viruses in China. Crop Protection, 2011, 30(9): 1117 – 1123.

[480] Wang F., Xia Z., Zou M., et al. The autotetraploid potato genome provides insights into highly heterozygous species. Plant Biotechnology Journal, 2022, 20(10):

1996 – 2005.

[481] Wang H., Hu J., Lu Y., et al. A quick and efficient hydroponic potato infection method for evaluating potato resistance and virulence. Plant Methods, 2019, 15: 145.

[482] Wang L., Wang B., Zhao G., et al. Genetic and pathogenic diversity of *Ralstonia solanacearum* causing potato brown rot in China. American Journal of Potato Research, 2017, 94: 403 – 416.

[483] Wang S., Zhang S., Wang W., et al. Efficient targeted mutagenesis in potato by the CRISPR/Cas9 system. Plant Cell Reports, 2015, 34: 1473 – 1476.

[484] Watanabe K., Peloquin S.J. The occurrence and frequency of 2n pollen in 2x, 4x, and 6x wild, tuber-bearing *Solanum* species from Mexico, and Central and South America. TAG, 1991, 82(5): 621 – 626.

[485] Watanabe K.N., Kikuchi A., Shimazaki T., et al. Salt and drought stress tolerances in transgenic potatoes and wild species. Potato Research, 2011, 54(4): 319 – 324.

[486] Watanabe K.N., Orrillo M., Vega S., et al. Potato germplasm enhancement with disomic tetraploid *Solanum acaule*. II. Assessment of breeding value of tetraploid F1 hybrids between tetrasomic tetraploid *S. tuberosum* and *S. acaule*. TAG, 1994, 88(2): 135 – 140.

[487] Watanabe KN., Vega S., Orrillo M. Characterization on *S. acaule* introgression lines. American Potato Journal, 1992, 69:613 – 614.

[488] Webb R.E., Schultz S.E. Resistance of *Solanum* species to potato viruses A, X and Y. American Potato Journal, 1960, 38:139 – 141.

[489] Webb R.E., Wilson D.R., Shumaker J.R., et al. Atlantic: a new potato variety with high solids, good processing quality, and resistance to pests. Am. J. Potato Research, 1978, 55: 141 – 145.

[490] Wenzel G., Schieder O., Przewozny T., et al. Comparison of single cell culture derived *Solanum tuberosum* L. plants and a model for their application in breeding programs. TAG, 1979, 55(2): 49 – 55.

[491] Wicker E., Grassart L., Coranson B., et al. *Ralstonia solanacearum* strains from martinique (French West Indies) exhibiting a new pathogenic potential. Applied and Environmental Microbiology, 2007, 73(21): 6790 – 6801.

[492] Wolters P.J., Wouters D., Kromhout E.J., et al. Qualitative and quantitative resistance against early blight introgressed in potato. Biology, 2021, 10(9): 892.

[493] Wu J., Yang R., Yang Z., et al. ROS accumulation and antiviral defence control by microRNA528 in rice. Nature Plants, 2017, 3(1): 1 – 7.

[494] Wulff E.G., Gonzales E.V., Ortega J.A., et al. Comparative analysis of new sources of late blight resistance using phenotypic and molecular genetic approaches. Acta Horticulturae, 2003, 619: 23 – 29.

[495] Yamada T., Hosaka K., Nakagawa K., et al. Nuclear genome constitution and other characteristics of somatic hybrids between dihaploid *Solanum acaule* and tetraploid *S. tuberosum*. Euphytica, 1998, 102: 239 – 246.

[496] Yamada T., Mrsoo S., Ishii T., et al. Characterization of somatic hybrids between tetraploid *Solanum tuberosum* L. and dihaploid *S. acaule*. Breeding Science, 1997, 47(3): 229 – 236.

[497] Yan L., Zhang Y., Cai G., et al. Genome assembly of primitive cultivated potato *Solanum stenotomum* provides insights into potato evolution. Genes, Genomes, Genetics, 2021, 11(10): jkab262.

[498] Yan L., Zhu Z., Wang P., et al. Comparative analysis of 343 plastid genomes of *Solanum* section *Petota*: Insights into potato diversity, phylogeny, and species discrimination. Journal of Systematics and Evolution, 2022, 61, 4: 599 – 612.

[499] Yang C., Spielman M., Coles J.P., et al. TETRASPORE encodes a kinesin required for male meiotic cytokinesis in Arabidopsis. The Plant Journal, 2003, 34: 229 – 240.

[500] Yang H., Zhou C. In vitro induction of haploid plants from unpollinated ovaries and ovules. TAG, 1982, 63(2):97 – 104.

[501] Yang X., Zhang L., Guo X., et al. The gap-free potato genome assembly reveals large tandem gene clusters of agronomical importance in highly repeated genomic regions. Molecular Plant, 2022, 22: 445 – 447.

[502] Yao P., Sun L., Dekomah S., et al. Evolutionary Analysis of StSnRK2 family genes and their overexpression in transgenic tobacco improve drought tolerance. International Journal of Molecular Sciences. 2023, 24(2): 1000.

[503] Ye M., Peng Z., Tang D., et al. Generation of self-compatible diploid potato by knockout of S-RNase. Nature Plants, 2018, 4(9): 651 – 654.

[504] Yoshida K., Schuenemann V.J., Cano L.M., et al. The rise and fall of the *Phytophthora infestans* lineage that triggered the Irish potato famine. e-life, 2013, 2: 00731.

[505] Yu Y., Pan Z., Wang X., et al. Targeting of SPCSV-RNase3 via CRISPR-Cas13 confers resistance against sweet potato virus disease. Molecular Plant Pathology, 2022, 23: 104 – 117.

[506] Yu Y., Ye W., He L., et al. Introgression of bacterial wilt resistance from eggplant

to potato via protoplast fusion and genome components of the hybrids. Plant Cell Reports, 2013, 32(11): 1687 – 1701.

[507] Zeng Z., Zhang W., Marand A.P., et al. Cold stress induces enhanced chromatin accessibility and bivalent histone modifications H3K4me3 and H3K27me3 of active genes in potato. Genome Biology, 2019, 20(1): 123.

[508] Zhan X., Zhang F., Zhong Z., et al. Generation of virus-resistant potato plants by RNA genome targeting. Plant Biotechnology Journal, 2019, 17: 1814 – 1822.

[509] Zhang C., Wang P., Tang D., et al. The genetic basis of inbreeding depression in potato. Nature Genetics, 2019, 51(3): 374 – 378.

[510] Zhang C., Yang Z., Tang D., et al. Genome design of hybrid potato. Cell, 2021, 184(15): 3873 – 3883.

[511] Zhang D., Zhang Z., Unver T., et al. CRISPR/Cas: A powerful tool for gene function study and crop improvement. Journal of Advanced Research, 2021, 29: 207 – 221.

[512] Zhang J, Yin J, Luo J, et al. Construction of homozygous diploid potato through maternal haploid induction. aBiotech, 2022, 3(3): 163 – 168.

[513] Zhang L., Liu D., Zheng Y., et al. Frequent occurrence of unreduced gametes in *Triticum turgidum-Aegilops tauschii* hybrids. Eupyhtica, 2010, 172: 285 – 294.

[514] Zhang L., Mojtahedi H., Kuang H., et al. Marker-assisted selection of Columbia root-knot nematode resistance introgressed from *Solanum bulbocastanum*. Crop Science, 2007, 47(5): 2021 – 6.

[515] Zhang Y., Cheng S., De J., et al. The potato *R* locus codes for dihydroflavonol 4-reductase. TAG, 2009, 119: 931 – 937.

[516] Zhao X., Jayarathna S., Turesson H., et al. Amylose starch with no detectable branching developed through DNA-free CRISPR-Cas9 mediated mutagenesis of two starch branching enzymes in potato. Scientific Reports, 2021, 11: 4311.

[517] Zhao X., Zhang H., Liu T., et al. Transcriptome analysis provides StMYBA1 gene that regulates potato anthocyanin biosynthesis by activating structural genes. Frontiers in Plant Science, 2023, 14: 1087121.

[518] Zheng Z., Ye G., Zhou Y., et al. Editing sterol side chain reductase 2 gene (StSSR2) via CRISPR/Cas9 reduces the total steroidal glycoalkaloids in potato. All Life, 2021, 14: 401 – 413.

[519] Zhou Q., Tang D., Huang W., et al. Haplotype-resolved genome analyses of a heterozygous diploid potato. Nature Genetics, 2020, 52(10): 1018 – 1023.

[520] Zhou X., Zha M., Huang J., et al. StMYB44 negatively regulates phosphate transport by suppressing expression of PHOSPHATE1 in potato. Journal of Experimental Botany, 2017, 68: 1265 – 1281.

[521] Zhu X., Wang F., Li S., et al. Calcium-dependent protein kinase 28 maintains potato photosynthesis and its tolerance under water deficiency and osmotic stress. International Journal of Molecular Sciences, 2022, 23(15): 8795.

[522] Zimmermann U. High frequency fusion of plant protoplasts by electric fields. Planta, 1981, 151: 26 – 32.

[523] Zong Y., Song Q., Li C., et al. Efficient C-to-T base editing in plants using a fusion of nCas9 and human APOBEC3A. Nature Biotechnology, 2018, 36(10): 950 – 953.

[524] Zuluaga A.P., Montserrat S., Lu H., et al. Transcriptome responses to *Ralstonia solanacearum* infection in the roots of the wild potato *Solanum commersonii*. BMC Genomics, 2015, 16(1): 246.